VORLESUNGEN ÜBER ALLGEMEINE MECHANIK

VON

ALEXANDER BRILL

TÜBINGEN

VERLAG VON R. OLDENBOURG

MÜNCHEN UND BERLIN 1928

Druck von R. Oldenbourg, München.

Vorwort.

Als Leitfaden für meine Vorlesungen über Mechanik des materiellen Punktes und des starren Körpers, über »Allgemeine Mechanik«, habe ich lange Zeit die durch klare, knappe Darstellung ausgezeichneten lithographierten Hefte: Analytische Mechanik nach Vorträgen von A. Clebsch empfohlen. Inzwischen haben sich einige Anwendungen der Mechanik auf Technik und Physik selbst zu ausgedehnten Wissensgebieten entfaltet; die Entwicklung der theoretischen Physik hat zu vielseitiger Erörterung der Grundbegriffe Anlaß gegeben, die, wenn auch ihre erschütternde Wirkung sich nicht auf die hier vorgetragenen Elemente erstreckt, doch auf deren Darstellung nicht ohne Einfluß bleiben konnte. So haben im Laufe der Zeit die Vorlesungen über Mechanik, die ich ehedem an der Technischen Hochschule in München und an der Universität Tübingen gehalten habe, ohne die Spuren ihrer Herkunft aus jenen Heften zu verleugnen, bereichert durch fortdauernde Beziehungen zur Technischen Hochschule, eine wesentliche Umbildung erfahren.

Einer axiomatischen Fassung, wie sie die Geometrie zuläßt, entzieht sich noch die Mechanik[1]). Auch würde sie sich zur ersten Einführung schwerlich eignen. Zeigt doch die vorsichtige Art, wie Newton, der in seinen »Principia« sie versucht, mit weit ausholenden Erklärungen seine »Grundsätze« vorbereitet, wie fremdartig und schwerverständlich ihm der Stoff erscheint, den er behandeln will. Statt Forderungen und Axiome voranzustellen, will dieses Buch den Weg der Induktion beschreiten. Erfahrungen des gewöhnlichen Lebens und Ergebnisse einfacher physikalischer Versuche liefern die elementaren Begriffe. Erst nachdem an der Hand von Beispielen das Eindringen und gewissermaßen Einfühlen des Studierenden in den Stoff vorbereitet ist, werden durch Vergleichen von mathematisch konstruierten Bewegungen mit einfachen natürlichen die bekannten Grundsätze abgeleitet und endgültig formuliert[2]). So vom Einfachen zum Verwickelten fortschreitend

---

[1]) Ein umfangreiches Axiomen-System entwirft G. Hamel im V. Band des Handbuches der Physik, hrsgeg. von Geiger und Scheel, Berlin 1927.

[2]) Daß auch andere inzwischen erschienene Lehrbücher, wie E. Volkmanns »Theoretische Physik« und M. Plancks »Allgemeine Mechanik«, denselben Weg einschlagen, konnte bei der Verschiedenheit des Standpunktes und der Anlage mich von der Veröffentlichung dieser Vorlesungen nicht abhalten.

mag der Leser einen Einblick in das wundervolle vielgliedrige Getriebe erhalten, das die Erscheinungen der leblosen Natur mit oft so überraschender Treue nachzubilden erlaubt. Zugleich sollte der Studierende zum Lösen von Aufgaben befähigt werden, wie sie dem angehenden Mathematiker, Physiker und Techniker schon zum Beginne ihrer Studien aufstoßen. Weil aber bei Aufgaben aus der Mechanik der Anfänger durch die Fülle der neuen Begriffe überwältigt dazu neigt, statt auf bestimmte Sätze und fertige Formeln sich auf sein Gefühl zu verlassen, wurde darauf Bedacht genommen, die Zahl der herausgehobenen Sätze zu beschränken, diese aber leicht greifbar zu fassen.

Die in das Buch eingestreuten Beispiele und Aufgaben sind meinen Seminarübungen, die neben den Vorlesungen herzulaufen pflegten, entnommen; die Lösungen besprochen im Kreise oftmals eifrig teilnehmender Studierenden, die bei der Ausgestaltung einiger der hier vorgetragenen Lösungen in dankenswerter Weise mitgewirkt haben. Im übrigen kommen zum Gebrauche nebenher Aufgabensammlungen, wie die von Jullien, Walter, Zech-Cranz, und die Beispiele der umfangreicheren Werke über Mechanik in Betracht, wie die von Schell, Budde, Föppl, Hamel, Gans und Weber, Routh-Schepp, Marcolongo-Timerding, Appell, Webster, Whittaker, Müller-Prange, Geiger und Scheel u. a., aus denen zugleich, da von Vollständigkeit hier abgesehen wird, die Ausführung einzelner hier kurz gehaltener Abschnitte zu entnehmen ist. Wegen der Geschichte der einzelnen Probleme sei ein für allemal auf den 4. Band »Mechanik« der Enzyklopädie der mathematischen Wissenschaften verwiesen.

Von der Vektorrechnung wird nicht grundsätzlich — wie z. B. in der Kinematik von K. Heun — Gebrauch gemacht; namentlich werden Eliminationen meist in Koordinatenform ausgeführt. Daß jedoch dieses mächtige Werkzeug, das in der Mechanik raumerfüllender Massen unentbehrlich ist, auch hier seiner Bedeutung gemäß verwendet wird, mag ein Blick in das Buch lehren. Überall wird Wert auf angemessen strenge, auch den Mathematiker befriedigende Beweisführung gelegt.

Wenn eine Vorlesung vor Studierenden eines Landes, das einen Kepler geboren und erzogen hat, kurz (in Art. 18) auf das Hauptwerk dieses Mannes eingeht, so wird man dies verständlich finden.

Von neuen Beiträgen zur Theorie wird neben anderem in Art. 39 ein direkter Beweis der Euler-Savaryschen Formel gegeben; in Art. 74 eine kurzgefaßte Theorie des Kreiselkompasses; in Art. 78 wird die Bewegung eines Bezugssystems bestimmt, für das ein in Bewegung befindliches Massensystem ein Minimum an lebendiger Kraft besitzt; ein Beispiel zur Verwendung des Hamiltonschen Prinzips (Art. 82) ist dem Gedankenkreis der Relativitätstheorie entnommen.

Die Mechanik nichtstarrer Massen, die an die der starren Systeme anzuschließen wäre, wird hier nicht behandelt. In dem Werke

»Einführung in die Mechanik raumerfüllender Massen«[1]) (Leipzig-Berlin 1909) habe ich diesen Stoff von ähnlichen Gesichtspunkten aus, wie den vorliegenden, bearbeitet. Es sei mir erlaubt, darauf als auf eine Fortsetzung des vorliegenden hinzuweisen.

Bei der Ausgestaltung dieses Werkes hatte ich mich der Beihilfe eines ehemaligen Schülers, des Ministerialrats im württembergischen Ministerium des Kirchen- und Schulwesens Herrn Dr. E. Löffler zu erfreuen, der seinerzeit einen ersten Entwurf mit wertvollen kritischen Bemerkungen versehen hat. Ich sage ihm hierfür auch an dieser Stelle meinen Dank.

* * *

Auf die Drucklegung dieser schon im Jahre 1919 wesentlich abgeschlossenen Bearbeitung meiner Vorlesungen glaubte ich bei der Ungunst der Verhältnisse infolge des Krieges verzichten zu müssen. Da wurde mir — gänzlich unerwartet — die Genugtuung zuteil, die Herausgabe des Werkes noch zu erleben. Mein verehrter Freund, der Geheime Rat Dr. W. v. Dyck in München, hat mir durch sein wiederholtes Eintreten für das Werk an maßgebender Stelle einen so erheblichen Beitrag zu den Druckkosten vermittelt, daß sich ein Verleger fand, der dem Buch eine würdige Gestalt verliehen hat. Ich spreche Herrn v. Dyck für sein vertrauensvolles Vorgehen meinen wärmsten Dank aus.

Beim Lesen der Korrekturen hat mich, wie früher bei ähnlichem Anlaß, Herr Professor Dr. K. Kommerell wieder aufs nachdrücklichste unterstützt und durch wertvolle Bemerkungen und Ratschläge gefördert. Hierfür ihm und den Herren Dr. Hans Späth in Tübingen und Dr. Arthur Riehle in Neuenbürg, die gleichfalls beim Lesen von Korrektur bzw. Revision anregend und scharfsichtig eingegriffen haben, an dieser Stelle zu danken, ist mir herzliches Bedürfnis.

Möge das Buch der studierenden Jugend, für die es geschrieben ist, sich nützlich erweisen!

Tübingen, im August 1928.

A. Brill.

---

[1]) Dieses Buch, im folgenden mit M. r. M. angezogen, widmet sich u. a. der Übertragung der Begriffsbildungen der »Mechanik« von Hertz auf kontinuierliche Massen, wobei die Begriffe: »geometrische Bedingungsgleichung«, »freies System«, »zyklische Koordinaten« einen neuen Inhalt bekommen. Aus dem Prinzip des kleinsten Zwanges werden — je nach dem Ansatz für die Arbeit der inneren Kräfte — die Bewegungsgleichungen für feste und für flüssige Mittel, sowie die Differentialgleichungen der elektromagnetischen Lichttheorie, auch für bewegte Systeme, abgeleitet. Ihre Ausgestaltung führt durch Gedankengänge von Maxwell, Hertz, Lorentz hindurch fast mit Notwendigkeit zu dem Einsteinschen Relativitätsprinzip, das sich hiermit als unentbehrlich erweist.

Inhaltsverzeichnis.

Zweiter Teil: **Der starre Körper.**

Geschichtliches zur Mechanik.

Die Wissenschaft »Mechanik« verdankt ihr Entstehen gewissen Kulturaufgaben, die sich dem Menschen im Kampf ums Dasein aufgedrängt haben. Er braucht Werkzeuge und Maschinen zum Heben und Fortbewegen von Lasten zu Land, zu Wasser und in der Luft; Waffen zum Angriff und zur Abwehr. Die Beobachtung des gestirnten Himmels gibt ihm den Maßstab für die Zeit. Aus den Erfahrungen heraus, die man so im Gebiet der Technik, der Nautik, der Astronomie erwarb, hat sich bei dem Nachdenklichen das Bedürfnis entwickelt, nach den Ursachen der bemerkten Gesetzmäßigkeit gewisser Bewegungen zu fragen und die Gleichgewichtszustände zu verstehen, die eintreten, wenn trotz vorhandener Bewegungsursachen eine Bewegung nicht erfolgt.

Aus der Fülle der Erscheinungen haben sich dann Gruppen von häufiger wiederkehrenden Bewegungen und Gleichgewichtszuständen herausgehoben, die man wohl auch unter vereinfachten Umständen künstlich wiederholen und in dieser Weise prüfend auf gemeinsame Grundlagen zurückführen konnte. Indem man solche Vorgänge ordnete und verglich, ergab sich Stein um Stein ein zusammenhängender Gedankenaufbau, der, indem er in steigendem Maße das Kausalitätsbedürfnis befriedigte, den Hilfsmitteln der Mathematik zugänglich gemacht und durch sie verbunden und befestigt werden konnte.

Den so gewonnenen Stoff hat man dann, je nachdem es sich um einen Gleichgewichtszustand oder um Bewegung handelt, in zwei Gruppen: Statik und Dynamik gegliedert, und in jedem dieser Teilzweige wieder den »Massenpunkt« und die »raumerfüllende (kontinuierliche) Masse«, den (starren oder elastischen oder flüssigen) Körper besonders behandelt. Wenn man heute vielfach, wie dies auch im nachfolgenden geschieht, die letztgenannte Einteilung der ersteren überordnet, dabei die Dynamik an die Spitze stellt und die Statik als einen Sonderfall auffaßt, so geschieht dies namentlich deshalb, weil dem auf diesem Weg in das Wissensgebiet Eintretenden das Wesen der Mechanik klarer und lebendiger entgegentritt als auf dem Weg über die Gleichgewichtszustände.

Die Entwicklung der Mechanik aus ihren ersten Anfängen heraus läßt sich kaum beschreiben, ohne daß man auf die Geschichte ihrer Nachbargebiete und ihrer Quellen, der Technik, Physik, Astronomie zurückgeht. Doch kann man den späteren Ausbau wenigstens in großen

Zügen durch den Hinweis auf eine verhältnismäßig kleine Anzahl von klassischen Werken über Mechanik skizzieren, die im Laufe der Jahrhunderte als weithin sichtbare Wegweiser der Wissenschaft die einzuschlagende Bahn gewiesen haben. Einen geschichtlichen Überblick möge also die Angabe einiger Werke ersetzen, die für die hier behandelten Kapitel der Mechanik von grundlegender Bedeutung geworden sind.

Die Mathematiker des Altertums kannten bereits einige Lehren der Statik. In dem Werk des Archimedes († 212 v. Chr.) »De aequiponderantibus« (nur in lateinischer Übersetzung erhalten) findet man Sätze über den Hebel und den Begriff des Schwerpunktes; in seinem Werk über schwimmende Körper den des Metazentrums. Erst im Zeitalter der Renaissance tritt als neues, mächtiges Hilfsmittel das Experiment hinzu, das den Weg zur Dynamik erschließt. S. Stevinus' »Weegkonst« (Statica) 1586 findet den Zusammenhang zwischen Gewicht und Normaldruck eines Körpers, der auf schiefer Ebene ruht, sowie das Parallelogramm der Kräfte. Den entscheidenden Schritt zur Bewegungslehre tat jedoch erst G. Galilei, der in seinen »Discorsi e dimostrazioni matematiche etc.« (1638) endgültig mit der allgemein herrschenden Aristotelischen Lehre vom Fall brach, und auf Grund von Versuchen und mit mathematischen Hilfsmitteln die heutige Lehre von der Bewegung schwerer Körper auf gerader und kreisförmiger Bahn (Pendel) aufstellte. Chr. Huygens dehnt diese Theorie auch auf andere krummlinige Bahnen aus (Horologium oscillatorium 1673), gelangt so zu den Begriffen der Zentrifugalkraft und des Schwingungsmittelpunktes und legt damit zugleich den Grund zur Theorie der Bewegung endlich ausgedehnter Körper.

Aber zu einem folgerichtig ausgebauten mathematischen Wissenszweig wurde die Mechanik erst durch Isaac Newtons »Philosophiae naturalis principia mathematica« (1687) erhoben, ein Werk, das auf Grund einiger weniger Begriffserklärungen und Gesetze das ganze Lehrgebäude der Mechanik zu errichten unternimmt. Die unvergleichliche Bedeutung dieses Buches beruht jedoch nicht sowohl auf seinem systematischen Aufbau oder der Vielseitigkeit der in ihm behandelten Probleme als vielmehr darin, daß der Verfasser eine die Bewegung der Himmelskörper beherrschende Fernkraft einzuführen die Kühnheit hat, durch die er an der Hand von infinitesimalen Überlegungen und Konstruktionen die Bewegung eines Massenpunktes auf vorgeschriebener Bahn und insbesondere die Planetenbewegungen erklärt. Er beweist (Buch I, 2. und 3. Abschnitt) auf dieser Grundlage die drei Gesetze, die diese Bewegungen beherrschen und die schon 1609 und 1619 J. Kepler in seiner Astronomia nova bzw. Harmonia mundi in mathematisch exakter Fassung aufgestellt hatte.

Newtons »Principia« bedienen sich vorzugsweise der geometrischen Schlußweise. Statt ihrer verwendet L. Eulers Mechanica (2 Bde.,

1736, 1742) grundsätzlich die Hilfsmittel der Analysis. Ihre formale Vollendung erfährt die Mechanik aber erst durch J. J. Lagranges Mécanique analytique (1788), wo alle Probleme der Statik und Dynamik selbst elastisch fester und flüssiger Massen auf ein einziges Gesetz: das »Prinzip der virtuellen Geschwindigkeiten« zurückgeführt werden, ein Prinzip von so umfassender Bedeutung, daß es sich sogar für die Mechanik elektromagnetischer Vorgänge als unentbehrlich erwiesen hat. Die Verwendung dieses zunächst für die Statik geschaffenen Hilfsmittels auch in der Dynamik ermöglicht das d'Alembertsche Prinzip (J. le Rond d'Alembert, Traité de Dynamique, 1743), mit dessen Hilfe sich jedes Problem der Dynamik auf ein solches der Statik zurückführen läßt.

Wir sind hier bereits bei mechanischen Begriffsbildungen angelangt, deren Bedeutung erst auf den folgenden Seiten zu erörtern sein wird, und bemerken nur noch, daß die grundsätzliche Verwendung der Mechanik in der Theorie der Bau- und Maschinenkonstruktionen im wesentlichen auf L. Naviers Leçons sur l'Application de la Mécanique (1826) und Poncelets Cours de Mécanique appliquée aux machines (1826) zurückgeht. Näheres über die Entwicklung der Grundbegriffe der Mechanik und die Geschichte ihrer Probleme findet man in den Beiträgen zum IV. Bande der Enzyklopädie der mathematischen Wissenschaften von A. Voß, P. Stäckel, A. Schönfließ, K. Heun, H. E. Timerding, L. Henneberg, M. Grübler, G. Jung, R. v. Mises.

Wir mögen am Schluß dieses Literaturnachweises noch einer neuen höchst merkwürdigen Erscheinung auf dem Gebiet der Mechanik gedenken. Seit etwa zwei Jahrzehnten hat sich — auf Grund gewisser Unstimmigkeiten zwischen den bisher gültigen Anschauungen über die räumliche Ausbreitung elektromagnetischer Erregungen und der Erfahrung — eine neue Mechanik entwickelt, die, schon in den Grundlagen von der alten völlig verschieden, sogar die bisher scharf geschiedenen Begriffe Raum und Zeit ineinander fließen läßt und die Masse als eine veränderliche Größe ansieht. Ihr Begründer, A. Einstein, hat unter dem Namen »Allgemeine Relativitätstheorie« an sie eine Theorie der Gravitation angeschlossen, die den lange gesuchten Einblick in die Natur dieser geheimnisvollen Fernkraft zu eröffnen unternimmt.

Müssen wir uns versagen, von der neuen Lehre hier anders als andeutungsweise und nur an wenigen Stellen (Artt. 35a. E., 82a. E.) zu reden, so dürfen wir anderseits feststellen, daß die »klassische Mechanik«, deren Elemente hier vorgetragen werden, sich immer als eine in weitem Umfang gültige erste Annäherung an die Erscheinungen und Vorgänge wie am Himmel, so im Experimentierraum und in der Bau- und Maschinen-Werkstätte erweisen wird — ausgenommen nur die Bewegungen in der Welt der Atome, für die neuerdings L. de Broglie, E. Schrödinger, W. Heisenberg u. A. die Grundlagen zu einer »Mikromechanik« geschaffen haben, die hier außer Betracht bleiben muß.

Einleitung.

Mit dem Namen Mechanik bezeichnet die Physik einen einleitenden Teil, der sich mit der Bewegung der Körper und mit dem Gleichgewicht der auf sie wirkenden Kräfte beschäftigt. Die Lehre von der Bewegung und vom Gleichgewicht ist der Gegenstand auch dieser »Vorlesung über analytische oder theoretische Mechanik«. Aber während der Experimentalphysiker Versuche anstellt und beschreibt, um aus ihnen das Gesetzmäßige der Erscheinungen abzuleiten, schlägt die analytische Mechanik den umgekehrten Weg ein, indem sie die aus den Beobachtungen der Physiker, Techniker und Astronomen abgeleiteten Grundgesetze für die Bewegung und das Gleichgewicht voranstellt, um auf sie gestützt — unter Annahme der Stetigkeit der Naturvorgänge — mit den Hilfsmitteln der Mathematik die unter gegebenen Umständen eintretenden Bewegungen zu beschreiben und nachträglich erst wieder mit der Wirklichkeit, d. h. dem Ergebnis der Beobachtung, zu vergleichen.

Die analytische Mechanik wird auf diese Weise zu einem Zweig der angewandten Mathematik. Wie die Geometrie setzt sie sich das Ziel, von dem Gegenstand ihrer Darstellung ein aus wenigen Grundbegriffen und Gesetzen abgeleitetes, in sich abgeschlossenes und logisch befriedigendes Bild zu entwerfen, in welches sich nicht nur die Bewegungen der leblosen Natur ohne Zwang einordnen, sondern vermöge dessen sich diese Bewegungen auch in gewissem Umfang voraussagen lassen.

Aber während die Geometrie dieses Ziel bereits erreicht hat, ist die Mechanik von einem befriedigenden deduktiven Aufbau noch weit entfernt, wiewohl schon 1687 Newton in seinem grundlegenden Werk »Principia mathematica philosophiae naturalis« ein System von Axiomen aufgestellt hat, das auch heute noch als die wesentliche Grundlage der analytischen Mechanik anzusehen ist. Indessen sind die Begriffe, die zu diesem Zwecke Newton einführt, und die Grundsätze, die sie verknüpfen (im Gegensatz zu denen der Geometrie), ungemein inhaltreich und so umfassend, daß es zahlreicher Erklärungen, Anmerkungen und Beweise bedarf, um ihnen das Verständnis zu sichern, dessen gerade grundlegende Wahrheiten benötigen.

In dieser einführenden Vorlesung ziehen wir vor, diese Begriffe und Grundsätze zunächst aus einfachen Fällen abzuleiten und ihren vollen

Inhalt nur schrittweise zu entwickeln. Anstatt also die Grundsätze fertig vorauszustellen, werden wir den Physiker eine Strecke weit auf seinem Wege begleiten, durch Vergleichung von einfachen willkürlich konstruierten Bewegungen mit den natürlichen die Geltung gewisser Grundgesetze in der Natur wahrscheinlich machen und erst nach endgültiger Formulierung derselben mit dem deduktiven Lehrgang einsetzen.

Mechanik ist die Lehre von der Bewegung. Bewegung ist Ortsänderung in der Zeit. Was sich bewegt, ist (im weitesten Sinne des Wortes genommen) Masse. Es sind somit die Grundbegriffe Raum, Zeit und Masse, mit denen die Mechanik arbeitet. Die Ortsänderung eines Körpers bestimmt man, indem man seine Lage in verschiedenen Zeitpunkten mit der eines anderen als ruhend angenommenen Körpers vergleicht, oder besser mit der eines räumlichen Koordinatensystems, auf das sich seine Lage beziehen läßt. Auch dieses System sehen wir — wenn nicht das Gegenteil bemerkt wird — als ruhend an. Beim Vergleichen mit der natürlichen Bewegung ist freilich zu beachten, daß in der Natur Ruhe nur etwas Relatives ist. Man mag sich ein Achsenkreuz mit der Erdoberfläche fest verbunden denken oder mit der Sonne oder mit dem Fixsternsystem der Milchstraße: in keiner Weise ist damit eine absolute Ruhe im Raume gewährleistet; ja, man kann von absoluter Ruhe überhaupt nicht reden. Wenn man nichtsdestoweniger das eine oder andere der eben erwähnten Koordinatensysteme, auf die uns die Natur hinweist, verwendet, so geschieht dies unter dem Vorbehalt, daß man bei der Vergleichung der natürlichen Vorgänge mit den beschriebenen sich auf solche dem besonderen Fall angepaßte Grenzen hinsichtlich Raum und Zeit beschränkt, daß eine störende Wirkung der Bewegung des Bezugssystems unmerklich wird gegenüber dem Ergebnis der mathematischen Behandlung, die ein festes voraussetzt.

Die Gültigkeit der im folgenden zu entwickelnden Gesetze[1]), insbesondere das Trägheitsgesetz, und die daraus abgeleiteten Vergleichsdaten gegenüber der Wirklichkeit werden geknüpft an die Annahme eines »ruhenden« Bezugssystems, eines »Inertialsystems«[2]) nach Newton: eines »absoluten, stets gleichen und unbeweglichen Raumes ohne Beziehung auf einen äußeren Gegenstand«. Ohne uns für die reale Existenz eines solchen, wie die »Principia« dies tun, zu entscheiden, nehmen wir es an, um durch Vergleichung der auf Grund desselben abgeleiteten Bewegungen mit der Wirklichkeit ein Urteil über seine Wahrscheinlichkeit im Vergleich mit anderen Bezugssystemen zu gewinnen (Art. 33, 34).

---

[1]) Anding, Enzyklopädie der mathematischen Wissenschaften, Band VI, A I 7.

[2]) Ludwig Lange (Die geschichtliche Entwicklung des Bewegungsbegriffs, Leipzig 1883) nennt »Inertialsystem« jedes Bezugssystem, für welches das Trägheitsgesetz gilt. Ist dies für ein ruhendes System der Fall, so ist auch ein gleichförmig geradlinig bewegtes ein Inertialsystem (vgl. Art. 33).

Die Vorgänge der Natur sind verwickelt. Bei der Bewegung eines Körpers durch den Raum hat man die Bahn zu unterscheiden, welche die einzelnen Punkte des Körpers und die Art, wie sie diese Bahn in der Zeit beschreiben, ob rasch oder langsam, ob in beschleunigter oder verzögerter Bewegung, ob gebunden oder frei usw.

Zwar vereinfacht sich meistens das Bild, wenn man von der Bewegung selbst zu den Ursachen zurückgeht, die sie und deren Änderung hervorrufen. Immer aber wird es nötig sein, aus der Menge der Begleiterscheinungen und der Einwirkungen, welche die Umgebung auf einen bewegten Körper ausübt, die wesentlichen auszusuchen und gesondert zu betrachten. Dies kann auf doppelte Art geschehen. Entweder man beseitigt in der Natur selbst die störenden Einflüsse durch Anstellung von Experimenten unter vereinfachten Bedingungen, oder, da dies oft nicht angeht, man idealisiert den natürlichen Vorgang, indem man ihn, in gröberer oder feinerer Annäherung an die Wirklichkeit, in Gedanken durch einen anderen ersetzt, der sich auf Grund gewisser Begriffe und angenommener Gesetze mathematisch erfassen und beschreiben läßt. Dabei ergibt sich zuweilen die Notwendigkeit, die Annäherung stufenweise, durch immer mehr der Wirklichkeit sich anpassende Annahmen (Gesetze) zu bewirken.

Dieses Idealisieren ist auch sonst ein Hilfsmittel der angewandten Mathematik. Vergleicht man doch die Oberfläche einer ruhenden Flüssigkeit mit einer Ebene, bestimmt die Entfernung zweier Punkte der Erdoberfläche innerhalb gewisser Grenzen mit Hilfe der geraden Linie, also von Idealgebilden, die sich in der Natur nirgends vorfinden; innerhalb weiterer Grenzen mittels der geodätischen Linie auf dem Sphäroid, obgleich die Erde von einem solchen merklich abweicht usw.

Eine solche Vereinfachung ist es auch, wenn die Mechanik einen bewegten Körper in erster Annäherung durch einen Punkt ersetzt. Der Mond in seiner räumlichen Bahn, der Planet auf seinem Weg um die Sonne sind für die Theorie der Planetenbewegungen »materielle« Punkte, d. h. bewegliche, geometrische Punkte, die mit der Masse des durch sie dargestellten Körpers behaftet sind, während in anderem Zusammenhang Mond, Erde usw. durchaus als ausgedehnte Gebilde behandelt werden müssen. Die Bewegung eines Punktes ist leichter darzustellen als die eines Körpers von endlichen Dimensionen. Daher ist es üblich, der Mechanik des ausgedehnten Körpers einen Abschnitt über die Bewegung des materiellen Punktes voraufzuschicken, den man sich demnach als einen Körper von endlicher Masse aber (im Vergleich zu der von ihm beschriebenen Bahn) verschwindend kleinen Dimensionen vorzustellen hat.

Eine andere Abstraktion dieser Art ist der starre Körper, ein Körper, dessen Bestandteile einen unveränderlichen Abstand voneinander haben. Solche Körper gibt es nicht, und doch gründet die Mechanik auf diese Fiktion eine Reihe wichtiger, auf natürliche Verhältnisse durchaus anwendbarer Sätze. Davon wird im zweiten Teil dieser Vorlesung die Rede sein.

Als Einheit der Länge verwenden wir, wie üblich, das Zentimeter, den hundertsten Teil des auf dem internationalen Maß- und Gewichtsbureau niedergelegten Maßstabes von einem Meter Länge.

Als Einheit der Zeit gilt die Sekunde, der $24 \times 60 \times 60 =$ 86400te Teil des »mittleren Sonnentags« (der Zwischenzeit zwischen zwei aufeinanderfolgenden Kulminationen der mittleren Sonne) oder auch der 86164te Teil eines »Sterntages« (die Zwischenzeit zwischen zwei aufeinanderfolgenden Kulminationen irgendeines Sternes).

Bezüglich der Einheit der »Masse« möge — obgleich dieser Begriff erst später entwickelt werden wird — schon hier bemerkt werden:

Die Einheit der Masse ist das Gramm, d. h. die Masse von einem Kubikzentimeter Wasser bei 4^0 C.

Die Gesamtheit dieser drei Einheiten bildet das von den Physikern auf den Kongressen in Paris 1881 und London 1884 angenommene c-g-s-System[1]).

Von mindestens einer dieser drei Grundformen der Welt: Raum, Zeit, Masse, hängt jeder der im folgenden einzuführenden Begriffe und Größen der Mechanik ab. Ihr Zahlenwert wird sich ändern, wenn man den Maßstab für diese Grundformen ändert. Geschieht dies etwa in der Weise, daß man für die Einheit der Länge, der Masse, der Zeit bzw. ihren $^1/\lambda$-, $^1/\mu$-, $^1/\nu$-fachen Betrag annimmt, und ändert sich dabei der Zahlenwert einer vorliegenden mechanischen Größe so, daß er in den bzw. λ^α-, μ^β-, ν^γ-fachen Betrag übergeht, so nennt man die Zahlen α, β, γ die Dimensionen dieser Größe hinsichtlich Länge (l), Masse (m), Zeit (t) und faßt sie unter dem Namen »Dimension« in dem Ausdruck $[l^\alpha m^\beta t^\gamma]$ zusammen. Eine Strecke hat somit die Dimension $[l]$; eine Fläche die Dimension $[l^2]$, ein Raumteil die Dimension $[l^3]$; die Masse eines materiellen Punktes hat die Dimension $[m]$; eine mit Masse bedeckte Strecke die Dimension $[lm]$; eine solche Fläche $[l^2m]$; ein solcher Raumteil $[l^3m]$ usw. — Die Dimensionen anderer Größen bestimmen wir später.

Da die einzelnen Glieder einer Gleichung zwischen mechanischen Größen hinsichtlich der drei Grundzahlen l, m, t als benannter Größen dieselbe Dimension haben müssen, so ist diese Dimensionsbestimmung ein wichtiges Prüfungsmittel für die Richtigkeit einer Gleichung.

---

[1]) In technischen Anwendungen benutzt man auch das von Poncelet 1825 vorgeschlagene Maßsystem, wonach für Länge und Zeit ebenfalls Meter und Sekunde, an Stelle des Maßes für Masse aber ein solches für die Kraft verwandt wird, nämlich das Kilogramm, 1 kg*, das in dieser (auf einem Kongreß in Chicago angenommenen) Bezeichnung den »Druck« bedeutet, den die Masse von einem Kilogramm, 1 kg, in Paris auf ihre Unterlage ausübt (s. Art. 3).

Erster Teil.

Der materielle Punkt.

I. Abschnitt.

Kinematik der geradlinigen Bewegung.

1. Geschwindigkeit.

Wir nehmen im folgenden an, es stünden der Natur entnommene Angaben über einfache, geradlinige und krummlinige, ebene und räumliche Bewegungen von Körpern verschwindend kleiner Dimension (von Massenpunkten), in der Gestalt von Tabellen oder Kurven mit Zeitangaben in einer Sammlung vereinigt, zu unserer Verfügung. Sie mögen sich auf den freien Fall, den Fall auf vorgeschriebener Bahn oder Fläche, die Wurfbewegung, Schwingungen einer elastischen Feder, Pendelbewegung, u. a. auch in einem widerstehenden Mittel beobachtet, beziehen.

Wir beschreiben anderseits durch mathematisch einfache Annahmen definierte Bewegungen, und vergleichen sie mit denen der Sammlung, um auf diese Weise Anhaltspunkte zu erhalten für mögliche Gesetze, die der natürlichen Bewegung zugrunde liegen.

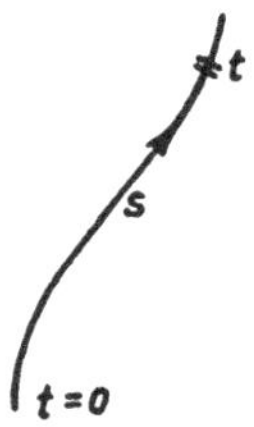

Abb. 1.

Zunächst handelt es sich um die Hilfsmittel zur Beschreibung der Bewegung eines materiellen Punktes[1]) auf bekannter Bahn. Die Bewegung selbst ist bekannt, wenn man die Lage des Punktes für jeden beliebigen Zeitpunkt angeben kann, von einem bestimmten Anfangstermin $t = 0$ ab gerechnet. Bewegt sich der Punkt auf einer gerad- oder krummlinigen Bahn, und ist (Abb. 1), von einem gegebenen Anfangspunkt der Bahnlinie ab gerechnet, s die Länge des Weges, die der Punkt nach Ablauf der Zeit t zurückgelegt hat, so wird sich einer »gesetzmäßigen« Bewegung eine (mit ihrem Differentialquotienten stetige) Funktion $f(t)$ der Zeit zuordnen derart, daß durch die Beziehung

$$s = f(t)$$

---

[1]) Wir nennen öfter den bewegten Punkt, zum Unterschied von dem »Ort«, der »Stelle« im Raum, »materiellen Punkt« (obwohl vorerst seine Masse keine Rolle spielt).

die Lage des Punktes in seiner Bahn für jeden Zeitpunkt t bekannt, diese also bei bekannter Bahnkurve damit beschrieben ist.

Wir machen der Reihe nach einige einfache Annahmen über $f(t)$, indem wir uns vorerst auf geradlinige Bahnen beschränken, für die dann an Stelle der Bogenlänge s die Abszisse x (der Abstand vom Ursprung 0 eines Koordinatensystems mit der X-Achse als Bahnlinie) treten möge.

I. Sei zuerst

$$x = a t, \tag{1}$$

wo a eine Konstante ist. Dann erreicht der bewegliche Punkt nach Ablauf von

$$t = 1, \quad 2, \quad 3, \quad 4 \ldots \text{ Sekunden}$$

die Stellen bzw. in $x =$ a, 2a, 3a, 4a ... Zentimeter Abstand vom Punkt $x = 0$. Er legt also in gleichen Zeiten gleiche Wegestrecken zurück, in jeder Sekunde die Strecke a. Die durch (1) definierte Bewegung heißt »gleichförmig«; die Zahl a gibt die Geschwindigkeit (Raschheit, Schnelle) der Bewegung an, eine Bezeichnung, die, dem Sprachschatz des gewöhnlichen Lebens entnommen, hiermit mathematisch erfaßt wird. Führt man für Geschwindigkeit den Buchstaben v (velocitas) ein, so ist nach dem Gesagten

$$v = a = \frac{x}{t},$$

in Worten: Die Geschwindigkeit eines gleichförmig bewegten Punktes wird gemessen durch den Quotienten aus der durchlaufenen Wegstrecke x geteilt durch die Zeit t, die er zu ihrem Durchlaufen braucht. Die »Dimension« (s. Einleitung) der Geschwindigkeit ist $[l\,t^{-1}]$, weil $v = x/t$ mit der 1. Potenz einer Länge und der negativen 1. Potenz der Zeit proportional ist.

II. Die Bewegung werde durch $x = at^2$ beschrieben. Dann legt der Punkt in

$$t = 1, \quad 2, \quad 3, \quad 4 \ldots \text{ Sekunden}$$

einen Weg von $x = a, \; 4a, 9a, 16a \ldots$ Zentimetern zurück. Seine Geschwindigkeit nimmt also zu. Es erhebt sich die Frage nach einem Maß für die nunmehr wechselnde Geschwindigkeit an irgendeiner Wegstelle oder zu irgendeinem Zeitpunkt.

Um gleich für den allgemeinen Fall, daß die Formel $x = f(t)$ die Bewegung beschreibt, einen für jeden Moment gebräuchlichen mathematischen Ausdruck für die Geschwindigkeit zu erhalten, zerlege man die Sekunde in sehr kleine (etwa gleichgroße) »Zeitelemente« Δt, denen dann vermöge $x = f(t)$ ebensoviele im allgemeinen verschieden große Wegelemente Δx entsprechen werden. Nimmt man nun an, daß die Geschwindigkeit (im oben definierten Sinn) während jedes einzelnen Zeitelements Δt sich gleich bleibt, zunächst aber von Element zu Element ruckweise (unstetig) sich ändert, so läßt sich auf jedes Element die frühere Definition anwenden, und man erhält für den Zeitpunkt t und die Stelle $x = f(t)$, wegen

$$x + \Delta x = f(t + \Delta t),$$

für die Geschwindigkeit den Ausdruck

$$\frac{\Delta x}{\Delta t} = \frac{f(t + \Delta t) - f(t)}{\Delta t}. \qquad (2)$$

Läßt man nun, um die Unstetigkeit der Übergänge wieder zu beseitigen, die Zahl der Zeitelemente, in welche die Sekunde zerlegt wird, unbegrenzt wachsen, und damit diese selbst sowie die Unterschiede aufeinanderfolgender Δx unbegrenzt abnehmen, so ergibt der Grenzübergang in (2) für die Geschwindigkeit v den Wert

$$v = \lim \frac{\Delta x}{\Delta t} = \frac{dx}{dt} = f'(t),$$

wo $f'(t)$ die erste Ableitung der Funktion $x = f(t)$ nach t ist.

Dies ist der allgemeine Ausdruck für die Geschwindigkeit eines Punktes in geradliniger Bahn. Beispielsweise im Fall der durch

$$x = at^2$$

beschriebenen Bewegung ergibt sich

$$v = 2at,$$

d. h. die Geschwindigkeit wächst proportional der Zeit t. Die oben (1) festgestellte Dimension $[lt^{-1}]$ für v ändert sich durch den Grenzübergang in (2) nicht, weil dabei weder Zähler noch Nenner ihre Bedeutung einbüßen.

Die Zeit ist eine immerfort wachsende Größe. Ein kleiner Zeitzuwachs Δt ist also positiv. Dagegen kann längs des Wegelements Δx, das in der Zeit Δt beschrieben wird, von der Stelle x aus der Punkt sich nach der positiven oder negativen Seite entfernen; Δx kann positiv oder negativ sein. Hierdurch ist dann auch das Vorzeichen von v bestimmt. Bewegt sich also ein Punkt in Richtung der positiven X-Achse, so ist seine Geschwindigkeit positiv, wenn in der entgegengesetzten Richtung, negativ.

Aufgabe: Ein Bahnzug von der Länge $a = \overline{HV}$ (Abb. 2) durchfahre mit konstanter Geschwindigkeit q eine geradlinige Strecke. Vom hinteren Ende H des Zuges aus werde durch die umgebende ruhende Luft hindurch, durch die sich der Zug mit der Geschwindigkeit q bewegt, ein akustisches Signal nach dem vorderen Ende V abgeschickt, an diesem reflektiert und von H wieder in Empfang genommen. Welche Zeit ist zwischen Abgang und Rückkunft des Signals verstrichen? Die Fortpflanzungsgeschwindigkeit des Schalles in ruhender Luft sei c.

Lösung: Schall- und Zuggeschwindigkeit subtrahieren sich beim Durchlaufen der Strecke a auf dem Hinweg, addieren sich auf dem Rückweg. Denn ist V_1 die Stelle, die das vordere Zugende V erreicht hat, wenn das Signal dort eintrifft,

Abb. 2.

t_1 die zugehörige Zeit, und hat H in dieser Zeit die Stelle H_1 erreicht, so ist $\overline{HV_1} = c \cdot t_1$; $\overline{HH_1} = q \cdot t_1$ und man hat die Beziehung

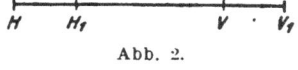

$$\overline{HV_1} - \overline{HH_1} = \overline{H_1 V_1} = a = t_1 (c - q),$$

was die erste Behauptung bestätigt. Man findet ebenso die Gleichung $a = t_2 (c + q)$ für die Zeit t_2 des Rückgangs. Somit ist die ganze verwendete Zeit

$$t_1 + t_2 = \frac{a}{c - q} + \frac{a}{c + q} = \frac{2\,a\,c}{c^2 - q^2} \text{ Sekunden.}$$

Ersetzt man das akustische Signal durch ein optisches, die Bahnzugsgeschwindigkeit durch die der Erde in ihrer Bahn um die Sonne, so wird q gegen c außerordentlich klein; aber ein wenn auch minimaler Unterschied zwischen der für Hin- und Rückgang berechneten Zeit $2ac/(c^2 - q^2)$ und der bei relativ gegeneinander ruhenden Beobachtungsstationen ($q = 0$) sich ergebenden Zeit $2a/c$ müßte sich doch einstellen. Der Umstand, daß dieser Unterschied auch unseren schärfsten Beobachtungsmethoden entgeht, also die Tatsache, daß die Lichtgeschwindigkeit den gleichen Betrag hat, gleichviel, ob der Beobachter sich in der Richtung des Lichtstrahles oder in der entgegengesetzten bewegt, hat zu dem vielerörterten Relativitätsprinzip geführt, welches diesen Widerspruch durch die Annahme erklärt, daß sich beides, Zeitmaß und Längenmaß, bei eintretender Bewegung ändern.

2. Beschleunigung.

Die Zunahme der Geschwindigkeit nennt man in der Sprache des gewöhnlichen Lebens Beschleunigung. Die Mechanik übernimmt diesen Begriff und faßt die Abnahme der Geschwindigkeit, in der Verkehrssprache Verzögerung genannt, als negative Beschleunigung auf. Ist an den benachbarten Stellen x und $x + \Delta x$, die ein Punkt in seiner geradlinigen Bahn in den Zeiten t und $t + \Delta t$ passiert, seine Geschwindigkeit bzw. v und $v + \Delta v$, so ist Δv die Geschwindigkeitszunahme im Intervall Δt, also $\Delta v / \Delta t$ das Maß für die Geschwindigkeitszunahme an dieser Stelle. Ähnlich wie bei der Geschwindigkeitserklärung beseitigt man die Unstetigkeit der Zunahme der Geschwindigkeit von Zeitelement zu Zeitelement durch den Übergang zu verschwindend kleinen Zeitabschnitten Δt und erhält als Ausdruck für die Beschleunigung p (»properatio«):

$$p = \lim \frac{\Delta v}{\Delta t} = \frac{dv}{dt} = \frac{d^2 x}{dt^2} = f''(t), \tag{1}$$

wo $f''(t)$ die zweite Ableitung der Funktion $x = f(t)$ nach t ist. Die Dimension der Beschleunigung ist die von v/t oder $[lt^{-2}]$.

Die vorstehenden Definitionen von Geschwindigkeit und Beschleunigung sind ohne weiteres auf die Bewegung in krummer Bahnlinie übertragbar, nur daß dann an Stelle der Abszisse x die krummlinige Bahnlänge s tritt. Daher ist in krummer Bahn

$$v = \frac{ds}{dt} \qquad (2)$$

die »Geschwindigkeit« und

$$p = \frac{dv}{dt} = \frac{d^2 s}{dt^2} \qquad (3)$$

die »Bahnbeschleunigung« des Punktes an der Stelle s zur Zeit t.

Im Fall der gleichförmigen Bewegung $x = at$ (Beispiel I) ist die Beschleunigung gleich Null.

Im zweiten Beispiel ($x = at^2$) ist die Beschleunigung $2a$ eine Konstante, meßbar also durch den doppelten Weg, der in der ersten Sekunde beschrieben wird.

Wir wenden uns zu einem dritten Beispiel geradliniger Bewegung.

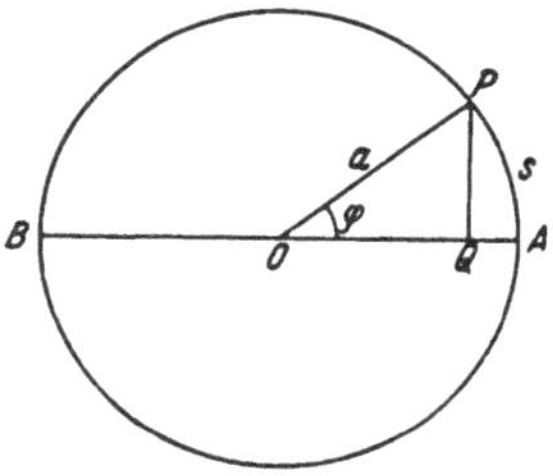

Abb. 3.

III. Ein Punkt P bewege sich mit konstanter Geschwindigkeit c auf einem Kreis vom Halbmesser a. Man soll diejenige geradlinige Bewegung beschreiben, die (Abb. 3) seine (Orthogonal-) Projektion Q auf einem Durchmesser des Kreises (der X-Achse) ausführt, wenn zur Zeit $t = 0$ der Punkt P den Schnittpunkt A der X-Achse mit dem Kreis passiert. — Der Mittelpunkt O des Kreises sei Nullpunkt der X-Achse. Ist φ der Winkel des Radius $\overline{OP}$ mit der X-Achse, so ist der Bogen $\overline{AP} = s = a\varphi$, und $\frac{ds}{dt} = a\frac{d\varphi}{dt} = c$, also $\varphi = \frac{c}{a}t$. Die Lage der Projektion Q zur Zeit t bestimmt sich aus

$$x = a \cos \varphi = a \cos \frac{c}{a} t,$$

wofür wir kürzer, indem wir $c/a = k$ setzen,

$$x = a \cos kt \qquad (4)$$

schreiben wollen. Die so durch eine Kosinusfunktion (oder den Sinus des Komplementwinkels) beschriebene Bewegung längs der X-Achse ist die Sinus- oder harmonische Bewegung (Schwingung, Oszillation). Der Punkt Q schwingt zwischen den Grenzen $+a$ und $-a$ (a die »Schwingungsweite« oder Amplitude) hin und her; seine Geschwindigkeit

$$\frac{dx}{dt} = -ak \sin kt$$

schwankt zwischen $\pm ak$, die Beschleunigung zwischen $\pm ak^2$. Die Bewegung ist eine »periodische«, d. h. sowohl der wechselnde »Ausschlag« (die »Phase«) x wie sein Differentialquotient nach der Zeit nimmt denselben Wert wieder an nach Ablauf der Periode T, die sich ergibt aus

$$x = a \cos kt = a \cos k(t + T) = a \cos(kt + 2\pi)$$

$$\text{zu } T = \frac{2\pi}{k}. \tag{5}$$

T ist die Anzahl von Sekunden, die zu einer Schwingung gehören. Der reziproke Wert von T,

$$\nu = \frac{1}{T}, \tag{5a}$$

hat offenbar die Bedeutung: Anzahl der Schwingungen in einer Sekunde (kurz »Schwingungszahl«), mit dessen Verwendung x die Gestalt annimmt

$$x = a \cos 2\pi\nu t.$$

Die Größe $k = 2\pi\nu$, der Faktor von t, heißt die Frequenz der Schwingung. Die Beschleunigung

$$\frac{d^2 x}{dt^2} = -a k^2 \cos kt = -k^2 x \tag{6}$$

ist negativ für positive x, positiv für negative.

Die Beschleunigung ist also immer nach dem Punkte O gerichtet, seinem Abstand von O proportional, in O selbst gleich Null.

Die Dimension der Größen k und ν ist, weil sowohl Kosinus wie Winkel dimensionslose Zahlen sind, gleich $[t^{-1}]$, die von a ist $[l]$.

Wir werden in der Folge für die ersten und zweiten Ableitungen einer Größe nach der Zeit nach dem Vorgang von Hertz (der hierbei sich Newton anschließt) einen bzw. zwei übergesetzte Punkte verwenden und also schreiben

$$\frac{dx}{dt} = \dot{x}; \quad \frac{ds}{dt} = \dot{s}; \quad \frac{d^2 x}{dt^2} = \ddot{x}; \quad \frac{d^2 s}{dt^2} = \ddot{s}; \text{ usw.}$$

In dieser Bezeichnung lautet die Beziehung (6):

$$\ddot{x} = -k^2 x \tag{6a}.$$

Aufgabe zu dem Begriff Beschleunigung: Längs einer gegen die horizontale Gerade OX (Abb. 4) geneigten Geraden OY bewege sich mit gleichförmiger Geschwindigkeit a ein Punkt Q, der, von einer Lichtquelle L beleuchtet, auf die Gerade OX einen Schatten P wirft. Man soll zeigen, daß sich der Schatten P mit einer Beschleunigung bewegt, die proportional

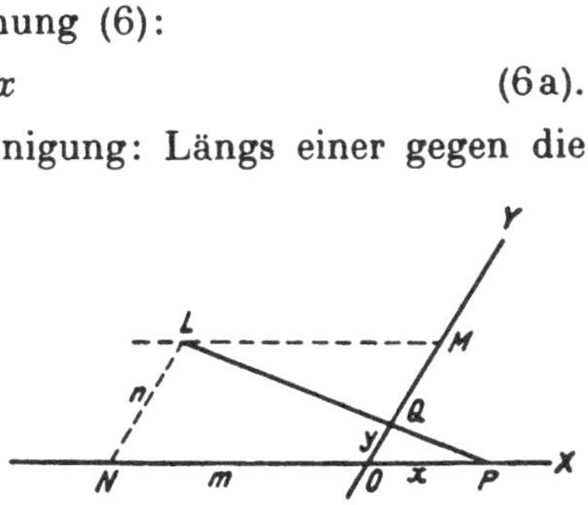

Abb. 4.

ist der dritten Potenz seines Abstandes von einem Punkt N auf der Rückwärtsverlängerung des Strahles OX.

Lösung: Man ziehe $\overline{LM} \parallel \overline{OX}$. Aus der Ähnlichkeit der Dreiecke LQM, PQO folgt, wenn $\overline{NL}$ ($\parallel \overline{MO}$) $= n$, $\overline{LM} = m$ gesetzt wird:

$$\frac{n-y}{m} = \frac{y}{x} \quad \text{oder} \quad x = \frac{my}{n-y} = \frac{mat}{n-at},$$

wo a die Geschwindigkeit des Punktes Q längs der Geraden OY ist. Hieraus aber ergibt sich durch zweimalige Differentiation nach der Zeit:

$$\ddot{x} = \frac{2\,mna^2}{(n-at)^3} = \frac{2\,a^2\,(x+m)^3}{m^2\,n^2}.$$

II. Abschnitt.

Von den Ursachen der Beschleunigung.

3. Das natürliche Vorkommen der im 1. Abschnitt beschriebenen geradlinigen Bewegungen. Druck und Zug.

Den drei bisher beschriebenen Bewegungen lassen sich gewisse natürliche Bewegungen zuordnen, als deren idealisierte Abbilder sie gelten können. Durch diese Gegenüberstellung und die Anwendung der bisherigen »Bewegungslehre« auf das natürliche Vorkommen gehen wir von der Kinetik zur Dynamik, der Lehre von den Kräften, über.

I. Die gleichförmige Bewegung, die durch $x = at$ beschrieben wird, beobachtet man näherungsweise an einem (kleinen) Körper, der (etwa infolge eines Stoßes) über eine horizontale glatte Oberfläche hinweggleitet, und zwar mit um so größerer Annäherung, je besser die auf einander gleitenden Flächen geglättet sind und je geringer der Luftwiderstand ist.

II. Die durch die Formel $x = at^2$ dargestellte gleichförmig beschleunigte Bewegung zeigt ein in luftverdünntem Raum frei fallender Körper. Dies lehren Versuche bei Veränderung der Fallhöhe durch Vergleichen der erforderlichen Zeiten. Auch hier ist die Annäherung um so größer, je kleiner der Luftwiderstand ist. Die Beschleunigung $\ddot{x} = 2a$ ist eine Konstante, die sich aus dem in der ersten Sekunde durchfallenen Weg a (weil für $t = 1$, $x = a$ ist) bestimmt. Hierbei ergeben aber an verschiedenen Orten angestellte Versuche verschiedene Werte für a. In der Nähe des 45. Breitegrades hat am Meeresspiegel die Größe $2a = g$ (gravitas) den Wert

$$g = 981 \text{ cm/sec}^2$$

(wo der Zusatz cm/sec² Maßstab und Dimension von g hinsichtlich Länge und Zeit angibt). Bei Beobachtungen, die weiter vom Mittelpunkt der Erde entfernt angestellt werden, also etwa auf hohen Bergen oder unter Breitegraden, die dem Äquator näher liegen, findet man für g einen kleineren Wert; an Orten näher dem Pol einen größeren. So ist unter dem 40. Breitegrad am Meeresspiegel $g = 980{,}2$; unter 60° $g = 981{,}9$[1]).

Wenn man einen schweren Körper durch Unterstützung oder Befestigen am Fallen hindert, also ihm die Beschleunigung entzieht, die ihn aus dem Zustand der Ruhe auf eine endliche Geschwindigkeit bringen würde, so übt er einen vertikal nach unten gerichteten Druck auf die Unterlage bzw. einen Zug auf die Befestigungsstelle aus. Diese übt ihrerseits auf den Körper einen vertikal nach oben (unten) gerichteten Gegendruck (-zug)[2]) aus, dessen Betrag sich bestimmen läßt, indem man als Unterlage (Befestigungsstelle) die eine Wagschale einer Hebelwage verwendet. Steht unter dem Druck z. B. eines Körpers und von dessen Gegengewicht auf die Schalen der Zeiger der Wage ein, so ändert hieran die Vertauschung der Schalen nichts. Man schließt daraus, daß Druck und Gegendruck den gleichen Betrag haben, und mißt beide durch den Betrag des Gewichts. Man schreibt den Druck, der an die Stelle der Beschleunigung des fallenden Körpers tritt und der die gleiche Richtung hat wie diese, der Einwirkung einer »Kraft«, der Schwerkraft zu, einer verborgen wirkenden Anziehung, welche die Erde oder genauer der Erdmittelpunkt auf ihn ausübt. Derselben Ursache wird man auch die Beschleunigung zuschreiben müssen, die der Körper beim freien Fall erfährt. Bezüglich der Beziehung, in der diese beiden Äußerungen der Schwerkraft: Druck und Beschleunigung — wobei sie also einmal als Druckkraft, das andere Mal als bewegende (treibende) Kraft auftritt — zueinander stehen, lehren Versuche, daß die beiden im selben Verhältnis sich ändern, wenn man denselben Körper in verschiedene Abstände vom Erdmittelpunkt bringt. Bei solchen Versuchen könnte man als Maßstab für die Beschleunigung beispielsweise den in der ersten Sekunde durchfallenen Weg, doppelt gerechnet, verwenden. Zur Vergleichung anderseits von Druckkräften am selben Ort dient wie gesagt die Wage; Druckeinheit ist der Druck, den 1 Gramm, die Masse von einem Kubikzentimeter Wasser (bei 4° C) an einem Erdort, wo $g = 981$ ist, auf seine Unterlage ausübt, oder kurz: Das Gewicht eines Gramms an dieser Stelle. Handelt es sich aber um die Vergleichung von Drucken an verschiedenen Orten der Erdoberfläche, so kann hierfür die Federwage verwendet werden. Sie besteht

[1]) Für die Größe g liefert den genauesten Wert ein Pendel von bekannter Länge, dessen Schwingungsdauer mit g in dem in Art. 26 zu besprechenden Zusammenhang steht.

[2]) »Zwangskraft« nennt ihn M. Planck (Allg. Mechanik 1916 S. 82) im Gegensatz zur »treibenden« (beschleunigenden) Kraft.

aus einer in einem Gehäuse eingeschlossenen elastischen Feder (Abb. 5), deren Zusammendrückung (Ausdehnung) den auf sie ausgeübten Druck (Zug) mißt. Die an einer seitlich angebrachten Skala abzulesende Verkürzung (Verlängerung) ist in weiten Grenzen dem aufgelegten (angehängten) Gewicht proportional.

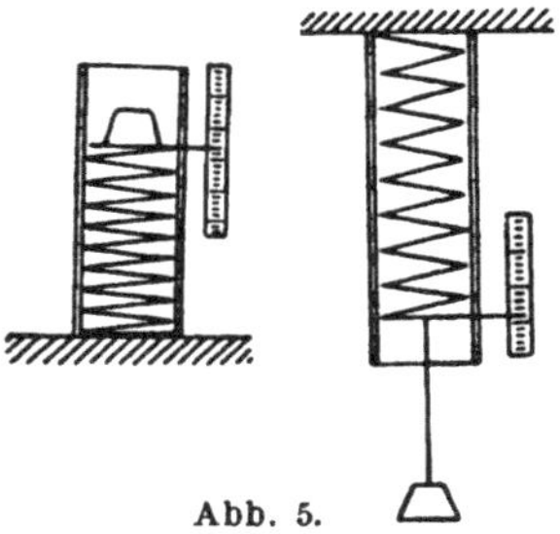

Abb. 5.

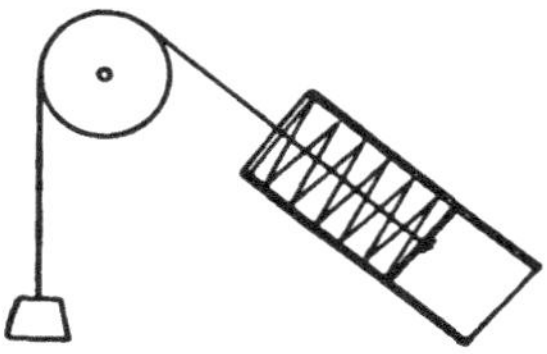

Abb. 6.

Übrigens kann man durch einen über eine Rolle gehenden Faden Druck in Zug verwandeln, überhaupt (Abb. 6) die Richtung des Druckes beliebig abändern. Weil somit Druck und Zug im Wesen nicht verschieden sind, spricht man meist nur von »Druck« und führt »Zug« als negativen Druck ein.

Bringt man eine Masse, etwa in Gestalt eines Gewichtstücks, von einer Stelle der Erdoberfläche, wo sie den Druck G ausübt, und wo die Erdbeschleunigung den bekannten Wert g hat, an eine andere Stelle, wo wiederum der Druck auf die Unterlage (das Gewicht) G_1 durch die Federwage, die Beschleunigung g_1 durch den Weg in der ersten Sekunde bestimmt werde, so zeigt sich allemal die Proportion bestätigt

$$\frac{G}{g} = \frac{G_1}{g_1}.$$

Der Quotient G/g, der bei Benützung desselben Gewichtstückes (derselben »Gewichtmasse«) für alle Stellen der Erdoberfläche eine konstante Größe ist, heißt die (schwere) Masse des Versuchskörpers; man bezeichnet ihn mit m

$$\frac{G}{g} = \frac{G_1}{g_1} = m. \qquad (1)$$

Diese Gleichung beruht also

1. auf einem Versuch mit demselben Gewicht an zwei verschiedenen Erdorten, woraus sich, wenn G, G_1 je der Druck auf die Unterlage ist, $G : g = G_1 : g_1$ ergibt;
2. auf einem Versuch mit zwei verschiedenen Gewichten (Massen) an demselben Erdort, für den je g, g_1 Konstante sind.

Wir stellen schon hier die weiterhin experimentell gefundene Tatsache fest, daß die Körperkonstante »Masse« die Eigenschaft, Proportionalitätsfaktor zwischen dem Druck und der statt seiner eintretenden Beschleunigung zu sein, $mg = G$, nicht nur gegenüber der Schwerkraft besitzt. Die Physik kennt noch andere Ursachen der Beschleunigung eines Körpers, noch andere »Kräfte«, wie die elastische (Feder-)Kraft, die elektrische, magnetische, die Zentrifugalkraft. Auch für sie gilt die Bemerkung, daß die Beschleunigung, die sie an dem Körper hervorbringen, von dem zugehörigen Druck — je in dem oben angegebenen Maße gemessen — sich durch den gleichen Faktor m, die träge Masse des bewegten Körpers, unterscheiden, wie für die Schwerkraft. Näheres darüber in Art. 30.

III. Die durch die Formel $x = a \cos kt$ dargestellte harmonische Bewegung (Oszillation) beschreibt ein Gewicht G, das, am unteren Ende einer vertikal aufgehängten dünnen (nahezu masselosen) Spiralfeder angebracht, aus der Ruhelage O entfernt wird, indem man die Feder durch einen Zug der Hand oder ein abschiebbares Zusatzgewicht um a verlängert und dann sich selbst überläßt. Vergleicht man die Ausschläge x und die Zeiten t, die ihnen entsprechen — was zweckmäßig graphisch durch einen Stift geschieht, der auf eine gleichförmig rotierende Trommel aufschreibt —, so erweist sich (bei nicht zu großer Amplitude a) die Bewegung des Gewichtes G als eine harmonische mit der Ruhelage O als Mittelpunkt. Hält man G an irgendeiner Stelle x seiner Bahn an und bringt ein Zusatzgewicht X an von solcher Größe, daß G die Stelle x nicht mehr verläßt, so ist X das Maß für den Federdruck, der G von dieser Stelle in die Ruhelage O (Abb. 7) treiben würde, weil wenn sich G aus der Lage x nicht entfernt, auf G kein Druck mehr wirkt, Druck und Gegendruck X also gleich sind (s. oben II).

Abb. 7.

Nun findet man aber für jede Stelle x die Beziehung $X : A = x : a$, wenn A das Zusatzgewicht ist, durch das die Rückkehr an der Stelle a verhindert wird. Weil nun nach Art. 2 (6a)

$$\ddot{x} = -k^2 x \tag{2}$$

ist, so ist auch

$$\ddot{x} = -k^2 X \frac{a}{A}.$$

Stellt man nun die gleichen Versuche mit anderen Gewichtsstücken G_1, G_2 usw. an Stelle von G an, sind m_1, m_2 ... deren Massen, so ändert sich zwar die Ruhelage O, von der ab x gerechnet wird, auch a und A, sowie k. Aber den Quotienten A/k^2a findet man je der Masse m proportional, so daß sich bei passend gewähltem Maßstab für den elastischen Federdruck (negativer Zug) X setzen läßt:

$$m\ddot{x} = X, \tag{3}$$

wo m die Masse des schwingenden Endgewichts G ist. Dieser Versuch bestätigt also die oben II a. E. aufgestellte Behauptung. Aber man kann der Gleichung (3) noch eine andere Bedeutung beilegen. Es liegt nahe, eine der beiden Äußerungen der Kraft, Druck oder Beschleunigung, mit dieser ihrer Ursache zu identifizieren. Die Beschleunigung kann hierfür nicht in Betracht kommen. Denn zwei verschiedene Massen erhalten bei derselben Verlängerung der Feder, also bei gleichem Kraftaufwand, verschiedene Beschleunigung. Dagegen steht nichts im Wege, den Druck (Zug), hier den Federdruck, der Kraft, die ihn hervorbringt, gleich zu setzen. Tut man dies, wie es in der Folge geschehen soll, so liefert die Gleichung $m\ddot{x} = X$ die Beziehung zwischen der Beschleunigung und ihrer Ursache, der Kraft.

4. Ursachen stetiger und unstetiger Geschwindigkeitsänderung.

Wir fassen die Ergebnisse der vorstehenden Artikel noch einmal zusammen.

Wenn sich ein Körper an einer Stelle seiner geraden Bahn beschleunigt oder verzögert bewegt, so ist die Ursache dieser Geschwindigkeitsänderung eine äußere, die sich, wenn der Körper an der Bewegung gehindert wird, auch als Druck auf das Hindernis äußern kann. Immer aber erweist sich dann dieser Druck der Beschleunigung als proportional. Man nennt diese Ursache Kraft. Der Proportionalitätsfaktor, durch den sich der Druck von der Beschleunigung unterscheidet, ist eine dem bewegten Körper eigentümliche Konstante, die wir schon im vorigen Artikel in diesem Zusammenhang eingeführt haben: die (träge) Masse des Körpers. Man identifiziert die Kraft in Richtung und Größe mit jenem Druck auf das Hindernis, und somit unterscheidet sich auch Kraft X und Beschleunigung $\ddot{x}$ nur durch den Faktor Masse m:

$$m\ddot{x} = X. \tag{1}$$

Da der Druck im Ruhezustand etwa mittels der Federwage, also leichter zu messen ist als die Beschleunigung, so kann als Grundlage für die Beschreibung einer Bewegung das für den Druck (die Kraft) durch Beobachtung festgestellte Gesetz dienen, das dann bis auf jenen Faktor »Masse« auch für die Beschleunigung gilt. Man findet, daß gerade den in der Natur am meisten vorkommenden Bewegungen sehr einfache Gesetze für die Kraft und damit für die Beschleunigung zugrunde liegen. Wir stellen sie noch einmal, um einige neue vermehrt, zusammen.

1. Da innerhalb weiter Grenzen[1]) eines Versuchsgebiets der Druck, den ein Gewicht auf die Unterlage ausübt, eine Konstante ist, so ist innerhalb dieser Grenzen auch die Beschleunigung der Schwerkraft konstant und also durch $\ddot{x} = g$ darstellbar.

2. Man beschreibt die Bewegung des an einer elastischen Feder aufgehängten Gewichts durch den Ansatz

$$\ddot{x} = -k^2 x.$$

---

[1]) Vgl. den unten Art. 19 beschriebenen Versuch von Jolly.

3. Wir haben uns später eingehend mit der Annahme

$$\ddot{x} = -\frac{a}{x^2}$$

zu beschäftigen, die der Wirkung der »Gravitation«, der Anziehung einer kosmischen Masse auf eine andere, entspricht.

4. Eine häufig auftretende Kraft ist der Widerstand, den auf einen sich bewegenden Körper das ihn umgebende Mittel, wie Luft, Wasser, ausübt. Diese Kraft kann nicht durch Druck in der Ruhelage gemessen werden, weil die Beschleunigung (oder vielmehr Verzögerung), die sie bewirkt, wie Versuche zeigen, mit einer Potenz der Geschwindigkeit des Körpers proportional ist. Man bestimmt sie durch versuchsweise Annahmen (Art. 11) und Vergleichung der Rechnungsergebnisse mit der natürlichen Bewegung.

Um alles dies zu umfassen, wird man für jede in der Natur vorkommende Beschleunigung eines Körpers eine Abhängigkeit desselben von Ort, Zeit und Geschwindigkeit annehmen müssen. Man beschreibt somit die geradlinige Bewegung eines Körpers, die unter dem Einfluß von bekannten einwirkenden Kräften erfolgt, durch eine Differentialgleichung zweiter Ordnung von der Gestalt

$$\ddot{x} = f(x, \dot{x}, t), \tag{2}$$

wo f eine bekannte (für den Umfang der Bewegung mit ihren Differentialquotienten) stetige Funktion der Argumente ist, und nennt (1) die: Bewegungsgleichung des geradlinig bewegten Punktes.

Um zu der endlichen Bewegungsgleichung zu gelangen, hat man diese Differentialgleichung 2. Ordnung zu integrieren, ein Verfahren, durch das bekanntlich zwei willkürliche Konstanten eingeführt werden.

Eine erste Integration führt zu einer Gleichung von der Form

$$\dot{x} = \varphi(x, t, a) \tag{3}$$

für die Geschwindigkeit $\dot{x} = v$, die so als Funktion des Ortes, der Zeit und einer willkürlichen Konstanten a erscheint. Diese Konstante kann man bestimmen, wenn man die Geschwindigkeit $\dot{x}_0 = v_0$ und die Lage x_0 des materiellen Punktes in einem gegebenen Zeitpunkt, etwa zur Zeit $t = 0$, kennt. Denn aus

$$v_0 = \varphi(x_0, o, a)$$

läßt sich die Konstante a berechnen. — Eine zweite Integration führt zu einer Gleichung

$$x = \psi(t, v_0, \beta)$$

für den Ort x als Funktion der Zeit und einer weiteren willkürlichen Konstanten β, die sich nun ihrerseits aus

$$x_0 = \psi(o, v_0, \beta)$$

durch die Anfangslage x_0 ausdrücken läßt. Man erhält durch deren Einführung für x einen Ausdruck von der Form

$$x = x(t, \dot{x}_0, x_0), \tag{4}$$

wo rechts x als Funktionszeichen verwendet ist. — In dem Umfange, in dem Anfangslage oder Anfangsgeschwindigkeit des materiellen Punktes noch willkürlich annehmbar sind, wird daher durch jede der Gleichungen (2), (3) oder (4) eine ganze Gruppe von Bewegungen beschrieben, die zum Vergleich mit den natürlichen Bewegungen zur Verfügung stehen.

Neben der erwähnten »Kraft«, die auf den frei beweglichen materiellen Punkt wirkend eine stetige Änderung seiner Geschwindigkeit hervorruft, führt man noch eine andere Art von Kräften ein: die Stoß- oder Momentankraft, die die Geschwindigkeit des (trägen) Massenpunktes plötzlich (unstetig) um einen endlichen Betrag ändert (wie z. B. der Anstoß, der ein Pendel aus der Ruhelage in Bewegung versetzt).

Man kann die Stoßkraft mit der kontinuierlich wirkenden Kraft dadurch in Beziehung setzen, daß man sie als eine solche von außerordentlich großer Intensität bei verschwindend kleiner Wirkungsdauer auffaßt. Ebenso, wie $m\ddot{x}$ (s. oben) das Maß für die stetig wirkende Kraft (schlechthin mit »Kraft« bezeichnet) ist, ist das Maß für die Stoßkraft

$$\int_{t_0}^{t_1} m\ddot{x}\,dt = m([\dot{x}]_{t_1} - [\dot{x}]_{t_0}) = m v_1 - m v_0, \tag{5}$$

wo t_0 und t_1 zwei sehr nahe benachbarte Zeitpunkte sind, zwischen denen die Geschwindigkeit des Massenpunktes m von v_0 auf v_1 gestiegen ist[1].

Man nennt mv die Bewegungsgröße (den Impuls) eines Massenpunktes m, der die Geschwindigkeit v hat. Das Maß für die Stoßkraft, die auf einen Massenpunkt wirkt, ist also die (unstetige) Zunahme seiner Bewegungsgröße infolge des Stoßes.

Gegenüber der Wirkung einer Stoßkraft kann die einer jeden kontinuierlich wirkenden Kraft vernachlässigt werden.

5. Das Trägheitsgesetz. Übereinanderlagerung von Geschwindigkeiten bzw. Beschleunigungen.

Wenn, wie oben (S. 18) festgestellt wurde, die Ursachen der Beschleunigung eines materiellen Punktes (Körpers von so kleinen Ausmaßen, daß sie gegenüber denen seiner fortschreitenden Bewegung verschwinden) in einer von außen auf ihn wirkenden Kraft zu suchen ist, so bewegt sich ein Körper, auf den weder die Schwerkraft noch irgendeine andere Kraft wirkt, nach Maßgabe der Gleichung

$$\ddot{x} = 0.$$

---

[1]) Umgekehrt läßt sich die Wirkung einer stetig wirkenden Kraft durch die von unendlich vielen unendlich kleinen Stößen ersetzen.

Man erhält durch Integration

$$\dot{x} = v_0,$$

wo v_0 eine Konstante ist. Diese Gleichung sagt aus, daß ein materieller Punkt, auf den keine Kräfte wirken, die Geschwindigkeit, die er zu irgendeiner Zeit besitzt, in Größe und Richtung allezeit beibehält. Dies ist der Inhalt des Trägheitsgesetzes, das Newton in seinen »Principia« (s. S. 2) als lex I an die Spitze seiner Mechanik gestellt hat mit den Worten: »Jeder Körper beharrt im Zustand der Ruhe oder der gleichförmigen geradlinigen Bewegung, wenn er nicht durch einwirkende Kräfte gezwungen wird, seinen Zustand zu ändern.«

Die selbstverständliche Bemerkung, daß, wo $\ddot{x} = 0$ ist, dort $\dot{x}$ konstant, d. h. die Bewegung gleichförmig ist, verwandelt sich auf diese Weise für die natürliche Bewegung in den Satz: Wo keine Kräfte vorhanden sind, dort ist die Bewegung gleichförmig, oder auch: Die Ursache einer Beschleunigung oder Verzögerung des Körpers ist nicht in ihm selbst, sondern in seiner (näheren oder ferneren) Umgebung zu suchen. Dies ist keineswegs selbstverständlich. Es wäre beispielsweise denkbar, daß jede Geschwindigkeit eines Körpers ohne die Einwirkung der Umgebung von selbst mit der Zeit abnähme, wie dies z. B. infolge der Einwirkung der Umgebung geschieht, wenn der Körper sich in einer zähen Flüssigkeit bewegt, wo seine Geschwindigkeit v sofort zum Auftreten einer Verzögerung $\ddot{x} = -kv^n$ (k, n positive Konstante) Anlaß gibt, welche v vermindert[1]). Das Trägheitsgesetz müßte in diesem Fall anders lauten.

Ein Punkt bewege sich gleichmäßig beschleunigt, also nach Maßgabe der Forderung

$$\ddot{x} = g. \tag{1}$$

Dann bedeuten die in den beiden Integralen

$$v = \dot{x} = g\,t + a,$$

$$x = \frac{1}{2} gt^2 + at + b$$

auftretenden willkürlichen Konstanten a, b unmittelbar seine Anfangsgeschwindigkeit und Anfangslage. Denn für $t = 0$ wird

$$\dot{x} = \dot{x}_0 = v_0 = a,$$

$$x = x_0 = b.$$

[1]) Materielle Teilchen von der Größe 10^{-4} bis 10^{-6} cm im Durchmesser bewegen sich im lufterfüllten Raum bei Atmosphärendruck unter dem Einfluß einer konstant wirkenden Kraft mit gleichförmiger Geschwindigkeit. Diese ist der auf sie wirkenden Kraft proportional, und die Zeit bis zur Erreichung dieser Endgeschwindigkeit fällt unter jede meßbare Größe (Ehrenhaft, Physik. Zeitschr. XVIII 1917 S. 354). In diesem Fall würde im Trägheitsgesetz der Zusatz: »oder der . . . Bewegung« wegfallen müssen.

Rechnet man x von dieser Stelle ab, setzt also $b = 0$, so erhält man

$$\dot{x} = g t + v_0 \quad (2)$$

$$x = \frac{1}{2} g t^2 + v_0 t. \quad (3)$$

Diese Gleichungen entsprechen, wie oben (Art. 3, II) erwähnt, der Bewegung eines schweren Körpers auf vertikaler Bahn im luftleeren Raum, wenn die Fallrichtung mit der positiven X-Achse übereinstimmt.

Die in (3) enthaltenen Bewegungen unterscheiden sich wesentlich durch das Vorzeichen der Anfangsgeschwindigkeit v_0 (Abb. 8). In jedem Fall addiert sich die Geschwindigkeit gt, die der Punkt nach Ablauf der Zeit t ohne Anfangsgeschwindigkeit (also für $v_0 = 0$), bloß infolge der Schwerebeschleunigung, erhalten würde, algebraisch zu der Anfangsgeschwindigkeit v_0. Ist v_0 negativ, so überwiegt in dem Ausdruck für die Geschwindigkeit $\dot{x}$ in (2) anfangs die negative Größe v_0, bis zu dem Zeitpunkt t_1, für welchen

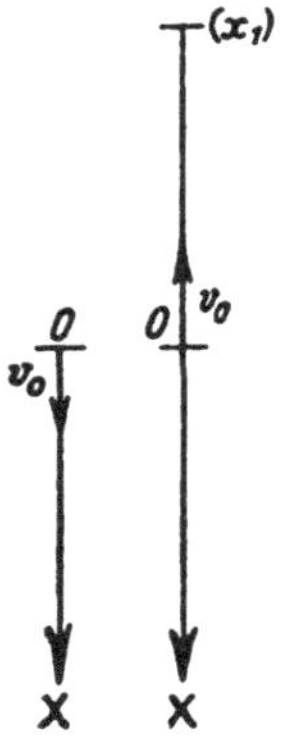

Abb. 8.

$$g t_1 + v_0 = 0 \quad (4)$$

wird. Für größere Werte von t wird $\dot{x}$ positiv. Setzt man den aus (4) sich ergebenden Wert von t_1 in (3) ein, so ergibt sich als Abszisse derjenigen Stelle, wo die Richtung der Bewegung sich umkehrt, als »Steighöhe«:

$$x_1 = \frac{g\, v_0^2}{2 g^2} - \frac{v_0^2}{g} = - \frac{v_0^2}{2 g}.$$

Bei der dann eintretenden Rückwärtsbewegung wird die Ausgangsstelle $x = 0$ wieder erreicht zu einem Zeitpunkt t_2, der sich aus

$$x = 0 = t \frac{(g t + 2 v_0)}{2}$$

als die von $t = 0$ verschiedene Lösung dieser Gleichung ergibt, also für

$$t_2 = - \frac{2 v_0}{g}.$$

Die Geschwindigkeit $\dot{x}_2$, mit der der schwere Punkt die Anfangslage durchfällt, ist

$$\dot{x}_2 = g t_2 + v_0 = - v_0,$$

also ebensogroß wie die Anfangsgeschwindigkeit, nur entgegengesetzt gerichtet.

Aus der Übereinstimmung der natürlichen Fallbewegung unter verschiedenen Anfangsbedingungen mit der durch die Gleichung (1) beschriebenen entnimmt man die Bemerkung, daß die beiden Geschwindigkeiten v_0 und gt, die von verschiedenen Ursachen herrühren, sich gegenseitig nicht beeinflussen, sondern sich algebraisch addieren sich »übereinanderlagern« (superponieren). Die Vermutung liegt nahe, daß das Gesetz der Übereinanderlagerung auch für die Zunahmen der Geschwindigkeit in der Zeiteinheit, die Beschleunigungen gilt, die von verschiedenen gleichzeitig in derselben Richtung wirkenden Kräften herrühren. Beobachtungen über das simultane Wirken solcher Kräfte, wie etwa der Gravitation, der elastischen Federkraft, des Widerstandes eines Mittels, in dem die Bewegung erfolgt, u. a. — zeigen stets die Gültigkeit des Satzes, daß, wenn auf einen materiellen Punkt (in gleicher Richtung zunächst) zwei oder mehrere Kräfte zugleich einwirken, daß dann die von den einzelnen herrührenden Beschleunigungen $\ddot{x}_1(x, \dot{x}, t)$, $\ddot{x}_2(x, \dot{x}, t)$ .... sich algebraisch zu einer »resultierenden« Beschleunigung x zusammensetzen:

$$\ddot{x} = \ddot{x}_1 + \ddot{x}_2 + \cdots,$$

die dann die Bewegung des Körpers beschreibt. Diesem Grundsatz der Mechanik werden wir später noch in allgemeinerer Fassung begegnen.

Hier möge er auf zwei Beispiele angewendet werden. Wir schicken die Bemerkung voraus, daß die Ergebnisse wiederum von der Beobachtung bestätigt werden.

6. Fall im widerstehenden Mittel. Anziehung nach zwei festen Zentren. Gedämpfte harmonische Bewegung.

I. Fall im widerstehenden Mittel. Die Erfahrung lehrt, daß einem in Luft bewegten Körper durch diese eine Verzögerung (negative Beschleunigung) erteilt wird, die (innerhalb gewisser Grenzen der Geschwindigkeit) dem Quadrat der Geschwindigkeit proportional und zu ihr gleichgerichtet ist.

Bewegt sich also ein (schwerer, kleiner) Körper unter der gleichzeitigen Einwirkung dieses Widerstandes und der Schwerkraft vertikal abwärts, so setzt sich, wenn die positive X-Achse nach abwärts gerichtet ist, seine Beschleunigung algebraisch aus

$$\ddot{x}_1 = g; \quad \ddot{x}_2 = -\frac{g}{k^2} v^2$$

zusammen. Sie ist an jeder Stelle

$$\ddot{x} = \ddot{x}_1 + \ddot{x}_2 = g - \frac{g}{k^2} v^2. \tag{1}$$

Ist aber die Bewegung vertikal aufsteigend, so ändert sich der Ausdruck für die Beschleunigung, weil dann der Widerstand des Mittels nach unten, also mit der Schwerbeschleunigung gleichgerichtet ist,

$$\ddot{x}_2 = \frac{g}{k^2} v^2,$$

so daß in diesem Fall

$$\ddot{x} = g + \frac{g}{k^2} v^2 \tag{2}$$

ist. Die Differentialgleichungen (1) (2), welche erst zusammen die geradlinige Bewegung im widerstehenden Mittel beschreiben, sind getrennt zu behandeln.

Führt man in (1) $\dot{x} = v$ als Veränderliche ein, so ergibt sich aus

$$\frac{dv}{dt} = g\left(1 - \frac{v^2}{k^2}\right)$$

$$g\,t = \int \frac{dv}{1 - \frac{v^2}{k^2}} = \frac{k}{2} \log \frac{1 + \frac{v}{k}}{1 - \frac{v}{k}},$$

da sich die auftretende willkürliche Konstante zu Null bestimmt, wenn man annimmt, daß zur Zeit $t = 0$ die Geschwindigkeit $v = 0$ ist. Die Auflösung nach v ergibt

$$v = \frac{dx}{dt} = k \frac{e^{\frac{2gt}{k}} - 1}{e^{\frac{2gt}{k}} + 1} = k \frac{e^{\frac{gt}{k}} - e^{-\frac{gt}{k}}}{e^{\frac{gt}{k}} + e^{-\frac{gt}{k}}}, \tag{3}$$

und hieraus erhält man durch Integration

$$x = \frac{k^2}{g} \log \frac{e^{\frac{gt}{k}} + e^{-\frac{gt}{k}}}{2}, \tag{4}$$

wenn man annimmt, daß zur Zeit $t = 0$ $x = 0$ ist.

Aus (3) ergibt sich, daß für $t \to \infty$, $v = k$ wird. Trotz der beständig wirkenden Beschleunigung g nimmt also die Geschwindigkeit eines im widerstehenden Mittel frei fallenden Körpers nicht unbegrenzt zu, sondern nähert sich dem konstanten Wert $v = k$[1]).

Im Falle des aufsteigenden Körpers ergibt die Gleichung (2)

$$\frac{dv}{dt} = g\left(1 + \frac{v^2}{k^2}\right), \tag{5}$$

und durch Integration

$$\frac{gt}{k} = \int \frac{\frac{1}{k}\,dv}{1 + \frac{v^2}{k^2}} = \operatorname{arctg} \frac{v}{k} - \operatorname{arctg} \frac{v_0}{k} = \operatorname{arctg} \frac{\frac{v}{k} - \frac{v_0}{k}}{1 + \frac{v}{k}\frac{v_0}{k}}, \tag{6}$$

---

[1]) Siehe die Fußnote zu Art. 5.

wenn $v_0 = -|v_0|$ die Geschwindigkeit ist, mit der zur Zeit $t = 0$ der Körper in die Höhe geworfen wurde. Durch Auflösung nach v erhält man

$$\frac{v}{k} = \frac{\frac{v_0}{k} + \operatorname{tg}\frac{gt}{k}}{1 - \frac{v_0}{k}\operatorname{tg}\frac{gt}{k}} = \frac{\frac{v_0}{k}\cos\frac{gt}{k} + \sin\frac{gt}{k}}{-\frac{v_0}{k}\sin\frac{gt}{k} + \cos\frac{gt}{k}},$$

und hieraus, indem man v durch $\dot{x}$ ersetzt und integriert,

$$\frac{x}{k}\cdot\frac{g}{k} = -\log\left(\cos\frac{gt}{k} - \frac{v_0}{k}\sin\frac{gt}{k}\right), \tag{7}$$

wenn wieder für $t = 0$ $x = 0$ angenommen wird. Die Steigzeit t_1 ergibt sich durch Einführung von $v = 0$ in (6) aus

$$\frac{v_0}{k} = -\operatorname{tg}\frac{gt_1}{k},$$

und hieraus mittels (7) die Steighöhe x_1

$$x_1 = -\frac{k^2}{2g}\log\left(1 + \frac{v_0^2}{k^2}\right).$$

Wenn diese erreicht ist, bewegt sich der Punkt abwärts nach Maßgabe der Gleichung (4).

II. Anziehung nach zwei festen Zentren. Der abenteuerliche Roman »De la Terre à la Lune« von Jules Verne legt die folgende Aufgabe nahe: Von einer Stelle der Erdoberfläche, wo der Mond eben im Zenit steht, werde senkrecht aufwärts ein Geschoß geschleudert. Wie groß muß seine Anfangsgeschwindigkeit sein, damit es gerade die Stelle erreicht, wo es zwischen Mond und Erde schweben bleibt?

Der Abstand von Erde und Mond (beide durch ihre Mittelpunkte als Massenpunkte ersetzt) $\overline{EM} = a$ (Abb. 9) beträgt ungefähr $a = 384 \cdot 10^6$ m. Der Erdradius $EO = r$ ist $r = 637 \cdot 10^4$ m, und das Verhältnis der Massen beider Himmelskörper ist $k : k_1 = 80 : 1$. Die Beschleunigungen, die von Erde und Mond einzeln an P hervorgebracht würden, sind, wenn der Weg x von E aus gerechnet wird

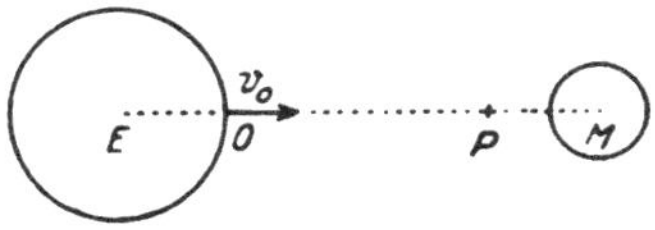

Abb. 9.

$$\ddot{x}_1 = -\frac{k}{x^2}; \quad \ddot{x}_2 = \frac{k_1}{(a-x)^2},$$

die Gesamtbeschleunigung also, die P erfährt, ist

$$\ddot{x} = -\frac{k}{x^2} + \frac{k_1}{(a-x)^2} \tag{1}$$

Durch Multiplikation dieser Differentialgleichung mit

$$\dot{x}\,dt = dx$$

erhält man beiderseits ein vollständiges Differential, dessen Integration die Gleichung ergibt

$$\frac{1}{2}\dot{x}^2 - \frac{1}{2}\dot{x}_0^2 = k\left(\frac{1}{x} - \frac{1}{r}\right) + k_1\left(\frac{1}{a-x} - \frac{1}{a-r}\right), \qquad (2)$$

wo die willkürliche Konstante durch Einführung der Anfangsgeschwindigkeit $v = v_0 = \dot{x}_0$ und der Anfangslage $x = r$ des Geschosses (r = Erdhalbmesser) bestimmt wurde. Für die Gleichgewichtslage $x = \xi$ muß die Beschleunigung verschwinden. Aus (1) erhält man so: $k/\xi^2 = k_1/(a-\xi)^2$ und damit

$$\xi = \frac{a\sqrt{k}}{\sqrt{k} + \sqrt{k_1}}.$$

Setzt man diesen Wert für x in (2) ein, so läßt sich beiderseits die Wurzel ziehen, und man erhält, mit $\dot{x} = 0$ und $\dot{x}_0 = v_0$ für $x = \xi$,

$$v_0 = \sqrt{2}\left(\sqrt{k}\sqrt{\frac{a-r}{ar}} - \sqrt{k_1}\sqrt{\frac{r}{a(a-r)}}\right).$$

Man kann die Konstante k bestimmen aus der Bemerkung, daß für den Ausgangspunkt der Bewegung O an der Erdoberfläche $x = r$ und $\ddot{x} = -g = -9{,}81$ m/sec² ist, daß also $g = k/r^2$ ist.

So erhält man schließlich

$$v_0 = \frac{\sqrt{2gr}}{\sqrt{a(a-r)}}\left(a - r - r\sqrt{\frac{k_1}{k}}\right) = 11100 \text{ m/sec},$$

also eine Geschwindigkeit von über 11 Kilometern, mit der das Geschoß die Erde verlassen muß. Dabei ist der Luftwiderstand noch nicht berücksichtigt.

III. Die gedämpfte harmonische Bewegung: Die harmonische Schwingung (Art. 3, III) werde gedämpft durch den Widerstand des umgebenden Mittels, wie ihn z. B. die Linse eines in Luft schwingenden Pendels erfährt, deren Bewegung bei kleinen Schwingungen nahezu als geradlinig gelten kann. Bei der nur geringen Geschwindigkeit, die diese Bewegung besitzt, ist der Widerstand der ersten Potenz der Geschwindigkeit proportional. Die Beschleunigung ist also[1])

$$\ddot{x} = -a^2 x - 2b\dot{x}, \qquad (1)$$

wo a und b Konstanten sind: a^2 die Beschleunigung, welche von der in die Ruhelage zurückführenden (etwa elastischen Feder-) Kraft im Ab-

[1]) Da das den Widerstand darstellende Glied $-2b\dot{x}$ mit der Geschwindigkeit sein Vorzeichen wechselt, gilt die Gleichung (1) auch für die Rückschwingung (vgl. Art. 5).

stand 1 herrührt; b die Verzögerung infolge des Widerstandes, wenn die Geschwindigkeit $= 1/2$ ist. — Eine partikuläre Lösung der Differentialgleichung (1) ist

$$x = A e^{\lambda t}, \tag{2}$$

wo A eine beliebige Konstante ist und die Konstante λ sich durch Einsetzen dieser Lösung in (1) bestimmt. Man erhält

$$\lambda^2 + 2 b \lambda + a^2 = 0. \tag{3}$$

Wir wollen annehmen, daß der Widerstand so klein gegen die elastische Kraft sei, daß $\sqrt{a^2 - b^2} = n$ eine reelle Größe ist. Dann sind die Wurzeln der Gleichung (3) komplexe Größen $\lambda = -b \pm ni$, und das allgemeine Integral der Gleichung (1) ist von der Form

$$x = e^{-bt} (A \cos nt + B \sin nt).$$

Die willkürlichen Konstanten A, B bestimmen sich aus der Anfangsbedingung, daß zur Zeit $t = 0$ etwa $x = 0$ und $\dot{x} = v_0$ sei. Dann ergibt sich $A = 0$ und $B = v_0/n$, und es wird $x = \frac{v_0}{n} e^{-bt} \sin nt$. Aus $\dot{x} = v_0 e^{-bt} (\cos nt - (b/n) \sin nt)$ ergibt sich die Zeit für die Umkehrung der Bewegung durch Nullsetzen des Klammerausdrucks mit $\sin nt = n/a$. Ist $t = \tau$ die kleinste positive Lösung dieser Gleichung, so ist die allgemeinste $t = \tau + k\pi/n$ mit $k = 0, 1, 2 \ldots$, und die aufeinanderfolgenden Amplituden (Art. 2), entsprechend den Werten $nt = 0, \pi, 2\pi, \ldots$ sind

$$(v_0/a)\, e^{-b\tau} \left[1, -e^{-\frac{b\pi}{n}}, \; +e^{-\frac{2b\pi}{n}}, \; - \ldots\ldots\right],$$

nehmen also, absolut genommen, beständig ab und nähern sich mit wachsender Zeit der Null. Die Abnahme ihrer Logarithmen, das »logarithmische Dekrement« (Gauß'-Werke V, S. 335), ist durch die konstante Größe $b\pi/n$ dargestellt.

III. Abschnitt.

Freie ebene Bewegung.

7. Geschwindigkeit in krummer Bahn.

Bevor wir die Grundgesetze für die Bewegung, die im vorstehenden durch Vergleichung natürlicher geradliniger Bewegungen mit denen durch die Formeln beschriebenen gefunden wurden, auf die krummlinige Bewegung ausdehnen und damit in ihre endgültige Fassung bringen, möge wieder ein Abschnitt über die Geometrie (Kinematik) der krummlinigen Bewegung, die von den Bewegungsursachen absieht, und zwar zunächst der ebenen, eingeschaltet werden.

Man kann die krummlinige ebene Bewegung eines Punktes P durch Angabe der Bewegung seiner Projektionen[1]) auf die Achsen eines recht-winkligen (Rechts-) Koordinatensystems beschreiben. Die Koordinaten von P stellen sich dann als Funktionen der Zeit t dar in der Form:

$$\begin{aligned} x &= x\,(t) \\ y &= y\,(t), \end{aligned} \tag{1}$$

wo rechts x, y als Funktionszeichen verwendet sind und für den betrachteten Zeitraum stetige, differenzierbare Funktionen darstellen. Die Gleichung der Bahnkurve des Punktes selbst erhält man durch Elimination von t aus den Gleichungen (1). Man kann aber auch das Gleichungspaar (1) als »Kurvengleichung in Parameterform« auffassen.

Die beiden Ableitungen

$$\dot{x} = \frac{dx}{dt}, \quad \dot{y} = \frac{dy}{dt}$$

geben die Geschwindigkeiten an, mit denen sich die Projektionen auf den Achsen bewegen. Man bezeichnet nun als *Geschwindigkeit des Punktes* P in seiner *gekrümmten Bahn* diejenige (nach Richtung und absolutem Betrag zu bestimmende) Größe, deren Orthogonal-projektion auf die X, Y-Achse bzw. $\dot{x}$, $\dot{y}$ sind. Aus $\dot{x}$ und $\dot{y}$ als Katheten läßt sich ein rechtwinkliges Dreieck herstellen, dessen Hypotenuse $v = \sqrt{\dot{x}^2 + \dot{y}^2}$ den »Betrag« der Geschwindigkeit ergibt, während der Richtungswinkel α gegen die X-Achse sich aus

$$\cos\alpha = \frac{\dot{x}}{v}; \quad \sin\alpha = \frac{\dot{y}}{v}$$

bestimmt. Umgekehrt geben v und α die »Komponenten« $\dot{x}$, $\dot{y}$, d. h. die Orthogonalprojektionen der durch eine Strecke von der Länge v dar-gestellten Geschwindigkeit. Ist $ds = \sqrt{dx^2 + dy^2}$ das Linienelement[2]) der Bahnkurve an der betrachteten Stelle, so hat man für v^2 den Ausdruck

$$v^2 = \left(\frac{dx}{dt}\right)^2 + \left(\frac{dy}{dt}\right)^2 = \left(\frac{ds}{dt}\right)^2 = \dot{s}^2.$$

Die Geschwindigkeit gehört zu den »gerichteten Größen« oder *Vektoren*, die in der Mechanik der ebenen und der räumlichen Be-wegung eine große Rolle spielen. Man pflegt Vektoren mit deutschen Buchstaben zu bezeichnen, die Geschwindigkeit im besonderen durch $\mathfrak{v}$. Zur Definition des Vektors $\mathfrak{v}$ verwenden wir die oben erklärten Kompo-

---

[1]) Unter »Projektion« schlechthin verstehen wir *senkrechte* (Orthogonal-) Projektion.

[2]) Eine den heutigen Anschauungen der Infinitesimalrechnung entsprechende Einführung in diese und andere im Text oft verwendeten *Begriffe der Geometrie* findet man z. B. in H. v. Mangoldt, Einführung in die Höhere Mathematik 2. Aufl. (1921—23) II, Nr. 123ff.

nenten $\dot{x}$, $\dot{y}$, die man wohl auch mit $\mathfrak{v}_x$, $\mathfrak{v}_y$ bezeichnet, und schreiben demgemäß

$$\mathfrak{v} = (\dot{x}, \dot{y}) = (\mathfrak{v}_x, \mathfrak{v}_y).$$

Mit dem (absoluten) Betrag v, den wir auch durch Einschließen des Vektors $\mathfrak{v}$ in zwei Striche bezeichnen

$$v = \sqrt{\mathfrak{v}_x^2 + \mathfrak{v}_y^2} = \sqrt{\dot{x}^2 + \dot{y}^2} = |\mathfrak{v}|$$

und dem Richtungswinkel α hängen die Komponenten zusammen durch die Gleichungen

$$\dot{x} = v \cos \alpha; \quad \dot{y} = v \sin \alpha.$$

Weiter unten werden die in dieser Vorlesung gebrauchten Sätze der räumlichen Vektorrechnung im Zusammenhange dargestellt werden. Hier nehmen wir einige auf Vektoren in der Ebene bezügliche Bemerkungen voraus.

1. Einen Vektor mit den Projektionen $\mathfrak{a}_x$, $\mathfrak{a}_y$ auf den Achsen eines rechtwinkligen Koordinatensystems

$$\mathfrak{a} = (\mathfrak{a}_x, \mathfrak{a}_y) \tag{2}$$

stellt man geometrisch durch eine gerichtete Strecke mit ihrem durch eine Pfeilspitze angedeuteten Sinn dar. Der Anfangspunkt der Strecke ist beliebig, wie denn überhaupt Vektoren (schlechthin) parallel mit sich selbst verschiebbar sind. Aus den Komponenten $\mathfrak{a}_x$, $\mathfrak{a}_y$ setzt sich der Betrag

$$|\mathfrak{a}| = \sqrt{\mathfrak{a}_x^2 + \mathfrak{a}_y^2} \tag{3}$$

zusammen, der mit ihnen und dem Richtungswinkel α durch die Beziehungen verbunden ist

$$\cos \alpha = \frac{\mathfrak{a}_x}{|\mathfrak{a}|}; \quad \sin \alpha = \frac{\mathfrak{a}_y}{|\mathfrak{a}|}.$$

Im Gegensatz zu Vektoren heißen Größen, die (bei gegebenen Maßeinheiten) durch eine reine (positive und negative) Zahl (ohne Richtungsangabe), eine Skala, bestimmt sind, »Skalare«. Demnach sind $\mathfrak{a}_x$, $|\mathfrak{a}|$, $\cos \alpha$ usw. Skalare.

2. Wie sich $\mathfrak{a}$ aus den Komponenten $\mathfrak{a}_x$, $\mathfrak{a}_y$ zusammensetzt, so läßt sich umgekehrt durch Herstellung eines Parallelogramms, dessen Diagonale der Vektor $\mathfrak{a}$ ist, dieser in zwei beliebig vorgegebenen Richtungen X', Y' zerlegen. Bilden diese ebenfalls ein Rechtssystem, und ist α der Neigungswinkel der Achse X' gegen X, so bestehen zwischen den Komponentenpaaren

$$\mathfrak{a} = (\mathfrak{a}_x, \mathfrak{a}_y) = (\mathfrak{a}_{x'}, \mathfrak{a}_{y'})$$

die bekannten Transformationsformeln

$$\begin{aligned} \mathfrak{a}_{x'} &= \mathfrak{a}_x \cos \alpha + \mathfrak{a}_y \sin \alpha \\ \mathfrak{a}_{y'} &= -\mathfrak{a}_x \sin \alpha + \mathfrak{a}_y \cos \alpha. \end{aligned}$$

3. Unter der Summe von zwei Vektoren

$$\mathfrak{c} = \mathfrak{a} + \mathfrak{b} \tag{4}$$

versteht man einen Vektor $\mathfrak{c}$, dessen Komponenten nach den Achsen eines Koordinatensystems sich aus denen der Einzelvektoren $\mathfrak{a}$, $\mathfrak{b}$ additiv zusammensetzen:

$$\begin{aligned} \mathfrak{c}_x &= \mathfrak{a}_x + \mathfrak{b}_x \\ \mathfrak{c}_y &= \mathfrak{a}_y + \mathfrak{b}_y. \end{aligned} \tag{4a}$$

Durch Konstruktion erhält man die Summe $\mathfrak{c} = \mathfrak{a} + \mathfrak{b}$, indem man $\mathfrak{a}$ und $\mathfrak{b}$ so aneinanderlegt, daß sie vermöge ihrer Pfeilrichtungen einen Zug bilden (Abb. 10). Die dritte Seite des aus ihnen gebildeten Dreiecks ist dann $\mathfrak{c}$, und zwar mit der der Fortsetzung jenes Zuges entgegengesetzten Pfeilrichtung. Die Differenz $\mathfrak{d} = \mathfrak{a} - \mathfrak{b}$ stellt sich als die Summe der Vektoren $\mathfrak{a}$ und $-\mathfrak{b}$ dar (Abb. 10).

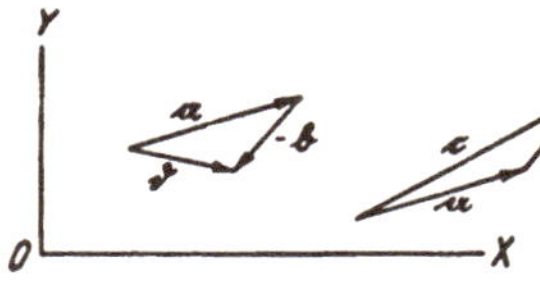

Abb. 10.

Von der Verwendung dieses zeichnerischen Hilfsmittels (der geometrischen Addition) wird unten (Art. 13, 14) noch eingehender die Rede sein. Wir kehren zu den Anwendungen zurück.

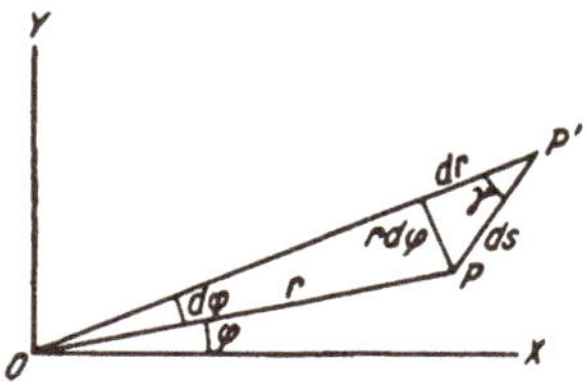

Abb. 11.

Wie man den Vektor »Geschwindigkeit« $\mathfrak{v} = (\mathfrak{v}_x, \mathfrak{v}_y)$ in die Achsenrichtungen eines rechtwinkligen Koordinatensystems zerlegt, so kann man ihn auch (man denke an die Bewegung eines Punktes P in krummer Bahn) in die von Stelle zu Stelle wechselnden Richtungen: Radiusvektor $\overline{OP} = r$ vom Pol O eines gegebenen Polarkoordinatensystems nach P (Abb. 11) und die Richtung senkrecht dazu (Rechtssystem) zerlegen. Man erhält die Komponenten wie folgt: Die Fahrstrahlen nach den Endpunkten des Linienelements $\overline{PP'} = ds$ vom Pol O aus mögen die Längen $\overline{OP} = r$ und $\overline{OP'} = r + dr$ haben und den Winkel $d\varphi$ einschließen. ds bilde mit $\overline{OP'}$ den Winkel γ. Wie $\mathfrak{v}$ so läßt sich das Linienelement ds selbst als Vektor auffassen. Es werde in dieser Eigenschaft, mit dem Sinne von $\mathfrak{v}$ versehen, durch $d\mathfrak{s}$ bezeichnet. Dann entnimmt man der Figur die Zerlegung

$$\dot{\mathfrak{s}} = \frac{d\mathfrak{s}}{dt} = \mathfrak{v} = \left(\frac{dr}{dt}, \frac{r\,d\varphi}{dt}\right) = (\dot{r}, r\dot{\varphi}), \tag{5}$$

woraus sich

$$|\mathfrak{v}| = \sqrt{\dot{r}^2 + r^2\dot{\varphi}^2} \tag{6}$$

ergibt. Sind $\mathfrak{r}$ und $\mathfrak{r} + d\mathfrak{r}$ die zu den Nachbarpunkten P, P' der Bahn gehörigen Fahrstrahlvektoren, so liefert die geometrische Addition:

$d\mathfrak{s} = (\mathfrak{r} + d\mathfrak{r}) - \mathfrak{r} = d\mathfrak{r}$; daher drückt sich die Geschwindigkeit vektoriell durch die Zunahme des Fahrstrahlvektors aus

$$\mathfrak{v} = \dot{\mathfrak{r}}. \tag{7}$$

Aus (6) und (7) folgt

$$|\mathfrak{v}| = \left|\frac{d}{dt}\mathfrak{r}\right| \neq \frac{d}{dt}|\mathfrak{r}| = \dot{r}.$$

Differentation und Betragbildung eines Vektors sind also **nicht** miteinander vertauschbare Operationen.

Aufgabe: Eine horizontale Kreisscheibe drehe sich um ihren Mittelpunkt mit gleichförmiger »**Winkelgeschwindigkeit**« (Geschwindigkeit eines Punktes im Abstand 1 vom Drehpunkt) ω. Ein Geschoß werde längs eines Radius der Scheibe von einem Punkt A desselben aus mit der (konstant bleibenden) Geschwindigkeit v geschleudert. Welche seitliche Abweichung vom Radius wird das Geschoß nach Ablauf des Zeitelements t haben, wenn dieses klein ist im Verhältnis zur Zeit einer Umdrehung? Anwendung auf die Bewegung eines Geschosses, das auf der nördlichen Erdhalbkugel im Breitegrad $\beta = 45^0$ längs eines Meridians mit 800 m Geschwindigkeit 45 Kilometer weit nach Süden geworfen wird.

Lösung: Vermöge der Geschwindigkeit v würde das Geschoß auf der **nicht** gedrehten Scheibe von der Stelle A aus ($\overline{OA} = a$, wo O der Drehpunkt) (Abb. 12), die um $\overline{OA} = a$ vom Drehpunkt entfernt ist, die Strecke $\overline{AB} = b = v \cdot t$ durchfliegen. Vermöge der Drehung allein würde es von A nach D gebracht, wenn $\sphericalangle AOD = \varphi = \omega t$ ist. Das Geschoß durchläuft also, wenn ω sehr klein ist, die Diagonale $\overline{AC}$ des Rechtecks $ABCD$. Die Abweichung $\overline{EC}$ von dem Punkt E, den B nach der Zeit t erreicht, berechnet man aus

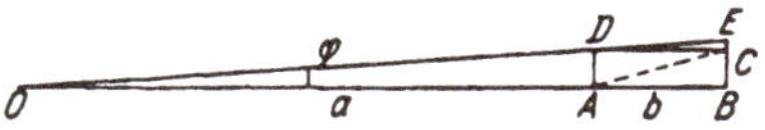

Abb. 12.

$$\overline{EC} = \overline{EB} - \overline{CB} = (a + b)\,\omega\, t - a\,\omega\, t = b\,\omega\, t = \frac{\omega\, b^2}{v}.$$

In der Anwendung ist die Winkelgeschwindigkeit ω die der Erde um ihre Achse, also (s. Einleitung S. 7)

$$\omega = 2\,\pi/86164;\; b = 45000 \sin\beta = 45000\sqrt{\frac{1}{2}};\; v = 800 \sin\beta,$$

je in Metern ausgedrückt, daher die seitliche Ablenkung $\overline{EC} = 130$ m (ungefähr).

8. Beschleunigung in krummer Bahn.

Wie die Geschwindigkeit, so ist auch die Beschleunigung eines Punktes P, der sich in der Ebene bewegt, ein Vektor, der sich aus den

Beschleunigungen $\mathfrak{p}_x$, $\mathfrak{p}_y$ der geradlinig längs der Achsen X, Y sich bewegenden Projektionen von P als Komponenten zusammensetzt,

$$\mathfrak{p} = (\mathfrak{p}_x, \mathfrak{p}_y) = (\ddot{x}, \ddot{y}).$$

Der Richtungswinkel β von $\mathfrak{p}$ und der »Betrag«

$$p = |\mathfrak{p}| = \sqrt{\ddot{x}^2 + \ddot{y}^2}$$

hängen mit dem Komponenten $\ddot{x}$, $\ddot{y}$ zusammen durch die Beziehungen

$$\cos\beta = \frac{\ddot{x}}{p}\,; \quad \sin\beta = \frac{\ddot{y}}{p}.$$

Aber während die Geschwindigkeit $\mathfrak{v}$ immer in die Richtung des Bahnelements $d\mathfrak{s}$ fällt, ist dies mit der Beschleunigung nicht mehr der Fall. Man erkennt die Beziehung, in der die Beschleunigung zu dieser Richtung steht, und ihren merkwürdigen Zusammenhang mit der Krümmung der Bahn, wenn man $\mathfrak{p}$ in die (von Stelle zu Stelle wechselnde) Richtung von Tangente und Normale an die Bahnkurve zerlegt. Man nennt diese Richtungen (mit denen vorzugsweise Euler arbeitet) wohl auch die natürlichen Achsenrichtungen der Stelle. Nimmt man die Richtung der wachsenden Bahnlänge (Abb. 13) zur positiven Tangentenrichtung T, diejenige von P nach dem Krümmungsmittelpunkt der Bahnkurve zur positiven Normalenrichtung N, ist α der Winkel, den die Tangente T mit der X-Achse einschließt, β der der Beschleunigung $\mathfrak{p}$ mit der X-Achse, so schließt $\mathfrak{p}$ mit T den Winkel $\beta - \alpha$ ein, und die Projektionen von $\mathfrak{p}$ auf T bzw. N sind

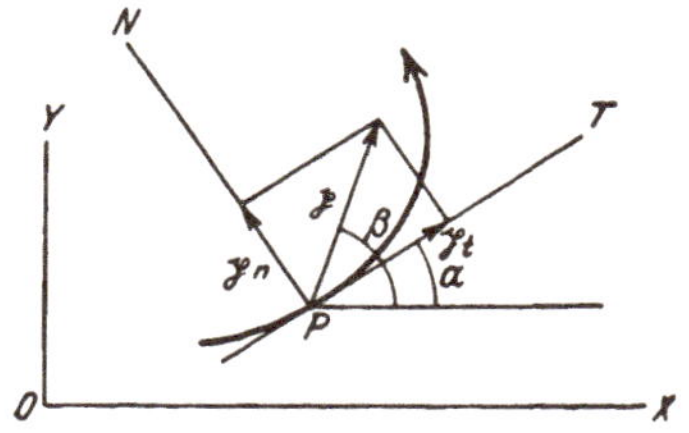

Abb. 13.

$$\mathfrak{p}_t = p\cos(\beta - \alpha)$$
$$\mathfrak{p}_n = p\sin(\beta - \alpha),$$

oder ausgeführt

$$\mathfrak{p}_t = \cos\alpha \cdot p\cos\beta + \sin\alpha \cdot p\sin\beta$$
$$= \frac{\dot{x}}{\dot{s}}\,\ddot{x} + \frac{\dot{y}}{\dot{s}}\,\ddot{y},$$
$$\mathfrak{p}_n = \cos\alpha \cdot p\sin\beta - \sin\alpha \cdot p\cos\beta$$
$$= \frac{\dot{x}}{\dot{s}}\,\ddot{y} - \frac{\dot{y}}{\dot{s}}\,\ddot{x}.$$

Nun läßt sich der Krümmungshalbmesser ϱ der Bahnkurve in Differentialquotienten $\dot{x}$, $\dot{y}$, $\ddot{x}$, $\ddot{y}$, $\dot{s}$ auf folgende Weise darstellen. Weil

$$\frac{d^2 y}{d x^2} = \frac{d}{d x}\left(\frac{d y}{d x}\right) = \frac{d}{d x}\left(\frac{\dot{y}}{\dot{x}}\right) = \frac{d t}{d x} \cdot \frac{d}{d t}\left(\frac{\dot{y}}{\dot{x}}\right)$$
$$= \frac{1}{\dot{x}}\,\frac{\dot{x}\,\ddot{y} - \dot{y}\,\ddot{x}}{\dot{x}^2},$$

und weil man durch Differentiation aus

$$\dot{x}^2 + \dot{y}^2 = \dot{s}^2$$
$$\dot{x}\,\ddot{x} + \dot{y}\,\ddot{y} = \dot{s}\,\ddot{s}$$

erhält, so wird

$$\varrho = \frac{\left[1+\left(\frac{dy}{dx}\right)^2\right]^{\frac{3}{2}}}{\frac{d^2y}{dx^2}} = \frac{(\dot{x}^2+\dot{y}^2)^{\frac{3}{2}}}{\dot{x}\,\ddot{y}-\dot{y}\,\ddot{x}} = \frac{\dot{s}^3}{\dot{x}\,\ddot{y}-\dot{y}\,\ddot{x}},$$

und hiermit

$$\mathfrak{p}_t = p\cos(\beta - \alpha) = \frac{1}{\dot{s}}(\dot{x}\,\ddot{x}+\dot{y}\,\ddot{y}) = \ddot{s} = \frac{d^2s}{dt^2} = \dot{v};$$

$$\mathfrak{p}_n = p\sin(\beta - \alpha) = \frac{\dot{x}\,\ddot{y}-\dot{y}\,\ddot{x}}{\dot{s}} = \frac{\dot{s}^2}{\varrho} = \frac{v^2}{\varrho}.$$

Diese Zerlegung gibt die folgende Darstellung von $\mathfrak{p}$ durch die Komponenten $\mathfrak{p}_n$, $\mathfrak{p}_t$

$$\mathfrak{p} = (\mathfrak{p}_n, \mathfrak{p}_t) = \left(\frac{v^2}{\varrho}, \ddot{s}\right). \tag{1}$$

Wenn man den früher für die geradlinige Bewegung erschlossenen Standpunkt, daß in der Natur die Beschleunigungen durch Kräfte veranlaßt werden, die auf den bewegten Körper (materiellen Punkt) wirken, auch für die krummlinige Bewegung beibehält, wie dies später geschieht, so kann man die Komponenten $\mathfrak{p}_n$ und $\mathfrak{p}_t$ in folgender Weise deuten. Kommt ein materieller Punkt an der Stelle (P) mit der bekannten Geschwindigkeit v in Richtung der Tangente an, so wird die Änderung seiner Geschwindigkeit in Richtung der Bahn, die »Bahnbeschleunigung«, durch $\ddot{s} = \dot{v}$ bestimmt. Die Komponente $\mathfrak{p}_n = v^2/\varrho$ dagegen für sich allein bewirkt die Krümmung $1/\varrho$ der Bahnlinie.

Die Komponente $\dot{v}$ in Richtung der Tangente heißt die Bahnbeschleunigung des Punktes; die in der Normalen nach dem Krümmungsmittelpunkt gerichtete v^2/ϱ heißt Zentripetalbeschleunigung (die Zentrifugalbeschleunigung ist ihr entgegengesetzt gerichtet).

Die Zerlegung der Beschleunigung in Richtung des Radiusvektors eines Polarkoordinatensystems und senkrecht dazu wird unten (Art. 13) vorgenommen werden.

9. Beispiele und Aufgaben. Wurfbewegung.

1. Wie bewegt sich in der XY-Ebene ein Punkt P, der die Zentralprojektion eines auf einer Schraubenlinie gleichförmig gleitenden Punktes Π ist, wenn sich das Projektionszentrum auf der Achse der Schraubenlinie befindet und die XY-Ebene zu ihr senkrecht steht?

Man soll die Gleichung der ebenen Bahnkurve sowie Richtung und Größe der Beschleunigung bestimmen.

Lösung: Man mache den Punkt O zum Ursprung eines räumlichen rechtwinkligen Koordinatensystems (eines Rechtssystems, Abb. 14), dessen Z-Achse die Schraubenaxe ist, und dessen X-Achse durch den Schnittpunkt der Schraubenlinie mit der XY-Ebene geht. Die Koordinaten ξ, η, ζ des auf der Schraubenlinie gleitenden Punktes lassen sich, wenn a, φ Polarkoordinaten des entsprechenden Kreispunktes in der XY-Ebene (Halbmesser a) sind, darstellen durch

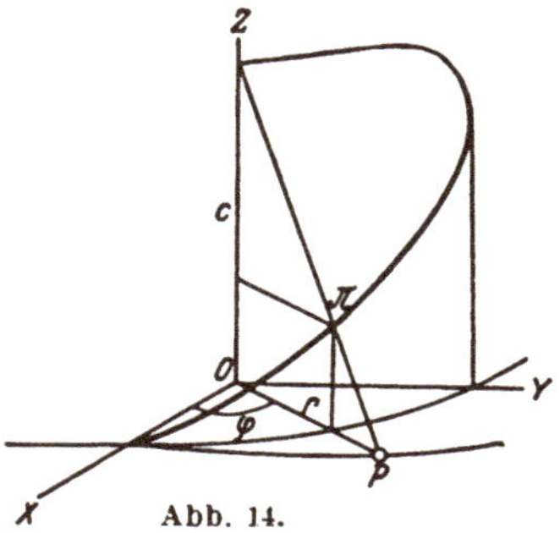

Abb. 14.

$$\xi = a\cos\varphi$$
$$\eta = a\sin\varphi$$
$$\zeta = b\varphi.$$

Die Forderung der gleichförmigen Bewegung auf der Schraubenlinie ergibt

$$d\xi^2 + d\eta^2 + d\zeta^2 = (a^2 + b^2)\,d\varphi^2 = m^2\,dt^2,$$

wo m eine Konstante ist. Hieraus erhält man $\varphi = mt/\sqrt{a^2 + b^2}$, wenn für $t = 0$ $\varphi = 0$ ist. Das Projektionszentrum befinde sich in der Höhe c über der XY-Ebene. Dann ist

$$\frac{r}{a} = \frac{c}{c-\zeta} = \frac{c}{c - b\varphi} = \frac{1}{1 - a\lambda t},$$

wenn $\lambda = bm/ac\sqrt{a^2 + b^2}$ gesetzt wird. Die Gleichungen

$$r = a/(1 - a\lambda t), \quad \varphi = mt/\sqrt{a^2 + b^2} = nt \tag{1}$$

beschreiben die Bewegung der Projektion in der XY-Ebene. Die Kurve ist eine hyperbolische Spirale. Um die Komponenten der Beschleunigung längs der Koordinatenachsen X, Y zu finden, bilde man durch Differentiation von

$$x = r\cos nt$$
$$y = r\sin nt$$

die Größen $\dot{x}$, $\dot{y}$, $\ddot{x}$, $\ddot{y}$. Man erhält mit Hilfe von

$$\dot{r} = \frac{a^2\lambda}{(1 - a\lambda t)^2} = r^2\lambda; \quad \ddot{r} = 2\lambda^2 r^3$$

$$\ddot{x} = (2\lambda^2 r^2 - n^2)\, r\cos nt - 2\lambda n r^2 \sin nt$$

$$\ddot{y} = (2\lambda^2 r^2 - n^2)\, r\sin nt + 2\lambda n r^2 \cos nt.$$

Der Punkt P bewegt sich also mit einer in Richtung und Größe veränderlichen Beschleunigung, deren Betrag $|\mathfrak{p}| = r\sqrt{4\lambda^4 r^4 + n^4}$ sich noch einfacher aus der Zerlegung von $\mathfrak{p}$ in Richtung des Radiusvektors und senkrecht dazu berechnet. Diese Komponenten $\mathfrak{p}_r$, $\mathfrak{p}_\varphi$ ergeben sich aus

$$\mathfrak{p}_r = \quad \ddot{x}\cos\varphi + \ddot{y}\sin\varphi = (2\lambda^2 r^2 - n^2)\, r$$
$$\mathfrak{p}_\varphi = -\ddot{x}\sin\varphi + \ddot{y}\cos\varphi = 2\lambda n r^2,$$

und damit der Winkel γ der Beschleunigung gegen den Radiusvektor aus $\operatorname{tg}\gamma = \mathfrak{p}_r/\mathfrak{p}_\varphi$. — Allgemein werden die Ausdrücke für $\mathfrak{p}_r$ und $\mathfrak{p}_\varphi$ unten (in Art. 13) angegeben werden.

2. Ein in der Ebene freibeweglicher Punkt P besitze eine Beschleunigung von dem konstanten Betrag $|\mathfrak{p}| = 1$. Welche Funktion der Zeit bestimmt den Richtungswinkel von $\mathfrak{p}$ gegen eine feste Gerade, wenn der Punkt sich ohne Zwang auf einem Kreis vom Halbmesser 1 bewegt?

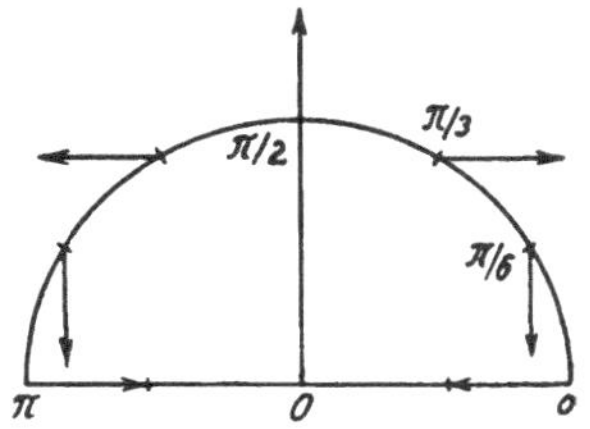

Abb. 15.

Lösung: Es empfiehlt sich die Zerlegung von $\mathfrak{p}$ in $\mathfrak{p}_t$ und $\mathfrak{p}_n$ (Tangente und Normale der Bahnkurve) vorzunehmen. Ist (Abb. 15) der Mittelpunkt des beschriebenen Kreises Pol eines Polarkoordinatensystems r, φ, so ist (S. 33)

$$\mathfrak{p}_t = \ddot{s} = \ddot{\varphi}; \quad \mathfrak{p}_n = \dot{s}^2 = \dot{\varphi}^2.$$

Die Forderung des konstanten Betrages ergibt

$$|\mathfrak{p}_t|^2 + |\mathfrak{p}_n|^2 = \ddot{\varphi}^2 + \dot{\varphi}^4 = 1.$$

Eine partikuläre Lösung dieser Differentialgleichung ist

$$\dot{\varphi} = \pm 1; \quad \ddot{\varphi} = 0.$$

Sie liefert die gleichförmige Bewegung des Punktes auf dem Kreis. Ist aber $\dot{\varphi}$ nicht konstant, so substituiere man in

$$\ddot{\varphi} = \sqrt{1 - \dot{\varphi}^4}$$
$$\dot{\varphi} = \cos\psi.$$

Man erhält

$$dt = -\frac{1}{\sqrt{2}}\,\frac{d\psi}{\Delta\psi},$$

wenn

$$-\frac{1}{\sqrt{2}}\,\dot{\psi} = \sqrt{1 - \frac{1}{2}\sin^2\psi} = \Delta\psi$$

gesetzt wird.

ψ ist also eine elliptische Funktion von t,

$$\psi = am\left(2K - t\sqrt{2}, \sqrt{\frac{1}{2}}\right), \quad \text{wo } K = \int_0^{\frac{\pi}{2}} \frac{d\psi}{\Delta\psi}$$

ist, wenn man annimmt, daß für $t = 0$ $\psi = \pi$, also $\dot{\varphi} = -1$ ist.

Ferner sei für $\psi = \pi$, $\varphi = 0$. Wegen

$$d\varphi = \dot\varphi\, dt = -\frac{\cos\psi\, d\psi}{\sqrt{2\Delta\,\psi}} = -d \operatorname{arc\,sin}\left(\sqrt{\frac{1}{2}}\sin\psi\right)$$

ist

$$\sin\varphi = -\frac{1}{\sqrt{2}}\sin\psi,$$

also

$$\cos\psi = \dot\varphi = \sqrt{1-2\sin^2\varphi}$$
$$\ddot\varphi = -2\sin\varphi\cos\varphi,$$

und hiermit

$$\mathfrak{p}_n = \dot\varphi^2 = \cos 2\varphi$$
$$\mathfrak{p}_t = \ddot\varphi = -\sin 2\varphi.$$

Hieraus bestimmt sich (Art. 8) $\mathfrak{p}_x = -\cos 3\varphi$, $\mathfrak{p}_y = -\sin 3\varphi$. Der Wechsel in der Richtung der Beschleunigung wird durch die beistehende Figur veranschaulicht.

Weil φ in den Grenzen $-\frac{\pi}{4} \ldots +\frac{\pi}{4}$ eingeschlossen ist, wenn $\dot\varphi$ reell sein soll, so oszilliert der Punkt auf dem Bogenstück $-\frac{\pi}{4} \ldots 0 \ldots +\frac{\pi}{4}$

Den bisher beschriebenen Bewegungen entsprechen, abgesehen von dem ersten Fall der Aufgabe 2, keine solchen in der Natur. Dagegen bildet die folgende die das tägliche Leben beherrschende Bewegung der schweren Körper ab.

3. Die Wurfbewegung: **Alle ebenen Bewegungen zu bestimmen, für welche die Beschleunigung nach Richtung und Größe konstant ist.**

Lösung: Nimmt man eine Parallele zu dieser Richtung zur negativen Y-Achse, so handelt es sich darum, alle Bewegungen, für welche

$$\ddot x = 0; \quad \ddot y = -g \tag{1a}$$

ist, bei konstantem g zu finden; also um die Integration der simultanen Differentialgleichungen (1). Man erhält

$$\begin{aligned} \dot x &= a; & \dot y &= -gt + b \\ x &= at + a_1; & y &= -\frac{1}{2}gt^2 + bt + b_1, \end{aligned} \tag{2}$$

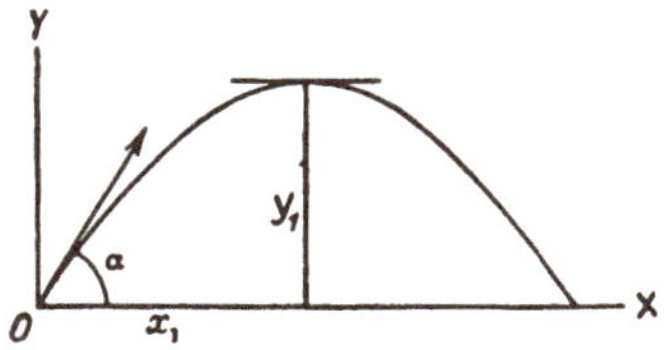

Abb. 16.

wo a, b, a_1, b_1 willkürliche Konstanten sind. Verlegt man den Ausgangspunkt der Bewegung in den Ursprung des Achsenkreuzes, so daß also für $t = 0$, $x = y = 0$ ist, so werden a_1, b_1 zu Null. In

$$x = at; \quad y = -\frac{1}{2}gt^2 + bt \tag{3}$$

bedeuten dann wegen (2) die Konstanten a, b die Komponenten der Anfangsgeschwindigkeit $\mathfrak{v}_0$. Es ist also

$$\mathfrak{v}_0 = (a, b).$$

Die durch die Formel (3) beschriebene Bewegung weist ein (im luftleeren Raum) geschleudertes Geschoß auf, das durch die Schwerkraft die Beschleunigung g erfährt, wenn seine Anfangsgeschwindigkeit

$$v_0 = \sqrt{a^2 + b^2}$$

und der Elevations- (Richtungs-)winkel des Geschützes α ist, wo

$$\cos\alpha = \frac{a}{v_0}, \quad \sin\alpha = \frac{b}{v_0}$$

ist. Man hat die Richtigkeit der obigen Deutung vielfach durch Versuche festgestellt, welche die erhaltenen Formeln um so genauer bestätigen, je mehr die Versuche den hier angenommenen Umständen (Bewegung im luftleeren Raum, verschwindend kleines Wurfgeschoß) angepaßt sind.

Multipliziert man die Gleichungen (1) mit $\dot{x}\,dt$ bzw. $\dot{y}\,dt$ und addiert sie, so ergibt sich

$$\frac{1}{2}\,d\,(\dot{x}^2 + \dot{y}^2) = -g\,\dot{y}\,d\,t = -g\,dy,$$

eine Gleichung, deren Integration ohne weiteres

$$\frac{1}{2}\,v^2 = -g\,y + h$$

ergibt, wo die Konstante h sich aus der Bedingung, daß für $y = 0$, $v = v_0$ ist, zu $h = \frac{1}{2}\,v_0^2$ berechnet, so daß

$$\frac{1}{2}\,(v^2 - v_0^2) = -g\,y \tag{4}$$

wird.

Noch andere versuchsweise zu prüfende Ergebnisse erhält man, wenn man t aus den Gleichungen (3) eliminiert. Es ergibt sich dann als Gleichung der Bahnkurve

$$y = -\frac{g\,x^2}{2\,a^2} + \frac{b\,x}{a}$$

oder

$$y - \frac{b^2}{2\,g} = -\frac{g}{2\,a^2}\left(x - \frac{a\,b}{g}\right)^2,$$

also die Gleichung einer Parabel in der Gestalt

$$-2\,p\,(y - y_1) = (x - x_1)^2,$$

wo

$$y_1 = \frac{b^2}{2\,g}; \quad p = \frac{a^2}{g}; \quad 2\,x_1 = \frac{2\,a\,b}{g} = \frac{v_0^2 \sin 2\,\alpha}{g}$$

ist, und y_1 die größte Erhebung über den Horizont (also die Wurfhöhe), p den Parameter der Parabel und $2x_1$ die horizontale Wurfweite bedeutet. Bei gleichbleibender Anfangsgeschwindigkeit v_0 ändert sich die Wurfweite mit dem Elevationswinkel α und erreicht ihr Maximum für $\sin 2\alpha = 1$, also für $\alpha = 45^0$. Die verschiedenen Parabeln, die bei gleichem v_0 den verschiedenen Werten von α entsprechen, haben alle als Direktrix die Parallele zur X-Achse im Abstand

$$h = y_1 + \frac{p}{2} = \frac{v_0^2}{2g}.$$

Man beweist leicht, daß diese Parabeln von einer anderen eingehüllt werden, die jene Direktrix berührt. Die Bahngeschwindigkeit

$$v = \sqrt{a^2 + \dot{y}^2}$$

hat im obersten Punkt der Wurfparabel ihren kleinsten Wert, weil dort $\dot{y} = 0$ ist; umgekehrt ist dort die Krümmung der Bahnkurve am größten.

4. Aufgabe: Von einem hohen Berg im Erdäquator werde in der Ebene desselben horizontal ein Geschoß geschleudert. Welche Geschwindigkeit v muß es erhalten, damit es gerade einen Kreis um den Erdmittelpunkt beschreibt? Vom Luftwiderstande wird abgesehen.

Lösung: Die durch die Geschwindigkeit v und den Erdhalbmesser R bestimmte vertikale Komponente der Beschleunigung des bewegten Punktes, nämlich die Zentrifugalbeschleunigung (Art. 8 a. E.) der gekrümmten Geschoßbahn, muß gerade so groß sein wie die Erdbeschleunigung g_a am Äquator ($g_a = 9{,}78$ m/sec²).

Ist dort der Erdhalbmesser $R = 638 \cdot 10^4$ m, so hat man für v die Bestimmungsgleichung

$$\frac{v^2}{R} = g_a; \quad v = \sqrt{R\, g_a} = 7{,}9 \text{ km/sec}.$$

IV. Abschnitt.

Freie räumliche Bewegung.

10. Die Kraft. Resultantenbildung. Die Bewegungsgleichungen.

In der Formel $\mathfrak{p} = (0, -g)$ für die ebene Bewegung, die in der dritten Aufgabe des vorigen Artikels gedeutet und mit natürlichen Bewegungen verglichen worden ist, befindet sich eine ganze Mannigfaltigkeit von Bewegungen vereinigt: der freie Fall, der Wurf senkrecht aufwärts und der Flug des Projektils, die sich alle aus besonderen Annahmen über die Anfangsgeschwindigkeit ableiten lassen. Wie in diesem Beispiel so faßt man allgemein die natürlichen Bewegungen zu Gruppen zusammen, deren jede durch dasselbe bekannte Gesetz für die Beschleunigung bestimmt ist, während die einzelnen Bewegungen der Gruppe sich durch die Anfangswerte von Lage und Geschwindigkeit unterscheiden.

Die Beschleunigung eines materiellen Punktes ist ein räumlicher Vektor, der durch seine nähere oder fernere Umgebung bestimmt wird, und der dabei von Ort, Zeit und seiner eigenen Geschwindigkeit in nicht immer leicht erkennbarer Weise abhängt. Indem man diese Umgebung versuchsweise abändert, gelingt es oft, die Ursachen, deren Zusammenwirken die Beschleunigung (Kraft) bestimmt, zu isolieren und auf solche zurückzuführen, die einzeln durch ein einfaches Gesetz dargestellt werden (Einzelkräfte). Das Zusammenwirken solcher bekannten Einzelkräfte erfolgt dann erfahrungsgemäß in der Weise, daß die ihnen entsprechenden Beschleunigungsvektoren sich geometrisch (d. h. als Vektoren Art. 7) addieren. Mit dieser Bemerkung wird die schon oben bei der geradlinigen Bewegung hervorgehobene Eigenschaft der Geschwindigkeit und ebenso der Beschleunigung, daß beim Zusammenwirken mehrerer die einzelnen voneinander unabhängig bleiben, bestätigt und auf räumliche Verhältnisse übertragen.

Ein Körper also, der seine Beschleunigung verschiedenen Kräften verdankt, die ihm einzeln die Beschleunigungen $\mathfrak{p}_1, \mathfrak{p}_2, \mathfrak{p}_3, \ldots$ erteilen würden, bewegt sich so, als ob ihm die Beschleunigung

$$\mathfrak{p} = \mathfrak{p}_1 + \mathfrak{p}_2 + \mathfrak{p}_3 + \cdots \tag{1}$$

erteilt wäre. Oder wenn jede Beschleunigung durch ihre Komponenten längs der Achsen X, Y, Z eines rechtwinkligen räumlichen Koordinatensystems ersetzt wird, in welchem die Komponenten der Beschleunigung $\mathfrak{p}_1 = (\ddot{x}_1, \ddot{y}_1, \ddot{z}_1)$, $\mathfrak{p}_2 = (\ddot{x}_2, \ddot{y}_2, \ddot{z}_2)$ usw. sind, so sind die Komponenten der wirklich eintretenden Beschleunigung

$$\begin{aligned} \ddot{x} &= \ddot{x}_1 + \ddot{x}_2 + \ddot{x}_3 + \cdots \\ \ddot{y} &= \ddot{y}_1 + \ddot{y}_2 + \ddot{y}_3 + \cdots \\ \ddot{z} &= \ddot{z}_1 + \ddot{z}_2 + \ddot{z}_3 + \cdots, \end{aligned} \tag{2}$$

wo nun wieder die Einzelbeschleunigungen von der Lage und der Geschwindigkeit des Massenpunktes in bekannter Weise abhängen, so daß also die Komponenten

$$\begin{aligned} \ddot{x} &= \ddot{x}\,(x, y, z;\ \dot{x}, \dot{y}, \dot{z};\ t) \\ \ddot{y} &= \ddot{y}\,(x, y, z;\ \dot{x}, \dot{y}, \dot{z};\ t) \\ \ddot{z} &= \ddot{z}\,(x, y, z;\ \dot{x}, \dot{y}, \dot{z};\ t) \end{aligned} \tag{3}$$

bekannte Funktionen $\ddot{x}$, $\ddot{y}$, $\ddot{z}$ der Klammergrößen sind.

Das Problem, die Bewegung des Punktes zu beschreiben, besteht dann in der Integration dieser drei simultanen Differentialgleichungen 2. Ordnung und der Deutung ihrer Integrale unter Einführung von Annahmen über die Anfangslage und Geschwindigkeit, die (wie in Art. 4) zur Bestimmung der sechs willkürlichen Konstanten, welche die Integration des Systems (3) mit sich bringt, zu verwenden sind. Darüber im folgenden Artikel Weiteres.

Wie von den Beschleunigungen so gilt auch von den Geschwindigkeiten, daß mehrere sich wie Vektoren »geometrisch« addieren, oder, wie man es auch ausdrückt, es gilt das Gesetz von der Übereinanderlagerung kleinster (»elementarer«) Wirkungen (natürlich je nur von gleichartigen: Geschwindigkeiten unter sich, usw.).

Wenn ein Körper an der Bewegung gehindert wird, tritt, wie oben gesagt, ein Druck auf (etwa durch eine Federwage zu messen), der sich (Art. 3, 4) der Beschleunigung, die er erteilt, proportional und mit ihr gleichgerichtet erweist, von ihr sich durch den Faktor »Masse« (des bewegten Körpers) unterscheidet, und den wir oben (Art. 3) als Maß der »Kraft«, der Ursache beider (der Beschleunigung und des Druckes) verwendet haben. Auch für die räumliche Bewegung wollen wir den Druck als Maß der Kraft ansehen. Wir erhalten somit, wenn wir den Druck oder die Kraft (als Vektor) mit dem deutschen Buchstaben $\mathfrak{P}$ bezeichnen, die Beschleunigung wieder mit $\mathfrak{p}$, als ein der Natur entnommenes Gesetz die vektorielle Beziehung

$$\mathfrak{P} = m\mathfrak{p}, \tag{4}$$

wo m die (träge) Masse (Art. 3, II) des Körpers (Massenpunktes) ist. Diese Gleichung, in Komponenten längs der Achsen des rechtwinkligen Koordinatensystems zerlegt, liefert das System der Bewegungsgleichungen für den Massenpunkt m

$$m\ddot{x} = X;\quad m\ddot{y} = Y;\quad m\ddot{z} = Z, \tag{5}$$

(wenn $\mathfrak{P}$ die Komponenten X, Y, Z hat), die aussagen, daß die Beschleunigung eines Körpers der beschleunigenden Kraft $\mathfrak{P}$ proportional und mit ihr gleichgerichtet ist. Indem man sich der Bezeichnung des Art. 4 erinnert und die Größe

$$m\mathfrak{p} = \frac{d}{dt}(m\mathfrak{v}) = \mathfrak{P} \tag{4a}$$

als Zuwachs des Impulses in der Zeiteinheit einführt, erhält man die Newtonsche Fassung: Die Änderung des Impulses[1]) ist der beschleunigenden (treibenden) Kraft proportional und findet in der Richtung statt, in der die Kraft wirkt. Die Gleichung (4a) wird daher statt Bewegungsgleichung auch Impulsgleichung (Impulssatz) genannt. Wegen (4) stellen sich den Gleichungen (1), (2) für die Zusammensetzung (Übereinanderlagerung) gleichzeitig erteilter Beschleunigungen eben solche für die entsprechenden Kräfte $\mathfrak{P}$ an die Seite.

---

[1]) Das Wort »motus« in Newtons lex secunda ist mit »Bewegungsgröße« (Impuls) zu übersetzen und wird bei der Beschreibung der natürlichen Bewegungen dem abstrakten Begriff »Geschwindigkeit« vorgezogen.

Wirken auf einen Körper gleichzeitig die Kräfte $\mathfrak{P}_1 = (X_1, Y_1, Z_1)$; $\mathfrak{P}_2 = (X_2, Y_2, Z_2)$; ..., wo die Klammern die Komponenten der Kräfte in Richtung der Achsen eines Raumkoordinatensystems bedeuten, so bewegt sich der Körper so, als ob auf ihn die eine Kraft

$$\mathfrak{P} = \mathfrak{P}_1 + \mathfrak{P}_2 + \mathfrak{P}_3 + \cdots \tag{6}$$

mit den Komponenten

$$X = X_1 + X_2 + \ldots; \; Y = Y_1 + Y_2 + \ldots; \; Z = Z_1 + Z_2 + \ldots \tag{7}$$

wirke. Die Kraft $\mathfrak{P}$ heißt die Resultante aus den Kräften $\mathfrak{P}_1, \mathfrak{P}_2, \ldots$; die Einzelkräfte $\mathfrak{P}_1, \mathfrak{P}_2, \ldots$ heißen ihre Komponenten. Verschwindet die Resultante von $\mathfrak{P}_1, \mathfrak{P}_2, \ldots$, so halten diese Kräfte sich gegenseitig im Gleichgewicht, und man kann jede von ihnen, z. B. $\mathfrak{P}_1$, negativ genommen, als die Resultante der übrigen auffassen, weil sich die Gleichung (6) dann in die Form bringen läßt

$$-\mathfrak{P}_1 = \mathfrak{P}_2 + \mathfrak{P}_3 + \cdots$$

Als »Komponenten« haben auch die in die Achsen eines Koordinatensystems fallenden Projektionen einer Kraft zu gelten, die sich auch als Vektoren auffassen lassen. Die Gleichungen (6), (7), die nach dem Vorstehenden eine Beobachtungstatsache enthalten, sagen insbesondere für zwei Kräfte den Satz vom Parallelogramm der Kräfte aus. Wie die Zusammensetzung mehrerer Kräfte zu einer Resultante geometrisch zu bewirken ist, wird im Anschluß an die in Art. 8 angegebene geometrische Addition für zwei und mehr Kräfte in Art. 45 besprochen werden.

Wir bemerken hier nur noch, daß die schon in (3) angegebenen Differentialgleichungen für die Bewegung eines materiellen Punktes nichts anderes als die von dem Faktor Masse (dieses Punktes) befreiten Bewegungsgleichungen für einen Punkt sind, die man erhält, wenn man in (6) $\mathfrak{P}$ durch $m\mathfrak{p}$ ersetzt, also die Gleichungen

$$m\mathfrak{p} = \mathfrak{P}_1 + \mathfrak{P}_2 + \cdots = \mathfrak{P}; \tag{6a}$$

oder in Koordinatenform

$$\begin{aligned} m\ddot{x} &= X_1 + X_2 + \cdots &= X(x, y, z; \dot{x}, \dot{y}, \dot{z}; t) \\ m\ddot{y} &= Y_1 + Y_2 + \cdots &= Y(x, y, z; \dot{x}, \dot{y}, \dot{z}; t) \\ m\ddot{z} &= Z_1 + Z_2 + \cdots &= Z(x, y, z; \dot{x}, \dot{y}, \dot{z}; t). \end{aligned} \tag{7a}$$

11. Die Form der Integrale. Wurfbewegung im widerstehenden Mittel.

Bezüglich der Integrale der im vorigen Artikel aufgestellten Bewegungsgleichungen des materiellen Punktes wurde schon oben gesagt, daß sie die Form haben werden

$$\begin{aligned} x &= x(t; x_0, y_0, z_0; \dot{x}_0, \dot{y}_0, \dot{z}_0) \\ y &= y(t; x_0, y_0, z_0; \dot{x}_0, \dot{y}_0, \dot{z}_0) \\ z &= z(t; x_0, y_0, z_0; \dot{x}_0, \dot{y}_0, \dot{z}_0), \end{aligned} \tag{1}$$

wo die rechtsstehenden Funktionen von t: $x(t)$, $y(t)$, $z(t)$ noch von der Anfangslage (x_0, y_0, z_0 für $t = 0$) und der Anfangsgeschwindigkeit ($\dot{x}_0$, $\dot{y}_0$, $\dot{z}_0$) abhängen, also von sechs Größen, die an Stelle der sechs willkürlichen Konstanten treten, welche die Integration mit sich bringt.

Von der durch die Gleichungen (1) beschriebenen Bewegung in der nächsten Umgebung einer Stelle $P = (x, y, z)$ der Bahnkurve, für die man die Geschwindigkeit $\mathfrak{v}$ kennt, mit der der Punkt sie zur Zeit t passiert, kann man sich folgende Vorstellung machen.

Man nehme die Gleichungen für die Geschwindigkeit und Beschleunigung

$$\mathfrak{v} = \frac{d\mathfrak{s}}{dt}, \quad \mathfrak{p} = \frac{d\mathfrak{v}}{dt} \tag{2}$$

für sehr kleine endliche Zuwächse Δt, $\Delta \mathfrak{s}$, $\Delta \mathfrak{v}$ von Zeit, Bogenelement und Geschwindigkeit in Anspruch und konstruiere mittels

$$\Delta_1 \mathfrak{s} = \mathfrak{v} \Delta t$$

das Linienelement $\Delta_1 \mathfrak{s}$, das der Punkt beschreiben würde, wenn er sich mit der Geschwindigkeit $\mathfrak{v}$ gleichförmig weiterbewegte. Würde sich anderseits der Punkt von P aus (Abb. 17), als seiner Ruhelage, unter dem Einfluß bloß der Kraft $\mathfrak{P} = m\mathfrak{p}$ herausbewegen, so könnte man, unter der Annahme, daß sich in dem Zeitteilchen Δt die Beschleunigung $\mathfrak{p} = \frac{\mathfrak{P}}{m}$ wie eine konstante Größe verhält (also etwa ebenso, wie die Beschleunigung g der Schwerkraft) ohne weiteres die Strecke $\Delta_2 \mathfrak{s}$ angeben, die der Punkt zurücklegen würde, wenn er keine Anfangsgeschwindigkeit hätte. Sie ist (Art. 5)

$$\Delta_2 \mathfrak{s} = \frac{1}{2} \mathfrak{p} \Delta t^2.$$

Nach dem Gesetz nun von der Übereinanderlagerung simultaner Wirkungen (Art. 10) ist dann das wirklich durchlaufene Wegelement

$$\Delta \mathfrak{s} = \Delta_1 \mathfrak{s} + \Delta_2 \mathfrak{s} = \mathfrak{v} \Delta t + \frac{1}{2} \mathfrak{p} \Delta t^2, \tag{3}$$

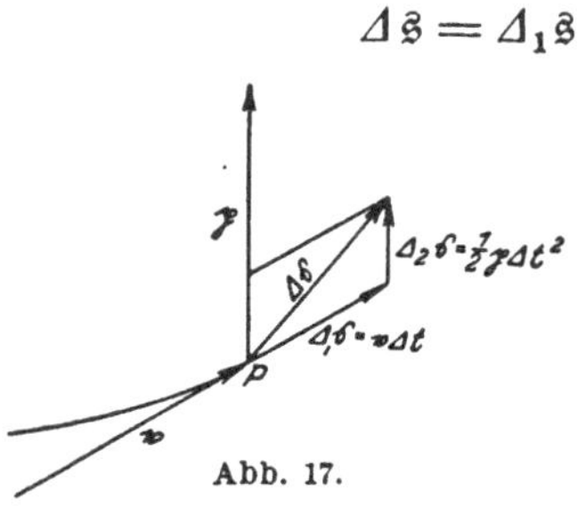

Abb. 17.

ein Vektor, der wieder in drei Komponenten längs der Koordinatenachsen zerfällt. — **Konstruktiv** wird hiernach $\Delta \mathfrak{s}$ durch die dritte Seite eines aus $\Delta_1 \mathfrak{s}$ und $\Delta_2 \mathfrak{s}$ gebildeten Dreiecks dargestellt (Abb. 17). In dieser Weise fortfahrend kann man Element für Element ein gewisses Stück der Bahnkurve annähernd bestimmen. Diese auf die Benützung der **ersten** Glieder einer Potenzreihenentwicklung sich beschränkende Konstruktion — eine Art graphischer Integration — wird um so genauere Ergebnisse haben, je kleiner die verwendeten Zeitelemente Δt sind.

Beispiel: Wurfbewegung im widerstehenden Mittel. Ein Geschoß, als materieller Punkt gedacht, bewege sich unter der gleichzeitigen Einwirkung der Schwerkraft und eines widerstehenden Mittels, wie Luft, das seine Geschwindigkeit vermindert. Wir wollen annehmen (was durch Versuche bestätigt wird), daß die Verzögerung durch den Luftwiderstand dem Quadrat der Geschwindigkeit proportional sei. Sie werde durch $cv^2 = c\dot{s}^2$ gemessen, wo c eine Konstante ist. Da ihre Richtung in die der Bahntangente fällt, aber der Richtung des Bahnelements ds entgegengesetzt ist, so ist die X-Komponente dieser Beschleunigung $\mathfrak{p}_1$

$$\ddot{x}_1 = -c\dot{s}^2 \frac{\dot{x}}{\dot{s}}; \text{ daher } \mathfrak{p}_1 = (-c\dot{s}\dot{x};\ -c\dot{s}\dot{y};\ -c\dot{s}\dot{z}).$$

Anderseits hat die Beschleunigung $\mathfrak{p}_2$ der Schwerkraft, wenn die negative Y-Achse in die Schwere-Richtung fällt (Art. 9, 3. Beispiel), die Komponenten

$$\ddot{x}_2 = 0$$
$$\ddot{y}_2 = -g$$
$$\ddot{z}_2 = 0.$$

Mit der Gesamtbeschleunigung $\mathfrak{p} = \mathfrak{p}_1 + \mathfrak{p}_2$ (Art. 10) lauten die Differentialgleichungen der Bewegung:

$$\begin{aligned} \ddot{x} &= -c\dot{s}\dot{x} \\ \ddot{y} &= -c\dot{s}\dot{y} - g \\ \ddot{z} &= -c\dot{s}\dot{z}. \end{aligned} \tag{1}$$

Die Bewegung geht in einer Vertikalebene vor sich, die durch die Anfangsgeschwindigkeit bestimmt wird. Dies zeigt die angegebene infinitesimale Konstruktion oder auch die Kombination der ersten und letzten Gleichung (1) zu $d(\dot{x}/\dot{z})/dt = 0$. Dies ergibt

$$z = ax + b, \tag{2}$$

wo die Konstante b null ist, wenn die Bahnlinie durch den Ursprung hindurchgeht. Wir können demnach während der ganzen Bewegung $z = 0$ annehmen und beschränken uns auf die durch die beiden ersten Differentialgleichungen (1) beschriebene Bewegung in der XY-Ebene.

Um sie zu integrieren, multipliziert man sie bzw. mit $-\dot{y}$, $\dot{x}$ und addiert. Es kommt

$$0 = -\dot{s}(\dot{x}\ddot{y} - \dot{y}\ddot{x}) + \dot{x}\frac{g}{c},$$

oder nach Division mit $\dot{x}^3$

$$\left(1 + \frac{\dot{y}^2}{\dot{x}^2}\right)^{\frac{1}{2}} \frac{\dot{x}\ddot{y} - \dot{y}\ddot{x}}{\dot{x}^2} = \frac{\dot{x}}{\dot{x}^3}\,\frac{g}{c},$$

wo nun die linke Seite der Differentialquotient einer Funktion von $\dot{y}/\dot{x} = dy/dx = p$ ist; es wird so

$$(1 + p^2)^{\frac{1}{2}} \frac{dp}{dt} = -\frac{g}{2c} \frac{d}{dt}\left(\frac{1}{\dot{x}^2}\right).$$

Man erhält durch Integration

$$\frac{g}{c} \frac{1}{\dot{x}^2} = -2\int \sqrt{1 + p^2}\, dp + C. \quad (2)$$

Führt man für das unbestimmte Integral rechts die Bezeichnung

$$2\int \sqrt{1 + p^2}\, dp = p\sqrt{1 + p^2} + \log\left(p + \sqrt{1 + p^2}\right) = P \quad (3)$$

ein, so wird

$$\sqrt{\frac{c}{g}}\, \dot{x} = \frac{1}{\sqrt{C - P}}; \quad \sqrt{\frac{c}{g}}\, \dot{y} = \frac{p}{\sqrt{C - P}}, \quad (4)$$

und die Konstante C bestimmt sich aus den bekannten Werten von $\dot{x}\,(>0)$ und $p\,(>0)$ an der Ausgangsstelle $x = y = 0$ als eine positive Größe. Multipliziert man anderseits die Gleichungen (1) bzw. mit $-\dot{y}$, $\dot{x}$ und addiert, so kommt

$$\dot{x}\ddot{y} - \dot{y}\ddot{x} = -g\dot{x},$$

oder

$$\frac{d}{dt} \frac{\dot{y}}{\dot{x}} = \frac{dp}{dt} = -\frac{g}{\dot{x}}, \quad (4a)$$

woraus durch Integration

$$\sqrt{cg}\, t = -\sqrt{\frac{c}{g}} \int_{p_0}^{p} \dot{x}\, dp = -\int_{p_0}^{p} \frac{dp}{\sqrt{C - P}} \quad (5)$$

folgt, wenn für $t = 0$, $x = y = 0$ und $p = p_0$ angenommen wird. Hiermit wird

$$cx = -\int_{p_0}^{p} \frac{dp}{C - P}; \quad cy = -\int_{p_0}^{p} \frac{p\, dp}{C - P}. \quad (6)$$

Vermöge der Formeln (5), (6) sind die gesuchten Koordinaten x, y mit t dadurch verbunden, daß alle drei Größen durch p dargestellt sind. Dieser »Parameter« $p = dy/dx$ habe an der Ausgangsstelle einen positiven Wert. Er nimmt von da beständig ab (dp ist (4a) immer negativ), wird mit $\dot{y}$ an der höchsten Stelle der Bahnkurve zu Null und wächst von da ab unbegrenzt ins Negative. Es läßt sich zeigen, daß dieser Zweig der Bahnkurve eine vertikale Asymptote hat. — Weil nämlich

$$p + \sqrt{1 + p^2} = \frac{1}{-p + \sqrt{1 + p^2}}$$

ist, so kann man $C-P$ die Form geben

$$C-P=C-p\sqrt{1+p^2}+\log(-p+\sqrt{1+p^2}), \tag{6a}$$

wo nun jeder Summand für negative Werte von p einen positiven Wert hat. Durch Weglassen der Summanden C und $\log(-p+\sqrt{1+p^2})$ verkleinert man für negative Werte von p den Nenner des Integranden für cx, vergrößert also ihn selbst, so daß für negatives p

$$\frac{1}{C-P}<\frac{-1}{p\sqrt{1+p^2}}<\frac{1}{p^2} \tag{7}$$

ist. Wir zerlegen nun das Integral für cx (6) in zwei Intervalle, deren eines die Strecke vom Ursprung bis zum Schnittpunkt der Bahnkurve mit der X-Achse (Abb. 18), also die »Wurfweite« $x=x_1$ umfaßt, wo dann für $x=x_1$ $p=p_1$ sein möge, deren anderes den Rest

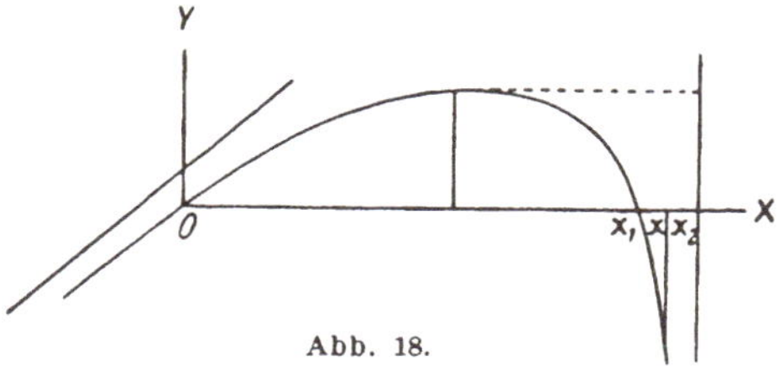

Abb. 18.

für $p<p_1$ enthält, und zeigen von dem letzteren, daß auch dieses Integral für $p=-\infty$ noch endlich ist. Es ist dargestellt durch

$$c(x-x_1)=-\int_{p_1}^{p}\frac{dp}{C-P}=\int_{p_1}^{p}\frac{d(-p)}{C-P}<\int_{p_1}^{p}\frac{d(-p)}{p^2},$$

wegen (7). Weil nun aber

$$\int_{p_1}^{p}\frac{d(-p)}{p^2}=\frac{1}{p}-\frac{1}{p_1}$$

ist, so ist für jeden Wert von $p<p_1$

$$c(x-x_1)<\frac{1}{p}-\frac{1}{p_1}.$$

Konvergiert nun p gegen $-\infty$, wo dann für $p=-\infty$, $x=x_2$ sein möge, so wird

$$c(x_2-x_1)<\frac{1}{(-p_1)}, \tag{8}$$

wo $(-p_1)$ eine positive Größe ist. Also ist der Grenzwert x_2 eine positive endliche Größe; die Kurve hat eine vertikale Asymptote.

Auch die Rückwärtsverlängerung der Kurve über O hinaus hat eine geradlinige Asymptote. Denn da von der obersten Stelle der Bahn aus, wo $p=0$ und $P=0$ ist, p zunimmt, wenn x und y abnehmen, und da für $p=\infty$ auch $P=\infty$ wird, so muß es einen endlichen Wert p' von p geben, für den

$$C-P=0$$

wird. Die durch p' bezeichnete Richtung geht aber nach einem Kurvenpunkt, für den x und y beide zugleich (mindestens) logarithmisch unendlich werden (wie sich aus den Integralen (6) ergibt), d. h. nach einem unendlich fernen Kurvenpunkt, für welchen somit p' die Asymptotenrichtung darstellt.

Die Integrale (5), (6) sind nicht ausführbar in dem üblichen Sinne des Wortes. Man wendet die Methode der mechanischen Quadratur an, zu welchem Zweck schon Euler Tabellen für P (zu Werten von p) aufgestellt hat[1]).

Wir wollen hier nur noch den Fall einer sehr flachen Flugbahn weiter behandeln. Ist die Anfangsgeschwindigkeit gegen die Horizontale wenig geneigt, und beschränkt man sich auf den Teil der Flugbahn, für den dieselbe Voraussetzung zutrifft, so ist p eine sehr kleine Größe, deren Quadrat in dem Ausdruck $\sqrt{1+p^2}$ man gegen die Einheit vernachlässigen kann, wenn es sich um die Auswertung der Integrale (5), (6) handelt. Man erhält aus (2a) nahezu

$$\frac{g}{c}\,\frac{1}{\dot{x}^2} = -2\int\sqrt{1+p^2}\,dp + C = C - 2p,$$

und hiermit

$$\sqrt{\frac{c}{g}}\,\dot{x} = \frac{1}{\sqrt{C-2p}}, \quad \sqrt{\frac{c}{g}}\,\dot{y} = \frac{p}{\sqrt{C-2p}}, \qquad (8)$$

also

$$v^2 = \dot{x}^2 + \dot{y}^2 = \frac{g}{c}\,\frac{1}{C-2p},$$

[1]) Vgl. C. Cranz Kompend. d. theoret. äußeren Ballistik, Leipzig 1896, 2. Aufl des 1. Bandes 1917. Noch größere Genauigkeit erzielt O. Wiener dadurch, daß er dieses Verfahren so abändert, daß es auf die einzelnen Wegstrecken der Flugbahn anwendbar wird. (Abh. Sächs. Ges. d. Wiss. Bd. 36, 1919.) Welchen Einfluß die tatsächliche Abnahme der Luftdichte und damit des Luftwiderstandes in der oberen Schichten der Atmosphäre auf die Treffweite (Wurfweite) besitzt, geht aus einem Beispiel hervor, das de Sparre (C. R. 1915 und 1916) durchgerechnet hat. Ein Geschütz von 387 mm Kaliber, welches ein Geschoß von 760 kg unter dem Neigungswinkel von 45° und mit der Anfangsgeschwindigkeit von 940 m fortschleudert, erreicht bei gleichbleibender Luftdichte (also nach den oben aufgestellten Formeln) eine Treffweite von gegen 26 km. Wird aber die Bahn des Geschosses unter Berücksichtigung der Tatsache berechnet, daß die Luftdichte nach oben hin abnimmt, so ergibt sich eine Treffweite von etwa 38½ km. Die erreichte Höhe beträgt im ersten Fall 9½ km, im letztern 12 km etwa. Für ein Geschütz von 406,4 mm Kaliber, das ein Geschoß von 920 kg mit einer Geschwindigkeit von 940 m/sec unter 45° Neigungswinkel aussendet, befindet sich — nach oben abnehmende Luftdichte vorausgesetzt — der höchste Punkt in 21 km Entfernung und 12½ km Höhe. Der Treffpunkt liegt 40 km entfernt. — Man las, daß die Geschosse der deutschen 42 cm-Kanone 120 km überflogen.

wenn wieder $1 + p^2$ durch 1 ersetzt wird. Hiermit ergibt sich die Konstante

$$C = \frac{g}{c v^2} + 2 p_0 \tag{9}$$

ausgedrückt in den bekannten Werten v_0, p_0 von v und $p = dy/dx$ für den Anfang der Bewegung ($t = 0$, $x = 0$, $y = 0$). Wegen (4a)

$$\frac{dp}{dt} = -\frac{g}{\dot{x}}$$

wird nach (5), (8a)

$$\sqrt{cg}\, t = -\int_{p_0}^{p} \frac{dp}{\sqrt{C - 2p}}, \tag{10}$$

$$cx = -\int_{p_0}^{p} \frac{dp}{C - 2p}; \quad cy = -\int_{p_0}^{p} \frac{p\,dp}{C - 2p},$$

woraus durch Integration

$$\sqrt{cg}\, t = \sqrt{C - 2p} - \sqrt{C - 2p_0}, \tag{11}$$

$$2cx = \log \frac{C - 2p}{C - 2p_0}, \tag{12}$$

$$2cy = p - p_0 + \frac{1}{2} C \log \frac{C - 2p}{C - 2p_0}; \tag{13}$$

und wegen (11), (9)

$$p_0 - p = \frac{gt}{v_0} + \frac{cg}{2} t^2 \tag{14}$$

folgt, womit sich auch x und y in Funktion der Zeit darstellen lassen.

Durch Elimination von p aus (12), (13) erhält man die Gleichung der Bahnkurve

$$y - \frac{g}{4 c^2 v_0^2} = \left(\frac{g}{2 c v_0^2} + p_0\right) x - \frac{g}{4 c^2 v_0^2} e^{2cx}. \tag{15}$$

Die Wurfweite ist hiernach die reelle Wurzel der transzendenten Gleichung

$$\frac{e^{2cx} - 1}{2cx} = 1 + \frac{2 c p_0 v_0^2}{g},$$

die man einer Tabelle für die Werte der linksstehenden Funktion von $2cx$ entnehmen kann (C. Cranz a. a. O. S. 474). Ein Näherungsverfahren zur Berechnung des Elevationswinkels, wenn die Wurflinie durch einen gegebenen Punkt gehen soll, findet man bei A. M. Nell, Grunerts Archiv, Thl. 46, Nr. 20.

12. Zerlegung nach den natürlichen Achsen.

Dem oben aufgestellten System von Bewegungsgleichungen treten für andere Arten von Koordinaten andere zur Seite. Aus ihnen möge dasjenige hervorgehoben werden, das aus der Zerlegung der Kräfte nach den Achsen eines veränderlichen mit dem materiellen Punkt selbst verbundenen »natürlichen« Koordinatensystems hervorgeht. Wie nämlich früher (Art. 8) für die ebene Bewegung die Beschleunigung nach der Tangente und der Normalen der Bahnkurve zerlegt wurde, so kommen für die Bewegung auf einer (im allgemeinen doppelt gekrümmten) Raumkurve neben der Tangente zwei zu ihr senkrechte Achsen in Betracht, von denen eine in die Schmiegungsebene fällt. Man gelangt zu den einschlägigen geometrischen Bildungen einer Raumkurve von doppelter Krümmung und zu deren Abmessungen auf folgende Weise[1].

Ist P ein Punkt der Bahnkurve, sind P_1 und P_2 zwei auf ihn folgende, von denen wir voraussetzen wollen, daß $\overline{PP_1} = \overline{P_1P_2} = ds$ »Bahnelemente« seien, die wir später bei Ausführung eines Grenzübergangs als verschwindend klein annehmen wollen, so bestimmen P, P_1, P_2 eine Ebene, die in der Grenzlage die Schmiegungsebene der Raumkurve im Punkte P sein wird, und die wir als die Zeichenebene der Abb. 19 annehmen wollen. Die Tangente in P ist die Verlängerung des Elementes PP_1 in der Grenzlage. In der Schmiegungsebene werde der Halbmesser ϱ eines Kreises, der durch P, P_1, P_2 geht, bestimmt, des Krümmungskreises, dessen Mittelpunkt C der Schnittpunkt der konsekutiven Normalen[2] $\overline{PC}$, $\overline{P_1C}$ ist. $CP_1 = \varrho$ wird zum Krümmungshalbmesser. Die Gerade $\overline{PC}$, in die bei verschwindend kleinem ds, während ϱ endlich bleibt, auch $\overline{P_1C}$ hereinrückt, heißt die Hauptnormale von P. Unter den unendlich vielen Normalen in P zu dem Kurvenelement $\overline{PP_1} = ds$ heißt die auf der Schmiegungsebene senkrechte die Binormale von P. Konstruiert man in P_2 eine Parallele zu $\overline{P_1C}$, die die Verlängerung von $\overline{PP_1}$ in P' schneidet, so ist

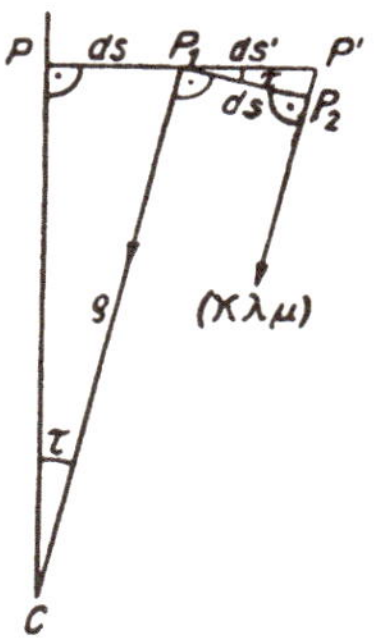

Abb. 19.

$$\overline{P_1P'} = ds' = \frac{ds}{\cos\tau},$$

eine Größe, die mit ds selbst vertauscht werden kann, wenn sich ds der Null nähert. Denn $\tau = \sphericalangle P'P_1P_2 = \sphericalangle PCP_1$, der »Kontingenz-

[1]) Der nachfolgende kurze Anschauungsbeweis erhebt keinen Anspruch auf Strenge. Man findet eine schärfere Begründung der abgeleiteten Formeln etwa in H. v. Mangoldt, Einführung usw.

[2]) Zur Bezeichnung rechter Winkel bedienen wir uns in den Abbildungen bisweilen eines Punktes im Kreisquadrant.

winkel« im Punkt P, hängt mit ϱ durch die Gleichung zusammen:

$$\sin\tau = \frac{ds}{\varrho}.$$

Damit wird

$$\cos\tau = \left(1 - \left(\frac{ds}{\varrho}\right)^2\right)^{\frac{1}{2}} = 1 - \frac{1}{2}\frac{ds^2}{\varrho^2} + \ldots,$$

eine Größe, die bei verschwindendem ds gegen 1 konvergiert. Zugleich konvergiert $\sin\tau$ gegen τ; man hat somit

$$\tau = \frac{ds}{\varrho}. \tag{1}$$

Die Gleichung der Raumkurve sei nun durch Angabe der Koordinaten in Funktion eines »Parameters« λ gegeben

$$x = f(\lambda);\ y = \varphi(\lambda);\ z = \psi(\lambda). \tag{2}$$

Bildet man dann den Ausdruck

$$\Lambda = \left(\frac{df}{d\lambda}\right)^2 + \left(\frac{d\varphi}{d\lambda}\right)^2 + \left(\frac{d\psi}{d\lambda}\right)^2 = \left(\frac{ds}{d\lambda}\right)^2,$$

wo ds das Bogenelement ist, so ist die Bogenlänge, von einem festen Punkt der Raumkurve ab gerechnet,

$$s = \int \sqrt{\Lambda}\, d\lambda. \tag{3}$$

Denkt man sich das Integral ausgeführt, die Gleichung nach λ aufgelöst und

$$\lambda = \lambda(s) \tag{4}$$

in die Gleichungen (2) der Kurve eingesetzt, so erhält man die Koordinaten durch die Bogenlänge ausgedrückt:

$$\begin{aligned} x &= x(s) \\ y &= y(s) \\ z &= z(s). \end{aligned} \tag{5}$$

Sind nun die Koordinaten der Punkte

$$\begin{aligned} &P \ \ldots\ x, y, z; \\ &P_1 \ldots\ x + dx,\ y + dy,\ z + dz; \\ &P_2 \ldots\ x + dx + d(x + dx) = x + 2\,dx + d^2x; \\ &\qquad\ \ y + 2\,dy + d^2y;\ z + 2\,dz + d^2z, \end{aligned}$$

wo unter $dx = \frac{dx}{ds}ds$; ... unter $d^2x = \frac{d^2x}{ds^2}ds^2$; ... zu verstehen ist, so hat der Punkt P', der von P um die Länge $ds + ds' = (2 + T)\,ds$

entfernt ist, wo $T = (1/\cos\tau) - 1$ eine wie das Quadrat des Kontingenzwinkels τ verschwindende Größe ist, die Koordinaten

$$P' \ldots . \; x + \frac{dx}{ds}\cdot(2+T)\,ds; \quad y + \frac{dy}{ds}\cdot(2+T)\,ds; \quad z + \frac{dz}{ds}\cdot(2+T)\,ds.$$

Damit bestimmen sich die Richtungswinkel $\varkappa$, λ, μ[1]) der Verbindungslinie $P'P_2$[2]) und der zu $P'P_2$ parallelen Richtung P_1C, wegen

$$x + 2dx + d^2x - (x + (2+T)\,dx) = d^2x - T\,dx \text{ usw.},$$

aus der Proportion

$$\cos\varkappa : \cos\lambda : \cos\mu = d^2x : d^2y : d^2z = \frac{d^2x}{ds^2} : \frac{d^2y}{ds^2} : \frac{d^2z}{ds^2},$$

wo die mit τ verschwindenden Glieder weggelassen sind. Hiermit ist die Richtung der Hauptnormalen bestimmt. Um auch den Krümmungshalbmesser ϱ zu ermitteln, drücke man die Seite $\sigma = P'P_2$ des Dreiecks $P'P_1P_2$ einerseits durch den Krümmungshalbmesser ϱ aus, was durch die Beziehung

$$\tau\,ds = \sigma$$

in Verbindung mit (1) $\tau = ds/\varrho$ geschieht,

$$\sigma = \frac{ds^2}{\varrho},$$

anderseits durch die Koordinaten der Endpunkte

$$\sigma^2 = (d^2x)^2 + (d^2y)^2 + (d^2z)^2 = \left(\left(\frac{d^2x}{ds^2}\right)^2 + \left(\frac{d^2y}{ds^2}\right)^2 + \left(\frac{d^2z}{ds^2}\right)^2\right) ds^4.$$

Man erhält so

$$\varrho = \frac{1}{\sqrt{\left(\frac{d^2x}{ds^2}\right)^2 + \left(\frac{d^2y}{ds^2}\right)^2 + \left(\frac{d^2z}{ds^2}\right)^2}},$$

sowie

$$\cos\varkappa = \varrho\frac{d^2x}{ds^2}; \quad \cos\lambda = \varrho\frac{d^2y}{ds^2}; \quad \cos\mu = \varrho\frac{d^2z}{ds^2}. \qquad (7a)$$

Um in diese Ausdrücke an Stelle der unabhängig Veränderlichen s den früheren Parameter λ oder besser gleich die Zeit t einzuführen, die mit s durch die Gleichung verbunden sei

$$s = s(t),$$

wo s rechts wieder ein Funktionszeichen bedeutet, stellen wir die Differentialquotienten her

$$\frac{d^2x}{ds^2} = \frac{dt}{ds}\cdot\frac{d}{dt}\left(\frac{\dot x}{\dot s}\right) = \frac{1}{\dot s}\,\frac{\dot s\ddot x - \dot x\ddot s}{\dot s^2}.$$

[1]) Eine Verwechslung des Winkels λ mit dem Parameter λ ist wohl ausgeschlossen.

[2]) Den Fall der stationären (Wende-)Tangente schließen wir aus.

Wir erhalten so

$$\begin{aligned}
\cos\varkappa &= \frac{d^2x}{\sqrt{(d^2x)^2+(d^2y)^2+(d^2z)^2}} = \varrho\frac{d^2x}{ds^2} = \frac{\varrho}{\dot s^2}\left(\ddot x - \dot x\frac{\ddot s}{\dot s}\right)\\
\cos\lambda &= \varrho\frac{d^2y}{ds^2} = \frac{\varrho}{\dot s^2}\left(\ddot y - \dot y\frac{\ddot s}{\dot s}\right)\\
\cos\mu &= \varrho\frac{d^2z}{ds^2} = \frac{\varrho}{\dot s^2}\left(\ddot z - \dot z\frac{\ddot s}{\dot s}\right),
\end{aligned} \tag{8}$$

und hieraus durch Quadrieren und Addieren, weil

$$\dot x\ddot x + \dot y\ddot y + \dot z\ddot z = \dot s\ddot s \text{ ist,}$$

$$1 = \frac{\varrho^2}{\dot s^4}(\ddot x^2+\ddot y^2+\ddot z^2-\ddot s^2),$$

oder endlich

$$\varrho = \frac{\dot s^2}{\sqrt{\ddot x^2+\ddot y^2+\ddot z^2-\ddot s^2}}. \tag{9}$$

Aus den Richtungswinkeln α, β, γ der Tangente und $\varkappa$, λ, μ der Hauptnormalen bestimmen sich diejenigen $\varkappa'$, λ', μ' der Binormalen mittels der Bemerkung, daß diese auf beiden senkrecht steht,

$$\begin{aligned}
\cos\alpha\cos\varkappa' + \cos\beta\cos\lambda' + \cos\gamma\cos\mu' &= 0\\
\cos\varkappa\cos\varkappa' + \cos\lambda\cos\lambda' + \cos\mu\cos\mu' &= 0,
\end{aligned}$$

oder

$$\begin{aligned}
\dot x\cos\varkappa' + \dot y\cos\lambda' + \dot z\cos\mu' &= 0\\
\ddot x\cos\varkappa' + \ddot y\cos\lambda' + \ddot z\cos\mu' &= 0,
\end{aligned} \tag{10}$$

wo die letzte Gleichung (10) durch Einsetzen der Werte (8) für $\cos\varkappa$, $\cos\lambda$, $\cos\mu$ und Kombinieren mit der vorausgehenden Gleichung (10) entstanden ist.

Man erhält so

$$\cos\varkappa' : \cos\lambda' : \cos\mu' = (\dot y\ddot z - \dot z\ddot y) : (\dot z\ddot x - \dot x\ddot z) : (\dot x\ddot y - \dot y\ddot x). \tag{11}$$

Es handelt sich nun um die Zerlegung der Beschleunigung $\mathfrak{p}$ in Richtung der drei angegebenen natürlichen Achsen eines Punktes der Bahnkurve: Tangente, (Haupt-) Normale, Binormale, deren Sinn wir so annehmen, daß sie wieder ein Rechtssystem bilden. Man erhält für diese drei Komponenten der Reihe nach

$$\mathfrak{p}_t = \ddot x\cos\alpha + \ddot y\cos\beta + \ddot z\cos\gamma = \ddot x\frac{\dot x}{\dot s} + \ddot y\frac{\dot y}{\dot s} + \ddot z\frac{\dot z}{\dot s} = \frac{\dot s\ddot s}{\dot s} = \ddot s = \dot v;$$

$$\mathfrak{p}_n = \ddot x\cos\varkappa + \ddot y\cos\lambda + \ddot z\cos\mu = \frac{\varrho}{\dot s^2}(\ddot x^2+\ddot y^2+\ddot z^2-\ddot s^2) = \\ = \frac{\varrho}{\dot s^2}\frac{\dot s^4}{\varrho^2} = \frac{\dot s^2}{\varrho} = \frac{v^2}{\varrho};$$

$$\mathfrak{p}_b = \ddot x\cos\varkappa' + \ddot y\cos\lambda' + \ddot z\cos\mu' = 0.$$

Das bemerkenswerte Ergebnis dieser Formeln ist dieses[1]): Weil die Komponente $\mathfrak{p}_b$ in Richtung der Binormale Null ist, enthält die Schmiegungsebene der Bahnkurve eines räumlich frei sich bewegenden materiellen Punktes an jeder Stelle die Beschleunigung $\mathfrak{p}$ selbst, es fällt also die Resultierende der auf den Punkt wirkenden Kräfte in die Schmiegungsebene. Daß dann die Zerlegung der Beschleunigung in der Schmiegungsebene dasselbe Ergebnis hat, wie in der Ebene, liegt auf der Hand: die Komponente in Richtung der Tangente ist wieder die »Bahnbeschleunigung« $\ddot{s} = \dot{v}$, die in Richtung der Hauptnormalen die Zentripetalbeschleunigung $\frac{v^2}{\varrho}$ (Art. 8).

Wir werden später das gleiche Ergebnis mit Hilfe von Vektorrechnung durch eine viel kürzere (aber weniger anschauliche) Schlußweise ableiten.

Die hieran anschließenden Bewegungsgleichungen für den frei beweglichen Punkt lauten nun, wenn $\mathfrak{P}_t$, $\mathfrak{P}_n$, $\mathfrak{P}_b$ die Komponenten der auf den Massenpunkt m wirkenden Kraft $\mathfrak{P}$ in Richtung der Tangente, Haupt- und Binormale sind

$$m\ddot{s} = \mathfrak{P}_t; \quad m\frac{\dot{s}^2}{\varrho} = \mathfrak{P}_n; \quad o = \mathfrak{P}_b \qquad (12)$$

Auch an der Hand dieser Formeln erhellt die infinitesimale Fortsetzung der Bewegung, wenn man $\mathfrak{P}$ und die Geschwindigkeit $\mathfrak{v}$ kennt, mit der der Punkt an einer Stelle P anlangt. Aus der letzten Gleichung und $\mathfrak{v}$ bestimmt sich die Schmiegungsebene; aus der vorletzten und $|\mathfrak{v}| = \dot{s}$ der Krümmungshalbmesser der Bahnkurve, also die Richtung des nächsten Kurvenelements; aus der ersten die Zunahme der Geschwindigkeit.

Daß die Formeln (12) auch rechnerisch verwendbar sind, wird sich in dem Abschnitt über zwangläufige Bewegung zeigen.

V. Abschnitt.

Einiges über Vektorrechnung.

13. Geometrische Addition. Zeitlich veränderliche Vektoren.

Bevor wir uns zur Beschreibung weiterer Bewegungen wenden, mögen, in Ergänzung einer früheren Bemerkung, einige Ausführungen über das Rechnen mit räumlichen Vektoren eingeschaltet werden. Zwar machen wir in der Folge von der Vektorrechnung nicht grundsätzlich Gebrauch. Aber sie hat bei der Beweisführung oft den Vorzug der Kürze, und, was mehr ist, die mit ihrer Hilfe gewonnenen Ergebnisse sind, weil von dem Koordinatensystem unabhängig, invariant gegenüber linearer Transformation, d. h. richtig für jede Lage des Koordi-

[1]) Euler, Mechanica, Cap. V, Th. 70 (v ist dort das Quadrat der Geschwindigkeit).

natensystems gegenüber dem in Betracht gezogenen Gebilde. Allerdings kommen diese Vorzüge in vollem Maße der Mechanik erst in ihrer Ausdehnung auf raumerfüllende Massen zugut. Aber auch in den hier behandelten Kapiteln der Mechanik leistet die Vektorrechnung, wie man in der Folge sehen wird, wertvolle Dienste.

Eine räumlich gerichtete Größe oder ein Vektor ist — entsprechend der oben für ebene Vektoren gegebenen Erklärung — eine mit einem Sinn versehene Strecke, die algebraisch durch ihre Projektionen auf die drei Achsen eines rechtwinkligen Koordinatensystems definiert werden kann. Dieses sei ein Rechts-Koordinatensystem (Abb. 20). Wir werden die Vektoren mit deutschen Buchstaben $\mathfrak{a}, \ldots$ bezeichnen, ihre Projektionen auf die Achsen (Komponenten) mit $\mathfrak{a}_x$, $\mathfrak{a}_y$, $\mathfrak{a}_z, \ldots$. Die Projektionen von $\mathfrak{a}$ sind mit Vorzeichen versehene Zahlen (Skalare im Gegensatz zum »Vektor«), die mit dem Betrag $|\mathfrak{a}| = a$ des Vektors, ebenfalls einer skalaren Größe, durch die Gleichungen zusammenhängen

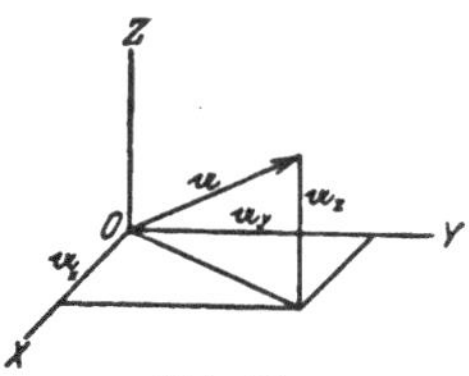

Abb. 20.

$$|\mathfrak{a}| \cos \alpha = \mathfrak{a}_x; \quad |\mathfrak{a}| \cos \beta = \mathfrak{a}_y; \quad |\mathfrak{a}| \cos \gamma = \mathfrak{a}_z,$$

wo α, β, γ die Neigungswinkel des Vektors gegen die drei Achsen sind. Hiermit wird[1])

$$|\mathfrak{a}| = a = \sqrt{\mathfrak{a}_x^2 + \mathfrak{a}_y^2 + \mathfrak{a}_z^2}.$$

Die Komponenten $\mathfrak{a}_x, \ldots$ können an jeder beliebigen Stelle des Raumes zu einem Vektor zusammengesetzt werden. Ein Vektor ist also parallel zu sich selbst verschiebbar. Mit $-\mathfrak{a}$ bezeichnen wir den bezüglich seines Sinnes umgekehrten Vektor $\mathfrak{a}$.

Unter der (geometrischen) Summe $\mathfrak{a} + \mathfrak{b}$ der zwei Vektoren $\mathfrak{a}$, $\mathfrak{b}$ versteht man einen Vektor $\mathfrak{c}$, dessen Komponenten sich aus den von $\mathfrak{a}$ und $\mathfrak{b}$ durch algebraische Addition zusammensetzen.

$$\mathfrak{c} = \mathfrak{a} + \mathfrak{b} \tag{1}$$

bedeutet also, daß zugleich

$$\mathfrak{c}_x = \mathfrak{a}_x + \mathfrak{b}_x; \quad \mathfrak{c}_y = \mathfrak{a}_y + \mathfrak{b}_y; \quad \mathfrak{c}_z = \mathfrak{a}_z + \mathfrak{b}_z \tag{1a}$$

ist. — Hieraus folgt eine einfache geometrische Deutung der Addition, wenn man den bekannten Satz[2]) benutzt, daß die Summe der Projek-

---

[1]) Die Bezeichnung der Vektoren durch deutsche Buchstaben, der zugehörigen absoluten Beträge durch die entsprechenden lateinischen wird in der Folge beibehalten. Seltener gebrauchen wir die Bezeichnung eines Vektors durch seine Endpunkte A, B mit AB.

[2]) Der Satz folgt daraus, daß die Projektion einer Polygonseite s_i ($i = 1, 2, \ldots n$) mit den Richtungswinkeln α_i, β_i, γ_i und den Endpunkten x_i, y_i, z_i; x_{i+1}, y_{i+1}, z_{i+1} z. B. auf die X-Achse den Wert hat: $s_i \cos \alpha_i = x_{i+1} - x_i$. Daher hat die Summe der Projektionen aller Seiten den Wert

$$\Sigma s_i \cos \alpha_i = \sum_1^n (x_{i+1} - x_i) = 0,$$

wenn der Index $n + 1$ wieder durch 1 ersetzt wird.

tionen der Seiten eines geschlossenen räumlichen Polygons, nachdem diese Seiten durch einen das Polygon durchlaufenden Punkt mit einem Sinn versehen sind, auf jede Gerade (insbesondere also auf jede Achse des Koordinatensystems) verschwindet.

Ein solches Vektorpolygon ist das aus den Seiten $\mathfrak{a}$, $\mathfrak{b}$, $-\mathfrak{c} = -(\mathfrak{a}+\mathfrak{b})$ gebildete Dreieck der Abb. 21. Weil für dieses jede der Gleichungen (1a) gilt, so gilt auch (1). Ebenso konstruiert man, wie schon früher erwähnt (Art. 7), die Differenz $\mathfrak{a}-\mathfrak{b}$ durch Herstellung eines Dreiecks aus $\mathfrak{a}$ und $-\mathfrak{b}$, dessen dritte Seite mit umgekehrtem Sinn genommen $(\mathfrak{a}-\mathfrak{b})$ ist. Für diese geometrische Addition (Subtraktion) von gerichteten Größen gelten offenbar die Gesetze der Addition (Subtraktion) von algebraischen (skalaren) Größen. Sie ist kommutativ und assoziativ, weil dies für die Addition der Komponenten gilt. Es ist also $\mathfrak{a}+(\mathfrak{b}+\mathfrak{c}) = (\mathfrak{a}+\mathfrak{b})+\mathfrak{c} = (\mathfrak{a}+\mathfrak{c})+\mathfrak{b} = \mathfrak{a}+\mathfrak{b}+\mathfrak{c} = \mathfrak{d}$.

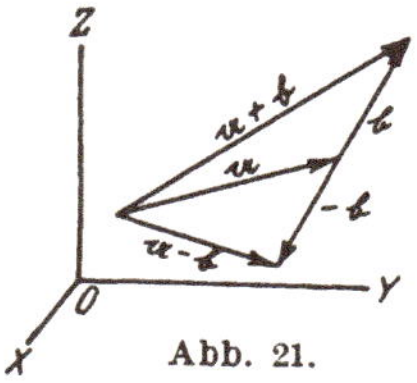

Abb. 21.

Die Addition mehrerer Vektoren kann hiernach konstruktiv durch Aneinandersetzen in beliebiger Reihenfolge bewirkt werden; so ist in Abb. 22 $\mathfrak{d} = PQ$ auf drei Arten konstruiert. Wenn also ein in irgend welcher Reihenfolge aus den Vektoren $\mathfrak{a}, \mathfrak{b}, \mathfrak{c}, \ldots \mathfrak{k}$ zusammengesetzter Streckenzug sich schließt, so ist dies die notwendige und hinreichende Bedingung dafür, daß die Vektorsumme $\mathfrak{a}+\mathfrak{b}+\mathfrak{c}+\ldots+\mathfrak{k}=0$, daß also die Summe der Projektionen dieser Vektoren auf irgend eine Gerade gleich Null ist. Zusammenfassend kann man hiernach sagen: Vektoren sind gerichtete Größen, deren Addition kommutativ und assoziativ ist.

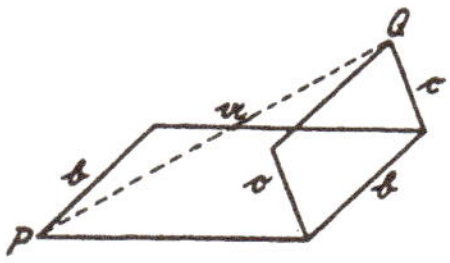

Abb. 22.

Das Produkt aus einem Vektor in eine skalare Größe erklärt sich wieder aus dem Produkt der letzteren in die Komponenten.

Statt eines Vektors $\mathfrak{a}$ führt man zuweilen mit Vorteil einen »Einheitsvektor« $\mathfrak{a}'$, von gleicher Richtung wie $\mathfrak{a}$, aber mit dem Betrag 1 ein, indem man ihn mit dem absoluten Betrag $|\mathfrak{a}| = a$ von $\mathfrak{a}$ multipliziert; man setzt also: $\mathfrak{a} = |\mathfrak{a}|\,\mathfrak{a}' = a\mathfrak{a}'$, wo dann

$$|\mathfrak{a}'| = a' = 1 \tag{2}$$

ist. Sind $\mathfrak{x}, \mathfrak{y}, \mathfrak{z}$ Einheitsvektoren in Richtung der drei Koordinatenachsen, so kann man $\mathfrak{a}$ auch in der Gestalt darstellen

$$\mathfrak{a} = \mathfrak{a}_x \cdot \mathfrak{x} + \mathfrak{a}_y \cdot \mathfrak{y} + \mathfrak{a}_z \cdot \mathfrak{z}. \tag{3}$$

Hängt der Vektor $\mathfrak{a}$ dadurch von einer Veränderlichen t ab, daß seine Komponenten $\mathfrak{a}_x$, $\mathfrak{a}_y$, $\mathfrak{a}_z$ (stetige) Funktionen von t sind, so trifft die Änderung dieser Größe im allgemeinen sowohl den Betrag wie die Richtung von $\mathfrak{a}$. Wir definieren den Differentialquotienten des

Vektors $\mathfrak{a}$ nach t wieder durch die Komponenten

$$\dot{\mathfrak{a}} = \frac{d\mathfrak{a}}{dt} = \left(\frac{d\mathfrak{a}_x}{dt}, \frac{d\mathfrak{a}_y}{dt}, \frac{d\mathfrak{a}_z}{dt}\right).$$

Die Differentiation des Produkts aus dem Einheitsvektor $\mathfrak{a}'$ in die skalare Größe $a = |\mathfrak{a}|$ liefert hiernach, in Differentialen[1]) geschrieben,

$$d(a\mathfrak{a}') = d\mathfrak{a} = a\,d\mathfrak{a}' + \mathfrak{a}'\,da. \tag{4}$$

Hier bedeutet $\mathfrak{a}' + d\mathfrak{a}'$ den (nur hinsichtlich seiner Richtung) geänderten Einheitsvektor $\mathfrak{a}'$. Der Zuwachs $d\mathfrak{a}'$ steht also (Abb. 23) als verschwindend kleine Basis eines gleichschenkligen Dreiecks auf $\mathfrak{a}'$ senkrecht[2]). Für den Einheitsvektor $\mathfrak{a}'$ ist $d|\mathfrak{a}'| = 0$, aber $|d\mathfrak{a}'| \neq 0$ (wie die Abb. zeigt), ein Ergebnis, das mit dem in Art. 7 (a. E.) angegebenen übereinstimmt.

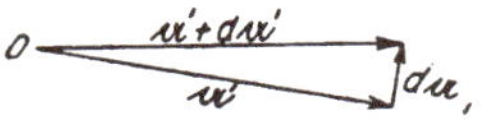

Abb. 23.

1. Beispiel. Zerlegung der Beschleunigung in die Richtungen von Bahntangente, Normale und Binormale (Art. 12), die drei »natürlichen« Achsenrichtungen.

Nach der Definition ist $\mathfrak{p} = \frac{d\mathfrak{v}}{dt} = \dot{\mathfrak{v}}$.

Es möge unter $\mathfrak{t}'$, $\mathfrak{n}'$, $\mathfrak{b}'$ je ein Einheitsvektor in Richtung von Tangente, Normale und Binormale verstanden werden, so daß also

$$|\mathfrak{t}'| = |\mathfrak{n}'| = |\mathfrak{b}'| = 1$$

ist. Dann sind [s. oben (2)] in

$$\mathfrak{p} = \dot{\mathfrak{v}} = \mathfrak{p}_t \cdot \mathfrak{t}' + \mathfrak{p}_n \cdot \mathfrak{n}' + \mathfrak{p}_b \cdot \mathfrak{b}'$$

die Koeffizienten $\mathfrak{p}_t$, $\mathfrak{p}_n$, $\mathfrak{p}_b$ zu bestimmen. Nun ist $\mathfrak{v} = \mathfrak{t}'|\mathfrak{v}| = \mathfrak{t}'\dot{s}$, daher die Beziehung zwischen den Zuwächsen: $d\mathfrak{v} = d\mathfrak{t}'\dot{s} + \mathfrak{t}'d\dot{s}$, wo $d\mathfrak{t}'$ in der durch $\mathfrak{t}'$ (d. h. $\mathfrak{v}$) und $d\mathfrak{v}$ bestimmten Ebene liegt. Weil in dieser Ebene (der Zeichenebene) $d\mathfrak{t}'$ auf $\mathfrak{t}'$ senkrecht steht (s. oben), ist $d\mathfrak{t}' = |d\mathfrak{t}'|\,\mathfrak{n}'$. Da nun, wenn τ der Kontingenzwinkel ist, $\tau = |d\mathfrak{t}'| = |d\mathfrak{n}'|$ und somit $d\mathfrak{t}' = \tau\mathfrak{n}'$ ist, so wird, wenn ϱ der Krümmungshalbmesser, also $\varrho\tau = ds$ ist,

$$d\mathfrak{t}' = \frac{ds}{\varrho}\mathfrak{n}',$$

daher

$$d\mathfrak{v} = \dot{s}\frac{ds}{\varrho}\mathfrak{n}' + d\dot{s}\,\mathfrak{t}',$$

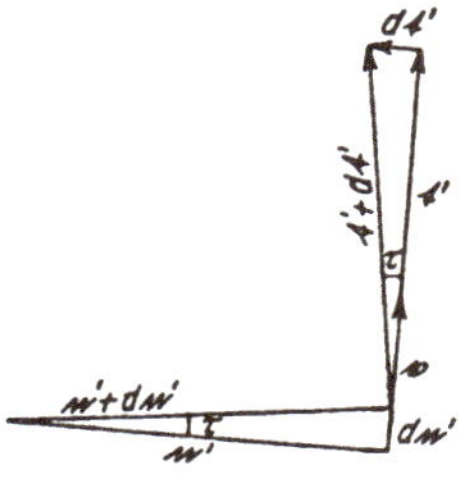

Abb. 24.

[1]) Wir machen hier und in der Folge öfter von dem Begriff des Differentials Gebrauch, indem wir wegen einer Begründung des Rechnens mit Differentialien auf z. B. v. Mangoldt, Einführung in die höhere Mathem. II, Nr. 63 verweisen.

[2]) Das gleiche gilt überhaupt von dem Zuwachs jedes seinem absoluten Betrage nach konstanten Vektors.

und damit wird endlich

$$\mathfrak{p} = \dot{\mathfrak{v}} = \frac{\dot{s}^2}{\varrho}\,\mathfrak{n}' + \ddot{s}\,\mathfrak{t}',$$

woraus sich wie oben (S. 51)

$$\mathfrak{p}_t = \ddot{s}; \quad \mathfrak{p}_n = \frac{v^2}{\varrho}; \quad \mathfrak{p}_b = 0$$

bestimmen. Diese Ableitung ist wesentlich einfacher als die früheren, aber der Vorteil nur ein scheinbarer, weil, wenn es sich um die Anwendung auf irgendeine Bewegung handelt, der Übergang zu Koordinaten und die Formeln für den Krümmungshalbmesser und seine Richtungswinkel meist nicht entbehrt werden können.

2. Beispiel. Zerlegung der Beschleunigung $\mathfrak{p}$ in Richtung des Fahrstrahls r eines ebenen Polarkoordinatensystems mit dem Pol O und in Richtung des wachsenden Bogens φ (senkrecht zu r). Die in diese Richtungen fallenden Einheitsvektoren bezeichnen wir bzw. mit $\mathfrak{r}'$ und $\mathfrak{f}'$ (Abb. 25). Sie verhalten sich zueinander genau so wie $\mathfrak{n}'$ und $\mathfrak{t}'$ im ersten Beispiel. Die Zerlegung des Bogenelements $d\mathfrak{s}$ in die Richtungen $\mathfrak{r}'$, $\mathfrak{f}'$ ergibt

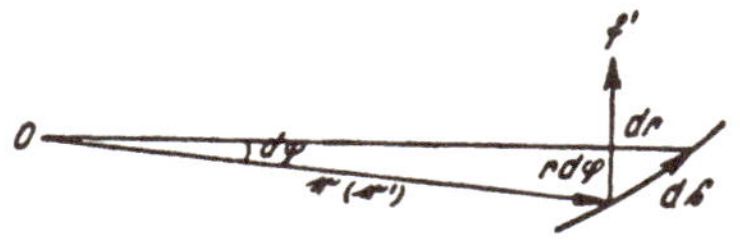

Abb. 25.

$$d\mathfrak{s} = \mathfrak{r}'\,dr + \mathfrak{f}'\,r\,d\varphi$$

und somit $\mathfrak{v} = \mathfrak{r}'\dot{r} + \mathfrak{f}'r\dot{\varphi}$. Differenziert man diese Gleichung nach der Zeit, so kommt

$$\dot{\mathfrak{v}} = \dot{\mathfrak{r}}'\dot{r} + \mathfrak{r}'\ddot{r} + \dot{\mathfrak{f}}'r\dot{\varphi} + \mathfrak{f}'\dot{r}\dot{\varphi} + \mathfrak{f}'r\ddot{\varphi},$$

oder, weil die Einheitsvektoren $\mathfrak{r}'$, $\mathfrak{f}'$ aufeinander senkrecht stehen und die Richtung von $\mathfrak{r}'$ der von $d\mathfrak{f}'$ entgegengesetzt ist, und also

$$d\mathfrak{r}' = d\varphi\,\mathfrak{f}'$$
$$d\mathfrak{f}' = -\mathfrak{r}'\,d\varphi$$

oder $\dot{\mathfrak{r}}' = \dot{\varphi}\,\mathfrak{f}'$, $\dot{\mathfrak{f}}' = -\dot{\varphi}\,\mathfrak{r}'$ ist, so erhält man, nach $\mathfrak{r}'$ und $\mathfrak{f}'$ geordnet,

$$\begin{aligned}\dot{\mathfrak{v}} &= \mathfrak{r}'(\ddot{r} - r\dot{\varphi}^2) + \mathfrak{f}'(2\dot{r}\dot{\varphi} + r\ddot{\varphi}) \\ &= \mathfrak{r}'\mathfrak{p}_r + \mathfrak{f}'\mathfrak{p}_\varphi.\end{aligned}$$

Hiernach haben die Komponenten der Beschleunigung $\mathfrak{p}$ in Richtung des Fahrstrahls $\mathfrak{p}_r$ und senkrecht dazu $\mathfrak{p}_\varphi$ die Werte

$$\mathfrak{p}_r = \ddot{r} - r\dot{\varphi}^2; \quad \mathfrak{p}_\varphi = 2\dot{r}\dot{\varphi} + r\ddot{\varphi}.$$

Bemerkung. Wenn die Bewegung eines Punktes so erfolgt, daß an jeder Stelle der Bahn die Gleichung

$$r^2\dot{\varphi} = \text{konst.}$$

erfüllt ist, so ist die Beschleunigung immer nach dem Pol O gerichtet. Denn durch Differentiation dieser Gleichung ergibt sich

$$r \mathfrak{p}_{\varphi} = 0.$$

Also bleibt bloß die Komponente $\mathfrak{p}_r$ übrig, die wirkende Kraft ist eine Zentralkraft.

14. Produktbildungen.

Während die Rechenvorschriften der Addition nur auf eine Weise auf Vektoren übertragbar sind, gibt es für die Multiplikation zwei Übertragungsformen, die »skalare« und die »vektorielle« Produktbildung, Operationen, die u. a. bei algebraischen Eliminationen aus Vektorgleichungen sich als nützlich erweisen.

Skalares (inneres) Produkt der Vektoren $\mathfrak{a}, \mathfrak{b}$ [Bezeichnung $(\mathfrak{a}\mathfrak{b})$] nennt man die folgende skalare Größe

$$\begin{aligned}(\mathfrak{a}\mathfrak{b}) &= |\mathfrak{a}|\,|\mathfrak{b}| \cos(\mathfrak{a}, \mathfrak{b}) = ab \cos(\mathfrak{a}, \mathfrak{b})\text{[1]} \\ &= \mathfrak{a}_x \mathfrak{b}_x + \mathfrak{a}_y \mathfrak{b}_y + \mathfrak{a}_z \mathfrak{b}_z,\end{aligned} \tag{1}$$

wo sich die letzte Darstellung aus dem bekannten Ausdruck für den Kosinus des Neigungswinkels der durch die Kosinus $\left(\frac{\mathfrak{a}_x}{a}, \frac{\mathfrak{a}_y}{a}, \frac{\mathfrak{a}_z}{a}\right)$ bestimmten Richtung von $\mathfrak{a}$ und entsprechend der von $\mathfrak{b}$ ergibt. Geometrisch läßt sich also das skalare Produkt $(\mathfrak{a}\mathfrak{b})$ deuten als das Produkt aus dem Betrag a in die Projektion $b \cos(\mathfrak{a}, \mathfrak{b})$ des Vektors $\mathfrak{b}$ auf $\mathfrak{a}$, oder auch umgekehrt als b mal die Projektion von $\mathfrak{a}$ auf $\mathfrak{b}$.

Die skalare Multiplikation ist offenbar kommutativ; man hat

$$(\mathfrak{a}\mathfrak{b}) = (\mathfrak{b}\mathfrak{a}). \tag{2}$$

Das skalare Produkt verschwindet, falls nicht einer der Vektoren $\mathfrak{a}, \mathfrak{b}$ einzeln Null ist, immer und nur dann, wenn $\cos(\mathfrak{a}, \mathfrak{b}) = 0$ ist. Aus $(\mathfrak{a}\mathfrak{b}) = 0$ folgt dann $\mathfrak{a} \perp \mathfrak{b}$.

Auch das distributive Gesetz gilt für das skalare Produkt[2])

$$(\mathfrak{a}, \mathfrak{b} + \mathfrak{c}) = (\mathfrak{a}\mathfrak{b}) + (\mathfrak{a}\mathfrak{c}),$$

wie man aus der letzten Zeile der definierenden Gleichung (1) erkennt.

Das Produkt aus einer skalaren Größe α in ein skalares Produkt ist dargestellt durch

$$\alpha(\mathfrak{a}\mathfrak{b}) = (\alpha\mathfrak{a}, \mathfrak{b}) = (\mathfrak{a}, \alpha\mathfrak{b}).$$

---

[1]) Daß vorübergehend der Winkel zwischen den Vektoren $\mathfrak{a}, \mathfrak{b}$ ähnlich bezeichnet wird $(\mathfrak{a}, \mathfrak{b})$ wie das skalare Produkt, wird zu Verwechslungen keinen Anlaß geben.

[2]) Wie hier, so werden wir auch sonst zuweilen zwischen die Faktoren ein Komma setzen, um Mißverständnisse zu vermeiden. — Dies gilt auch von der Bezeichnung des vektoriellen Produktes.

Ferner erhält man, wenn $\mathfrak{a}, \mathfrak{b}$ stetige Funktionen einer Veränderlichen t sind, durch Differentiation (wegen (1) letzte Zeile)

$$\frac{d}{dt}(\mathfrak{a}\mathfrak{b}) = \left(\frac{d\mathfrak{a}}{dt}\mathfrak{b}\right) + \left(\mathfrak{a}\frac{d\mathfrak{b}}{dt}\right).$$

Mit der obigen Bezeichnung ergibt sich u. a. für den Betrag $|\mathfrak{a}+\mathfrak{b}|$ der Summe zweier Vektoren [Art. 13, (1a)]

$$|\mathfrak{a}+\mathfrak{b}|^2 = |\mathfrak{a}|^2 + |\mathfrak{b}|^2 + 2(\mathfrak{a}\mathfrak{b}). \qquad (3)$$

Unter dem vektoriellen (äußeren) Produkt (Vektorprodukt) $[\mathfrak{a}\mathfrak{b}]$ der Vektoren $\mathfrak{a}, \mathfrak{b}$ versteht man einen Vektor $\mathfrak{c}$, dessen Komponenten die Determinanten der Matrix sind

$$\mathfrak{c} = \begin{Vmatrix} \mathfrak{a}_x & \mathfrak{a}_y & \mathfrak{a}_z \\ \mathfrak{b}_x & \mathfrak{b}_y & \mathfrak{b}_z \end{Vmatrix},$$

also

$$\begin{aligned} \mathfrak{c} = [\mathfrak{a}\mathfrak{b}] &= (\mathfrak{a}_y\mathfrak{b}_z - \mathfrak{b}_y\mathfrak{a}_z,\ \mathfrak{a}_z\mathfrak{b}_x - \mathfrak{b}_z\mathfrak{a}_x,\ \mathfrak{a}_x\mathfrak{b}_y - \mathfrak{b}_x\mathfrak{a}_y) \\ &= (\mathfrak{c}_x, \mathfrak{c}_y, \mathfrak{c}_z). \end{aligned} \qquad (4)$$

Was die Richtung von $\mathfrak{c}$ angeht, so muß, weil das skalare Produkt von $\mathfrak{c}$ und $\mathfrak{a}$

$$(\mathfrak{c}\mathfrak{a}) = (\mathfrak{a}_y\mathfrak{b}_z - \mathfrak{b}_y\mathfrak{a}_z)\,\mathfrak{a}_x + (\mathfrak{a}_z\mathfrak{b}_x - \mathfrak{b}_z\mathfrak{a}_x)\,\mathfrak{a}_y + (\mathfrak{a}_x\mathfrak{b}_y - \mathfrak{b}_x\mathfrak{a}_y)\,\mathfrak{a}_z = 0$$

ist (S. 57), $\mathfrak{c} \perp \mathfrak{a}$ sein. Ebenso ist $\mathfrak{c} \perp \mathfrak{b}$. Somit steht der Vektor $\mathfrak{c} = [\mathfrak{a}\mathfrak{b}]$ auf der durch die Vektoren $\mathfrak{a}, \mathfrak{b}$ bestimmten Ebene senkrecht. Was seinen Betrag angeht, so ist

$$\mathfrak{c}_z = \mathfrak{a}_x\mathfrak{b}_y - \mathfrak{b}_x\mathfrak{a}_y$$

bekanntlich der doppelte Inhalt eines Dreiecks OMN (Abb. 26) Δ_z in der XY-Ebene, das durch Projektion eines räumlichen Dreiecks $\Delta\ OAB$ entsteht, das vom Ursprung und von den Endpunkten der von diesem ausgehenden Vektoren $\mathfrak{a}, \mathfrak{b}$ gebildet wird. Somit ist

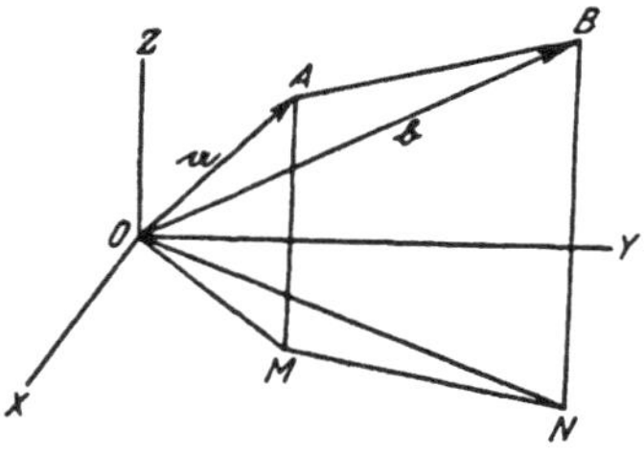

Abb. 26.

$$\mathfrak{c}_z = \mathfrak{a}_x\mathfrak{b}_y - \mathfrak{b}_x\mathfrak{a}_y = 2\Delta_z. \qquad (5)$$

Entsprechend ist die Deutung von $\mathfrak{c}_x, \mathfrak{c}_y$. Nach einem bekannten Satz der Raumgeometrie[1]) ist aber das Quadrat des Inhalts Δ jenes räumlichen Dreiecks ABC gleich der Summe der Quadrate der Inhalte der Projektionen, also

$$\begin{aligned} 4\Delta^2 = 4(\Delta_x^2 + \Delta_y^2 + \Delta_z^2) = |[\mathfrak{a}\mathfrak{b}]|^2 = c^2 = \mathfrak{c}_x^2 + \mathfrak{c}_y^2 + \mathfrak{c}_z^2 \\ = |\mathfrak{a}|^2|\mathfrak{b}|^2\sin^2(\mathfrak{a}, \mathfrak{b}). \end{aligned} \qquad (6)$$

[1]) Siehe z. B. v. Mangoldt, Einführung in die höhere Mathematik, I, Nr. [illegible] (S. 241).

Man kann somit das vektorielle Produkt aus $\mathfrak{a}$, $\mathfrak{b}$ deuten als einen Vektor $\mathfrak{c}$ von dem Betrag des Inhaltes des aus $\mathfrak{a}$, $\mathfrak{b}$ gebildeten Parallelogramms, der auf $\mathfrak{a}$ und $\mathfrak{b}$ senkrecht steht und dessen Sinn sich aus der Forderung bestimmt, daß $\mathfrak{a}$, $\mathfrak{b}$, $\mathfrak{c}$ ein Rechtssystem bilden. Dies letzteres ergibt sich, stetige Beweglichkeit des Achsenkreuzes vorausgesetzt, aus der besonderen Annahme

$$\mathfrak{a} = \mathfrak{a}_x \cdot \mathfrak{x}; \quad \mathfrak{b} = \mathfrak{b}_y \cdot \mathfrak{y},$$

wo $\mathfrak{x}$, $\mathfrak{y}$ in die Richtung der positiven X- bzw. Y-Achse fallende Einheitsvektoren sind. Dann fällt

$$\mathfrak{c} = (0, 0, \mathfrak{a}_x \mathfrak{b}_y)$$

bei positiven $\mathfrak{a}_x$, $\mathfrak{b}_y$ in die positive Z-Achse. Aus den Komponenten ergibt sich, daß

$$[\mathfrak{b}\,\mathfrak{a}] = -[\mathfrak{a}\,\mathfrak{b}] \tag{7}$$

ist, daß also die vektorielle Multiplikation nicht kommutativ ist wie die skalare. Ebensowenig gilt das assoziative Gesetz; wohl aber das distributive

$$[\mathfrak{a} + \mathfrak{b}, \mathfrak{c}] = [\mathfrak{a}\,\mathfrak{c}] + [\mathfrak{b}\,\mathfrak{c}]. \tag{8}$$

Aus (4) folgt, wenn λ eine skalare Größe ist, $[\mathfrak{a}, \lambda \mathfrak{a}] = \lambda [\mathfrak{a}\,\mathfrak{a}] = 0$. Sonst verschwindet $[\mathfrak{a}\,\mathfrak{b}]$ nur noch, wenn einzeln $\mathfrak{a}$ oder $\mathfrak{b}$ verschwinden.

Ferner ergibt sich aus der Differentiation der Komponenten, daß

$$\frac{d}{dt}[\mathfrak{a}\,\mathfrak{b}] = \left[\frac{d\mathfrak{a}}{dt}\,\mathfrak{b}\right] + \left[\mathfrak{a}\,\frac{d\mathfrak{b}}{dt}\right] \tag{9}$$

ist. Wir merken noch an:

$$(\mathfrak{a}[\mathfrak{b}\,\mathfrak{c}]) = (\mathfrak{b}[\mathfrak{c}\,\mathfrak{a}]) = (\mathfrak{c}[\mathfrak{a}\,\mathfrak{b}]) = \begin{vmatrix} \mathfrak{a}_x & \mathfrak{a}_y & \mathfrak{a}_z \\ \mathfrak{b}_x & \mathfrak{b}_y & \mathfrak{b}_z \\ \mathfrak{c}_x & \mathfrak{c}_y & \mathfrak{c}_z \end{vmatrix} \tag{10}$$

und

$$[\mathfrak{a}[\mathfrak{b}\,\mathfrak{c}]] = \mathfrak{b}(\mathfrak{c}\,\mathfrak{a}) - \mathfrak{c}(\mathfrak{a}\,\mathfrak{b}), \tag{11}$$

was man leicht durch Ausrechnen bestätigt[1]).

Wir schließen einige Bemerkungen an:

1. Handelt es sich um die Auflösung der Gleichungen $c = (\mathfrak{a}\,\mathfrak{b})$ und $\mathfrak{c} = [\mathfrak{a}\,\mathfrak{b}]$ nach $\mathfrak{a}$, so ergibt eine einfache geometrische Betrachtung, daß, wenn man die Vektoren $\mathfrak{a}$, $\mathfrak{b}$ in einem Punkt O zusammensetzt, der Endpunkt von $\mathfrak{a}$ im ersten Fall auf einer zu $\mathfrak{b}$ senkrechten Ebene liegt, die auf $\mathfrak{b}$ das Stück c/b abschneidet. Im zweiten Fall liegt der Endpunkt von $\mathfrak{a}$ auf einer zu $\mathfrak{b}$ parallelen Geraden, die in einer im Punkt O zu $\mathfrak{c}$ senkrechten Ebene im Abstand c/b von O verläuft, wo er noch beliebig wählbar ist. Voraussetzung ist jedoch im letzten Fall, daß $\mathfrak{b} \perp \mathfrak{c}$ ist, d. h. daß $(\mathfrak{b}\,\mathfrak{c}) = 0$ ist.

---

[1]) Weiteres über die Rechnung mit Vektoren möge man z. B. aus R. Gans, Einführung in die Vektoranalysis, 4. Aufl., Leipzig u. Berlin, entnehmen.

2. Wiewohl im vorstehenden die Definition des Vektors sowie die der Summe und Differenz und die beiden Produktbildungen von zwei Vektoren an ein räumliches Koordinatensystem angeschlossen wurde, ergibt sich doch aus der geometrischen Deutung des Vektors selbst und jener Operationen ohne weiteres deren Unabhängigkeit von diesem besonderen Koordinatensystem und damit deren Invarianz (Unveränderlichkeit) gegenüber einer Verschiebung oder Drehung des Koordinatensystems.

3. Zu den am Schlusse der Einleitung aufgezählten drei Grundeinheiten, hinsichtlich deren jede Gleichung homogen sein muß, ist noch die Vektoreneinheit hinzuzufügen. Bei der eingeführten Bezeichnung zieht also ein Glied einer Gleichung, das einen deutschen Buchstaben als Faktor besitzt, lauter solche Glieder nach sich.

4. Während der Vektor im allgemeinen eine parallel mit sich selbst verschiebliche gerichtete Größe ist, werden wir später Vektoren begegnen, die nur in einer bestimmten geraden »Wirkungslinie« verschieblich, »linienflüchtig«[1]) (nach Budde, Mechanik, II, Art. VI) sind, sowie Vektoren, die an einen bestimmten Raumpunkt gebunden (angeheftet) sind, in deren Darstellung also die Koordinaten x, y, z dieses Punktes eingehen. Der Raum (oder Raumteil), dessen Punkten ein System von solchen gebundenen Vektoren zugewiesen ist, bildet ein Vektorfeld, an dessen Punkten man sich Vektoren angebracht zu denken hat, die beim Übergang von einem Punkt zu einem nächstbenachbarten im allgemeinen in Größe und Richtung sich stetig ändern. Ein solches Vektorfeld entsteht z. B., wenn sich in einem Raum gravitierende Massen befinden, die auf einen einzelnen Massenpunkt m (den »Aufpunkt«) anziehend wirken. An jeder Stelle nämlich, an die man m versetzt, wird die Resultante aus den auf m wirkenden Anziehungskräften eine bestimmte Größe und Richtung haben, die dort, von Punkt zu Punkt sich stetig ändernd, den Vektor des Kraftfeldes darstellt, und die sich nur in den anziehenden Massenpunkten selbst unstetig verhält, wie wir unten (Art. 20) sehen werden.

VI. Abschnitt.

Zentralkräfte.

15. Anziehung nach der ersten Potenz der Entfernung.

Das klassische Beispiel für die Bewegung eines materiellen Punktes unter dem Einfluß einer bekannten Kraft, an das Newton den Aufbau seiner Mechanik angeschlossen hat, bietet die Zentralbewegung, die

[1]) E. Study, Geometrie der Dynamen, Leipzig 1901, 1903, und H. Graßmann d. J. nennen sie Stäbe; H. Graßmann d. Ä. Linienteile. (Beispiele siehe Art. 41, 49.)

Bewegung eines Punktes unter der Einwirkung einer nach einem festen Zentrum gerichteten Kraft, deren Betrag von der Entfernung beider Punkte abhängt. In Verfolgung der neuen Wege, die Kepler einerseits, Galilei anderseits eröffnet hatten, hat, wie später (Art. 16) noch weiter ausgeführt wird, Newton die Bewegungen eines Planeten um die Sonne durch Annahme einer Zentralkraft $\mathfrak{P}$ beschrieben, die von dem Planeten nach der Sonne gerichtet der negativen zweiten Potenz $1/r^2$ der Entfernung r beider Himmelskörper, beide durch Massenpunkte ersetzt, und dem Produkt mM aus der Masse m des Planeten und M der Sonne proportional ist. In vektorieller Fassung ist also

$$\mathfrak{P} = -\, mM \frac{\varkappa}{r^2} \mathfrak{r}', \tag{1}$$

wo $\mathfrak{r}' = \frac{\mathfrak{r}}{r}$ ein Einheitsvektor in Richtung der Verbindungslinie Sonne-Planet, $\varkappa$ eine Konstante ist (Newtonsches Gravitationsgesetz). Im allgemeinen ist der Ausdruck für eine Zentralkraft

$$\mathfrak{P} = m\,M\, f(r) \frac{\mathfrak{r}}{r}, \tag{2}$$

wo $f(r)$ eine Funktion der Entfernung ist. Wirkt eine Zentralkraft, so werden die Bewegungsgleichungen des Punktes m vektoriell (S. 40) $m\,\mathfrak{p} = \mathfrak{P} = mM\, f(r) \frac{\mathfrak{r}}{r}$, oder, nach den Koordinatenachsen zerlegt,

$$\begin{aligned} m\ddot{x} &= mM\, f(r) \frac{x}{r} \\ m\ddot{y} &= mM\, f(r) \frac{y}{r} \\ m\ddot{z} &= mM\, f(r) \frac{z}{r}, \end{aligned} \tag{2a}$$

wenn sich das Anziehungs-(Wirkungs-)Zentrum O im Ursprung befindet. Wenn $f(r)$ einen positiven Wert hat, so besteht die Zentralkraft in einer Abstoßung von m, weil dann $\mathfrak{P}$ den Sinn von $\mathfrak{r}'$ hat; ist $f(r)$ negativ [wie im Falle (1)], so wirkt die Zentralkraft anziehend.

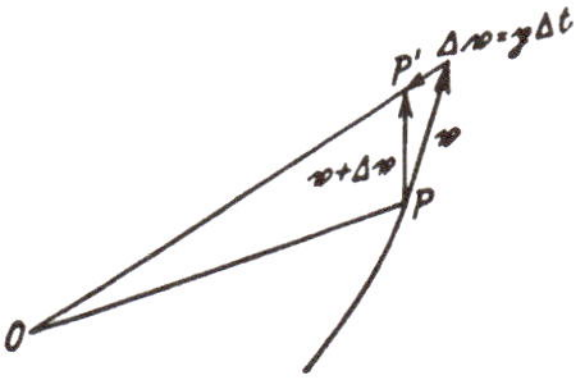

Abb. 27.

Man bemerkt zunächst, daß Bewegungen dieser Art in einer durch das Wirkungszentrum O gehenden Ebene erfolgen. Fällt nämlich für irgendeine Stelle das Bahnelement und also die Geschwindigkeit $\mathfrak{v}$ in die Zeichenebene, in der auch die Beschleunigung $\mathfrak{p}$ liegt, so fällt in dieselbe, wie sich aus der Art. 11 angegebenen Näherungskonstruktion der Bahnkurve ergibt, auch das nächste Bahnelement $\overline{PP'}$ usw.

Wir werden unten (Art. 16, 20) diesen Satz noch einmal analytisch beweisen, dürfen jedoch hier bereits die allgemeine Zentralbewegung als ebene behandeln und beziehen sie demgemäß auf ein ebenes rechtwinkliges Achsenkreuz mit dem Wirkungszentrum als Ursprung.

Ein Körper, der sich vermöge einer Zentralkraft oder anderer auf ihn wirkenden Kräfte in einer Ebene bewegt, kann nur durch hinzutretende fremde Kräfte aus dieser Ebene herausbewegt werden. Diese Eigenschaft, die derjenigen eines Punktes gleicht, auf den keine Kräfte wirken, schreibt man in übertragenem Sinne ebenfalls seiner »Trägheit« zu.

Indem wir uns nun zu **besonderen Annahmen über die Funktion** $f(r)$ wenden, denen natürliche Bewegungen entsprechen, beginnen wir mit dem Falle der Anziehung proportional dem Abstand des Massenpunkts m vom Anziehungszentrum

$$M f(r) = -k r, \tag{3}$$

wo k eine positive Konstante ist. Die Komponenten der Beschleunigung liefern die folgenden Bewegungsgleichungen

$$\ddot{x} = -k r \frac{x}{r} = -k x$$

$$\ddot{y} = -k y.$$

Die Differentialgleichungen sind einzeln integrabel. Man erhält nach dem bekannten Lösungsverfahren für homogene lineare Differentialgleichungen mit konstanten Koeffizienten[1]) als Integrale

$$\begin{aligned} x &= A \cos\sqrt{k}\,t + B \sin\sqrt{k}\,t \\ y &= C \cos\sqrt{k}\,t + D \sin\sqrt{k}\,t, \end{aligned} \tag{4}$$

wo A, B, C, D Konstanten sind.

Unter der Voraussetzung, daß

$$AD - BC \neq 0$$

ist (die Bewegung also keine geradlinige ist, der oben (Art. 4) behandelte Fall), löst man die Gleichungen (4) nach Kosinus und Sinus auf und erhält

$$\begin{aligned} (AD - BC) \cos\sqrt{k}\,t &= \quad D x - B y \\ (AD - BC) \sin\sqrt{k}\,t &= -C x + A y, \end{aligned}$$

woraus sich

$$(D x - B y)^2 + (C x - A y)^2 = (A D - B C)^2 \tag{5}$$

ergibt. Die Bahnkurve ist also eine Kurve 2. Ordnung, deren Mittelpunkt sich im Anziehungszentrum O befindet, und zwar eine Ellipse,

---

[1]) S. z. B. v. Mangoldt, Einführung in die höhere Mathematik III, Nr. 159, 160.

weil das unbegrenzte Anwachsen auch nur einer der Veränderlichen x, y die linke Seite größer als die rechte und damit die Gleichung (5) unerfüllbar machen würde.

16. Anziehung nach dem Newtonschen Gesetz.

Den weitaus wichtigsten Fall der Zentralbewegung liefert die oben schon erwähnte Annahme

$$f(r) = -\frac{\varkappa}{r^2}. \tag{1}$$

Indem man zur Abkürzung die konstante Größe

$$\varkappa M = k \tag{1a}$$

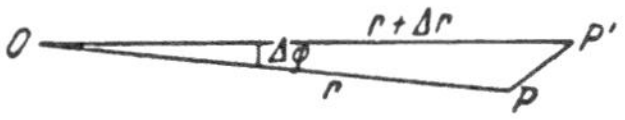

Abb. 28.

setzt, wird die Kraft in vektorieller Darstellung, wenn wieder $\mathfrak{r}'$ ein Einheitsvektor in Richtung der Verbindungslinie Sonne—Planet ist,

$$\mathfrak{P} = -m\frac{k}{r^2}\frac{\mathfrak{r}}{r} = -m\frac{k\mathfrak{r}}{r^3}.$$

Die hieraus sich ergebenden Bewegungsgleichungen

$$\ddot{x} = -\frac{k}{r^2}\frac{x}{r} = -\frac{kx}{r^3}; \quad \ddot{y} = -\frac{ky}{r^3} \tag{2}$$

lassen sich nur durch Kombination integrieren, weil wegen $r^2 = x^2 + y^2$ in jede derselben außer der Zeit noch x und y eingehen.

Es liegt nahe, von rechtwinkligen zu Polarkoordinaten überzugehen und

$$x = r\cos\varphi, \quad y = r\sin\varphi \tag{2a}$$

zu setzen. Wegen

$$\begin{aligned} \dot{x} &= \dot{r}\cos\varphi - r\sin\varphi\,\dot{\varphi} \\ \dot{y} &= \dot{r}\sin\varphi + r\cos\varphi\,\dot{\varphi} \end{aligned} \tag{2b}$$

ergibt sich dann für das Quadrat der Geschwindigkeit

$$v^2 = \dot{s}^2 = \dot{x}^2 + \dot{y}^2 = \dot{r}^2 + r^2\dot{\varphi}^2.$$

Wir merken noch die durch Differentiation hieraus und aus (2a) abzuleitenden Gleichungen an

$$\dot{s}\ddot{s} = \dot{x}\ddot{x} + \dot{y}\ddot{y} = \dot{r}\ddot{r} + r^2\dot{\varphi}\ddot{\varphi} + r\dot{r}\dot{\varphi}^2$$
$$x\dot{x} + y\dot{y} = r\dot{r}.$$

Multipliziert man die Gleichungen (2) bzw. mit

$$\dot{x}\,dt = dx$$
$$\dot{y}\,dt = dy$$

und addiert sie, so kommt

$$(\dot{x}\ddot{x} + \dot{y}\ddot{y})\,dt = -\frac{k}{r^3}(x\,dx + y\,dy) = -\frac{k}{r^3}r\,dr$$

oder

$$\dot{s}\ddot{s}\,dt = -\frac{k}{r^2}dr,$$

d. h.

$$d\left(\frac{\dot{s}^2}{2}\right) = -k\frac{dr}{r^2},$$

wo nun links und rechts ein vollständiges Differential steht.

Durch Integration erhält man

$$\frac{\dot{s}^2}{2} = \frac{k}{r} + h,$$

wo h eine willkürliche Konstante ist, oder

$$\frac{v^2}{2} = \frac{k}{r} + h, \tag{3}$$

in Polarkoordinaten geschrieben

$$\frac{1}{2}(\dot{r}^2 + r^2\dot{\varphi}^2) = \frac{k}{r} + h.$$

Diesem »Integral der lebendigen Kraft« (eine später noch zu erklärende Bezeichnung) stellt sich ein anderes an die Seite, das man aus den Gleichungen (2) durch Multiplikation mit bzw. $-y$ und x und Addition ableitet. Man erhält so

$$x\ddot{y} - y\ddot{x} = 0$$

oder auch

$$\frac{d}{dt}(x\dot{y} - y\dot{x}) = 0,$$

d. h.

$$x\dot{y} - y\dot{x} = c, \tag{4}$$

wo c wieder eine willkürliche Konstante ist. Dieses »Integral der Flächenräume« (Flächensatz) läßt eine geometrische Deutung zu. Man kann es aus

$$x\Delta y - y\Delta t = c\Delta t$$

oder aus

$$\begin{vmatrix} x & y \\ x + \Delta x & y + \Delta y \end{vmatrix} = c\Delta t \tag{4a}$$

durch einen Grenzübergang ableiten, wo Δx, Δy kleine Koordinatenzuwächse sind, die dem Zeitzuwachs Δt entsprechen. Die linke Seite von (4a) bedeutet den doppelten Inhalt des schmalen Dreiecks OPP' (Abb. 28), das vom Ursprung und den einander benachbarten Bahnpunkten P, P' mit den Koordinaten

$$x,\ y \text{ bzw. } x + \Delta x,\ y + \Delta y$$

gebildet wird, das also vom Fahrstrahl $r = \overline{OP}$ in einem Zeitelement Δt überstrichen wird. Die Gleichung (4a) sagt somit aus, daß in gleichen Zeitelementen Δt vom Fahrstrahl gleiche Flächenräume überstrichen werden. Bei unbegrenzter Abnahme von Δt geht (4a) in (4) über, während die Bedeutung der Gleichung erhalten bleibt. Summiert man die Zeitelemente eines endlichen Intervalls und die entsprechenden Flächenelemente, so ergibt sich der Satz:

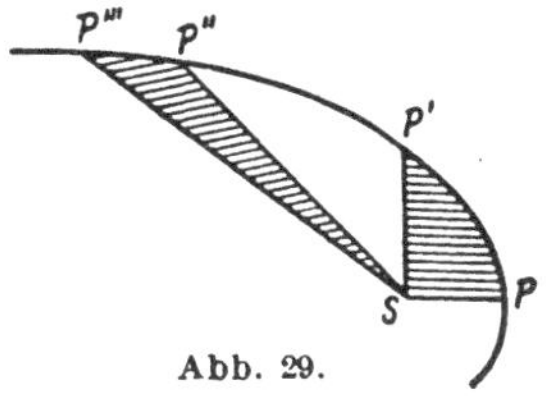

Abb. 29.

Die vom Fahrstrahl in gleichen Zeiträumen überstrichenen Flächenräume haben gleichen Inhalt. (In Abb. 29: $OPP' = OP''P'''$.) Dieser »Flächensatz« sagt das 2. Keplersche Gesetz aus (S. 69). Er läßt eine elegante Darstellung in Polarkoordinaten zu. Multipliziert man die Gleichungen (2b) bzw. mit $-y$ und x, indem man rechts die Werte (2a) verwendet, und addiert sie, so ergibt sich aus (4)

$$x\dot{y} - y\dot{x} = r^2\dot{\varphi} = c. \tag{4b}$$

Bevor hieraus weitere Folgerungen gezogen werden, mögen die beiden Integrale (3), (4) noch einmal mittels Vektorrechnung abgeleitet werden auf Grund der allgemeinen Annahme (S. 61)

$$\mathfrak{P} = m\,M\,f(r)\,\frac{\mathfrak{r}}{r},$$

mit $r = |\mathfrak{r}|$, wo dann für das Newtonsche Gravitationsgesetz $Mf(r) = -k/r^2$ zu nehmen ist.

Die Bewegungsgleichung lautet dann

$$m\,\mathfrak{p} = m\,M\,f(r)\,\frac{\mathfrak{r}}{r} \tag{4c}$$

oder

$$\mathfrak{p} = M\,f(r)\,\frac{\mathfrak{r}}{r}.$$

Nun ist $\Delta\mathfrak{r}$ als dritte Seite in dem Dreieck OPP' (s. d. Abb. 28) die Verbindungslinie der zwei benachbarten Punkte PP' der Bahnlinie, also gleich dem Bahnelement $\Delta\mathfrak{s}$

$$\Delta\mathfrak{r} = \Delta\mathfrak{s} = \mathfrak{v}\,\Delta t$$

oder

$$\mathfrak{v} = \dot{\mathfrak{r}}; \tag{5}$$

daher weiter

$$\mathfrak{p} = \dot{\mathfrak{v}} = \ddot{\mathfrak{r}}.$$

Die Differentialgleichung der (räumlichen) Zentralbewegung lautet somit

$$\ddot{\mathfrak{r}} = M\,\frac{f(r)}{r}\,\mathfrak{r}. \tag{6}$$

Um hieraus jene beiden Integrale abzuleiten, multiplizieren wir (6) zunächst skalar mit $\dot{\mathfrak{r}}$ und erhalten

$$(\dot{\mathfrak{r}}\ddot{\mathfrak{r}}) = M\,\frac{f(r)}{r}\,(\mathfrak{r}\dot{\mathfrak{r}}),$$

oder weil

$$(\mathfrak{r}\dot{\mathfrak{r}})\,dt = (\mathfrak{r}\,d\mathfrak{r}) = r\,dr, \tag{7}$$

nämlich gleich r mal der Projektion von $d\mathfrak{r}$ auf $\mathfrak{r}$, oder r mal dr (s. Abb. 28) ist,

$$(\dot{\mathfrak{r}}\ddot{\mathfrak{r}}) = (\mathfrak{v}\dot{\mathfrak{v}}) = \frac{1}{2}\,\frac{d}{dt}\,(\mathfrak{v}\mathfrak{v}) = Mf(r)\,\frac{dr}{dt}.$$

Nun ist $(\mathfrak{v}\mathfrak{v}) = v^2$, also

$$\frac{1}{2}\,d\,(v^2) = Mf(r)\,dr.$$

Dies integriert, gibt

$$\frac{v^2}{2} = M\int f(r)\,dr + h, \tag{8}$$

das Integral der lebendigen Kraft, woraus sich im Falle der Anziehung nach dem Newtonschen Gravitationsgesetz mit $Mf(r) = -k/r^2$ die Gleichung (3) ergibt.

Multipliziert man anderseits die Gleichung (6) vektoriell mit $\mathfrak{r}$, so erhält man (Art. 14)

$$[\mathfrak{r}\ddot{\mathfrak{r}}] = \frac{Mf(r)}{r}\,[\mathfrak{r}\mathfrak{r}] = 0$$

oder

$$\frac{d}{dt}\,[\mathfrak{r}\dot{\mathfrak{r}}] = [\dot{\mathfrak{r}}\dot{\mathfrak{r}}] + [\mathfrak{r}\ddot{\mathfrak{r}}] = 0,$$

also

$$[\mathfrak{r}\dot{\mathfrak{r}}] = \mathfrak{c} \tag{9}$$

oder

$$[\mathfrak{r}\,d\mathfrak{r}] = [\mathfrak{r}, \mathfrak{r} + d\mathfrak{r}] = \mathfrak{c}\,dt, \tag{9a}$$

wo $\mathfrak{c}$ ein nach Größe und Richtung konstanter Vektor ist. Diese Gleichung sagt aus, daß der auf dem Dreieck der beiden Vektoren $\mathfrak{r}$ und $\mathfrak{r} + d\mathfrak{r}$ senkrecht stehende Vektor $[\mathfrak{r}\,d\mathfrak{r}]$ in jedem Zeitpunkt die gleiche Größe und Richtung hat, d. h. daß die Ebene der Vektoren im Raum eine unveränderliche Lage hat, demnach der Punkt sich in einer Ebene bewegt, und daß ferner das Vektorendreieck für gleiche Zeitelemente dt denselben Flächeninhalt hat. Dies ist der »Flächensatz« in genau demselben Umfang wie bei der besonderen Annahme $Mf(r) = -k/r^2$; es ist auch hier

$$\|[\mathfrak{r}\,\dot{\mathfrak{r}}]\| = r^2\dot{\varphi} = c. \tag{10}$$

Mit Hilfe der Formel (10) leitet man durch Differentiation von (8) die für Herstellung der Bahngleichung gebräuchliche Binetsche Formel ab

$$Mf(r) = \frac{c^2}{r^2}\left(\frac{d^2}{d\varphi^2}\left(\frac{1}{r}\right) + \frac{1}{r}\right). \tag{11}$$

17. Anziehung nach dem Newtonschen Gesetz. Fortsetzung.

Die vorstehend gefundenen zwei Integrale, das der lebendigen Kraft (S. 64)

$$v^2 = \dot{r}^2 + r^2\dot{\varphi}^2 = \frac{2k}{r} + 2h, \tag{1}$$

und das der Flächenräume (S. 64)

$$r^2\dot{\varphi} = c \tag{2}$$

ersetzen, da sie voneinander unabhängig sind, die beiden Bewegungsgleichungen vollständig. Um die Polarkoordinaten r, φ des bewegten Punktes in Funktion von t darzustellen, setzt man $\dot{\varphi}$ aus (2) in (1) ein und erhält

$$\dot{r}^2 + \frac{c^2}{r^2} = \frac{2k}{r} + 2h, \tag{2a}$$

woraus sich

$$\frac{dt}{dr} = \frac{1}{\sqrt{2h + \frac{2k}{r} - \frac{c^2}{r^2}}} = \frac{1}{\sqrt{2h + \frac{k^2}{c^2} - \left(\frac{c}{r} - \frac{k}{c}\right)^2}} \tag{3}$$

ergibt. Anderseits ist nach (2)

$$\frac{dt}{dr} = \frac{1}{c}\,\frac{r^2 d\varphi}{dr},$$

woraus man

$$\varphi = -\int \frac{d\left(\frac{c}{r}\right)}{\sqrt{2h + \frac{k^2}{c^2} - \left(\frac{c}{r} - \frac{k}{c}\right)^2}} = \arccos \frac{\frac{c}{r} - \frac{k}{c}}{\sqrt{2h + \frac{k^2}{c^2}}} + \varphi_0 \tag{3a}$$

findet, oder

$$\frac{c}{r} = \frac{k}{c} + \sqrt{2h + \frac{k^2}{c^2}}\cos(\varphi - \varphi_0). \tag{4}$$

Wenn man annimmt, daß (zur Zeit $t = 0$) für $r = r_0$, $\varphi = \varphi_0$ sei[1] und durch eine Drehung der Achse um den Ursprung O um den Winkel φ_0 bewirkt, daß $\varphi_0 = 0$ ist, so folgt aus (4) für $\varphi = 0$:

$$\frac{c}{r_0} - \frac{k}{c} = \sqrt{2h + \frac{k^2}{c^2}},$$

also als Beziehung zwischen den Konstanten h, c die Gleichung

$$\frac{c^2}{r_0^2} - \frac{2k}{r_0} = 2h.$$

Aus (2a) ergibt sich dann, daß die Komponente der Anfangsgeschwindigkeit in Richtung des Fahrstrahls $\dot{r}_0 = 0$ ist, d. h. daß zu Anfang der Bewegung die Bahnkurve den Fahrstrahl senkrecht schneidet. Die Gleichung der Bahnkurve ist durch (4) gegeben. Vergleicht man die Beziehung[2])

$$\frac{c^2}{k} \cdot \frac{1}{r} = 1 + \frac{c}{k}\sqrt{2h + \frac{k^2}{c^2}} \cos\varphi \tag{4a}$$

mit der bekannten Gleichung eines Kegelschnitts in Polarkoordinaten r, φ, bezogen auf den einen Brennpunkt als Pol

$$\frac{p}{r} = 1 + \varepsilon \cos\varphi,$$

wo der Parameter für Ellipse und Hyperbel mit den Halbachsen a, b

$$p = a(1 - \varepsilon^2) = \pm \frac{b^2}{a} \tag{4b}$$

ist, ε die numerische Exzentrizität, so ergibt (4a) den Satz:

---

[1]) Das Integral (4) ließe sich auch aus der Binetschen Formel (11) des vor. Art. mit $M f(r) = -\frac{k}{r^2}$ durch Integration ermitteln.

[2]) Man kann die Bahngleichung aus den Bewegungsgleichungen auf folgende Weise direkt ableiten. Aus $\ddot{x} = -\frac{kx}{r^3}$; $\ddot{y} = -\frac{ky}{r^3}$ erhält man zunächst $x\dot{y} - y\dot{x} = r^2\dot{\varphi} = c$, wie oben (S. 64). Daher wird: $\frac{d}{dt}\dot{x} = -\frac{kx}{r^3}\frac{r^2\dot{\varphi}}{c}$, oder wegen $x = r\cos\varphi$; $d\dot{x} = -\frac{k}{c}\cos\varphi\, d\varphi$; also $\dot{x} = -\frac{k}{c}\sin\varphi$, wo die Integrationskonstante Null ist, wenn man annimmt, daß für $\varphi = 0$, $\dot{x} = 0$ ist. Ebenso findet man $\dot{y} = \frac{k}{c}(\cos\varphi + \alpha)$, wo α eine Integrationskonstante ist. Hiermit aber wird $x\dot{y} - y\dot{x} = c = \frac{rk}{c}(1 + \alpha\cos\varphi)$. Durch Vergleichung dieser Kegelschnittsgleichung mit der bekannten ergibt sich $\alpha = \varepsilon$, $\frac{c^2}{k} = p = \frac{b^2}{a}$ (Bezeichnungen des Textes). Die Gleichung der lebendigen Kraft wird: $v^2 = \dot{x}^2 + \dot{y}^2 = \frac{k^2}{c^2}(1 + \varepsilon^2 + 2\varepsilon\cos\varphi) = \frac{2k}{r} + \frac{k^2}{c^2}(\varepsilon^2 - 1)$, woraus sich das Zeitintegral ergibt. — Der im Text eingeschlagene Weg hat den Vorzug, für alle Anziehungsgesetze gangbar zu sein.

Die Bahnkurve ist ein Kegelschnitt mit einem Brennpunkt im Anziehungszentrum (erstes Keplersches Gesetz, das zweite ist der Flächensatz); mit der numerischen Exzentrizität

$$\varepsilon = \sqrt{\frac{2\,h\,c^2}{k^2} + 1} \tag{5}$$

und dem Parameter

$$p = \frac{c^2}{k}. \tag{5a}$$

Und zwar beschreibt der angezogene Massenpunkt eine Ellipse, Parabel oder Hyperbel, je nachdem die numerische Exzentrizität

$$\varepsilon = \sqrt{2\,h\,\frac{c^2}{k^2} + 1} \lesseqgtr 1 \tag{6}$$

ist, d. h. je nachdem (1)

$$h = \frac{v_0^2}{2} - \frac{k}{r_0} \lesseqgtr 0 \tag{7}$$

ist, wenn $v_0 = r_0\,\dot{\varphi}_0$ die Anfangsgeschwindigkeit ist.

Bei gegebenem Anfangsabstand r_0 hängt somit der Charakter der Bahnkurve von der Größe der Anfangsgeschwindigkeit v_0 ab (Abb. 30). Insbesondere gibt $v_0 = 0$ eine unendlich flache Ellipse, die, weil $\dot{\varphi}_0 = 0$ ist, mit der X-Achse zusammenfällt;

$$v_0 = \sqrt{\frac{k}{r_0}} \tag{7a}$$

einen Kreis¹);

$$v_0 = \sqrt{\frac{2k}{r_0}} \tag{7b}$$

eine Parabel mit dem Parameter $p = 2r_0$.

Wir verfolgen nur den Fall weiter, daß

$$r = \frac{p}{1 + \varepsilon \cos \varphi} \tag{8}$$

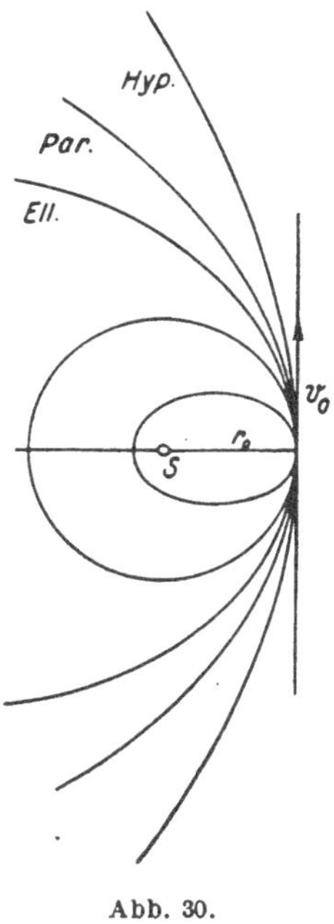

Abb. 30.

eine Ellipse darstellt, daß also $\varepsilon < 1$ ist, um nun auch das dritte Keplersche Gesetz abzuleiten.

Beschreibt man um den Mittelpunkt O der Bahnellipse zwei Kreise mit den Halbachsen a, b $(\leqq a)$ als Radien und projiziert den Ellipsen-

¹) Man ermittelt diese Fälle aus den Formeln $\frac{k}{a} = \frac{2\,k}{r_0} - v_0^2$, $\varepsilon^2 = \left(\frac{r_0\,v_0^2}{k} - 1\right)^2$, die man (S. 76) leicht aus (1), (2a), (5), (5a), (4b) für $r = r_0$, $v = v_0 = r_0\dot{\varphi}_0$, $\dot{r}_0 = o$ ableitet mittels $\varepsilon = -1, 0, 1$, wenn man für ε die positive Wurzel des Quadrats verwendet.

punkt $= P(x, y)$ parallel zur kleinen Achse auf den Kreis mit Radius a (in P_1) und auf die große Achse (in Q), so heißen bekanntlich die Winkel $\sphericalangle P_1OQ = u$ die exzentrische, $\sphericalangle PSQ = \varphi$, wenn in S die Sonne steht, die wahre Anomalie[1]) des Punktes P. Nach der bekannten Ellipsenkonstruktion aus diesen Kreisen ergeben sich die Gleichungen (s. d. Abb.)

$$x = \overline{OQ} = \overline{OS} + \overline{SQ} = \varepsilon a + r\cos\varphi = a\cos u$$
$$y = \overline{PQ} = \qquad = r\sin\varphi = b\sin u. \qquad (9)$$

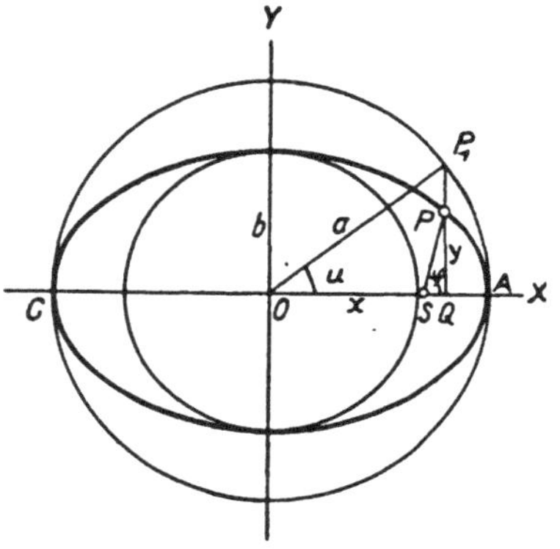

Abb. 31.

Ferner ist nach (5a)

$$p = \frac{b^2}{a} = a(1-\varepsilon^2) = \frac{c^2}{k}. \qquad (10)$$

Trägt man in (8) aus (9) den Wert von $\cos\varphi$ ein, so ergibt sich durch Auflösung nach r

$$r = a\varepsilon(\varepsilon - \cos u) + p,$$

was in Verbindung mit (10) in

$$r = a(1 - \varepsilon\cos u) \qquad (11)$$

übergeht; differenziert: $dr = a\varepsilon \sin u\, du$. Mittels (8) drückt sich dr durch $d\varphi$ aus:

$$\frac{dr}{r^2} = \frac{\varepsilon}{p}\sin\varphi\, d\varphi,$$

woraus

$$\frac{r^2}{p}\sin\varphi\, d\varphi = a\sin u\, du$$

folgt. Setzt man hier für $r\sin\varphi$ den Wert aus (9) ein, so erhält man

$$\frac{rb}{p}\, d\varphi = a\, du,$$

und mittels des Flächensatzes

$$\frac{bc}{p}\, dt = a r\, du$$

oder wegen (11)

$$\frac{bc}{p}\, dt = a^2(1 - \varepsilon\cos u)\, du.$$

---

[1]) Anomalie = Winkelabstand von der »Apsidenlinie«, der Verbindungslinie von Sonnenferne (Aphel) C und Sonnennähe (Perihel) A.

Dies ist eine integrabele Beziehung zwischen t und der exzentrischen Anomalie u; sie ergibt mit (10) die Keplersche Gleichung:

$$t = \sqrt{\frac{a^3}{k}}\,(u - \varepsilon \sin u), \tag{12}$$

da für $\varphi = 0$ ($t = 0$) auch $u = 0$ wird.

Die Bahnkurve ist einmal durchlaufen, wenn u um 2π zugenommen hat.

Ist T die Umlaufszeit, so ist

$$t + T = \sqrt{\frac{a^3}{k}}\,(u + 2\pi - \varepsilon \sin u)$$

also

$$T = 2\pi \sqrt{\frac{a^3}{k}} = 2\pi \sqrt{\frac{a^3}{M\varkappa}}, \tag{13}$$

wenn man den Wert von k aus Art. 16 (1a) wieder einführt. Die Periode des Umlaufs hängt somit ab von der Länge der großen Halbachse der Bahnellipse, von der Masse M des anziehenden Zentralkörpers und von der Konstanten $\varkappa$[1]).

Da für zwei verschiedene um dasselbe Anziehungszentrum sich bewegende Körper die Konstanten $\varkappa$ und M denselben Wert haben, so verhält sich für sie

$$T_1^2 : T_2^2 = a_1^3 : a_2^3, \tag{14}$$

wenn T_1, T_2 ihre Umlaufszeiten, a_1, a_2 ihre großen Bahnhalbachsen sind. Den durch die Gleichung (14) dargestellten Satz, daß die Quadrate der Umlaufszeiten der Planeten auf ihrem Weg um die Sonne sich wie die dritten Potenzen der großen Halbachsen ihrer Bahnellipsen verhalten, hat schon Kepler für alle Planeten ausgesprochen, und man hat auch für die Bewegung der Trabanten um ihren Planeten, dessen Masse dann an die Stelle von M tritt, dieses Gesetz bestätigt gefunden. Die Konstante $\varkappa$ gewinnt damit eine universelle Bedeutung für das ganze Planetensystem; man hat sie die allgemeine oder die Gaußsche Gravitationskonstante genannt[2]).

Der oben erwähnte Satz heißt das dritte Keplersche Gesetz; auch die Gleichung (12) kannte schon Kepler[3]).

---

[1]) Aus den Dimensionen von $[c] = [l^2 t^{-1}]$; $[k] = [l^3 t^{-2}]$ folgt die von $\varkappa$: $[\varkappa] = [l^3 m^{-1} t^{-2}]$.

[2]) Wenn in Wirklichkeit an die Stelle der Zentralbewegung das Zwei- bzw. Mehr-Körperproblem tritt, so wird man (Art. 31) sehen, daß wenigstens das erstere auf die Formeln der Zentralbewegung zurückgeführt werden kann. Nur tritt an Stelle der Masse M die Summe der Massen ($M + m$) von Zentralkörper und Planet.

[3]) Astronomia nova, Cap. LX a. E.

Das dritte Gesetz hat Kepler in dem Werk »Harmonice mundi« (1619) ausgesprochen, zehn Jahre nach der Veröffentlichung der beiden ersten, die sich im 59. Kapitel der »Astronomia nova seu de motibus stellae Martis« finden.

18. Keplers Astronomia Nova.

Keplers Hauptwerk »Astronomia nova seu de motibus stellae Martis« liegt in keiner der lebenden Sprachen übersetzt vor[1]). Das ausschließlich geometrische Beweisverfahren an verwickelten Figuren, die kritische Natur des Werkes, das den Leser nötigt, den Verfasser auf allen Irrwegen zu begleiten, die andere vor ihm und die er selbst eingeschlagen hat, ehe er den rechten fand, die Widerlegung dann aller dieser Irrtümer, die den Hauptinhalt ausmacht, erschweren dem heutigen Mathematiker und Astronomen das Studium des in dem Latein des damaligen Tübinger Stiftlers geschriebenen Buches und das Verständnis seines groß angelegten Aufbaus. Um so erfrischender und erfreulicher sind die zwischen den Text eingestreuten Ausblicke und Bemerkungen allgemeiner Natur des temperamentvollen Verfassers. Sie belohnen auch ein Blättern in dem Buch, zumal in der prächtig ausgestatteten Originalausgabe in Folio mit ihren phantastischen Holzschnitten.

Wie Kepler — auf Grund der Kopernikanischen Anschauung, daß die Erde sich um ihre Achse dreht und daß Erde und Planeten die Sonne in geschlossenen Bahnen umkreisen, und auf Grund der ihm von seinem Vorgesetzten und Vorgänger Tycho Brahe in Prag hinterlassenen (Diopter-) Beobachtungen am Planeten Mars — zur Bestimmung zugleich der Gestalt der Marsbahn und der Erdbahn gelangt ist; wie er sieben Jahre lang dieses Ziel durch alle Stufen von Hoffen und Verzweifeln hindurch verfolgt hat, wie er alle ihm von seinem Vorgänger hinterlassenen und die ihm selbst sich zunächst darbietenden Annahmen zur Erklärung der Schleifen, Schlingen und zeitlichen Dehnungen der Marsbahn längs der Ekliptik eine nach der anderen geprüft und widerlegt hat, bis er endlich eine richtige findet: alle diese Wendungen schildert das Buch in plastischer Sprache mit oft humorvollen Bemerkungen, eingestreut zwischen langwierigen Beweisen.

Der Planet Mars hatte — wegen der großen Exzentrizität seiner Bahnellipse — schon den Epizykeltheorien des Ptolemäus und des Tycho Brahe gegenüber[2]) sich als besonders widerspenstig erwiesen. Dieser Umstand empfahl ihn der Untersuchung. Dazu kam erleichternd die geringe Neigung seiner Bahnebene gegen die der Erdbahn, die

---

[1]) Unter der Presse befindet sich zurzeit eine von Dr. M. Caspar verfaßte und mit einer umfangreichen Einleitung versehene deutsche Übertragung dieses Werkes, die im Verlag von R. Oldenbourg in München demnächst erscheinen wird.

[2]) Über die Vorgeschichte des Problems vgl. Bruns, Von Ptolemäus bis Newton, Rektoratsrede 1912, Jahresber. des D. Math. Ver. XXIII, 1914.

Ekliptik. Aber von der Arbeit, die Kepler zu leisten, von den Schwierigkeiten, die er zu bewältigen hatte, macht man sich doch heute nur schwer eine Vorstellung.

Mit den Vorurteilen, denen in Laien- und Gelehrtenkreisen die Lehre des Kopernikus begegnete, mit den Einwänden der Philosophen und Theologen fand sich Kepler in der »Introductio« noch leicht ab. Um so ernster nahm er die Schwierigkeiten, die ihm von den Anhängern des Ptolemäus unter den Astronomen, besonders seinem Freunde Fabricius, bereitet wurden. Die Spuren dieser persönlichen Erörterungen durchsetzen die ersten Teile des Werkes vielerorts. Allgemein zu reden handelt es sich doch darum, ein System von Beobachtungen über die Marsbahn, wie sie sich durch Projektion des Planeten von dem selbst wechselnden unbekannten Standpunkte der Erde aus auf das Himmelsgewölbe ergeben, also je zwei sphärische Koordinaten und die zugehörige Zeit, im ganzen zwei dreidimensionale Gebilde, umzusetzen in zwei ebensolche, nämlich (von einer Ähnlichkeitstransformation abgesehen) in die räumlichen Bahnen des Mars und der Erde, je mit den zugehörigen Zeiten, auf Grund bloß der Forderung, daß die Bahnen eben seien und periodisch beschrieben werden[1]). Nach vielen vergeblichen Bemühungen um Auffindung zunächst des Gesetzes für die Marsbahn kehrte Kepler die Reihenfolge um und begann, an der Hand eben der Beobachtungen über den Mars, mit der Bestimmung der Elemente der Erdbahn nach etwa dem folgenden Verfahren[2]): Zur Zeit, wann (Abb. 31 a) Sonne (S) und Mars (M) für die Erde (E) in Opposition stehen, also S, E, M eine gerade Linie bilden, bestimme man die Lage des Punktes M auf der Ekliptik, d. h. den Winkel $ME\Upsilon = \alpha$, wo Υ den Frühlingspunkt (im Widder) bedeutet. Dies war damals schon auf 1 bis 2 Bogenminuten genau möglich. Man ermittle dann für den Ort E_1, welchen die Erde nach Ablauf genau eines Marsjahrs einnimmt, d. h. wenn der Mars wieder an derselben Stelle M seiner Bahn steht (etwa nach 687 Erdentagen) die (geozentrische) »Länge« des Mars, d. h. den Winkel γ zwischen den Richtungen E_1M (Erde—Mars) und $E_1\Upsilon$ (Erde—Frühlingspunkt) und die Länge β der Sonne, die aus der für diesen Zweck hinreichend genauen Sonnen-

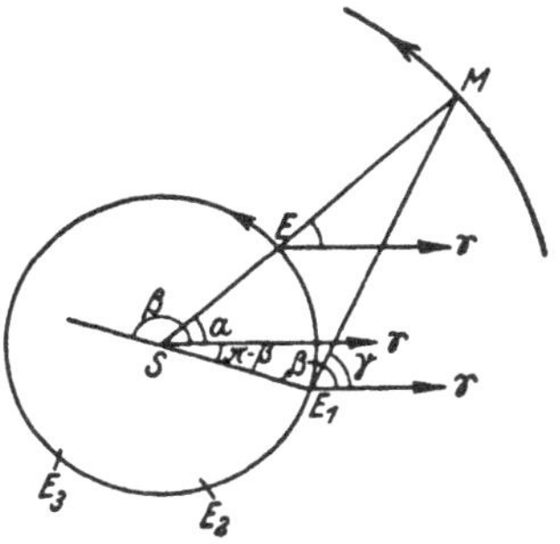

Abb. 31a.

[1]) Die von der Firma Zeiß in Jena konstruierten Planetarien vieler Städte bringen diese Schwierigkeiten in überraschender Weise zum Ausdruck.

[2]) Im 24. bis 28. Kapitel der Astronomia Nova (Kepleri opera omnia, ed. Frisch, 1860, Vol. III, p. 273). Man vergleiche die Würdigung von Keplers Arbeit von Frischauf, Theoretische Astronomie, 2. Aufl., Leipzig 1903, und Wolfs Geschichte der Astronomie Bd. II, Art. 266.

theorie des Tycho Brahe sich ergab. Man kennt also in dem Dreieck E_1MS zwei Winkel: $\sphericalangle SE_1M = \beta - \gamma$ und $\sphericalangle MSE_1 = 180^0 - \beta + \alpha$, und somit das Verhältnis der Seiten. Aus dem ihm zur Verfügung stehenden Material konnte Kepler diese Daten für eine Reihe von Positionen E_1, E_2, E_3 . . . der Erde nach 1, 2, 3, . . . Marsjahren ermitteln. Sieht man nun die Seitenlänge SM als bekannt an (etwa gleich 1), so läßt sich ein Bild der Erdbahn entwerfen. Durch geeignete Umkehrung des Verfahrens bestimmte ebenso Kepler die Abstände Sonne—Mars für eine Anzahl von Punkten der Marsbahn, für welche die geozentrische Länge des Mars aus den Beobachtungen bekannt war. Er zog daraus den Schluß, daß die Marsbahn kein Kreis, sondern ein Oval sei, »das seitlich von dem Kreis nach einwärts abweiche«. Da die Exzentrizität der Marsbahn $\varepsilon = 0{,}09$ erheblich ist (während die der Erdbahn nur 0,017 beträgt), so war der Mars das geeignete Objekt für die weitere Untersuchung. Nach mühsamen Versuchen, die er im 46., 50. und 51. Kapitel seines Werkes sehr beweglich schildert, schloß Kepler endlich, daß die Bahn des Mars eine »Ellipse« sei, eine Kurve, mit der er sich durch das Studium von Apollonius' »Kegelschnitten« bekannt gemacht hatte, und die er aushilfsweise schon bei Teilung und Quadrierung der Ovale für den Flächensatz benützt hatte.

Lange hatte ihn die Vermutung aufgehalten, daß die Marsbahn ein Kreis sei, dessen Zentrum sich in der Mitte zwischen der Sonne und dem schon dem Ptolemäus bekannten »punctum aequans« befände, einem Punkt auf der Apsidenlinie der Marsbahn, von dem aus gesehen, in den von der Apsidenlinie getroffenen Bahnteilen die Bewegung des Planeten gleichförmig erscheint. Da das punctum aequans exzentrisch liegt, muß die wirkliche Bewegung des Planeten in seiner Bahn ungleichförmig erfolgen. In dem Bestreben, diese Ungleichförmigkeit mit dem wechselnden Abstand des Planeten von der Sonne in Verbindung zu bringen, fand Kepler das Gesetz von der Erhaltung der Flächenräume. Er ging dabei folgendermaßen vor (Kap. 32): Sind (Abb. 32) A, P Aphel und Perihel, F und S die Brennpunkte, ist M ein Punkt der Bahnlinie nahe beim Perihel P, N ein anderer nahe bei A, ist MFN eine gerade Linie, so folgt aus der Abb.:

Abb. 32.

$$\overline{AN} : \overline{MP} = \overline{AF} : \overline{FP} = \overline{SP} : \overline{SA}$$

oder

$$\overline{AN} \cdot \overline{SA} = \overline{MP} \cdot \overline{SP}.$$

Da F das punctum aequans ist, so sind die Zeiten, in denen die Bögen $\overline{MP}$ und $\overline{AN}$ beschrieben werden, einander gleich. Daher werden (wenigstens in der Nähe von Perihel und Aphel) in gleichen Zeiten gleiche Flächenräume beschrieben. Diesen Satz dehnt nun Kepler auf die ganze Bahn aus (Kap. 40, 59), wobei er sich dessen wohl bewußt ist, daß damit das punctum aequans seine Bedeutung verliert. Er zweifelt aber nicht an der Allgemeingültigkeit seines Satzes und weist ihn schließlich als mit den Beobachtungen übereinstimmend nach.

Die Darlegung seiner zwei ersten Gesetze schließt (Ende des 59. Kap. Ed. Frisch III, S. 407) Kepler mit den Worten:

Übrigens verweise ich auf des Apollonius »Kegelschnitte«. Man wird daraus ersehen, daß es Dinge gibt, die auf einem Königsweg nicht gelehrt werden können. »Meditatione opus est et creberrima ruminatione dictorum.« Die nach Kepler benannte Gleichung, eine Formel zur Bestimmung der mittleren Anomalie (eines der Zeit proportionalen Hilfswinkels) aus der exzentrischen, die wir oben in der Gestalt kennen gelernt haben:

$$t = \sqrt{\frac{a^3}{k}}\,(u - \varepsilon \sin u),$$

prüft Kepler (Kap. LX) auf ihre Auflösbarkeit nach dem Winkel u, weil ja die Darstellung von u und damit der Polarkoordinaten r, φ durch die Zeit das Ziel der Untersuchung ist. Aber es entgeht ihm nicht, daß sie mit den üblichen Hilfsmitteln nicht geleistet werden könne: »Mihi sufficit credere, solvi a priori non posse, propter arcus et sinus ἑτερογένειαν. Erranti mihi quicunque viam monstraverit, is erit mihi magnus Apollonius.«

Diese Frage hat später Lagrange beantwortet (Nouveau méthode, Nouv. Mém. Acad. Berl. XXIV, 1768) durch Aufstellung der nach ihm benannten Reihe

$$u = \tau + \sum_{n=1}^{\infty} \frac{\varepsilon^n}{n!}\,\frac{d^{n-1}}{d\tau^{n-1}} \sin^n \tau, \quad \text{wo} \quad \tau = \sqrt{\frac{k}{a^3}}\,t \quad \text{ist.}$$

Die Konvergenz der nach Potenzen von ε fortschreitenden Reihe ist an die Bedingung $\varepsilon < 0{,}6627$ gebunden (Tissérand, Mécanique céleste I, Chap. XII).

Wiederholt spricht Kepler von der »virtus planetas movens, quae ex Sole propagatur«, sowie davon, daß diese von der Sonne ausgehende »magnetische« Kraft auch den Planeten in bezug auf ihre Monde innewohne und wie das Licht, wenn es sich ausbreitet, mit dem Abstand schwächer werde (Kap. 33, 37, 38). Aber bevor die Planetenbewegung mechanisch beschrieben werden konnte, mußten experimentell die Begriffe Beschleunigung und Masse festgestellt werden. Erst die Vereinigung der Forschungsergebnisse des Galilei bezüglich des freien Falles mit den Keplerschen Gedanken und Gesetzen lieferten Newton die Mittel zur Begründung der heutigen Mechanik. Hiervon wird der VII. Abschnitt handeln.

19. Beispiele und Aufgaben.

Ph. v. Jolly hat 1881 in München den Druck eines und desselben Gewichts von $Q = 5009450$ mgr auf die Unterlage in verschiedenen Höhen bei einer Differenz von $h = 21{,}005$ m miteinander verglichen und für die obere Lage einen Zusatz von $z = 31{,}686$ mgr nötig gefunden, damit auf einer Balkenwage die in der linken oberen Schale (Abb. 33) befindliche Masse $Q + z$ derjenigen Q in der unteren das Gleichgewicht hält. Welches Zusatzgewicht war theoretisch zu erwarten, wenn man den Erdradius in Münchens geographischer Breite von 48° 8′ für die untere Schale = 6365722 m annimmt?

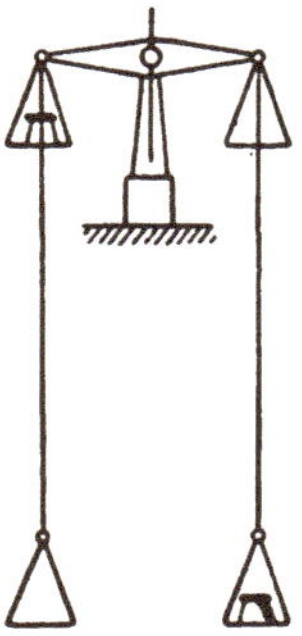

Abb. 33.

Die Kräfte, die sich an dem Wagebalken das Gleichgewicht halten, sind, von dem konstanten Faktor k (Art. 16) abgesehen, die linke und rechte Seite der folgenden Gleichung: $\frac{Q}{R^2} = \frac{Q + z}{(R + h)^2}$, woraus sich $z = \frac{2h}{R} Q$ ergibt, wenn in $\left(1 + \frac{h}{R}\right)^2$ das Quadrat der kleinen Größe $\frac{h}{R}$ vernachlässigt wird. Man erhält durch Einsetzen der angegebenen Zahlen $z = 33{,}059$ mgr. Den Unterschied zwischen diesem und dem beobachteten Ergebnis setzt Jolly auf Rechnung von störenden Massen in der Umgebung. (Wiedemann, Ann. d. Physik 14, 1886.)

2. Den Satz zu beweisen: Ein Planet hat in einem Punkt seiner elliptischen Bahn dieselbe Geschwindigkeit, welche er haben würde, wenn er durch diesen Punkt hindurch in gerader Linie sich nach der Sonne bewegte von dem Umfang eines Kreises aus, der mit dem Halbmesser $2a$ (der großen Achse der Bahnellipse) um die Sonne als Mittelpunkt beschrieben ist, wenn diese Bewegung gleichfalls unter dem Einfluß der Sonnenanziehung und ohne Anfangsgeschwindigkeit erfolgt. (Robert Mayer, Beiträge zur Dynamik des Himmels 1848.)

Beweis: Für die krummlinige Bewegung berechnet sich die Geschwindigkeit aus der Gleichung der lebendigen Kraft (Art. 17 (1) (5)),

$$v^2 = \frac{2k}{r} + 2h = \frac{2k}{r} + (\varepsilon^2 - 1)\frac{k^2}{c^2},$$

wo

$$\frac{c^2}{k} = p = \frac{b^2}{a} = a\,(1 - \varepsilon^2)$$

ist, also

$$v^2 = \frac{2k}{r} - \frac{k}{a}. \qquad (1)$$

Auch für die geradlinige Bewegung gelten die Formeln des Art. 17; nur ist $c = p = b = 0$ zu setzen. Weil diese Größen in der Formel (1) nicht auftreten, so gilt diese ohne weiteres, nur wird r zur Abszisse; für $r = 2a$ ist $v = 0$.

3. Zu beweisen, daß einem Wesen, das sich auf dem Fahrstrahl von der Sonne nach einem Planeten befindet und die Bewegung des Fahrstrahls im Raume nicht bemerkt, die Bewegung des Planeten auf dieser Geraden so erscheint, als ob zu der Anziehungskraft der Sonne noch eine Abstoßung hinzukäme, die der 3. Potenz der Entfernung umgekehrt proportional ist.

Beweis: Die Komponente der Beschleunigung $\mathfrak{p}$ in Richtung des Radiusvektors ist (Art. 13, S. 56) $\mathfrak{p}_r = -\frac{k}{r^2} = \ddot{r} - \frac{c^2}{r^3}$, daher die scheinbare Beschleunigung r in Richtung des Radiusvektors

$$\ddot{r} = -\frac{k}{r^2} + \frac{c^2}{r^3},$$

nämlich gleich derjenigen der Zentralkraft, vermehrt um die Zentrifugalbeschleunigung $\dot{\varphi}^2 r = c^2/r^3$.

4. Ein materieller Punkt mit der Masse μ werde von einem anderen mit der Masse m, der sich mit gleichförmiger Geschwindigkeit auf einem Kreis vom Halbmesser a bewegt, und zugleich von einem Massenpunkt M im Mittelpunkt dieses Kreises mit einer je der Entfernung und dem Produkt der Massen proportionalen Kraft angezogen. Man soll die Gleichung der räumlichen Bahn des Punktes angeben, wenn er sich zur Zeit $t = 0$ an der Stelle $z = z_0$ der im Mittelpunkt des Kreises errichteten positiven Z-Achse eines rechtwinkligen Achsenkreuzes in Ruhe befand, während m die positive X-Achse kreuzte.

Lösung: Die Bewegungsgleichungen lauten, wenn ω die Winkelgeschwindigkeit des kreisenden Punktes m ist,

$$\begin{aligned}
\mu \ddot{x} &= -\mu m (x - a \cos \omega t) - \mu M x \\
\mu \ddot{y} &= -\mu m (y - a \sin \omega t) - \mu M y \\
\mu \ddot{z} &= -\mu m z \qquad\qquad\qquad - \mu M z
\end{aligned}$$

oder, wenn man $m + M = n^2$ setzt und mit μ dividiert,

$$\begin{aligned}
\ddot{x} &= -n^2 x + m a \cos \omega t \\
\ddot{y} &= -n^2 y + m a \sin \omega t \\
\ddot{z} &= -n^2 z.
\end{aligned} \tag{2}$$

Man löst lineare Differentialgleichungen mit konstanten Koeffizienten von der Form der ersten durch den Ansatz

$$x = A \cos \lambda t + B \sin \lambda t + A' \cos \omega t$$

mit den zu bestimmenden Koeffizienten λ, A, B, A'. Man findet durch Einsetzen in (1) und Vergleichen der Koeffizienten von $\cos \lambda t$, $\sin \lambda t$, $\cos \omega t$:

$$\lambda^2 = n^2; \quad A' = \frac{am}{n^2 - \omega^2},$$

und durch Einführung der Anfangsbedingungen

$$x = \frac{am}{n^2 - \omega^2}(-\cos nt + \cos \omega t)$$

$$y = \frac{am}{n^2 - \omega^2}\left(-\frac{\omega}{n}\sin nt + \sin \omega t\right)$$

und

$$z = z_0 \cos nt.$$

Im allgemeinen bleiben die Koordinaten endlich. Nur für $\omega = n$ liefert die Bestimmung des rechts auftretenden unbestimmten Quotienten 0/0

$$x = \frac{ma}{2n} t \sin nt; \qquad y = \frac{ma}{2n}\left(-t \cos nt + \frac{1}{n}\sin nt\right).$$

Beide Koordinaten wachsen dann mit wachsender Zeit über jede Grenze.

VII. Abschnitt.

Anziehung raumerfüllender Massen auf einen Massenpunkt.

20. Lebendige Kraft und Arbeit.

Das Verfahren, das (Art. 15) im Falle eines von einer Zentralkraft bewegten materiellen Punktes zur Aufstellung von zwei Integralen der Bewegungsgleichungen verwendet wurde, ist oft **auf den Fall anderer Kräfte übertragbar**. Für die freie Bewegung des Massenpunktes m im Raume liegen die Differentialgleichungen vor (Art. 10)

$$\begin{aligned} m\ddot{x} &= X \\ m\ddot{y} &= Y \\ m\ddot{z} &= Z, \end{aligned} \qquad (1)$$

wo X, Y, Z Funktionen der Koordinaten, der Zeit und der Geschwindigkeitskomponenten sind. Um zu dem Integral der lebendigen Kraft zu gelangen — falls es existiert — multipliziere man die Gleichungen (1) der Reihe nach mit $dx = \dot{x}dt$; $dy = \dot{y}dt$; $dz = \dot{z}dt$ und addiere sie. Dann ist die linke Seite

$$m(\dot{x}\ddot{x} + \dot{y}\ddot{y} + \dot{z}\ddot{z})\,dt = \frac{1}{2} m \frac{d}{dt}(\dot{x}^2 + \dot{y}^2 + \dot{z}^2)\,dt = \frac{1}{2} m\,dv^2 \qquad (2)$$

ein vollständiges Differential. Von der rechten Seite

$$X\,dx + Y\,dy + Z\,dz$$

gilt das gleiche nur dann, wenn die Komponenten X, Y, Z der Kraft $\mathfrak{P}$ partielle Differentialquotienten einer Funktion $U(x, y, z)$ der Koordinaten allein, nach diesen genommen, sind:

$$X = \frac{\partial U}{\partial x}; \quad Y = \frac{\partial U}{\partial y}; \quad Z = \frac{\partial U}{\partial z}.$$

In diesem Fall führt das Verfahren zu dem Integral

$$\frac{1}{2} m v^2 = \int (X\,dx + Y\,dy + Z\,dz) = U(x, y, z) + h, \tag{3}$$

wo h eine Konstante ist. Man nennt die linke Seite

$$\frac{1}{2} m v^2$$

die lebendige Kraft des Massenpunktes m, der die Geschwindigkeit v hat, auch seine kinetische Energie (κινεῖν, bewegen), seine Wucht, ein Ausdruck, der auch für das Sprachgefühl des gewöhnlichen Lebens sich aus Masse und Geschwindigkeit zusammensetzt, wobei die Geschwindigkeit (was hier durch das Quadrat zum Ausdruck kommt) der erheblichere Faktor ist. Die rechte Seite $U(x, y, z)$ heißt die Kräftefunktion (»Potential« im weiteren Sinn), ihr negativer Wert die potentielle Energie oder Energie der Lage des Punktes m an der Stelle x, y, z. Der Zuwachs dU der Kräftefunktion oder die Elementararbeit der Kraft $\mathfrak{P}$ auf dem Wege $d\mathfrak{s} = (dx, dy, dz)$

$$dU = X\,dx + Y\,dy + Z\,dz, \tag{4}$$

in vektorieller Fassung (Art. 14)

$$dU = (\mathfrak{P}\,d\mathfrak{s}) = P\,ds \cos(\mathfrak{P}, d\mathfrak{s}), \tag{4a}$$

ist also das Produkt aus den Beträgen von Kraft P mal Weg ds mal dem Kosinus des eingeschlossenen Winkels. Die Gesamtarbeit, welche die Kraft $\mathfrak{P}$ auf dem im allgemeinen krummen Wege von der Stelle (x_0, y_0, z_0) zu der (x, y, z) an dem Massenpunkt leistet, ist dann gleich der Summe der Elementararbeiten, also gleich dem Integral:

$$\text{Gesamtarbeit} = \int_{x_0, y_0, z_0}^{x, y, z} (X\,dx + Y\,dy + Z\,dz) = U(x, y, z) - U(x_0, y_0, z_0) \tag{5}$$

und demnach[1]) von dem Wege unabhängig, den der Punkt von x_0, y_0, z_0 bis x, y, z zurückgelegt. Eine Kraft, die eine Kräftefunktion besitzt, heißt konservativ. Von dieser Art ist die Schwerkraft. Wirkt

[1]) Voraussetzung ist dabei die stetige Verschieblichkeit der möglichen Integrationswege in einander, also einfacher Zusammenhang des Raumes.

sie auf einen Massenpunkt (Körper) m, wo dann sein Druck auf die Unterlage $G = mg$ ist (g die Beschleunigung der Schwerkraft), so sind bei vertikal aufwärts gerichteter Z-Achse die Komponenten

$$X = Y = 0; \quad Z = -mg,$$

und somit ist die auf dem Weg von dem Niveau z_0 auf das Niveau z geleistete Arbeit

$$U = -mg\,(z - z_0) \tag{6}$$

positiv, wenn $z < z_0$ ist, also beim Sinken des Körpers, negativ beim Steigen. Im ersteren Fall leistet die Schwerkraft selbst die Arbeit des Senkens, im zweiten leistet eine äußere Gegenkraft (z. B. die des hebenden Armes) die Arbeit gegen die Schwerkraft. — In allen diesen Satzverbindungen entspricht das Wort »Arbeit« auch dem Sprachgebrauche des bürgerlichen Lebens. Der Lastträger bewertet den Auftrag, eine Last in ein oberes Geschoß zu bringen, nach dem Gewicht der Last und der Zahl und Höhe der Stufen, nicht nach der Bequemlichkeit der Treppe, die hinaufführt. Diese erleichtert bloß durch Verteilung der Arbeitsleistung auf einen größeren Weg. Nur wenn man aus (6) den Schluß ziehen wollte, daß die Horizontalverschiebung einer Last ($z = z_0$) ohne Arbeit erfolgt, so ist zu bemerken, daß dies ein Gleiten der Last auf absolut glatter Ebene voraussetzt.

Die Bewegung des menschlichen Körpers beim Schreiten ist mit einer periodischen Hebung und Senkung des Schwerpunktes verbunden, wobei die Hebung Arbeit erfordert, während die freiwerdende Arbeit beim Senken dem Schreitenden nicht zugute kommt, sondern sich zumeist in Wärme umsetzt (Art. 65).

Für die Zentralbewegung Art. 15 (2a) hat die Elementararbeit dU auf dem Wege $d\mathfrak{s} = (dx, dy, dz)$, wegen

$$r^2 = x^2 + y^2 + z^2,$$

den Wert

$$\begin{aligned} dU &= mM f(r) \cdot \frac{1}{r}(x\,dx + y\,dy + z\,dz) \\ &= mM\, f(r)\, dr. \end{aligned}$$

Im Falle der Anziehung nach dem Newtonschen Gravitationsgesetz ist

$$f(r) = -\frac{\varkappa}{r^2};$$

die Kräftefunktion

$$U = -mM \int \frac{\varkappa}{r^2}\, dr = \frac{mM\varkappa}{r} \tag{7}$$

heißt dann das Potential (im engeren Sinne) des Massenpunkts M auf den Massenpunkt m (oder umgekehrt).

Die Konstante h in der Gleichung (3) der lebendigen Kraft kann man bestimmen, wenn man die Geschwindigkeit v_0 des Punktes an der Stelle x_0, y_0, z_0 seiner Bahn kennt. Die Gleichung nimmt dann die Form an

$$\frac{1}{2} m (v^2 - v_0^2) = U(x, y, z) - U(x_0, y_0, z_0). \tag{8}$$

Denkt man sich das System der Flächen

$$U(x, y, z) = c \tag{9}$$

für alle Werte der Konstanten c konstruiert, so hat der Massenpunkt dieselbe Geschwindigkeit, so oft er dieselbe Fläche des Systems durchsetzt, insbesondere die Geschwindigkeit v_0, wenn $c = U(x_0, y_0, z_0)$ wird. Diese Flächen, welche im Fall der Schwerkraft aus Horizontalebenen, im weiteren Sinn aus Kugeln, bestehen, heißen Niveauflächen. Sie haben die Eigenschaft, daß ihre Normale in x, y, z je mit der Richtung der Kraft an dieser Stelle übereinstimmt. Nach einem bekannten Satze nämlich der Raumgeometrie verhalten sich die Kosinus der »Richtungswinkel« (Neigungswinkel gegen die Koordinatenachsen) α, β, γ der Flächennormale an der Stelle x, y, z für die Fläche

$$f(x, y, z) \equiv U(x, y, z) - c = 0 \tag{10}$$

wie die partiellen Differentialquotienten von f, also von U, nach den Veränderlichen. Aus:

$$\cos\alpha : \cos\beta : \cos\gamma = \frac{\partial U}{\partial x} : \frac{\partial U}{\partial y} : \frac{\partial U}{\partial z} \tag{11}$$

folgt aber der erwähnte Satz. Die Gleichungen

$$X = \frac{\partial U}{\partial x}; \quad Y = \frac{d U}{\partial y}; \quad Z = \frac{\partial U}{\partial z}$$

faßt man vektoriell in die eine zusammen:

$$\mathfrak{P} = \operatorname{grad} U,$$

indem man aus der skalaren Raumfunktion $U(x, y, z)$ einen Vektor bildet, den »Gradienten« von U,

$$\operatorname{grad} U = \left(\frac{\partial U}{\partial x}, \frac{\partial U}{\partial y}, \frac{\partial U}{\partial z}\right),$$

dessen Richtung je diejenige der stärksten Zunahme der Funktion U ist — hier die Richtung der Normalen zur Niveaufläche — und dessen Größe $\partial U/\partial n$ ist, wo dn das Wegelement in Richtung dieser größten Zunahme ist, hier

$$\frac{\partial U}{\partial n} = \sqrt{\left(\frac{\partial U}{\partial x}\right)^2 + \left(\frac{\partial U}{\partial y}\right)^2 + \left(\frac{\partial U}{\partial z}\right)^2},$$

weil

$$dn = dx \cos\alpha + dy \cos\beta + dz \cos\gamma = \frac{dU}{\sqrt{\left(\frac{\partial U}{\partial x}\right)^2 + \left(\frac{\partial U}{\partial y}\right)^2 + \left(\frac{\partial U}{\partial z}\right)^2}}$$

ist. — Wir werden dem Vektor grad U noch mehrfach begegnen.

Geht man in der Richtung der Normalen von einem Punkt einer Fläche des Systems zu einer nächstbenachbarten über und setzt dies fort, indem man die Elemente der Kraftrichtungen zu einer räumlichen Linie zusammenfaßt, die dann Orthogonal-Trajektorie des Flächensystems ist, so erhält man eine durch die Funktion $U(x, y, z)$ definierte Kraftlinie. Das System aller Kraftlinien oder vielmehr der in die Richtung der Tangenten fallenden Kräfte bildet das Kraftfeld der durch U definierten Kraft $\mathfrak{P}$. Dieses setzt sich somit aus Vektoren zusammen, die an die Einzelstellen des Raumes gebunden sind (Art. 14). Das von einem einzelnen festen Massenpunkt herrührende Kraftfeld, der einen anderen beweglichen Massenpunkt (den »Aufpunkt«) nach dem Newtonschen Gravitationsgesetz anzieht, ist radial angeordnet; die Niveauflächen sind konzentrische Kugelflächen. Sind zwei felderzeugende Massenpunkte m, m_1 vorhanden, so bestehen die Kraftlinien aus Kurven, die — bis auf eine — durch den einen oder den anderen hindurchgehen. Die Abb. 34 gibt das Bild eines durch die Verbindungslinie der beiden Massenpunkte gelegten ebenen Schnittes, das einer Zeichnung von Holzmüller, Das Potential, Leipzig 1892, entnommen ist. Die Niveauflächen $\frac{m}{r} + \frac{m_1}{r_1} = \text{const.}$ sind Umdrehungsflächen, deren Meridiankurven sich um eine Kurve mit Doppelpunkt schlingen, die für $m = m_1$ in eine Lemniskate übergeht.

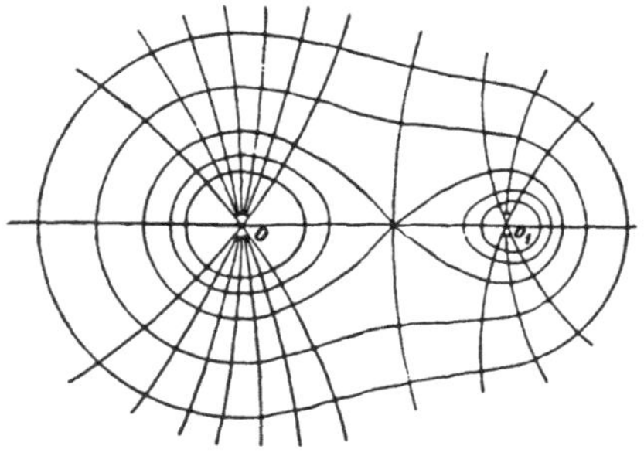

Abb. 34.

Wie das Integral der lebendigen Kraft, so kann auch das der Flächenräume in bezug auf irgendeine Ebene bestehen, ohne daß die wirkende Kraft eine Zentralkraft ist. Sei diese Ebene die XY-Ebene. Um es zu bilden, multipliziere man die erste und zweite Gleichung des Systems

$$m\ddot{x} = X$$
$$m\ddot{y} = Y$$
$$m\ddot{z} = Z$$

bzw. mit $-y$ und x und addiere. Dann ist

$$m(x\ddot{y} - y\ddot{x}) = m\frac{d}{dt}(x\dot{y} - y\dot{x})$$

ein Differentialquotient, und die rechte Seite muß, damit die Integration möglich sei, ebenfalls eine Funktion von $x\dot{y} - y\dot{x}$ und t sein. Wir heben nur den Fall heraus, daß sie Null wird, daß also

$$xY - yX = 0$$

ist, d. h. daß die Kraft $\mathfrak{P}$ beständig die Z-Achse schneidet. Dann besteht das Integral

$$x\dot{y} - y\dot{x} = \text{const},$$

welches aussagt, daß die Projektion des vom Ursprung aus nach den Punkten der räumlichen Bahnkurve gezogenen Fahrstrahles auf die XY-Ebene in gleichen Zeiten gleiche Flächenräume überstreicht.

Im Fall der Zentralkraft gilt dieser Satz für jede Koordinatenebene, und man schließt aus

$$\begin{aligned} y\dot{z} - z\dot{y} &= a \\ z\dot{x} - x\dot{z} &= b \\ x\dot{y} - y\dot{x} &= c, \end{aligned}$$

wo a, b, c Konstante sind, daß $ax + by + cz = 0$ eine Ebene ist, in der der Punkt sich bewegt, was bereits oben (Art. 16) gefunden wurde.

Beispiel: Auf einen Massenpunkt m wirkt eine Kraft, deren Kräftefunktion

$$U = -\frac{1}{2} m (a^2 x^2 + b^2 y^2 + c^2 z^2)$$

ist. Es besteht nicht nur die Gleichung der lebendigen Kraft; die Bewegungsgleichungen sind auch sofort integrabel. Sie lauten, nachdem man mit m durchdividiert hat,

$$\ddot{x} = -a^2 x; \quad \ddot{y} = -b^2 y; \quad \ddot{z} = -c^2 z,$$

und die Integrale sind von der Form

$$x = A\cos(at + \alpha); \quad y = B\cos(bt + \beta); \quad z = C\cos(ct + \gamma),$$

wo A, B, C; α, β, γ Integrationskonstanten sind.

Wenn man die Bewegung in eine der Koordinatenebenen projiziert, so entstehen »Lissajouskurven«, wie sie ein leuchtender Punkt beschreibt, der durch Reflexion eines Lichtstrahles an den Endpunkten von zwei senkrecht zueinander schwingenden Stimmgabeln auf einem Spiegel erscheint. Das Beispiel wurde von Boltzmann (Journ. f. Math. Bd. 100, S. 203) herangezogen für die Bewegung eines Punktes, der im

Laufe der Zeit jede beliebige Stelle des Raumes innerhalb eines Quaders mit den Kanten $2A$, $2B$, $2C$ erreicht, wenn die Voraussetzung erfüllt ist, daß a, b, c inkommensurable Zahlen sind.

21. Das Potential.

Wirken zwei feste Massenpunkte μ_1 und μ_2 mit den Koordinaten (a_1, b_1, c_1), (a_2, b_2, c_2) auf einen beweglichen Punkt (x, y, z), den Aufpunkt m mit der Masse m, anziehend nach dem Newtonschen Gravitationsgesetz, so kann man sich die auf m ausgeübten Kräfte zu einer Resultante zusammengesetzt denken. Geometrisch geschieht das durch vektorielle Addition, analytisch dadurch, daß man jede der beiden Kräfte in Komponenten längs der Achsen zerlegt und diese je für sich addiert. Die Differentialgleichungen der Bewegungen lauten so:

$$m\ddot{x} = -m\mu_1 \frac{\varkappa}{r_1^2} \frac{x-a_1}{r_1} - m\mu_2 \frac{\varkappa}{r_2^2} \frac{x-a_2}{r_2} = X$$

$$m\ddot{y} = -m\mu_1 \frac{\varkappa}{r_1^2} \frac{y-b_1}{r_1} - m\mu_2 \frac{\varkappa}{r_2^2} \frac{y-b_2}{r_2} = Y$$

$$m\ddot{z} = -m\mu_1 \frac{\varkappa}{r_1^2} \frac{z-c_1}{r_1} - m\mu_2 \frac{\varkappa}{r_2^2} \frac{z-c_2}{r_2} = Z,$$

in Vektorschrift:

$$m\ddot{\mathfrak{r}} = -m\mu_1\varkappa \frac{\mathfrak{r}_1}{r_1^3} - m\mu_2\varkappa \frac{\mathfrak{r}_2}{r_2^3}, \qquad (1)$$

wenn

$$\begin{aligned} r_1^2 &= (x-a_1)^2 + (y-b_1)^2 + (z-c_1)^2 \\ r_2^2 &= (x-a_2)^2 + (y-b_2)^2 + (z-c_2)^2 \end{aligned} \qquad (2)$$

die Quadrate der Abstände $\overline{m\mu_1}$, $\overline{m\mu_2}$ sind. Die Komponenten X, Y, Z der Resultante lassen sich, wie im Falle der Anziehung nach einem festen Zentrum, als die partiellen Differentialquotienten einer und derselben Funktion der Koordinaten x, y, z des angezogenen Punktes darstellen. Ähnlich wie dort stellt sich hier die Kräftefunktion $U(x, y, z)$ als das Integral dar

$$U = \int (X\,dx + Y\,dy + Z\,dz) = m\mu_1 \frac{\varkappa}{r_1} + m\mu_2 \frac{\varkappa}{r_2}, \qquad (3)$$

wo r_1 und r_2 die in (2) angegebenen Funktionen von x, y, z sind. In der Tat bestätigt man leicht die Gleichungen

$$\frac{\partial U}{\partial x} = X, \text{ usw.}$$

Ebenso wie für zwei anziehende Massenpunkte läßt sich (Abb. 35) die Resultante $\mathfrak{R} = (X, Y, Z)$ der Kräfte bilden, welche n Massenpunkte $\mu_1, \mu_2, \ldots \mu_n$ auf den Aufpunkt ausüben.

Wir wenden uns nun zu dem Begriff des Potentials, der für die Wirkung raumerfüllender Massen aufeinander maßgebend ist.

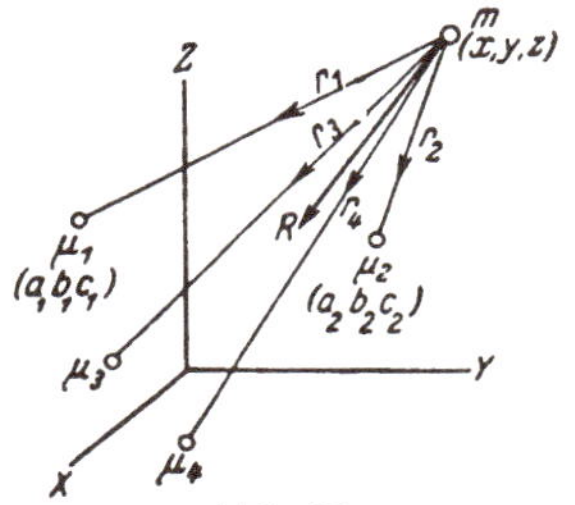

Abb. 35.

An Stelle der diskreten Massenpunkte μ möge eine einen begrenzten Raum stetig erfüllende Masse (ein Körper) treten. Man kann sich den Übergang so vorstellen, daß die Zahl n unbegrenzt wächst und jeder Massenpunkt durch ein verschwindend kleines Massenelement $d\mu$ ersetzt wird, das man sich als Inhalt eines Volumelementes $d\tau$ aus jenem mit Masse stetig erfüllten Raum beliebig herausgeschnitten zu denken hat (z. B. als einen infinitesimalen (Elementar-) Quader, durch Parallelebenen zu den Koordinatenebenen begrenzt). Ein solches Massenelement $d\mu$ an der Stelle a, b, c wird dann dem Inhalt des Raumelements $d\tau$, das es erfüllt, proportional sein. Der andere Faktor ist die Massendichte ϱ an derjenigen Stelle des Körpers, wo das Element $d\mu$ herausgeschnitten wurde,

$$d\mu = \varrho\, d\tau,$$

wo unter Dichte die Masse der Volumeinheit (genauer: der Grenzwert des Quotienten: Masse durch Volumen bei unbegrenzt abnehmendem Volumen) zu verstehen ist. Im allgemeinen ist ϱ eine Funktion von a, b, c. So nimmt bekanntlich die Dichte eines Himmelskörpers nach innen zu. Jedes dieser Massenelemente $d\mu$ übt auf den Aufpunkt m eine den beiden Massen proportionale Anziehungskraft aus. Indem man jede dieser Elementarkräfte

$$-m\, d\mu \frac{\varkappa}{r^2},$$

wo $r^2 = (x-a)^2 + (y-b)^2 + (z-c)^2$ ist, nach den Achsen zerlegt und die Integration über den ganzen Körper in jeder der drei Richtungen ausführt, erhält man die drei Komponenten X, Y, Z durch dreifache Integrale dargestellt, also z. B. die Komponente X der Resultante durch

$$X = -\varkappa m \int \frac{d\mu}{r^2} \frac{x-a}{r},$$

und damit diese selbst.

Einfacher aber ergeben sich auch diese Komponenten wieder als partielle Differentialquotienten einer Kräftefunktion $U(x, y, z)$ nach den Koordinaten x, y, z des Aufpunkts. Wären nämlich an Stelle der Massenelemente $d\mu$ diskrete Massenpunkte $\mu_1, \mu_2, \mu_3, \ldots$ mit den Abständen $r_1, r_2, r_3, \ldots$ vom Aufpunkt m in unbestimmter Anzahl über den ganzen Körper verteilt vorhanden, so wäre die Kräftefunktion [vgl. (3)]

$$U = \varkappa m \left(\frac{\mu_1}{r_1} + \frac{\mu_2}{r_2} + \frac{\mu_3}{r_3} + \cdots \right) = \varkappa m \sum \frac{\mu_i}{r_i}.$$

Ersetzt man hier die Massen μ_i wieder durch Massenelemente $d\mu = \varrho\, d\tau$, die lückenlos aneinander anschließen, und die Summe durch ein Integral, so gelangt man zu folgender Definition der Kräftefunktion einer raumerfüllenden (kontinuierlichen) Masse

$$U(x, y, z) = \varkappa m \int \frac{d\mu}{r} = \varkappa m V,$$

das dreifache Integral über den ganzen Körper erstreckt, wo nun

$$V = \int \frac{d\mu}{r} = \int \frac{\varrho\, d\tau}{r}$$

das (Newtonsche) Potential der raumerfüllenden Masse in bezug auf den Aufpunkt m genannt wird. In der Tat liefert z. B. die Differentiation nach x:

$$\frac{\partial U}{\partial x} = \varkappa m \frac{\partial V}{\partial x} = \varkappa m \frac{\partial}{\partial x} \int \frac{d\mu}{r} = -\varkappa m \int \frac{d\mu}{r^2} \frac{x-a}{r} = X,$$

indem weder die Grenzen des Integrals noch $d\mu$ die Variablen x, y, z enthalten, wohl aber r.

Führt man noch für das Volumenelement $d\tau$ den Elementarquader

$$d\tau = da\, db\, dc$$

ein, so nimmt das Integral V die Form an:

$$V = \iiint \frac{\varrho(a, b, c)\, da\, db\, dc}{\sqrt{(x-a)^2 + (y-b)^2 + (z-c)^2}} = V(x, y, z),$$

ein Ausdruck, der nach Ausführung der Integration nach a, b, c nur noch die Koordinaten x, y, z des angezogenen (Auf-) Punktes m enthält.

Zusatz: Da das Potential eine Summe ist, so setzt sich das Potential von mehreren Massen aus den Potentialen der Einzelmassen additiv zusammen.

22. Beispiele:

I. Anziehung einer homogenen Hohlkugel auf einen Massenpunkt.

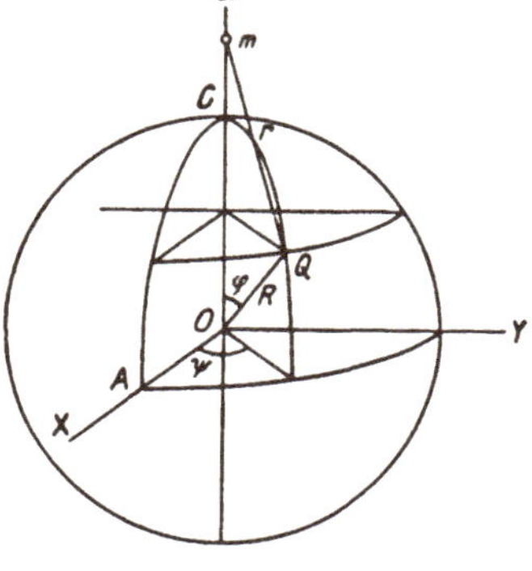

Abb. 36.

Der Mittelpunkt O der Hohlkugel sei Koordinatenursprung; ihr äußerer Halbmesser sei a, ihr innerer β. Der angezogene Massenpunkt (Aufpunkt) m liege auf der Z-Achse im Abstand z von O. Für die Punkte der Kugel verwenden wir räumliche Polarkoordinaten. $\overline{OQ} = R$ (Abb. 36) sei der Fahrstrahl von O aus nach dem im Punkt Q konstruierten Massenelement $d\mu$. Auf der durch Q gelegten Kugel vom Halmesser R mit O als Mittelpunkt sei ψ seine geographische Länge, vom festen Meridian CA in der XZ-Ebene ab gerechnet, φ das Komplement seiner geographischen Breite, von OZ ab gerechnet. Dann bleiben für die Punkte der Hohlkugel die Koordinaten R, φ, ψ bzw. in den Grenzen

$$\beta \leqq R \leqq \alpha$$
$$0 \leqq \varphi \leqq \pi$$
$$0 \leqq \psi \leqq 2\pi.$$

Das Raumelement $d\tau$ schneiden wir durch zwei benachbarte konzentrische Kugeln von den Halbmessern R und $R + dR$, durch zwei benachbarte Kegel mit den halben Öffnungswinkeln φ und $\varphi + d\varphi$, endlich durch zwei benachbarte Meridianebenen ψ und $\psi + d\psi$ aus der Hohlkugel heraus. Das so begrenzte Volumenelement kann man als einen Elementarquader mit den Kantenlängen dR, $R\,d\varphi$, $R \sin\varphi\, d\psi$ auffassen. Sein Inhalt ist

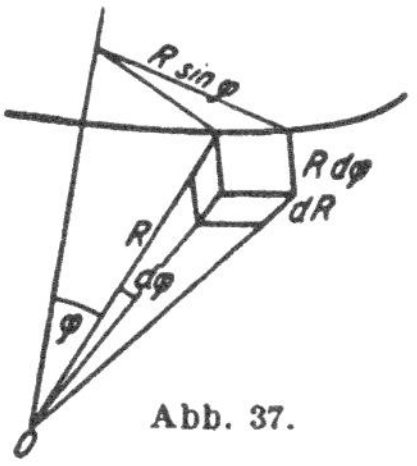

Abb. 37.

$$d\tau = dR \cdot R\,d\varphi \cdot R \sin\varphi\, d\psi.$$

Endlich ist nach dem Kosinussatz, angewandt auf das Dreieck OQm (Abb. 36), der Abstand $r = \overline{mQ}$ dieses Elementes von dem Punkt m:

$$r^2 = R^2 + z^2 - 2Rz\cos\varphi.$$

Hiermit wird das Potential der Hohlkugel in bezug auf den Aufpunkt m, wenn die Dichte ϱ der Masse überall die gleiche ist:

$$V = \varrho \int \frac{d\tau}{r} = \varrho \int\limits_{R=\beta}^{\alpha} \int\limits_{\varphi=0}^{\pi} \int\limits_{\psi=0}^{2\pi} \frac{R^2 dR \sin\varphi\, d\varphi\, d\psi}{\sqrt{R^2 + z^2 - 2Rz\cos\varphi}}. \tag{1}$$

Da die Grenzen für die Veränderlichen voneinander unabhängig sind, so kann man in beliebiger Reihenfolge integrieren. Beginnt man mit ψ und läßt dann φ folgen, so wird

$$V = 2\pi\varrho \int\limits_{\beta}^{\alpha}\int\limits_{0}^{\pi} \frac{R^2 dR \sin\varphi\, d\varphi}{\sqrt{R^2 + z^2 - 2Rz\cos\varphi}} = \frac{2\pi\varrho}{z}\int\limits_{\beta}^{\alpha} R\,dR\Big[\sqrt{R^2 + z^2 - 2Rz\cos\varphi}\Big]_0^{\pi}.$$

Die Auswertung der eckigen Klammer hängt davon ab, ob der Aufpunkt m sich **außerhalb** der Hohlkugel oder **innerhalb** derselben oder **in der Masse selbst** befindet.

a) Es sei $z > \alpha \geqq R$; der Massenpunkt befindet sich **außerhalb** der Kugel. Dann hat der jedenfalls positive Wurzelausdruck ($= r$) in der unteren Grenze $\varphi = 0$ den Wert $z - R$, und es wird

$$\Big[\sqrt{R^2 + z^2 - 2Rz\cos\varphi}\Big]_0^{\pi} = (R + z) - (z - R) = 2R.$$

b) Liegt der Massenpunkt im Innern der Hohlkugel, ist also

$$z < \beta \leq R,$$

so ist

$$\left[\sqrt{R^2 + z^2 - 2Rz\cos\varphi}\right]_0^\pi = (R+z) - (R-z) = 2z,$$

weil nun $R - z$ eine positive Größe ist.

Im Fall a) möge statt V die Bezeichnung V_a eingführt werden. Man erhält dann durch weitere Integration:

$$V_a = \frac{2\pi\varrho}{z}\int_\beta^\alpha R\,dR\cdot 2R = \frac{\varrho}{z}\left(\frac{4\pi\alpha^3}{3} - \frac{4\pi\beta^3}{3}\right) = \frac{M}{z} \qquad (2)$$

wo M die Masse der Hohlkugel ist.

Dem Fall b) entspreche $V = V_i$. Man erhält

$$V_i = 4\pi\varrho\int_\beta^\alpha R\,dR = 4\pi\varrho\left(\frac{\alpha^2}{2} - \frac{\beta^2}{2}\right) \qquad (3)$$

Die Resultante der anziehenden Kräfte fällt in jedem Fall aus Symmetriegründen in die Z-Achse. Sie ist

$$\text{im Falle a) } Z_a = \frac{\partial V_a}{\partial z}\varkappa m = -mM\frac{\varkappa}{z^2};$$

$$\text{im Falle b) } Z_i = \frac{\partial V_i}{\partial z}\varkappa m = 0. \qquad (4)$$

Die Anziehung also auf einen außerhalb der Kugel gelegenen Massenpunkt ist ebenso groß, als ob sich die Masse der Hohlkugel in ihrem Mittelpunkt befände, und dieser den Massenpunkt anzöge.

Man kann die Formel (2) auch auf den Fall $z = \alpha$ anwenden, daß der angezogene Punkt auf die Kugeloberfläche rückt, obgleich der Integrand $d\tau/r$ dann scheinbar unendlich wird. Führt man nämlich Polarkoordinaten $R' = r$, φ', ψ' mit dem Punkt m als Pol ein, so wird $d\tau/r = r\,dr\,\sin\varphi'\,d\varphi'\,d\psi'$, konvergiert also mit abnehmendem r gegen Null. Ebenso gilt b) noch für $z = \beta$.

Auf einen im Hohlraum der Hohlkugel gelegenen Massenpunkt übt diese überhaupt keine anziehende Kraft aus; er befindet sich an jeder Stelle im Gleichgewicht.

Aus der ersten Bemerkung entnimmt man die Berechtigung, die Planeten in ihren Bahnen um die Sonne, da sie nahezu kugelförmig und konzentrisch geschichtet sind, durch Massenpunkte zu ersetzen. Daß eine Hohlkugel auf einen in ihrem Innern gelegenen Punkt keine anziehende Kraft ausübt, macht Newton durch folgende einfache Überlegung verständlich. Man zerlege die Hohlkugel in konzentrische

Schalen von der sehr geringen Dicke δ und berechne die Wirkung jeder einzelnen. Dies geschieht, indem man durch den angezogenen Punkt m als Spitze einen Doppelkegel mit sehr kleiner Öffnung legt. Dann hebt sich der anziehende Einfluß der von ihm ausgeschnittenen Teile df und dF der Schale auf. Denn ist ab die Projektion der sehr kleinen, als ebenflächig anzusehenden Basis des einen Kegels auf die Zeichenebene, $\overline{AB}$ die der andern, so ist (Abb. 38) wegen der Ähnlichkeit der Dreiecke abm und ABm

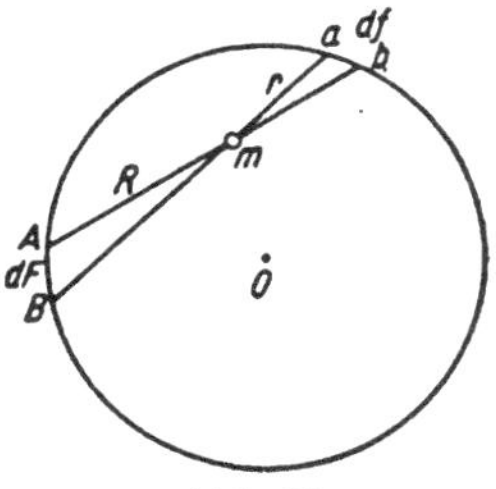

Abb. 38.

$$ab : AB = \overline{am} : \overline{Am} = r : R;$$

daher das Verhältnis der Flächeninhalte

$$df : dF = r^2 : R^2,$$

und somit die von ihrer Anziehung herrührenden Kräfte

$$\frac{\varrho\,\delta\,df}{r^2} = \frac{\varrho\,\delta\,dF}{R^2}, \text{ w. z. b. w.}$$

Dieselbe Überlegung gilt für alle Doppelkegel, in die die Hohlkugel zerlegt werden kann; die Wirkung der gegenüberstehenden Massenelemente hebt sich paarweise auf.

Schließlich ist noch der Fall

$$\alpha > z > \beta$$

zu untersuchen, daß der angezogene Massenpunkt m sich inmitten der Masse der Hohlkugel befindet. Man zerlege die Hohlkugel durch eine durch den Punkt m gehende Kugelfläche $R = z$ in zwei Hohlkugeln. Für die innere ist dann der Aufpunkt ein äußerer, für die äußere ein innerer Punkt. Das Potential V_m zerfällt damit in die Summe (Art. 21 a. E.) der Einzelpotentiale:

$$\begin{aligned} V_m &= [V_i]_z^{\alpha} + [V_a]_{\beta}^{z} \\ &= 4\pi\varrho\left(\frac{\alpha^2}{2} - \frac{z^2}{2}\right) + \frac{\varrho}{z}\left(\frac{4\pi z^3}{3} - \frac{4\pi\beta^3}{3}\right). \end{aligned}$$

Für eine Vollkugel ($\beta = 0$) vom Halbmesser a ist also das Potential in bezug auf einen in ihrem Innern gelegenen Massenpunkt

$$V_m = 2\pi\varrho a^2 - \frac{2\pi}{3}\varrho z^2, \tag{5}$$

oder, wenn man den Punkt von der Z-Achse in allgemeine Lage x, y, z gegen den Ursprung bringt, mit $r = \sqrt{x^2 + y^2 + z^2}$,

$$V_m = 2\pi\varrho a^2 - \frac{2\pi}{3}\varrho r^2. \tag{5a}$$

Nach (5) ist die anziehende Kraft der Vollkugel auf einen Punkt der Z-Achse in ihrem Innern

$$Z_m = \varkappa m \frac{\partial V_m}{\partial z} = -\frac{4\pi}{3} \varkappa m \varrho z, \qquad (6)$$

also proportional dem Abstand z des Punktes m vom Mittelpunkt.

Denkt man sich einen Schacht diametral durch die ganze Erde getrieben, so würde, gleichförmige Dichte ϱ derselben vorausgesetzt, ein in den Schacht gefallener Körper sich durch den Erdmittelpunkt in Sinusschwingungen hin und her bewegen. Da nun außerhalb der Vollkugel die auf den Punkt wirkende Kraft umgekehrt proportional dem Quadrat, im Innern direkt proportional der ersten Potenz seines Abstandes vom Mittelpunkt ist, so begegnet man mit diesem Beispiel in der Natur einer Funktion mit einer Diskontinuität ihrer zweiten Differentialquotienten an der endlichen Stelle $z = a$. Dies zeigt noch näher die graphische Darstellung der Funktion V, wenn man V_a und V_m als Ordinaten zur Abszisse z aufträgt (Abb. 39). Die Parabel (5)

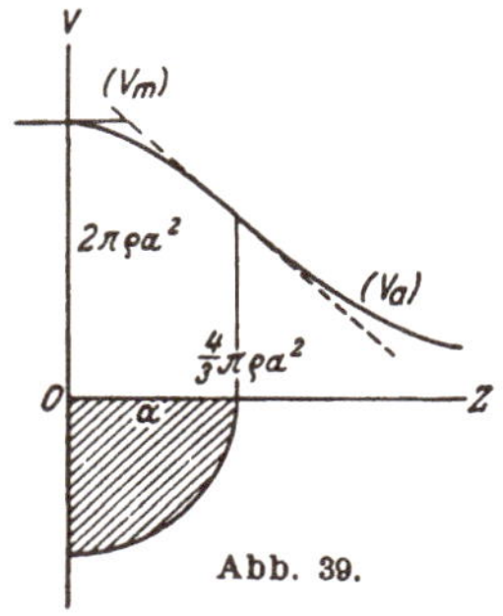

Abb. 39.

$$V_m = 2\pi\varrho a^2 - \frac{2\pi}{3} \varrho z^2$$

und die gleichseitige Hyperbel

$$V_a = \frac{\varrho}{z} \frac{4\pi}{3} a^3$$

stimmen zwar an der Stelle $z = a$ hinsichtlich der Ordinaten überein, auch die ersten Differentialquotienten nach z haben dort noch gleiche Werte, aber die zweiten Differentialquotienten $\frac{\partial^2 V_m}{\partial z^2} = -\frac{4\pi\varrho}{3}$, $\frac{\partial^2 V_a}{\partial z^2} = \frac{8\pi\varrho}{3}$ sind dort verschieden. Die Funktion $\frac{\partial^2 V}{\partial z^2}$ ist also in $z = a$ unstetig.

Aufgabe: Ein homogener Hohlzylinder von der Länge l und der Dichte 1, dessen ringförmiger Querschnitt die Halbmesser a und β ($< a$) hat, ziehe einen auf seiner Achse gelegenen Massenpunkt m nach dem Gravitationsgesetz an. Wie groß ist die Anziehungskraft?

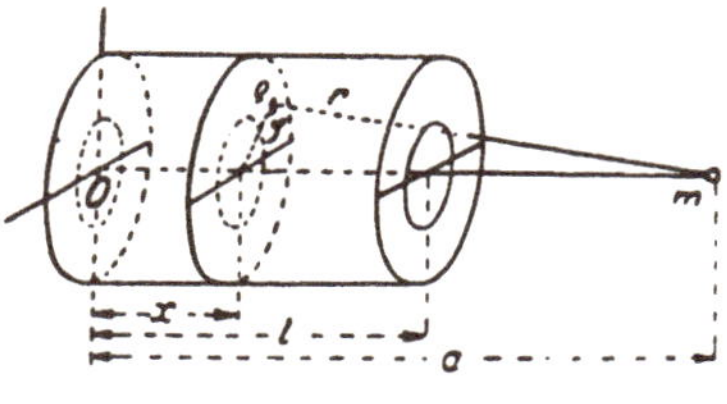

Abb. 40.

Lösung: Man mache die Zylinderachse zur Achse X eines Zylinderkoordinatensystems mit dem Ursprung O (Abb. 40) in der einen Endfläche des Zylinders und den Polarkoordinaten ϱ, φ in einem Querschnitt, der den Abstand x

von O hat, so daß in dem Ausdruck für das Potential des Zylinders auf den Aufpunkt m im Abstand a von O

$$V = \int \frac{d\tau}{r}; \quad r^2 = \varrho^2 + (a - x)^2; \quad d\tau = \varrho\, d\varrho\, d\varphi\, dx$$

ist. Hiermit wird

$$V = 2\pi \int_0^l \int_\beta^\alpha \frac{\varrho\, d\varrho\, dx}{\sqrt{\varrho^2 + (a - x)^2}} = 2\pi \int_0^l \left[\sqrt{\alpha^2 + (a - x)^2} - \sqrt{\beta^2 + (a - x)^2}\right] dx.$$

Die Anziehungskraft P in Richtung der X-Achse hat also (Art. 21) den Wert:

$$P = \frac{\partial V}{\partial a} \varkappa m = 2\pi\varkappa m \int_0^l \left[\frac{a - x}{\sqrt{\alpha^2 + (a - x)^2}} - \frac{a - x}{\sqrt{\beta^2 + (a - x)^2}}\right] dx =$$

$$= 2\pi\varkappa m \cdot \left[\sqrt{\alpha^2 + a^2} - \sqrt{\beta^2 + a^2} - \sqrt{\alpha^2 + (a - l)^2} + \right.$$
$$\left. + \sqrt{\beta^2 + (a - l)^2}\right].$$

Dieser für $a > l$ abgeleitete Ausdruck behält seinen (negativen) Wert zunächst noch für $a \leqq l$ bei. Für $a = \frac{l}{2}$ ist $P = 0$; für $a < \frac{l}{2}$ erhält P einen positiven Wert.

23. Die partielle Differentialgleichung, der das Newtonsche Potential genügt.

Die Funktion $V(x, y, z) = \int \frac{dm}{r}$ der Koordinaten des Aufpunktes wird im allgemeinen sich ändern, wenn man die vorhandene Masse vergrößert oder verringert oder anders verteilt. Aber die Mannigfaltigkeit der so definierten Funktionen ist doch eine begrenzte, wie man durch Aufstellung der partiellen Differentialgleichung zeigt, der V in jedem Fall genügt. Wir knüpfen an den oben (Art. 21) gebildeten ersten Differentialquotienten für V an:

$$\frac{\partial V}{\partial x} = \int dm \frac{\partial}{\partial x}\left(\frac{1}{r}\right) = -\int dm \frac{x - a}{r^3}$$

und bilden

$$\frac{\partial^2 V}{\partial x^2} = -\int dm \left(\frac{1}{r^3} - \frac{3(x - a)^2}{r^5}\right);$$

entsprechend

$$\frac{\partial^2 V}{\partial y^2} = -\int dm \left(\frac{1}{r^3} - \frac{3(y - b)^2}{r^5}\right)$$

$$\frac{\partial^2 V}{\partial z^2} = -\int dm \left(\frac{1}{r^3} - \frac{3(z - c)^2}{r^5}\right).$$

Die Summe dieser drei zweiten Differentialquotienten, die man mit ΔV zu bezeichnen pflegt, hat, sofern nur r von null verschieden ist, der angezogene Massenpunkt also außerhalb der anziehenden Masse liegt, den Wert null, weil wegen $r^2 = (x - a)^2 + (y - b)^2 + (z - c)^2$ der Faktor von dm unter dem Integralzeichen verschwindet:

$$\Delta V_a = \frac{\partial^2 V_a}{\partial x^2} + \frac{\partial^2 V_a}{\partial y^2} + \frac{\partial^2 V_a}{\partial z^2} = 0. \tag{1}$$

Der Index a an V soll andeuten, daß der angezogene Massenpunkt sich außerhalb der anziehenden Masse befindet. Der partiellen Differentialgleichung (1) genügt also das Potential einer Masse in bezug auf jeden außerhalb derselben gelegenen »Aufpunkt« x, y, z. Dabei kann die Masse den Punkt, der sich in einem von ihr gebildeten Hohlraum befindet, auch umschließen, wenn sie nur nicht von allen Seiten an ihn herantritt. Um nun aber die partielle Differentialgleichung für V auch für den Fall zu finden, daß der Aufpunkt in der Masse des Körpers eingebettet ist, teilen wir das diesem Fall entsprechende Potential V_i in dasjenige V_m einer den Aufpunkt (x, y, z) enthaltenden kleinen Kugel vom Halbmesser a mit den Mittelpunkt ξ, η, ζ, in welcher, falls a genügend klein ist, die Dichte ϱ als konstant angenommen werden darf, und in das Potential V_a des Restes der Masse (s. d. Schluß des Art. 21),

$$V_i = V_a + (V_m)_{\text{Kugel}}. \tag{2}$$

Dann läßt sich ΔV_m aus Art. 22, (5a)

$$V_m = 2\pi\varrho a^2 - \frac{2}{3}\pi\varrho\left((x-\xi)^2 + (y-\eta)^2 + (z-\zeta)^2\right) \tag{3}$$

berechnen. Man erhält

$$\Delta V_m = \frac{\partial^2 V_m}{\partial x^2} + \frac{\partial^2 V_m}{\partial y^2} + \frac{\partial^2 V_m}{\partial z^2} = -4\pi\varrho,$$

und hiermit wegen (1)

$$\Delta V_i = \frac{\partial^2 V_i}{\partial x^2} + \frac{\partial^2 V_i}{\partial y^2} + \frac{\partial^2 V_i}{\partial z^2} = -4\pi\varrho. \tag{4}$$

In dieser partiellen Differentialgleichung ist $\varrho = \varrho\,(x, y, z)$, die Dichte an der Stelle der kleinen Kugel, eine Funktion derjenigen Stelle x, y, z im Innern der anziehenden Masse, wo sich der angezogene Punkt befindet. Ist die Stelle von Masse frei, oder liegt der Punkt überhaupt außerhalb der Masse, so ist $\varrho = 0$, die Funktion V_i geht in eine solche V_a über, zugleich aber auch die Gleichung (4) in die (1), d. h. (4) umfaßt (1) als Sonderfall. Der Differentialgleichung (4), wo die Funktion $\varrho\,(x, y, z)$ durch die bekannte Verteilung der anziehenden Masse bestimmt ist, genügt also diejenige Funktion, die durch das Raumintegral

$$V = \int \frac{\varrho\, d\tau}{r}, \tag{5}$$

über die anziehende Masse erstreckt, definiert ist. Daß umgekehrt durch die Forderung der Stetigkeit und Endlichkeit der Funktion V und durch ihr Verhalten im Unendlichen (das sich aus ihrer physikalischen Bedeutung ergibt) die allgemeinste Lösung der Laplace-Poissonschen partiellen Differentialgleichung (4) auf die Funktion (5) zurückkommt, findet man z. B. in M. r. M. Art. 30 des näheren auseinandergesetzt.

Die von Green (1828) und Gauß (1839) begründete Lehre vom Potential, die in vielen Teilen der Physik, namentlich in der Hydrodynamik und Elektrizitätslehre, eine Rolle spielt, ist seitdem zu einer Theorie ausgewachsen, auf die hier bloß hingewiesen werden kann. (Vgl. die Geschichte der Potentialtheorie von Bacharach, Göttingen 1883.)

24. Das logarithmische Potential.

Nur kurz wollen wir noch auf eine Abart des bisher behandelten »Newtonschen Potentials« eingehen, die wegen ihres Zusammenhangs mit der Funktionentheorie Bedeutung erlangt hat: auf das zylindrische oder logarithmische Potential. Man bezeichnet damit das Potential eines unendlich langen Zylinders, der längs jeder Erzeugenden mit Masse von derselben Dichte ϱ ausgefüllt ist, auf einen außerhalb gelegenen Massenpunkt m. Die Anziehung, die dieser Körper auf m nach dem Gravitationsgesetz ausübt, berechnen wir unmittelbar (nicht mit Hilfe des Potentials), um dieses rückwärts daraus zu bestimmen. Die Resultante R der anziehenden Kräfte wird in eine Ebene E fallen, die durch m senkrecht zu den Erzeugenden geht. Wir schneiden aus dem Zylinder ein unendlich langes Parallelepiped aus, dessen Kanten aus Erzeugenden bestehen (Abb. 41) und dessen rechteckiger Querschnitt $\delta\sigma$ von verschwindend kleinen Dimensionen sei. Der Abstand $\delta\sigma \ldots m$ sei gleich r. Die Anziehungskraft, die ein Längenelement ds des Parallelepipeds (im Abstand s von der Ebene E) auf m ausübt, liefert, wenn die Masse m des Aufpunktes und die Gravitationskonstante $\varkappa$ gleich 1 gesetzt werden, als Beitrag zu $-R = K$ (also positiv in Richtung des Lotes von m auf die Kanten)

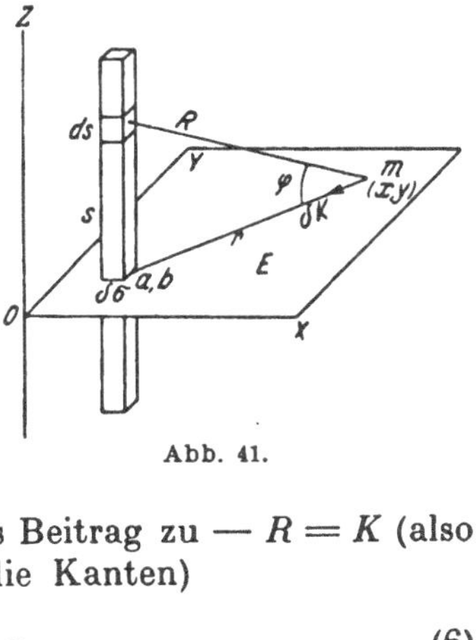

Abb. 41.

$$d\,\delta K = \frac{ds\,\delta\sigma\,\varrho}{R^2} \cos\varphi, \tag{6}$$

wo R der Abstand zwischen ds und m ist, φ der Winkel, den R mit r bildet, wo also

$$R\cos\varphi = r;\quad R\sin\varphi = s;\quad \text{also } \frac{s}{r} = \operatorname{tg}\varphi$$

ist. Dann wird, wegen

$$\frac{ds}{r} = \frac{d\varphi}{\cos^2\varphi}$$

$$d\,\delta K = \frac{\varrho}{r}\,\delta\sigma\cos\varphi\,d\varphi,$$

also ist die anziehende Kraft des Parallelepipeds

$$\delta K = \delta\sigma\int\limits_{-\frac{\pi}{2}}^{\frac{\pi}{2}}\frac{\varrho}{r}\cos\varphi\,d\varphi = \frac{2\,\varrho\,\delta\sigma}{r}. \tag{6}$$

Nimmt man nun in der Ebene E ein rechtwinkliges Koordinatensystem X, Y an, in dem x, y die Koordinaten von m; a, b die des kleinen Querschnitts $\delta\sigma$ unseres Parallelepipeds (s. d. Abb.) sind, ist also

$$r^2 = (x-a)^2 + (y-b)^2, \quad (\ldots$$

so erhält man

$$\delta K = \frac{2\,\varrho\,\delta\sigma}{r} = \frac{d\mu}{r},$$

wenn mit

$$d\mu = 2\,\varrho\,\delta\sigma \quad (\ldots$$

das Produkt aus dem Flächenelement in die fingierte Flächendichte 2ϱ, die der Körperdichte ϱ an der Stelle $\delta\sigma$ entsprechen möge, bezeichnet. Damit wird $d\mu$ zu einem Flächenmassenelement. Zerlegt man in diese Weise für jedes Flächenelement $\delta\sigma$ die Elementaranziehung δK in die Achsenrichtungen und summiert diese wieder in jeder Richtung, so erhält man als Komponenten der Kraft K

$$X = \int\frac{d\mu}{r}\,\frac{x-a}{r};\qquad Y = \int\frac{d\mu}{r}\,\frac{y-b}{r}.$$

Ebenso wie für die räumliche Anziehung läßt sich auch hier eine Funktion W angeben, deren partielle Differentialquotienten X und Y sind. Sie ist

$$W = \int(X\,dx + Y\,dy) = \iint\frac{d\mu}{r^2}\big((x-a)\,dx + (y-b)\,dy\big) =$$

$$= \int d\mu\log r = \int 2\,\varrho\,d\sigma\log r = \iint 2\,\varrho\,da\,db\log\sqrt{(x-a)^2+(y-b)^2} \quad (\ldots$$

das Integral über die ganze mit Masse von der Dichte 2ϱ bedeckte Fläche Q des Zylinderquerschnitts erstreckt. Nach Ausführung der

Integration ist W eine Funktion von x und y, die Carl Neumann das »logarithmische Potential« der Fläche Q auf den Massenpunkt m in x, y genannt hat.

Dieses Potential $W(x, y)$ genügt einer ähnlichen partiellen Differentialgleichung, wie das Newtonsche $V(x, y, z)$. Wir bilden sie für den Fall, daß m außerhalb der Fläche Q liegt. Es war

$$X = \frac{\partial W}{\partial x} = \int d\mu \frac{x-a}{r^2}.$$

Daher ist

$$\frac{\partial^2 W}{\partial x^2} = \int d\mu \left(\frac{1}{r^2} - \frac{2(x-a)^2}{r^4}\right)$$

$$\frac{\partial^2 W}{\partial y^2} = \int d\mu \left(\frac{1}{r^2} - \frac{2(y-b)^2}{r^4}\right),$$

und somit, weil, wenn innerhalb der Integrationsgrenzen r nicht null wird, die Summe der Klammerausdrücke verschwindet,

$$\Delta W \equiv \frac{\partial^2 W}{\partial x^2} + \frac{\partial^2 W}{\partial y^2} = 0. \tag{10}$$

Wie man umgekehrt die allgemeinste dieser partiellen Differentialgleichung genügende Funktion mittels komplexer Variablen $x + iy$, $x - iy$ darstellen kann, lehrt die Funktionentheorie. Denkt man sich zwei neue Veränderliche p, q in W eingeführt, die mit x, y durch die Formeln zusammenhängen

$$p = x + iy, \quad q = x - iy,$$

wo $i = \sqrt{-1}$ die imaginäre Einheit ist, so wird, mit $i^2 = -1$,

$$\frac{\partial W}{\partial x} = \frac{\partial W}{\partial p}\frac{\partial p}{\partial x} + \frac{\partial W}{\partial q}\frac{\partial q}{\partial x} = \frac{\partial W}{\partial p} + \frac{\partial W}{\partial q}$$

$$\frac{\partial^2 W}{\partial x^2} = \frac{\partial^2 W}{\partial p^2} + 2\frac{\partial^2 W}{\partial p\, \partial q} + \frac{\partial^2 W}{\partial q^2};$$

ebenso

$$\frac{\partial^2 W}{\partial y^2} = -\frac{\partial^2 W}{\partial p^2} + 2\frac{\partial^2 W}{\partial p\, \partial q} - \frac{\partial^2 W}{\partial q^2}.$$

Daher

$$\frac{\partial^2 W}{\partial x^2} + \frac{\partial^2 W}{\partial y^2} = 4\frac{\partial^2 W}{\partial p\, \partial q} = 0.$$

Somit ist $\frac{\partial W}{\partial p}$ eine Funktion P von p allein,

$$\frac{\partial W}{\partial p} = P,$$

daher

$$W = \int P\, dp + Q,$$

wo nun Q eine Funktion von q allein ist. Setzt man noch

$$\int P\,dp = \varphi(p); \quad Q = \psi(q),$$

so ergibt sich

$$W = \varphi(p) + \psi(q)$$
$$= \varphi(x + iy) + \psi(x - iy) \qquad (11)$$

als allgemeinste Lösung (zwei willkürliche Funktionen) der partiellen Differentialgleichung (10).

Wie man von dieser allgemeinen Lösung zu der durch das Flächenintegral (9) dargestellten zurückgelangt, kann hier nicht ausgeführt werden. Außer der selbstverständlichen Bedingung, daß W eine reelle Funktion von x und y ist, daß also ψ die zu φ »konjugierte« Funktion, oder daß W der reelle Teil einer Funktion von $x + iy$ allein ist, kommt noch die Forderung der Eindeutigkeit und Stetigkeit sowie die eines bestimmten Verhaltens im Unendlichen[1]) hinzu. (S. z. B. Weber, Partielle Differentialgleichungen I, § 137.)

VIII. Abschnitt.

Unfreie ebene und räumliche Bewegung.

25. Unfreie ebene Bewegung. Beispiele.

Um einen von Kräften angegriffenen Punkt zu nötigen, sich auf vorgeschriebener Bahnkurve zu bewegen, kann man ihn entweder in eine Röhre einschließen, die die Gestalt der Bahnkurve hat, oder wenn die Bewegung in der Ebene vor sich geht, an einem Faden befestigen, der von einer passend gewählten Kurve (der Evolute der Bahnkurve), die als »Lehre« gestaltet ist, sich abwickelt; oder endlich ihn auf einer solchen Lehre gleiten lassen. In den letzteren beiden Fällen der »unfreien« oder »zwangläufigen« Bewegung ist der Massenpunkt noch einseitig frei. Wir beschränken uns zunächst auf ebene Bewegungen. Ist $\mathfrak{P} = (X, Y)$ die Resultierende aus den auf den Punkt wirkenden, beschleunigenden »angreifenden« Kräften, so würde er unter ihrem Einfluß allein eine durch Integration der Bewegungsgleichungen $m\mathfrak{p} = \mathfrak{P}$ zu findende Bahnlinie $x = x(t)$, $y = y(t)$ beschreiben. Da er aber eine vorgeschriebene Bahn

$$f(x, y) = 0 \qquad (1)$$

---

[1]) Diesen Zusammenhang zwischen Problemen der Mechanik und der Funktionentheorie und seine Bedeutung für den Ausbau beider Wissenszweige findet man in dem Referat über die Entwicklung der Theorie der algebraischen Funktionen von Brill und Noether in Bd. III der Jahresberichte der Deutschen Math. Vereinigung geschichtlich beleuchtet.

durchlaufen soll, deren Gleichung durch jene Werte von x, y im allgemeinen nicht identisch erfüllt werden, so muß die materielle Bahnkurve selbst einen Beitrag zu den Kräften liefern, der dies bewirkt. Wir zerlegen zunächst wieder die Kraft $\mathfrak{P}$ nach den »natürlichen« Achsen (Art. 8), d. h. wir ersetzen $\mathfrak{P}$ durch ihre nach Normale und Tangente der Bahnkurve $f(x, y) = 0$ wirkenden Komponenten $\mathfrak{P}_n$ und $\mathfrak{P}_t$. Sind nun N und T die entsprechenden von der Bahnkurve gelieferten Beiträge zu diesen Komponenten, so soll also unter der Einwirkung von $\mathfrak{P}_n + N$, $\mathfrak{P}_t + T$ die Bewegung in die Bahn $f(x, y) = 0$ einlenken, die dann als frei beschrieben anzusehen ist. Für die freie Bewegung zerlegt sich aber die diesen Kräften entsprechende Beschleunigung bekanntlich (Art. 8) in $\mathfrak{p}_n = \frac{v^2}{\varrho}$ und $\mathfrak{p}_t = \frac{dv}{dt} = \dot{v}$, wenn v die Geschwindigkeit, ϱ der Krümmungshalbmesser der Bahnkurve ist.

Daher ist

$$m\dot{v} = \mathfrak{P}_t + T \tag{2a}$$

$$m\frac{v^2}{\varrho} = \mathfrak{P}_n + N, \tag{2b}$$

wo nun (neben $\mathfrak{P}_n$ und $\mathfrak{P}_t$) für diejenige Stelle der Kurve $f(x, y) = 0$, wo der Punkt mit der bekannten Geschwindigkeit v anlangt, der Krümmungshalbmesser ϱ bekannt ist. Aus der Gleichung (2b) läßt sich der Normaldruck N, den die Bahnkurve ausüben muß, damit die Richtung des nächstfolgenden Kurvenelementes den Krümmungshalbmesser ϱ ergibt, berechnen. Und zwar ist N bei positivem Vorzeichen nach dem Krümmungsmittelpunkt gerichtet.

Die Komponente T dagegen hat auf die Gestalt der Bahnkurve keinen Einfluß; sie bestimmt die Bahnbeschleunigung $\dot{v}$ durch ihren Beitrag zu $\mathfrak{P}_t$. Erfahrungsgemäß liefert die feste Bahn dann einen Beitrag T mit negativem Vorzeichen, wenn die Bewegung auf ihr mit Reibung erfolgt. Und zwar ergeben Versuche, daß der Reibungswiderstand T an jeder Stelle dem absoluten Wert $|N|$ des Bahndrucks N proportional ist, außerdem einem »Reibungskoeffizienten« μ, der durch die Rauhigkeit der Bahn bestimmt ist:

$$T = -|N|\mu. \tag{3}$$

Ist die Bahn vollkommen glatt, so ist $\mu = 0$, und T fällt überhaupt weg. — Wenn nichts Besonderes bemerkt wird, setzen wir im folgenden die Bewegung als reibungslos voraus. Man kann das Vorstehende so fassen: Fügt man (Abb. 42) zu der gegebenen Kraft $\mathfrak{P}$ an jeder Stelle der Bahn als Widerstands-(Zwangs-)Kraft den

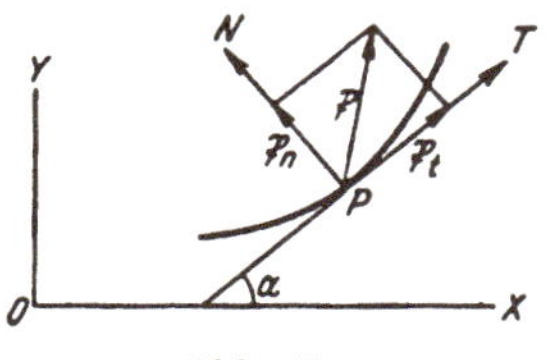

Abb. 42.

aus (2b) sich ergebenden Normaldruck N (vektoriell $\mathfrak{N}$) hinzu, so bewegt sich der Massenpunkt vermöge bloß dieser Kräfte in der vorgeschriebenen Bahnkurve. Durch Hinzunahme der Widerstandskraft $\mathfrak{N}$ zu $\mathfrak{P}$ wird die Bewegung auf der Kurve $f(x, y) = 0$ zu einer freien gemacht (»freigemacht«).

Die Bewegungsgleichungen sind damit auf die früher (Art. 10) für den frei beweglichen Massenpunkt aufgestellten zurückgeführt und lauten, wenn α der Richtungswinkel des Bogenelements ds ist,

$$\begin{aligned} m\ddot{x} &= X - N \sin \alpha = X - N \frac{dy}{ds} \\ m\ddot{y} &= Y + N \cos \alpha = Y + N \frac{dx}{ds}, \end{aligned} \tag{4}$$

wo

$$\operatorname{tg} \alpha = \frac{dy}{dx} = -\frac{\dfrac{\partial f}{\partial x}}{\dfrac{\partial f}{\partial y}} \tag{4a}$$

sich aus

$$f(x, y) = 0 \tag{4b}$$

bestimmt. Diese vier Gleichungen sind notwendig und hinreichend für die Darstellung der Größen x, y, N, α durch t. Erfolgt die Bewegung mit Reibung, so kommen in den Gleichungen (4) rechts bzw. noch die Glieder $-N\mu \cos \alpha$, $-N\mu \sin \alpha$ hinzu.

Die von der Kurve gelieferten Widerstands-(Reaktions-)Kräfte N, T unterscheiden sich von den beschleunigenden (treibenden) Kräften $\mathfrak{P}$ dadurch, daß sie, für sich allein wirkend, dem Massenpunkt keine Beschleunigung beizubringen vermögen. Trotzdem gehen sie in die Bewegungsgleichungen ein, wie jene, nur daß ihr Betrag in gewissem Umfang unbestimmt gelassen und mit Hilfe der Gleichungen $f = 0$, $T = -|N|\mu$ den Verhältnissen angepaßt wird, wie die nachfolgenden Beispiele zeigen.

Bezüglich der Integration des Systems (4) ist zu bemerken, daß, wie auch die vorgeschriebene Bahn verlaufen mag, die Gleichung der lebendigen Kraft immer dann sich bilden läßt, wenn die gegebene Kraft $\mathfrak{P}$ eine Kräftefunktion $U(x, y)$ besitzt. Denn wenn man die Gleichungen (4) bzw. mit $\dot{x}dt$, $\dot{y}dt$ multipliziert und addiert, so fällt das Glied mit N weg, und man erhält:

$$m d \frac{v^2}{2} = X\,dx + Y\,dy = d\,U(x, y) \tag{5}$$

wie oben (Art. 20). Diese Gleichung zusammen mit der als Integral aufzufassenden (4b) dient dann zur Bestimmung von x, y durch t. N erhält man entweder aus einer der Gleichungen (4) oder aus (2b).

In vielen Fällen verwendet man mit Vorteil die Bewegungsgleichungen (2), die durch Zerlegung von Beschleunigung und Kräften nach der Tangente und der Normalen der Bahnkurve (Euler, Mechanica, I, cap. V) entstanden sind, weil in einer von ihnen der unbekannte Normaldruck N nicht auftritt. Sie haben für reibungslose Bewegung die Gestalt:

$$\frac{mv^2}{\varrho} = \mathfrak{P}_n + N \tag{6a}$$

$$m\frac{dv}{dt} = \mathfrak{P}_t. \tag{6b}$$

1. Beispiel. Fallbewegung auf schiefer Ebene (Abb. 43). Wir rechnen die Bahnlänge s von der Anfangslage O an abwärts. Mit

$$\mathfrak{P}_n = mg\cos\alpha; \quad \mathfrak{P}_t = mg\sin\alpha$$

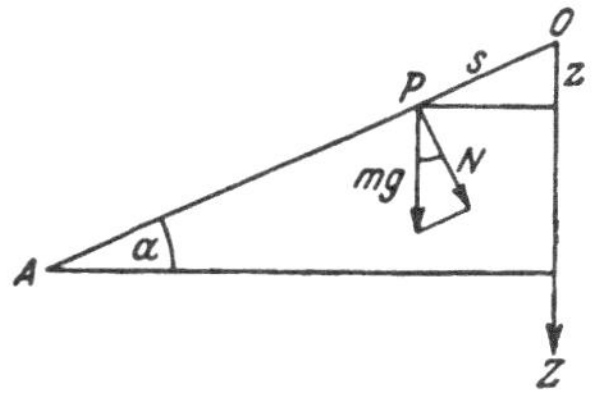

Abb. 43.

erhält man

$$0 = mg\cos\alpha + N$$

$$m\ddot{s} = mg\sin\alpha,$$

und hieraus durch Integration, wenn für $s = 0$, $t = 0$, $\dot{s} = 0$ ist,

$$s = \frac{1}{2} g \sin\alpha \cdot t^2. \tag{7}$$

Die durchfallene Höhe ist $z = \frac{1}{2} g \sin^2\alpha \cdot t^2$, die zum Durchfallen der Länge s gebrauchte Zeit

$$t = \frac{\sqrt{2s}}{\sqrt{g\sin\alpha}}.$$

Die Bewegung ist also, wie beim freien Fall, eine gleichförmig beschleunigte; nur sind diesem gegenüber Beschleunigung, Geschwindigkeit und Weglänge im Verhältnis 1 : sin α vermindert. Die Verlangsamung der Bewegung, auch bei aufwärts oder abwärts gerichteter Anfangsgeschwindigkeit, erleichtert das experimentelle Studium der gleichförmig beschleunigten geradlinigen Bewegung. So hat Galilei seine Versuche über die Fallgesetze (»Unterredungen« 3. 4. Tag) an der schiefen Ebene vorgenommen, da sie ein ähnliches Abbild der Fallbewegung geben, wenn man die Störungen, die durch Reibung beim gleitenden Körper, durch die Wucht der Drehung beim rollenden (Art. 63) veranlaßt werden, in mäßigen Grenzen hält.

2. Bewegung mit Reibung. Ein Massenpunkt m, auf den keine Kraft wirkt, gleite mit Reibung auf horizontaler Bahn (s) mit der Anfangsgeschwindigkeit v_0. Wie weit gelangt er, wenn μ der Reibungs-

koeffizient ist? Mit $T = -\mu N = -\mu m g$ erhält man aus (2a):

$$m \ddot{s} = -\mu m g,$$

und hieraus die Weglänge

$$s = \frac{v_0^2}{2 \mu g}.$$

3. Die Weiche im Schienengeleise. Ein Punkt mit der Masse m bewegt sich in horizontaler Ebene erst geradlinig, dann in anschließender Kreislinie (vom Halbmesser ϱ). Welchen Druck erfährt er an der Übergangsstelle?

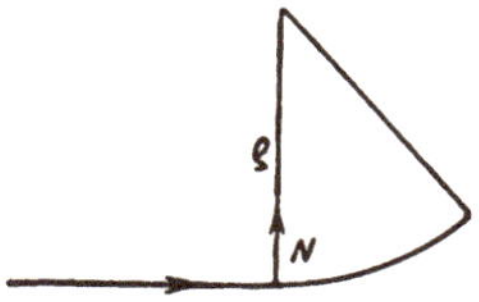

Abb. 44.

Ist v seine Geschwindigkeit, so tritt dort unvermittelt der Seitendruck auf

$$N = m \frac{v_0^2}{\varrho}.$$

Um diesen Druck nur allmählich zum vollen Betrage anwachsen zu lassen, schaltet man zwischen Gerade und Kreisstrecke das Stück einer kubischen Parabel (mit passend gewähltem Parameter) ein, das an den Wendepunkt angrenzt.

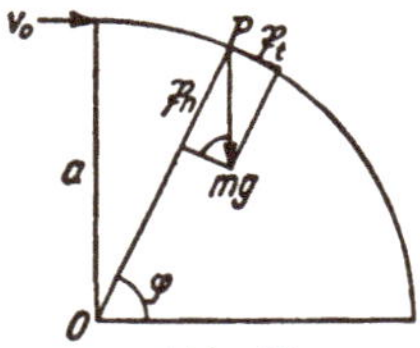

Abb. 45.

4. An welcher Stelle einer kreisförmigen vertikal stehenden Lehre (Abb. 45) springt ein reibungslos über sie hingleitender Punkt ab, der vom Scheitelpunkt aus mit der Anfangsgeschwindigkeit v_0 abgleitet?

Mit $\mathfrak{P}_n = m g \sin \varphi$; $\mathfrak{P}_t = m g \cos \varphi$ erhält man, wenn a der Halbmesser des Kreises ist, vermöge (2)

$$\frac{m v^2}{a} = m g \sin \varphi + N \qquad (7)$$

$$m \dot{v} = m g \cos \varphi.$$

Multipliziert man die letzte Gleichung, in der wegen $v = \dot{s} = -a \dot{\varphi}$, $\dot{v} = -a \ddot{\varphi}$ ist, mit $\dot{\varphi}\, d t = d \varphi$, so kommt nach Division mit m und Integration

$$\frac{1}{2} \dot{\varphi}^2 = \frac{g}{a} (1 - \sin \varphi) + \frac{1}{2} \dot{\varphi}_0^2,$$

wo die willkürliche Konstante sich aus der Bedingung bestimmt, daß $\dot{\varphi} = \dot{\varphi}_0 = -\frac{v_0}{a}$ für $\varphi = \frac{\pi}{2}$ sein möge. Dann ergibt sich aus (7)

$$N = 2 m g - 3 m g \sin \varphi + m a \dot{\varphi}_0^2$$

als Ausdruck für den von der Kurve auf den Punkt ausgeübten Druck. Dieser Druck, der, wenn $\dot{\varphi}_0^2 < \frac{g}{a}$ ist, anfangs negativ ist, wechselt sein Vorzeichen an der Stelle, wo durch abnehmenden Wert von φ $N = 0$ wird. Dort erfolgt das Abspringen. Wäre die Bahn eine gebogene Röhre so würde an dieser Stelle der Punkt nach außen zu drücken anfangen. Für $\dot{\varphi}_0 = 0$, d. h. wenn der Punkt im Scheitelpunkt (oder genauer in einer diesem unendlich benachbarten Stelle) sich selbst überlassen wird, springt er an der Stelle ab, wo $\sin\varphi = \frac{2}{3}$ ist, um von da eine Parabel zu beschreiben.

Mit den in 4. verwendeten Hilfsmitteln löst man auch die Aufgabe:

5. Zirkuskunststück eines Radfahrers. Ein schwerer Punkt gleitet (Abb. 46) reibungslos längs einer beliebigen Kurve K abwärts in das unterste horizontale Element eines vertikal stehenden Kreises k vom Halbmesser a hinein, der in Form eines Lehrbogens ausgeschnitten ist. In welcher Höhe h über dem Berührungspunkt B muß der Punkt seine Bewegung begonnen haben, damit seine Wucht gerade ausreicht, um ihn bis zum Scheitelpunkt C zu erheben?

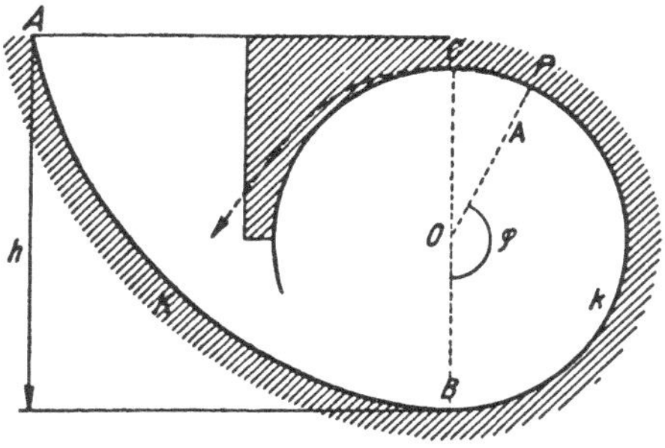

Abb. 46.

Die Geschwindigkeit v_1 im obersten Punkt C der Bahn muß so groß sein, daß dort der Druck auf die Bahn Null ist, daß also $v_1^2/a = g$ ist. Man findet dann mittels der Gleichung $v_1^2 = 2g(h - 2a)$ der lebendigen Kraft $h = \frac{5}{2}a$. Ein mit der Geschwindigkeit v_1 horizontal von C ausgehender Körper würde eine Parabel beschreiben, die im Scheitel den Krümmungshalbmesser $v_1^2/g = a$ hat, und die deshalb den Kreis von außen oskuliert. Der Körper, in C angelangt, wird somit den Kreis nicht verlassen.

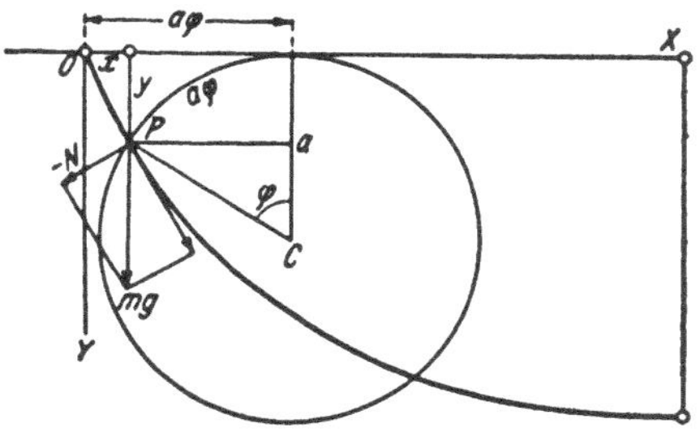

Abb. 47.

6. Bewegung eines schweren Punktes auf der Zykloide. Die Zykloide wird durch einen Punkt P auf dem Umfang eines Kreises beschrieben, der auf einer geraden Linie abrollt ohne zu gleiten. Die X-Achse (Abb. 47) sei diese Gerade, die Y-Achse nach abwärts gerichtet; der Kreishalbmesser $\overline{CP} = a$, der in der Anfangslage mit ihr zusammenfällt, bilde in einer späteren Lage (s. d. Abb.) mit ihr den Winkel φ. Dann sind die Koordinaten von P

$$\begin{aligned} x &= a(\varphi - \sin\varphi) \\ y &= a(1 - \cos\varphi). \end{aligned} \tag{1}$$

Die Bewegungsgleichungen, gebildet für die natürlichen Bahnachsen-Richtungen lauten:

$$m\dot{v} = mg\sin\alpha$$
$$\frac{mv^2}{\varrho} = -mg\cos\alpha + N, \tag{2}$$

wo α der Winkel der Zykloiden-Tangente mit der X-Achse ist. Man erhält mit Benützung der differenzierten Gleichungen (1)

$$ds^2 = dx^2 + dy^2 = 4a^2\sin^2\frac{\varphi}{2}\,d\varphi^2$$

$$\cos\alpha = dx/ds = \sin\frac{\varphi}{2}; \qquad \sin\alpha = dy/ds = \cos\frac{\varphi}{2}.$$

Die erste der Gleichungen (2) gibt hiermit:

$$\frac{d}{dt}\left(2a\sin\frac{\varphi}{2}\cdot\dot{\varphi}\right) = -4a\frac{d^2}{dt^2}\left(\cos\frac{\varphi}{2}\right) = g\cos\frac{\varphi}{2},$$

eine lineare Differentialgleichung, deren Integral

$$\cos\frac{\varphi}{2} = A\cos\left(\frac{t}{2}\sqrt{\frac{g}{a}}\right) + B\sin\left(\frac{t}{2}\sqrt{\frac{g}{a}}\right)$$

die willkürlichen Konstanten A, B enthält. Nimmt man an, daß der Punkt zur Zeit $t = 0$ sich an der untersten Stelle $\varphi = \pi$ befindet und dort die Geschwindigkeit $v = v_0$ hat, so ergibt sich, wegen

$$v = 2a\sin\frac{\varphi}{2}\,\dot{\varphi},$$

$$\cos\frac{\varphi}{2} = -\frac{v_0}{2\sqrt{ag}}\sin\left(\frac{t}{2}\sqrt{\frac{g}{a}}\right)$$

als Bewegungsgleichung. Man bemerkt, daß die Schwingungsdauer (Art. 2)

$$T = 4\pi\sqrt{\frac{a}{g}}$$

von der Geschwindigkeit v_0 im untersten Punkt unabhängig ist. Dieses Verhalten begründet den Isochronismus auch endlicher Schwingungen auf der Zykloide, eine Eigenschaft, die schon Huygens entdeckt und zur Verwendung eines Zykloidenpendels veranlaßt hatte auf Grund der Eigenschaft der Zykloide, daß ihre Evolute wieder eine Zykloide ist. Die Gleichung der lebendigen Kraft lautet:

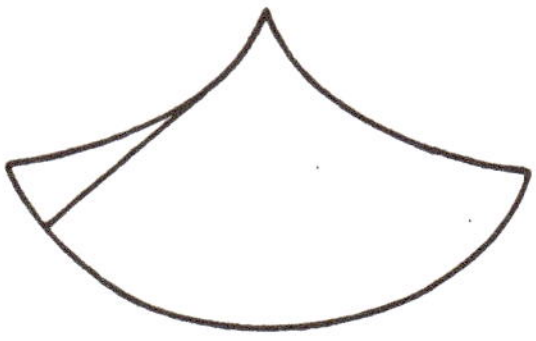

Abb. 48.

$$\frac{m}{2}(v^2 - v_0^2) = mg(y - 2a) = -2mga\cos^2\frac{\varphi}{2}.$$

Aus der zweiten der Bewegungsgleichungen (2) erhält man den Bahndruck. Mittels des Wertes für den Krümmungshalbmesser (eine jedenfalls positive Größe)

$$\varrho = \pm \frac{(x'^2 + y'^2)^{\frac{3}{2}}}{x'y'' - y'x''}, \quad \text{wo } x' = \frac{dx}{d\varphi} \text{ usw.},$$

also mittels $\varrho = 4a \sin\frac{\varphi}{2}$ und des Ausdrucks für v^2 aus der Gleichung der lebendigen Kraft wird der Normaldruck

$$N = \frac{m}{\sin\frac{\varphi}{2}}\left(\frac{v_0^2}{4a} - g\cos\varphi\right).$$

26. Das mathematische Pendel.

Zur Bewegung auf vorgeschriebener ebener Bahn ist das wichtigste Beispiel das mathematische Pendel. Die Bewegung eines Massenpunktes auf vorgeschriebenem Kreis erzielt man am einfachsten dadurch, daß man ihn an eine starre Stange hängt, die um eine horizontale Achse schwingt. Eine solche gewichtlose[1]) Stange $\overline{OP}$ von der Länge a (Abb. 49), die in einer Vertikalebene um ihren Endpunkt O frei (ohne Reibung) schwingen kann, trage am anderen Ende P einen Massenpunkt m und werde aus ihrer Ruhelage $\overline{OA}$ durch einen horizontal gerichteten Schlag (Stoß) mv_0 auf m, der ihm eine Anfangsgeschwindigkeit v_0 erteilt, in Schwingung versetzt. Da die Schwerkraft eine Kräftefunktion besitzt und von Reibung abgesehen wird, so besteht das Integral der lebendigen Kraft. Ist φ der Ausschlagswinkel des Pendels zur Zeit t, so ist die bis dahin geleistete Arbeit für die Hebung des Gewichts mg auf die Höhe $\overline{AQ}$[2]):

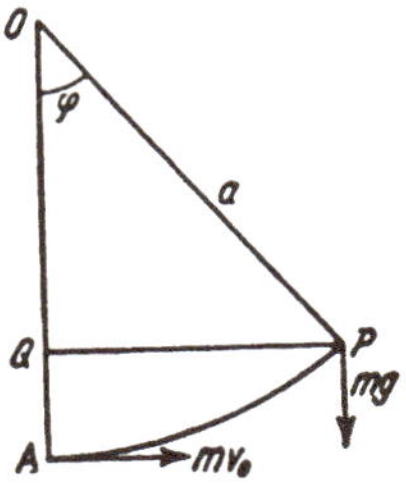

Abb. 49.

$$U = mga\,(\cos\varphi - 1).$$

Daher lautet die Gleichung der lebendigen Kraft (Energiegleichung), mit $s = a\varphi$, $\dot{s} = v = a\dot{\varphi}$, $v_0 = a\dot{\varphi}_0$,

$$\frac{1}{2} m a^2 (\dot{\varphi}^2 - \dot{\varphi}_0^2) = mga\,(\cos\varphi - 1). \tag{1}$$

[1]) In Art. 69, wo das physische Pendel behandelt wird, werden wir von dieser Annahme absehen.

[2]) Die Arbeit, die beim Aufsteigen die Schwerkraft leistet, ist negativ, es wird »potentielle Energie« (Art. 62) aufgespeichert, indem lebendige Kraft (kinetische Energie) verloren geht.

Man könnte sie auch aus der Gleichung für die Bahnbeschleunigung [Art. 20 (6b)]

$$m\dot{v} = \mathfrak{P}_t, \tag{1a}$$

also aus $ma\ddot{\varphi} = -mg \sin\varphi$ ableiten, indem man beiderseits mit $\dot{\varphi}dt = d\varphi$ multipliziert und integriert.

Die Größe $\dot{\varphi} = \frac{v}{a}$, also die Geschwindigkeit eines Punktes der Stange im Abstand 1 vom Drehpunkt, heißt die Winkelgeschwindigkeit der Stange, ein Begriff, der sich sogleich auf die Bewegung jedes starren Körpers um eine Achse überträgt. Gibt man der Gleichung (1) die Form

$$a^2\dot{\varphi}^2 = v_0^2 - 4\,ag\sin^2\frac{\varphi}{2}, \tag{2}$$

so kommt durch Integration

$$t = \int_0^{\varphi} \frac{a\,d\varphi}{\sqrt{v_0^2 - 4\,ag\sin^2\frac{\varphi}{2}}}, \tag{3}$$

wenn man die Zeit von $\varphi = 0$ ab rechnet. Dieses Integral hat ein historisches Interesse. Aus dem Pendelproblem hat sich die Theorie der elliptischen Funktionen entwickelt, die ihrerseits das Keimblatt für die ganze heutige Funktionentheorie geworden ist.

Das Integral (3) ist ein elliptisches Integral erster Gattung, dessen Auswertung Legendre in seinem Traité des fonctions elliptiques (3. voll., 1827—1832) an eine »Normalform« angeschlossen hat, für die er Tafeln aufstellt. Diese Normalform ist die folgende:

$$u = \int_0^{\psi} \frac{d\psi}{\sqrt{1 - \varkappa^2\sin^2\psi}} = \int_0^{x} \frac{dx}{\sqrt{(1 - x^2)(1 - \varkappa^2 x^2)}} \tag{4}$$

wo $x = \sin\psi$ und die reelle Größe $\varkappa < 1$ ist. u hängt von zwei Größen ψ und $\varkappa$ ab; daher haben die Tafeln doppelten Eingang. Aber erst die Umkehrung des Abhängigkeitsverhältnisses liefert die einfachere Funktion. Wie in der Beziehung zwischen dem Integral w

$$w = \int_0^{x} \frac{dx}{\sqrt{1 - x^2}} = \arcsin x$$

und seiner oberen Grenze x die Funktion $x = \sin w$ die weitaus einfacheren Eigenschaften hat, so sind es die Funktion

$$\psi = am\,(u, \varkappa)$$

(Amplitude von u mit dem Modul $\varkappa$) und die elliptischen Funktionen Sinusamplitudo, Kosinusamplitudo, Deltaamplitudo:

$$x = \sin\psi = \sin am\,(u, \varkappa) = sn\,(u, \varkappa)$$
$$\cos\psi = cn\,(u, \varkappa)$$
$$\Delta\psi = \sqrt{1 - \varkappa^2 \sin^2\psi} = dn\,(u, \varkappa)$$

gewesen, die den Zugang zu der tiefgründigen Theorie der elliptischen Funktionen von N. H. Abel und C. C. J. Jacobi eröffnet haben.

Daß dieselben eine reelle und eine imaginäre Periode besitzen, wie sie bzw. den trigonometrischen und der Exponentialfunktion zukommen, war schon Legendre bekannt. In der Anwendung auf das Pendelproblem kommt jedoch nur die reelle in Betracht, deren Eigenschaften kurz entwickelt werden mögen. Führt man in dem Differential des Normalintegrals

$$d\Psi = \frac{d\psi}{\sqrt{1 - \varkappa^2 \sin^2\psi}}$$

statt ψ die Variabele $\psi' = \psi + \pi$ ein, so wird $d\psi = d\psi'$; $\sin^2\psi = \sin^2\psi'$; daher $d\Psi = d\Psi'$, und an Stelle der Grenzen $\psi = 0$, $\psi = \psi$ treten bzw. $\psi' = \pi$, $\psi' = \psi + \pi$. Man erhält somit

$$u = \int_0^{\psi} d\Psi = \int_{\pi}^{\psi+\pi} d\Psi' = \int_{\pi}^{\psi+\pi} d\Psi, \tag{5}$$

weil die Bezeichnung der Integrationsvariabelen im bestimmten Integral gewechselt werden kann. Daher wird

$$u = \int_0^{\psi} d\Psi = \int_0^{\psi+\pi} d\Psi - \int_0^{\pi} d\Psi. \tag{5a}$$

Setzt man nun

$$\int_0^{\pi} d\Psi = 2K, \tag{6}$$

so ist $4K$ die Periode der Funktion $x = \sin am u$. Denn aus

$$\int_0^{\psi+\pi} d\Psi = u + 2K$$

folgt

$$\psi + \pi = am u + \pi = am\,(u + 2K).$$

Daher ist

$$-\sin\psi = \sin am\,(u + 2K) = -\sin am u$$

und somit

$$\sin am\,(u + 4K) = \sin am\,u. \tag{7}$$

Die Amplitude ist eine ungerade Funktion. Denn führt man in u statt $\psi \ldots \psi' = -\psi$ ein, so gehen die Grenzen ψ in $-\psi$, o in o über, und weil $d\Psi$ in $-d\Psi'$ übergeht, so kommt

$$u = \int_0^{\psi} d\Psi = -\int_0^{-\psi} d\Psi, \qquad (8$$

oder

$$\psi = am\,u = -am(-u).$$

Setzt man in (8) $\psi = -\frac{\pi}{2}$, so ergibt sich

$$\int_0^{-\frac{\pi}{2}} d\Psi = -\int_0^{\frac{\pi}{2}} d\Psi,$$

daher wegen (5a)

$$2\int_0^{\frac{\pi}{2}} d\Psi = \int_0^{\pi} d\Psi = 2K,$$

also

$$K = \int_0^{\frac{\pi}{2}} d\Psi. \qquad (9)$$

Um dieses Integral auszuwerten, entwickle man den Integranden $(1 - \varkappa^2 \sin^2\psi)^{-\frac{1}{2}}$ in eine Reihe nach aufsteigenden Potenzen von $\varkappa \sin\psi$, die wegen $\varkappa < 1$ für alle reellen Werte von ψ konvergiert.

Man erhält:

$$u = \int_0^{\psi} \frac{d\psi}{\sqrt{1 - \varkappa^2 \sin^2\psi}}$$

$$= \int_0^{\psi} d\psi \left(1 + \frac{1}{2}\varkappa^2 \sin^2\psi + \frac{-\frac{1}{2}\left(-\frac{1}{2} - 1\right)}{1 \cdot 2}\varkappa^4 \sin^4\psi + \cdots\right).$$

Weil die Binomialreihe für $(1 - x)^n$, wenn $|x| < 1$ ist, gleichmäßig konvergiert, so liefert die gliedweise Integration eine in jenem Intervall konvergente Reihe[1]). Setzt man $\psi = \frac{\pi}{2}$, so ergibt sich für K die Reihe

$$K = \frac{\pi}{2}\left(1 + \left(\frac{1}{2}\right)^2 \varkappa^2 + \left(\frac{1 \cdot 3}{2 \cdot 4}\right)^2 \varkappa^4 + \left(\frac{1 \cdot 3 \cdot 5}{2 \cdot 4 \cdot 6}\right)^2 \varkappa^6 + \cdots\right) \qquad (10)$$

Wir kehren nun zur Pendelbewegung zurück, für welche die Gleichung (2) der lebendigen Kraft die Winkelgeschwindigkeit $\dot{\varphi}$ ergeben hat:

$$a^2 \dot{\varphi}^2 = v_0^2 - 4ag \sin^2\frac{\varphi}{2}.$$

---

[1]) Vgl. z. B. v. Mangoldt, Einf. i. d. höh. Math. II, Nr. 73, 81; III, Nr. 6

Je nachdem $\dot{\varphi}$ für einen reellen Wert von φ Null werden kann oder nicht, erhält man zwei Fälle und einen Grenzfall, die sich durch die Anfangsgeschwindigkeit unterscheiden:

$$v_0^2 \gtreqless 4\,a\,g.$$

Ist I. $v_0 > 2\sqrt{ag}$, so kann $\dot{\varphi}$ nie Null werden, φ wächst immerfort. Man hat das umschwingende Pendel. Das Integral für t, auf die Form gebracht

$$t = \frac{2a}{v_0}\int\limits_0^{\varphi} \frac{d\,\frac{\varphi}{2}}{\sqrt{1 - \frac{4\,ag}{v_0^2}\sin^2\frac{\varphi}{2}}}, \tag{11}$$

geht sogleich in die Legendresche Normalform über, wenn man setzt:

$$\frac{\varphi}{2} = \psi; \quad \frac{2\sqrt{ag}}{v_0} = \varkappa.$$

Die Dauer T eines Umschwungs berechnet sich aus:

$$T = \frac{8\,a}{v_0}\,K.$$

Im Fall II. $v_0 < 2\sqrt{ag}$, dem Falle des hin- und herschwingenden (oszillierenden) Pendels, kehrt $\dot{\varphi}$ sein Vorzeichen um, wenn

$$\sin\frac{\varphi}{2} = \frac{v_0}{2\sqrt{ag}} \tag{11a}$$

wird. Der hierdurch bestimmte Winkel φ heißt der Ausschlag (die Schwingungsweite, Amplitude). Man führt das Zeitintegral in die Normalform über durch die Substitution

$$\frac{2\sqrt{ag}}{v_0}\sin\frac{\varphi}{2} = \sin\psi.$$

Dann wird

$$\frac{\sqrt{ag}}{v_0}\cos\frac{\varphi}{2}\,d\varphi = \cos\psi\,d\psi,$$

und

$$\cos\frac{\varphi}{2} = \sqrt{1 - \frac{v_0^2}{4\,ag}\sin^2\psi}$$

also:

$$t = \frac{a}{v_0}\int\limits_0^{\varphi} \frac{d\varphi}{\sqrt{1 - \frac{4\,ag}{v_0^2}\sin^2\frac{\varphi}{2}}} = \sqrt{\frac{a}{g}}\int\limits_0^{\psi} \frac{d\psi}{\sqrt{1 - \varkappa^2\sin^2\psi}},$$

wenn der echte Bruch $\frac{v_0}{2\sqrt{ag}} = \varkappa$ gesetzt wird. Hiermit wird

$$\psi = am\left(\sqrt{\frac{g}{a}}\,t\right); \quad \sin\psi = \sin am\sqrt{\frac{g}{a}}\,t = \sin am\left(\sqrt{\frac{g}{a}}\,(t+T)\right)$$

wo nun wegen (7)

$$T = 4\sqrt{\frac{a}{g}}\,K \tag{12}$$

die Periode der Pendelschwingung ist. Der Modul $\varkappa$ ist gleich dem Sinus des halben Ausschlagwinkels (11a).

Ist die Anfangsgeschwindigkeit v_0 und damit überhaupt φ sehr klein, so kann man $\sin\varphi$ mit φ vertauschen und erhält für die Zeit (3) die einfachere Bestimmungsgleichung

$$t = \frac{a}{v_0}\int\frac{d\varphi}{\sqrt{1-\frac{ag}{v_0^2}\varphi^2}} = \sqrt{\frac{a}{g}}\arcsin\frac{\sqrt{ag}}{v_0}\varphi$$

oder

$$\varphi = \frac{v_0}{\sqrt{ag}}\sin\sqrt{\frac{g}{a}}\,t;$$

und für die Periode

$$T = 2\pi\sqrt{\frac{a}{g}}, \tag{13}$$

ein Ausdruck, der sich für verschwindend kleine Werte von $\varkappa$ auch aus (12) und der Reihe (10) für K ergeben hätte.

Nach (13) ist für kleine Ausschlagswinkel die Schwingungsdauer T unabhängig von der Anfangsgeschwindigkeit v_0 und damit von $\varkappa$ und der Größe des Ausschlags. Auf diesem Umstand beruht die Zuverlässigkeit der Pendeluhr, deren Perpendikel gleich rasch hin- und herschwingt, auch wenn im Laufe des Tages oder der Woche die Federkraft oder der Antrieb infolge der wechselnden Länge des Kettengewichts sich ändert.

Da sich die Schwingungsdauer T durch Zählen der Schwingungen in einem längeren Zeitraum sehr genau bestimmen läßt, so geben Pendelversuche, an verschiedenen Stellen der Erdoberfläche mit demselben Apparat angestellt, ein ausgezeichnetes Mittel ab zur Vergleichung der Beschleunigung g der Schwerkraft an denselben und damit einen vollwertigen Ersatz für das oben (Art. 3) angegebene grobe Hilfsmittel.

Im Übergangsfall III endlich ist: $v_0 = 2\sqrt{ag}$, und damit wird

$$t = \frac{a}{v_0}\int\limits_0^\varphi \frac{d\varphi}{\sqrt{1-\sin^2\frac{\varphi}{2}}} = \frac{a}{v_0}\int\limits_0^\varphi \frac{d\varphi}{\cos\frac{\varphi}{2}} = -\frac{2a}{v_0}\log\operatorname{tg}\frac{\pi-\varphi}{4},$$

oder

$$\operatorname{tg}\frac{\pi-\varphi}{4} = e^{-\frac{v_0}{2a}t}.$$

Erst für $t=\infty$ wird $\varphi=\pi$, d. h. die Pendelstange erreicht erst nach unendlich langer Zeit ihre vertikale Lage.

27. Bewegung auf vorgeschriebener Raumkurve.

Wie im Falle der unfreien ebenen Bewegung (Art. 25) sei wieder ein Massenpunkt m, der unter dem Einfluß einer bekannten (beschleunigenden) Kraft $\mathfrak{P}$ steht, genötigt, auf vorgeschriebener räumlicher (im allgemeinen doppelt gekrümmter) Kurve zu bleiben. Es handelt sich um die Aufstellung der Bewegungsgleichungen. Man zerlege wieder $\mathfrak{P}$ nach den »natürlichen« Achsen (Art. 12) in die Komponenten $\mathfrak{P}_t$, $\mathfrak{P}_h$, $\mathfrak{P}_b$ bzw. in Richtung der Tangente, Haupt- und Binormale desjenigen Punktes der Bahnlinie, wo sich m zur Zeit t befindet. Die Beträge, welche die Kurve selbst in Gestalt von Widerstandskräften (Drücken) in diesen Richtungen liefert, seien T, H, B.

Sie sind so zu bestimmen, daß unter dem Gesamteinfluß von ihnen und von $\mathfrak{P}$ der Punkt die vorgeschriebene Bahn so beschreibt, als ob er frei wäre. Damit ergeben sich die Beziehungen

$$\begin{aligned} m\dot{v} &= \mathfrak{P}_t + T \\ m\frac{v^2}{\varrho} &= \mathfrak{P}_h + H \\ 0 &= \mathfrak{P}_b + B, \end{aligned} \tag{1}$$

wenn ϱ der (bekannte) Hauptkrümmungshalbmesser der Bahnkurve ist, v die Geschwindigkeit, mit der der Punkt an der Stelle P der Bahnlinie anlangt. In der ersten Gleichung sind T und $\dot{v}$ unbekannt. Wie im Fall der ebenen Bewegung ist T dann von Null verschieden, wenn die Bewegung mit Reibung vor sich geht, und zwar ist alsdann

$$T = -\mu\left|\sqrt{H^2+B^2}\right|, \tag{2}$$

wenn μ der Reibungskoeffizient ist. Bei vollkommen glatter Bahn ist $\mu=0$. Wir werden in der Folge, wenn nichts Besonderes zugefügt wird, von Reibung absehen, also $\mu=0$ setzen. Die beiden letzten Gleichungen dienen zur Bestimmung der zwei Komponenten H, B der »Widerstandskraft« (Zwangskraft)

$$\mathfrak{N} = (0, H, B), \tag{3}$$

die in die Normalebene der Bahnkurve fällt, und die den von der
Bahnkurve gelieferten Beitrag darstellt, durch den die Bewegung zu
einer freien gemacht wird. Für die freie Bewegung eines materiellen
Punktes gelten die bekannten Bewegungsgleichungen in rechtwinkligen
Koordinaten, die nunmehr, wenn $\mathfrak{P}_x = X$, $\mathfrak{P}_y = Y$, $\mathfrak{P}_z = Z$ die Komponenten von $\mathfrak{P}$; $\mathfrak{N}_x$, $\mathfrak{N}_y$, $\mathfrak{N}_z$ die von $\mathfrak{N}$ nach den Achsen sind, folgendermaßen lauten:

$$m\ddot{x} = X + \mathfrak{N}_x$$
$$m\ddot{y} = Y + \mathfrak{N}_y \qquad (4)$$
$$m\ddot{z} = Z + \mathfrak{N}_z,$$

wozu noch die Gleichung hinzutritt:

$$\mathfrak{N}_x \dot{x} + \mathfrak{N}_y \dot{y} + \mathfrak{N}_z \dot{z} = 0 \qquad (5)$$

als Bedingung dafür, daß der Widerstand $\mathfrak{N}$ der Bahn zu dem Bahnelement ds, also zu $\mathfrak{v} = (\dot{x}, \dot{y}, \dot{z})$, senkrecht ist. — Die Gleichungen
(4), (5), zusammen mit denen der Bahnkurve, die man sich etwa als
Schnitt von zwei Flächen denken kann:

$$f(x, y, z) = 0; \quad \varphi(x, y, z) = 0, \qquad (6)$$

sind 6 Gleichungen, aus denen die 6 Größen x, y, z, $\mathfrak{N}_x$, $\mathfrak{N}_y$, $\mathfrak{N}_z$ in Funktion von t zu bestimmen sind.

Wegen der Gleichung (5) gilt für die reibungslose Bewegung auf
der Raumkurve die Gleichung der lebendigen Kraft, wenn sie für die
freie Bewegung gilt (s. Art. 25).

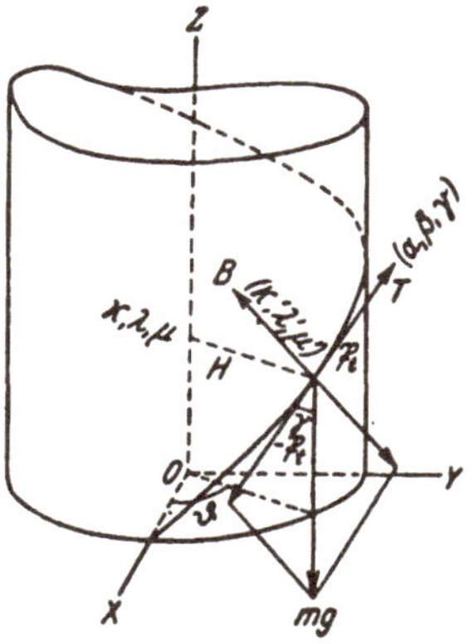

Abb. 50.

Beispiel: Bewegung eines schweren Punktes
auf einer Schraubenlinie mit vertikaler Achse
(Abb. 50):

$$x = a \cos \vartheta; \quad y = a \sin \vartheta; \quad z = a\vartheta \cotg \gamma,$$

wo γ der Winkel des Linienelementes ds gegen
die Vertikale ist. Rechnet man die Bahnlänge s
von $\vartheta = 0$ an, so wird $s = a\vartheta / \sin \gamma$.

Die Richtung von ds ist bestimmt durch

$$\cos \alpha : \cos \beta : \cos \gamma = - \sin \vartheta : \cos \vartheta : \cotg \gamma$$

die Richtung der Hauptnormalen durch[1])

$$\cos \varkappa : \cos \lambda : \cos \mu = \cos \vartheta : \sin \vartheta : 0.$$

Die Hauptnormale fällt daher mit dem Zy-
linderradius zusammen. Die Länge des Krümmungshalbmessers ist ((7) Art. 12)

$$\varrho = a/\sin^2 \gamma,$$

---

[1]) Man ersetze in den Formeln (8) Art. 12 die unabhängig Veränderliche t
durch ϑ.

also konstant, da ja die Schraubenlinie in sich verschiebbar ist. Die beschleunigende Kraft ist die Schwerkraft; ihre Komponenten in Richtung des natürlichen Achsenkreuzes des Punktes sind

$$\mathfrak{P}_t = -mg\cos\gamma; \quad \mathfrak{P}_b = -mg\sin\gamma; \quad \mathfrak{P}_h = 0.$$

$\mathfrak{N} = (0, H, B)$ fällt in die Normalebene. Die Gleichungen (1) werden

$$-mg\cos\gamma = m\dot{v} = m\ddot{s} = \frac{ma}{\sin\gamma}\ddot{\vartheta}$$

$$H = \frac{mv^2}{\varrho}$$

$$B = mg\sin\gamma.$$

In der Normalebene haben die Widerstandskräfte (Abb. 51) der Bahnkurve $B = N\sin\varphi$ und $H = N\cos\varphi$ die Resultante $N = |\mathfrak{N}|$. Man kann die nebenstehende Abbildung auch so deuten: Der Gesamtdruck N der Bahn ist so zu bemessen, daß die Resultante aus ihm und aus der Komponente $-B = -mg\sin\gamma$, die in die Normalebene fällt, gerade die Richtung der Hauptnormalen H der Kurve annimmt.

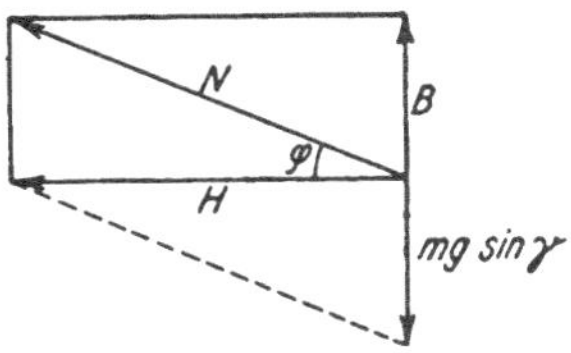

Abb. 51.

Bewegt sich der Punkt ohne Anfangsgeschwindigkeit etwa von der Stelle $\vartheta = 0$ aus, wo dann ϑ bloß negative Werte annimmt, so gibt die Integration der Gleichung:

$$\frac{a}{\sin\gamma}\ddot{\vartheta} = -g\cos\gamma$$

$$\vartheta = -\frac{g\sin\gamma\cos\gamma}{2a}t^2,$$

und die durchfallene Höhe wird

$$z = -\frac{1}{2}gt^2\cos^2\gamma,$$

die gleiche wie beim Fall auf einer schiefen Ebene vom Neigungswinkel $\alpha = \frac{\pi}{2} - \gamma$ (Art. 25). Mit zunehmender Zeit nimmt die Geschwindigkeit zu, und zugleich wird die Richtung des Drucks auf die Bahn:

$$N = \sqrt{B^2 + H^2}$$

$$= \frac{mg\sin\gamma}{a}\sqrt{a^2 + 4z^2\sin^2\gamma}$$

mehr und mehr horizontal, weil

$$\operatorname{cotg}\varphi = \frac{mv^2}{\varrho B} = -2\vartheta\cos\gamma$$

unbegrenzt zunimmt.

28. Bewegung auf vorgeschriebener Fläche.

Ein materieller Punkt, der auf einer Fläche $f(x, y, z) = 0$ zu bleiben gezwungen ist, komme unter dem Einfluß der beschleunigenden Kraft $\mathfrak{P}$ an der Stelle x, y, z der Fläche mit der Geschwindigkeit v in dem Linienelement ds an. Das folgende Linienelement, in dem er auf der Fläche sich weiter bewegt, und damit die Schmiegungsebene der Bahnkurve wird bestimmt durch die Kraft $\mathfrak{P}$. Gesetzt, die Lage der Schmiegungsebene sei bekannt, so bestimmt ihr Schnitt mit der Fläche auch den Krümmungshalbmesser ϱ der Bahnkurve und die Lage ihrer Hauptnormalen. Wir denken uns nun zunächst wieder $\mathfrak{P}$ in Richtung von Tangente, Haupt- und Binormale der Bahnkurve in $\mathfrak{P}_t$, $\mathfrak{P}_h$, $\mathfrak{P}_b$ zerlegt. Unter ihrem Einfluß allein würde sich im allgemeinen der Punkt von der Fläche entfernen. Damit dies verhütet wird, muß von ihr eine zusätzliche Widerstands-(Zwangs-)Kraft geliefert werden, deren Komponenten in den angegebenen Richtungen wir mit T, H, B bezeichnen wollen. Für die damit freigemachte Bewegung bestehen die Gleichungen

$$m\dot{v} = \mathfrak{P}_t + T \tag{1a}$$

$$\frac{mv^2}{\varrho} = \mathfrak{P}_h + H \tag{1b}$$

$$0 = \mathfrak{P}_b + B, \tag{1c}$$

von denen die erste bei reibungsloser Bewegung wieder in

$$m\dot{v} = \mathfrak{P}_t \tag{1a'}$$

übergeht. Die Komponenten $\mathfrak{P}_h$ und $\mathfrak{P}_b$, ebenso H und B, die alle in die Normalebene zu dem Element ds fallen, wollen wir paarweise wieder zu Kräften $\mathfrak{P}_n$ bzw. N zusammensetzen. Ist (Abb. 52) die Normalebene zu ds die Zeichenebene, ψ der Winkel, den $\mathfrak{P}_n$, φ der Winkel den die Flächennormale N mit der Hauptnormalen bildet, so hat man

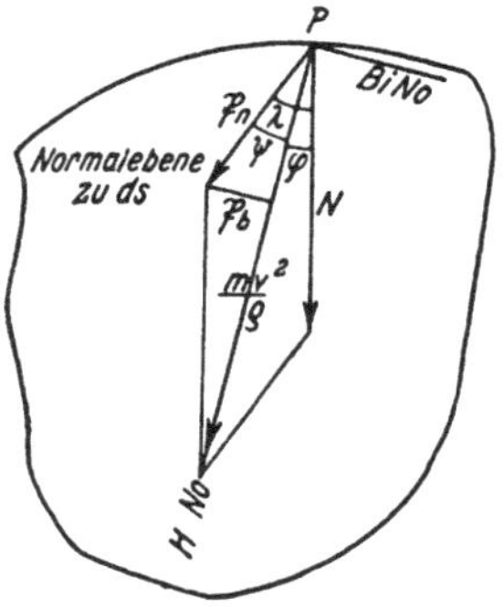

Abb. 52.

$$\mathfrak{P}_h = \mathfrak{P}_n \cos\psi;\quad H = N\cos\varphi$$

$$\mathfrak{P}_b = \mathfrak{P}_n \sin\psi;\quad B = N\sin\varphi.$$

Nun kann erfahrungsgemäß eine vollkommen glatte Fläche, auf der der Punkt sich bewegt (oder genauer gesagt, die unendlich benachbarten Mäntel einer Doppelfläche, zwischen denen er sich bewegt), einen Widerstand nur in Richtung der Flächennormalen ausüben. Diese Widerstandskraft (Zwangskraft, der Gegendruck) kann von der Fläche in jedem erforderlichen Betrag N geliefert werden. Wenn man dann $\mathfrak{P}_n$ durch den Winkel $(\mathfrak{P}_n, N) = \lambda$ auch gegen die

Flächennormale orientiert, indem man $\psi = \lambda - \varphi$ setzt, so erhalten die Bewegungsgleichungen (1) für die natürlichen Achsen der Bahnkurve die Gestalt:

$$m\dot{v} = \mathfrak{P}_t \tag{2a}$$

$$\frac{mv^2}{\varrho} = \mathfrak{P}_n \cos(\lambda - \varphi) + N \cos \varphi \tag{2b}$$

$$0 = \mathfrak{P}_n \sin(\lambda - \varphi) + N \sin \varphi. \tag{2c}$$

Hier sind die Größen ϱ, φ, die Widerstandskraft N und v als Unbekannte anzusehen. Eine weitere Beziehung zwischen ϱ und φ ergibt nun aber ein Satz der Flächentheorie. Nach dem Meusnierschen Theorem besteht eine Beziehung zwischen dem Krümmungshalbmesser der verschiedenen Kurven, die von den durch dieselbe Flächentangente gehenden Ebenen aus der Fläche ausgeschnitten werden. Unter diesen Ebenen nimmt der durch die Flächennormale gehende „Normalschnitt" eine ausgezeichnete Stellung ein. In jeder bestimmen das Linienelement ds und das nächstfolgende einen Krümmungskreis. Ist die Ebene mit dem Krümmungshalbmesser ϱ gegen den Normalschnitt, zu dem der Krümmungshalbmesser R gehören möge, um den Winkel φ geneigt, so besteht nach jenem Theorem die Beziehung

$$\varrho = R \cos \varphi, \tag{3}$$

welche die nebenstehende Konstruktion (Abb. 53) von ϱ rechtfertigt, wenn der Krümmungshalbmesser R des Normalschnitts gegeben ist. Die vier Gleichungen (2) und (3) sind nun nach den Größen ϱ, φ, N, $\dot{v}$ aufzulösen.

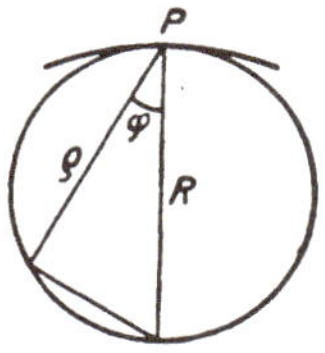

Abb. 53.

Fügt man die so bestimmte Normalkraft (Widerstandskraft) N in Richtung der Flächennormalen an jeder Stelle der Bahn zur Kraft $\mathfrak{P}$ zu, so bewegt sich der hierdurch freigemachte Punkt im Raume ebenso, wie wenn er auf der Fläche zu bleiben gezwungen wäre. Erfolgt die Bewegung mit Reibung, so ist die Gleichung (2a) durch

$$m\dot{v} = \mathfrak{P}_t + T \tag{4}$$

zu ersetzen, wo der in die Richtung von ds fallende Widerstand T der Bahn mit dem Normaldruck N durch die Gleichung

$$T = -\mu |N| \tag{4a}$$

zusammenhängt, wenn μ der (von der Rauhigkeit der Bahn abhängende) Reibungskoeffizient ist.

Indem wir wieder $\mu = 0$, eine vollkommen glatte Fläche, annehmen, stellen wir noch die Bewegungsgleichungen in rechtwinkligen Koordinaten auf. Sind α, β, γ die Richtungswinkel der Flächennormalen, so lauten diese Gleichungen für den freigemachten Punkt:

$$\begin{aligned} m\ddot{x} &= X + N\cos\alpha \\ m\ddot{y} &= Y + N\cos\beta \\ m\ddot{z} &= Z + N\cos\gamma, \end{aligned} \qquad (5)$$

Aus der Gleichung der Fläche

$$f(x, y, z) = 0 \qquad (6)$$

bestimmt sich die Flächennormale durch

$$\cos\alpha = \frac{f'(x)}{+\sqrt{f'(x)^2 + f'(y)^2 + f'(z)^2}}, \text{ usw.,}$$

wo $f'(x), \ldots$ die partiellen Differentialquotienten von $f(x, y, z)$ nach $x, \ldots$ sind. Setzt man noch

$$\frac{N}{+\sqrt{f'(x)^2 + f'(y)^2 + f'(z)^2}} = \lambda. \qquad (7)$$

so nehmen die Gleichungen (5) die Gestalt an:

$$\begin{aligned} m\ddot{x} &= X + \lambda f'(x) \\ m\ddot{y} &= Y + \lambda f'(y) \\ m\ddot{z} &= Z + \lambda f'(z). \end{aligned} \qquad (5a)$$

Die vier Gleichungen (5a) und (6) dienen zur Bestimmung der vier Größen x, y, z, λ in Funktion von t.

Bezüglich der Integration ist zu bemerken, daß neben (6) noch

$$f'(x)\dot{x} + f'(y)\dot{y} + f'(z)\dot{z} = 0 \qquad (8)$$

als Integral zu gelten hat. Multipliziert man die Gleichungen (5a) bzw. mit $\dot{x}dt$, $\dot{y}dt$, $\dot{z}dt$ und addiert, so kommt

$$m\,d\frac{v^2}{2} = X\,dx + Y\,dy + Z\,dz. \qquad (9)$$

Es besteht also, unabhängig von der Zwangläufigkeit der reibungslosen Bewegung, die Gleichung der lebendigen Kraft immer dann, wenn die Kraft eine konservative ist.

Ist die Fläche eine Umdrehungsfläche, ihre Gleichung also von der Form:

$$f\left(\sqrt{x^2 + y^2}, z\right) = f(r, z) = 0, \qquad (10)$$

so ist

$$f'(x) = f'(r)\frac{x}{r}; \quad f'(y) = f'(r)\frac{y}{r}.$$

Multipliziert man die erste und zweite Gleichung (5a) bzw. mit $-y$ und x und addiert, so kommt (Art. 16)

$$m\frac{d}{dt}(x\dot{y} - y\dot{x}) = m\frac{d}{dt}(r^2\dot{\varphi}) = -Xy + Yx. \qquad (11)$$

Schneidet nun die Kraftlinie $X : Y : Z$ immer die Drehachse, so ist die rechte Seite Null, und es besteht das Prinzip der Erhaltung der Flächenräume. Sind in (5a) die Komponenten X, Y, Z der Kraft gleich Null, so stellt das System

$$\begin{aligned} m\ddot{x} &= \lambda f'(x) \\ m\ddot{y} &= \lambda f'(y) \\ m\ddot{z} &= \lambda f'(z) \end{aligned} \tag{12}$$

die reibungslose kräftefreie Bewegung eines materiellen Punktes auf der Fläche $f(x, y, z) = 0$ dar. Aus (9) erhält man durch Integration $v = v_0$, woraus hervorgeht, daß die Bewegung mit gleichförmiger Geschwindigkeit erfolgt. Weil dann das Zeitelement dem Bogenelement proportional ist, kann man die Gleichungen (12) auch in die Form setzen:

$$\frac{d^2 x}{d s^2} : \frac{d^2 y}{d s^2} : \frac{d^2 z}{d s^2} = f'(x) : f'(y) : f'(z). \tag{13}$$

Nach Art. 12 (8) bedeutet dies, daß der Krümmungsradius der Bahnkurve an jeder Stelle mit der Flächennormale zusammenfällt, daß also die Schmiegungsebene der Bahnlinie überall die Flächennormale enthält. In der Theorie der Krümmung der Flächen wird durch diese Eigenschaft eine geodätische Linie definiert. Durch eines ihrer Elemente ist die Linie in ihrem ganzen Verlauf bestimmt, weil (Konstruktion im Unendlichkleinen) jedes folgende Element durch das vorhergehende und die Flächennormale bestimmt ist. Die kräftefreie Bewegung also eines materiellen Punktes auf glatter Oberfläche erfolgt in einer geodätischen Linie mit gleichförmiger Geschwindigkeit.

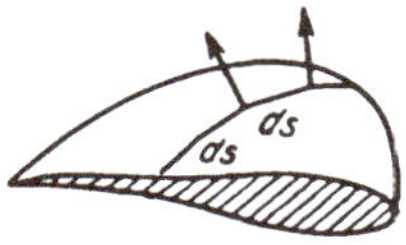

Abb. 54.

29. Anwendung auf das Kugelpendel u. a.

Ein Massenpunkt m bewege sich unter dem Einfluß der Schwerkraft reibungslos auf der Kugelfläche (sphärisches Pendel)

$$x^2 + y^2 + z^2 - a^2 = 0. \tag{1}$$

Die Bewegungsgleichungen lauten dann bei vertikal abwärts gerichteter Z-Achse, mit dem Ursprung im Kugelmittelpunkt,

$$\begin{aligned} m\ddot{x} &= \frac{x}{a} N \\ m\ddot{y} &= \frac{y}{a} N \\ m\ddot{z} &= \frac{z}{a} N + mg. \end{aligned} \tag{2}$$

Hinsichtlich der XY-Ebene gilt das Integral der Flächenräume. Denn aus (2) folgt

$$x\ddot{y} - y\ddot{x} = \frac{d}{dt}(x\dot{y} - y\dot{x}) = 0;$$

oder wenn man für die XY-Ebene statt rechtwinkliger Polarkoordinaten einführt (Art. 16)

$$r^2\, d\varphi = c\, dt. \tag{3}$$

Als zweites Integral ergibt sich das der lebendigen Kraft, weil es für die freie Bewegung unter dem Einfluß der Schwerkraft gilt. Es liefert (Art. 20)

$$\frac{v^2}{2} = gz + h,$$

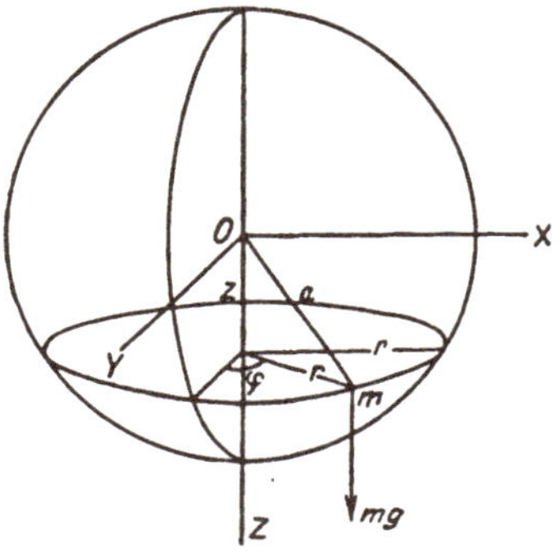

Abb. 55.

oder in Zylinderkoordinaten r, φ, z (Abb. 55) bei der Annahme, daß für $z = z_0$, $v = v_0$ sei:

$$v^2 = \dot{r}^2 + r^2\dot{\varphi}^2 + \dot{z}^2 = 2g(z - z_0) + v_0^2. \tag{4}$$

Aus $r^2 + z^2 = a^2$ folgt $r\dot{r} = -z\dot{z}$. Entfernt man aus (4) mit Hilfe von (3) $\dot{\varphi}$, so geht (4) über in

$$\dot{z}^2\left(\frac{z^2}{r^2} + 1\right) = 2g(z - z_0) + v_0^2 - \frac{c^2}{a^2 - z^2}$$

oder

$$\dot{z}^2 a^2 = \left(2g(z - z_0) + v_0^2\right)(a^2 - z^2) - c^2. \tag{5}$$

Im tiefsten Punkt der Bahnkurve, die der Massenpunkt beschreibt, wo dann die Umkehr nach oben erfolgt, also z einen Maximalwert hat, d. h. wo $\dot{z} = 0$ ist, sei $z = z_0$ und $v = v_0$.

Dann ergibt (5):

$$c^2 = v_0^2\,(a^2 - z_0^2),$$

und damit wird

$$a^2\dot{z}^2 = (z - z_0)\left(2g(a^2 - z^2) - v_0^2(z + z_0)\right) \tag{5a}$$

Man sieht leicht, daß z_0 notwendig positiv ist, d. h. daß die tiefste Stelle in der unteren Halbkugel liegt. Denn setzt man für eine etwas höhere Nachbarstelle $z = z_0 - \varepsilon$ ein, wo ε eine kleine positive Größe ist, so erhält man aus (5a) bei Vernachlässigung der Glieder mit ε^2 gegen die mit ε:

$$a^2\dot{z}^2 = \varepsilon\left(-2g(a^2 - z_0^2) + v_0^2 \cdot 2z_0\right).$$

Die linke Seite ist positiv, und da das erste Glied in der Klammer negativ oder null ist, muß bei positivem ε $z_0 > 0$ sein, w. z. b. w.

Wie im untersten Punkt z_0 das sphärische Pendel seine Bewegung umkehrt, so gibt es eine obere Umkehrstelle $z = z_1$, wo wiederum $\dot{z} = 0$ ist. Sie ist eine Wurzel der aus (5a) für $\dot{z} = 0$ sich ergebenden Gleichung

$$0 = 2g(a^2 - z^2) - v_0^2(z + z_0) \equiv W. \tag{5b}$$

Weil für

$$\begin{array}{ll} z = -\infty & W < 0 \\ z = -a & W \geqq 0 \\ z = +a & W < 0 \end{array}$$

ist, so folgt, daß eine Wurzel der Gleichung $W = 0$ zwischen $-\infty$ und $-a$ liegt, eine zwischen $-a$ und $+a$. Die erstere gehört zu einer aus der Kugel herausfallenden Stelle; daher muß die zweite der Umkehrstelle z_1 zugehören. z_1 kann ebensogut positiv wie negativ sein. Die ganze Bewegung geht also zwischen den Parallelkreisen $z = z_0$, $z = z_1$ vor sich.

Das Zeitintegral, das sich, wenn für $z = z_0$, $t = 0$ ist, aus (5a) bestimmt:

$$t = \int_{z_0}^{z} \frac{a\,dz}{\sqrt{Z}}, \tag{6}$$

ist, mit $\qquad Z = (z - z_0)\,[2g(a^2 - z^2) - v_0^2(z + z_0)],$

weil Z vom 3. Grad in z ist, ein elliptisches Integral erster Gattung, wie im Fall des ebenen Pendels (Art. 26). Wegen Normierung dieses Integrals sehe man z. B. Durège-Maurer, Elliptische Funktionen §§ 80 bis 83 (Leipzig 1908). Die Periode der Drehung ergibt sich folgendermaßen. Längs des aufsteigenden Astes der Bahnkurve hat dz negatives Vorzeichen. Weil dt stets positiv ist, muß in (6) $\sqrt{Z}$ negativ sein. An den Umkehrstellen wird $Z = 0$. Indessen hat dort das Integral t nicht den Wert unendlich, da der Integrand nur unendlich wird wie $1/\sqrt{z - z_0}$; das Integral

$$\int \frac{dz}{\sqrt{z - z_0}} = 2(z - z_0)^{\frac{1}{2}} + \text{const}$$

nimmt eben für $z = z_0$ einen endlichen Wert an. Zwischen den Grenzen z_0 und z_1 erhält also das Integral

$$T = \int_{z_0}^{z_1} \frac{a\,dz}{\sqrt{Z}} \tag{7}$$

einen endlichen Wert, und zwar den gleichen für den aufsteigenden wie für den absteigenden Ast, weil für den letzteren die Ausdrücke $\sqrt{Z}$ und dz zugleich ihr Vorzeichen wechseln. T stellt also die halbe Periode der Bewegung dar.

Der Winkel Φ zwischen den Meridianebenen durch eine untere und die nächste obere Umkehrstelle bestimmt sich aus dem Integral für den Polarwinkel φ. Mittels

$$r^2 d\varphi = c\,dt = \frac{a\,c\,dz}{\sqrt{Z}}$$

ergibt sich für φ das Integral 3. Gattung

$$\varphi - \varphi_0 = \int\limits_{z_0}^{z} \frac{a\,c\,dz}{(a^2 - z^2)\sqrt{Z}}, \tag{8}$$

und hieraus die halbe Periode des Drehungswinkels

$$\Phi = \int\limits_{z_0}^{z_1} \frac{a\,c\,dz}{(a^2 - z^2)\sqrt{Z}}. \tag{9}$$

Wegen der weiteren Behandlung des Integrals für φ und seiner Periode sei ebenfalls auf das obengenannte Werk verwiesen.

Die Bahnkurve durchzieht den zwischen den Grenzebenen z_0 und z_1 gelegenen Teil der Kugelfläche in (im allgemeinen) unendlich vielen kongruenten Windungen. Für besondere Werte der Anfangsgeschwindigkeit kann es vorkommen, daß sich die Kurve schon nach einer endlichen Zahl von Windungen schließt. Diesen Fall stellt das in Abb. 56 abgebildete Modell[1]) dar, das in einer Hohlkugel eine den Äquator ($z_1 = 0$) berührende Bahnlinie zeigt, welche die Besonderheit hat, nach 3 Perioden wieder in sich zurückzulaufen. Die punktierte Kurve c gibt den geometrischen Ort der untersten Punkte derjenigen Bahnkurven an, die bei gleicher Ausgangsstelle (im Äquator) den verschiedenen Geschwindigkeiten v_0 von null bis unendlich zugehören.

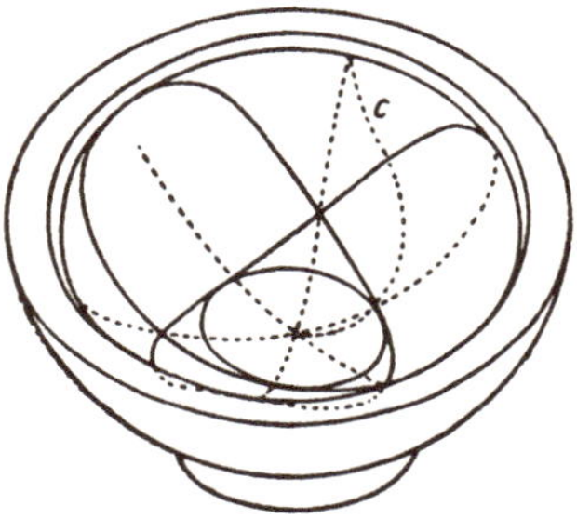

Abb. 56.

Aufgabe: Wurfbewegung längs einer Zylinderfläche mit vertikalen Erzeugenden. Für einen schweren Punkt, der sich längs einer Zylinderfläche (mit beliebiger Grundkurve und vertikalen Erzeugenden) reibungslos zu bewegen genötigt ist, soll die Wurfbahn und der Druck auf die Fläche bestimmt werden.

Lösung: Man führe neben der vertikalen Erhebung z des Punktes über der horizontalen XY-Ebene die Bogenlänge σ der Basiskurve des Zylinders als Bestimmungsstücke ein.

---

[1]) Ausgeführt 1877 im mathematischen Institut der Technischen Hochschule München von L. Schleiermacher, vervielfältigt vom Verlag von L. Brill in Darmstadt, jetzt M. Schilling in Leipzig.

Ist $f(x, y) = 0$ die Gleichung der Basiskurve, so lauten die Bewegungsgleichungen

$$\begin{aligned} m\ddot{x} &= \lambda f'(x) \\ m\ddot{y} &= \lambda f'(y) \\ m\ddot{z} &= -mg. \end{aligned} \tag{10}$$

Wegen $\dot{\sigma}^2 = \dot{x}^2 + \dot{y}^2$ erhält man aus den zwei ersten Gleichungen durch Multiplikation mit bzw. $\dot{x}$, $\dot{y}$ und Addition $\dot{\sigma} = \text{const.}$, oder, wenn für $t = 0$, $\sigma = z = 0$ angenommen wird, und a, b die Komponenten der Anfangsgeschwindigkeit bzw. längs der Tangente der Basiskurve und der Vertikalen sind,

$$\begin{aligned} \sigma &= at \\ z &= -\frac{1}{2} g t^2 + bt. \end{aligned} \tag{11}$$

Die Bahnkurve ist also auf dem in eine Ebene abgerollten Zylinder die gewöhnliche Wurfparabel. Wegen $\ddot{\sigma} = 0$ ist das Quadrat der Komponente der Beschleunigung längs der Basiskurve (Art. 8)

$$\ddot{x}^2 + \ddot{y}^2 = \ddot{\sigma}^2 + \left(\frac{\dot{\sigma}^2}{\varrho}\right)^2 = \frac{a^4}{\varrho^2},$$

wenn ϱ der Krümmungshalbmesser der Basiskurve ist. Hiermit bestimmt sich der Druck N, den an der Stelle x, y, z die Zylinderfläche auf den Punkt m ausübt, aus (Art. 28 (7))

$$N^2 = \lambda^2 \left(f'(x)^2 + f'(y)^2\right) = m^2 (\ddot{x}^2 + \ddot{y}^2) = \frac{m^2 a^4}{\varrho^2}$$

zu

$$N = \frac{m a^2}{\varrho} = \frac{m \dot{\sigma}^2}{\varrho}. \tag{11a}$$

Der Druck ist also gleich der Zentripetalkraft für die Bewegung der Horizontalprojektion des Massenpunktes.

Diese Ergebnisse waren vorauszusehen.

Aufgabe: Für die kräftelose Bewegung auf dem Rotationsparaboloid kommen die Gleichungen (9), (11), (12) des vor. Art. in Betracht mit $X = Y = Z = 0$. Aus $r^2 \dot{\varphi} = \text{const.} = c$ ergibt sich, mit $v = v_0$ und $r^2 = 2pz$,

$$v^2 = r^2 \dot{\varphi}^2 + \dot{r}^2 + \dot{z}^2 = v_0{}^2 = \dot{z}^2 \left(1 + \frac{p}{2z}\right) + \frac{c^2}{2pz}, \tag{12}$$

und hieraus, wenn für $t = 0$, $z = z_0$, $\varphi = 0$ ist,

$$t = \int_{z_0}^{z} dz \sqrt{\frac{z + \frac{p}{2}}{v_0{}^2 z - \frac{c^2}{2p}}}\,; \quad \varphi = \int_{z_0}^{z} \frac{c\,dz}{2pz} \sqrt{\frac{z + \frac{p}{2}}{v_0{}^2 z - \frac{c^2}{2p}}}. \tag{13}$$

Da $z > c^2/2\,p\,v_0^2$ sein muß, wenn die Irrationalität reell sein soll so kann man z von derjenigen Stelle z_0 ab zählen, für die $d\,z/d\varphi = \dot z/\dot\varphi = 0$ ist, d. h. wo die Bahnkurve eine horizontale Tangente hat. Hiermit bestimmt sich aus (12) $c = v_0\sqrt{2\,p\,z_0}$, und damit nehmen die Gleichungen (13) die Form an:

$$v_0 t = \int_{z_0}^{z} d\,z \sqrt{\frac{z + \frac{p}{z}}{z - z_0}}\,;\quad \varphi = \int_{z_0}^{z} \sqrt{\frac{z_0}{2\,p}}\,\frac{d\,z}{z} \sqrt{\frac{z + \frac{p}{2}}{z - z_0}}\,. \tag{14}$$

Man integriert diese Gleichungen, indem man setzt

$$\frac{z + \frac{p}{2}}{z - z_0} = \frac{1}{\sin^2\vartheta},\quad \text{also } z = \frac{z_0 + \frac{p}{2}\sin^2\vartheta}{\cos^2\vartheta}, \tag{15}$$

womit man erhält:

$$v_0 t = \left(z_0 + \frac{p}{2}\right)\left(\frac{\sin\vartheta}{\cos^2\vartheta} - \log \operatorname{tg}\left(\frac{\pi}{4} + \frac{\vartheta}{2}\right)\right). \tag{16}$$

$$\varphi = \operatorname{arc\,tg}\left(\sqrt{\frac{p}{2\,z_0}}\sin\vartheta\right) + \sqrt{\frac{2\,z_0}{p}}\log \operatorname{tg}\left(\frac{\pi}{4} + \frac{\vartheta}{2}\right). \tag{17}$$

Hiermit sind z, t, φ durch den Winkel ϑ dargestellt, der mit z wächst und für $z = \infty$ zu $\vartheta = \frac{\pi}{2}$ wird.

IX. Abschnitt.

Gegenseitig aufeinander wirkende Massenpunkte.

30. Schwerkraft und Gravitation.

Wenn in früheren Abschnitten die Wirkung, welche die Erde auf den fallenden Stein oder die Sonne auf den Planeten ausübt, unter der Annahme untersucht wurde, daß die Erde bzw. die Sonne fest sei, so entspricht dies nicht der Forderung, daß Gleichem die gleiche Behandlung zuteil werden sollte. Erde und Stein, Sonne und Erde sind zwar nach Masse und Größe, nicht aber dem Stoff nach verschieden.

Was zunächst die Beziehung zwischen Erde und schwerem Stein angeht, so wurde oben (Art. 3) festgestellt, daß Versuche mit der Federwage (oder besser dem Pendel) die Proportionalität von Druck G auf die Unterlage (Gewicht) und Schwerebeschleunigung g, beide gemessen an demselben Versuchskörper, aber an verschiedenen Stellen der Erdoberfläche, ergeben. Den Proportionalitätsfaktor nannten wir »Masse«, so daß sich

$$G = m g \tag{1}$$

als eine für alle Stellen der Erdoberfläche gültige Formel erwies.

Die geschichtliche Entwicklung dieser Erkenntnis war kurz die folgende.

Die auffälligsten Ortsänderungen in unserer Umgebung stehen in näherer oder fernerer Beziehung mit dem Fall schwerer Körper, der seinerseits mit dem Druck, den sie ruhend auf die Unterlage ausüben, zusammenhängt. Diesen Zusammenhang durch Versuche festzustellen, also Naturerscheinungen experimentell zu untersuchen, war ein für seine Zeitgenossen gänzlich neuer Weg, den Galilei einschlug, als er die Lösung der großen Frage der Schwerewirkungen in Angriff nahm.

Die Ergebnisse seiner Versuche hat er in den Discorsi (s. Geschichtliches), 3. Tag, niedergelegt.

Er stellte Fallversuche (am schiefen Turm in Pisa und auf geneigter Ebene) an, und da bei Beschränkung auf einen bestimmten Versuchsort die Wage zur Bestimmung der Drucke ausreichte, so konnte er feststellen, daß Körper von verschiedenem Gewicht in einem und demselben Mittel gleichschnell fallen[1]), daß also ihre Beschleunigung dieselbe ist. Diese Feststellung war eine befreiende Tat gegenüber der durch fast zwei Jahrtausende gültigen Lehre des Aristoteles (die in Galileis »Discorsi« Simplicio vertritt), derzufolge die Geschwindigkeiten zweier im selben Mittel fallender Körper ihren Gewichten proportional seien. Newton bestätigt die Beobachtung des Galilei durch Pendelversuche (Principia philos. naturalis, Lib. III, Prop. VI): »Daß alle Körper (abgesehen vom Luftwiderstand) gleichschnell fallen, haben andere längst schon beobachtet. Man kann die Gleichheit der Zeiten am genauesten an Pendeln wahrnehmen. Ich habe den Versuch mit Gold, Silber, Blei, Glas, Sand, Salz, Holz, Wasser und Waizen angestellt — die in zwei gleiche Büchsen gefüllt als Pendel schwangen —.« Newton spricht damit den grundlegenden Satz von der Gleichheit der trägen und der schweren Masse aus[2]). Denn in der Gleichung für die Pendelbewegung Art. 26 (1), deren Gültigkeit er durch diesen Versuch für verschiedene Massen bestätigt, kommt links die träge, rechts aber die schwere Masse (Art. 30) in Betracht.

---

[1]) Dafür, daß ein größeres Gewicht nicht schneller fallen kann als ein kleineres, gibt Galilei folgenden Anschauungsbeweis. Wäre das Gegenteil der Fall, so müßte, wenn man beide vereinigte, das größere das kleinere verzögern, das kleinere das größere beschleunigen; die vereinigte Masse würde also eine mittlere Geschwindigkeit zwischen der des großen und der des kleinen Gewichts haben. Anderseits besitzt die vereinigte Masse ein größeres Gewicht als jedes einzelne, müßte also langsamer fallen als sogar das große allein. Dieser Widerspruch ist nur so lösbar, daß beide gleich schnell fallen (Galilei, Discorsi, deutsch von v. Oettingen, 1. u. 2. Tag, S. 57, Ostwalds Klassiker, Leipzig).

[2]) Versuche von v. Eötvös (Math. und naturwissensch. Blätter aus Ungarn VIII, 1890), der die durch die Schwerkraft und anderseits die durch die Zentrifugalkraft bewirkte Beschleunigung einer Masse verglich, haben inzwischen dieses Ergebnis bestätigt.

Diesen Versuchen entnahm Newton weiter die Berechtigung zu der Annahme, daß in allen Körpern ein Stoff, eine »Materie« enthalten sei, der für jeden Körper eine *meßbare* Größe (quantitas materiae darstellt. Er nennt sie *Masse* (def. I). Die Proportionalität zwischen Masse und Gewicht bei gleicher Schwingungsdauer eines Pendels (am selben Erdort) bleibt bestehen, wenn (lib. II, sect. 6, prop. 24) das Pendel im widerstehenden Mittel schwingt, wobei dann neben dem Gewicht die Trägheit der schwingenden Masse in Betracht kommt.

Die Massen ändern sich nicht, wenn man sie vom Mittelpunkt der Erde entfernt oder in ein Medium von anderer Dichte eintaucht, wohl aber ihr Druck auf die Unterlage, ihr *Gewicht*. Freilich standen Newton keine Versuche an *verschiedenen* Erdorten zur Verfügung, wie wir sie oben bei Ableitung der Formel

$$G = mg$$

voraussetzten. Es war vielmehr eine andere Gedankenfolge, die ihm die Einsicht in die Proportionalität von Kraft und Beschleunigung für eine die Schwerkraft mitumfassende Kraft, die *Gravitationskraft*, eröffnete.

Schon vor Newton war mehrfach die Vermutung ausgesprochen worden — so bereits von Kepler[1]) —, daß die Bewegung der Planeten um die Sonne von einer Anziehungskraft herrühre, die von letzterer durch den leeren Raum hindurch auf die ersteren ausgeübt werde, und die dem Quadrat des Abstandes beider umgekehrt proportional sei. Von einer Gegenseitigkeit der Anziehung war nicht die Rede, aber es lag nahe, zu vermuten, daß in derselben Weise der Mond von der Erde angezogen werde. Über einen Gedankengang, der die Brücke zwischen Schwerkraft und der auf den Mond geübten Anziehung der Erde schlagen konnte, berichtet Newton selbst in der Ausführung zur 5. Erklärung im Anfang der »Principia«. Man denke sich von der Spitze eines hohen Berges eine Kugel horizontal abgeschossen. Sie wird bei mäßiger Anfangsgeschwindigkeit einen Bogen beschreiben, der sich wieder zur Erde wendet. Bei Steigerung der Anfangsgeschwindigkeit wird einmal der Fall eintreten, daß die Kugel nicht mehr auf die Erde zurückkehrt, sondern sie in einer krummen Bahn umkreist. In eben diesem Fall befindet sich aber auch der Mond auf seinem Weg um die Erde und der Planet in seiner Bahn um die Sonne. Auf diese Weise schließt sich die Bewegung des Trabanten um die Erde stetig an die Bewegung des fallenden Körpers an: die Schwerkraft erweist sich als ein Sonderfall der Gravitation.

Diese Vermutung läßt sich aber auch zahlenmäßig prüfen, wenn man annimmt, daß die Bahn des Mondes und die des erwähnten Geschosses um die Erde je eine *Kreisbahn* sei, was bezüglich des Mondes

[1]) De Motibus Stellae Martis Cap. 34.

(relativ zu der als ruhend gedachten Erde) nahezu zutrifft und bezüglich des Geschosses bei homogen kugelförmig geschichteter Erdkugel als möglich angenommen werden durfte. Ist dann a der Abstand des Mondes vom Erdmittelpunkt, $\dot{\varphi}$ die Winkelgeschwindigkeit seiner kreisenden Bewegung, so ist die Zentrifugalbeschleunigung an jeder Stelle seiner Bahn durch $v^2/a = \dot{\varphi}^2 a$ darstellbar. Diese muß gleich der Beschleunigung der den Mond nach dem Erdmittelpunkt ziehenden Zentralkraft sein, die man, wie oben gesagt, schon vor Newton gleich k/a^2 angenommen hatte. Dies gibt die Beziehung

$$k/a^2 = \dot{\varphi}^2 a, \tag{2}$$

woraus man durch Integration

$$\varphi = \sqrt{\frac{k}{a^3}} \cdot t, \tag{3}$$

für einen Umlauf also

$$2\pi = \sqrt{\frac{k}{a^3}} \cdot T \tag{4}$$

erhält, wenn T die Umlaufszeit ist; übrigens genau dieselbe Formel, wie wir sie oben [Art. 17 (13)] für elliptische Bahnen gefunden haben. Für den Mond waren die Zahlen a, T bekannt. Für das die Erde umkreisende Geschoß kennt man zwar nicht T, wohl aber die Beschleunigung g an der Erdoberfläche, was, wenn R der Erdhalbmesser ist, die Beziehung

$$\frac{k}{R^2} = g \tag{5}$$

ergibt. Hiermit wird eine Vergleichung der Werte von k für Mond und Geschoß möglich. Eliminiert man k aus (4) und (5), so wird ersichtlich, daß Newton mit der von Picard 1669 aus seiner Gradmessung in Peru abgeleiteten Länge des Erdhalbmessers ein Experimentum crucis für sein Anziehungsgesetz zur Verfügung hatte. Dies konnte wohl die Aufregung erklären, die er in der Akademie bei seiner Bekanntgabe gezeigt haben soll.

Mit der Erkenntnis, daß die Gravitation eine Kraft ist, die in gleicher Weise zwischen Sonne und Planet, wie zwischen Planet und Trabant wirkt, ergab sich die Notwendigkeit, die Anziehung zwischen je zwei Himmelskörpern als eine gegenseitige aufzufassen.

Die Zugkraft $P = m'k/a^2$, welche die Erde auf den im Abstand a befindlichen Mond von der Masse m' ausübt, würde sich, wenn man ihn in seiner Bahn zur Ruhe bringen könnte, als Zug gegen die Erde hin äußern. Führt man die etwas ungeheuerliche Vorstellung ein, daß sich zwischen Mond und Erde eine elastische Feder befände, deren Verkürzung den Druck mißt, so könnte man auch von einem Zug $P' = mk'/a^2$ (wo k' eine Konstante ist) sprechen, den der Mond auf die Erde mit der Masse m ausübt, weil sich Druck P und Gegendruck P' nach einem Erfahrungssatz (Art. 3) an der Feder wie an einem festen Körper das Gleichgewicht halten.

Aus $P' = P$ folgt $mk' = m'k$.

Setzt man daher: $k = m\varkappa$, so erhält man für die zwischen Mond und Erde wirkende Anziehungskraft den Betrag

$$P = m m' \frac{\varkappa}{a^2},$$

eine schon oben (Art. 15) vorweg benützte Formel. Hier folgt dieser in m und m' gleichgebaute Ausdruck aus der Erkenntnis, daß die Gravitationswirkung in einer gegenseitigen Anziehung der ponderablen Massen besteht. Wie die Erde den fallenden Stein — mit derselben Kraft zieht der Stein die Erde an. Nur die Beschleunigungen der beiden sind verschieden, sie verhalten sich umgekehrt wie die Massen. Zu der Kraft P gehört somit eine Gegenkraft $P' = -P$, allgemein: Zu jeder Kraft gehören zwei Massen. Ihre Wirkung aufeinander wird Kraft genannt. Auch die elektrischen, magnetischen, chemischen, elastischen und die Widerstandskräfte bestehen letzten Endes in Wirkungen von Massen aufeinander, wenn man das Wort »Masse« in weiterem Sinne nimmt.

Die eben geforderte Gleichheit von Kraft und Gegenkraft sagt das dritte Newtonsche Grundgesetz aus:

»Die Wirkung ist stets der Gegenwirkung gleich, oder die Wirkungen von zwei Körpern aufeinander sind stets gleich und von entgegengesetzter Richtung.« Die Fassung »actio, reactio« hat Newton gewählt, weil das Gesetz in dem oben angegebenen Sinn nicht nur von Druck und Gegendruck sich berührender Massen und von »Fernkräften« wie die Gravitation gilt, sondern auch von der Stoßwirkung, die zwei Massen aufeinander ausüben können (hierüber später Art. 3[illegible]).

Wir haben oben die Massen durch den Druck bestimmt, den sie auf die Unterlage ausüben, wobei der Gegendruck der Wage als Maßstab eingeführt wurde.

Mach in seinen tiefgründigen Untersuchungen zu Newtons Principia (»Die Mechanik in ihrer Entwicklung« IV, Kap. 7) befürwortet eine Fassung der Axiome, der die Erklärung des Verhältnisses zweier Massen als reziproker Wert des Verhältnisses der gegenseitigen Beschleunigungen zugrunde liegt, und wo die Kraft erst nachträglich als Proportionalitätsfaktor erscheint. In den Rahmen der vorstehenden Darstellung, die sich auf den dem unbefangenen Beobachter zunächst sich darbietenden Begriff des Druckes stützt, würde sich diese Fassung schwer einfügen lassen.

Es mögen noch die Bezeichnungen für die Einheiten und die Dimensionen der in den letzten Artikeln entwickelten Begriffe zusammengestellt werden. In der Einleitung wurde als Masseneinheit diejenige Masse bezeichnet, die ein Kubikzentimeter Wasser im Zustand der größten Dichte besitzt. Als Krafteinheit haben die internationalen Physikerkongresse in den Jahren 1881 und 1884 denjenigen Druck G eingeführt, den zufolge der Beziehung $G = mg$ (die mit $g = 981$ und $G = 1$ in $1 = m \cdot 981$ übergeht) die Masse $m = \frac{1}{981}$ in Paris dort auf die Unterlage ausübt, wo die Erdbeschleunigung $g = 981 \frac{\text{cm}}{\text{sec}^2}$ ist, und dieser Krafteinheit den Namen »das Dyn« (von δύναμις = Kraft) oder »die Dyne« beigelegt.

Da die Dimension der Geschwindigkeit

$$[\mathfrak{v}] = \left[\frac{d\mathfrak{s}}{dt}\right] = [l t^{-1}]$$

ist (Art. 1, 2), die der Beschleunigung

$$[\mathfrak{p}] = \left[\frac{d\mathfrak{v}}{dt}\right] = [l t^{-2}],$$

so ist die Dimension der Kraft $[\mathfrak{P}] = [m\mathfrak{p}] = [lmt^{-2}]$.

Ferner ist die Dimension der lebendigen Kraft $\left[\frac{1}{2} m v^2\right] = [l^2 m t^{-2}]$ gleich derjenigen der Arbeit. Die Dimension der Gravitationskonstanten $\varkappa$ berechnet sich hiernach zu

$$[\varkappa] = \left[\frac{\mathfrak{P} r^2}{m m'}\right] = [l^3 m^{-1} t^{-2}].$$

Die Arbeitseinheit ist für den Techniker das Kilogrammmeter (mkg), d. h. die Arbeit, die zu leisten ist, um an einer Stelle, wo $g = 981$ ist, 1 Kilogramm auf die Höhe von 1 Meter zu heben. Der Physiker bevorzugt die kleinere Maßgröße Erg (ἔργον = Arbeit), die durch Überwinden des Druckes von 1 Dyn längs eines Zentimeters geleistet wird, so daß also 1 Meterkilogramm $= 9,81 \cdot 10^7$ Erg ist.

Auch für die Arbeitsstärke einer Maschine, d. h. die Arbeit in der Zeiteinheit (Leistungsfähigkeit, Effekt), hat man ein Maß aufgestellt, das »Watt«, nämlich das Sekunden-Erg mal 10^7, und das Kilowatt $= 10^{10}$ mal dem Sekunden-Erg, das an Stelle der früher gebräuchlichen Pferdestärke (PS) = 75 mkg/sec getreten ist.

1. Als Beispiel zum 3. Grundgesetz läßt sich die Atwoodsche Fallmaschine verwenden. Über eine gewichtlose, in vertikaler Ebene ohne Reibung sich drehende Rolle laufe ein gewichtloser unausdehnbarer Faden, an dessen Enden die Gewichte mg und $m'g$ hängen. Welche Bewegung nimmt das System im luftleeren Raum an?

Die Unausdehnbarkeit des Fadens bringt mit sich, daß er an jeder Stelle in einem gegebenen Zeitpunkt die gleiche Spannung besitzt. Dies besagt folgendes. Wenn man den Faden an einer Stelle durchschneidet, kann man die Untersuchung des Systems auf den einen Teil desselben beschränken, sofern man nur an Stelle des abgetrennten Teils in Richtung des Fadens eine Kraft (Spannung) T anbringt (die sich im allgemeinen mit der Zeit ändert). Diese Spannung T hat, wie gesagt, zur selben Zeit den gleichen Wert für jede Schnittstelle. Führt man die (vorerst unbekannte) Spannung T an zwei Schnittstellen (beiderseits der Rolle) ein, so läßt sich für jeden der beiden durch die Schnitte abgetrennten Systemteile die Bewegungsgleichung gesondert aufstellen, indem man T als Kraft an den Schnittstellen einführt. Wir nehmen (Abb. 57) die Vertikale nach unten als positive Richtung zweier paralleler Achsen X, X' und rechnen die Koordinaten x, x' von der Horizontalen ab, die durch die Drehachse der Rolle geht. Dann gibt zunächst die Unausdehnbarkeit des Fadens die Bedingung, daß die Summe der überhängenden Fadenteile konstant ist.

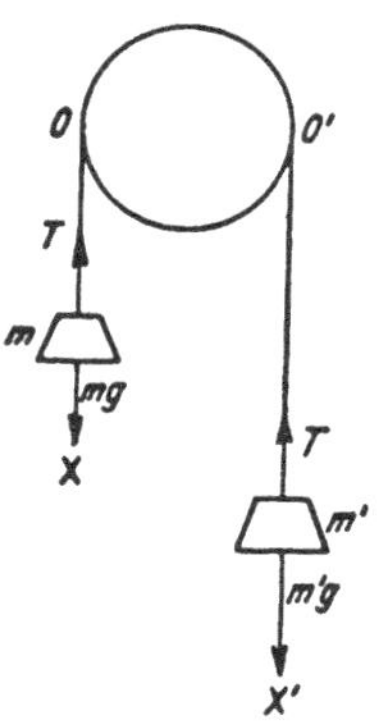

Abb. 57.

$$x + x' = a. \tag{1}$$

Auf den Massenpunkt m, in den man sich das Gewicht m zusammengeschrumpft denken kann, wirken die Kräfte $-T$ und mg in Richtung der X-Achse, auf m' die Kräfte $-T$ und $m'g$. Daher lauten die Bewegungsgleichungen

$$m\ddot{x} = mg - T \tag{2}$$

$$m'\ddot{x}' = m'g - T. \tag{3}$$

Die Gleichungen (1), (2), (3) reichen hin zur Bestimmung der Größen x, x', T in Funktion der Zeit. Aus (1) ergibt sich durch zweimalige Differentiation $\ddot{x} + \ddot{x}' = 0$.

Daher wird (3):

$$-m'\ddot{x} = m'g - T,$$

woraus wegen (2):

$$\ddot{x} = -\ddot{x}' = \frac{m - m'}{m + m'}\,g \tag{4}$$

und

$$T = \frac{2mm'}{m + m'}\,g$$

folgt. Die Bewegung ist wegen (4) eine gleichförmig beschleunigte, die bei kleiner Differenz $(m - m')$ ein Studium der Fallgesetze mit verringerter Beschleunigung

$$\gamma = \frac{m - m'}{m + m'}\,g$$

an Stelle von g ermöglicht. Die Spannung T erweist sich als konstant während der ganzen Bewegung. Die weitere Behandlung der Gleichung (4) ist dieselbe wie für den Fall $m' = 0$ (Art. 5).

Wie in diesem Beispiel, so gelingt es oftmals, bei der Bewegung eines Systems von miteinander verbundenen Massenpunkten jeden zu isolieren und für sich zu untersuchen, indem man ihre Verbindungen durch innere Kräfte des Systems, wie hier die Spannung T, ersetzt. Immer kommt dabei das Gesetz von der Gleichheit von Wirkung und Gegenwirkung zur Anwendung.

31. Problem des Doppelsterns.

Zwei Punkte mit den Massen m_1 und m_2 mögen sich frei im Raum bewegen. Auf jeden wirkt nur die Anziehungskraft, die der andere nach dem Gesetz:

$$\mathfrak{P} = m_1 m_2 f(r)\,\mathfrak{r}/r$$

auf ihn ausübt. Schwerpunkt der zwei Massenpunkte heißt derjenige Punkt ihrer Verbindungslinie, der diese im umgekehrten Verhältnis der Massen teilt. Sind $x_1, y_1, z_1;\ x_2, y_2, z_2$ die Koordinaten der Massenpunkte m_1, m_2; ξ, η, ζ die ihres Schwerpunktes S, so besteht zwischen den X-Koordinaten die Beziehung:

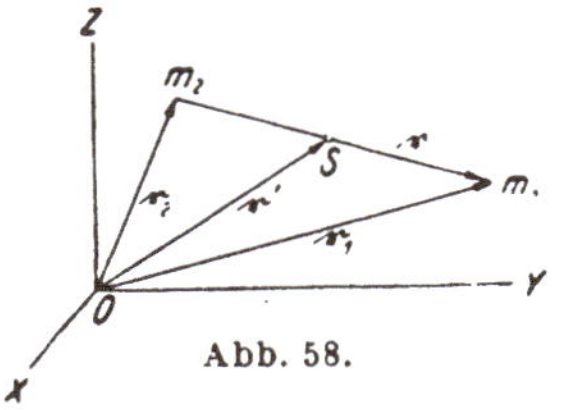

Abb. 58.

$$\frac{x_1 - \xi}{\xi - x_2} = \frac{m_2}{m_1} \quad \text{oder} \quad \xi = \frac{m_1 x_1 + m_2 x_2}{m_1 + m_2}; \tag{1}$$

entsprechend für die anderen Koordinaten:

$$\eta = \frac{m_1 y_1 + m_2 y_2}{m_1 + m_2}; \quad \zeta = \frac{m_1 z_1 + m_2 z_2}{m_1 + m_2}. \tag{1a}$$

Führt man (Abb. 58) die Verbindungslinien Om_1, Om_2 des Koordinatenursprungs mit den Punkten m_1 und m_2 als Vektoren $\mathfrak{r}_1$, $\mathfrak{r}_2$ ein, ebenso die Verbindungslinie $\overline{OS}$ von O mit dem Schwerpunkt S als Vektor $\mathfrak{r}'$, so lassen sich die drei Gleichungen (1), (1a) in die eine zusammenfassen

$$\mathfrak{r}' = \frac{m_1 \mathfrak{r}_1 + m_2 \mathfrak{r}_2}{m_1 + m_2}. \tag{1b}$$

Die auf den Punkt m_1 wirkende Kraft läßt sich vektoriell durch $m_1 m_2 f(r) \dfrac{\mathfrak{r}}{r}$ darstellen, wenn $\mathfrak{r}$ die Vektorbezeichnung für die Strecke $m_2 m_1$ ist, ferner $|\mathfrak{r}| = r$; $\dfrac{\mathfrak{r}}{r}$ ein Einheitsvektor und

$$\mathfrak{r} = \mathfrak{r}_1 - \mathfrak{r}_2 \tag{2}$$

ist. Die Bewegungsgleichungen für die Punkte m_1, m_2 sind hiernach (Art. 16)

$$m_1 \ddot{\mathfrak{r}}_1 = m_1 m_2 f(r) \frac{\mathfrak{r}}{r}; \quad m_2 \ddot{\mathfrak{r}}_2 = -m_1 m_2 f(r) \frac{\mathfrak{r}}{r}, \tag{3}$$

weil die Wirkung von m_1 auf m_2 der Richtung $\mathfrak{r}$ entgegengesetzt ist. Aus dem System der beiden Gleichungen (3) sind die vier zu erwartenden Integrale zu gewinnen.

Zunächst sieht man, daß der Schwerpunkt S, wie auch die Anfangsgeschwindigkeiten der beiden Massenpunkte sein mögen, sich gleichförmig in gerader Linie bewegt. Durch Addition der Gleichungen (3) erhält man nämlich

$$m_1 \ddot{\mathfrak{r}}_1 + m_2 \ddot{\mathfrak{r}}_2 = 0.$$

Die zweimalige Differentiation von (1b) nach der Zeit ergibt

$$\ddot{\mathfrak{r}}' = \frac{m_1 \ddot{\mathfrak{r}}_1 + m_2 \ddot{\mathfrak{r}}_2}{m_1 + m_2};$$

also ist

$$\ddot{\mathfrak{r}}' = 0, \quad \text{oder} \quad \mathfrak{r}' = \mathfrak{a} t + \mathfrak{b}, \tag{4}$$

wo $\mathfrak{a}$ und $\mathfrak{b}$ konstante Vektoren sind (Art. 14 a. E.), deren erster die Geschwindigkeit des Schwerpunktes nach Größe und Richtung darstellt. Die Gleichung (4), welche die obige Behauptung bestätigt, heißt das »Schwerpunktsintegral«. In der Gestalt

$$m_1 \dot{\mathfrak{r}}_1 + m_2 \dot{\mathfrak{r}}_2 = \mathfrak{a}\,(m_1 + m_2)$$

sagt (4) aus, daß die Bewegungsgröße des Systems, der Impuls (Art. 4) erhalten bleibt. Zweitens läßt sich zeigen, daß die Bewegung der beiden Punkte in einer Ebene erfolgt, die sich parallel mit sich selbst fortbewegt. Aus (2), (3) folgt nämlich

$$\ddot{\mathfrak{r}} = \ddot{\mathfrak{r}}_1 - \ddot{\mathfrak{r}}_2 = f(r)\,(m_1 + m_2)\,\frac{\mathfrak{r}}{r} \tag{4a}$$

woraus sich durch vektorielle Multiplikation mit $\mathfrak{r}$, weil $[\mathfrak{r}\mathfrak{r}] = 0$ ist, $[\ddot{\mathfrak{r}}\mathfrak{r}] = 0$ ergibt, oder $[\dot{\mathfrak{r}}\mathfrak{r}] = \mathfrak{b}$, wo $\mathfrak{b}$ ein konstanter Vektor ist. Daher

$$[\mathfrak{r} + d\mathfrak{r}, \mathfrak{r}] = \mathfrak{b}\,dt. \tag{5}$$

Diese Gleichung sagt aus, daß die Vektoren $\mathfrak{r}$, $\mathfrak{r} + d\mathfrak{r}$ immer auf dem Vektor $\mathfrak{b}$ senkrecht stehen (Art. 14), also in einer Ebene liegen, die sich parallel mit sich fortbewegt.

Ein weiteres dem Integral der Flächenräume bei der Zentralbewegung entsprechendes Integral erhält man durch vektorielle Multiplikation der Gleichungen (3) mit bzw. $\mathfrak{r}_1$ und $\mathfrak{r}_2$ und Addition, wobei sich

$$m_1 [\ddot{\mathfrak{r}}_1 \mathfrak{r}_1] + m_2 [\ddot{\mathfrak{r}}_2 \mathfrak{r}_2] = m_1 m_2 \frac{f(r)}{r} [\mathfrak{r}, \mathfrak{r}_1 - \mathfrak{r}_2] = 0$$

ergibt, weil nach (2) $[\mathfrak{r}, \mathfrak{r}_1 - \mathfrak{r}_2] = [\mathfrak{r}\mathfrak{r}] = 0$ ist. Daher durch Integration $m_1 [\dot{\mathfrak{r}}_1 \mathfrak{r}_1] + m_2 [\dot{\mathfrak{r}}_2 \mathfrak{r}_2] = \mathfrak{c}$, wo $\mathfrak{c}$ ein konstanter Vektor ist, oder

$$m_1 [\mathfrak{r}_1 + d\mathfrak{r}_1, \mathfrak{r}_1] + m_2 [\mathfrak{r}_2 + d\mathfrak{r}_2, \mathfrak{r}_2] = \mathfrak{c}\,dt. \tag{6}$$

Diese Vektorgleichung, das Integral der Flächenräume (Flächenintegral), besagt: Projiziert man jede der beiden unendlich schmalen Flächen, die von den Radien $\mathfrak{r}_1$ und $\mathfrak{r}_2$ in demselben Zeitelement dt überstrichen werden, auf eine der Koordinatenebenen, multipliziert je den Inhalt der Projektion mit der entsprechenden Masse und addiert die Produkte, so ist die Summe — auch für gleichgroße endliche Zeitabschnitte gebildet — eine konstante Größe. Dies gilt für jede der drei Koordinatenebenen.

Auch das Prinzip der lebendigen Kraft gilt für die Bewegung des Punktpaares. Durch skalare Multiplikation der Gleichungen (3) mit bzw. $\dot{\mathfrak{r}}_1 dt$, $\dot{\mathfrak{r}}_2 dt$ und Addition erhält man nämlich

$$dt\,[m_1(\ddot{\mathfrak{r}}_1\dot{\mathfrak{r}}_1)+m_2(\ddot{\mathfrak{r}}_2\dot{\mathfrak{r}}_2)]=m_1 m_2\frac{f(r)}{r}(\mathfrak{r},d\mathfrak{r}_1-d\mathfrak{r}_2),$$

und wegen $(\mathfrak{r}, d\mathfrak{r}_1 - d\mathfrak{r}_2) = (\mathfrak{r}\,d\mathfrak{r}) = r\,dr$ [s. Art. 16 (7)]

$$\tfrac{1}{2}\,d\,[m_1(\dot{\mathfrak{r}}_1\dot{\mathfrak{r}}_1)+m_2(\dot{\mathfrak{r}}_2\dot{\mathfrak{r}}_2)]=m_1 m_2 f(r)\,dr,$$

was integriert

$$\frac{1}{2}(m_1 v_1^2+m_2 v_2^2)=m_1 m_2\int f(r)\,dr+h \qquad (7)$$

ergibt, wo $\mathfrak{v}_1 = \dot{\mathfrak{r}}_1$ [Art. 16 (5)] die Geschwindigkeit des Punktes m_1, $|\mathfrak{v}_1| = v_1$ ist, Entsprechendes für den zweiten Massenpunkt gilt und h eine Konstante ist.

In (7) stellt die linke Seite die gesamte lebendige Kraft des Systems dar, die rechte Seite

$$U=m_1 m_2\int f(r)\,dr+h \qquad (8)$$

ist als »Kräftefunktion« (Art. 20) anzusprechen, weil die Funktion U die Eigenschaft hat, daß ihre partiellen Differentialquotienten nach den rechtwinkligen Koordinaten x_1, y_1, z_1, z. B. des Punktes m_1, die Komponenten der Anziehungskraft ergibt, die auf m_1 wirkt. Denn mit $r^2 = (x_1 - x_2)^2 + (y_1 - y_2)^2 + (z_1 - z_2)^2$ wird

$$\frac{\partial U}{\partial x_1}=m_1 m_2 f(r)\frac{x_1-x_2}{r} \text{ usw.}$$

Dabei hat $dU = m_1 m_2 f(r)\,dr$ die Bedeutung der Elementararbeit (Art. 20), die bei einer kleinen gegenseitigen Verschiebung der Punkte m_1, m_2 geleistet wird. Ist nämlich $\overline{P_1P_2} = r$ die Anfangslage der Verbindungslinie und (Abb. 59) bewegt sich der Punkt m_1 von P_1 längs ds_1 nach Q_1, der Punkt m_2 von P_2 längs ds_2 nach Q_2, sind $d\varrho_1$ und $d\varrho_2$ die Projektionen von ds_1 und ds_2 auf die neue Verbindungslinie $\overline{Q_1Q_2} = r + dr$, also $d\varrho_1 = ds_1 \cos a_1$, $d\varrho_2 = ds_2 \cos a_2$, wenn die Winkel $a_1 = (ds_1, \overline{Q_1Q_2})$; $a_2 = (ds_2, \overline{Q_2Q_1})$ sind,

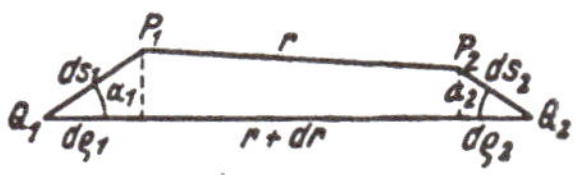

Abb. 59.

so ist, unter Vernachlässigung der Neigung von $\overline{P_1 P_2}$ gegen $\overline{Q_1 Q_2}$,

$$dr = d\varrho_1 + d\varrho_2,$$

und somit die Summe der an den Punkten m_1, m_2 geleisteten Einzelarbeiten der Anziehungskraft (Art. 20)

$$m_1 m_2 (f(r) ds_1 \cos\alpha_1 + f(r) ds_2 \cos\alpha_2) = m_1 m_2 f(r)\,(d\varrho_1 + d\varrho_2) = m_1 m_2 f(r)\,dr.$$

also ebenso groß, wie wenn die zwei Massenpunkte um die Strecke dr in Richtung der Verbindungslinien sich voneinander entfernt hätten, w. z. b. w.

Man erhält einen genaueren Einblick in die Bewegungen des Doppelgestirns, wenn man den Schwerpunkt zum Ursprung O des Bezugssystems und also zum Ausgangspunkt der Vektoren $\mathfrak{r}_1$, $\mathfrak{r}_2$, $\mathfrak{r}'$ macht. Weil alsdann $\mathfrak{r}' = 0$ ist, wird (1b)

$$m_1 \mathfrak{r}_1 + m_2 \mathfrak{r}_2 = 0$$

und

$$\mathfrak{r}_2 = -\frac{m_1}{m_2}\mathfrak{r}_1; \quad r_2 = \frac{m_1}{m_2} r_1; \quad \mathfrak{r} = \mathfrak{r}_1 - \mathfrak{r}_2 = \mathfrak{r}_1\left(1 + \frac{m_1}{m_2}\right).$$

Für den Abstand r der Massenpunkte erhält man

$$r = r_1 + r_2 = r_1\left(1 + \frac{m_1}{m_2}\right).$$

Somit geht die erste der Gleichungen (3) über in

$$m_1 \ddot{\mathfrak{r}}_1 = m_1 m_2 f\left[r_1\left(1 + \frac{m_1}{m_2}\right)\right]\frac{\mathfrak{r}_1}{r_1}. \tag{9}$$

Im besonderen Fall des Newtonschen Gravitationsgesetzes ist $f(r) = -\frac{\varkappa}{r^2}$; die Gleichung (9) liefert dann

$$m_1 \ddot{\mathfrak{r}}_1 = -\frac{\varkappa\, m_1 m_2}{\left(1 + \frac{m_1}{m_2}\right)^2}\frac{\mathfrak{r}_1}{r_1^{\,3}}. \tag{9a}$$

Eine entsprechende Form nimmt die zweite Gleichung (3) an.

Vergleicht man die Bewegungsgleichungen (9), (9a) mit der (6) des Art. 16 für die Zentralbewegung, so erkennt man, daß der Massenpunkt m_1 sich in bezug auf den Schwerpunkt S gerade so bewegt, als ob dieser im Raume fest und in ihm eine Masse M_1 von der Größe

$$M_1 = \frac{m_2}{\left(1 + \frac{m_1}{m_2}\right)^2}$$

vereinigt wäre, wobei die Anziehung wieder nach dem Newtonschen Gesetz erfolgt. Entsprechend hat man in S die Masse $M_2 = \frac{m_1}{\left(1 + \frac{m_2}{m_1}\right)^2}$ anzubringen, um die Bewegung von m_2 auf eine Zentralbewegung um den Schwerpunkt zurückzuführen. Dieses Problem ist in Art. 16, 17 bereits gelöst worden.

Verlegt man schließlich noch den Ursprung eines beweglichen Achsenkreuzes in einen der beiden Massenpunkte selbst, z. B. in m_2, und untersucht die Bewegung von m_1 hinsichtlich dieses als fest angesehenen Anziehungszentrums, so folgt aus (4a):

$$m_1 \ddot{\mathfrak{r}} = m_1 (m_1 + m_2) f(r) \frac{\mathfrak{r}}{r}. \tag{10}$$

Dies heißt aber, die Bewegung von m_1 in bezug auf m_2 erfolgt so, als ob in m_2 die Summe $m_1 + m_2$ der Massen vereinigt wäre, und die Bewegung von m_1 um die als ruhend angesehene Masse $m_1 + m_2$ nach dem Newtonschen Anziehungsgesetz erfolgte. Jeder der Massenpunkte bewegt sich also um den anderen in einer Ellipse. Dies gilt insbesondere auch für die Bewegung eines Planeten um die Sonne, wenn man von der Einwirkung der übrigen Planeten absieht. In dem Ausdruck (2) des Art. 15 für die anziehende Kraft $\mathfrak{P} = -mM\varkappa\mathfrak{r}/r^3$ ist demnach, wenn man die Bewegung des Planeten auf den Mittelpunkt der Sonne bezieht, genau genommen, unter M nicht die Masse der Sonne, sondern die Summe aus Sonnen- und Planetenmasse zu verstehen, wobei dann freilich der letzte Summand sehr klein ist, selbst im Falle des Jupiter kleiner als der tausendste Teil der Sonnenmasse. Infolgedessen ist die Gravitationskonstante nunmehr durch (Art. 17 (13)) $\varkappa = 4\pi^2 a^3 / T^2 (M + m)$ zu definieren, eine Größe, die man durch Versuche an irdischen Massen zu $\varkappa = 6{,}675 \cdot 10^{-8}$ Dynen bestimmt hat.

32. Drei und mehr sich anziehende Massenpunkte. Das Integral der lebendigen Kraft.

Während, wie wir sahen, es noch gelingt, das »Zweikörperproblem« allgemein zu lösen, stößt schon das »Dreikörperproblem« auf unüberwindliche Schwierigkeiten, wenn es sich um die Beschaffung eines über die trivialen hinausgehenden Integrales handelt, von denen wir in einfacheren Fällen bereits Kenntnis genommen haben. Sind m_1, m_2, m_3 die Massen von drei nach dem Gravitationsgesetz einander anziehenden Punkten, $\overline{Om_1} = \mathfrak{r}_1$; $\overline{Om_2} = \mathfrak{r}_2$; $\overline{Om_3} = \mathfrak{r}_3$ die Abstände der drei Punkte von einem beliebig gewählten festen Zentrum O, als Vektoren aufgefaßt; ist $\mathfrak{r}_{ik} = -\mathfrak{r}_{ki}$ $(i, k = 1, 2, 3)$ der Vektor von m_i nach m_k, $r_{ik} = r_{ki} = |\mathfrak{r}_{ik}|$ sein Betrag, so setzt sich die auf den Massenpunkt m_1 wirkende Kraft aus den beiden Anziehungen nach m_2, m_3 zusammen, und seine Bewegungsgleichung lautet:

$$m_1 \ddot{\mathfrak{r}}_1 = m_1 m_2 \varkappa \frac{\mathfrak{r}_{12}}{r_{12}^3} + m_1 m_3 \varkappa \frac{\mathfrak{r}_{13}}{r_{13}^3}. \qquad (1)$$

Entsprechend lauten die für die Massen m_2, m_3

$$m_2 \ddot{\mathfrak{r}}_2 = m_2 m_3 \varkappa \frac{\mathfrak{r}_{23}}{r_{23}^3} + m_2 m_1 \varkappa \frac{\mathfrak{r}_{21}}{r_{21}^3} \qquad (1a)$$

$$m_3 \ddot{\mathfrak{r}}_3 = m_3 m_1 \varkappa \frac{\mathfrak{r}_{31}}{r_{31}^3} + m_3 m_2 \varkappa \frac{\mathfrak{r}_{32}}{r_{32}^3}. \qquad (1b)$$

Addiert man die drei Gleichungen, so erhält man

$$m_1 \ddot{\mathfrak{r}}_1 + m_2 \ddot{\mathfrak{r}}_2 + m_3 \ddot{\mathfrak{r}}_3 = 0,$$

oder integriert

$$m_1 \mathfrak{r}_1 + m_2 \mathfrak{r}_2 + m_3 \mathfrak{r}_3 = \mathfrak{a} t + \mathfrak{b}, \qquad (2)$$

wo $\mathfrak{a}$ und $\mathfrak{b}$ konstante Vektoren sind. Wird der Schwerpunkt S der drei Massen (ähnlich wie der für zwei Massen in Art. 31) durch den »gebundenen« (Art. 14 a. E.) Vektor $\mathfrak{r}'$ von O (Abb. 60)

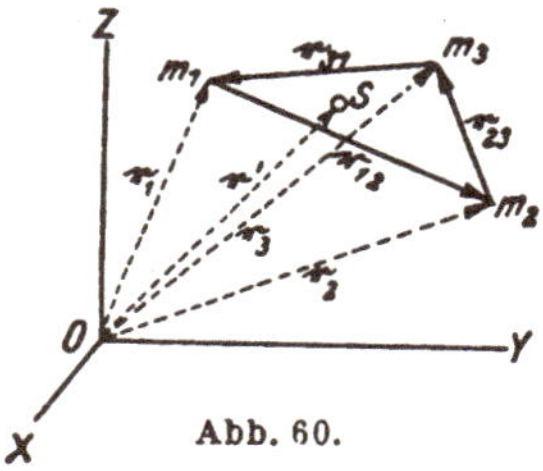

Abb. 60.

$$\mathfrak{r}' = \frac{m_1 \mathfrak{r}_1 + m_2 \mathfrak{r}_2 + m_3 \mathfrak{r}_3}{m_1 + m_2 + m_3}$$

definiert, so sagt die Gleichung (2) aus: der Schwerpunkt des Systems bewegt sich gleichförmig in einer Geraden. Die Gleichung (2) läßt sich in drei Komponenten nach den Koordinatenachsen zerlegen. Sie enthält also 6 willkürliche Konstanten. In der Gestalt $\Sigma m_i \dot{\mathfrak{r}}_i = \mathfrak{a}$ sagt sie das Prinzip der Erhaltung der Bewegungsgröße aus (Art. 4). Ebenso wie beim Zweikörperproblem beweist man durch vektorielle Multiplikation der Gleichungen (1), (1a), (1b) mit bzw. $\mathfrak{r}_1$, $\mathfrak{r}_2$, $\mathfrak{r}_3$ und Addition die Gleichung

$$m_1 [\ddot{\mathfrak{r}}_1 \mathfrak{r}_1] + m_2 [\ddot{\mathfrak{r}}_2 \mathfrak{r}_2] + m_3 [\ddot{\mathfrak{r}}_3 \mathfrak{r}_3] = 0,$$

deren Integration

$$m_1 [\dot{\mathfrak{r}}_1 \mathfrak{r}_1] + m_2 [\dot{\mathfrak{r}}_2 \mathfrak{r}_2] + m_3 [\dot{\mathfrak{r}}_3 \mathfrak{r}_3] = \mathfrak{c} \qquad (3)$$

ergibt, das Integral der »Erhaltung der Flächenräume«, das drei weitere willkürliche Konstanten (die Komponenten des Vektors $\mathfrak{c}$) mit sich bringt.

Endlich gilt auch das Integral der lebendigen Kraft, das man durch skalare Multiplikation von (1), (1a), (1b) mit bzw. $\dot{\mathfrak{r}}_1 dt$, $\dot{\mathfrak{r}}_2 dt$, $\dot{\mathfrak{r}}_3 dt$ und Addition erhält. Es ergibt sich nach ausgeführter Integration [(7), Art. 31]

$$\frac{1}{2}(m_1 v_1^2 + m_2 v_2^2 + m_3 v_3^2) = m_2 m_3 \frac{\varkappa}{r_{23}} + m_3 m_1 \frac{\varkappa}{r_{31}} + m_1 m_2 \frac{\varkappa}{r_{12}} + h \qquad (4)$$

in wohl verständlicher Bezeichnung.

In rechtwinkligen Koordinaten stellen sich die Entfernungen der Massenpunkte m_1, m_2, m_3 in (x_1, y, z_1) usw. dar durch

$$r_{ik} = \sqrt{(x_i - x_k)^2 + (y_i - y_k)^2 + (z_i - z_k)^2}. \quad (i, k = 1, 2, 3) \qquad (5)$$

Die Funktion

$$U = m_2 m_3 \frac{\varkappa}{r_{23}} + m_3 m_1 \frac{\varkappa}{r_{31}} + m_1 m_2 \frac{\varkappa}{r_{12}} = U(x_1, y_1, z_1; \ldots, z_3) \qquad (6)$$

wird hiermit eine Funktion der 9 Koordinaten, deren partielle Differentialquotienten nach den Koordinaten, z. B.

$$\frac{\partial U}{\partial x_1} = m_3 m_1 \frac{\varkappa}{r_{31}^2} \frac{x_3 - x_1}{r_{31}} + m_1 m_2 \frac{\varkappa}{r_{12}^2} \frac{x_2 - x_1}{r_{12}} = X_1,$$

die Komponenten der auf die Massen wirkenden Anziehungskräfte ergeben, und die darum wieder als Kräftefunktion zu bezeichnen ist. Mittels dieser Komponenten

$$\frac{\partial U}{\partial x_i} = X_i; \quad \frac{\partial U}{\partial y_i} = Y_i; \quad \frac{\partial U}{\partial z_i} = Z_i \qquad (7)$$

erhalten die Bewegungsgleichungen (1), (1a), (1b), nach den Koordinaten aufgelöst, die Gestalt

$$\begin{array}{lll} m_1 \ddot{x}_1 = X_1, & m_2 \ddot{x}_2 = X_2, & m_3 \ddot{x}_3 = X_3 \\ m_1 \ddot{y}_1 = Y_1, & m_2 \ddot{y}_2 = Y_2, & m_3 \ddot{y}_3 = Y_3 \\ m_1 \ddot{z}_1 = Z_1, & m_2 \ddot{z}_2 = Z_2, & m_3 \ddot{z}_3 = Z_3. \end{array} \qquad (8)$$

Die Integration dieser 9 Differentialgleichungen zweiter Ordnung führt 18 willkürliche Konstanten mit sich, von denen durch die Gleichungen (2), (3), (4) $6 + 3 + 1 = 10$ geliefert werden. Jede Bemühung, andere Integrale als diese in geschlossener Form zu finden, ist bis jetzt fehlgeschlagen. Auch das von Jacobi mittels des Prinzips des letzten Multiplikators hinzugefügte Integral reduziert die Zahl 8 der noch ausstehenden um 1 nur dann, wenn man 7 bereits kennt. Daß unter diesen 8 kein in den Koordinaten und Geschwindigkeiten algebraisches Integral vorkommt, hat W. Bruns gezeigt.

Um einen Einblick in die Natur der Schwierigkeit zu erhalten, hat man spezielle Fälle untersucht, indem man die Massen der drei Körper m_1, m_2, m_3 so annahm, daß m_3 gegen $m_2 = 1$, m_2 gegen m_1 nahezu verschwinden, wie dies z. B. bei der aus einem der kleinen Planeten (oder einem Trabanten) m_3, dem Jupiter m_2 und der Sonne m_1 bestehenden Gruppe der Fall ist. Unter der weiteren Voraussetzung, daß die Bewegung der drei Körper in einer Ebene vor sich gehe, und daß die Bahnen von Sonne und Jupiter um den gemeinsamen Schwerpunkt Kreise seien, hat H. Poincaré (Méth's. nouvelles de la Mécanique céleste, Paris 1891) bezüglich der Reihenentwicklungen nach gebrochenen Potenzen der

Trabantenmasse, durch welche die Bahn des Trabanten bestimmt wird, festgestellt, daß sie den Charakter semikonvergenter (Stirlingscher) Reihen besitzen, die jedoch zur näherungsweisen Rechnung sehr wohl herangezogen werden können, wenn man sie an passender Stelle abbricht. Mit Benützung solcher Reihen hat im 51. Bande der math. Annalen Ch. Darwin Bahnkurven des Trabanten bei verschiedener Anfangslage und Anfangsgeschwindigkeit, besonders periodische, gezeichnet, die zum Teil höchst abenteuerliche Gestalten aufweisen[1]).

Besteht das System aus n freibeweglichen Massenpunkten m_1, $m_2, \ldots m_n$, die sich wieder nach einem bekannten Gesetz gegenseitig anziehen, so werden, auch wenn zu diesen »inneren« noch »äußere« Kräfte bekannter Art hinzutreten, die Differentialgleichungen der Bewegung von der Form sein:

$$\begin{aligned} m_i \ddot{x}_i &= X_i \\ m_i \ddot{y}_i &= Y_i \\ m_i \ddot{z}_i &= Z_i, \end{aligned} \tag{9}$$

wo die X_i, Y_i, Z_i im allgemeinen Funktionen der Zeit, der Koordinaten x_i, y_i, z_i der n Massenpunkte und ihrer ersten Differentialquotienten nach der Zeit sind. Die Integration wird $6n$ willkürliche Konstanten mit sich führen. Wenn die Geschwindigkeiten und die Zeit in den rechtsstehenden Funktionen der Gleichungen (9) nicht auftreten, so besteht das Integral der lebendigen Kraft, falls die X_i, Y_i, Z_i solche Funktionen der Koordinaten x_1, $y_1, \ldots . x_n$, y_n, z_n sind, daß

$$d\,U = \sum_{i=1}^{n} (X_i\,d\,x_i + Y_i\,d\,y_i + Z_i\,d\,z_i) \tag{10}$$

ein vollständiges Differential ist. In der Tat: Multipliziert man die Gleichungen (9) mit bzw. $\dot{x}_i dt, \ldots \dot{z}_i dt$ und addiert sie, so erhält man

$$\frac{1}{2}\,d\,(m_i v_i^2) = X_i\,d\,x_i + Y_i\,d\,y_i + Z_i\,d\,z_i,$$

wenn $v_i^2 = \dot{x}_i^2 + \dot{y}_i^2 + \dot{z}_i^2$ das Quadrat der Geschwindigkeit des i-ten Massenpunktes ist. Nimmt man die Summe über alle n Punkte, so erhält man:

$$d \sum_{i=1}^{n} \frac{m_i v_i^2}{2} = \sum_{i=1}^{n} (X_i\,d\,x_i + Y_i\,d\,y_i + Z_i\,d\,z_i). \tag{11}$$

Ist nun die rechte Seite ein vollständiges Differential, ist also

$$X_i = \frac{\partial U}{\partial x_i}; \quad Y_i = \frac{\partial U}{\partial y_i}; \quad Z_i = \frac{\partial U}{\partial z_i}, \tag{12}$$

[1]) Die Bewegungsgleichungen für den Trabanten unter den angegebenen Bedingungen werden im Art. 35 aufgestellt.

so besteht das Integral

$$\frac{1}{2}\sum m_i v_i^2 = U + h \tag{13}$$

der lebendigen Kraft. Eine Bewegung, für die eine Kräftefunktion existiert, heißt (nach W. Thomson-Lord Kelvin) konservativ, das System der Massenpunkte ein konservatives (im Gegensatz zu dissipativ, zerstreuend, wenn z. B. Reibung oder Widerstand zur Ausgabe von Energie, auch in Form von Wärme, führt).

Das in Art. 21 für den Fall des einzelnen Massenpunktes Gesagte, daß nämlich die Existenz einer Kräftefunktion und damit das Bestehen der Gleichung der lebendigen Kraft unabhängig davon ist, ob die Bewegung des einzelnen Massenpunktes eine freie ist oder (ohne Reibung) auf einer festen Kurve oder Fläche erfolgt, gilt aus dem dort angegebenen Grund auch im Fall von n Massenpunkten für jeden einzelnen. Wir kommen hierauf später (Art. 63 ff.) zurück.

Beispiel: Zwei Massenpunkte m_1, m_2 ziehen einander proportional ihrer Entfernung an. Welche Bahn beschreibt jeder von ihnen in bezug auf den gemeinsamen Schwerpunkt? Welche Gesamtenergie besitzt das System in einem gegebenen Augenblick?

Nach Art. 31 bewegt sich der Schwerpunkt des Systems gleichförmig geradlinig. Die Bewegung des Punktes m_1 in bezug auf den Schwerpunkt wird durch die vektorielle Gleichung (9) des Art. 31 beschrieben, die mit $f(r) = -kr$ in

$$\ddot{\mathfrak{r}}_1 = -k(m_1 + m_2)\,\mathfrak{r}_1 \tag{14}$$

übergeht. Hiernach beschreibt der Massenpunkt um den gemeinsamen Schwerpunkt eine Ellipse (Art. 15), deren Mittelpunkt er ist.

Besitzen die Massenpunkte keine Anfangsgeschwindigkeit, so führen sie längs ihrer Verbindungslinie eine harmonische Bewegung aus; das System wird ein »Oszillator«.

Die Gleichung der lebendigen Kraft lautet nach Art. 31 (7)

$$\frac{1}{2}(m_1 v_1^2 + m_2 v_2^2) = -m_1 m_2 k \frac{r^2}{2} + h. \tag{15}$$

Ruht der Schwerpunkt in O, so ist, mit $m_1\mathfrak{r}_1 + m_2\mathfrak{r}_2 = 0$, $m_1\mathfrak{v}_1 + m_2\mathfrak{v}_2 = 0$; und weil $\mathfrak{r} = \mathfrak{r}_1 - \mathfrak{r}_2$ ist, also $r = r_1(m_1 + m_2)/m_2$, so erhält man

$$h = \frac{m_1}{2m_2}(m_1 + m_2)\left(v_1^2 + r_1^2 k (m_1 + m_2)\right)$$

als konstanten Gesamtvorrat an Energie, kinetischer und potentieller, des Punktepaars

Im Fall eines in der X-Achse schwingenden Oszillators mit gleichen Massen $m_1 = m_2 = m$ ist $\mathfrak{r}_1 = x$, $v_1 = \dot{x}$, und (14) geht über in:

$$\ddot{x} = -2kmx \tag{14a}$$

Wenn man dann unter besonderer Verfügung über Anfangslage und -geschwindigkeit (14 a) durch $x = a \cos 2\pi\nu t$ integriert, wo ν (Art. 2) die »Schwingungszahl«, $2\pi\nu$ die »Frequenz« ist, wird

$$\nu^2 = \frac{km}{2\pi^2},$$

und der Energievorrat des Systems ist

$$h = m(\dot{x}^2 + 4\pi^2\nu^2x^2) = 4\pi^2\nu^2a^2m.$$

Ersetzt man die beiden ponderablen durch elektrische Massen von entgegengesetzten Vorzeichen, so ändert sich in ihrem Verhalten nichts. Das System geht dann über in einen (elektrischen) »Dipol« (Oszillator, Resonator), wie Hertz bzw. Planck den einfachsten Träger von Schwingungsenergie in der Theorie der elektromagnetischen Strahlung nennen.

33. Zusammenstoß von Massenpunkten.

Die Stoßkraft, die, an einem Massenpunkt angebracht, dessen unstetige Geschwindigkeitsänderung zur Folge hat, wurde früher (Art. 4) als Sonderfall unter die kontinuierlich wirkenden Kräfte eingereiht durch den Nachweis, daß sie als eine solche von großer Intensität aber kurzer Wirkungsdauer aufgefaßt werden kann. Infolgedessen gelten auch für die Stoßkräfte die für die stetig wirkenden Kräfte aufgestellten Grundgesetze, insbesondere das Gesetz der Gleichheit von Wirkung und Gegenwirkung, sowie die Eigenschaft, Vektoren zu sein und wie diese sich »geometrisch« zu addieren. Als Maß für die Intensität der Stoßkraft, die auf einen Massenpunkt m einwirkt, der durch sie aus der Ruhe zur Geschwindigkeit v gebracht wird, haben wir oben (Art. 4) das Produkt mv festgesetzt. Mit dieser Intensität wirkt dann auch anderseits der mit der Geschwindigkeit v bewegte Massenpunkt m, wenn er auf einen ruhenden aufstößt. Da die Geschwindigkeit $\mathfrak{v}$ ein Vektor ist wie die Beschleunigung, so gilt dies auch von der Stoßkraft. Somit ist $m\mathfrak{v}$ in Richtung und Größe das Maß für die Stoßkraft des mit der Geschwindigkeit $\mathfrak{v}$ bewegten Massenpunktes m. Wir nennen wieder $m\mathfrak{v}$ den Impuls oder die Bewegungsgröße dieses Punktes.

Wirken zwei Stoßkräfte zugleich auf denselben Massenpunkt m, indem zwei Massenpunkte m_1 und m_2 mit den Geschwindigkeiten $\mathfrak{v}_1$ und $\mathfrak{v}_2$ (im allgemeinen nach Größe und Richtung verschieden) zugleich auf ihn auftreffen, so setzen sie sich an ihm als Vektoren nach dem Parallelogramm der Impulse $m_1\mathfrak{v}_1$, $m_2\mathfrak{v}_2$, durch die sie gemessen werden, zu einer Resultante zusammen, deren Größe und Richtung $\overline{\mathfrak{P}}$ sich aus $\overline{\mathfrak{P}} = m_1\mathfrak{v}_1 + m_2\mathfrak{v}_2$ bestimmt. Erteilt $\overline{\mathfrak{P}}$ der aus $m_1 + m_2 + m = M$ bestehenden Masse die Geschwindigkeit $\mathfrak{V}$, so wird auch

$$\overline{\mathfrak{P}} = m_1\mathfrak{v}_1 + m_2\mathfrak{v}_2 = M\mathfrak{V} \qquad (1)$$

sein. Ist die Masse m des getroffenen Punktes gleich Null, und kommt eine gemeinsame Bewegung der zwei im ersten Augenblick vereinigten Massen m_1; m_2 zustande, so bestimmt sie sich aus:

$$m_1 \mathfrak{v}_1 + m_2 \mathfrak{v}_2 = (m_1 + m_2)\, \mathfrak{V}. \tag{2}$$

Sind die Impulse der zwei sich treffenden Massen einander gleich, aber dem Vorzeichen nach entgegengesetzt, so ist $\mathfrak{V} = 0$; es erfolgt nach dem Zusammenstoß überhaupt keine gemeinsame Bewegung.

Die Gleichungen (1) und (2) lassen noch eine andere Deutung zu, die an den Begriff des »Schwerpunkts« anschließt, wie wir ihn in Art. 31 (1b) für 2 Massenpunkte vektoriell definiert haben. Sind $\mathfrak{r}_1$, $\mathfrak{r}_2$, $\mathfrak{R}$ die Vektoren vom Ursprung eines rechtwinkligen Achsenkreuzes bzw. nach den Massenpunkten m_1, m_2 und ihrem Schwerpunkt, so ist

$$\mathfrak{R} = \frac{m_1 \mathfrak{r}_1 + m_2 \mathfrak{r}_2}{m_1 + m_2}; \tag{3}$$

übrigens eine auch im Fall einer stetigen Bewegung der Massen gültige Formel. Differenziert man sie nach der Zeit und ersetzt [Art. 7 (7)] $\dot{\mathfrak{r}}_1$ durch $\mathfrak{v}_1$, $\dot{\mathfrak{r}}_2$ durch $\mathfrak{v}_2$, $\dot{\mathfrak{R}}$ durch $\mathfrak{V}$, die Geschwindigkeit des Schwerpunktes, so besteht vor dem Zusammenstoß für die letztere die Gleichung

$$\mathfrak{V} = \frac{m_1 \mathfrak{v}_1 + m_2 \mathfrak{v}_2}{m_1 + m_2}. \tag{4}$$

Da nun aber unmittelbar nach dem Stoß der Schwerpunkt in der vereinigten Masse liegt, so lehrt die Vergleichung der Formeln (4), (2), daß die Geschwindigkeit des (idealen) Schwerpunkts zweier Massen durch ihren Zusammenstoß nicht geändert wird. (Über das allgemeine Prinzip der Erhaltung des Schwerpunktes s. Art. 83.) Die gleiche Bemerkung ließe sich für drei und mehr Körper machen.

Ob nach erfolgtem Zusammentreffen die beiden Körper vereinigt weiterwandern oder ob sie sich wieder trennen, ist eine Frage, die von dem Material der Körper abhängt. Sie wird uns später (Art. 82) noch beschäftigen.

X. Abschnitt.

Relativbewegung.

34. Parallelbewegung des Bezugssystems.

Wir beschließen den Abschnitt über den materiellen Punkt durch eine Untersuchung derjenigen Veränderungen, welche die Bewegungsgleichungen erfahren, wenn man die Bewegung des Punktes auf ein gegen das feste räumliche Koordinatensystem irgendwie sich bewegendes Achsenkreuz bezieht. Wir behandeln indessen diese Frage vorerst nicht allgemein, sondern beschränken uns auf gewisse ausgezeichnete Bewegungen des »Bezugssystems«, welche häufig auftretenden Fällen der Wirklichkeit entsprechen und aus deren Studium sich Schlüsse auch für den allgemeinen Fall ergeben. Es werde untersucht:

a) die gleichförmige und geradlinige Bewegung des Bezugssystems parallel zu sich selbst;

b) die ungleichförmige geradlinige Bewegung des Bezugssystems parallel zu sich selbst;

c) die Drehung des Bezugssystems um eine feste Achse.

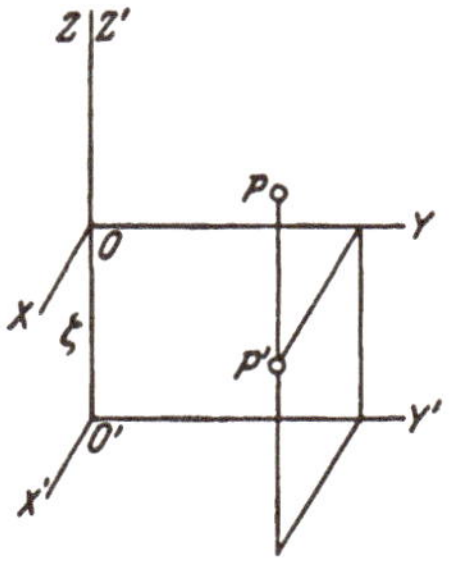

Abb. 61.

Zu a). Das System $O\ (x, y, z)$ bewege sich gegenüber dem als fest angenommenen $O'\ (x', y', z')$ gleichförmig geradlinig so, daß die Achse Z längs der Achse Z' gleitet, während die Achsen $X \parallel X'$, $Y \parallel Y'$ bleiben. Dann ist (Abb. 61)

$$\begin{aligned} x &= x', & \dot{x} &= \dot{x}' \\ y &= y', & \dot{y} &= \dot{y}' \\ z &= z' - \zeta, & \dot{z} &= \dot{z}' - q, \end{aligned} \tag{1}$$

wenn q die gleichförmige Geschwindigkeit ist, mit der sich O gegen O' verschiebt. Ferner ist

$$\ddot{x} = \ddot{x}'; \quad \ddot{y} = \ddot{y}'; \quad \ddot{z} = \ddot{z}'.$$

In den Differentialgleichungen der Bewegung für einen Massenpunkt, auf den eine Kraft $\mathfrak{P}' = (X', Y', Z')$ wirkt, wenn man sie in bezug auf das feste Achsenkreuz X', Y', Z' aufstellt,

$$m\ddot{x}' = X'; \quad m\ddot{y}' = Y'; \quad m\ddot{z}' = Z', \tag{2}$$

ändern sich also die linken Seiten (die Beschleunigungskomponenten) beim Übergang zum gleichförmig bewegten System überhaupt nicht. Dagegen gehen die Komponenten der Kraft $\mathfrak{P}'$ (Art. 10) für das ruhende System:

$$X' = X'(x', y', z'; \dot{x}', \dot{y}', \dot{z}'; t) \text{ usw.}$$

durch die Transformation (1) über in solche für das bewegte System:

$$X' = X(x, y, z + \zeta; \dot{x}, \dot{y}; \dot{z} + q; t) \text{ usw.,} \tag{2a}$$

wo X' und X Zeichen für dieselbe Funktion der eingeklammerten Argumente sein mögen. Die Verschiedenheit der Argumente bewirkt nun Änderungen der auf der rechten Seite stehenden Ausdrücke für die Komponenten der Kräfte, Änderungen, die man als Zusatzkräfte (Führungskräfte) deuten muß, zu denjenigen, die für ein Koordinatensystem aufgestellt sind, für welches die Newtonschen Axiome (insbesondere das Gesetz der Trägheit) gelten; Kräften, die sich auch durch Beobachtung feststellen lassen müssen und deren Bestimmung, sofern nur rechts die Größen ζ und q explizit auftreten, durch Auflösen der Gleichungen (2a) nach ihnen einen Rückschluß auf die absolute

Lage des Achsenkreuzes O' im Raum und die Geschwindigkeit der Bewegung von O gegen O' ermöglichen müßte. Auf diese Weise müßte man z. B. die Geschwindigkeit der Erde an jeder Stelle ihrer Bahn um die Sonne ohne astronomische Beobachtungen bestimmen können. Daß dies nicht möglich ist, beruht auf der oben (Art. 31) festgestellten Eigenschaft aller uns bekannten Kräfte, daß sie in einer Wechselwirkung zwischen je zwei Massenpunkten bestehen, deren Koordinaten in der Gestalt von Differenzen wie $x - x_0$, $y - y_0$, $z - z_0$ in die Ausdrücke für die Kraftkomponenten eingehen. Da sich die Transformation auf beide Punkte zugleich erstreckt, so gehen in den Gleichungen für das ruhende System:

$$X' = X'(x' - x_0', y' - y_0', z' - z_0'; \dot{x}' - \dot{x}_0', \dot{y}' - \dot{y}_0', \dot{z}' - \dot{z}_0'; t) \text{ usw.}$$

die Differenzen $x' - x_0', \ldots \dot{x}' - \dot{x}_0', \ldots$ in $x - x_0, \ldots \dot{x} - \dot{x}_0, \ldots$ usw. über, womit ζ und q überhaupt herausfallen. Ebenso wie die linken Seiten der Bewegungsgleichungen (2) sind somit auch die rechten gegenüber der Koordinatentransformation (1) »invariant«.

Insbesondere behalten die Bewegungsgleichungen des n-Körperproblems, in denen bloß je die Abstände

$$r_{ik} = \sqrt{(x_i - x_k)^2 + (y_i - y_k)^2 + (z_i - z_k)^2}$$

des i-ten und k-ten Massenpunkts und ihre Projektionen auf die Achsen auftreten, ihre Gestalt bei, wenn man sie auf ein beliebig rasch, aber gleichförmig geradlinig bewegtes Achsenkreuz bezieht. Dies gilt insbesondere auch von den aus den Bewegungsgleichungen abzuleitenden Prinzipen von der Erhaltung der Bewegungsgröße (des Impulses), der lebendigen Kraft und der Flächenräume. Sie verlieren ihre Geltung nicht bei beliebiger gleichförmiger geradliniger Bewegung des Bezugssystems. Die Astronomie bedarf also insofern nicht des absoluten festen Raumes; aber das Bezugssystem darf bloß eine gleichförmige, geradlinige, namentlich, wie wir sogleich sehen werden, keine drehende oder beschleunigte Bewegung annehmen, wenn die für die Planetenbewegungen aufgestellten Formeln ihre Gültigkeit nicht einbüßen sollen.

Zu b). Das System O bewege sich gegenüber O' (Abb. 61) wieder gleitend längs der Z-Achse, wie im Falle a), jedoch mit wechselnder Geschwindigkeit. Dann lauten die Transformationsformeln:

$$\begin{aligned} x &= x', & \dot{x} &= \dot{x}', & \ddot{x} &= \ddot{x}' \\ y &= y', & \dot{y} &= \dot{y}', & \ddot{y} &= \ddot{y}' \\ z &= z' - \zeta, & \dot{z} &= \dot{z}' - \dot{\zeta}, & \ddot{z} &= \ddot{z}' - \ddot{\zeta}. \end{aligned} \tag{3}$$

Hier hat man die Systembeschleunigung $\ddot{\zeta}$ als bekannte Funktion $\ddot{\zeta} = \omega(t)$ der Zeit anzusehen, wodurch die letzte Formel (3) in

$$\ddot{z} = \ddot{z}' - \omega(t) \tag{3a}$$

übergeht. Mit (3), (3a) wären nun die Bewegungsgleichungen wieder umzugestalten. Hierbei werden, nach der obigen Bemerkung bezüglich der Wechselwirkung der Massen, auf der rechten Seite keine Änderungen erfolgen. Dagegen ändert sich die linke Seite der Gleichung für die Z-Koordinate. Bringt man das Zusatzglied auf die rechte Seite, so besteht für die Bewegung längs der Z-Achse die Gleichung

$$m\ddot{z} = P' - m\tilde{\omega}(t), \tag{3b}$$

wo P' die Z-Komponente der Kraft im festen Achsenkreuz ist. Diese wird also um die Zusatzkraft $-m\tilde{\omega}(t)$ vergrößert. — Wirkt z. B. auf den Massenpunkt m die Schwerkraft mg in Richtung der negativen Z-Achse, so ist seine Bewegung längs der Z'-Achse des ruhenden Systems bestimmt durch $P' = -mg$; im bewegten System durch $m\ddot{z} = -mg - m\tilde{\omega}(t)$. Ist der Massenpunkt mit dem letzteren fest verbunden, so wird der Druck P, den er auf die bewegte Unterlage ausübt, gemessen durch

$$P = P' - m\tilde{\omega}(t)\,[1]. \tag{3c}$$

Im Falle eines schweren Massenpunktes, also für $P' = -mg$, ist somit der Druck nicht gleich dem Gewicht mg, sondern größer oder kleiner als dieser, je nachdem die Beschleunigung des bewegten Systems nach oben oder nach unten gerichtet ist. Die in einem Fahrstuhl nach oben bewegte Person fühlt im ersten Moment des Aufsteigens sich schwerer werden, kurz vor dem Anhalten leichter, gleichsam schwebend. Auf der mittleren Strecke, wo der Gang ungefähr gleichmäßig, also $\tilde{\omega}(t) = 0$ ist, unterscheidet sich die Empfindung nicht viel von der des Ruhezustandes. Die ungleichförmige Bewegung des Bezugssystems allein kann also das Auftreten von »Führungs«-Kräften bewirken, die bei gleichförmiger geradliniger Bewegung nicht vorhanden sind, oder kann umgekehrt solche Kräfte zum Verschwinden bringen. Diese Bemerkung legt die Frage nahe, ob nicht vielleicht auch andere Kräfte, insbesondere die Schwerkraft, auf relative Bewegung zurückzuführen sind? Hierüber einiges Weitere am Ende des Art. 35 und in Art. 82 a. E.

Wir haben hier das Wort »Druck auf die Unterlage« in Übereinstimmung mit unserer früheren Definition — als die auf einen materiellen Punkt (Körper) wirkende Widerstandskraft (Art. 25) im Zustand seiner relativen Ruhe zur Unterlage — gebraucht.

Denkt man sich den Punkt durch eine raumerfüllende Masse ersetzt, die über die Unterlage gleichförmig verteilt ist, so gelangt man zu dem Begriff: »Druck« auf die Flächeneinheit (von den Physikern auch kurz »Druck« genannt), der, wenn q der Flächeninhalt der Unterlage ist, mit dem Betrag mg/q einzuführen ist.

[1]) Das Produkt $m\tilde{\omega}(t)$, das als Kraft bei geradlinig ungleichförmig bewegtem Koordinatensystem auftritt, wird man, ähnlich wie die später bei einer Drehung auftretenden Kräfte, eine »Führungskraft« nennen.

Mit dieser Erklärung wenden wir uns zu einer Anwendung der Formel (3a) auf ein Problem der Hydrostatik.

Ein Gefäß (Abb. 62), das von einer Rotationsfläche mit vertikaler Achse — der Z-Achse des Koordinatensystems — gebildet wird, sei mit einer inkompressiblen Flüssigkeit gefüllt. Im Boden seien gleichförmig verteilt zahlreiche Löcher so angebracht, daß die Ausflußgeschwindigkeit überall dieselbe ist. Durch Zufluß von oben sei dafür gesorgt, daß das Gefäß immer gefüllt bleibt. Damit wird die Bewegung der Flüssigkeit durch das Gefäß hindurch zu einer »stationären«; d. h. an jeder Stelle herrscht zu jeder Zeit der gleiche Bewegungszustand. Wir nehmen ferner an, daß alle Schichten parallel zu sich selbst von oben nach unten fortschreiten. Man soll den Flüssigkeitsdruck längs eines horizontalen Querschnitts bestimmen, der sich im Abstand z von der Oberfläche befindet.

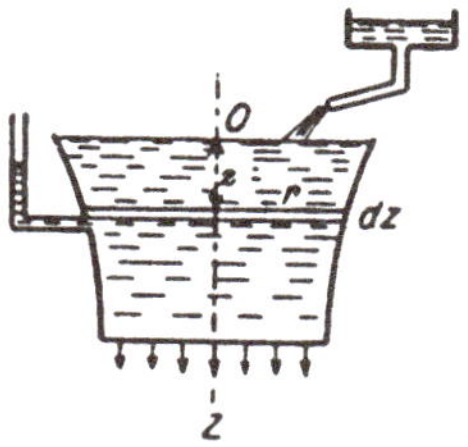

Abb. 62.

Die Z-Achse des rechtwinkligen Koordinatensystems werde von der Oberfläche nach unten hin als positiv angenommen. Die Gleichung (3c), für die dann die Richtungen von P, P', $\tilde{\omega}$ zugleich sich umkehren, verwenden wir für ein Massenelement der Flüssigkeit, das einer durch zwei Horizontalebenen begrenzten Schicht von der Höhe dz angehört und über der Quadrateinheit steht, das also die Masse hat $dm = \varrho \cdot 1 \cdot dz$, wo ϱ die Dichte der Flüssigkeit ist. Die Gleichung (3c) nimmt dann die Gestalt an:

$$dP = dP' - \tilde{\omega}\, dm = dP' - \tilde{\omega} \varrho\, dz. \tag{4}$$

dP' berechnet sich aus dem Satz, daß im Ruhezustand die Gesamtlast, die auf einen Querschnitt 1 drückt, so groß ist, als ob auf 1 eine zylindrische Flüssigkeitsmasse von der Höhe z der Flüssigkeitssäule und der Grundfläche 1 ruhte. Daher ist

$$dP' = g \varrho\, dz. \tag{5}$$

Um $\tilde{\omega}$ zu bestimmen, benutzen wir die Forderung der »Kontinuität«, daß in jedem Zeitabschnitt durch jeden Querschnitt dieselbe Flüssigkeitsmenge hindurchgeht. Ist diese in der Zeiteinheit $= a$, so ist sie für den Querschnitt q, der in der Zeit dt sich um die Höhe dz senkt, in diesem Zeitelement:

$$q\, dz = a\, dt, \tag{6}$$

daher ist die Geschwindigkeit $v = dz/dt$ der Senkung an der Stelle z: $v = a/q$, wo $q = r^2 \pi$ eine Kreisfläche mit dem Halbmesser r ist. Somit ist die Beschleunigung an der Stelle z:

$$\tilde{\omega} = \frac{dv}{dt} = \frac{dv}{dz}\frac{dz}{dt} = v \cdot \frac{dv}{dz} = \frac{1}{2}\frac{d(v^2)}{dz}, \tag{7}$$

und (4) geht über in

$$d P = g \varrho \, d z - \frac{1}{2} \varrho \frac{d (v^2)}{d z} d z,$$

wo die Dichte ϱ eine konstante Größe ist. Die Integration dieser Gleichung ergibt

$$P = g \varrho z - \frac{\varrho}{2} (v^2 - v_0^2),$$

wo v_0 die Geschwindigkeit ist, mit der die oberste Schicht, für die $P = z = 0$ ist, sinkt; oder, wenn man $v = a/q = a/r^2 \pi$ einführt,

$$P = g \varrho z - \frac{a^2 \varrho}{2 \pi^2} \left(\frac{1}{r^4} - \frac{1}{r_0^4} \right).$$

Der hiermit bestimmte hydrodynamische Druck P auf die Querschnittseinheit in der Tiefe z läßt sich durch ein Steigrohr messen. Wenn r gegen r_0 klein wird, kann es eintreten, daß P negativ wird. Es entsteht dann ein Saugen.

35. Drehung um eine Achse. Führungskräfte.

Der dritte und wichtigste Sonderfall der Relativbewegung ist der Fall c) des Art. 34, daß das Bezugssystem O (x, y, z) sich um eine Achse dreht. Da die Projektion der räumlichen Bewegung auf eine Ebene senkrecht zur Achse bereits alle ihre wesentlichen Eigenschaften aufweist, so beschränken wir uns auf die Untersuchung einer ebenen Bewegung hinsichtlich eines um einen festen Punkt der Ebene sich drehenden Koordinatensystems.

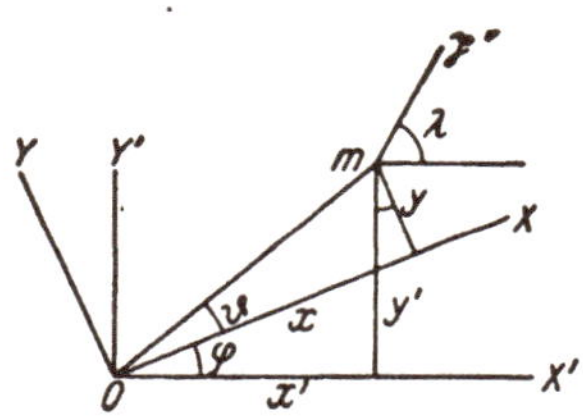

Abb. 63.

Wir wählen den Drehpunkt (Abb. 63) zum gemeinsamen Ursprung des festen Systems $O (x', y')$ und des sich drehenden O (x, y), die in der Abb. vereinigt werden mögen; φ sei der Neigungswinkel der X-Achse gegen die feste X'-Achseder, die Drehung erfolge in positivem Sinne (entgegengesetzt des Uhrzeigers). Dann sind

$$\begin{aligned} x &= x' \cos \varphi + y' \sin \varphi \\ y &= - x' \sin \varphi + y' \cos \varphi \end{aligned} \tag{1}$$

die Transformationsformeln für den Übergang vom festen zum bewegten System. Auf den Massenpunkt m mit den Koordinaten x', y' im festen System wirke eine K r a f t $\mathfrak{P}'$, die ihm eine im festen System bekannte Beschleunigung $\mathfrak{p}'$ erteilt. Bezieht man die Bewegung von m auf das bewegte System, so werden durch die Drehung Zusatzbeschleunigungen hervorgerufen, die sich in folgender Weise bestimmen lassen.

Differenziert man die Gleichung (1) nach der Zeit, so erhält man

$$\begin{aligned} \dot{x} &= \dot{x}' \cos\varphi + \dot{y}' \sin\varphi + \dot{\varphi}\,(-x' \sin\varphi + y' \cos\varphi) \\ &= \dot{x}' \cos\varphi + \dot{y}' \sin\varphi + y\varphi \\ \dot{y} &= -\dot{x}' \sin\varphi + \dot{y}' \cos\varphi - \dot{\varphi}\,(x' \cos\varphi + y' \sin\varphi) \\ &= -\dot{x}' \sin\varphi + \dot{y}' \cos\varphi - x\,\dot{\varphi}, \end{aligned} \tag{2}$$

und durch nochmalige Differentiation und Wiederbenutzung der Gleichungen (2):

$$\begin{aligned} \ddot{x} &= \ddot{x}' \cos\varphi + \ddot{y}' \sin\varphi + x\,\dot{\varphi}^2 + 2\dot{y}\,\dot{\varphi} + y\,\ddot{\varphi} \\ \ddot{y} &= -\ddot{x}' \sin\varphi + \ddot{y}' \cos\varphi + y\,\dot{\varphi}^2 - 2\dot{x}\,\dot{\varphi} - x\,\ddot{\varphi}. \end{aligned}$$

Ist λ der Neigungswinkel der Beschleunigung $\mathfrak{p}'$ gegen die feste X'-Achse, so ist mit $|\mathfrak{p}'| = p'$:

$$\ddot{x}' = p' \cos\lambda; \quad \ddot{y}' = p' \sin\lambda,$$

und man erhält durch Zusammenfassen je der beiden ersten Glieder:

$$\begin{aligned} \ddot{x} &= p' \cos(\lambda - \varphi) + x\,\dot{\varphi}^2 + 2\dot{y}\,\dot{\varphi} + y\,\ddot{\varphi} \\ \ddot{y} &= p' \sin(\lambda - \varphi) + y\,\dot{\varphi}^2 - 2\dot{x}\,\dot{\varphi} - x\,\ddot{\varphi} \end{aligned} \tag{3}$$

als Komponenten der Gesamtbeschleunigung hinsichtlich der selbstbewegten Achsen. Zu den Komponenten der Beschleunigung $\mathfrak{p}'$ der Kraft $\mathfrak{P}'$, die durch die beiden ersten rechten Glieder der Formeln (3) dargestellt sind, treten diejenigen von drei Führungskräften.

1. Die Glieder $x\dot{\varphi}^2$, $y\dot{\varphi}^2$ entsprechen einer Beschleunigung von der Größe $r\dot{\varphi}^2$ mit den Komponenten $r\dot{\varphi}^2 \frac{x}{r}$, $r\dot{\varphi}^2 \frac{y}{r}$, die in die Richtung der Verbindungslinie $\overline{Om}$ fällt, und die man daher einer von dem Drehpunkt ausgehenden abstoßenden Kraft von der Größe

$$m\,r\,\dot{\varphi}^2 = m\,r\,\omega^2, \tag{4}$$

wenn ω die momentane Winkelgeschwindigkeit der Drehung des Systems $O\,(x, y)$ ist, einer »Zentrifugalkraft« zuschreibt, deren Beschleunigung der früher (Art. 8 a. E., 12) eingeführten Zentripetalbeschleunigung $\frac{v^2}{r} = \omega^2 r$ gleich und mit ihr gleich gerichtet ist, aber entgegengesetzten Sinn hat.

2. Die Glieder

$$2\,\dot{y}\,\dot{\varphi} = 2\,v\left(\frac{\dot{y}}{v}\right)\dot{\varphi}$$

$$-2\,\dot{x}\,\dot{\varphi} = 2\,v\left(\frac{-\dot{x}}{v}\right)\dot{\varphi},$$

unter $v = |\mathfrak{v}|$ die Geschwindigkeit von m in bezug auf das selbstbewegte System verstanden, rühren von einer Führungskraft von der Größe

$$2\,m\,v\,\omega \tag{5}$$

her, die auf dem Geschwindigkeitsvektor $\mathfrak{v}$ senkrecht steht und (mit umgekehrtem Vorzeichen) Corioliskraft (nach dem Verf. einer 1835 im Journ. de l'École Polyt. erschienenen Abhandlung über Relativbewegung) oder »zusammengesetzte Zentrifugalkraft« genannt wird. Um ihr Auftreten zu verstehen, denke man sich beispielsweise den Massenpunkt m gezwungen, auf der X-Achse zu bleiben — etwa indem man ihn in eine mit ihr sich drehende Röhre einschließt — und ihm eine Geschwindigkeit v erteilt, die ihn von O entfernt. Beim Übergang von A (Abb. 64) zu dem weiter außen gelegenen Punkt B muß die Röhre auf m einen Seitendruck ausüben, um die Transversalgeschwindigkeit (in Richtung der Y-Achse), welche er in A hat, auf die in B zu steigern. Daß dieser Druck mit v sowohl, wie mit ω wächst, liegt auf der Hand. Für $v = 0$ fällt diese Forderung und damit der Druck weg.

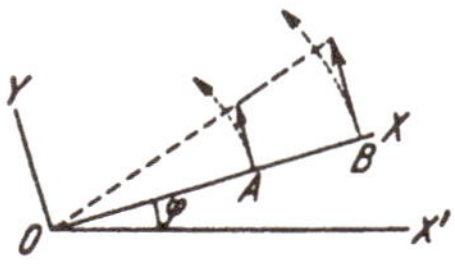

Abb. 64.

3. Die Zusatzkraft mit den Komponenten $y\ddot{\varphi}$, $-x\ddot{\varphi}$ tritt nur bei Änderung der Winkelgeschwindigkeit $\omega = \dot{\varphi}$ auf; sie steht auf dem Fahrstrahl $\overline{Om}$ senkrecht und hat die Größe $m r \dot{\omega}$.

Führt man die räumlichen Vektoren $\mathfrak{p}' = (\ddot{x}', \ddot{y}', o)$ für die absolute Beschleunigung (der Kraft $\mathfrak{P}'$), $\ddot{\mathfrak{r}} = (\ddot{x}, \ddot{y}, o)$ für die relative (in dem sich drehenden System), $\mathfrak{r} = (x, y, o)$ und $\mathfrak{r}' = (x', y', o)$ für den Fahrstrahl $\overline{Om}$, $\mathfrak{v}' = \dot{\mathfrak{r}}' = (\dot{x}', \dot{y}', o)$ für die absolute, $\mathfrak{v} = \dot{\mathfrak{r}} = (\dot{x}, \dot{y}, o)$ für die relative Geschwindigkeit ein, endlich den auf der Zeichenebene, also insbesondere der X-Achse senkrechten Vektor $\mathfrak{w} = (o, o, \omega)$ der Drehung um O, so lassen sich die Formeln (2), (3) je in eine vektorielle zusammenfassen:

$$\dot{\mathfrak{r}} = \mathfrak{v}' + [\mathfrak{r}\,\mathfrak{w}] \tag{6}$$

$$\ddot{\mathfrak{r}} = \mathfrak{p}' + \mathfrak{r}\omega^2 + 2[\mathfrak{v}\,\mathfrak{w}] + [\mathfrak{r}\,\dot{\mathfrak{w}}]. \tag{7}$$

Setzt man in (6), (7) $\dot{\mathfrak{r}} = \mathfrak{v} = 0$, $\ddot{\mathfrak{r}} = 0$, so ergibt der Rest:

$$\mathfrak{v}_f' = -[\mathfrak{r}\,\mathfrak{w}]$$

$$\mathfrak{p}_f' = -\mathfrak{r}\omega^2 - [\mathfrak{r}\,\dot{\mathfrak{w}}]$$

die Geschwindigkeit $\mathfrak{v}_f'$ bzw. Beschleunigung $\mathfrak{p}_f'$ desjenigen Punktes der sich drehenden Ebene, der im Augenblick mit dem bewegten Massenpunkt zusammenfällt. Man nennt die Vektoren $\mathfrak{v}_f'$, $\mathfrak{p}_f'$ Führungsgeschwindigkeit bzw. -beschleunigung. Denkt man sich (6), (7) nach $\mathfrak{v}'$, $\mathfrak{p}'$ aufgelöst, so ergibt sich, daß die absolute Geschwindigkeit $\mathfrak{v}'$ eines materiellen Punktes (gegen das feste System) gleich der geometrischen Summe aus seiner relativen und der Führungsgeschwindigkeit; die absolute Beschleunigung $\mathfrak{p}'$ gleich der Summe aus seiner relativen, der Führungs- und der Coriolisbeschleunigung $2\,[\mathfrak{w}\,\mathfrak{v}]$ ist.

Wir werden später (Art. 78) die Allgemeingültigkeit dieser Formeln für jede beliebige Relativbewegung erkennen.

Einige Anwendungen mögen die Bedeutung der entwickelten Begriffe und Formeln dartun. Zuvor aber möge eine historische Bemerkung Platz finden über die Bedeutung, die neuerdings dem Begriff der Relativität zukommt.

Die in den Artikeln über die Bewegung der Planeten (Art. 16 ff., 31 ff.) entwickelten Formeln, verbunden mit der Theorie der Störungen, beschreiben, wie die theoretische Astronomie lehrt, in weitem Umfang die Bewegung der Himmelskörper. Man entnimmt daraus, daß von diesem Standpunkt aus gegen die in der Einleitung gemachte Annahme eines absolut festen Raumes und einer absoluten Zeit nichts zu erinnern ist. Indessen wurde schon oben (Art. 34) darauf hingewiesen, daß die Mechanik gravitierender Massen auch gelten würde in einem Raum, der sich gegen den festen geradlinig gleichförmig bewegt, weil in diesem die Grundgesetze, insbesondere das Trägheitsgesetz und die Differentialgleichungen der Bewegung, unveränderte Geltung behalten.

Carl Neumann, der zuerst auf diesen Umstand hingewiesen hat (Die Prinzipien der Galilei-Newtonschen Theorie, Leipzig 1870), macht die Bemerkung (S. 27), daß die in einem (gegenüber dem festen) beschleunigten oder die in einem sich drehenden System auftretenden Führungskräfte solche Systeme als Bezugssysteme ausschließen. Denn z. B. eine rotierende Flüssigkeitskugel würde doch ihre Abplattung nicht verlieren, wenn man aus dem Raum alle anderen Massen entfernte und so dem auf ihm befindlichen Beobachter den Eindruck der Relativbewegung entzöge.

Gegen diese Auffassung wendet sich jedoch E. Mach in seinem gedankenreichen Werk: »Die Mechanik in ihrer Entwicklung« (Leipzig 1883, II, Kap. 6). Er tritt für die völlige Relativität alles Geschehens ein und setzt dem Neumannschen Gedankenexperiment (eigentlich: einem entsprechenden Versuch von Newton) ein anderes entgegen, das im wesentlichen der Behauptung gilt, daß jene Abplattung auch an der ruhenden Flüssigkeit erzielt werden könnte, wenn man die aus genügend großen Massen bestehende Umgebung um sie rotieren ließe.

Dieser Auffassung pflichtet durchaus A. Einstein bei in seiner Schrift: »Die Grundlagen der allgemeinen Relativitätstheorie« (Leipzig 1916), nachdem er Schritt für Schritt mit zwingender Notwendigkeit von einem ganz anderen Ausgangspunkt aus zur allgemeinsten überhaupt möglichen Formulierung des Relativitätsprinzips gedrängt worden war. Auf den Gedankenkreis einzugehen, aus dem heraus diese tiefsinnige Theorie erwachsen ist, die insbesondere den Erscheinungen der Gravitation eine über alles Erwarten zutreffende Fassung gibt, ist hier nicht der Ort. Aber auf Grund des Vorstehenden sei doch die folgende Andeutung gemacht.

Wenn man bedenkt, daß nicht nur die Zentrifugalkraft und Corioliskraft Führungskräfte sind, sondern daß auch, wie wir oben (Art. 34) gesehen haben, durch die Führung eines gleichförmig beschleunigten Bezugssystems ein Schwerefeld erzeugt oder vernichtet werden kann, so erhebt sich die Frage, ob nicht etwa auch die allgemeine Gravitation durch beliebige Bewegung des Bezugssystems erzeugt werden könne? Damit würde die Gravitation in die gleiche Linie rücken wie die Führungskräfte der Rotation, bei denen allerdings die Masse des bewegten Punktes dessen *träge* Masse ist, während bei der Gravitation die *schwere* Masse in Betracht kommt. Daß jedoch diese beiden Begriffe sich völlig decken, wurde schon oben festgestellt (Art. 30).

Ein durch gegebene Massenverteilung bewirktes Kraftfeld (Gravitationsfeld) erzeugt, wie wir unten (Art. 82) in einem besonderen Fall sehen werden, die allgemeine Relativitätstheorie durch Aufstellung eines vierdimensionalen »Linienelements« (eigentlich Welt-, d. h. Raum-Zeit-Elements), das außer den 3 Dimensionen des Raumes auch die Zeit noch umfaßt.

Auf Grund dieses Einsteinschen Ansatzes hat durch Rechnung H. Thirring die Wirkung einer gleichförmig rotierenden Hohlkugel auf einen materiellen Punkt untersucht, der sich in ihrem Innern *außerhalb der Achse* der Drehung befindet, und gefunden, daß die sich drehende Masse wirklich das Auftreten der Zentrifugalkraft und Corioliskraft bei dem ruhenden Punkt bewirkt. Nur entsprechen die eingeführten Annahmen insofern nicht völlig der Umkehrung des Newtonschen Versuches mit der rotierenden Flüssigkeitskugel, als das unendlich Ferne als ruhend vorausgesetzt wird.

36. Beispiele.

1. Infolge der *Achsendrehung der Erde* erfährt ein Massenpunkt m in der geographischen Breite β eine Zentrifugalbeschleunigung, so daß die Beschleunigung g der Schwerkraft, die man dort beobachtet, die Resultante ist aus der nach dem Mittelpunkt der Erde gerichteten eigentlichen Gravitationsbeschleunigung g_1 und der Zentrifugalbeschleunigung. Diese, senkrecht zur Erdachse gerichtet, hat den Wert $x\omega^2$, wenn ω die Winkelgeschwindigkeit der Erddrehung ist, also (Einleitg.)

$$\omega = \frac{2\pi}{86164}\ \mathrm{sec}^{-1}, \tag{1}$$

und x der Radius des Parallelkreises der Breite β ist, der sich durch den Erdhalbmesser R

$$R = 637 \cdot 10^6\ \mathrm{cm}$$

mittels $x = R\cos\beta$ ausdrückt. Beide Beschleunigungen liegen in der Meridianebene durch m (Abb. 65). *Die Resultante* aus ihnen, die von uns beobachtete Gravitationskonstante g, ist

$$g = (g_1^2 + \omega^4 R^2 \cos^2\beta - 2\, g_1 \omega^2 R \cos^2\beta)^{\frac{1}{2}}$$

oder

$$g = g_1 \left(1 - \frac{2\,\omega^2 R \cos^2\beta}{g_1}\right)^{\frac{1}{2}},$$

wenn man das Quadrat der Größe

$$\frac{R\omega^2}{g_1} = \frac{4\pi^2}{(86164)^2} \cdot \frac{637 \cdot 10^6}{981} \sim \frac{1}{289} = \frac{1}{17^2}$$

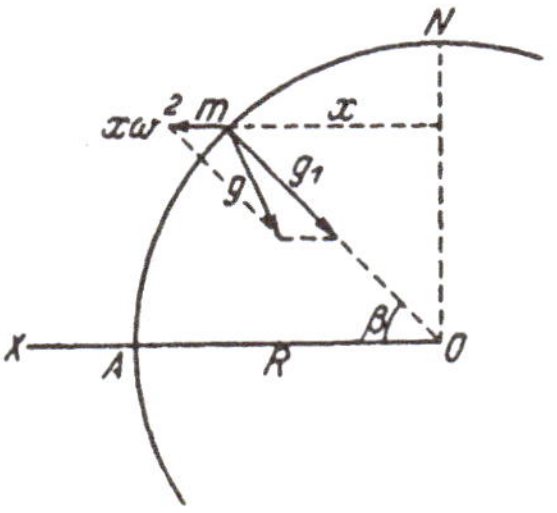

Abb. 65.

etwa, gegen sie selbst vernachlässigt. Hiermit wird

$$g = g_1 \left(1 - \frac{2\cos^2\beta}{17^2}\right)^{\frac{1}{2}} \sim g_1 \left(1 - \frac{\cos^2\beta}{17^2}\right) \tag{2}$$

nahezu, was z. B. in einer Breite von 45° $\left(\cos\beta = \sqrt{\frac{1}{2}}\right)$ die Beziehung

$$g = g_1 \left(1 - \frac{1}{578}\right) \tag{2a}$$

ergibt, also eine Verminderung von g gegen g_1 um 1/578.

2. Aufgabe. Ein materieller Punkt bewege sich ohne Reibung in einem kreisförmigen Hohlring, der sich mit gleichförmiger Geschwindigkeit um einen Durchmesser dreht. Von der Schwerkraft werde abgesehen. Mit welcher Geschwindigkeit v_0 muß der Punkt die von der Achse entfernteste Stelle A des Kreises verlassen, wenn er noch eben die Drehachse erreichen soll? Welchen Druck übt der Ring auf den Punkt an einer Stelle seiner Bahn aus?

Ist ω die Winkelgeschwindigkeit der Drehung, φ der Winkel des Radius, der vom Mittelpunkt O des Kreises nach dem beweglichen Punkt m gezogen ist, mit dem Radius $\overline{OA} = a$ nach A, so lautet die Gleichung der lebendigen Kraft:

$$\frac{m}{2}(v_0^2 - a^2\dot{\varphi}^2) = \int_x^a m\,\omega^2\, x\, dx = \frac{m\,\omega^2}{2}(a^2 - x^2),$$

wo $x = a\cos\varphi$ ist, und rechts die Arbeit der Zentrifugalkraft steht. Mit der Forderung, daß für $x = 0$ $\dot{\varphi} = 0$ sein soll, ergibt sich $v_0 = a\,\omega$ und $\dot{\varphi} = \omega\cos\varphi$.

Der Normaldruck, den in der Kreisebene der Punkt m von dem Kreis erfährt, berechnet sich nach der Formel (6a) des Art. 25, wobei $\mathfrak{P}_n = -m\,\omega^2 x \cos\varphi = -m\,\omega^2 a \cos^2\varphi$ zu setzen ist, zu $N = 2\,m\,\omega^2 a \cos^2\varphi$; der seitliche Druck der Ebene auf den Punkt — nach dem in der nächsten Aufgabe besprochenen Verfahren — zu

$$N' = 2\,m\,\omega \cdot a\dot{\varphi}\sin\varphi = m\,\omega^2 a \sin 2\,\varphi.$$

3. Ein Körper von der Masse m bewege sich in der geographischen Breite β längs eines Erdmeridians mit der Geschwindigkeit v auf einer Schienenbahn. Wie groß ist der seitliche Druck, den infolge der Drehung der Erde die Schienen auf den Körper ausüben?

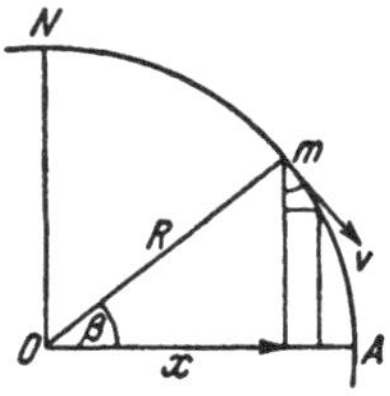

Abb. 66.

Der Seitendruck rührt von der bei der Bewegung auftretenden Corioliskraft her. Die Zentrifugalkraft liefert keinen Beitrag, weil ihre wirksame Komponente in die Richtung der Schienen fällt. Projiziert man die Bewegung auf die Äquatorebene (OA der Abb. 66), so ist die Geschwindigkeit der Projektion eines Massenpunktes m

$$\dot{x} = v \sin \beta,$$

also der seitliche Druck, den diese (und damit m selbst) von den Schienen erfährt [Art. 35 (5)]:

$$P = 2\, m \dot{x} \omega = 2\, m v \sin \beta \frac{2\pi}{86164},$$

wo ω die oben (1) angegebene Zahl für die Winkelgeschwindigkeit der Erddrehung ist. Bei der Geschwindigkeit einer Schnellzugsmaschine von $v = 40$ m in der Sekunde ist unter der geographischen Breite von $\beta = 45^0$ der Seitendruck

$$P = \frac{4\pi}{86164} \cdot \frac{40 \cdot 100}{\sqrt{2}}\, m = 0{,}4125 \text{ m/cm sec}$$

oder $P = \dfrac{0{,}4125}{981} \sim \dfrac{1}{2400}$ des Gewichts mg der Maschine.

Ein seitlicher Druck von dieser Größe bewirkt kaum eine Entgleisung.

4. Anwendung auf einen besonderen Fall des Dreikörperproblems.

Um die Sonne S bewege sich ein Planet (Jupiter, J) gleichförmig in einem Kreis. Seine Masse werde gleich 1 gesetzt, die Masse der Sonne sei ν. In der Ebene des Kreises bewege sich einer der kleinen Planeten oder der Trabant T, dessen Masse μ gegenüber der Masse von S und J verschwindend klein sei. Er unterliege der Anziehung nach den beiden Zentren S und J, übe aber selbst auf die Bewegung des Jupiter keinen merklichen Einfluß aus. Ist ω die Winkelgeschwindigkeit des Jupiter in seiner Bahn, und setzt man die Entfernung $\overline{SJ} = 1$ (Abb. 67), so besteht für die Bewegung des Jupiter um

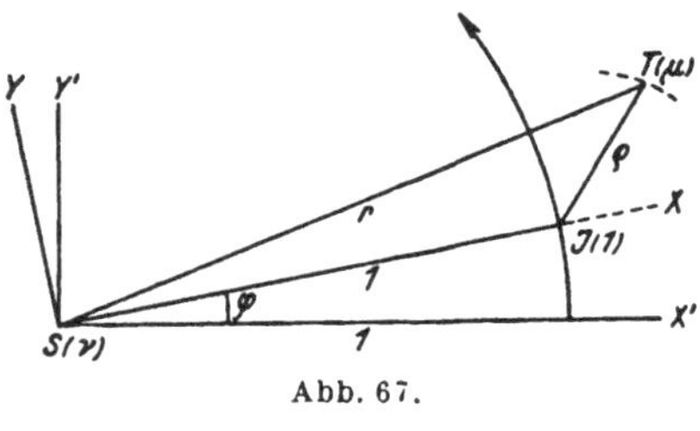

Abb. 67.

die Sonne im Kreis die Gleichung (7a) des Art. 17, die mit $v_0 = \omega$, $r_0 = 1$ ergibt:

$$\omega^2 = k.$$

Dabei erfolgt die Bewegung von J so, als ob die Massen von S und J in S als Anziehungszentrum vereinigt wären (Art. 32 a. E.). Es ist also, wenn man die Gravitationskonstante $\varkappa = 1$ setzt,

$$k = \varkappa(1 + \nu) = 1 + \nu,$$

also

$$\omega^2 = 1 + \nu.$$

Bezieht man nun die Bewegung von T auf ein Koordinatensystem $S(x, y)$, dessen X-Achse die Gerade $\overline{SJ}$ ist, das sich also mit gleichförmiger Geschwindigkeit um die Sonne dreht, so erhalten die Transformationsformeln (3) des Art. 35 wegen $\dot{\omega} = 0$ die Gestalt:

$$\ddot{x} = p' \cos(\lambda - \varphi) + \omega^2 x + 2\omega\dot{y}$$
$$\ddot{y} = p' \sin(\lambda - \varphi) + \omega^2 y - 2\omega\dot{x}.$$

Die Beschleunigung p rührt von der Anziehung der Massen von S und J her, die ein Potential besitzt. Ist $r = \overline{ST}$ der Abstand Sonne—Trabant,

$$r^2 = x^2 + y^2,$$

$\varrho = \overline{JT}$ der Abstand Jupiter—Trabant,

$$\varrho^2 = (x-1)^2 + y^2,$$

so ist die durch die Masse μ dividierte Kräftefunktion (Art. 32 (6))

$$U = \frac{\nu}{r} + \frac{1}{\varrho}, \tag{3}$$

und hiermit werden die Bewegungsgleichungen:

$$\begin{aligned} \ddot{x} - \omega^2 x - 2\omega\dot{y} &= \frac{\partial U}{\partial x} \\ \ddot{y} - \omega^2 y + 2\omega\dot{x} &= \frac{\partial U}{\partial y}. \end{aligned} \tag{4}$$

Diese Gleichungen hat Poincaré seinen Untersuchungen über den Charakter der Lösungen des Dreikörperproblems (Acta math. Bd. 21 und Mécanique céleste I) und George Darwin seinen graphischen Studien über die Gestalt der Bahnkurve des Trabanten (Math. Annalen Bd. 51, 1899) zugrunde gelegt.

5. Aufgabe. Ein schwerer Punkt m bewege sich längs einer gegen die Horizontalebene geneigten Ebene E (Abb. 68), die um eine mit ihr fest verbundene vertikale Achse sich gleichförmig dreht. Man stelle die Bewegungsgleichungen auf und integriere sie für den Fall, daß E die vertikale Drehachse enthält.

Lösung: Der Ursprung O eines im Raume festen rechtwinkligen Achsenkreuzes X'', Y'', Z'' falle in den Schnittpunkt von Drehachse Z'' und Ebene E. Mit E fest verbunden sei

ein Achsenkreuz X, Y, Z mit horizontaler Achse X, die ebenso wie die Y-Achse in die Ebene E falle. Endlich falle mit der Achse X diejenige X' eines in der Horizontalebene sich drehenden rechtwinkligen Achsenkreuzes X', Y' zusammen, dessen Y'-Achse somit die Orthogonalprojektion der Achse Y ist. α sei der Winkel der beweglichen Ebene XY gegen die Horizontalebene. Dann zerlegen sich die Schwerebeschleunigung g und die dem Flächendruck N entsprechende Beschleunigung $n = \dfrac{N}{m}$ in Richtung der Achsen X, Y, Z nach dem folgenden Schema

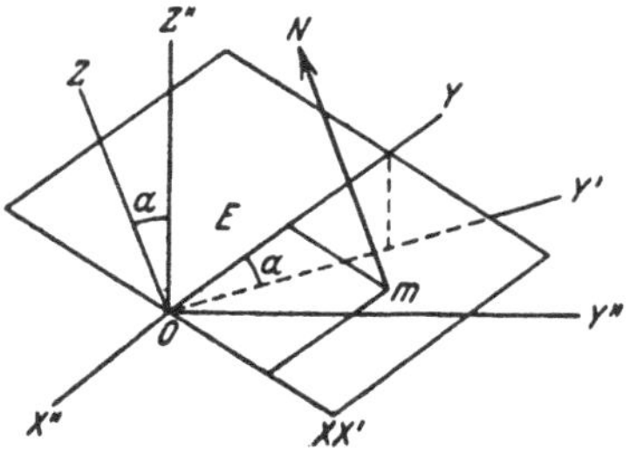

Abb. 68.

	g	n
X	0	0
Y	$-g \sin \alpha$	0
Z	$-g \cos \alpha$	n

Die von der Drehung herrührenden Führungsbeschleunigungen, für das in der Horizontalebene sich drehende Achsenkreuz X', Y' aufgestellt, lauten [(3) Art. 35], wenn ω die Winkelgeschwindigkeit der Drehung ist

X'	$x'\,\omega^2 + 2\,\dot{y}'\,\omega + y'\,\dot{\omega}$
Y'	$y'\,\omega^2 - 2\,\dot{x}'\,\omega - x'\,\dot{\omega}$

Hiermit bestimmen sich die Komponenten derselben Kräfte in Richtung der Achsen X, Y, Z mit Rücksicht darauf, daß $x' = x$, $y' = y \cos \alpha$ ist

X	$x\,\omega^2 + 2\,\dot{y}\,\omega \cos \alpha + y\,\dot{\omega}\cos \alpha$
Y	$(y \cos \alpha \cdot \omega^2 - 2\,\dot{x}\,\omega - x\,\dot{\omega}) \cos \alpha$
Z	$-(y \cos \alpha \cdot \omega^2 - 2\,\dot{x}\,\omega - x\,\dot{\omega}) \sin \alpha$

Somit ergeben sich die folgenden Bewegungsgleichungen im System X, Y, Z

$$\ddot{x} = \quad x\,\omega^2 + 2\,\dot{y}\,\omega \cos \alpha + y\,\dot{\omega}\cos \alpha$$
$$\ddot{y} = \quad (y \cos \alpha \cdot \omega^2 - 2\,\dot{x}\,\omega - x\,\dot{\omega}) \cos \alpha - g \sin \alpha \qquad (5)$$
$$\ddot{z} = -(y \cos \alpha \cdot \omega^2 - 2\,\dot{x}\,\omega - x\,\dot{\omega}) \sin \alpha - g \cos \alpha + n = 0.$$

Bei gleichförmiger Drehung fallen die Glieder mit $\dot{\omega}$ weg. Man bilde nun aus den beiden ersten Gleichungen durch ein- bezw. zweimalige Ableitung nach der Zeit und Elimination von $x, \dot{x}, \ddot{x}, \dddot{x}$ eine lineare homogene Differentialgleichung 4. Ordnung für y mit konstanten Koeffizienten. Nach Integration derselben ergibt sich der Druck $N = m \cdot n$ aus der letzten Gleichung.

Für $\alpha = \pi/2$ gehen die Gleichungen (5) über in

$$\ddot{x} = \omega^2 x; \quad \ddot{y} = -g; \quad \ddot{z} = 0 = 2\,\omega\dot{x} + x\dot{\omega} + n.$$

Es wird $x = A\,e^{\omega t} + B\,e^{-\omega t}$; $y = -\frac{g t^2}{2} + a t + b$, wo

A, B, a, b Konstanten sind, die sich aus der Anfangslage und Anfangsgeschwindigkeit des Punktes bestimmen. Die Projektion auf die X-Achse bewegt sich so, als ob diese eine um die Z''-Achse sich drehende dünne Röhre wäre, in der der Punkt eingeschlossen ist. Der seitliche Druck N der Röhre berechnet sich aus der letzten Gleichung mit $N = m \cdot n$. Die Projektion auf die Y-Achse bewegt sich wie ein frei fallender Körper.

Wir werden in einem späteren Abschnitt (XVI, Art. 78) sehen, daß sich die Bewegung eines Punktes relativ zu einem selbst beliebig bewegten System immer zurückführen läßt auf die Übereinanderlagerung der im vorstehenden behandelten Sonderfälle der geradlinigen Parallelbeschleunigung und der Drehung um eine Achse.

Zweiter Teil.

Der starre Körper.

Wir wenden uns zum zweiten Hauptteil der Vorlesung, zu der Bewegung des starren Körpers (Stereomechanik), zunächst der Geometrie seiner Bewegung. Es folgt die Zusammensetzung der Kräfte an ihm und endlich die Bewegung des Körpers selbst. Da nach früherem (Art. 21) der Unterschied zwischen materiellem Punktsystem und raumerfüllendem Körper bloß bei der Ausführung der Summation über die Bestandteile zur Geltung kommt, so werden wir bei allen allgemeinen Erörterungen im folgenden die beiden als gleichbedeutend ansehen und füreinander setzen, wobei übrigens auch ein- und zweidimensionale Gebilde, also linien- und flächenhaft ausgebildete Punktsysteme und Massen, nicht ausgeschlossen sein sollen.

Der Abschnitt wird eingeleitet von einer geometrischen Beschreibung der Bewegung des starren Punktsystems: eines masselosen Körpers, wobei vorerst von den bewegenden Ursachen, den Kräften, sowie von der Zeit, in der die Bewegung erfolgt, abgesehen wird. Der Wissenszweig der Mechanik, der sich mit dieser Fragestellung beschäftigt, heißt Kinematik (nach Ampère, Essai sur la philosophie des sciences 1835) oder Geometrie der Bewegung (nach W. Schell. Theorie der Bewegung und der Kräfte, 1870).

XI. Abschnitt.

Geometrie der Bewegung des starren Körpers.

37. Bewegung der starren Ebene in sich. Synthetische Fassung.

Indem man voraussetzt, daß es Maßstäbe gibt, deren Länge bei räumlicher oder zeitlicher Verschiebung — sonst gleiche Verhältnisse vorausgesetzt — sich nicht ändert, gelangt man zu dem Begriff von starr miteinander verbundenen Punkten. Das starre Punktsystem, der starre Körper[1]) — eine gewisse Raumteile stetig erfüllende starre Masse — sind Idealbegriffe, deren die Mechanik so wenig ent-

[1]) In den folgenden beiden Abschnitten gebrauchen wir öfter das Wort »Körper« der Kürze wegen für masseloses starres Punktsystem.

raten kann wie des Begriffes »materieller Punkt«, obgleich sie in Wirklichkeit nicht vorkommen. Wir werden später den Grenzen dieser Hypothese begegnen (Art. 59), knüpfen aber diesen ganzen zweiten Teil der Mechanik an sie an.

Wir beginnen mit der Bewegung eines starren ebenen (diskreten oder kontinuierlichen) Punktsystems in seiner Ebene. Man kann ein solches System durch ein mit ihm fest verbundenes Koordinatensystem ersetzen und dessen Lageänderung gegenüber dem einer festen Ebene, in der es sich bewegt, an der Hand der analytischen Geometrie studieren. Indessen gelangt man zu den Grundbegriffen und -vorstellungen bequemer und anschaulicher auf dem synthetischen Weg.

Wir wollen die Bewegung einer mit dem beweglichen System fest verbundenen Strecke $\overline{AB}$ von konstanter Länge betrachten, deren Endpunkte A und B sich auf zwei Kurven (A) und (B) bewegen. Kennt man diese, so ist umgekehrt die Bewegung des Systems — abgesehen von der Zeit — vollständig bestimmt. Sind $\overline{AB}$ und $\overline{A'B'}$ zwei (zunächst endlich) verschiedene Lagen[1]) der Strecke, so läßt sich $\overline{AB}$ in $\overline{A'B'}$ durch eine Drehung um einen bestimmten Punkt überführen. Um dies einzusehen, errichte man (Abb. 69) auf den Verbindungslinien $\overline{AA'}$ und $\overline{BB'}$ die Mittellote, die sich in C schneiden mögen. Dann ist nach Konstruktion

$$\Delta ABC \cong \Delta A'B'C,$$

also ist $\sphericalangle ACB = \sphericalangle A'CB'$, und da $\sphericalangle B'CA$ sich selbst gleich ist, ist auch $\sphericalangle BCB' = \sphericalangle ACA' = \delta$. Wenn also vermöge einer Drehung um C durch den Winkel δ A in A' übergeführt wird, geht auch B in B' über. Man kann hiernach eine beliebige endliche Lageänderung eines starren Systems in der Ebene ersetzen durch die Drehung um einen bestimmten Punkt C. Man nennt diesen Punkt, sofern er im Endlichen liegt, den Drehpol (Pol) oder das Momentanzentrum für die Überführung von $\overline{AB}$ in $\overline{A'B'}$. Auf den Fall der unendlich fernen Lage kommen wir in Art. 42 zurück.

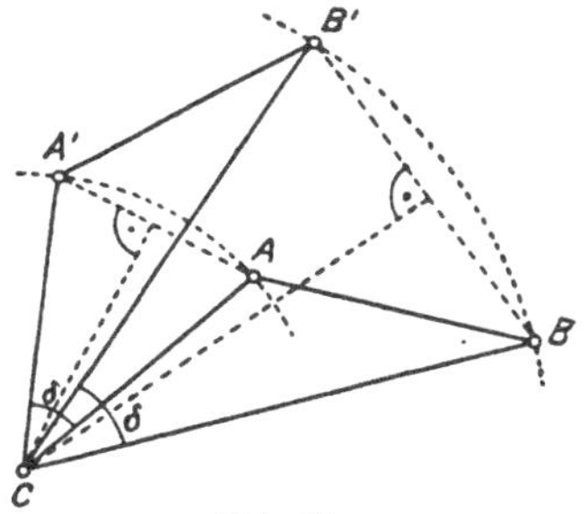

Abb. 69.

Wir betrachten nun (Abb. 70) mehrere aufeinanderfolgende Lagenpaare

$$\overline{AB},\ \overline{A'B'},\ \overline{A''B''},\ \overline{A'''B'''},\ \ldots$$

die bzw. zu den Momentanzentren C, C', C'', ... führen mögen mit den Drehwinkeln $\delta = \sphericalangle ACA'$; $\delta' = \sphericalangle A'C'A''$; $\delta'' = \sphericalangle A''C''A'''$; ... Bei der Drehung um C' durch den Winkel δ' wird der Punkt Γ der

[1]) Den Fall der Umdrehung der Strecke um 180° schließen wir aus.

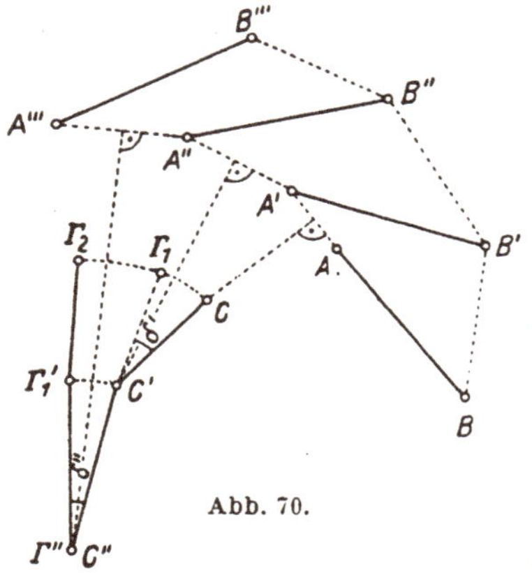

Abb. 70.

beweglichen Ebene, der mit dem Momentanzentrum C der festen Ebene zusammengefallen war, herausgedreht und kommt dabei in die Lage Γ_1. Bei der nächsten Drehung um C'' kommt er nach Γ_2, während der Punkt Γ', der mit C' zusammengefallen war, nach Γ_1' gelangt usw. Verbindet man die Momentanzentra $C, C', C'', \ldots$ der festen Ebene folgeweise miteinander und ebenso die Punkte $\Gamma_2, \Gamma_1', \Gamma'', \ldots$ der beweglichen Ebene, die der Reihe nach mit $C, C', C'' \ldots$ zusammengefallen waren, so erhält man zwei Polygone $C C' C'' \ldots$ und $\Gamma \Gamma' \Gamma'' \ldots$ (wo nun die unteren Indizes an den Γ getilgt sind), in welchen entsprechende Seiten gleichlang sind: $\overline{CC'} = \overline{\Gamma\Gamma'}$; $\overline{C'C''} = \overline{\Gamma'\Gamma''}$; $\overline{C''C'''} = \overline{\Gamma''\Gamma'''}$; ..., deren Polygonwinkel jedoch sich je um die Drehwinkel $\delta, \delta', \delta'', \ldots$ unterscheiden[1]):

$$\sphericalangle \Gamma\Gamma'\Gamma'' = \sphericalangle CC'C'' + \delta'; \quad \sphericalangle \Gamma'\Gamma''\Gamma''' = \sphericalangle C'C''C''' + \delta''; \ldots$$

Man kann nun die Lagenänderungen der Seite $\overline{AB}$ auch hervorrufen durch die Bewegung des Polygons der Γ längs des Polygons der C derart, daß der Reihe nach entsprechende Seiten $\Gamma^i\Gamma^{i+1}$ zum Decken gebracht werden durch Drehung des Polygons der Γ um den Eckpunkt C^{i+1} (Γ^{i+1}) durch den Winkel δ_{i+1}, bis die nächstfolgende Seite $\overline{\Gamma^{i+1}\Gamma}$ mit $\overline{C^{i+1}C^i}$ zusammenfällt usw., eine Bewegung, die man bezeichnen kann als »Abrollen ohne Gleiten« des Polygons der Γ auf dem Polygon der C.

Geht man nun vom Polygon zur Kurve über, indem man die konsekutiven Lagen der Strecken $\overline{AB}$ unbegrenzt einander sich nähern läßt, so bestimmen die Momentanzentren C und Γ Kurven (C), (Γ) im festen bzw. beweglichen System, und man kann die stetige Bewegung des einen im andern durch ein Abrollen ohne Gleiten der Kurve (Γ) auf der Kurve (C) beschreiben, d. h. so, daß die Bogenlänge, in welche je die Summe der Polygonseiten übergeht, von einer Berührungsstelle zu einer andern, auf der Kurve C gemessen, ebenso groß ist, wie auf der Kurve Γ. Man faßt die beiden Kurven (C) und (Γ) mit dem Namen Polbahnen zusammen, nennt die Kurve (C) auch die Rastpolbahn, (Γ) die Gangpolbahn der Bewegung.

Sind die Kurven (A), (B), auf denen sich die Endpunkte der Strecke $\overline{AB}$ bewegen, gegeben, so ist für eine Lage von $\overline{AB}$ der Drehpol der Schnittpunkt der Kurvennormalen in A und B. Da jedoch

[1]) Dabei kann es eintreten, daß die Winkel der Polygone überstumpf werden

die Annahme der die Kurven (A), (B) beschreibenden Punkte A, B noch freisteht, so ist die Beschreibung der Bewegung durch die Kurven (C), (Γ) sachgemäßer.

Es handelt sich nun um die Beziehung der Kurvenpaare (A), (B) und (C), (Γ) zueinander. Wir schicken der allgemeinen analytischen eine synthetische Lösung dieser Aufgabe für einen besonderen Fall voraus.

Die Endpunkte A, B eines Stabes seien genötigt, sich auf zwei zueinander senkrechten Geraden $\overline{OA}$, $\overline{OB}$ zu bewegen. Man soll die zur Bewegung des Stabes gehörigen Polbahnen (C), (Γ) finden.

Errichtet man in den Endpunkten A und B irgendeiner Stablage die Lote auf den Führungsgeraden, so schneiden sich diese jeweils auf einem Punkt des Kreises, der um O (Abb. 71) als Mittelpunkt mit der Länge $\overline{AB}$ des Stabes als Radius geschlagen ist. Dieser Kreis ist die Kurve (C) der Momentanzentra in der festen Ebene. In der beweglichen ist der Abstand $\overline{CD}$ des Momentanzentrums Γ von der Mitte D des Stabes immer gleich der halben Stablänge, also ist die Kurve (Γ) ebenfalls ein Kreis, und zwar der um D mit dem Halbmesser $1/2\,\overline{AB}$ geschlagene $OACB$.

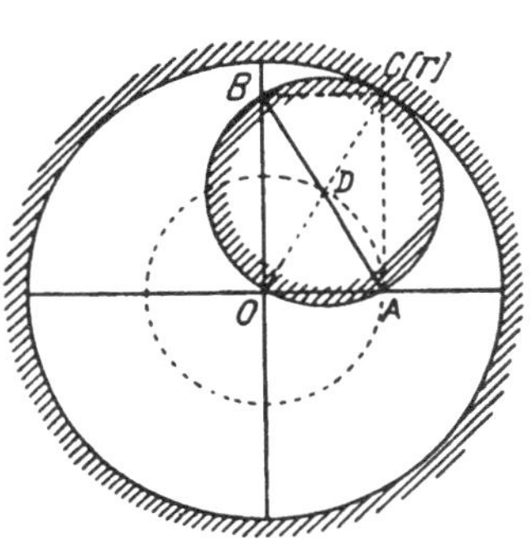

Abb. 71.

Die Bewegung von $\overline{AB}$ kann also auch bewirkt werden durch Abrollen (ohne Gleiten) des kleinen Kreises in dem großen. Die zur Berührung gebrachten Bogenstücke haben die gleiche Länge.

Diese Bewegung hat ein technisches Interesse: sie liefert eine »Geradführung«, d. h. durch sie wird die (etwa von einer Kraftmaschine gelieferte) Kreisbewegung des Punktes D um O in die geradlinige Bewegung eines Randpunktes des Kreises (Γ) (z. B. die von A) verwandelt, wenn man diesen in dem großen Kreis (C) so rollen läßt, daß er nicht gleitet, was sich durch Verzahnung der beiden Räder erreichen läßt. — Ein beliebiger mit dem Rad (Γ) verbundener Punkt beschreibt, je nachdem er innerhalb oder außerhalb der Peripherie von (Γ) liegt, eine »geschweifte« oder »verschlungene Hypozykloide«, die beide hier in Ellipsen übergehen (s. den folgenden Artikel).

Auf die Bewegung einer Strecke $\overline{AB}$, deren Endpunkte auf festen Kurven gleiten, läßt sich auch das »Wattsche Parallelogramm« (James Watt † 1819) zurückführen, ein Mechanismus, der dazu dient, einen zwischen zwei Kurbelzapfen eingeschalteten Punkt auf möglichst geradliniger Bahn zu führen. Drehen sich die Kurbeln »Lenker«[1]) $\overline{PA}$

[1]) Hütte II, 1926, S. 92.

und $\overline{QC}$ (Abb. 72) um die festen Punkte P bzw. Q, so beschreiben A und C Kreisbögen. Ein eingeschaltetes, durch Gelenke in den Ecken beweglich gemachtes Parallelogramm $AECD$, dessen eine Ecke E auf $\overline{QC}$ liegt, wird dann noch einen Grad von Bewegungsfreiheit haben. Es wird also durch

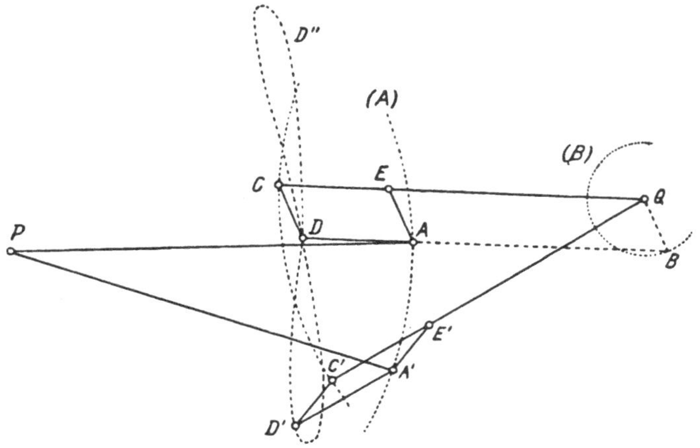

Abb. 72.

Annahme eines Bestimmungsstückes (z. B. des Punktes C) die Lage des ganzen Systems gegeben sein. Ein (gedachter) Punkt B, der die Punkte Q, C, D zu einem Parallelogramm ergänzt ($\overline{QB} \parallel \overline{EA}$), bewegt sich also auf einem Kreis um Q mit Radius $\overline{QB} = \overline{EA} = \overline{CD}$, und man kann den Punkt D ansehen als starr verbunden mit einer (gedachten) Strecke $\overline{AB}$, deren Endpunkte sich auf den zwei Kreisen (A), (B) bewegen (»Gelenkviereck«). D beschreibt dann, was hier nicht ausgeführt werden soll, eine algebraische Kurve 6. Ordnung (Wattsche Kurve), welche die Gestalt einer Schleife besitzt (wie die Lemniskate), und für die bei passenden Abmessungen ein Wendepunkt sich je inmitten eines Kurvenbogens $D''DD'$ von geringer Krümmung befindet, der dann mit einer geraden Strecke verwechselt werden kann. (Näheres s. Loria-Schütte, Ebene Kurven, Leipzig 1902, S. 232.)

38. Bewegung der starren Ebene in sich. Analytische Fassung.

Hat die im vorigen Artikel angedeutete synthetische Fassung den Vorzug der Anschaulichkeit, so ist doch die analytische nicht zu entbehren, da sie die Frage auf ein Eliminationsproblem zurückführt, dessen Lösung die Eigenschaften der geometrischen Örter von einer neuen Seite zeigt und die Sichtung des gewonnenen Ergebnisses und Einordnung in andere Gebiete ermöglicht.

Die beiden Punkte A und B mit den Koordinaten x_0, y_0 bzw. x_1, y_1 in einem Achsenkreuz der festen Ebene haben voneinander den unveränderlichen Abstand l. Sie seien genötigt, sich auf den Kurven

$$f(x_0, y_0) = 0 \tag{1}$$

$$\varphi(x_1, y_1) = 0 \tag{2}$$

der festen Ebene zu bewegen. Ist ϑ der Winkel der Linie $\overline{AB} = l$ gegen die X-Achse, so ist (Abb. 73)

$$l \cos\vartheta = x_1 - x_0 \tag{3}$$

$$l \sin\vartheta = y_1 - y_0. \tag{4}$$

Wir führen als ein mit $\overline{AB}$ bewegliches Achsenkreuz dasjenige (Ξ, H) ein, dessen Ursprung Ω in der Mitte der Strecke $\overline{AB}$ liegt und dessen Ξ-Achse in die Richtung $\overrightarrow{AB}$ fällt.

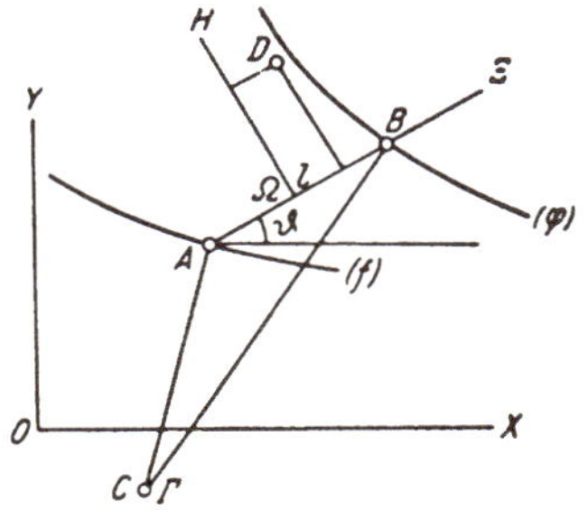

Abb. 73.

Das Momentanzentrum $C(\Gamma)$, der Schnittpunkt nämlich der Normalen der Kurve $f = 0$ in A und der Kurve $\varphi = 0$ in B, habe die Koordinaten X, Y im festen, ξ, η im beweglichen Achsenkreuz.

Dann lauten die Gleichungen der Normalen:

$$(X - x_0) f'(y_0) - (Y - y_0) f'(x_0) = 0 \tag{5}$$

$$(X - x_1) \varphi'(y_1) - (Y - y_1) \varphi'(x_1) = 0. \tag{6}$$

Da der Punkt Ω die Koordinaten $\frac{1}{2}(x_1 + x_0)$, $\frac{1}{2}(y_1 + y_0)$ hat, so bestehen zwischen X, Y und ξ, η die Beziehungen

$$X - \frac{x_1 + x_0}{2} = \xi \cos\vartheta - \eta \sin\vartheta \tag{7}$$

$$Y - \frac{y_1 + y_0}{2} = \xi \sin\vartheta + \eta \cos\vartheta. \tag{8}$$

Eliminiert man aus den Gleichungen (1) bis (6) die 5 Unbekannten x_0, y_0; x_1, y_1; ϑ, so erhält man eine Gleichung zwischen X, Y für den geometrischen Ort (C) des Momentanzentrums, des »Poles« der festen Ebene. Führt man jedoch zuvor mittels (7), (8) an Stelle von X, Y die Größen ξ, η ein, so ergibt sich die Gleichung des Ortes (Γ) des Poles in der beweglichen Ebene.

Sind endlich α, β die Koordinaten eines beliebigen, mit dem beweglichen System fest verbundenen Punktes D in diesem System (Ξ, H), a, b seine Koordinaten im festen, so ergibt sich mit Hilfe der Transformationsformeln

$$a - \frac{x_1 + x_0}{2} = \alpha \cos\vartheta - \beta \sin\vartheta \tag{9}$$

$$b - \frac{y_1 + y_0}{2} = \alpha \sin\vartheta + \beta \cos\vartheta \tag{10}$$

durch Elimination von x_0, y_0; x_1, y_1; ϑ aus den 6 Gleichungen (1) bis (4), (9), (10) eine Gleichung zwischen a und b, die den geometrischen Ort des Punktes D (a, b) im ruhenden System, eine Rollkurve (Roulette) zu den Polbahnen, darstellt.

1. Beispiel. In dem im vorigen Artikel behandelten Fall, daß die Endpunkte der Strecke $\overline{AB}$ auf den Achsen X, Y des festen Achsenkreuzes gleiten, gewinnen die Gleichungen (1) bis (4), (9), (10) folgende einfache Gestalt:

$$x_1 = 0; \quad y_0 = 0; \quad l\cos\vartheta = -x_0; \quad l\sin\vartheta = y_1;$$

$$a + \frac{l}{2}\cos\vartheta = \alpha\cos\vartheta - \beta\sin\vartheta$$

$$b - \frac{l}{2}\sin\vartheta = \alpha\sin\vartheta + \beta\cos\vartheta.$$

Durch Auflösung dieser Gleichungen nach $\cos\vartheta$, $\sin\vartheta$ erhält man

$$\cos\vartheta\left(\alpha^2 + \beta^2 - \frac{l^2}{4}\right) = a\left(\alpha + \frac{l}{2}\right) + b\beta$$

$$\sin\vartheta\left(\alpha^2 + \beta^2 - \frac{l^2}{4}\right) = b\left(\alpha - \frac{l}{2}\right) - a\beta,$$

woraus sich für den Ort des Punktes $D = (\alpha, \beta)$ die Gleichung 2. Grades in a, b ergibt:

$$\left(\alpha^2 + \beta^2 - \frac{l^2}{4}\right)^2 = \left[a\left(\alpha + \frac{l}{2}\right) + b\beta\right]^2 + \left[b\left(\alpha - \frac{l}{2}\right) - a\beta\right]^2,$$

die, weil die Kurve ganz im Endlichen liegt, eine Ellipse (mit dem Mittelpunkt in O) darstellt. Diese ist um so flacher, je näher der Punkt D dem Kreise (Γ)

$$\alpha^2 + \beta^2 - \frac{l^2}{4} = 0$$

liegt. Liegt D auf dem Kreis (Γ), so geht die rechte Seite in das Quadrat eines linearen homogenen Ausdrucks in a, b über, wie sich nach Annahme von $\beta = 0$ (was die erzeugte Ellipsenmannigfaltigkeit nicht der Gestalt nach, sondern bloß der Lage nach beschränkt) ergibt, wenn man $\alpha = \frac{l}{2}$ setzt.

Daß die Kurve, die ein Punkt der Kreisebene beim Abrollen des Kreises in einem von doppelt so großem Halbmesser beschreibt, eine Ellipse ist, war schon Leonardo da Vinci († 1519) bekannt, der darauf die Konstruktion einer »Ovalbank«, einer Drehbank zur Herstellung von Zylindern mit elliptischem Querschnitt, gegründet hat.

2. Beispiel. Schubkurbel-Getriebe. Gleitet eine Strecke (Abb. 73a) $\overline{AB} = b$ (Kurbelstange) mit dem einen Endpunkt A (Kurbel-

zapfen) auf einem Kreis, dem anderen B auf einer Geraden $\overline{OS}$ durch seinen Mittelpunkt, so entsteht die Kurbelbewegung. Ist $a < b$ der Kreishalbmesser (Kurbel), φ dessen Winkel mit der Geraden $\overline{OB}$, die wir zur X-Achse eines rechtwinkligen Koordinatensystems mit O als Ursprung machen, sind $x = \overline{OB}$, $y = \overline{BP}$ die Koordinaten eines Punktes P der Kurve (C); ist ϑ der Winkel von $\overline{BA}$ gegen $\overline{BO}$, so ist

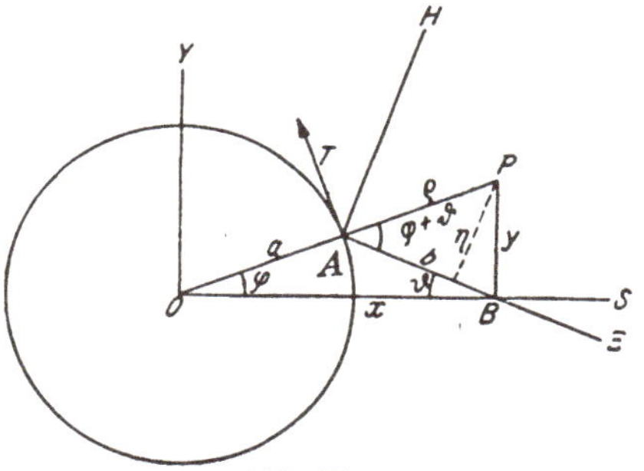

Abb. 73a.

$$a \sin \varphi = b \sin \vartheta; \quad a \cos \varphi + b \cos \vartheta = x; \quad y = x \operatorname{tg} \varphi.$$

Setzt man $\cos \varphi = \lambda$, so erhält man durch Elimination von ϑ, mit $b^2 - a^2 = c^2$, die Gleichung der Kurve (C), also den Ort des Punktes P, in Parameterform (die sie als elliptische Kurve kennzeichnet)

$$x = a\lambda + \sqrt{a^2\lambda^2 + c^2}; \quad y = \frac{x}{\lambda} \sqrt{1 - \lambda^2};$$

und hieraus durch Elimination von λ die Koordinatengleichung

$$(x^2 + y^2)(x^2 - c^2)^2 = 4a^2x^4$$

der Kurve (C) 6. Ordnung vom »Geschlecht« 1.

Die Kurve (Γ), die auf C abrollt, in Polarkoordinaten $\varrho = OP - a$ und $\psi = \varphi + \vartheta$ geschrieben, erhält man, indem man den Linienzug APB auf $\overline{AB}$ und auf $\overline{AP}$ projiziert und aus $\varrho \cos \psi + y \sin \vartheta = b$ und $b \cos \psi + y \sin \varphi = \varrho$ die Größe y eliminiert. Aus

$$\frac{b - \varrho \cos \psi}{\varrho - b \cos \psi} = \frac{\sin \vartheta}{\sin \varphi} = \frac{a}{b}$$

ergibt sich die Polargleichung: $b(\varrho - a) \cos \psi = b^2 - a\varrho$ und hieraus mit $\varrho \cos \psi = \xi$; $\varrho \sin \psi = \eta$ die Gleichung der Kurve Γ 4. Ordnung (Abb. 73b) in rechtwinkligen Koordinaten ξ, η:

$$a^2[(\xi - b)\xi + \eta^2]^2 = b^2(\xi^2 + \eta^2)(\xi - b)^2.$$

Diese Kurve hat im Ursprung einen isolierten Punkt und berührt sich

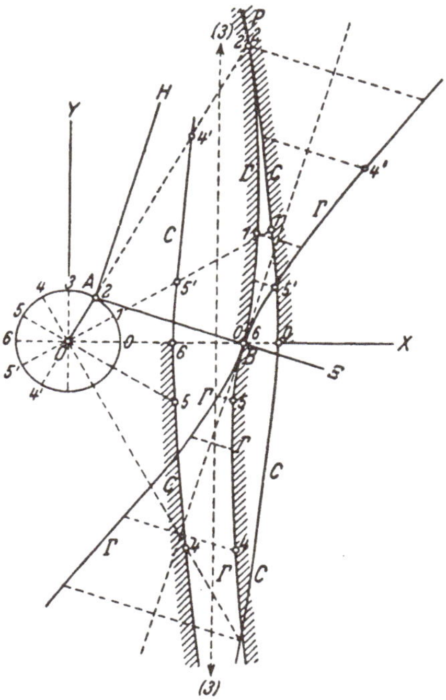

Abb. 73b.

selbst in $\eta = 0$, $\xi = b$. Sie hat die reellen Asymptoten

$$\frac{\eta}{\xi - b} = \pm \frac{\sqrt{b^2 - a^2}}{a}.$$

Da sie vom Geschlecht Null ist, besteht zwischen ihr und der Kurve (C) vom Geschlecht 1 keine ein-eindeutige Beziehung in ihrer ganzen Ausdehnung.

Die Beziehung zwischen der Geschwindigkeit $\dot{x}$ des Punktes B, des »Kreuzkopfs«, und der Winkelgeschwindigkeit $\dot{\varphi}$ von $a = OA$ bestimmt sich aus der Parameterdarstellung von x durch Differentiation nach der Zeit. Man erhält:

$$\dot{x} = a\dot{\lambda} + \frac{a^2\lambda\dot{\lambda}}{\sqrt{a^2\lambda^2 + c^2}} = -a\sin\varphi\cdot\dot{\varphi}\left(1 + \frac{a\cos\varphi}{\sqrt{b^2 - a^2\sin^2\varphi}}\right).$$

Allgemein: Geht man von den beiden Polbahnen (C) und (Γ) als bekannten Kurven aus — wir nehmen wieder (C) als fest an — und handelt es sich wieder darum, den geometrischen Ort eines beliebigen mit (Γ) fest verbundenen Punktes D in der Ebene der Spurkurve (C) zu finden, so kehrt man bei zunächst synthetischer Behandlung zweckmäßig zu der Auffassung der Kurven (C) und (Γ) als Polygone, die aufeinander abrollen, zurück. Beim Abrollen des Polygons (Γ) auf dem Polygon (C) (Abb. 74) beschreibt der Systempunkt D Kreisbögen mit den veränderlichen Halbmessern $\overline{CD}$, $\overline{C'D'}$, $\overline{C''D''}$, $\overline{C'''D'''}$, ... Die so aus Kreisbögen zusammengesetzte Bahn geht beim Übergang zu verschwindend kleinen Polygonseiten in eine Kurve über, welche die mit den Halbmessern $\overline{CD}$, wo C der jeweilige Berührungspunkt ist, beschriebenen Kreise einhüllt. $\overline{CD}$ ist dabei die Normale an die von D beschriebene Rollkurve; der Krümmungshalbmesser jedoch im allgemeinen von $\overline{CD}$ verschieden. Das Element DD' der beim Abrollen beschriebenen Kurve steht also senkrecht auf der Verbindungslinie $\overline{CD}$ von D mit dem augenblicklichen Berührungspunkt (Momentanzentrum) C.

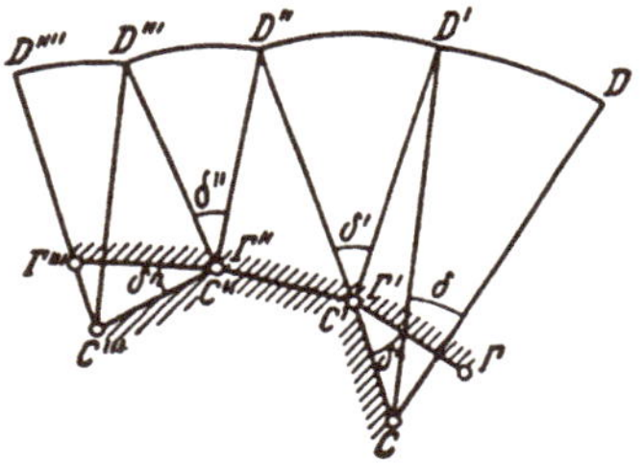

Abb. 74.

Analytisch bestimmt sich der Ort des Punktes D auf folgende Weise[1]):

Bezogen auf ein Achsenkreuz XY der festen Ebene (Abb. 75), seien a, b die Koordinaten des bewegten Punktes D und

$$f(x, y) = 0 \tag{1}$$

[1]) Nach Magnus, Aufgaben aus der Analytischen Geometrie, Berlin 1833, § 128.

die Gleichung der Spurkurve (C). Im bewegten System nehmen wir D zum Pol eines Polarkoordinatensystems, auf das bezogen die Gleichung der Polkurve laute:

$$\varphi(\varrho, \vartheta) = 0. \tag{2}$$

Für jeden nächstfolgenden Punkt der Polbahnen bestehen, wenn man x als die unabhängig Veränderliche ansieht, die Gleichungen:

$$f'(x) + f'(y)\frac{dy}{dx} = 0 \tag{3}$$

$$\varphi'(\varrho)\frac{d\varrho}{dx} + \varphi'(\vartheta)\frac{d\vartheta}{dx} = 0. \tag{4}$$

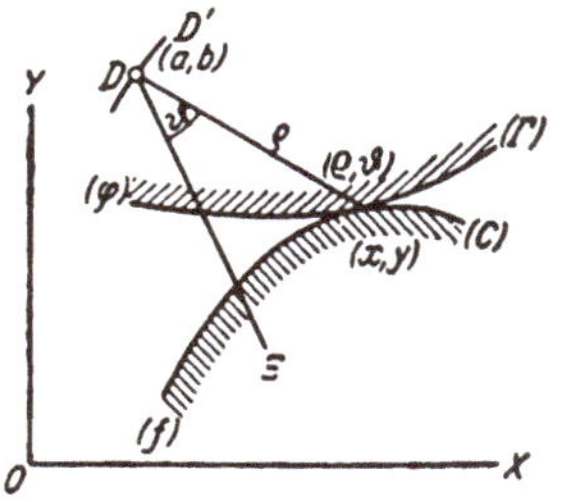

Abb. 75.

Die Bedingung für »Rollen ohne Gleiten« ist die, daß entsprechende Bogenelemente von (C) und (Γ) einander gleich sind:

$$1 + \left(\frac{dy}{dx}\right)^2 = \left(\frac{d\varrho}{dx}\right)^2 + \varrho^2\left(\frac{d\vartheta}{dx}\right)^2. \tag{5}$$

Die Zuordnung der beiderseitigen Anfangspunkte geschieht durch passende Wahl der Konstanten bei der Integration. Der Punkt D ergibt sich als Schnittpunkt des um x, y mit dem Halbmesser ϱ geschlagenen Kreises, wo

$$\varrho^2 = (x-a)^2 + (y-b)^2 \tag{6}$$

ist, und des um $x + dx$, $y + dy$ mit $\varrho + d\varrho$ geschlagenen Kreises, für den also die Bedingung besteht[1])

$$\varrho\frac{d\varrho}{dx} = (x-a) + (y-b)\frac{dy}{dx}. \tag{7}$$

Eliminiert man aus den Gleichungen (1) bis (5) y, $\frac{dy}{dx}$, ϑ, $\frac{d\vartheta}{dx}$, so bleibt eine Beziehung zwischen x, ϱ und $d\varrho/dx$:

$$\left(x, \varrho, \frac{d\varrho}{dx}\right) = 0, \tag{8}$$

deren Integration eine Gleichung zwischen x und ϱ ergibt

$$(x, \varrho) = 0. \tag{9}$$

Da sich aus (3) dy/dx in x und y darstellen läßt, so sind (1), (6), (7), (8), (9) fünf Gleichungen, aus denen sich $d\varrho/dx$, ϱ, y, b eliminieren,

---

[1]) Würde man in (6) alle Größen als veränderlich ansehen, so ergäbe sich bei der Differentiation eine Gleichung, die nach Abzug von (7) lautet:

$$(x-a)\frac{da}{dx} + (y-b)\frac{db}{dx} = 0,$$

und die ausdrückt, daß die Normale zur erzeugten Kurve in a, b durch den Punkt x, y geht, d. h. daß ϱ auf dem Element der Kurve in a, b senkrecht steht.

also a sich durch x darstellen läßt. Ebenso läßt sich b durch x darstellen. Die Gleichungen

$$a = a(x); \quad b = b(x)$$

bestimmen die Rollkurve in Parameterform als Einhüllende der mit den Punkten der Spurkurve als Mittelpunkten und den Abständen $\varrho = \overline{CD}$ als Halbmessern beschriebenen Kreise.

Es liegt auf der Hand, daß der hier eingeschlagene Weg in besonderen Fällen, z. B. wenn eine der Polbahnen eine Gerade oder ein Kreis ist, sich abkürzen läßt. Immer aber wird es sich um die Integration einer Differentialgleichung 1. Ordnung handeln, die dem Zusammenfassen von ∞^1 der erzeugten ∞^2 Kreiselemente zu jener Einhüllenden entspricht.

Beispiel: Eine Ellipse rollt ohne zu gleiten auf einer Geraden. Welche Bahn beschreibt ein Brennpunkt? Ist T (Abb. 75a) der Berührungspunkt der Ellipse und der Geraden, der X-Achse eines rechtwinkligen Koordinatensystems; F der Brennpunkt, $\overline{FP}$ Tangente an die Bahnkurve, die mit der X-Achse den Winkel $\alpha = FPT$ bilden möge, so ist $PF \perp FT$, also, wenn $\overline{FQ} = y$ ist, auch $\sphericalangle TFQ = \alpha$. Ist $y' = \overline{F'Q'}$ das Lot von dem anderen Brennpunkt F' auf die X-Achse, so ist nach einem bekannten Satze $yy' = b^2$, wenn b die kleine Halbachse der Ellipse ist.

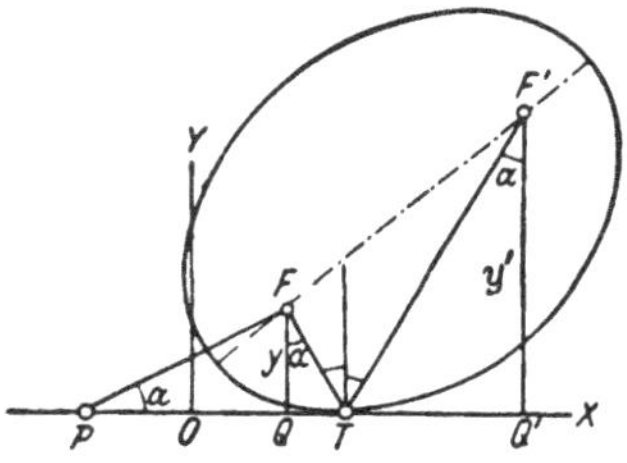

Abb. 75a.

Anderseits ist aber, wenn $r = \overline{FT}$; $r' = \overline{F'T}$ die Fahrstrahlen von den Brennpunkten nach T sind, $r + r' = 2a$, und damit, weil $y = r\cos\alpha$, $y' = r'\cos\alpha$ ist (wegen der Gleichheit der Winkel der Fahrstrahlen mit der Tangente) $y + y' = 2a\cos\alpha$. Vermöge der angegebenen Gleichungen für y, y' genügt y der quadratischen Gleichung:

$$y^2 - \frac{2ay}{\sqrt{1 + \operatorname{tg}^2\alpha}} + b^2 = 0,$$

oder wenn man $\operatorname{tg}\alpha = dy/dx$ einführt und nach dy/dx auflöst:

$$\left(\frac{dy}{dx}\right)^2 = \frac{4y^2a^2}{(y^2 + b^2)^2} - 1,$$

woraus sich

$$x = \int \frac{(y^2 + b^2)\,dy}{\sqrt{4y^2a^2 - (y^2 + b^2)^2}}$$

ergibt, oder, wenn man $a^2 = \frac{1}{4}(a_1 + a_2)^2$; $b^2 = a_1 a_2$ setzt, das elliptische Integral:

$$x = \int \frac{(y^2 + a_1 a_2)\,dy}{\sqrt{(a_1{}^2 - y^2)(y^2 - a_2{}^2)}}.$$

Diese Gleichung stellt die Meridiankurve einer Umdrehungsfläche von konstanter mittlerer Krümmung dar, die in der Theorie der Kapillarität (A. Baer, 1857) eine Rolle spielt.

38a. Krümmung der Bahnkurven. Der Wendekreis.

Um die Krümmungsverhältnisse der Kurve zu untersuchen, die ein Punkt D der Ebene beim Abrollen der Polkurve Γ auf der Polkurve C beschreibt, kehren wir von den Kurven noch einmal zu Polygonen zurück, indem wir auf den Polkurven von einer entsprechenden Stelle C, Γ ab Sehnen von je gleichen Längen $\overline{C_0C} = \overline{\Gamma_0\Gamma}$; $\overline{CC_1} = \overline{\Gamma\Gamma_1}$; $\overline{C_1C_2} = \overline{\Gamma_1\Gamma_2}$ usw. abtragen und das Abrollen dieser Polygone ins Auge fassen. Nur möge an Stelle der gleichschenkligen Dreiecke DCD', $D'C'D''$ usf. der Abb. 74 — die in der Grenzlage in Dreiecke mit zwei rechten Winkeln übergehen — rechtwinklige solche (Abb. 75b) $D_0'C_0D$; $D'CD_1$; .... treten mit den rechten Winkeln bzw. in $D, D_1, \ldots$ und den Katheten $C_0D = C_0D_0 = a_0$; $CD_1 = CD = a$; ... deren Längen der Rollbewegung des Polygons (Γ) auf dem (C) entnommen sind. Dann ergeben sich aus der Abb. 75b die folgenden Beziehungen. Ist $\sphericalangle DOD_1 = \omega$, $\sphericalangle D'CD_1 = \delta = \sphericalangle \Gamma_0\Gamma\Gamma_1 - \sphericalangle C_0CC_1$, $\sphericalangle C_0DC = \varepsilon$, so ist

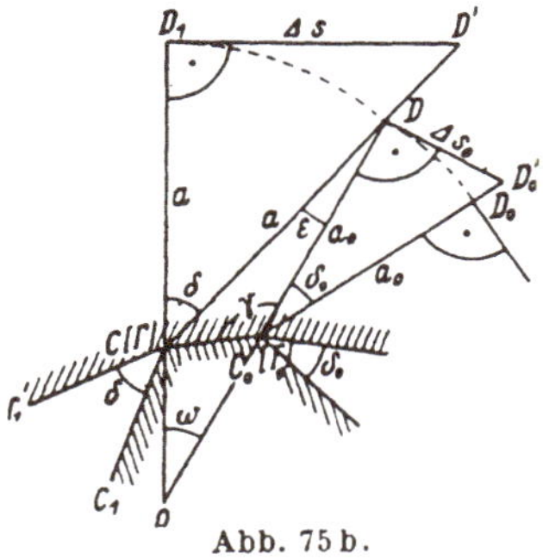

Abb. 75 b.

$$\omega = \delta - \varepsilon. \tag{10}$$

In dem Dreieck $D'D_1C$ ist

$$D'D_1 = \Delta s = a \operatorname{tg} \delta. \tag{11}$$

Im Dreieck CC_0D ist, mit $\sphericalangle CC_0D = \gamma$; $CC_0 = \Delta S$:

$$\sin \varepsilon / \Delta S = \sin \gamma / a. \tag{12}$$

Läßt man nun die Punkte $C_1, C_2, \ldots \Gamma_1, \Gamma_2 \ldots$ der Polkurven unbegrenzt dem Punkt C (bzw. Γ) sich nähern, so geht δ in die Differenz der Kontingenzwinkel der Kurven (C), (Γ) in C (bzw. Γ) über, ΔS in das gemeinsame Kurvenelement, und es wird [Art. 12 (1)]

$$\lim \frac{\delta}{\Delta S} = \frac{1}{R} - \frac{1}{P} = \frac{1}{c}, \tag{13}$$

wo R, P die Krümmungshalbmesser der Polkurven sind, c also eine Konstante (für den augenblicklichen Berührungspunkt) ist. Die Beziehungen (11), (12) gehen über in:

$$\lim \frac{\Delta s}{\operatorname{tg}\delta} = \lim \frac{\Delta s}{\delta} = a; \quad \lim \frac{\sin \varepsilon}{\Delta S} = \lim \frac{\varepsilon}{\Delta S} = \frac{\sin \gamma}{a}. \tag{14}$$

Da beim Übergang zu verschwindend kleinen Werten $\delta_0, \delta, \ldots$ die Tangentenabschnitte Δs_0, $\Delta s, \ldots$ mit den Sehnen D_0D, $DD_1, \ldots$ zusammenfallen, so sind Δs_0, Δs, ... als Bogenelemente der Bahnkurve von D anzusprechen. Dann aber geht, weil die Radien OD, OD_1 auf zwei aufeinanderfolgenden Linienelementen senkrecht stehen, ω in den Kontingenzwinkel der Bahnkurve D über. Ist dann ϱ der Krümmungshalbmesser, so wird

$$\varrho = \lim \frac{\Delta s}{\omega} = \lim \frac{\Delta s}{\delta - \varepsilon} = \lim \frac{\Delta s}{\delta} \cdot \frac{\delta}{\delta - \varepsilon} = a \lim \frac{\delta/\varepsilon}{\delta/\varepsilon - 1}. \quad (15)$$

Hieraus bestimmt sich

$$\lim \delta/\varepsilon = \frac{\varrho}{\varrho - a}. \quad (16)$$

Mit (13) wird

$$\frac{1}{c} = \lim \frac{\varepsilon}{\Delta S} \cdot \frac{\delta}{\varepsilon} = \frac{\sin\gamma}{a} \lim \frac{\delta}{\varepsilon} = \frac{\sin\gamma}{a} \frac{\varrho}{\varrho - a}.$$

Aus der so erhaltenen Beziehung

$$\frac{1}{a} \frac{\varrho}{\varrho - a} = \frac{1}{\sin\gamma} \left(\frac{1}{R} - \frac{1}{P}\right) = \frac{1}{c \sin\gamma} \quad (17)$$

läßt sich der Krümmungshalbmesser ϱ der Bahnkurve (D) berechnen oder, wie folgt, konstruieren.

Es gibt auf der Geraden $\overline{CD}$ einen Punkt E, für den der Krümmungshalbmesser ϱ unendlich groß wird, das zugehörige Bahnelement also einen Wendepunkt besitzt. Sein Abstand $a = c$ von C bestimmt sich aus (17), indem man $\varrho = \infty$ setzt, wodurch (17) übergeht in:

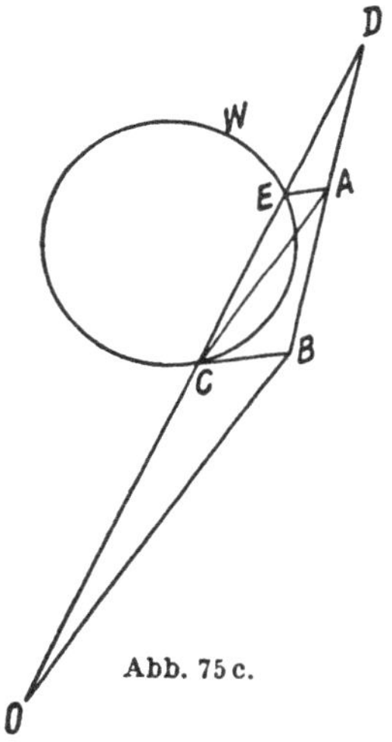

Abb. 75c.

$$\frac{1}{a} = \frac{1}{c \sin\gamma},$$

und hiermit

$$\frac{1}{a} \frac{\varrho}{\varrho - a} = \frac{1}{a}. \quad (18)$$

Die Gleichung

$$a = c \sin\gamma \quad (19)$$

gibt für jeden Wert von γ einen solchen für den Abstand a; alle diese Punkte liegen (19) auf einem Kreise, der durch den augenblicklichen Drehpol C — den Geschwindigkeitspol — hindurchgeht und dort die beiden Polkurven berührt. Man nennt ihn den (zu C gehörigen) Wendekreis, weil die Bahnkurven seine Punkte zu Wendepunkten haben. Die Konstante c, die den Durchmesser bestimmt, hängt mit den Krümmungshalbmesser der Kurven (C), (Γ) an der Stelle C durch die Gleichung (13) zusammen. Wir kommen unten in anderem Zusammenhang auf ihn noch einmal zurück (Art. 45).

Mit Hilfe des Wendekreises konstruiert man nun den Krümmungshalbmesser in D wie folgt.

Ist[1]) in Abb. 75c C der Geschwindigkeitspol, W der Wendekreis, D der Bahnpunkt, dessen Krümmungshalbmesser ϱ gesucht ist; schneidet $\overline{CD} = a$ den Wendekreis in E, so nehme man beliebig Punkt A an, ziehe $CB \parallel EA$; $OB \parallel CA$. Dann ist $\overline{OD} = \varrho$ der gesuchte Krümmungshalbmesser. Denn es folgt: $\overline{CD} : \overline{CE} = \overline{BD} : \overline{BA} = \overline{OD} : \overline{OC}$ oder $a : a = \varrho : (\varrho - a)$, wie die Gleichung (18) es verlangt.

39. Hüllbahnen.

Nach dem Vorstehenden beschreibt ein Punkt D, der mit der beweglichen Polkurve (Γ) fest verbunden ist, eine Art Hüllbahn. Dies gilt auch von jeder mit (Γ) fest verbundenen Kurve (Φ). Denn ein Linienelement $\Delta\sigma_0$ der Kurve (Φ), das auf seiner Verbindungslinie mit dem Momentanzentrum C_0 (Γ_0) senkrecht steht — man findet es, indem man die Lote von Γ_0 auf die Kurve (Φ) fällt — gleitet bei der Drehung um C_0 längs eines Kurvenelementes Δs_0 der festen Ebene. Da auch zu dem Nachbarpunkt C_1 von C_0 wieder ein Nachbarelement $\Delta\sigma_1$ zu $\Delta\sigma_0$ gefunden werden kann, das auf seiner Verbindungslinie mit C_1 senkrecht steht, wozu dann wieder ein Linienelement Δs_1 gehört, das bei der Drehung um C_1 durch Gleiten von $\Delta\sigma_1$ beschrieben wird, so erhält man ein System von Elementen Δs_0, $\Delta s_1, \ldots$, die sich zu einer von der Kurve (Φ) eingehüllten Kurve (F) zusammenschließen.

Zwischen den Krümmungshalbmessern der Kurven (F) und (Φ) in entsprechenden Punkten und denen der Kurven (C), (Γ) besteht nun ein bemerkenswerter Zusammenhang, den ich aus den Abb. (76), (77) entwickeln will.

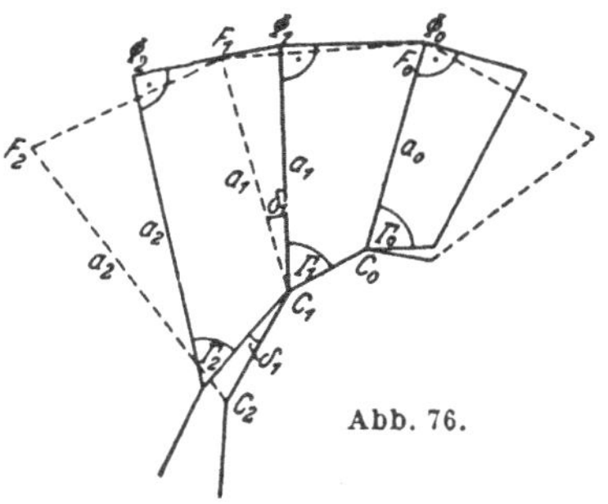

Abb. 76.

Wir gehen von den Kurven (Φ), (F), (C), (Γ) zunächst wieder zu Polygonen zurück. Wir machen diese alle von dem Polygon der Φ abhängig, indem wir die Kurven (Φ), (C), (Γ) als gegeben ansehen und auf ihnen die Eckpunkte der Polygone der obigen Annahme gemäß bestimmen: Zu den auf der Kurve (Φ) angenommenen Punkten Φ_0, Φ_1, $\Phi_2, \ldots$ konstruiere man das Polygon der Γ, indem man auf den Seiten $\overline{\Phi_0\Phi_1}$, $\overline{\Phi_1\Phi_2}$, $\overline{\Phi_2\Phi_3}, \ldots$ bzw. in den Punkten Φ_1, $\Phi_2, \ldots$ Lote errichtet[2]) und diese mit der Kurve (Γ) in denjenigen Punkten schneidet, die beim Zusammenfallen der Punkte $\Phi_0, \ldots$ in die zugehörigen Punkte der Kurve (Γ) übergehen. Zu dem so erhaltenen Polygon

[1]) Hütte I, S. 256 (1925, 25. Aufl.).

[2]) In den Abb. 76, 77 bezeichnen wir rechte Winkel, wie $\Phi_0\Phi_1\Gamma_1$, $\Phi_1\Phi_2\Gamma_2$ bzw. $\Phi_0\Phi\Gamma$ usw. durch einen Kreisquadranten mit eingesetztem Punkt.

$\Gamma_0 \Gamma_1 \Gamma_2 \Gamma_3 \ldots$ konstruiere man (Abb. 76) die Punkte C_0, C_1, C_2, $C_3 \ldots$ des Polygons der C, indem man die Seitenlängen $\overline{C_0 C_1} = \overline{\Gamma_0 \Gamma_1}$; $\overline{C_1 C_2} = \overline{\Gamma_1 \Gamma_2} \ldots$ als Sehnen auf der Kurve (C) abträgt. — Die Differenzen der sich ergebenden Polygonwinkel $\sphericalangle \Gamma_0 \Gamma_1 \Gamma_2 - \sphericalangle C_0 C_1 C_2 = \delta_1$, $\sphericalangle \Gamma_1 \Gamma_2 \Gamma_3 - \sphericalangle C_1 C_2 C_3 = \delta_2$, usw., liefern die Winkel δ, die das Polygon der Punkte F geben. Einen Eckpunkt nämlich F des Polygons der F erhält man, indem man (Abb. 76) den Winkel $C_0 \Gamma_1 \Phi_1 = \Gamma_1$ um den Drehwinkel $\delta_1 = \sphericalangle \Gamma_0 \Gamma_1 \Gamma_2 - \sphericalangle C_0 C_1 C_2$ vergrößert, $\Gamma_1 + \delta_1$ an $\overline{\Gamma_1 \Gamma_2}$ anlegt und auf dem freien Schenkel die Länge $\overline{\Gamma_1 F_1} = \overline{\Gamma_1 \Phi_1} = a_1$ abschneidet usw. — Bezüglich des Folgenden s. d. Abb. 77, wo der einfacheren Schreibweise wegen die Ecke Φ_1 des Polygons der Φ mit Φ bezeichnet werden möge, wie wir auch an den Polygonen der C, der Γ, der F den unteren Index 1 an der entprechenden Ecke unterdrücken wollen.

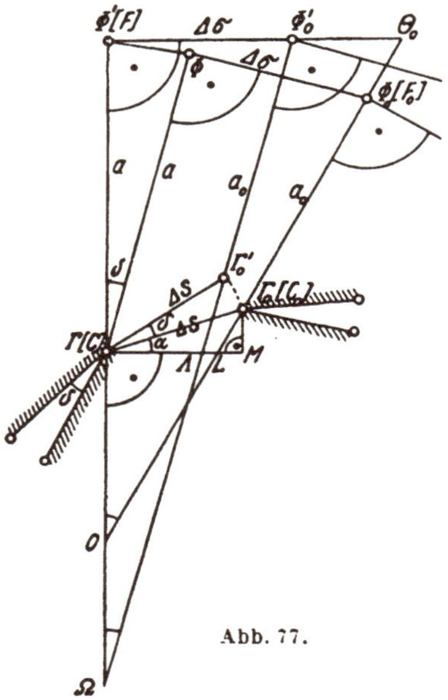

Abb. 77.

Das der beweglichen Ebene angehörige Viereck $\Gamma \Gamma_0 \Phi_0 \Phi$, wo $\Gamma \Phi = a$ und $\sphericalangle \Phi_0 \Phi \Gamma$ ein Rechter ist, werde durch Drehung um den Pol $C[\Gamma]$ durch den Winkel $\delta = \Phi \Gamma \Phi'$ in die Lage $\Gamma \Gamma_0' \Phi_0' \Phi'$ übergeführt, wo nun als $\sphericalangle \Phi_0' \Phi' \Gamma$ ein rechter Winkel ist. Verlängert man $\Gamma_0 \Phi_0$ rückwärts bis zum Schnitt O mit $\overline{\Phi' \Gamma}$ und anderseits bis zum Schnitt Θ_0 mit $\Phi' \Phi_0'$, verlängert man ebenso die Seite $\overline{\Phi_0' \Gamma_0'}$ bis zu ihrem Schnitt Ω mit $\overline{\Phi' \Gamma}$, errichtet in Γ zu $\overline{\Phi' \Omega}$ ein Lot, das die Geraden $\overline{\Phi_0' \Omega}$ in Λ, $\overline{\Theta_0 O}$ in L treffen möge, und verlängert es bis zu dem Punkt M, wo $\Gamma_0 M \perp \Gamma M$ ist, so bestehen die zwei Proportionen

$$\frac{\overline{\Phi' \Phi_0'}}{\overline{\Gamma \Lambda}} = \frac{\overline{\Phi' \Omega}}{\overline{\Gamma \Omega}}; \quad \frac{\overline{\Phi' \Theta_0}}{\overline{\Gamma L}} = \frac{\overline{\Phi' O}}{\overline{\Gamma O}} \tag{1}$$

Wir wollen diese Gleichungen zur Grenze überführen, indem wir annehmen, daß die Elemente der Kurve (Φ): $\overline{\Phi_0 \Phi}$, $\overline{\Phi \Phi_2}$, $\overline{\Phi_2 \Phi_3} \ldots$, also insbesondere die Länge

$$\overline{\Phi_0 \Phi} = \overline{\Phi_0' \Phi'} = \Delta \sigma \tag{2}$$

gegen Null konvergieren, womit zugleich, nach der oben gemachten Annahme, die Seitenlängen

$$\overline{C C_0} = \overline{\Gamma \Gamma_0} = \Delta S \tag{3}$$

usw. der Polygone der C und der Γ gegen Null hin abnehmen[1]). Dabei geht $\Phi'\Phi_0' = \Delta\sigma$ in ein Element der Kurve (Φ) über, der Schnittpunkt Ω von zwei konsekutiven Normalen in den Krümmungsmittelpunkt zu dem Punkt Φ und

$$\overline{\Phi'\Omega} = \varrho \qquad (4)$$

in den zugehörigen Krümmungshalbmesser der Kurve (Φ).

Die Kurve (F) hat nach Früherem (S. 165) mit der erzeugenden Kurve (Φ) in Φ die Normale $F\Gamma$ gemeinsam. Ebenso wird beim Grenzübergang die Gerade F_0C_0 zur Normalen von (F) in dem Punkt Φ_0, der dem Punkt Φ voraufgeht. Der Schnittpunkt O der beiden konsekutiven Normalen wird so zum Krümmungsmittelpunkt der Kurve (F) für den Punkt $\Phi'[F]$, das Element $\overline{\Phi'\Theta_0}$, das auf der Tangente in $\Phi'[F]$ von zwei konsekutiven Normalen abgeschnitten wird, zu einem Element der Kurve (F). Wir bezeichnen es mit Δs, den Krümmungshalbmesser $\overline{OF}$ an der Stelle F mit r. Hiermit wird, wenn $O = \sphericalangle\Theta_0 O\Phi'$ ist,

$$\overline{\Phi'\Theta_0} = \Delta s = r\sin O. \qquad (5)$$

Nun sind noch die Größen $\overline{\Gamma L}$ und $\overline{\Gamma\Lambda}$ durch $\overline{\Gamma M} = \Delta S \cdot \cos\alpha$ auszudrücken, wenn unter α der Winkel $\alpha = \sphericalangle\Gamma_0\Gamma M$ verstanden wird.

Wegen Ähnlichkeit der Dreiecke ΓLO und $ML\Gamma_0$ ist

$$\overline{\Gamma L}/\overline{\Gamma O} = \overline{LM}/\overline{\Gamma_0 M}$$

oder

$$\overline{\Gamma L}\cdot\overline{\Gamma_0 M} = \overline{\Gamma O}\cdot\overline{LM} = \overline{\Gamma O}\,(\overline{\Gamma M} - \overline{\Gamma L}),$$

woraus $\overline{\Gamma L}\,(\overline{\Gamma_0 M}/\overline{\Gamma O} + 1) = \overline{\Gamma M}$ folgt. Nun ist

$$\overline{\Gamma_0 M} = \overline{\Gamma\Gamma_0}\sin\alpha = \Delta S\cdot\sin\alpha;\quad \overline{\Gamma M} = \Delta S\cdot\cos\alpha,$$

ferner

$$\overline{\Gamma O} = r - a, \qquad (6)$$

---

[1]) Dies beweist man rechnerisch wie folgt: In dem rechtwinkligen Dreieck $\Omega\Phi_0'\Phi'$ ist $\overline{\Omega\Phi_0'}\sin\Omega = \overline{\Phi'\Phi_0'}$. Anderseits ist $\overline{\Omega\Phi_0'} = a_0 + \overline{\Omega\Gamma_0'}$, wo in dem Dreieck $\Omega\Gamma_0'\Gamma$ die Beziehung besteht — $\sphericalangle\Gamma_0\Gamma M = \alpha$ gesetzt —

$$\overline{\Omega\Gamma_0'}/\overline{\Gamma\Gamma_0'} = \overline{\Omega\Gamma_0'}/\Delta S = \sin\left(\tfrac{\pi}{2} + \alpha + \delta\right)/\sin\Omega \text{ oder } \overline{\Omega\Gamma_0'}\sin\Omega = \Delta S\cos(\delta + \alpha).$$

Damit wird $\overline{\Omega\Phi_0'}\sin\Omega = \overline{\Phi'\Phi_0'} = \Delta\sigma = a_0\sin\Omega + \Delta S\cos(\delta + \alpha)$, oder weil, mit $\overline{\Omega\Phi'} = \varrho$, $\sin\Omega = \Delta\sigma\cos\Omega/\varrho$ ist,

$$\Delta\sigma\left(1 - \frac{a_0\cos\Omega}{\varrho}\right) = \Delta S\cdot\cos(\delta + \alpha) \qquad (3a)$$

Mit der unbegrenzten Abnahme des Elements $\Delta\sigma$ der Kurven Φ ist daher die des Elementes ΔS der Kurven (C), (Γ) verbunden, da in (3a) die anderen Faktoren endlich bleiben, w. z. b. w.

daher endlich wird aus $\overline{\Gamma L} = \Delta S \cdot \cos a / [1 + \Delta S \sin a / (r - a)]$, beim Übergang zur Grenze

$$\lim \overline{\Gamma L} / \Delta S = \cos a. \tag{7}$$

In dem Dreieck $\Gamma \Lambda \Gamma_0'$ ist mit $\Omega = \sphericalangle \Phi_0' \Omega \Phi'$ der Winkel bei Λ gleich $\frac{\pi}{2} + \Omega$, der bei Γ gleich $a + \delta$. Daher ist

$$\overline{\Gamma \Lambda} / \overline{\Gamma \Gamma_0'} = \sin\left(\frac{\pi}{2} - \Omega - a - \delta\right) \Big/ \sin\left(\frac{\pi}{2} + \Omega\right);$$

also, wegen $\overline{\Gamma \Gamma_0'} = \Delta S$, $\overline{\Gamma \Lambda} = \Delta S \cdot \cos(\Omega + a + \delta) / \cos \Omega$, eine Beziehung, die beim Grenzübergang zu:

$$\lim \overline{\Gamma \Lambda} / \Delta S = \cos a \tag{8}$$

wird.

Mittels der Beziehungen (2) bis (8) gehen nunmehr die Gleichungen (1) beim Übergang zur Grenze über in:

$$\frac{\Delta \sigma}{\Delta S \cdot \sin \gamma} = \frac{\varrho}{\varrho - a}; \quad \frac{\Delta s}{\Delta S \cdot \sin \gamma} = \frac{r}{r - a}, \tag{9}$$

wenn für den Winkel a der Winkel $\gamma = \frac{\pi}{2} - a$ eingeführt wird.

Zieht man die beiden Gleichungen (9) voneinander ab, so erhält man

$$\frac{\Delta s - \Delta \sigma}{\Delta S \sin \gamma} = \frac{r}{r - a} - \frac{\varrho}{\varrho - a} = a\left(\frac{1}{r - a} - \frac{1}{\varrho - a}\right).$$

Nun mißt die Differenz $\Delta s - \Delta \sigma$ der Bogenelemente der Kurven F und Φ an der Stelle $F[\Phi]$ die Verschiebung $\overline{\Phi \Phi'}$, welche der Punkt Φ bei der Drehung um C erleidet: $\overline{\Phi \Phi'} = a\delta$, wo δ (wie oben) die Differenz der Kontingenzwinkel der Kurven (C) und (Γ) in $C[\Gamma]$ ist. Drückt man diese durch die entsprechenden Krümmungshalbmesser aus, so wird $\frac{\Delta s - \Delta \sigma}{\Delta S} = \frac{a\delta}{\Delta S} = \left(\frac{1}{R} - \frac{1}{P}\right) a$, wenn R und P bzw. die Krümmungshalbmesser der Kurven (C) und (Γ) in $C[\Gamma]$ sind. Damit ergibt sich endlich die »Euler-Savarysche Formel«[1]), eine Beziehung zwischen den Krümmungshalbmessern ϱ, r der »Hüllkurven« (Φ), (F) (s. unten) und den Krümmungshalbmessern R, P, der Polbahnen (C) (Γ):

$$\frac{1}{R} - \frac{1}{P} = \sin \gamma \left(\frac{1}{r - a} - \frac{1}{\varrho - a}\right)^{2)} \tag{10}$$

[1]) Von Euler in den Nov. Comm. Petrop. 11 (1765), p. 219 mitgeteilt; von Savary wiedergefunden.

[2]) In dieser Formel ändert sich das Vorzeichen des Krümmungshalbmessers P, wenn der Krümmungsmittelpunkt von Γ auf die andere Seite des entsprechenden Linienelements rückt, weil dann δ nicht die Differenz, sondern die Summe der Kontingenzwinkel von (C) und (Γ) ist.

Wenn also beim Abrollen einer Kurve (Γ) auf einer Kurve (C) ohne Gleiten eine mit (Γ) fest verbundene Kurve (Φ) die Kurve (F) umhüllt, so besteht an jeder Stelle der Bahn zwischen den Krümmungshalbmessern P, R, ϱ, r, bzw. der Kurven (Γ), (C), (Φ), (F), dem Abstand a der beiden Berührungsstellen (Abb. 78) und dem Winkel γ der Verbindungslinie a gegen die gemeinsame Tangente von (Γ) und (C) die Beziehung (10).

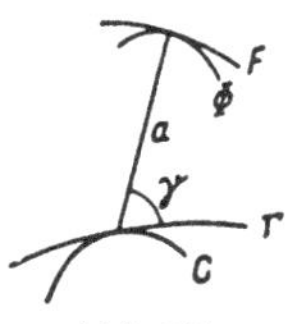

Abb. 78.

Geht die mit der Polkurve Γ fest verbundene Kurve Φ in einen Punkt über, so ergibt sich aus (10) mit $\varrho = 0$ die oben unmittelbar abgeleitete Formel (17) des Art. 38a.

Von den einander zugeordneten Hüllbahnen (F) und (Φ) ist, wenn die Polbahnen (C), (Γ) gegeben sind, eine durch die andere bestimmt, beide sind gleichberechtigt und vertauschen ihre Pole, wenn die von (Γ) und (C) sich vertauschen. Es gibt jedoch eine Kurve (auf die schon Comus 1733 in den Mém. de l'Acad. de Paris aufmerksam gemacht hat), die, durch eine der Hüllbahnen bestimmt, beiden Hüllbahnen gleichberechtigt gegenübersteht. Sind (Φ) und (Γ) gegeben, so hat diese Kurve (Π) die Eigenschaft, daß bei ihrem Abrollen auf (Γ) ein mit ihr fest verbundener Punkt D gerade die Kurve (Φ) beschreibt. Wir machen zum Beweise wieder die Annahme, daß die Polygone Φ_0, Φ, $\Phi_2 \ldots$ und Γ_0, Γ, $\Gamma_2 \ldots$ die Kurven (Φ), (Γ) vertreten, bedienen uns jedoch einer Zuordnung, die erst beim Grenzübergang mit der auf S. 165 gewählten übereinstimmt.

Es sei wieder (Abb. 79) das Polygon $\Phi_0 \Phi \Phi_2 \ldots$ gegeben. Dann verwende man als Polygonpunkte Γ diejenigen Punkte der Kurve (Γ), die sich als Schnittpunkte von (Γ) mit den Mittelloten über den Seiten $\overline{\Phi_0\Phi}$, $\overline{\Phi\Phi_2}$, $\overline{\Phi_2\Phi_3}, \ldots$ ergeben, so daß also $\overline{\Phi_0\Gamma_0} = \overline{\Phi\Gamma_0} = a_0$; $\overline{\Phi\Gamma} = \overline{\Phi_2\Gamma} = a$; $\overline{\Phi_2\Gamma_2} = \overline{\Phi_3\Gamma_2} = a_2$; $\overline{\Phi_3\Gamma_3} = \overline{\Phi_4\Gamma_3} = a_3; \ldots$ je gleichschenklige Dreiecke bilden. Macht man dann Φ_0 zum Punkt D, so erhält man das gesuchte Polygon Π in folgender Weise.

Man konstruiere mit den Seiten a_0; $\overline{\Pi_0\Pi} = \overline{\Gamma_0\Gamma}$ und a ein an a_0 anschließendes Dreieck; man lehne an dieses ein zweites an, dessen Seiten a; $\overline{\Pi\Pi_2} = \overline{\Gamma\Gamma_2}$; a_2 sind, usw. Man erhält so als Folge der der Reihe nach benutzten Längen $\overline{\Gamma_i\Gamma_{i+1}}$ einen Linienzug $\Pi_0 \Pi \Pi_2 \Pi_3 \ldots$ (eben das gesuchte Polygon Π), dessen Abrollen auf dem Polygon Γ bewirkt, daß der mit Π fest verbundene Punkt D das Polygon Φ (oder vielmehr Kreisbögen, deren Sehnen seine Seiten sind) beschreibt. Ebenso wie das Polygon Π im Anschluß an die Polygone Γ und Φ konstruiert wurde, kann man ein Polygon P im Anschluß an die Polygone C und F herstellen. Hier sind die bei der Konstruktion der Dreiecke zu verwendenden Seitenlängen der Polygone C, Γ einander entsprechend gleich: $\overline{C_0C} = \overline{\Gamma_0\Gamma}$; usw. Aber auch die anderen Seiten dieser Dreiecke stimmen für die Kurve

(P) mit denen für die Kurve (Π) überein. Denn z. B. $a_0 = \overline{\Gamma_0 \Phi_0}$ verbindet mit Γ_0 (oder C_0) die Anfangslage F_0 (vor der Drehung um Γ_0) des Eckpunktes Φ_0, es ist also $a_0 = \overline{C_0 F_0}$; anderseits ist aber auch (Abb. 79) $a_0 = \overline{\Gamma_0 \Phi}$, d. h. a_0 geht auch nach der Endlage F des Eckpunktes Φ, daher ist auch $a_0 = \overline{C_0 F} = \overline{\Gamma_0' \Phi_0'}$ der Abb. 77. Da somit die Konstruktionselemente für die Polygone Π und P übereinstimmen, stimmen diese selbst überein. Daß dies dann auch für die Kurven der Fall ist, die aus Φ und P entstehen, wenn Γ und Φ aus Polygonen in Kurven übergehen, liegt auf der Hand, könnte aber auch mit Hilfe der Euler-Savaryschen Formel bewiesen werden, indem man die Gleichheit ihrer Krümmungshalbmesser nachweist. Dieselbe Kurve $(P) = (\Pi)$ also, rollend einmal auf der Polbahn (C), dann auf der Polbahn (Γ), erzeugt durch einen mit ihr fest verbundenen Punkt D bei gleicher Anfangslage eine Kurve (F) bzw. (Φ), von denen die eine beim Abrollen von (Γ) auf (C) von der andern umhüllt wird. (P) nennt Burmester (Kinematik I, S. 177) die Hilfsrollkurve. Sie dient zur Bestimmung zusammengehöriger Hüllbahnen (F), (Φ) bei gegebenen Rollkurven (C) und (Γ) und läßt sich insbesondere für die Konstruktion von Zahnrädern verwenden.

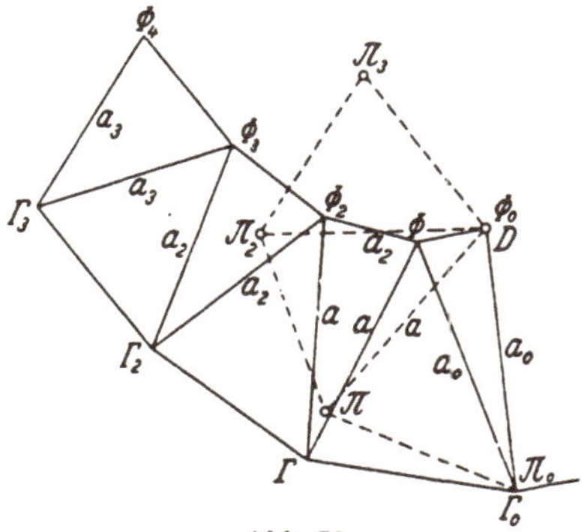

Abb. 79.

Zahnräder sind Mechanismen, die zur Übertragung von Arbeitsleistung von Welle zu Welle dienen, vermittelt durch Kreisräder, die aufeinander rollen, ohne zu gleiten. Diese Forderung wird mit Hilfe von Zähnen erfüllt, deren Profile Kurven sind, (erzeugt durch den Schnitt mit einer Normalebene zu den Wellen) die die Rolle der Hüllbahnen spielen. Nimmt man in der Profilebene die Kurve (P) irgendwie an, so erzeugt ein mit ihr fest verbundener Punkt D, wenn man für die beiden Polkurven (C), (Γ) Kreise verwendet, Hüllkurven, die als Zahnprofile (Kurven (Φ), (F)) dienen können. So erzeugt eine Gerade, für (P) genommen, beiderseits Kreisevolventen; ein Kreis (P) erzeugt einerseits eine Epizykloide, anderseits eine Hypozykloide usw.

Da beim Gleiten der Kurvenelemente $\Delta\sigma$ und Δs der Kurven (Φ) und (F) aufeinander Reibung zu überwinden ist, die wegen des damit verbundenen Kraftverbrauches und der Abnützung schädlich ist, so ist bei der Konstruktion der Zahnräder darauf zu achten, daß das Maß für das Gleiten, das die Differenz $\Delta s - \Delta\sigma = a \cdot \delta$ ergibt, möglichst klein gehalten wird. Um den Faktor a, den Fahrstrahl vom Berührungspunkt nach dem Momentanzentrum, klein zu halten, ersetzt man das

Kurvenpaar (Φ), (F) durch eine Anzahl kongruenter solcher, die man auf dem Radkranz so verteilt, daß sie von diesem nicht zu weit entfernt sind, und daß sie in stetiger Folge eines das andere ablöst. Wir müssen uns versagen, näher auf die Theorie der Zahnräder einzugehen und verweisen deshalb auf die ausführliche Darstellung in Burmesters Kinematik (Leipzig 1888).

40. Bewegung einer Kugelfläche in sich (Drehung um einen festen Punkt).

Die bisher behandelte Bewegung eines ebenen Punktsystems in einem anderen läßt sich auch auffassen als die eines starren zylindrischen Körpers von der Art, daß die Ebene jedes Querschnittes in sich selbst verschoben wird. Dabei behält der im Unendlichen gelegene Schnittpunkt aller Senkrechten auf dem Querschnitt seine Lage. Die nächstallgemeine Bewegung ist die Drehung eines Systems um einen im Raum festen e n d l i c h e n Punkt. Um sie zu beschreiben, legen wir um diesen Punkt O als Mittelpunkt eine Kugelfläche vom Halbmesser 1, die im Raum festliegt, und verbinden mit dem beweglichen starren System eine andere Kugelfläche um O mit dem (nahezu) gleichen Halbmesser 1, die die feste Kugel gerade umschließt. Damit ist die Drehbewegung des Systems um O zurückgeführt auf d a s G l e i t e n e i n e r K u g e l f l ä c h e a u f e i n e r a n d e r e n, also auf Fragen der sphärischen Geometrie, für die nun die Vergleichung mit dem vorher behandelten ebenen Problem nahe liegt.

Sind (Abb. 80) A und B zwei auf der beweglichen Kugel liegende Punkte, die durch ein Stück $\overline{AB}$ eines größten Kreises der Kugel verbunden sind, so läßt sich die Bewegung der losen Kugelfläche auf der festen durch die Bewegung der Linie AB beschreiben, die nun ihrerseits geometrisch bestimmt werden kann durch zwei sphärische Kurven (A), (B), auf denen die Endpunkte gleiten. Man kann diese Kurven zunächst wieder (Abb. 80) als Polygone aus Stücken von größten Kreisbögen wie AA', BB', ... betrachten, für die sich (ähnlich wie in der Ebene) durch Konstruktion mittels größter Kreise (welche die geraden Linien dort vertreten) ein Momentanzentrum C (Γ) auf der Kugeloberfläche finden läßt so, daß durch Drehung um dieses oder genauer um die Achse OC zugleich A in A' und B in B' übergehen. Denn

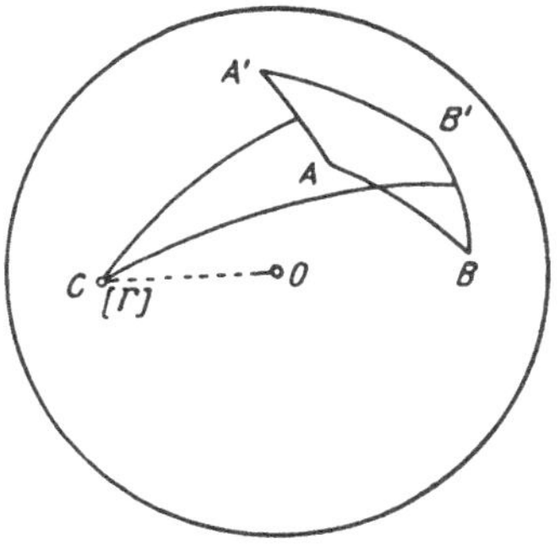

Abb. 80.

errichtet man auf den größten Kreisbögen $\overline{AA'}$, $\overline{BB'}$ Mittellote — ebenfalls größte Kreise — die sich in C schneiden, verbindet C mit A, A', B, B' durch größte Kreise, so entstehen sphärische Dreiecke, deren

Kongruenz sich wieder ebenso nachweisen läßt wie im Falle der Ebene. Zu jeder Lageänderung also, die ein um einen festen Punkt drehbarer Körper erfahren kann, läßt sich eine durch diesen Punkt gehende »Momentanachse« finden derart, daß eine Drehung um sie dieselbe Lageänderung bewirkt. Konstruiert man dann weiter zu $\overline{A'B'}$ und einer dritten Lage $\overline{A''B''}$ usw. je das Momentanzentrum $C' = \Gamma'$; $C'' = \Gamma''$; ... so erhält man zwei sphärische Polygone $CC'C''\ldots$ und $\Gamma\Gamma'\Gamma''\ldots$ bzw. auf der festen und der beweglichen Kugel, deren Abrollen aufeinander die Bewegung der Strecke $\overline{AB}$ ersetzt. Dabei müssen in den Polygonen (C), (Γ) entsprechende Seiten wieder gleich groß sein, während die Polygonwinkel im allgemeinen verschieden sind. Läßt man die Polygonseiten an Länge unbegrenzt ab- und an Zahl zunehmen, so gehen in der Grenze die Polygone in die Kurven (C), (Γ) auf der festen und beweglichen Kugel über, und man kann die drehende Bewegung des starren Körpers um den Punkt O beschreiben durch das Abrollen ohne Gleiten der sphärischen Kurven (C) und (Γ) aufeinander, eine Bewegung, die sich auch ersetzen läßt durch das Abrollen ohne Gleiten zweier Kegel aufeinander, die mit der gemeinsamen Spitze in O über den Kurven (C) und (Γ) stehen.

Abb. 81.

Hierauf läßt sich die Bewegung des »Hookeschen Schlüssels« (Kugelgelenk, Cardanisches Gelenk) zurückführen, ein bei gewissen landwirtschaftlichen Maschinen gebräuchlicher Mechanismus, der dazu dient, die Rotation um eine Welle p auf die um eine gegen sie geneigte Welle q, die sie schneidet, oder bei zweimaliger Verwendung auf eine parallele, zu übertragen. Der Apparat besteht aus einem rechtwinkligen Kreuz $ABCD$ (Abb. 82) mit gleichlangen Armen, dessen Mittelpunkt O im geometrischen Schnittpunkt der beiden Wellenachsen p, q liegt. A und C sind durch Gelenke mit einer Gabel verbunden, die ihrerseits fest auf der Welle p sitzt, so daß $\overline{AC}$ auf p senkrecht steht. Ebenso ist $\overline{BD} \perp q$. Dreht sich nun die eine Welle, so dreht sich auch die andere. Und zwar beschreiben A und C Bögen eines Kreises, der auf p senkrecht steht, und nötigen damit auch die Punkte B und D, die mit A und C starr verbunden sind, zum Beschreiben eines Kreises, der auf q senkrecht steht. A, B, C, D bewegen sich also auf der Oberfläche einer Kugel mit dem Mittelpunkt O, und zwar auf größten Kreisen. Greift man die Punkte A und B heraus, so ist ihr sphärischer Abstand $\overline{AB}$ (längs eines größten Kreises gemessen) konstant. Die Großkreise,

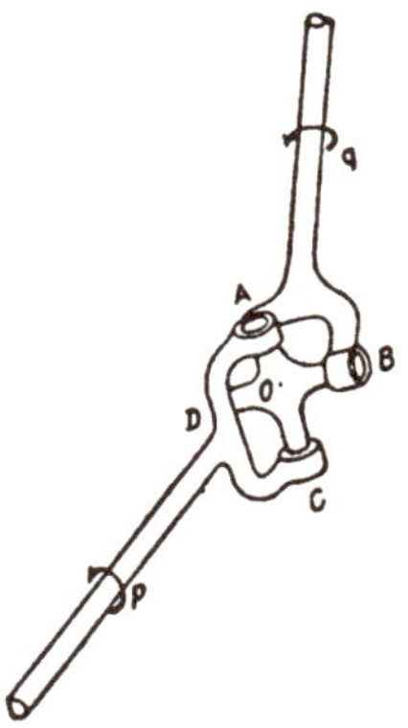

Abb. 82.

auf denen sich die Endpunkte A, B bewegen, sind in ihrer gegenseitigen Lage bestimmt durch den Winkel W, den die Achsen p, q miteinander bilden (Abb. 83). Wenn nun A auf dem Großkreis $\overline{AW}$ sich etwa mit gleichförmiger Geschwindigkeit fortbewegt, ist dies mit B auf dem $\overline{BW}$ keineswegs der Fall. Da in dem sphärischen Dreieck ABW die Seite $\overline{AB} = \frac{\pi}{2}$ ist (nach Annahme), so liefert der Kosinussatz zwischen den Seiten $\overline{AW} = a$; $\overline{BW} = b$ und dem Winkel W, der der Seite $\overline{AB} = w = \frac{\pi}{2}$ gegenübersteht, die Relation:

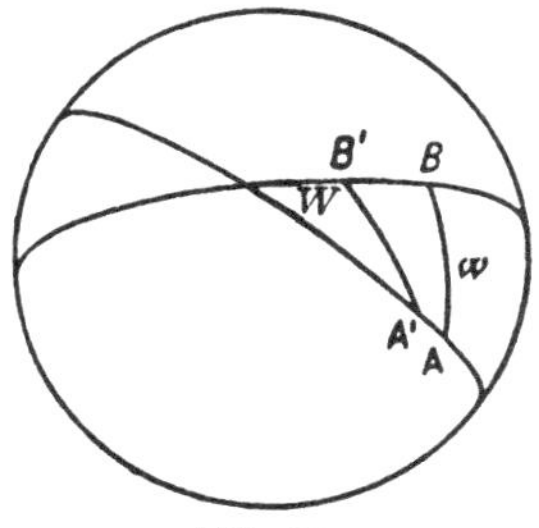

Abb. 83.

$$\cos w = 0 = \cos a \cos b + \sin a \sin b \cos W,$$

oder

$$\operatorname{tg} a \operatorname{tg} b + \frac{1}{\cos W} = 0. \tag{1}$$

Differenziert man diese Gleichung unter der Annahme, daß W konstant ist, so kommt

$$\dot{a} \sin 2b + \dot{b} \sin 2a = 0. \tag{2}$$

Dreht sich nun die Welle p gleichförmig, d. h. ist $\dot{a}$ = konst., so hat, wenn man in (2) statt b den Winkel W einführt, wegen

$$\sin 2b = \frac{2 \operatorname{tg} b}{1 + \operatorname{tg}^2 b},$$

die Welle q die Drehgeschwindigkeit

$$\dot{b} = \dot{a} \cdot \frac{\cos W}{1 - \sin^2 a \sin^2 W}.$$

Aus dieser Beziehung folgt insbesondere, daß für $W = \frac{\pi}{2}$, $\dot{b} = 0$ wird. Die Übertragung ist also unmöglich, wenn die Achsen p und q aufeinander senkrecht stehen. Dies erhellt auch aus allgemeinen Betrachtungen des folgenden Kapitels.

41. Die freie räumliche Bewegung.

Wir wenden uns endlich zur allgemeinsten Lageänderung eines starren Punktsystems im Raume. Zwei verschiedene Lagen wollen wir als »Anfangs-« und »Endlage« bezeichnen. Um die Überführung des Körpers aus der einen in die andere zu übersehen, führen wir ihn zunächst durch eine Parallelverschiebung aus der Anfangslage in eine solche Zwischenlage über, daß (mindestens) ein beliebig gewählter Punkt A bereits in seine Endlage A' kommt. »Parallelverschiebung« ist eine Bewegung, bei der alle Punkte des Körpers gleich große und gleichgerichtete Strecken durchlaufen. Dann ist nur noch eine Drehung um A' nötig, um den Körper aus der Zwischenlage in die Endlage zu bringen. Für diese Drehung gibt es nach früherem (Art. 40) eine bestimmte durch den Punkt A' gehende Achse, die »Momentanachse«. — Bei diesem Verfahren wird jener Punkt A des Körpers als Reduktionspunkt ausgezeichnet. Dies läßt sich folgendermaßen vermeiden: Legt man durch den Punkt A' senkrecht zur Momentanachse eine Schnittebene und macht diese zur Zeichenebene (Abb. 84), so läßt sich die Parallelverschiebung von A nach A' durch zwei Parallelverschiebungen ersetzen, von denen eine in Richtung der Momentanachse, also senkrecht zur Zeichenebene fällt — durch sie werde der Punkt A in den A_0 übergeführt, der ebenso wie A' in der Zeichenebene selbst liegt — und eine parallel zur Tafelebene, die den Punkt A_0 in die Endlage A' bringt. Bei dieser Verschiebung der Tafelebene in sich möge ein zweiter Punkt B_0 des Körpers, der in der Tafelebene liegt, in B_0' und dann, bei der Drehung des Körpers um die Momentanachse, die durch A' geht, B_0' in die Endlage B' übergehen. Die beiden letzten Bewegungen: die Parallelbewegung und die Drehung der Tafelebene in sich, können aber (nach Art. 37) durch Bestimmung des Momentanzentrums in der Zeichenebene zu einer einzigen Drehung vereinigt werden um eine Achse senkrecht zur Tafelebene, deren Schnittpunkt C mit dieser man erhält, wenn man die beiden Mittellote auf $\overline{A_0A'}$ und $\overline{B_0B'}$ zum Schnitt bringt. Hiermit ist die allgemeinste Lageänderung des Körpers zurückgeführt auf eine Parallelverschiebung senkrecht zur Tafelebene und eine Drehung um eine Achse durch den Punkt C, die ebenfalls senkrecht zur Tafelebene liegt. Sie möge Achse C heißen.

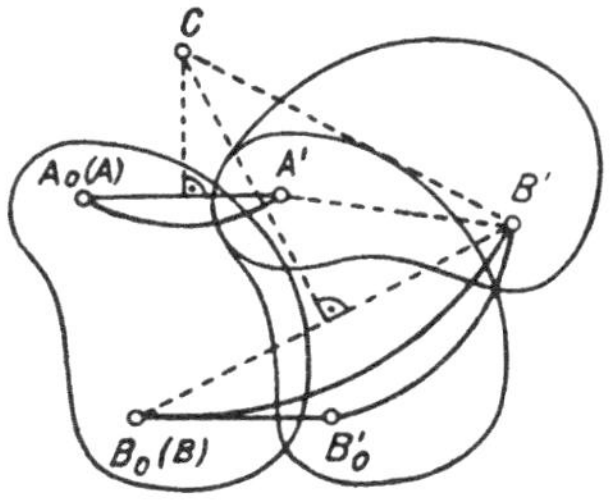

Abb. 84.

Die so gefundene Momentanachse C ist eindeutig bestimmt. Denn gäbe es noch eine andere Gerade Γ im Körper von der Eigenschaft, daß sie bei der Lageänderung des Körpers bloß in sich verschoben wird, wie die Achse C, so müßte sie durch die Parallelverschiebung in Richtung von C und die Drehung um C wieder in sich selbst übergehen. Dies ist weder bei einer gegen C geneigten noch bei einer zu ihr parallelen Geraden möglich, wenn sie nicht gerade einen geschlossenen Kreiszylinder beschreibt. Man gelangt also zu derselben Momentanachse C, wenn man einen anderen Reduktionspunkt benutzt. Somit:

Ein starrer Körper läßt sich aus einer Lage in eine beliebige andere davon verschiedene Lage überführen durch die Aufeinanderfolge:

1. einer Parallelverschiebung in einer gewissen Richtung;

2. einer Drehung (durch einen Winkel $< 2\pi$) um eine Achse, die dieselbe Richtung hat. Man kann diese beiden Bewegungen, die miteinander vertauschbar sind, zu einer Schraubung zusammensetzen, wobei die einzelnen Punkte des starren Körpers Schraubenlinien (von gleicher Ganghöhe) beschreiben, deren Achse C ist. Daher:

Ein starrer Körper kann aus einer Lage in jede andere durch Schraubung um eine Achse übergeführt werden.

Zu einer Reihe von aufeinanderfolgenden Lageänderungen eines starren Körpers im Raum gehört also eine Reihe von Momentanachsen $C, C', C'', \ldots$, im allgemeinen windschief zueinander gelegen, mit der entsprechenden Reihe von Achsen $\Gamma, \Gamma', \Gamma'', \ldots$, die mit dem Körper selbst fest verbunden sind. Die Bewegungen, die den Körper der Reihe nach in die gegebenen Lagen überführen, erfolgen dann so, daß bei der Schraubung um C (Γ) die Achse Γ' mit C', bei der Schraubung um C' (Γ') die Achse Γ'' mit C'' usw. zum Zusammenfallen gebracht werden, ähnlich wie bei der im Art. 38 beschriebenen ebenen Bewegung. Damit bei abwechselnder Drehung und Verschiebung ein Zusammenfallen möglich ist, müssen die Winkel, die 2 aufeinanderfolgende windschiefe Drehachsen miteinander bilden, und ihre kürzesten Abstände je im festen und im beweglichen System übereinstimmen, also z. B. $\sphericalangle(CC') = \sphericalangle(\Gamma\Gamma')$.

Geht man nun zu stetigen Lageänderungen (»Elementarbewegungen«) über, so bilden die Achsen C im Raum und die Achsen Γ im Körper je eine (im Allgemeinen) windschiefe Regelfläche. Die beiden bewegen sich dann so gegeneinander, daß immer eine Gerade der einen Fläche mit der Zugeordneten der anderen zusammenfällt. Da aber die Bewegungen aus unendlich kleinen Schraubungen bestehen, findet neben der Drehung gleichzeitig eine Verschiebung längs der Geraden statt. Die Flächen rollen nicht bloß aufeinander ab, sie gleiten gleichzeitig längs der gemeinschaftlichen Mantellinie. Eine solche Bewegung nennt man »Abschroten«.

Somit kann die allgemeinste stetige Bewegung eines starren Körpers im Raume ersetzt werden durch das »Abschroten« zweier (im allgemeinen) windschiefer Regelflächen aufeinander, von denen die eine im Raume, die andere im Körper fest ist.

Als Beispiel einer solchen Bewegung können die hyperbolischen Zahnräder dienen, zwei Umdrehungshyperboloide, die längs der Mantellinien eingeschnitten sind, so daß diese Zähne, wenn die Räder sich um ihre im Raum feste Achse drehen, je längs einer Mantellinie aufeinander gleiten, und so die Hyperboloide durch Abschroten aufeinander eine Drehbewegung um die eine Achse auf die andere zu ihr windschiefe übertragen.

Analytisch bestimmt sich die Bewegung eines starren Körpers am einfachsten durch die Bewegung eines mit ihm fest verbundenen Achsenkreuzes $O'(X', Y', Z')$ gegen ein im Raum festes $O(X, Y, Z)$. Eine Lage des beweglichen ist bestimmt, wenn man die des Ursprungs O' und die Richtung der beweglichen Achsen X', Y', Z' gegen die festen X, Y, Z kennt. Sind die Kosinus der Winkel, die von den Achsen X', Y', Z' bzw. mit denen X, Y, Z eingeschlossen werden, durch das Schema gegeben:

	X'	Y'	Z'
X	α_1	α_2	α_3
Y	β_1	β_2	β_3
Z	γ_1	γ_2	γ_3,

so daß die Koordinaten x, y, z eines Punktes mit denen x', y', z' desselben im anderen System durch die Gleichungen zusammenhängen:

$$\begin{cases} x = \alpha_1 x' + \alpha_2 y' + \alpha_3 z' + a \\ y = \beta_1 x' + \beta_2 y' + \beta_3 z' + b \\ z = \gamma_1 x' + \gamma_2 y' + \gamma_3 z' + c, \end{cases}$$

so bestehen bekanntlich zwischen den 9 Kosinussen die 6 voneinander unabhängigen Beziehungen:

$$\begin{aligned} \alpha_1^2 + \beta_1^2 + \gamma_1^2 &= 1 & \qquad \alpha_2\alpha_3 + \beta_2\beta_3 + \gamma_2\gamma_3 &= 0 \\ \alpha_2^2 + \beta_2^2 + \gamma_2^2 &= 1 & \alpha_3\alpha_1 + \beta_3\beta_1 + \gamma_3\gamma_1 &= 0 \\ \alpha_3^2 + \beta_3^2 + \gamma_3^2 &= 1 & \alpha_1\alpha_2 + \beta_1\beta_2 + \gamma_1\gamma_2 &= 0. \end{aligned}$$

Von den 9 Größen α, β, γ sind also nur 3 voneinander unabhängig. Dazu kommen noch die Koordinaten a, b, c des Ursprungs O' im festen System. Somit hängt die Lage eines starren Körpers in bezug auf ein festes Achsenkreuz von $3 + 3 = 6$ Konstanten ab.

Dies läßt sich auch folgendermaßen einsehen. Die Lage des festen Körpers ist bestimmt, wenn man die Lage eines starren Dreiecks kennt, das mit ihm fest verbunden ist. Seine 3 Eckpunkte haben zusammen $3 \cdot 3 = 9$ Koordinaten, zwischen denen aber noch die 3 Gleichungen bestehen, die aussagen, daß die Abstände der 3 Eckpunkte bekannte Längen sind. Es bleiben also 6 voneinander unabhängige Konstanten. Diese bestimmen den »Grad der Freiheit des Systems«.

Allgemein wird der Grad der Freiheit eines Punktsystems durch die Zahl der voneinander unabhängigen Konstanten definiert, die zur Bestimmung seiner Lage im Raum notwendig sind. Ein völlig freier starrer Körper besitzt 6 Grade von Freiheit; ein um eine feste Achse drehbarer nur einen Grad. Beschränkt man die Bewegung eines freien starren Körpers dadurch, daß man einen seiner Punkte zwingt, auf einer gegebenen Fläche zu bleiben, so wird ihm ein Grad von Freiheit genommen; die 3 Koordinaten des Punktes sind durch die Gleichung der Fläche miteinander verknüpft. Soll ein Punkt des Körpers auf einer gegebenen Kurve bleiben, so hat er nur noch 4 Grade von Freiheit, weil die Kurve zwei Bedingungsgleichungen zwischen den

Koordinaten des Punktes liefert usw. Entzieht man dem Körper alle 6 Grade von Freiheit, ist also sein Freiheitsgrad Null (etwa indem man von dreien seiner Punkte verlangt, auf bestimmten Raumkurven zu liegen), so gibt es nur noch eine endliche Anzahl von Lagen, die alle 6 Bedingungen erfüllen.

Hat ein starrer Körper nur einen Grad von Freiheit, so bilden die möglichen Lagen eine ∞^1-Mannigfaltigkeit; man kann ihn aus einer Lage (nach beiden Seiten hin) nur je in eine Nachbarlage bringen. Dies kann, wie wir gesehen haben (Art. 41), durch Schraubung um eine Momentanachse geschehen. Die Aufeinanderfolge der Momentanachsen, die so einer stetigen Bewegung des Körpers zugehören, bilden in ihrer ∞^1-Mannigfaltigkeit eine (im Allgemeinen) windschiefe Fläche.

Besitzt ein Körper noch 2 Grade von Freiheit, so gibt es zu jeder Lage noch ∞^1 viele Verschiebungen in Nachbarlagen. In jede kann der Körper gebracht werden durch Drehung um eine Momentanachse, und diese bilden in ihrer Gesamtheit wieder eine ∞^1-Mannigfaltigkeit. Die Kinematik der Momentanachsen lehrt[1]), was wir hier nicht ausführen wollen, daß diese Achsen eine Regelfläche 3. Ordnung bilden, das »Zylindroid«, welche eine »Doppelgerade« hat und neben anderen merkwürdigen Eigenschaften die besitzt, »Doppelfläche« zu sein, d. h. nur eine einzige Seite zu besitzen, derart, daß man von einem Punkt der Fläche zu jedem beliebigen anderen, auch zu dem auf der Kehrseite des Flächenelementes gelegenen, auf einem Wege gelangen kann, der ganz in die Fläche fällt.

42. Zusammensetzung von Verschiebungen und Elementardrehungen um parallele Achsen.

Die beiden Arten von Bewegung, auf die oben die allgemeinste Lageänderung eines starren Punktsystems (das wir auch in diesem Artikel noch »Körper« nennen wollen) zurückgeführt wurde, sind:

1. Die Parallelverschiebung: jeder Punkt des Körpers beschreibt dabei eine gleichgroße Strecke (Translation).
2. Die Drehung um eine Achse (Rotation).

Die Parallelverschiebung kann offensichtlich durch einen Vektor dargestellt werden; die Aufeinanderfolge von zwei verschiedenen Parallelverschiebungen kann durch eine solche ersetzt werden, welche der Summe der beiden Vektoren, die sie darstellen (Art. 13) entspricht. Was die Zusammensetzung von Drehungen angeht, so verhalten sich endliche Drehungen nicht wie Vektoren, sie sind nicht kommutativ, wie ohne weiteres der Versuch bestätigt, etwa zwei aufeinanderfolgende

[1]) Siehe z. B. Enzykl. d. math. Wiss. Bd. IV, I, S. 151, Bericht von Timerding; oder Schell, Theorie der Bewegung und der Kräfte, 2. Aufl., I, S. 298 (Leipzig 1879).

Drehungen um parallele Achsen in vertauschter Reihenfolge aneinander zu reihen: Man gelangt zu verschiedenen Ergebnissen. Dagegen läßt sich eine in der Grenze verschwindend kleine Drehung (Elementardrehung) als Vektor auffassen, der in Richtung der Drehachse fällt, und dessen Betrag der Größe der Drehung proportional ist. Dies wird sich im folgenden zeigen. Wir schicken zwei einfache Fälle voraus.

Handelt es sich um zwei Elementardrehungen um parallele Achsen, so genügt es, die Bewegung des ebenen Schnittes zu betrachten, der durch eine zu den Achsen senkrechte Ebene geführt wird. Wir machen sie zur Zeichenebene (Abb. 85) und nehmen an, daß eine mit ihr zusammenfallende bewegliche Ebene, die mit dem Körper fest verbunden ist, der Reihe nach durch die kleinen Winkel $\delta\varphi$ und $\delta\psi$ um die Punkte P, Q' gedreht werde, und zwar zunächst im gleichen positiven (d. h. der Uhrzeigerbewegung entgegengesetzten) Sinne. Rückt dann bei der Drehung um P durch den Winkel $\delta\varphi$ der Punkt Q der beweglichen Ebene nach Q', bei der Drehung um Q' durch den Winkel $\delta\psi$ P nach P', und schneidet die neue Lage $\overline{P'Q'}$ der Verbindungslinie $\overline{PQ}$ die alte in R, so sind, weil die Drehungen Elementardrehungen sind, die kleinen Bögen je mit der Sehne vertauschbar[1]) und zugleich

Abb. 85.

$$\overline{QQ'} \perp \overline{PQ}; \quad \overline{PP'} \perp \overline{P'Q'}.$$

[1]) Streng genommen ist in den gleichschenkligen Dreiecken PQQ' und $Q'PP'$ (von zunächst noch endlichen Seitenlängen):

$$\overline{QQ'} = 2\,\overline{PQ} \sin\frac{\delta\varphi}{2}; \quad \overline{PP'} = 2\,\overline{PQ'} \sin\frac{\delta\psi}{2} = 2\,\overline{PQ} \sin\frac{\delta\psi}{2}. \tag{3}$$

Der Sinussatz, angewandt auf die Dreiecke RQQ' und RPP', ergibt

$$\overline{QQ'}/\overline{RQ} = \sin\delta\omega/\cos\left(\delta\psi + \frac{\delta\varphi}{2}\right); \quad \overline{PP'}/\overline{RP} = \sin\delta\omega/\cos\frac{\delta\psi}{2}, \tag{4}$$

woraus man vermöge (3) erhält

$$\overline{RQ} = 2\,\overline{PQ} \sin\frac{\delta\varphi}{2} \cos\left(\delta\psi + \frac{\delta\varphi}{2}\right)/\sin\delta\omega$$

$$\overline{RP} = 2\,\overline{PQ} \sin\frac{\delta\psi}{2} \cos\frac{\delta\psi}{2}/\sin\delta\omega$$

oder

$$\overline{RP} : \overline{RQ} = \sin\frac{\delta\psi}{2}\cos\frac{\delta\psi}{2} : \sin\frac{\delta\varphi}{2}\cos\left(\delta\psi + \frac{\delta\varphi}{2}\right). \tag{5}$$

Streben nun die Winkel $\delta\varphi$, $\delta\psi$ zugleich gegen Null, so geht die Formel (5) in Verbindung mit (3) in die (2) des Textes über.

Dividiert man die Elementardrehung durch das Zeitelement, in dem sie erfolgt, so erhält man eine Dreh- oder Winkel-Geschwindigkeit, einen (gebundenen) Vektor (Art. 14), der eine strenge Behandlung zuläßt. Aber der Vorzug der Anschaulichkeit, der den oben verwendeten Elementardrehungen zukommt, schien für die erste Einführung maßgebend, zumal da wir später (Art. 44) auch auf die vektorielle Behandlung eingehen werden.

Die Endlage $\overline{P'Q'}$ der Strecke $\overline{PQ}$ ist daher die gleiche, wie wenn man der beweglichen Ebene eine einzige Elementardrehung um R durch den Winkel

$$\delta\omega = \delta\varphi + \delta\psi \tag{1}$$

erteilt hätte. Dabei ist aus Symmetriegründen die Reihenfolge der Drehungen um P und Q vertauschbar. Wegen der Ähnlichkeit der Dreiecke PRP' und QRQ' verhält sich

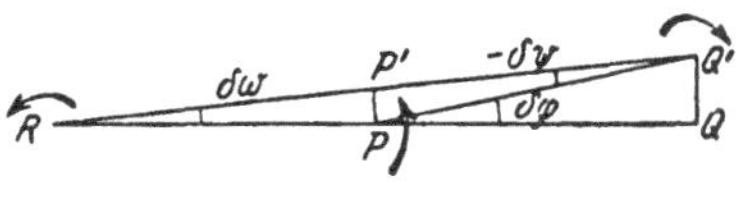

Abb. 86.

$$\overline{PP'} : \overline{QQ'} = \overline{PR} : \overline{QR} = \delta\psi : \delta\varphi. \tag{2}$$

Der Drehpunkt R für die resultierende Drehung $\delta\omega$ teilt also die Strecke $\overline{PQ}$ zwischen den Achsen P, Q im umgekehrten Verhältnis der zugehörigen Drehwinkel $\delta\varphi$ und $\delta\psi$.

Dies gilt auch noch, wenn die Drehung um P und Q im entgegengesetzten Sinne erfolgt, wenn also $\delta\varphi$ und $\delta\psi$ verschiedenes Vorzeichen haben. Dann teilt der Punkt R die Strecke $\overline{PQ}$ nicht »innerhalb«, sondern auf ihrer Verlängerung »außerhalb« (Abb. 86) im Verhältnis $\delta\psi : \delta\varphi$, und der resultierende Drehwinkel $\delta\omega$ ist

$$\delta\omega = \delta\varphi - \delta\psi.$$

Sind die Winkel $\delta\varphi$ und $\delta\psi$ gleich groß, aber entgegengesetzt, $\delta\varphi = -\delta\psi$, so ist $\delta\omega = 0$, und der Drehpunkt R rückt (Abb. 87) ins Unendliche.

Der Erfolg dieser zwei Drehungen, von gleichem Betrag aber entgegengesetztem Sinn, ist keine Drehung mehr, sondern eine infinitesimale Parallelverschiebung der Ebene, eine Elementarverschiebung. Diese kann also als ein besonderer Fall der Elementardrehung aufgefaßt werden, und es ist eine Zusammensetzung von beiden Bewegungsarten möglich. In der Tat (Abb. 88): Auf eine Elementardrehung um P durch den Winkel $\delta\varphi$, infolge deren ein Punkt Q der Ebene nach Q' gelangt, möge in Richtung $\overline{QQ'}$ die Elementarverschiebung δa folgen (der Punkt Q werde so gewählt, daß $\overline{PQ} \perp \delta a$ ist), durch welche P nach P' und Q' nach Q'' gelangt. Dann bildet die Verbindungslinie $\overline{Q''P'R}$ mit $\overline{PQ}$ in R den Winkel $\delta\varphi$, und es ist, wenn man die Strecke $\overline{PQ} = 1$ setzt,

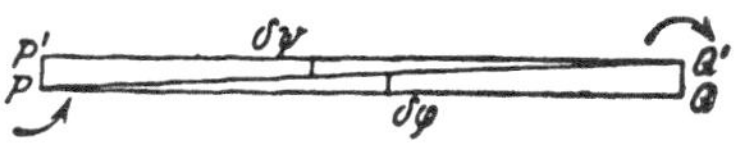

Abb. 87.

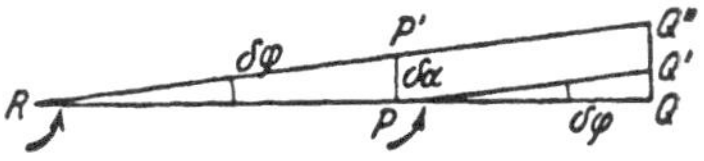

Abb. 88.

$$\overline{QQ'} = \delta\varphi; \quad \overline{PP'} = \delta a,$$

also

$$\overline{PR} = \frac{\delta a}{\delta\varphi}.$$

Man kann also eine Elementardrehung um P durch den Winkel $\delta\varphi$ und eine elementare Parallelverschiebung δa senkrecht zu PQ zu einer einzigen Drehung um eine Achse R zusammensetzen, wo $\overline{PR} = \delta a / \delta \varphi$ ist; und umgekehrt läßt sich eine Drehung um R zerlegen in eine Drehung um den beliebigen Punkt P und eine zu $\overline{PR}$ senkrechte Parallelverschiebung. Oder in räumlicher Fassung:

Die Elementardrehung eines starren Körpers um eine mit ihm verbundene Achse R durch den Winkel $\delta\varphi$ läßt sich ersetzen durch eine ebensolche $\delta\varphi$ um eine beliebige zu R parallele Achse P und eine elementare Parallelverschiebung δa senkrecht zur Ebene der beiden Achsen von der Größe $\delta a = \overline{RP} \cdot \delta\varphi$.

Wir werden im folgenden Artikel sehen, daß allgemein die Eigenschaften einer Elementardrehung $\delta\varphi$ diese Operation zu einem Vektor machen, dessen Richtung und Lage durch die Achse der Drehung, dessen Sinn und Betrag durch $\delta\varphi$ bestimmt sind. Auch die oben ermittelte Resultantenbildung aus zwei Drehungen um parallele Achsen $\delta\omega = \delta\varphi + \delta\psi$ läßt diese Deutung zu. Jedoch ist nach dem Gesagten die Parallelverschiebung dieser Vektoren zu sich selbst, wie sie allgemeine Vektoren zulassen, nicht erlaubt. Vielmehr ist die Elementardrehung an eine bestimmte Wirkungslinie als Achse gebunden; die Verschiebung dieser Wirkungslinie parallel zu sich selbst erfordert, wie wir sahen, eine zusätzliche elementare Verschiebung des Körpers, wie denn auch die Achse der aus zwei Drehungen um parallele Achsen resultierenden Drehung eine durch jene Achsen bestimmte Lage hat. Wir haben oben (Art. 14 a. E.) Vektoren, die an bestimmte Wirkungslinien gebunden sind (innerhalb deren sie jedoch verschoben werden können), linienflüchtig genannt. Wir werden später an den Kräften, die ein starres System angreifen (Art. 53), ein weiteres Beispiel dieser Art kennen lernen, dessen Analogie zu den Drehungen von grundsätzlicher Bedeutung ist.

Dividiert man die elementaren Verschiebungen und Drehungen durch das Zeitelement δt, in welchem sie erfolgen, so treten beim Übergang zu infinitesimalem δt Translations- bzw. Rotationsgeschwindigkeiten auf, für welche dann selbstverständlich die entsprechenden Sätze gelten.

Um die Analogie zu Art. 53 ins rechte Licht zusetzen, hat man (s. z. B. Hütte, 25. Aufl., I, S. 244) das Paar von gleich großen, entgegengesetzt gerichteten Winkelgeschwindigkeiten um parallele Achsen ein »Drehpaar« genannt.

Wir kommen darauf in Art. 44 a. E. und Art. 53 zurück.

43. Zusammensetzung von Elementardrehungen um windschiefe Achsen, Synthetische Fassung.

Sind zwei Elementardrehungen eines Körpers um windschiefe Achsen vorzunehmen, so kann man sie dadurch auf solche um sich schneidende zurückführen, daß man nach Maßgabe des vorigen Art. die eine ersetzt durch eine Drehung um eine zu ihr parallele Achse und eine elementare Parallelverschiebung. Es handelt sich also nur um die Zusammensetzung von Drehungen um sich schneidende Achsen. Die beiden Achsen $\overline{OP}$ und $\overline{OQ}$ (Abb. 89) mögen sich unter dem Winkel a in O schneiden. Es werde $\overline{OP} = \overline{OQ} = 1$ angenommen. Durch eine Elementardrehung um die Achse $\overline{OP}$ durch den Winkel $\delta\varphi$ werde der Punkt Q nach Q' gebracht; durch eine darauf folgende um $\overline{OQ'}$ durch den Winkel $\delta\psi$ P nach P'. Auf einer um O als Mittelpunkt durch P und Q gelegten Kugel mit dem Halbmesser 1 verbinde man die Punkte P, P', Q, Q' je durch größte Kreise; R sei der Schnittpunkt der Kreise $\overline{QP}$ und $\overline{Q'P'}$. So entsteht eine Figur auf der Kugel, die der oben in der Ebene konstruierten (Art. 42) vergleichbar ist; nur ist hier der Winkel $\delta\omega$ bei R von $\delta\varphi + \delta\psi$ verschieden, weil die Winkel sphärischen Dreiecken angehören. Auch hier lassen sich die Elementardrehungen um $\overline{OP}$ und $\overline{OQ}$ durch eine einzige solche um $\overline{OR}$ ersetzen. Um die Größe des zugehörigen Elementarwinkels $\delta\omega$ zu ermitteln, bezeichnen wir die Winkel, welche die Achse $\overline{OR}$ mit bzw. $\overline{OP}$ und $\overline{OQ}$ bildet, mit p und $q = a - p$, legen in der Ebene OPQ sie zu beiden Seiten von $\overline{OR}$ an und drücken die Bögen $\overline{PP'}$ und $\overline{QQ'}$ durch $\delta\varphi$ und $\delta\psi$ aus. Das Lot von Q auf $\overline{OP}$ (Abb. 90) hat die Länge $\sin a$; das von Q auf $\overline{OR}$ ist $= \sin q$.

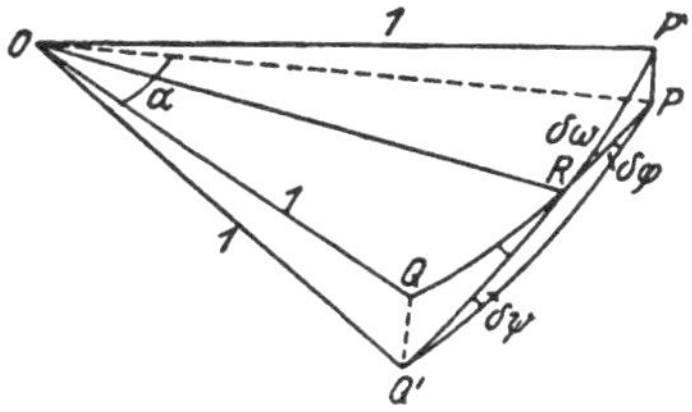

Abb. 89.

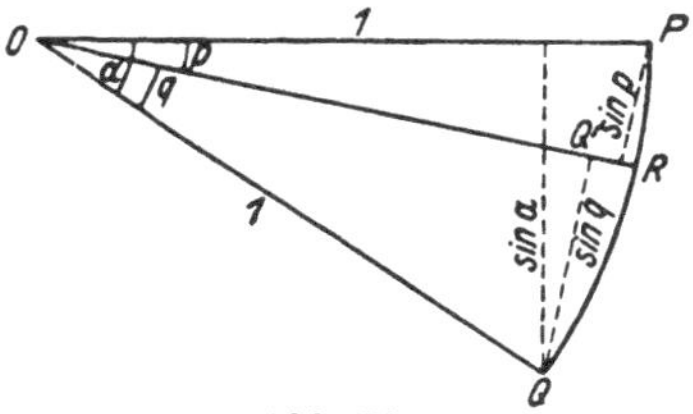

Abb. 90.

Nun ist[1]), weil (Abb. 90) $\sin a$ der Radius ist, mit dem die Bogenelemente $\delta\psi$, $\delta\varphi$ beschrieben werden (Abb. 89)

$$\overline{QQ'} = \delta\varphi \sin a; \quad \overline{PP'} = \delta\psi \sin a;$$

anderseits ist

$$\overline{QQ'} = \delta\omega \sin q; \quad \overline{PP'} = \delta\omega \sin p;$$

endlich (Abb. 90)

$$p + q = a = \sphericalangle POQ.$$

Hiermit erhält man die Beziehungen

$$\delta\varphi \sin a = \delta\omega \sin q; \quad \delta\psi \sin a = \delta\omega \sin p. \tag{1}$$

[1]) Den strengen Beweis dieser Formeln erbringt man durch Übertragung des Beweises der Fußnote in Art. 42 von der Ebene auf die Kugel, was hier der Kürze wegen unterdrückt wird.

Konstruiert man nun (Abb. 91) ein Parallelogramm aus den Seiten $\overline{\Omega\Phi} = \lambda\delta\varphi$; $\overline{\Omega\Psi} = \lambda\,\delta\psi$ und dem Winkel a, wo λ eine beliebige Größe von der Größenordnung $1/\delta\varphi$, $1/\delta\psi$ ist, die den Maßstab der Zeichnung angibt, so schließt die Diagonale $\overline{\Omega P}$ den Winkel p mit $\Omega\Phi$ und $\sphericalangle\, q$ mit $\overline{\Omega\Psi}$ ein und hat die Länge $\overline{\Omega P} = \lambda\,\delta\,\omega$. Denn fällt man von Ψ und P auf $\overline{\Omega\Phi}$ die Lote $\overline{\Psi\Theta}$ und $\overline{PM}$, so ist

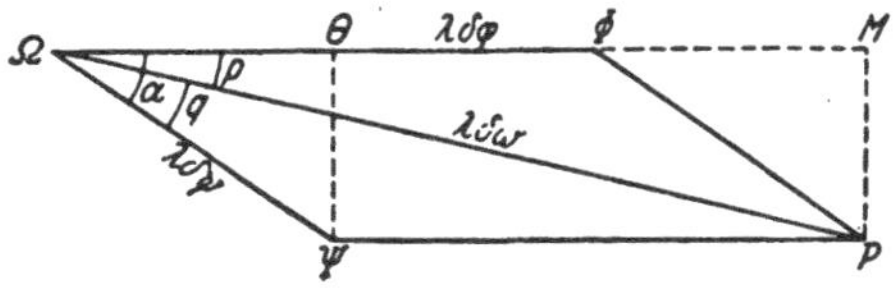

Abb. 91.

$$\lambda\,\delta\,\psi \sin a = \overline{\Psi\Theta} = \overline{PM} = \lambda\,\delta\,\omega \sin p,$$

und damit die zweite der Gleichungen (1) bestätigt. Ebenso beweist man die erste. Somit liefert das aus $\lambda\,\delta\varphi$, $\lambda\,\delta\psi$ und dem Winkel a konstruierte Parallelogramm mit $\lambda\,\delta\,\omega$ als Diagonale sowohl der Richtung wie der Größe nach die aus $\delta\varphi$ und $\delta\psi$ resultierende Elementardrehung $\delta\,\omega$.

Man sieht: Zwei aufeinanderfolgende Elementardrehungen um sich schneidende Achsen lassen sich — wie solche um parallele — zu einer einzigen zusammensetzen, indem man auf die Drehachsen je den Drehungen proportionale Längen aufträgt, und diese geometrisch addiert. Sie sind ferner miteinander vertauschbar. Damit besitzen Elementardrehungen um sich schneidende Achsen die Eigenschaft von gerichteten Größen, deren Zusammensetzung den Forderungen der Kommutativität und der Assoziativität genügt, d. h. von Vektoren (Art. 13) Nur gilt auch hier die früher (Art. 42) gemachte Bemerkung, daß Elementardrehungen im starren Körper an bestimmte Wirkungslinien gebunden (nicht parallel mit sich selbst verschiebbar) sind, daß sie also als linienflüchtige Vektoren (»Stäbe«) zu bezeichnen sind.

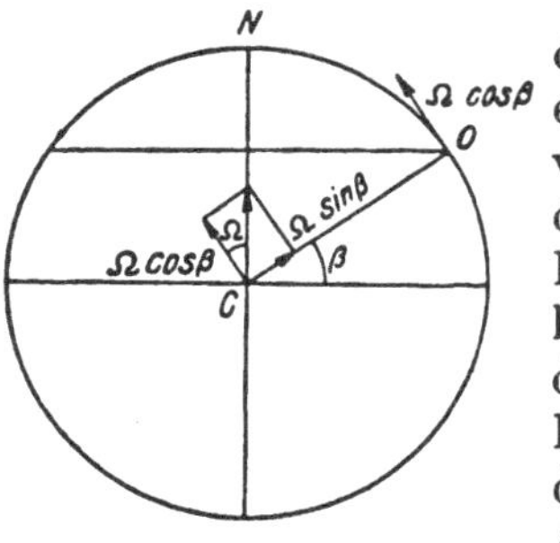

Abb. 92.

Anwendung auf das Foucaultsche Pendel und den Foucaultschen Kreisel. Läßt man ein an einem langen Faden aufgehängtes Gewicht in einer Ebene schwingen, so dreht sich die Schwingungsebene, wie eine mehrstündige Beobachtung zeigt, gleichförmig um die Vertikale durch den Aufhängepunkt. Um die Größe der Drehung für die geographische Breite β des Beobachtungsortes O zu ermitteln, zerlege man die Elementardrehung $\Delta\,\varphi$ der Erde um ihre Achse, die zu dem Zeitelement $\Delta\,t$ gehört, in eine Komponente nach dem Erdradius $\overline{CO}$ und eine solche senkrecht zu $\overline{CO}$. Die erstere hat den Wert $\Delta\varphi \sin\beta$. Ist Ω die (konstante) Winkelgeschwindigkeit der Drehung der Erde um ihre Achse, also $\Omega = 2\pi/86164$ (s. Einleitg.) in der Sekunde, so ist

(Abb. 92) $\Omega \sin \beta$ diejenige Drehungskomponente, mit der sich die Erde unter der Schwingungsebene, die ihre Lage im Raum infolge der Trägheit (Art. 15) beizubehalten bestrebt ist, hinwegdreht. Dieses Ergebnis bestätigt der Versuch nur im wesentlichen, weil die Erde nur annähernd Kugelgestalt hat und konzentrisch homogen geschichtet ist.

Die andere Komponente der Winkelgeschwindigkeit der Erddrehung $\Omega \cos \beta$ läßt sich zur Erscheinung bringen mit Hilfe des Foucaultschen Kreisels. Dieser besteht in einer schweren kreisförmigen Platte, dem »Schwungring«, der um seine horizontal gehaltene, aber in der Horizontalebene frei bewegliche Achse sehr rasch rotiert. Man nötigt die Kreiselachse zur horizontalen Lage entweder durch Einsetzen des Kreisels in ein Cardanisches Gelenk, wie beim Bohnenbergerschen »Maschinchen« (Art. 72) unter Festklemmen des innern Rings der Fassung gegen den äußeren, so daß die Ebenen einen rechten Winkel miteinander bilden, oder indem man den Kreisel mit gleich hohen Achsenlagern in ein Gehäuse einfügt, das auf einem Quecksilberspiegel schwimmt (Art. 74). Dann lassen sich folgende Überlegungen anstellen.

Der Kreisel werde um eine horizontale Achse, deren Azimut α ist, d. h. die mit dem Meridian des Beobachtungsorts den Winkel α einschließt, stark angetrieben. Dann setzt sich (Abb. 93) in jedem Augenblick seine Winkelgeschwindigkeit ω mit der Komponente $\Omega \cos \beta$ (s. oben) der Erddrehung, welche in die Meridiantangente von O fällt, zu einer Resultante zusammen, die zwischen Drehachse und Meridian liegt. Die Lage dieser Resultante bestimmt sich jedoch nicht, wie man nach den vorstehenden kinematischen Sätzen erwarten sollte, aus dem Parallelogramm der Winkelgeschwindigkeiten $\Omega \cos \beta$ und ω. Denn die Kinematik hat es mit masselosen Körpern zu tun. Der Kreisel aber ist eine träge Masse. Ebenso nun wie ein materieller Punkt je nach der Masse, die er besitzt, einem Impuls verschiedenen Widerstand entgegensetzt, so leistet auch ein aus Massenteilchen zusammengesetzter Körper, je nach der Achse, um die man ihn dreht, einen verschiedenen Widerstand gegen die Annahme einer Winkelgeschwindigkeit, die man ihm aufzwingt, oder gegen die Abänderung einer bereits vorhandenen. — Oben (Art. 33) wurde gezeigt, daß zwei Massenpunkte, die sich treffen, nur dann zur Ruhe kommen, wenn ihre Bewegungsgrößen (Impulse) gleich und entgegengesetzt sind, nicht ihre Geschwindigkeiten. In diesem Fall also setzen sich die Geschwindigkeiten nicht nach dem Parallelogramm der Vektoren zusammen, sondern nach dem der Impulse. Ebenso setzen sich an einem Körper die Winkelgeschwindigkeiten um verschiedene Achsen nicht nach dem

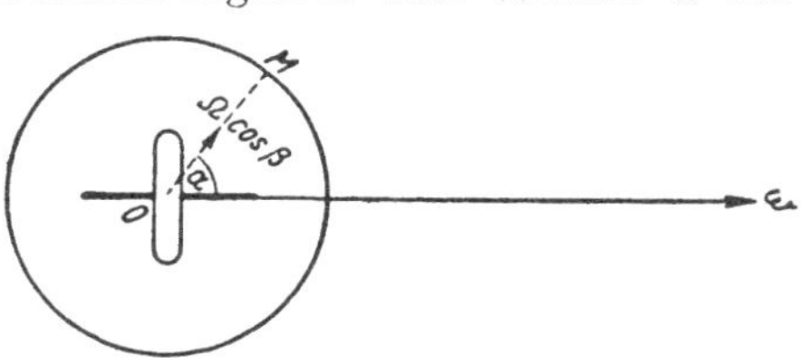

Abb. 93.

Parallelogramm der Winkelgeschwindigkeiten, sondern nach dem der »Impulsmomente« (Art. 71) zusammen, gewisser von der Massenverteilung und den Winkelgeschwindigkeiten abhängiger Größen, durch deren Einführung erst die quantitative Lösung des vorliegenden Problems möglich wird. Darauf werden wir später zurückkommen (Art. 74). Qualitativ läßt sich nur folgendes übersehen.

Die mit der Meridiantangente in O zusammenfallende Komponente $\Omega \cos \beta$ der Erddrehung wird sich mit der unter dem Winkel α gegen diese Tangente geneigten Winkelgeschwindigkeit ω zu einer Resultanten vereinigen, die (nahe der Richtung von ω) zwischen beide zu liegen kommt. Da aber die beiden Komponenten dauernd wirken, so wird die Achse des »Kreiselkompasses«, wie in Art. 74 näher ausgeführt werden wird, mehr und mehr dem Meridian sich nähern und, um diesen als Gleichgewichtslage pendelnd, sich allmählich in den Meridian einstellen, ähnlich wie der magnetische Kompaß in den magnetischen Meridian.

Auf diese Weise läßt sich auch die andere Komponente der Erddrehung der Beobachtung zugänglich machen. Näheres siehe z. B. R. Grammel, Das System der mechanischen Beweise für die Bewegung der Erde, »Naturwissenschaften« 1921 (Berlin).

44. Elementarbewegung des starren Systems im Raum. Analytische Fassung.

Auf Grund der im vorigen Art. gewonnenen Erkenntnis, daß die Elementardrehung um eine Achse ein (linienflüchtiger) Vektor ist, wollen wir nun die infinitesimale Lageänderung des starren Punktsystems auch analytisch beschreiben.

Wir beginnen damit, die Wirkung festzustellen, die die Elementardrehung eines starren (oder erstarrten) Punktsystems um eine Achse auf die Lage eines seiner Punkte hat.

Die Drehachse $\overline{OA}$ möge durch den Ursprung O eines Achsenkreuzes $O\,(X, Y, Z)$ gehen, in dem der Punkt P die Lage

$$\mathfrak{r} = (x, y, z)$$

hat. Durch eine Rechtsdrehung des Körpers um diese Achse durch den Elementarwinkel $|\delta\mathfrak{d}|$ erleidet P eine kleine Verschiebung[1])

$$\delta\mathfrak{s} = (\delta x, \delta y, \delta z).$$

Es ist die Abhängigkeit der Größen δx, δy, δz von $\delta\mathfrak{d}$ zu bestimmen.

Die Elementardrehung $\delta\mathfrak{d}$ um die Achse $\overline{OA}$, deren Neigungswinkel gegen die Koordinatenachsen α, β, γ sein mögen, ist ein Vektor, dessen Komponenten

$$\delta\mathfrak{d} = (\delta\varphi, \delta\psi, \delta\chi)$$

---

[1]) Es empfiehlt sich statt $\delta\mathfrak{r}$ hier $\delta\mathfrak{s}$ zu schreiben.

mit dem Drehungsbetrag $|\delta\mathfrak{d}|$ durch die Gleichungen zusammenhängen:

$$\begin{aligned} \delta\varphi &= |\delta\mathfrak{d}| \cos\alpha \\ \delta\psi &= |\delta\mathfrak{d}| \cos\beta \\ \delta\chi &= |\delta\mathfrak{d}| \cos\gamma. \end{aligned}$$

Der Vektor $\delta\mathfrak{s}$ steht senkrecht sowohl auf $\mathfrak{r}$ wie auf $\delta\mathfrak{d}$ (Abb. 94) und hat den Betrag $$|\delta\mathfrak{s}| = \delta s = |\mathfrak{r}| \sin(\delta\mathfrak{d}, \mathfrak{r}) \cdot |\delta\mathfrak{d}|.$$

Demnach ist $\delta\mathfrak{s}$ nichts anderes als das vektorielle Produkt aus $\delta\mathfrak{d}$ und $\mathfrak{r}$ (Art. 14)

$$\delta\mathfrak{s} = [\delta\mathfrak{d}, \mathfrak{r}], \tag{1}$$

ein Vektor, der nach den Achsen zerlegt die Komponenten hat

$$\begin{aligned} \delta x &= z\,\delta\psi - y\,\delta\chi \\ \delta y &= x\,\delta\chi - z\,\delta\varphi \\ \delta z &= y\,\delta\varphi - x\,\delta\psi. \end{aligned} \tag{1a}$$

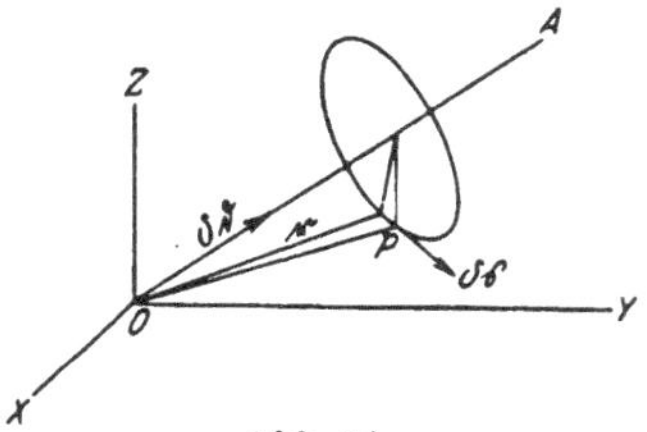

Abb. 94.

Daß auch das Vorzeichen in (1) mit der Annahme der Abb. übereinstimmt, folgt aus der Definition des Vektorprodukts, man erkennt es aber auch leicht aus dem Sonderfall, daß die Z-Achse Drehachse ist. Alsdann ist $\delta\varphi = \delta\psi = 0$ und somit

$$\delta x = -y\,\delta\chi = -|\mathfrak{r}|\,\delta\chi\,\frac{y}{|\mathfrak{r}|}$$

und

$$\delta y = x\,\delta\chi = |\mathfrak{r}|\,\delta\chi\,\frac{x}{|\mathfrak{r}|}, \tag{1b}$$

was mit dem aus Abb. 95 zu Entnehmenden ($\mathfrak{r} = r$) übereinstimmt. An Stelle der Elementarverschiebung und Elementardrehung führen wir nun durch Division mit dem Zeitelement δt die durch die fortschreitende und die drehende Bewegung des Körpers bewirkten **Geschwindigkeiten** des Punktes P (zur Zeit t) ein, indem wir

$$\mathfrak{v} = \frac{\delta\mathfrak{s}}{\delta t} = (u, v, w)$$

und

$$\mathfrak{w} = \frac{\delta\mathfrak{d}}{\delta t} = (p, q, r)$$

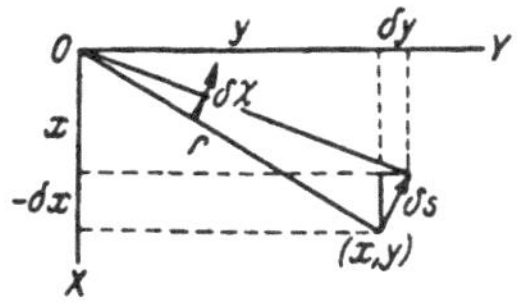

Abb. 95.

setzen, wo also

$$\delta x/\delta t = u \text{ usw.}; \quad \delta\varphi/\delta t = p = \omega\cos\alpha \text{ usw.}$$

die Komponenten der Geschwindigkeit bzw. der Winkelgeschwindigkeit sind. Dann ergibt sich aus (1) **für die Geschwindigkeit des Punktes** $P = (x, y, z)$ **des Körpers** ($\overline{OP} = \mathfrak{r}$) **infolge der Drehung** $\mathfrak{w}$ **um die Achse** $\overline{OA}$ **die vektorielle Darstellung:**

$$\mathfrak{v} = \dot{\mathfrak{r}} = [\mathfrak{w}\,\mathfrak{r}]. \tag{2}$$

oder nach Koordinaten zerlegt (die Eulerschen Formeln)

$$\begin{aligned} \dot{x} &= u = qz - ry \\ \dot{y} &= v = rx - pz \\ \dot{z} &= w = py - qx. \end{aligned} \tag{2a}$$

Wir schließen daran gleich die Anwendung auf einen gegen ein bewegtes Bezugssystem selbst bewegten Punkt an.

Ein Punkt $P = (x, y, z)$, der in bezug auf ein festes Achsenkreuz O die Geschwindigkeit $\mathfrak{v}_1 = (u_1, v_1, w_1)$ besitzt, habe in bezug auf ein solches, das sich um eine durch den gemeinsamen Ursprung O gehende Achse (ω) dreht, die (relative) Geschwindigkeit $\dot{\mathfrak{r}}_0 = \mathfrak{v}_0 = (u_0, v_0, w_0)$. Dann hängen die Vektoren $\mathfrak{v}_1$ und $\mathfrak{v}_0$ durch die Gleichung zusammen:

$$\mathfrak{v}_1 = \mathfrak{v}_0 + \dot{\mathfrak{r}} = \mathfrak{v}_0 + [\mathfrak{w}\,\mathfrak{r}], \tag{3}$$

wo $\dot{\mathfrak{r}} = [\mathfrak{w}\mathfrak{r}]$ die Geschwindigkeit eines mit P momentan zusammenfallenden Punktes des sich drehenden Systems ist. Oder in Koordinatenform:

$$\begin{aligned} u_1 &= u_0 + qz - ry \\ v_1 &= v_0 + rx - pz \\ w_1 &= w_0 + py - qx. \end{aligned} \tag{3a}$$

Setzt man die Gleichung (3) in die Form

$$\dot{\mathfrak{r}}_1 = \dot{\mathfrak{r}}_0 + [\mathfrak{w}\,\mathfrak{r}], \tag{3b}$$

so gibt sie den Zusammenhang zwischen der zeitlichen Änderung (der Geschwindigkeit) $\dot{\mathfrak{r}}_1$ irgendeines Vektors $\mathfrak{r}$ hinsichtlich eines im Raum festen Bezugssystems und derjenigen $\dot{\mathfrak{r}}_0$ von $\mathfrak{r}$ hinsichtlich des um die Achse $\overline{OA} = \omega$ sich drehenden Bezugssystems, wenn $\mathfrak{r} = \mathfrak{r}_1 = \mathfrak{r}_0$ von einem Punkt O dieser Achse aus gerechnet wird. Wir werden von dieser Beziehung später Gebrauch machen (Art. 75, 79).

Wir benützen ferner die Beziehung (2) zur algebraischen Bestimmung der Momentanachse (momentanen Schraubenachse, Art. 41) für eine elementare (infinitesimale) Lageänderung, die ein starrer Körper erfährt. Die Lageänderung beschreiben wir zunächst wie früher (Art. 41) mittels einer elementaren Parallelverschiebung $\delta\mathfrak{s}_0 = (\delta x_0, \delta y_0, \delta z_0)$, durch die ein beliebig herausgegriffener Punkt $P_0 = (x_0, y_0, z_0)$, der »Reduktionspunkt«, in seine Endlage P_0' kommt, verbunden[1]) mit einer Elementardrehung $\delta\mathfrak{d} = (\delta\varphi, \delta\psi, \delta\chi)$ um eine Achse durch den verschobenen Reduktionspunkt P_0', und bestimmen die Wirkung dieser beiden Bewegungen auf einen Punkt, der in der zu findenden Momentanachse liegt.

---

[1]) Es handelt sich nach der Einleitung zu diesem Art. um eine geometrische Addition, für die die Reihenfolge der Summanden gleichgültig ist.

Die absolute Lageänderung $\delta\mathfrak{s}_1$, die irgendein Punkt $P = (x, y, z)$ erfährt, setzt sich wieder zusammen aus der $\delta\mathfrak{s}_0$ des Reduktionspunktes P_0, und derjenigen $\delta\mathfrak{s}$, die die Drehung von P um die Achse durch P_0 bewirkt:

$$\delta\mathfrak{s}_1 = \delta\mathfrak{s}_0 + \delta\mathfrak{s} = \delta\mathfrak{s}_0 + [\delta\mathfrak{d}, \mathfrak{r}]. \tag{4}$$

Ist insbesondere P ein Punkt der Momentanachse $\mathfrak{a}$, so wird P nur in dieser selbst verschoben, und da die Achse durch den Reduktionspunkt zu $\mathfrak{a}$ parallel ist (Art. 41), so hat man für einen Punkt von $\mathfrak{a}$:

$$\frac{\delta\mathfrak{s}_0 + \delta\mathfrak{s}}{|\delta\mathfrak{s}_0 + \delta\mathfrak{s}|} = \frac{\delta\mathfrak{d}}{\delta\mathfrak{d}} \tag{5}$$

oder in rechtwinkligen Koordinaten:

$$(\delta x_0 + \delta x) : (\delta y_0 + \delta y) : (\delta z_0 + \delta z) = \delta\varphi : \delta\psi : \delta\chi, \tag{5a}$$

eine Beziehung, die durch Division mit δt übergeht in[1]):

$$\frac{u_0 + q(z - z_0) - r(y - y_0)}{p} = \frac{v_0 + r(x - x_0) - p(z - z_0)}{q}$$
$$= \frac{w_0 + p(y - y_0) - q(x - x_0)}{r}, \tag{5b}$$

wo für $\delta x, \ldots$ die Formeln (1a), mit $x - x_0, \ldots$ an Stelle von $x, \ldots$, verwendet wurden, weil die Achse durch P'_0 statt durch den Ursprung O geht.. Die vorstehenden zwei in x, y, z linearen Gleichungen bestimmen eine Gerade, eben die gesuchte Momentanachse.

Vektoriell ergibt sich der Beweis der Formel (5b) kürzer im Anschluß an die Formel (2) für die Geschwindigkeit $\mathfrak{v}$ eines zunächst beliebigen Punktes $P = \mathfrak{r}$ des festen Körpers, die einer Drehung um eine Achse durch den Reduktionspunkt $\mathfrak{r}_0$ zugehört:

$$\mathfrak{v} = [\mathfrak{w}, \mathfrak{r} - \mathfrak{r}_0].$$

Die Gesamtgeschwindigkeit $\mathfrak{v}_1$ des Punktes P bei allgemeiner Bewegung ist dann die geometrische Summe aus derjenigen $\mathfrak{v}_0$ des Reduktionspunktes $P_0 = (\mathfrak{r}_0)$, die dem ganzen Körper zukommt, und derjenigen $\mathfrak{v}$ infolge bloß der Drehung:

$$\mathfrak{v}_1 = \mathfrak{v}_0 + \mathfrak{v} = \mathfrak{v}_0 + [\mathfrak{w}, \mathfrak{r} - \mathfrak{r}_0], \tag{6}$$

oder in kartesischen Koordinaten

$$\begin{aligned} u_1 &= u_0 + q(z - z_0) - r(y - y_0) \\ v_1 &= v_0 + r(x - x_0) - p(z - z_0) \\ w_1 &= w_0 + p(y - y_0) - q(x - x_0). \end{aligned} \tag{6a}$$

[1]) An Stelle von x_0, y_0, z_0 wären genau genommen $x_0 + \delta x_0, \ldots$ als Koordinaten des verschobenen Reduktionspunktes einzuführen. Aber die Zuwächse $\delta x_0, \ldots$ verschwinden gegen $x - x_0, \ldots$ selbst.

Für einen Punkt der Momentanachse fällt die Richtung der Vektoren $\mathfrak{v}_1$ und $\mathfrak{w}$ zusammen; es ist

$$\mathfrak{v}_1 = \varrho\,\mathfrak{w}, \tag{7}$$

oder $u_1 = \varrho p$, usw., wo die Konstante ϱ sich aus (6a) zu $\varrho = \frac{p u_0 + q v_0 + r w_0}{p^2 + q^2 + r^2}$ bestimmt. Hiermit folgen aus (6a) wieder die Gleichungen (5b). Aus (7) berechnet sich die Größe der Verschiebung längs der Momentanachse und damit die Schraubung (Art. 41) um die Achse $\mathfrak{a}$ auch der Größe nach: $2\pi\varrho$ ist die Höhe des Schraubenganges.

Wir haben somit den Satz: Jede Elementarbewegung eines starren Systems läßt sich durch eine Elementarschraubung ersetzen; oder auch: Die Geschwindigkeit eines starren Systems in einem gegebenen Augenblick läßt sich durch die einer Schraubenbewegung ersetzen.

Die vorstehend abgeleiteten Ergebnisse können auch auf ein nichtstarres (in sich verschiebliches) Punktsystem angewendet werden, sofern man sich nur auf den Ort desselben bzw. die Anordnung der Punkte in einem bestimmten Zeitpunkt beschränkt. L. Boltzmann nennt dies die Anwendung auf ein »erstarrtes Punktsystem«.

Die Bemerkung, daß sich jede Elementarbewegung aus zwei Arten von Vektoren, einem freien (Verschiebung) und einem linienflüchtigen (Elementardrehung) zusammensetzen läßt, findet, wie schon erwähnt (Art. 42 a. E.), ein Analogon in der Statik des starren Körpers, auf das wir unten (Art. 53) zurückkommen werden. Dort werden weitergehende Sätze über diese Paare von Vektoren bewiesen, deren Übertragung auf die vorliegenden Verhältnisse dem Leser überlassen bleibt.

Wir kehren an der Hand der Formel (3) noch einmal zurück zur Bewegung der starren Ebene in sich, um die für die Geschwindigkeiten der Systempunkte aufgestellten Beziehungen durch solche für die Beschleunigungen zu ergänzen. Wir nehmen an daß in (3):

$$\dot{\mathfrak{r}} = \dot{\mathfrak{r}}_0 + [\mathfrak{w}\,\mathfrak{r}] \tag{8}$$

die Winkelgeschwindigkeit $\mathfrak{w}$ der Drehung auf dieser Ebene senkrecht stehen möge, womit der Vektor $[\mathfrak{w}\,\mathfrak{r}]$, senkrecht auf $\mathfrak{r}$ stehend, den Betrag $|\mathfrak{r}| \cdot |\mathfrak{w}| = r \cdot \omega$ erhält. (Seine rechtwinkligen Komponenten sind $-\omega y$, ωx.)

Derjenige Punkt $\mathfrak{r}_1$ der Ebene, dessen augenblickliche Geschwindigkeit Null ist, ergibt sich aus:

$$0 = \dot{\mathfrak{r}}_0 + [\mathfrak{w}\,\mathfrak{r}_1]. \tag{9}$$

Zieht man (9) von (8) ab, so kommt, mit

$$\mathfrak{r} - \mathfrak{r}_1 = \mathfrak{r}' \tag{9a}$$

für die Geschwindigkeit $\dot{\mathfrak{r}}'$ eines Punktes $\mathfrak{r}$ relativ zu $\mathfrak{r}_1$

$$\dot{\mathfrak{r}} = \dot{\mathfrak{r}}' = [\mathfrak{w}\,\mathfrak{r}']. \tag{9b}$$

Dieser »Geschwindigkeitspol« $\mathfrak{r}_1$ der augenblicklichen Drehung, der selbst keine Geschwindigkeit hat, ist der Berührungspunkt der Polkurven C, Γ, von denen oben (Art. 37) die Rede war.

Es gibt nun auch einen »Beschleunigungspol« $\mathfrak{r}_2 = P_2$, dessen augenblickliche Beschleunigung Null ist. In der Tat:

Differenziert man die Gleichung (8) nach der Zeit, so erhält man:

$$\ddot{\mathfrak{r}} = \ddot{\mathfrak{r}}_0 + [\dot{\mathfrak{w}}\,\mathfrak{r}] + [\mathfrak{w}\,\dot{\mathfrak{r}}]. \tag{11}$$

Zunächst bestimmen wir hiermit die Beschleunigung relativ zu dem Bezugspunkt $\mathfrak{r}_0$, indem wir

$$\mathfrak{r} - \mathfrak{r}_0 = \mathfrak{r}^0 \tag{11a}$$

setzen und die Gleichung

$$\ddot{\mathfrak{r}}_0 = \ddot{\mathfrak{r}}_0 + [\dot{\mathfrak{w}}\,\mathfrak{r}_0] + [\mathfrak{w}\,\dot{\mathfrak{r}}_0],$$

von (11) abziehen:

$$\ddot{\mathfrak{r}}^0 = [\dot{\mathfrak{w}}\,\mathfrak{r}^0] + [\mathfrak{w}\,\dot{\mathfrak{r}}^0].$$

Weil nach (11a) $[\mathfrak{w}\,\dot{\mathfrak{r}}^0] = [\mathfrak{w}\,\dot{\mathfrak{r}}] - [\mathfrak{w}\,\dot{\mathfrak{r}}_0]$ ist, so wird wegen (8):

$$[\mathfrak{w}\,\dot{\mathfrak{r}}^0] = [\mathfrak{w}\,[\mathfrak{w}\,\mathfrak{r}]] - [\mathfrak{w}\,[\mathfrak{w}\,\mathfrak{r}_0]] = [\mathfrak{w}\,[\mathfrak{w}\,\mathfrak{r}^0]] = -\,\omega^2\,\mathfrak{r}^0 \tag{11b}$$

infolge der Formel (11) des Art. 14, wobei das Glied $(\mathfrak{w}\,\mathfrak{r}^0) = 0$ ist, da $\mathfrak{w} \perp \mathfrak{r}^0$ ist. Man erhält so für die Beschleunigung $\ddot{\mathfrak{r}}^0$ des Punktes $\mathfrak{r}^0$ relativ zu der von $\mathfrak{r}_0$

$$\ddot{\mathfrak{r}}^0 = [\dot{\mathfrak{w}}\,\mathfrak{r}^0] - \omega^2\,\mathfrak{r}^0. \tag{12}$$

Hier bedeuten die Glieder rechts:

1. eine Komponente $[\dot{\mathfrak{w}}\,\mathfrak{r}^0]$, senkrecht zum Radius $\mathfrak{r}^0$ (von Punkt $\mathfrak{r}_0$ nach $\mathfrak{r}$) wirkend, mit dem Betrag $\dot{\omega}\,|\mathfrak{r}^0| = \dot{\omega} r^0$, 2. eine solche $\omega^2\mathfrak{r}^0$ in Richtung von $-\mathfrak{r}^0$. Die Relativbeschleunigung $\ddot{\mathfrak{r}}^0$ hat also auf allen Punkten des mit dem Radius r^0 um $\mathfrak{r}_0$ beschriebenen Kreises den gleichen Betrag $r^0\sqrt{\dot{\omega}^2 + \omega^4}$; ihre Richtung $\ddot{\mathfrak{r}}_0$ bildet je mit $\mathfrak{r}^0$ überall den gleichen Winkel ψ, für den $\operatorname{tg}\psi = \dot{\omega}/\omega^2$ ist. Man kann ihr also durch passende Wahl des Punktes $\mathfrak{r}^0$ jede beliebige Richtung und Größe erteilen. Insbesondere gibt es einen und nur einen Punkt $\mathfrak{r}_0 = \mathfrak{r}_2 = P_2$ der Ebene, für den die Gleichung erfüllt ist

$$[\dot{\mathfrak{w}}\,\mathfrak{r}_2] - \omega^2\,\mathfrak{r}_2 = -\,\ddot{\mathfrak{r}}_0,$$

oder, weil wie in (11b) $[\mathfrak{w}\,\dot{\mathfrak{r}}_2] = -\,\omega^2\mathfrak{r}_2$ ist, nach (11)

$$\ddot{\mathfrak{r}}_2 = 0 = \ddot{\mathfrak{r}}_0 + [\dot{\mathfrak{w}}\,\mathfrak{r}_2] + [\mathfrak{w}\,\dot{\mathfrak{r}}_2].$$

Dieser Punkt P_2 der Ebene hat keine (absolute) Beschleunigung; er heißt der Beschleunigungspol. Auch für ihn als Bezugspunkt gilt die eben für die Relativbeschleunigung $\ddot{\mathfrak{r}}^0$ gemachte Bemerkung bezüglich des Betrages der Beschleunigung und ihrer Richtung; nur daß es nunmehr die absolute Beschleunigung ist, die also für jeden Punkt P eines Kreises um P_2 den gleichen Betrag hat, und deren Neigungswinkel gegen die Verbindungslinie von P mit P_2 wieder überall denselben Wert ψ hat.

Nun kann man (Art. 8) jede Beschleunigung wie $\ddot{\mathfrak{r}}$ in eine Komponente $\ddot{s}$ in Richtung des Bahnelements und eine solche v^2/ϱ senkrecht zu ihm zerlegen und nach dem geometrischen Ort der Punkte fragen, für die die eine oder die andere dieser Komponenten Null ist.

1. Verschwindet für einen Punkt P der Ebene die Tangentialbeschleunigung, so geht die übrig bleibende Normalbeschleunigung v^2/ϱ, die senkrecht zum Bahnelement wirkt, durch den Geschwindigkeitspol P_1, und wieder ist, wie oben im allgemeinen Fall des Bezugspunktes $\mathfrak{r}_0$, der Winkel zwischen $\mathfrak{r}''$ und $\ddot{\mathfrak{r}}'' = \ddot{\mathfrak{r}}$ gleich ψ. Somit liegen die Punkte P auf einem Kreis, dem »Tangentialkreis«, dessen Punkte mit dem Winkel ψ über dem Beschleunigungs- und dem Geschwindigkeitspol stehen.

2. Verschwindet dagegen für einen Punkt Q die Normalbeschleunigung, so berührt die übrigbleibende Tangentialbeschleunigung in Q den durch ihn gehenden Kreis um den Geschwindigkeitspol (Drehpol), und wieder ist der Winkel zwischen Beschleunigung $\ddot{\mathfrak{r}}$ und Vektor $\mathfrak{r}$ für alle Punkte Q gleich ψ. Auch diese liegen demnach auf einem Kreis, der durch den Geschwindigkeitspol P_1 und den Beschleunigungspol P_2 hindurchgeht, über denen er mit dem Winkel $\left(\frac{\pi}{2} - \psi\right)$ steht. (S. Abb. 95a, wo die punktierten Geraden durch P_2 aufeinander senkrecht stehen). Da die Gleichung $v^2/\varrho = 0$ in Punkten außerhalb des Poles P_1 nur die Lösung $\varrho = \infty$ haben kann, so ist der Ort der Punkte Q der in Art. 38a schon besprochene »Wendekreis«, der dort zur Konstruktion des Krümmungshalbmessers der Bahnkurve verwendet wurde.

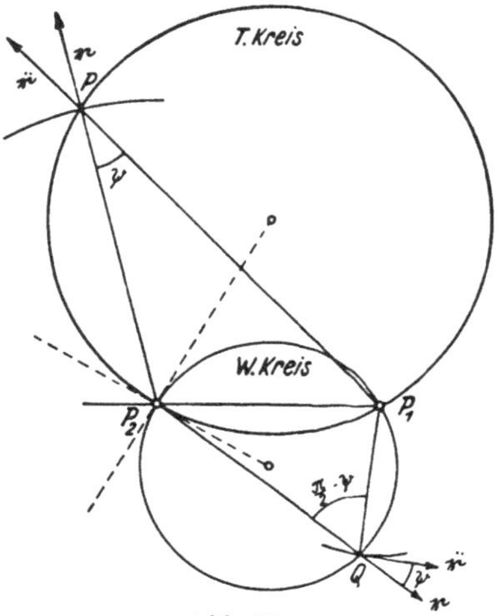

Abb. 95a.

Weiteres zur Kinematik entnimmt man den Artikeln der Enzyklopädie der mathematischen Wissenschaften (Bd. IV[2], IV[3]) von Timerding, Schönfließ und Grübler.

Indem wir uns nun zur Statik des starren Systems, die von dem Gleichgewicht der an ihm angreifenden Kräfte handelt, wenden, erinnern wir zunächst an einige frühere Sätze über das Gleichgewicht der Kräfte am freien und am unfreien materiellen Punkt, um diese dann in eine neue zusammenfassende Form zu bringen.

XII. Abschnitt.

Gleichgewicht der Kräfte am starren Körper.

45. Gleichgewicht der Kräfte am Massenpunkt.

Wirken auf einen Massenpunkt mehrere Kräfte $\mathfrak{P}_1, \mathfrak{P}_2, \ldots \mathfrak{P}_n$, deren Komponenten in Richtung der Achsen eines rechtwinkeligen Koordinatensystems

$$\mathfrak{P}_1 = (X_1, Y_1, Z_1); \ldots; \mathfrak{P}_n = (X_n, Y_n, Z_n)$$

sind, so wird (Art. 13) ihre Resultante $\mathfrak{P}$ durch die geometrische Summe der Vektoren $\mathfrak{P}_1, \mathfrak{P}_2, \ldots \mathfrak{P}_n$ dargestellt:

$$\mathfrak{P} = \mathfrak{P}_1 + \mathfrak{P}_2 + \ldots + \mathfrak{P}_n = \sum_{i=1}^{n} \mathfrak{P}_i. \tag{1}$$

Die Komponenten X, Y, Z von $\mathfrak{P}$ nach den Achsen sind

$$X = \Sigma X_i;\; Y = \Sigma Y_i;\; Z = \Sigma Z_i. \tag{2}$$

Graphisch läßt sich die Resultante in der Weise ermitteln, daß man die nach Größe und Richtung durch Pfeile dargestellten Vektoren $\mathfrak{P}_i$ durch Parallelverschieben und Aneinanderfügen der Pfeile, so daß je an eine Spitze das stumpfe Ende eines anderen Pfeiles gereiht wird (Art. 13), zu einem Linienzug vereinigt. Dann ist die Schlußseite des offenen Polygons (Kraftecks) nach Größe und Richtung (aber dem Sinn nach entgegengesetzt) die Resultante. Dabei ist die Reihenfolge, in der man die Pfeile $\mathfrak{P}_i$ verwendet, ohne Einfluß auf das Endergebnis. Ist nun der materielle Punkt frei beweglich, so halten sich die Kräfte im Gleichgewicht (der Punkt befindet sich im Gleichgewichtszustand), wenn die Resultante

$$\mathfrak{P} = 0 \tag{3}$$

ist, wenn also einzeln:

$$X = \Sigma X_i = 0;\; Y = \Sigma Y_i = 0;\; Z = \Sigma Z_i = 0. \tag{3a}$$

Diese 3 Gleichungen zusammen bilden die notwendige und hinreichende Bedingung für den Gleichgewichtszustand des frei beweglichen Massenpunktes, an dem die Kräfte wirken. Geometrisch ist die (notwendige und hinreichende) Bedingung für das Gleichgewicht die, daß der aus den Kräften $\mathfrak{P}_i$ gebildete Streckenzug, das Kräftepolygon (Krafteck), sich schließt. Insbesondere stehen daher 3 Kräfte im Gleichgewicht, wenn in dem aus ihnen als Vektoren gebildeten Dreieck die Beträge der Seiten sich verhalten wie die Sinusse der gegenüberliegenden Winkel.

Ist der materielle Punkt nicht frei beweglich, sondern gezwungen auf einer vollkommen glatten Fläche zu bleiben, so ist zum Gleichgewicht nicht nötig, daß die Resultante der Kräfte verschwindet.

Sie muß nur in die Normale der Fläche fallen, in deren Richtung (Art. 28) der von der Fläche geleistete Widerstand entfällt, so daß erst unter Einrechnung dieser Zwangskraft als einer (Druck)Kraft die Gesamtresultante wieder Null ist. Denkt man sich nun, daß dem auf der Fläche beweglichen Punkt eine Elementarverschiebung $\delta\mathfrak{s}$ (Abb. 96) längs der Fläche erteilt wird (für welche noch ∞^1 Richtungen zur Verfügung stehen), so wird die Arbeit, welche eine der angreifenden Kräfte $\mathfrak{P}_i$ leistet, gemessen durch das Produkt aus Kraft mal Weg mal dem Kosinus des eingeschlossenen Winkels (Art. 20)

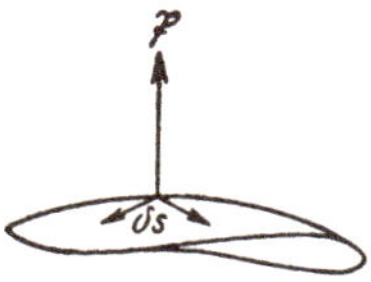

Abb. 96.

$$P_i\,\delta s \cos(\mathfrak{P}_i, \delta\mathfrak{s}) = (\mathfrak{P}_i, \delta\mathfrak{s}) = X_i\,\delta x + Y_i\,\delta y + Z_i\,\delta z, \tag{4}$$

wenn $P_i = |\mathfrak{P}_i|$ der Betrag von $\mathfrak{P}_i$, $\delta\mathfrak{s} = (\delta x, \delta y, \delta z)$ und $\delta s = |\delta\mathfrak{s}|$ ist. Im Falle des Gleichgewichts muß nun aber die Gesamtarbeit aller Kräfte:

$$\sum_{i=1}^{n} P_i\,\delta s \cos(\mathfrak{P}_i, \delta\mathfrak{s}) = \Sigma(\mathfrak{P}_i, \delta\mathfrak{s}) = (\mathfrak{P}, \delta\mathfrak{s})$$
$$= \Sigma(X_i\,\delta x + \Sigma Y_i\,\delta y + \Sigma Z_i\,\delta z) = X\,\delta x + Y\,\delta y + Z\,\delta z \tag{5}$$

verschwinden, weil der Winkel von $\delta\mathfrak{s}$ und der in die Normale fallenden Druckkraft, welche, negativ genommen, als Resultante $\mathfrak{P}$ aus den $\mathfrak{P}_i$ angesehen werden kann (Art. 10 gegen Ende), ein Rechter, sein Kosinus also null ist.

Ist der Punkt genötigt, auf einer räumlichen Kurve zu bleiben, auf der er sich ohne Reibung bewegen kann, so muß, wenn wieder die an ihm angreifenden Kräfte keine Verschiebung bewirken sollen, ihre Resultante senkrecht auf dem Kurvenelemente stehen, also (Art. 27) in die Normalebene fallen (wofür es noch ∞^1 Möglichkeiten gibt). Denkt man sich auch in diesem Fall dem materiellen Punkt eine Elementarverschiebung $\delta\mathfrak{s}$ längs der Kurve erteilt (Abb. 97), so ist wieder die Arbeit der Einzelkraft $\mathfrak{P}_i$ durch $(\mathfrak{P}_i, \delta\mathfrak{s})$ darstellbar; die Gesamtarbeit aller wieder durch

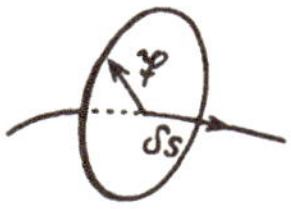

Abb. 97.

$$(\Sigma\,\mathfrak{P}_i, \delta\mathfrak{s}) = (\mathfrak{P}, \delta\mathfrak{s}) = 0. \tag{6}$$

Sie verschwindet, weil die Resultante $\mathfrak{P}$ auf $\delta\mathfrak{s}$ senkrecht steht.

Da auch für den frei beweglichen Punkt, wenn die Resultante der auf ihn wirkenden Kräfte verschwindet, die bei einer beliebigen Verschiebung geleistete Gesamtarbeit der Kräfte Null ist, weil in $(\mathfrak{P}, \delta\mathfrak{s})$ der Faktor $\mathfrak{P}$ verschwindet, so kann man allgemein sagen:

Wenn ein von Kräften angegriffener (freier oder unfreier) materieller Punkt sich im Gleichgewichtszustand befindet, so ist die bei jeder gedachten »elementaren« (der Grenze Null zustrebenden) Verschiebung, die mit den dem Punkt auferlegten Bedingungen verträglich ist (also bzw. sich nicht von der Fläche oder von der Kurve entfernt, auf welcher der Punkt zu bleiben gezwungen ist) — kurz: die bei jeder »virtuellen[1]) Verschiebung (Verrückung)« geleistete Gesamtarbeit oder auch die virtuelle Arbeit (moment virtuel bei Lagrange) der an ihm wirkenden Kräfte gleich Null.

Es gilt auch die Umkehrung dieses Satzes: Immer dann, wenn für jede virtuelle Verschiebung $\delta\mathfrak{s}$ die Bedingung

$$0 = \Sigma\,(\mathfrak{P}_i, \delta\mathfrak{s}) \tag{7}$$

erfüllt ist, befindet sich der Punkt im Gleichgewicht. Denn man kann (7) in die Form bringen

$$0 = (\mathfrak{P}, \delta\mathfrak{s}) = P\,\delta s \cos(\mathfrak{P}, \delta\mathfrak{s}),$$

wo $\delta s \neq 0$ ist. Dann muß entweder $P = |\mathfrak{P}| = 0$ sein, oder der Kosinus verschwinden, d. h. die Resultante $\mathfrak{P}$ auf jeder virtuellen Verschiebungsrichtung senkrecht stehen, was im Fall der unfreien Bewegung in der Tat Gleichgewicht bedeutet. Man sieht, die Einführung des Begriffes »virtuelle Verschiebung« macht die Unterscheidung der Einzelfälle und das Eingehen auf die Zwangskräfte überflüssig. Dividiert man die elementare Verschiebung durch das Zeitelement, so erhält man eine Geschwindigkeit. Der vorstehend ausgesprochene Satz heißt das Prinzip der virtuellen Geschwindigkeiten. Zuerst hat es Joh. Bernoulli (Brief an Varignon 1717) seiner Bedeutung nach erkannt. Aber erst J. J. Lagrange, Mécanique analytique I, 1, hat es zur Grundlage der ganzen Mechanik gemacht. Er definiert dort in Nr. 16 »virtuelle Geschwindigkeit« als »diejenige Geschwindigkeit eines Körpers oder eines Punktsystems, die der Körper oder das System, das sich gerade im Gleichgewicht befindet, bereit ist anzunehmen in dem Augenblick, wo das Gleichgewicht gestört wird, d. h. diejenige Geschwindigkeit, welche der Körper wirklich im ersten Augenblick seiner Bewegung annehmen würde.« Den verschiedenen Bewegungsrichtungen entspricht die Mannigfaltigkeit der Störungsmöglichkeiten.

Bevor wir uns zur Ausdehnung des Prinzips auf das Gleichgewicht eines Punktsystems wenden, wollen wir einen anschließenden Begriff einführen.

46. Stabiles und labiles Gleichgewicht des Massenpunktes.

Die notwendige und hinreichende Bedingung für das Gleichgewicht der Kräfte an einem (freien oder unfreien) Punkt ist nach dem vorigen Art. das Verschwinden der bei einer »virtuellen« Verschiebung geleisteten Arbeit ihrer Resultante $\mathfrak{P}$, also

$$(\mathfrak{P}, \delta\mathfrak{s}) = X\delta x + Y\delta y + Z\delta z = 0. \tag{1}$$

[1]) virtus = Fähigkeit, Möglichkeit; virtuell im Gegensatz zu »aktuell«.

Wir knüpfen an den früher (Art. 20) betrachteten Fall an, daß die Kraft $\mathfrak{P} = (X, Y, Z)$ konservativ ist, d. h. je von der Stelle x, y, z, wo sich der angegriffene Punkt befindet, in der Weise abhängt, daß für sie eine Kräftefunktion $U(x, y, z)$ existiert, d. h. daß

$$X = \frac{\partial U}{\partial x}, \quad Y = \frac{\partial U}{\partial y}, \quad Z = \frac{\partial U}{\partial z}$$

ist. Dann liefert das Prinzip (1) als Bedingung für das Gleichgewicht die Gleichung

$$\frac{\partial U}{\partial x}\delta x + \frac{\partial U}{\partial y}\delta y + \frac{\partial U}{\partial z}\delta z \equiv \delta U = 0,$$

die aussagt, daß die mit den virtuellen Verschiebungen gebildete »erste Variation« δU der Kräftefunktion verschwindet. Bezeichnet man mit U_1 den Wert von $U(x, y, z)$, gebildet für die Nachbarstelle $x + \delta x$, $y + \delta y$, $z + \delta z$, so liefert die Entwicklung von U_1 nach dem Taylorschen Satz (die Entwickelbarkeit vorausgesetzt)

$$U_1 = U(x + \delta x,\ y + \delta y,\ z + \delta z) = U + \delta U + \delta^2 U + \delta^3 U \ldots$$

An einer Stelle, wo Gleichgewicht herrscht, ist also, wegen $\delta U = 0$ bis auf die Glieder 3. und höherer Ordnung in den kleinen Größen δx, δy, δz genau:

$$U_1 - U = \delta^2 U = \frac{1}{1 \cdot 2}\left(\frac{\partial^2 U}{\partial x^2}\delta x^2 + 2\frac{\partial^2 U}{\partial x\,\partial y}\delta x \delta y + \ldots + \frac{\partial^2 U}{\partial z^2}\delta z^2\right)$$

ein in δx, δy, δz quadratischer Ausdruck, der da, wo die Funktion U einen Maximal- oder Minimalwert annimmt, wo also $\delta U = 0$ ist, die von der Kraft $\mathfrak{P}$ auf dem Weg $\delta\mathfrak{s}$ geleistete Arbeit (Art. 20) mißt. Und zwar ist im Falle eines Maximums der Kräftefunktion U (Minimums der potentiellen Energie $-U$) — d. h. wenn mit $\delta U = 0$ die zweite Variation $\delta^2 U$ negativ, oder wenn

$$U - U_1 = U(x, y, z) - U(x + \delta x,\ y + \delta y,\ z + \delta z) > 0,$$

positiv ist — bei einer Verschiebung, welche den Punkt aus der Nachbarlage P_1 in die ursprüngliche Lage P zurückbringt, die von der Resultante P geleistete Arbeit $U - U_1$ positiv. Alsdann helfen die auf den Punkt wirkenden Kräfte mit, um ihn in seine ursprüngliche Lage zurückzubringen, sie verschieben ihn nach der Gleichgewichtslage hin. Tritt dies bei jeder möglichen Elementarverschiebung ein, so nennt man, in Übereinstimmung mit dem Sprachgebrauch, das Gleichgewicht des Punktes (unbedingt) stabil.

Wenn umgekehrt für eine Stelle, wo $\delta U = 0$ ist, die zweite Variation $\delta^2 U$ bei jeder virtuellen Verschiebung positiv ist, wenn also U einen Minimalwert hat, so heißt das Gleichgewicht (unbedingt) labil.

Es kann weiter eintreten, daß an der Stelle, wo $\delta U = 0$ ist, für gewisse Verschiebungsbereiche U einen Maximal-, für andere einen Minimalwert hat (wie eine schwere kleine Kugel auf dem horizontalen Flächenelement einer Sattelfläche). Dann ist das Gleichgewicht bedingt stabil oder labil. Indifferent endlich ist das Gleichgewicht an einer solchen Stelle, wo für alle virtuellen Verschiebungen neben δU auch $\delta^2 U$ verschwindet.

Auch in diesem Fall sagt das Vorzeichen der nächsthöheren nicht verschwindenden Variation näheres über die Art des Gleichgewichts aus. Verschwinden alle, so hat man den Fall der Kugel auf horizontaler Ebene.

Beispiele und Aufgaben.

1. Ein schwerer Massenpunkt m befinde sich im untersten Punkt einer vollkommen glatten Kugelschale vom Halbmesser a. Man bestätige, daß sein Gleichgewicht stabil ist. Nimmt man die positive Z-Achse nach unten gerichtet an, so ist die Kräftefunktion

$$U = m g z,$$

also im untersten Punkt $U = mga$, und in einer Nachbarlage (Abb. 98) $U_1 = mgz_1$, wo $z_1 < a$ ist. Es wird also $U_1 - U = mg(z_1 - a) < 0$, die 2. Variation ist negativ, der Punkt befindet sich im stabilen Gleichgewicht. Ebenso läßt sich zeigen, daß er im obersten Punkt einer glatten Kugelfläche im labilen Gleichgewicht ist.

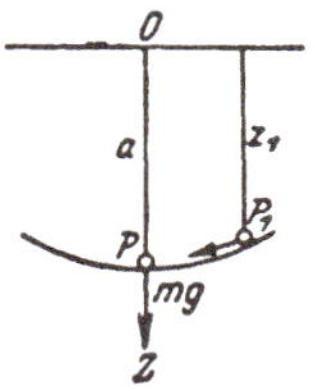

Abb. 98.

2. Man untersuche das Gleichgewicht eines Körpers in einer solchen Lage zwischen Erde und Mond, daß seine Anziehung nach beiden Himmelskörpern gleich groß und entgegengesetzt gerichtet ist.

Ist der Abstand von Erde und Mondmittelpunkt gleich a, so ist die Kräftefunktion für den angezogenen Punkt im Abstand r vom Erdmittelpunkt:

$$U = \left(\frac{E}{r} + \frac{M}{a-r}\right) \varkappa m,$$

wenn E, M, m die Massen von Erde, Mond, Punkt sind, und $\varkappa$ die Gravitationskonstante ist. Der Punkt befindet sich an einer Stelle im Gleichgewicht, wo

$$\delta U = \left(-\frac{E}{r^2} + \frac{M}{(a-r)^2}\right) \varkappa m \delta r = 0$$

ist, was die Beziehung $(a-r)/r = \sqrt{M}/\sqrt{E}$ ergibt. Weil

$$\delta^2 U = \varkappa m \left(\frac{2E}{r^3} + \frac{2M}{(a-r)^3}\right)(\delta r)^2 = \frac{2\varkappa m E}{r^3}\left(1 + \sqrt{\frac{E}{M}}\right)(\delta r)^2$$

für positives r positiv ist, so ist das Gleichgewicht labil.

3. Ein auf einer glatten Ellipse frei beweglicher Massenpunkt μ werde von zwei in den Brennpunkten befindlichen Massenpunkten m und m_1 nach dem Newtonschen Gesetz angezogen. An welchen Stellen der Ellipse befindet er sich im Gleichgewicht?

Das Prinzip der virtuellen Geschwindigkeiten liefert als Gleichgewichtsbedingung

$$\delta U = -\frac{\varkappa \mu m}{r^2}\delta r - \frac{\varkappa \mu m_1}{r_1^2}\delta r_1 = 0, \tag{1}$$

wo

$$r + r_1 = 2a, \tag{2}$$

also $\delta r + \delta r_1 = 0$ ist.

Die Bedingung für das Gleichgewicht

$$\delta U = -\varkappa \mu \delta r\left(\frac{m}{r^2} - \frac{m_1}{r_1^2}\right) = 0 \tag{3}$$

liefert entweder $\delta r = 0$, d. h. die Endpunkte der großen Achse[1]).

Oder es ist $\frac{m}{r^2} = \frac{m_1}{r_1^2}$, was zusammen mit (2)

$$r = \frac{2a}{1+\sqrt{\frac{m_1}{m}}}; \quad r_1 = \frac{2a\sqrt{\frac{m_1}{m}}}{1+\sqrt{\frac{m_1}{m}}}$$

ergibt. Hier ist das Gleichgewicht labil, weil

$$\delta^2 U = \varkappa \mu \delta r\left(\frac{m}{r^3}\delta r - \frac{m_1}{r_1^3}\delta r_1\right) = \varkappa \mu (\delta r)^2\left(\frac{m}{r^3} + \frac{m_1}{r_1^3}\right) \tag{4}$$

eine positive Größe ist.

47. Gleichgewicht der Kräfte an einem Punktsystem. Das Prinzip der virtuellen Geschwindigkeiten.

Die im Art. 45 aufgestellte Bedingung für das Gleichgewicht eines von Kräften angegriffenen Punktes werde nun ausgedehnt auf den Fall von mehreren Massenpunkten $m_1, m_2, \ldots m_n$, die, frei oder auf glatten

[1]) Da an diesen Stellen der Koeffizient von δr in der Entwicklung von $U_1 - U$ nicht verschwindet, so entscheidet dieser über die Stabilität. Handelt es sich etwa um die Stelle $r = a + e$, $r_1 = a - e$ (a die halbe große Achse der Ellipse, e die lineare Exzentrizität), so ist δr wesentlich negativ, und die Verschiebungsarbeit:

$$U_1 - U \sim \delta U = \varkappa \mu (-\delta r)\left(\frac{m}{(a+e)^2} - \frac{m_1}{(a-e)^2}\right)$$

hat das Vorzeichen des Klammerausdrucks. Je nachdem dieses negativ, null oder positiv ist, ist das Gleichgewicht stabil, indifferent oder labil. Im Fall der Indifferenz liefert das Glied $\delta^2 U$ (Formel (4) des Textes) den labilen Gleichgewichtszustand.

Flächen, Kurven (also reibungslos) beweglich, einander nach irgendeiner Funktion der Entfernung anziehen oder abstoßen. Auch mögen noch weitere, nicht von der gegenseitigen Einwirkung herrührende, »äußere« Kräfte $\mathfrak{P}_1, \mathfrak{P}_2, \ldots \mathfrak{P}_n$, wo $\mathfrak{P}_i = (X_i, Y_i, Z_i)$ ist, auf bzw. die Punkte $m_1, m_2, \ldots m_n$ wirken.

Das System befindet sich (immer und nur dann) im Gleichgewicht, wenn dies für jeden einzelnen Punkt gilt. Um die im vorigen Artikel formulierte Bedingung anwenden zu können, erteile man jedem Punkt eine »virtuelle« Verschiebung; dem i-ten eine solche $\delta\mathfrak{s}_i$, die je nach der ihm sonst auferlegten Bedingung beliebig ist oder auf einer Fläche oder Kurve liegt. Dann lautet die notwendige und hinreichende Bedingung für das Gleichgewicht des Punktsystems: Bei keiner der möglichen simultanen Verschiebungen der Massenpunkte wird Arbeit geleistet, kurz: die Summe der geleisteten virtuellen Arbeiten der äußeren Kräfte verschwindet.

Wir beginnen mit dem Beweis dieses Satzes für den Fall $n = 2$ von zwei Massenpunkten im Abstand r, die sich frei oder auf vorgeschriebenen Bahnen reibungslos bewegen können. Die etwa zwischen ihnen wirkende (äußere) Anziehungskraft im Betrage $f(r)$ leistet bei der Verschiebung $\delta\mathfrak{s}_1$ des einen Punktes die durch das skalare Produkt (Artt. 14, 20)

$$\left(f(r)\frac{\mathfrak{r}}{r},\ \delta\mathfrak{s}_1\right)$$

dargestellte Arbeit; bei Verschiebung des anderen um $\delta\mathfrak{s}_2$ die Arbeit

$$\left(-f(r)\frac{\mathfrak{r}}{r},\ \delta\mathfrak{s}_2\right),$$

wo wegen der Gleichheit von Aktion und Reaktion an Stelle der Kraftrichtung $\mathfrak{r}$ die entgegengesetzte tritt. Dazu kommt noch die Arbeit der äußeren Kräfte. Die etwa vorhandenen Bahnwiderstände leisten, weil sie senkrecht zur Bewegungsrichtung wirken, keine Arbeit. Im Falle des Gleichgewichts ist mit der Arbeit an den einzelnen Punkten auch die Summe dieser Arbeiten für jede mögliche Kombination der virtuellen Einzelverschiebungen Null:

$$\begin{aligned} 0 &= (\mathfrak{P}_1, \delta\mathfrak{s}_1) + (\mathfrak{P}_2, \delta\mathfrak{s}_2) + f(r)\,\delta s_1 \cos(\delta\mathfrak{s}_1, \mathfrak{r}) - f(r)\,\delta s_2 \cos(\delta\mathfrak{s}_2, \mathfrak{r}) \\ &= (\mathfrak{P}_1, \delta\mathfrak{s}_1) + (\mathfrak{P}_2, \delta\mathfrak{s}_2) + f(r)\,\delta\varrho_1 + f(r)\,\delta\varrho_2 \\ &= (\mathfrak{P}_1, \delta\mathfrak{s}_1) + (\mathfrak{P}_2\ \delta\mathfrak{s}_2) + f(r)\,\delta r, \qquad (1) \end{aligned}$$

wo $\delta\varrho_i = \delta s_i \cos(\delta\mathfrak{s}_i, \mathfrak{r})$, $(i = 1, 2)$ die Projektion der Verschiebung $\delta\mathfrak{s}_i$ auf die Verbindungslinie der Massenpunkte ist und (vgl. Art. 31)

$$\delta r = \delta\varrho_1 + \delta\varrho_2$$

die durch die Elementarverschiebungen verursachte Verlängerung der Verbindungslinie $|\mathfrak{r}| = r$ ist.

Die rechte Seite in (1) stellt aber die Summe der infolge der virtuellen Verschiebungen geleisteten Arbeiten aller wirkenden Kräfte dar, w. z. b. w.

Wegen der Mannigfaltigkeit der möglichen Verschiebungen zerfällt (1) in eine Anzahl von Gleichungen, die voneinander unabhängig sind. Sind beide Punkte frei beweglich, so ist die Zahl der Freiheitsgrade der Verschiebungen $\delta\mathfrak{s}_1$, $\delta\mathfrak{s}_2$ gleich $3 + 3 = 6$; dann zerfällt (1) in 6 Gleichungen. Sind aber die Punkte auf Flächen oder Kurven zu bleiben genötigt, so verringert das Wort »virtuell« automatisch den Freiheitsgrad und damit die Zahl der unabhängigen Gleichungen, die aus (1) fließen (Art. 45), ohne daß durch das Zusammenfassen der Arbeiten an den Einzelpunkten zu einer virtuellen Gesamtarbeit, das für die spätere Verallgemeinerung des Prinzips von Bedeutung ist, die Allgemeinheit beeinträchtigt wird.

Man überträgt die Fassung (1) der Gleichgewichtsbedingung ohne weiteres auf ein System von n Massenpunkten $m_1, m_2, \ldots m_n$ in den gegenseitigen Abständen $r_{12}, r_{13}, \ldots r_{n-1,n}$ (r_{ik}), die vermöge von Anziehungs- oder Abstoßungskräften $f(r_{ik})$ aufeinander wirken, während zugleich noch andere (äußere) Kräfte $\mathfrak{P}_1, \mathfrak{P}_2, \ldots \mathfrak{P}_n$ angreifen, wobei wieder ihre Bewegung frei oder auf (vollkommen glatten) Flächen oder Kurven beschränkt sein möge. Man beweist, wie im Falle $n = 2$, durch passendes Zusammenfallen entsprechender Glieder, daß wieder die Summe der bei allen virtuellen Verschiebungen $\delta\mathfrak{s}_i$ der Massenpunkte m_i $(i = 1, 2, \ldots n)$ geleisteten Arbeiten verschwinden muß, wenn jeder Einzelpunkt im Gleichgewicht ist, und findet so

$$\sum_{i=1}^{n}(\mathfrak{P}_i, \delta\mathfrak{s}_i) + \frac{1}{2}\sum_{k=1}^{n}\sum_{i=1}^{n} f(r_{ik})\,\delta r_{ik} = 0 \qquad (i \neq k) \tag{2}$$

oder in skalarer Fassung

$$\sum_{i=1}^{n}(X_i\,\delta x_i + Y_i\,\delta y_i + Z_i\,\delta z_i) + \frac{1}{2}\sum_{k=1}^{n}\sum_{i=1}^{n} f(r_{ik})\,\delta r_{ik} = 0 \tag{2a}$$

als notwendige und, sofern man nur alle voneinander unabhängigen (s. unten Art. 48) virtuellen Verschiebungen verwendet, hinreichende Bedingung für das Gleichgewicht des Punktsystems. — Man darf annehmen, daß der vorstehende Beweis auch den Fall umfaßt, daß von den Punkten einige oder alle starr miteinander verbunden sind. Denn man kann sich zwischen zwei solchen Punkten x_i, y_i, z_i und x_k, y_k, z_k eine Kraft angebracht denken, die in Richtung ihrer Verbindungslinie wirkend bei der geringsten Abstandsveränderung alsbald in außerordentlicher Stärke auftritt. Ersetzt man dann diese Kraft durch ihren Erfolg, daß nämlich die Entfernung a, wo

$$a^2 = (x_i - x_k)^2 + (y_i - y_k)^2 + (z_i - z_k)^2 \tag{3}$$

ist, ungeändert bleibt, so besteht zwischen den Variationen $\delta x_i, \ldots$ $\delta x_k, \ldots$ die Bedingungsgleichung:

$$0 = (x_i - x_k)(\delta x_i - \delta x_k) + (y_i - y_k)(\delta y_i - \delta y_k) + (z_i - z_k)(\delta z_i - \delta z_k), \quad (3a)$$

welche die virtuellen Verschiebungen beschränkt.

Bei dieser Auffassung tritt die Gleichung (3) als weitere Bedingungsgleichung zu den etwa sonst für die einzelnen Punkte bestehenden (die z. B. aussagen, daß sie sich auf festen Kurven, Flächen bewegen) hinzu. Sie enthält, abweichend von diesen, die Koordinaten von zwei Systempunkten, und noch immer gilt das Prinzip. Der Schritt nun, der zu dem allgemeinen Prinzip führt, ist der, daß die Forderung (2) auch dann erhoben wird, wenn beliebige Bedingungsgleichungen zwischen den Punkten des Systems bestehen, die die Koordinaten von mehreren oder allen Punkten enthalten. (Etwa vorhandene Anziehungskräfte $f(r_{ik})$ zwischen den Punkten läßt man zweckmäßig in die »äußeren Kräfte« $\mathfrak{P}_i$[1]) eingehen.) Auf einen vollgültigen Beweis des Prinzips in dieser allgemeinen Fassung muß man verzichten, wie dies auch Lagrange in der 1. Ausgabe seiner Mécanique analytique getan hat. Wir sprechen das Prinzip vielmehr als Forderung (Axiom) in folgender Form aus:

Zwischen den Koordinaten eines Systems von n materiellen Punkten mögen k ($< 3n$) von einander unabhängige und sich nicht widersprechende Bedingungsgleichungen („geometrische" Bedingungsgleichungen) bestehen von der Form

$$\begin{aligned} &\varphi(x_1, y_1, z_1;\ x_2, y_2, z_2; \ldots x_n, y_n, z_n) = 0 \\ &\psi(x_1, y_1, z_1;\ \ldots\ldots\ldots\ldots z_n) = 0 \\ &\ldots\ldots\ldots\ldots\ldots\ldots \end{aligned} \qquad (4)$$

wo $\varphi, \psi, \ldots$ bekannte (differenzierbare) Funktionen der Argumente sind. Steht das System unter dem Einfluß bekannter »äußerer« Kräfte $\mathfrak{P}_1, \mathfrak{P}_2, \ldots \mathfrak{P}_n$, so ist die notwendige und hinreichende Bedingung für das Gleichgewicht dieser Kräfte die, daß für jede mit den Bedingungsgleichungen (4) verträgliche virtuelle Verschiebung $\delta\mathfrak{s}_1, \delta\mathfrak{s}_2, \ldots \delta\mathfrak{s}_n$ der Einzelpunkte die Gesamtarbeit aller äußeren Kräfte gleich Null ist, kurz, daß die virtuelle Gesamtarbeit verschwindet

$$\sum_1^n (\mathfrak{P}_i, \delta\mathfrak{s}_i) = 0, \qquad (5)$$

[1]) Die Unterscheidung zwischen äußeren und inneren Kräften ist eine relative; sie muß in jedem Falle besonders getroffen werden. Wir verstehen hier unter der inneren Kraft, die an dem Punkt x_i, y_i, z_i wirkt, diejenige Zwangskraft $\mathfrak{J}_i$, die ihm von der Gesamtheit der Bedingungsgleichungen (wie z. B. die Forderung der Starrheit) geliefert wird, so daß, wenn er im Gleichgewicht ist, $\mathfrak{J}_i + \mathfrak{P}_i = 0$ ist, wenn $\mathfrak{P}_i$ die Resultante der (bekannten) äußeren Kräfte ist. Einzeln sind die inneren Kräfte meistens nicht zu bestimmen.

oder, in skalarer Form, daß

$$\Sigma (X_i \delta x_i + Y_i \delta y_i + Z_i \delta z_i) = 0 \tag{5a}$$

ist. Dabei können statt der Gleichungen (4) auch deren Differentiale auftreten; es sind sogar als Bedingungsgleichungen lineare Gleichungen zwischen den Differentialen der Koordinaten nicht ausgeschlossen, die nicht integrabel sind (»nichtholonome« Bedingungsgleichungen, wie H. Hertz sie nennt (Prinzipien der Mechanik, Leipzig 1894, Artt. 123, 127; s. auch M. r. M. Artt. 6, 9). Doch knüpfen wir im folgenden nur an endliche Bedingungsgleichungen wie (4) an. Auch von Bedingungs-Ungleichungen, die im Falle nicht umkehrbarer Prozesse auftreten, wollen wir hier absehen.

Tritt an die Stelle des Punktsystems eine raumerfüllende Masse, so tritt an Stelle der Kraft $\mathfrak{P}_i$, die auf den Massenpunkt m_i wirkt, die Raumkraft $\mathfrak{P}$ auf die Masseneinheit (wie z. B. in dem oben besprochenen Falle des Potentials stetig verteilter Massen), also $\mathfrak{P} dm$ auf das Massenelement dm, wo $\mathfrak{P}$ dann eine Funktion der Koordinaten x, y, z dieses Elements ist. Die Summe verwandelt sich in ein über die ganze Masse zu erstreckendes (dreifaches) Integral. Wir werden diesem Fall noch oft begegnen.

48. Gleichgewicht der Kräfte an einem Punktsystem. Fortsetzung

Infolge der Bedingungen, die im vorigen Artikel zwischen den Massenpunkten des Systems als erfüllt angenommen wurden, werden, wie schon gesagt, neben den äußeren Kräften $\mathfrak{P}_i$ innere Kräfte zwischen den Punkten wirken, deren Betrag und Richtung jedoch im allgemeinen nicht bekannt sind. Nur das läßt sich behaupten, daß im Falle des Gleichgewichts die Resultante $\mathfrak{J}_i$ der an dem Massenpunkt m_i wirkenden inneren Kräfte gleich und entgegengesetzt der der äußeren sein muß, $\mathfrak{J}_i = - \mathfrak{P}_i$, weil sonst der Punkt eine Beschleunigung erfahren würde. Auch für sie gilt hiernach eine der für die $\mathfrak{P}_i$ aufgestellten ähnliche Beziehung, nämlich daß im Falle des Gleichgewichts für alle virtuellen Verschiebungen auch die Gesamtarbeit der inneren Kräfte:

$$\sum_{i=1}^{n} (\mathfrak{J}_i, \delta \mathfrak{s}_i) = 0$$

sein muß. Wir werden später hiervon Gebrauch machen (Art. 61).

In dem Falle, daß sämtliche Punkte frei beweglich sind, zerfällt die Gleichung

$$\sum_{i=1}^{n} (X_i \delta x_i + Y_i \delta y_i + Z_i \delta z_i) = 0 \quad (\ldots)$$

in $3n$ solche. Denn da dann die $3n$ Verschiebungsgrößen (Variationen) $\delta x_1, \delta y_1, \delta z_1, \ldots \delta z_n$ alle voneinander unabhängig sind, so kann man z. B. alle bis auf eine gleich Null setzen. Somit muß dann der Koeffizient der einen nicht verschwindenden Variation gleich Null sein. Da diese letzte beliebig gewählt werden kann, so folgt das Verschwinden aller Koeffizienten. An Stelle der Gleichung (1) treten so diejenigen $3n$, die durch Nullsetzen der Koeffizienten der $3n$ Variationen entstehen.

Sind aber die Koordinaten $x_1, y_1, \ldots, z_n$ durch k (geometrische) Bedingungsgleichungen

$$\varphi(x_1, y_1, z_1 \ldots z_n) = 0; \quad \psi(x_1, y_1, z_1 \ldots z_n) = 0; \ldots \tag{2}$$

aneinander geknüpft, so müssen auch die $3n$ virtuellen Verschiebungsgrößen $\delta x_1, \delta y_1, \ldots \delta z_n$ den Gleichungen (2) genügen, weil sie nur dann »virtuelle« sind, wenn sie mit den Bedingungen des Systems verträglich sind, wenn sie also den Gleichungen (2) auch nach Annahme kleiner Zuwächse der Koordinaten genügen. Zwischen den virtuellen Verschiebungsgrößen $\delta x_i, \delta y_i, \delta z_i$ bestehen somit die k Beziehungen $\left(\varphi'(x_1) = \frac{\partial \varphi}{\partial x_1}; \ldots\right)$

$$\begin{aligned} &\varphi'(x_1)\,\delta x_1 + \varphi'(y_1)\,\delta y_1 + \varphi'(z_1)\,\delta z_1 + \varphi'(x_2)\,\delta x_2 + \ldots + \varphi'(z_n)\,\delta z_n = 0 \\ &\psi'(x_1)\,\delta x_1 + \psi'(y_1)\,\delta y_1 + \psi'(z_1)\,\delta z_1 + \psi'(x_2)\,\delta x_2 + \ldots + \psi'(z_n)\,\delta z_n = 0 \\ &\ldots\ldots\ldots\ldots\ldots\ldots\ldots\ldots\ldots\ldots \end{aligned} \tag{3}$$

Denkt man sich diese Gleichungen (deren Matrix den Rang k haben möge) nach k von den Variationen $\delta x_1, \delta y_1, \ldots, \delta z_n$ aufgelöst und diese in (1) eingesetzt, so enthält (1) linear und homogen noch $(3n - k)$ voneinander unabhängige Variationen; daher müssen dann wieder einzeln die $3n - k$ Koeffizienten dieser Variationen verschwinden, und die $3n - k$ Gleichungen, in welche auf diese Weise (1) zerfällt, sind in Verbindung mit den k Bedingungsgleichungen (2) selbst die notwendigen und hinreichenden Bedingungen für das Gleichgewicht des Punktsystems.

Übersichtlicher und eleganter als das eben geschilderte Verfahren ist die auch sonst (z. B. in der Theorie der Maxima und Minima) verwendete Methode der Multiplikatoren von Lagrange.

Man multipliziere die Gleichungen zwischen den Variationen (3) mit k zunächst unbestimmten Funktionen $\lambda, \mu, \nu, \ldots$ der Koordinaten und der Kräfte (Multiplikatoren) und addiere sie zu (1). Man erhält so

$$\begin{aligned} \sum_{i=1}^{n} [(X_i + \lambda\varphi'(x_i) + \mu\psi'(x_i) + \ldots)\,\delta x_i \\ + (Y_i + \lambda\varphi'(y_i) + \mu\psi'(y_i) + \ldots)\,\delta y_i \\ + (Z_i + \lambda\varphi'(z_i) + \mu\psi'(z_i) + \ldots)\,\delta z_i] = 0. \end{aligned} \tag{4}$$

Diese »Multiplikatoren« $\lambda, \mu, \nu, \ldots$ denke man sich nun so bestimmt, daß k von den $3n$ Klammerausdrücken der linken Seite, etwa die k ersten, verschwinden. Dann bleiben in Σ noch $3n - k$ solche übrig, die ebenfalls einzeln verschwinden müssen. Denn von den $\delta x_1, \ldots \delta z_n$ sind $3n - k$ willkürlich; man kann hierfür etwa die $3n - k$ letzten verwenden, und es gilt wieder die frühere Überlegung, wonach die Koeffizienten derselben einzeln Null sind. Man erhält so das folgende System von $k + 3n - k = 3n$ Gleichungen

$$\left.\begin{aligned} X_1 + \lambda \varphi'(x_1) + \mu \psi'(x_1) + \ldots &= 0 \\ Y_1 + \lambda \varphi'(y_1) + \mu \psi'(y_1) + \ldots &= 0 \\ Z_1 + \lambda \varphi'(z_1) + \mu \psi'(z_1) + \ldots &= 0 \\ X_2 + \lambda \varphi'(x_2) + \mu \psi'(x_2) + \ldots &= 0 \\ \ldots\ldots\ldots\ldots\ldots\ldots\ldots\ldots & \\ Z_n + \lambda \varphi'(z_n) + \mu \psi'(z_n) + \ldots &= 0, \end{aligned}\right\} \quad (5)$$

das in Verbindung mit den k Bedingungsgleichungen

$$\varphi(x_1, y_1, \ldots z_n) = 0; \; \psi(x_1, y_1, \ldots z_n) = 0; \ldots . \quad (6)$$

alle Bedingungen für das Gleichgewicht des Punktsystems ausdrückt. Man kann die $3n + k$ Gleichungen (5), (6) sich etwa zur Bestimmung der $3n$ Kraftkomponenten $X_1, Y_1, \ldots Z_n$ und der Größen $\lambda, \mu, \ldots$ verwendet denken, die bei gegebenen Punkten und Bedingungen sich das Gleichgewicht halten, oder auch umgekehrt die Lage der Massenpunkte zu den Kräften suchen.

49. Anwendung des Prinzips auf das Gleichgewicht des starren Körpers.

Wir machen nun die Annahme, daß das gegebene Punktsystem ein starres sei, d. h. daß die Abstände zwischen den einzelnen Punkten (Massenelementen des Körpers) unveränderlich seien. Wie oben (Art. 41) ausgeführt, erfaßt man die Bedingung der Starrheit am besten dadurch, daß man die Koordinaten der Punkte auf ein fest mit dem Körper verbundenes Koordinatensystem bezieht.

Die Kräfte, denen das System unterworfen ist, greifen an bekannten Stellen an. Ist das System frei beweglich, so hat es nach Früherem 6 Grade von Freiheit. Wenn einzelnen Punkten bestimmte Lagen oder geometrische Örter vorgeschrieben sind, vermindert sich diese Zahl. Das gleiche gilt von den virtuellen Verschiebungen, die das System gestattet. Nach Art. 43, 44 läßt sich jede elementare Lageänderung eines starren Körpers, wenn er frei beweglich ist, aus einer Parallelverschiebung $\delta\mathfrak{s} = (\delta x, \delta y, \delta z)$ und einer Elementardrehung um eine Achse $\delta\mathfrak{d} = (\delta\varphi, \delta\psi, \delta\chi)$ zusammensetzen. Handelt es sich um eine Bewegung in der Ebene, so geht die Zahl 6 der Freiheitsgrade und somit die der elementaren Lageänderungen auf drei zurück. Im Falle unfreier Bewegungen vermindern sich diese Zahlen 6 bzw. 3 weiter. Bevor wir die Bedingungen für das Gleichgewicht des frei beweglichen starren Systems allgemein ableiten, mögen an einigen Beispielen von unfreien Bewegungen die aus der unmittelbaren Anwendung des Prinzips der virtuellen Geschwindigkeiten sich ergebenden Gleichgewichtsbedingungen aufgestellt werden.

1. Der Hebel. Eine starre Stange (Abb. 99), die mit der Horizontalen einen Winkel φ bildet, trägt an den Enden Gewichte P und Q. An welcher Stelle muß die Stange unterstützt werden, damit sich die Gewichte im Gleichgewicht halten?

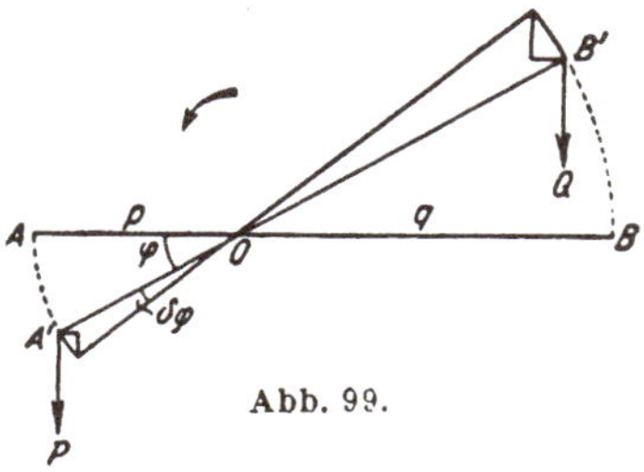

Abb. 99.

Ist O der gesuchte Unterstützungspunkt, so ist die virtuelle Verschiebung eine räumliche Elementardrehung um O. Sie ist in eine solche zerlegbar um eine vertikale Achse durch O, bei welcher keine Arbeit geleistet wird, weil ja die Kraftrichtung senkrecht steht auf der virtuellen Verschiebung, und eine solche $\delta\varphi$ in der Vertikalebene, die durch P, Q und O geht. Sind p, q die Längen der »Hebelarme« $\overline{OA}$, $\overline{OB}$, so ist bei einer virtuellen positiven Drehung des Hebels um $\delta\varphi$ in der geneigten Stellung $B'OA'$ die von P geleistete Arbeit $Pp\,\delta\varphi\cos\varphi$ und die gegen Q geleistete Arbeit $Qq\,\delta\varphi\cos\varphi$. Da die von Q geleistete dieser entgegengesetzt gleich ist, so ist die Summe der von P, Q geleisteten virtuellen Arbeiten

$$(Pp - Qq)\,\delta\varphi\cos\varphi = 0,$$

eine Beziehung, aus der sich (wenn man von der vertikalen Lage der Hebelstange absieht), weil $\delta\varphi \neq 0$ ist,

$$Pp = Qq$$

ergibt. Ist also das Produkt aus Kraft und Hebelarm auf beiden Seiten gleich groß, so herrscht Gleichgewicht, gleichviel wie groß der Winkel φ ist.

2. Die Schraube. Auf eine Schraube, mittels deren eine Last Q zu heben ist, wirke am Hebelarm a drehend und zu ihm senkrecht die Horizontalkraft P. Welche Beziehung besteht zwischen P und Q, wenn man von Reibung absieht? Die Höhe des Schraubengangs sei h, so daß sich bei jeder Umdrehung um 2π die Schraube um h hebt oder senkt. Bei einer virtuellen Drehung um den Winkel $\delta\varphi$ leistet P die Arbeit $Pa\,\delta\varphi$; Q die Arbeit $-Q\frac{h}{2\pi}\,\delta\varphi$. Das Prinzip der virtuellen Geschwindigkeiten liefert somit die Bedingung

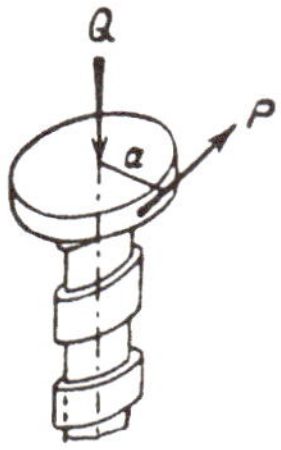

Abb. 100.

$$Pa\,\delta\varphi - Q\frac{h}{2\pi}\,\delta\varphi = 0.$$

Die zur Hebung von Q eben ausreichende Kraft P hat also — sofern von Reibung abgesehen wird — den Wert

$$P = Q\,\frac{h}{2a\pi}.$$

3. An eine vertikale vollkommen glatte Wand sei ein Stab gelehnt, der auf einer ebensolchen horizontalen Unterlage aufsteht. Er sei gewichtlos, in seiner Mitte befinde sich ein Gewicht G. Welche Kraft K muß man am Fußende in horizontaler Richtung anbringen, damit der Stab nicht gleitet?

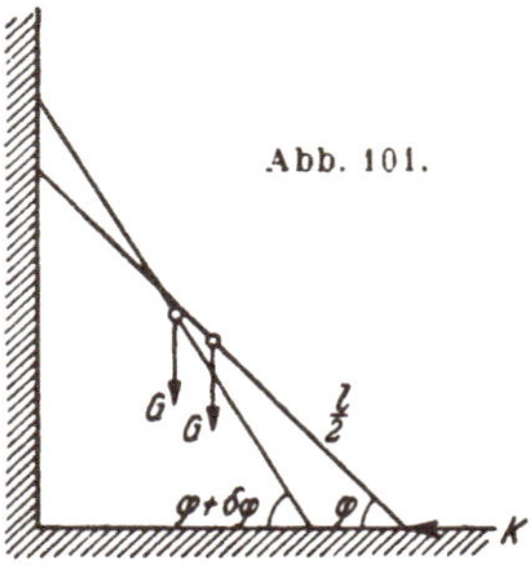

Abb. 101.

l sei (Abb. 101) die Länge des Stabes, φ der Winkel, den er in der Gleichgewichtslage mit der Horizontalen einschließt. Erteilt man dem Stab eine virtuelle Verschiebung, durch welche die Neigung φ in $\varphi + \delta\varphi$ übergeht, während die Enden sich nicht von ihren Flächen entfernen, so ist die am Stab (von G und K) geleistete Gesamtarbeit:

$$-G\left[\frac{l}{2}\sin(\varphi+\delta\varphi)-\frac{l}{2}\sin\varphi\right]+K\left[l\cos\varphi-l\cos(\varphi+\delta\varphi)\right]=0.$$

Weil für verschwindend kleine Werte von $\delta\varphi$ die Klammerausdrücke, durch $\delta\varphi$ dividiert, in Differentialquotienten übergehen, so erhält man

$$-\frac{G}{2}\cos\varphi+K\sin\varphi=0,$$

woraus sich K bestimmt. — Eine konstruktive Lösung wird später gegeben werden.

4. Eine gewichtlose, kreisrunde, starre Platte werde in ihrem Mittelpunkt auf eine Spitze horizontal aufgesetzt. Drei Gewichte von gegebener Größe P_1, P_2, P_3 sollen auf dem Rand so verteilt werden, daß die Platte im Gleichgewicht ist. Man erteile der Platte eine virtuelle Drehung um einen Durchmesser d_1 (Abb. 102), der senkrecht auf dem Radius nach dem Angriffspunkt der Kraft P_1 steht. Setzt man den Radius der Platte gleich Eins, sind a_1, a_2, a_3 die Winkel zwischen den Radien nach den Angriffspunkten der Kräfte (a_1 gegenüber P_1 usw.), also $a_1 + a_2 + a_3 = 2\pi$, so verschwindet die bei der Drehung um d_1 durch den Winkel $\delta\varphi$ geleistete Gesamtarbeit der Kräfte P:

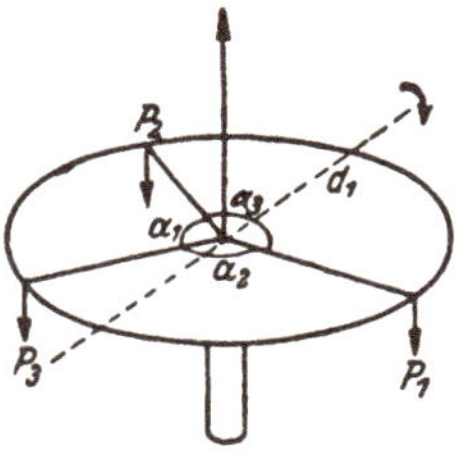

Abb. 102.

$$P_1\delta\varphi - P_2\sin\left(a_3-\frac{\pi}{2}\right)\delta\varphi - P_3\sin\left(a_2-\frac{\pi}{2}\right)\delta\varphi = 0$$

oder

$$P_3\cos a_2 + P_2\cos a_3 = -P_1$$

Man findet ebenso $\quad P_1\cos a_3 + P_3\cos a_1 = -P_2$

und $\quad P_2\cos a_1 + P_1\cos a_2 = -P_3,$

woraus sich für $\cos a_1$ die Beziehung ergibt

$$2P_2P_3\cos a_1 + P_2^2 + P_3^2 - P_1^2 = 0.$$

Diese Gleichung sagt aus, daß in einem aus den Kräften P_1, P_2, P_3 als Seitenlängen konstruierten Dreieck α_1 der Außenwinkel des der Seite P_1 gegenüberliegenden Winkels ist.

5. Die durch das Kurbelgetriebe bewirkte Kraftübertragung (vgl. Art. 38, S. 159, Abb. 73a). Der auf den Kreuzkopf B wirkende Dampfdruck des Kolbens sei S; T sei die im Endpunkt A der Kurbel $\overline{OA} = a$ wirkende Tangentialkraft (etwa der auf A reduzierte Trägheitswiderstand des Radkranzes des Schwungrades). Wie groß ist T, wenn (für eine gegebene Lage von $\overline{OA}$) S bekannt ist?

Man erteile dem Kreuzkopf B die virtuelle Verschiebung δx. Dreht sich dann die Kurbel $\overline{OA} = a$ um den Winkel $\delta\varphi$, so ist die Summe der von den Kräften S und T geleisteten Arbeiten $S\delta x + Ta\delta\varphi = 0$.

Nun bestehen folgende geometrische Beziehungen:

$$a \sin\varphi = b \sin\vartheta; \quad x = a\cos\varphi + b\cos\vartheta,$$

woraus

$$a\cos\varphi\,\delta\varphi = b\cos\vartheta\,\delta\vartheta; \quad \delta x = -a\sin\varphi\,\delta\varphi - b\sin\vartheta\,\delta\vartheta$$

oder, wenn man δx durch $\delta\varphi$ ausdrückt und $\delta\varphi$ weghebt,

$$T = S\left(\sin\varphi + \frac{a\sin\varphi\cos\varphi}{\sqrt{b^2 - a^2\sin^2\varphi}}\right).$$

50. Gleichgewicht der Kräfte an einem freibeweglichen starren Punkt-System.

Man leitet die Bedingungen für das Gleichgewicht eines frei beweglichen starren Systems aus dem Prinzip der virtuellen Geschwindigkeiten ein für allemal ab, um der Anwendung des Prinzips für jeden Einzelfall überhoben zu sein. Der starre Körper sei mit einem Koordinatensystem fest verbunden, dessen Anfangslage mit dem festen Koordinatensystem X, Y, Z des Raumes zusammenfallen möge. In bezug auf dieses mögen die Angriffspunkte der Kräfte $\mathfrak{P}_i = (X_i, Y_i, Z_i)$ die Koordinaten x_i, y_i, z_i ($i = 1, 2, \ldots n$) haben. Nach dem oben (Art. 48) aufgestellten Satz hat man die Gleichgewichtsbedingungen für 6 voneinander unabhängige virtuelle Verschiebungen zu bilden, nämlich für die Parallelverschiebungen δx, δy, δz längs der Koordinatenachsen und für die Elementardrehungen $\delta\varphi$, $\delta\psi$, $\delta\chi$ um dieselben[1]). Erteilt man

[1]) Man leitet die Bedingungen für die Starrheit (Art. 47) eines Punktsystems $x_1, y_1, z_1; \ldots . x_n, y_n, z_n$,

$$\delta\,[(x_i - x_k)^2 + (y_i - y_k)^2 + (z_i - z_k)^2 - a^2_{ik}] = 0,$$

wo a_{ik} Konstante sind, oder

$$(x_i - x_k)\,\delta\,(x_i - x_k) + (y_i - y_k)\,\delta\,(y_i - y_k) + (z_i - z_k)\,\delta\,(z_i - z_k) = 0 \qquad (1)$$

auf folgende Weise rein algebraisch in die im Text aufgeführten 6 Bedingungen über. Die Gleichung (1) zwischen den 3 Variationen der Koordinatendifferenzen

allen Punkten dieselbe Verschiebung δx parallel der X-Achse, so liefert wegen $\delta x_i = \delta x$; $\delta y_i = \delta z_i = 0$ die Gleichung des Prinzips

$$\Sigma X_i \delta x_i + \Sigma Y_i \delta y_i + \Sigma Z_i \delta z_i = 0$$

die Beziehung: $\delta x \cdot \Sigma X_i = 0$ oder $\Sigma X_i = 0$, weil $\delta x \neq 0$ ist. Indem man entsprechende Verschiebungen längs der Y- und der Z-Achse einführt, erhält man

$$\begin{aligned} \Sigma X_i &= 0 \\ \Sigma Y_i &= 0 \qquad i = 1,2 \ldots n \\ \Sigma Z_i &= 0. \end{aligned} \tag{1}$$

Man bemerke, daß in diesen Gleichungen die Angriffspunkte der Kräfte überhaupt nicht mehr auftreten.

Wir wenden uns nun zu den Drehungen. Eine Elementardrehung um die beliebige Achse A durch den Ursprung des Koordinatensystems mit den Komponenten $\delta \varphi$, $\delta \psi$, $\delta \chi$ hinsichtlich der Koordinatenachsen bewirkt nach Früherem [Art. 44 (1a)] eine Verschiebung des Angriffspunktes x_i, y_i, z_i der Kraft X_i, Y_i, Z_i, deren Komponenten sind

$$\begin{aligned} \delta x_i &= z_i \delta \psi - y_i \delta \chi \\ \delta y_i &= x_i \delta \chi - z_i \delta \varphi \\ \delta z_i &= y_i \delta \varphi - x_i \delta \psi, \end{aligned} \tag{1}$$

die als virtuelle Verschiebungen der Angriffspunkte infolge der virtuellen Drehung in die Bedingungsgleichung des Prinzips

$$0 = \Sigma (X_i \delta x_i + Y_i \delta y_i + Z_i \delta z_i) \tag{2}$$

---

wird allgemein durch die Annahme erfüllt:

$$\begin{aligned} \delta (x_i - x_k) &= (z_i - z_k) \delta \psi - (y_i - y_k) \delta \chi \\ \delta (y_i - y_k) &= (x_i - x_k) \delta \chi - (z_i - z_k) \delta \varphi \\ \delta (z_i - z_k) &= (y_i - y_k) \delta \varphi - (x_i - x_k) \delta \psi, \end{aligned} \tag{2}$$

wo $\delta \varphi$, $\delta \psi$, $\delta \chi$ unbestimmte Größen von der Größenordnung der $\delta (x_i - x_k)$ usw. sind. Denn eliminiert man aus dem System (2) zwei dieser Größen, so fällt die dritte von selbst heraus, und man erhält (1). Das System (2) kann aber wiederum allgemein ersetzt werden durch die Annahme:

$$\begin{aligned} \delta x_i &= \delta x + z_i \delta \psi - y_i \delta \chi \\ \delta y_i &= \delta y + x_i \delta \chi - z_i \delta \varphi \\ \delta z_i &= \delta z + y_i \delta \varphi - x_i \delta \psi, \end{aligned} \tag{3}$$

wo nun auch die δx, δy, δz kleine Größen von der Ordnung der $\delta (x_i - x_k)$, .. sind. Denn führt man diese Werte in (2) ein, so erhält man wieder das System (3) nur geschrieben in x_k, y_k, z_k statt in x_i, y_i, z_i. Weil aber diese beiden Koordinatentripel zwei beliebigen, voneinander verschiedenen Punkten des Systems angehören so gelten die Gleichungen (3) für jeden Punkt x_i, y_i, z_i des Systems mit denselben Werten δx, δy, δz; $\delta \varphi$, $\delta \psi$, $\delta \chi$. Diese lassen sich eindeutig aus 3 Wertsextupeln x_i, y_i, ... δx_i, δy_i ... (3 Punkten und deren Verschiebungen) finden.

Auf diese Weise gelangt man rein formal zur Darstellung (4) des Art. 44 $\delta \mathfrak{s}_1 = \delta \mathfrak{s}_0 + [\delta \mathfrak{d}, \mathfrak{r}]$ für die elementare Verschiebung eines beliebigen Punktes des Systems durch eine Verschiebung und eine Drehung.

einzuführen sind. Man erhält

$$0 = \Sigma [X_i (z_i \delta\psi - y_i \delta\chi)] + Y_i (x_i \delta\chi - z_i \delta\varphi) + Z_i (y_i \delta\varphi - x_i \delta\psi)],$$

oder

$$0 = \delta\varphi \Sigma (y_i Z_i - z_i Y_i) + \delta\psi \Sigma (z_i X_i - x_i Z_i) + \delta\chi \Sigma (x_i Y_i - y_i X_i),$$

eine Gleichung, die bei völlig freier Wahl der $\delta\varphi$, $\delta\psi$, $\delta\chi$ in die Einzelgleichungen zerfällt

$$\begin{aligned} \Sigma (y_i Z_i - z_i Y_i) &= 0 \\ \Sigma (z_i X_i - x_i Z_i) &= 0 \\ \Sigma (x_i Y_i - y_i X_i) &= 0. \end{aligned} \qquad \text{(II)}$$

Die Gleichungen (II)[1]) zusammen mit (I), in vektorieller Form

$$\Sigma \mathfrak{P}_i = 0\ ;\ \Sigma [\mathfrak{r}_i\, \mathfrak{P}_i] = 0 \qquad \text{(III)}$$

bilden das System der (notwendigen und hinreichenden) Bedingungen für das Gleichgewicht eines starren Körpers.

Man nennt das Vektorprodukt aus der Kraft $\mathfrak{P} = (X, Y, Z)$ — wir unterdrücken die Indizes — und dem Vektor $\mathfrak{r} = (x, y, z)$. der die Verbindungslinie vom Ursprung O nach dem Angriffspunkt $A\ (x, y, z)$ darstellt,

$$[\mathfrak{r}\,\mathfrak{P}] = (yZ - zY,\ zX - xZ,\ xY - yX) \qquad (3)$$

das Moment der in (x, y, z) angreifenden Kraft $\mathfrak{P}$ in bezug auf den Ursprung (Momentvektor). Bekanntlich (Art. 14) steht das Vektorprodukt $[\mathfrak{r}\,\mathfrak{P}]$ senkrecht zugleich auf den Richtungen $\mathfrak{r}$ und $\mathfrak{P}$ und hat den Betrag

$$|[\mathfrak{r}\,\mathfrak{P}]| = r\,P \sin\,(\mathfrak{r}, \mathfrak{P}) = \varrho \cdot P, \qquad (4)$$

wenn (Abb. 103) ϱ der Abstand $\overline{OS}$ des Ursprungs O von der Wirkungslinie der Kraft $\mathfrak{P}$ ist, d. h. von derjenigen Geraden, in der diese Kraft liegt. Das Moment einer Kraft also in bezug auf einen Punkt (der Momentvektor) ist seinem Betrag nach gleich Kraft mal Abstand, und die Richtung des Momentvektors ist die einer Achse $\mathfrak{M}$, um welche die (Rechts-)Drehung erfolgen würde, wenn ein auf der Achse liegender Punkt O des Körpers fest wäre. Man bemerke, daß der Angriffspunkt der Kraft innerhalb der Wirkungs-

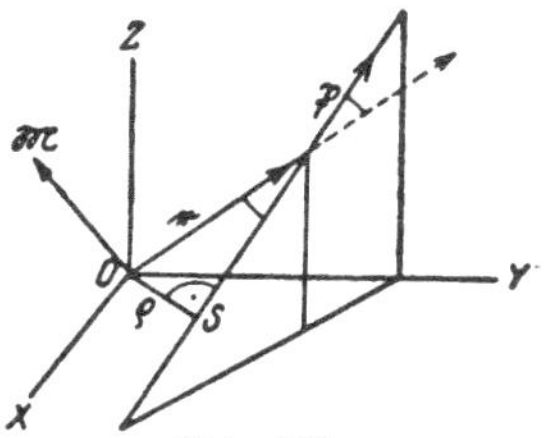

Abb. 103.

[1]) Vektoriell ergibt sich das System (II), indem man aus (1) $\delta\mathfrak{s}_i = [\delta\mathfrak{d}, \mathfrak{r}_i]$ (Bezeichnungen des Art. 44) in (2) einsetzt und dies mittels der Formel (10) des Art. 14 verwandelt:

$$0 = \Sigma\,(\delta\mathfrak{s}_i, \mathfrak{P}_i) = \Sigma\,(\mathfrak{P}_i, [\delta\mathfrak{d}, \mathfrak{r}_i]) = \Sigma\,(\delta\mathfrak{d}\,[\mathfrak{r}_i\,\mathfrak{P}_i]) = (\delta\mathfrak{d}, \Sigma\,[\mathfrak{r}_i\,\mathfrak{P}_i]).$$

Gilt diese Gleichung für beliebige Drehungen, so folgt:

$$\Sigma\,[\mathfrak{r}_i\,\mathfrak{P}_i] = 0. \qquad \text{(IIa)}$$

linie aus der Darstellung des Moments ganz herausfällt. Weder die Richtung des Moments noch sein Betrag hängen von ihm ab. Die Komponenten des Momentes der Kraft $\mathfrak{P}$ in bezug auf den Punkt O (also die Projektionen des Momentvektors auf die Koordinatenachsen)

$$yZ - zY, \quad zX - xZ, \quad xY - yX,$$

nennt man Momente der Kraft in bezug auf diese Achsen. Auch sie hängen nicht von der Lage des Angriffspunktes, sondern bloß von der Lage der »Wirkungslinie« $S\mathfrak{P}$ von $\mathfrak{P}$ gegen die Achsen ab. Weil somit in die Gleichungen für das Gleichgewicht (I), (II) die Koordinaten der Angriffspunkte selbst nur formal eingehen, so folgt, daß man die an einem starren Körper angreifenden Kräfte $\mathfrak{P}$ in ihrer Wirkungslinie verschieben kann, ohne daß damit ihr Beitrag zum Gleichgewicht sich ändert: sie sind linienflüchtige Vektoren (Art. 42).

Um eine anschauliche Deutung auch für jene »Momente von $\mathfrak{P}$ in bezug auf die Achsen«, z. B. von dem in bezug auf die Z-Achse zu gewinnen, verschieben wir die XY-Ebene parallel mit sich — wobei sich x, y, X, Y nicht ändern —, bis der Ursprung in den Endpunkt O des kürzesten Abstandes der Z-Achse von der Wirkungslinie fällt. Dann kommt dieser Abstand $\mathfrak{r}$ in die XY-Ebene zu liegen, weil der kürzeste Abstand von zwei Geraden auf beiden senkrecht steht; das Lot ϱ wird horizontal und geht in diesen Abstand über. Verschiebt man jetzt (Abb. 104) den Angriffspunkt der Kraft $\mathfrak{P}$ in ihrer Wirkungslinie in den Endpunkt von ϱ, und ist γ der Winkel zwischen Z-Achse und Wirkungslinie, so fällt auch $\mathfrak{r}$ mit ϱ zusammen; es wird $|\mathfrak{r}| = r = \varrho$ (s. d. Abb.) $\sin(\mathfrak{r}, \mathfrak{P}) = 1$, also, wenn $|\mathfrak{P}| = P$ ist, $|[\mathfrak{r}\mathfrak{P}]| = rP$, der Vektor $[\mathfrak{r}\mathfrak{P}]$ fällt zugleich mit $\mathfrak{P}$ in eine Vertikalebene zur XY-Ebene, und die Projektion von $[\mathfrak{r}\mathfrak{P}]$ auf die Z-Achse geht in $rP\sin\gamma$ über. Diese Projektion ist aber eben »das Moment der Kraft $\mathfrak{P}$ in bezug auf die Z-Achse« und hat also den Wert

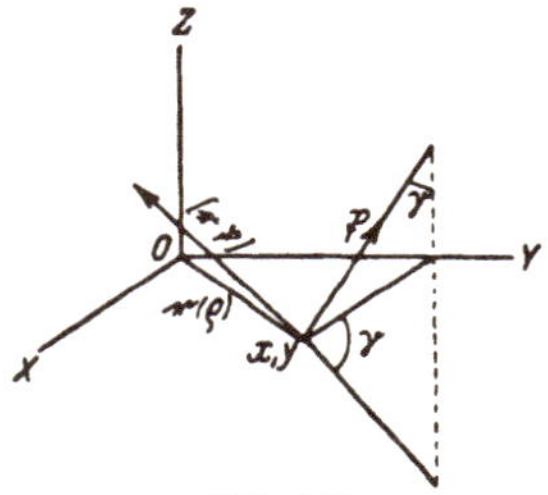

Abb. 104.

$$xY - yX = rP\sin\gamma. \tag{5}$$

Demnach ist das Moment $xY - yX$ der Kraft $\mathfrak{P}$ in bezug auf die Z-Achse als »Drehachse« gleich dem Produkt der Kraft $|\mathfrak{P}|$ mal ihrem »Hebelarm«, d. h. dem senkrechten Abstand der Wirkungslinie von der Achse, mal dem Sinus des von Achse und Kraft eingeschlossenen Winkels. — Fällt insbesondere die Kraft $\mathfrak{P}$ selbst in die XY-Ebene, so ist für den Ursprung als »Drehpunkt« ihr Hebelarm gleich dem senkrechten Abstand des Ursprungs von ihrer Wirkungslinie.

Diese Bemerkungen lassen sich ohne weiteres auf das Moment der Kraft $\mathfrak{P}$ in bezug auf jede andere Achse übertragen[1]).

Wenn die auf einen starren Körper wirkenden Kräfte alle in eine Ebene fallen, so kann man diese zur XY-Ebene machen, und die sechs Gleichgewichtsbedingungen (I), (II) kommen dann auf drei zurück

$$\Sigma X_i = 0; \quad \Sigma Y_i = 0; \quad \Sigma (x_i Y_i - y_i X_i) = 0. \qquad \text{(IV)}$$

Eine zweckmäßige Wahl des Drehpunktes, in bezug auf welche die Momente zu berechnen sind, kann wesentlich zur Vereinfachung der letzten Gleichung beitragen.

Die im vorstehenden aufgestellten Gleichgewichtsbedingungen gelten zunächst nur für einen frei beweglichen Körper. Man kann sie aber sogleich auf einen zwangsläufig beweglichen anwenden, wenn man ihn »frei« macht, d. h. statt der Flächen oder Kurven, auf denen sich einzelne Punkte oder Flächenteile bewegen müssen, die Widerstände als Kräfte einführt, die jene der freien Bewegung entgegensetzen. Diese Widerstände sind, wenn die Bewegung ohne Reibung vor sich geht, normal zu den Flächen bzw. Kurven gerichtet, längs deren sie erfolgen würde, und ihrem Betrage nach zunächst noch unbekannt. Man bestimmt sie oft rückwärts aus den Gleichgewichtsbedingungen.

Man macht z. B. den an die Wand gelehnten Stab (Art. 49) mit dem Gewicht in der Mitte dadurch frei, daß man die beiden Gleitflächen durch zu ihnen senkrechte Kräfte N, N' ersetzt. Dann ist die Gleichgewichtsbedingung zu suchen für einen freien starren Körper, der unter der Einwirkung der vier Kräfte G, K, N, N' steht. Nimmt man den »Drehpunkt« für die Momentenberechnung in dem Schnittpunkt O der Wirkungslinien von N und N' an, die X-Achse horizontal, die Y-Achse vertikal, so fallen die Momente der unbekannten Kräfte N, N' heraus.

---

[1]) Daß das System der Gleichgewichtsbedingungen (I), (II) in vektorieller Form:

$$\Sigma \mathfrak{P}_i = 0; \quad \Sigma [\mathfrak{r}_i \mathfrak{P}_i] = 0, \qquad \text{(III)}$$

dieselbe Gestalt für jeden Raumpunkt als Bezugspunkt (Drehpunkt, Ursprung) hat, bestätigt man durch folgende Betrachtung. Führt man an Stelle des Bezugspunkts O einen anderen O' ein, dessen Lage gegen O durch den Vektor $\mathfrak{a}$ gegeben sei, so ist die Lage $\overline{OP_i} = \mathfrak{r}_i$ des Angriffspunktes P_i gegen O mit der $\overline{O'P_i} = \mathfrak{r}_i'$ gegen O' verbunden durch die Gleichung

$$\mathfrak{r}_i = \mathfrak{r}_i' + \mathfrak{a}.$$

Setzt man diesen Wert in (III) ein, so erhält man:

$$\Sigma \mathfrak{P}_i = 0; \quad \Sigma [\mathfrak{r}_i' \mathfrak{P}_i] + \Sigma [\mathfrak{a} \mathfrak{P}_i] = \Sigma [\mathfrak{r}_i' \mathfrak{P}_i] = 0,$$

weil $\Sigma [\mathfrak{a} \mathfrak{P}_i] = [\mathfrak{a}, \Sigma \mathfrak{P}_i] = 0$ ist. Dies ist aber die gleiche Form der Bedingungsgleichungen wie (III).

Man erhält mit O als Ursprung des Achsenkreuzes die Gleichungen

$$\Sigma X_i = N' - K = 0$$
$$\Sigma Y_i = N - G = 0$$
$$\Sigma (x_i Y_i - y_i X_i) = G \frac{l}{2} \cos\varphi - K l \sin\varphi = 0.$$

Die letzte Gleichung gibt wie früher $K = \frac{1}{2} G \operatorname{cotg} \varphi$. Aber man erhält nun auch die Widerstandskräfte

$$N' = \frac{1}{2} G \operatorname{cotg} \varphi;\ N = G.$$

Noch einfacher gestaltet sich die Lösung zeichnerisch, wenn man berücksichtigt:

Drei Kräfte an einem starren, ebenen System können sich nur dann das Gleichgewicht halten, wenn ihre Wirkungslinien sich schneiden, weil die Resultante aus zweien von ihnen der dritten das Gleichgewicht halten, also in deren Wirkungslinie fallen muß.

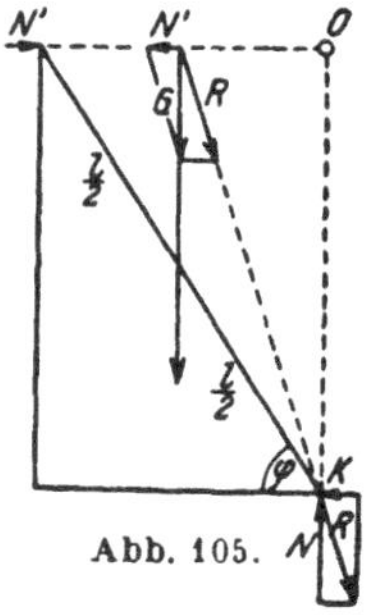

Abb. 105.

Daher geht die Resultante R aus N und K durch den Schnittpunkt von G und N'. Hieraus ergibt sich die Richtung von R, und, aus der bekannten Seite G des Dreiecks aus G und R, N' und die Resultante R selbst, vermöge deren man wieder N und K erhält (Abb. 105). Wie sich in dem Falle, daß die Bewegung mit Reibung erfolgt, die Bedingungen für das Gleichgewicht gestalten, wird später (Art. 54) besprochen werden.

51. Zusammensetzung der Kräfte am starren System.

Sind Kräfte: $\mathfrak{P}_i = (X_i, Y_i, Z_i)$ $(i = 1, 2, \ldots n)$ mit den Angriffspunkten x_i, y_i, z_i an einem starren Punktsystem gegeben, die sich nicht im Gleichgewicht halten, so kann man fragen, ob es nicht möglich ist, eine $(n+1)$te Kraft $\mathfrak{P} = (X, Y, Z)$ und ihren Angriffspunkt x, y, z so zu bestimmen, daß nun zwischen $\mathfrak{P}, \mathfrak{P}_1, \mathfrak{P}_2, \ldots \mathfrak{P}_n$ Gleichgewicht besteht, daß also die 6 Gleichungen ((I), (II), Art. 50) erfüllt sind, welche die zwei vektoriellen Bedingungen ((III), Art. 50) liefern:

$$\Sigma \mathfrak{P}_i = -\mathfrak{P};\ \Sigma [\mathfrak{r}_i \mathfrak{P}_i] = -[\mathfrak{r} \mathfrak{P}]. \tag{1}$$

Obgleich es möglich scheinen könnte, diese 6 Gleichungen mit Hilfe der 6 Größen X, Y, Z, x, y, z zu erfüllen, werden wir sogleich sehen, daß eine einzige Resultante im allgemeinen nicht existiert.

Wohl aber existiert sie für ein ebenes System. Es handelt sich in diesem Fall, wenn die Ebene die XY-Ebene ist, um die Erfüllung der drei Gleichungen:

$$\sum_{i=1}^{n} X_i = -X;\ \sum_{i=1}^{n} Y_i = -Y,\ \sum_{i=1}^{n} (x_i Y_i - y_i X_i) = -xY + yX \tag{1a}$$

durch die 4 Unbekannten X, Y, x, y. Nachdem aus den beiden ersten X, Y bestimmt ist, genügt das Wertepaar x, y einer linearen Gleichung, der Gleichung der Wirkungslinie, in die die Resultante fällt. Diese ist also angebbar, nicht aber der Angriffspunkt auf ihr.

Nur im Falle $\Sigma X_i = 0$; $\Sigma Y_i = 0$ wird auch die Wirkungslinie illusorisch. Denn wird $X = Y = 0$, so verschwinden in der dritten Gleichung (1a) die Koeffizienten von x und y. Ist dann auch noch $\Sigma(x_i Y_i - y_i X_i) = 0$, so halten sich die Kräfte X_i, Y_i unter sich bereits das Gleichgewicht. Ist aber die Summe in der letzten Gleichung (1a) von Null verschieden, so geht nach einem bekannten Satz der analytischen Geometrie die in x, y lineare Gleichung (1a) der Wirkungslinie für $X = Y = 0$ in die der unendlich fernen Geraden über, während zugleich die Resultante null wird. Wir werden sogleich (Art. 52) sehen, daß in diesem Fall das System der Kräfte nicht durch eine, sondern nur durch zwei Kräfte ersetzt werden kann, die, gleich groß, aber entgegengesetzt gerichtet, in verschiedenen (im Endlichen gelegenen) Wirkungslinien angreifen; nämlich durch ein Kräftepaar.

Im Fall des räumlichen Problems verhält es sich ähnlich, wie im letzterwähnten Fall. Freilich lassen sich dann aus $\Sigma \mathfrak{P}_i = -\mathfrak{P}$ (1), d. h. aus

$$\Sigma X_i = -X; \ \Sigma Y_i = -Y; \ \Sigma Z_i = -Z \tag{2}$$

die Komponenten $-X$, $-Y$, $-Z$ einer Resultante bestimmen. Weil aber in den Gleichungen, die zur Bestimmung von x, y, z zur Verfügung stehen würden:

$$\begin{aligned} yZ - zY &= -\Sigma(y_i Z_i - z_i Y_i) \\ zX - xZ &= -\Sigma(z_i X_i - x_i Z_i) \\ xY - yX &= -\Sigma(x_i Y_i - y_i X_i) \end{aligned} \tag{3}$$

die Determinante der Koeffizienten von x, y, z

$$\begin{vmatrix} 0 & Z & -Y \\ -Z & 0 & X \\ Y & -X & 0 \end{vmatrix} = 0$$

verschwindet, so läßt sich im allgemeinen kein Wertetripel x, y, z bestimmen, das den 3 Gleichungen (3) zugleich genügt. Nur in dem besonderen Fall, daß von diesen jede eine identische Folge der beiden anderen ist, erhält man (als Durchschnitt zweier Ebenen) eine Gerade, in welcher der Angriffspunkt x, y, z der dann existierenden Resultante liegt. Tritt dieser besondere Fall nicht ein, so gibt es keine Einzelkraft, die einem an einem starren Körper wirkenden Kräftesystem das Gleichgewicht hält.

Nennt man im allgemeinen Fall die auf der linken Seite von (1) auftretende Größe $\Sigma \mathfrak{P}_i$ die resultierende Kraft und, wie im vorigen

Artikel, das Vektorprodukt $\Sigma [\mathfrak{r}_i \mathfrak{P}_i]$, dessen Komponenten die Ausdrücke rechts in (3) sind, das resultierende Moment der Kräfte $\mathfrak{P}_i$ in bezug auf den Punkt O, so läßt sich die im vorigen Art. ausgesprochene Gleichgewichtsbedingung für ein an einem starren Körper angreifendes System von Kräften so fassen, daß zugleich die resultierende Kraft und das resultierende Moment der Kräfte, genommen in bezug auf irgendeinen Punkt des Raumes, verschwinden muß, wenn Gleichgewicht bestehen soll.

Wenn man das resultierende Moment in bezug auf einen Punkt wieder durch seine Komponenten: die Momente in bezug auf drei durch ihn gehende (nicht in einer Ebene liegende) Achsen, ersetzt, so läßt sich aus den letzteren das resultierende Moment in bezug auf eine beliebige, durch jenen Punkt gehende Achse linear zusammensetzen, und es liegt nahe, die zu verschiedenen Achsen durch den Punkt gehörigen Momente miteinander zu vergleichen. An Fragen dieser Art hat A. F. Möbius (»Statik«, Werke Bd. 3) eine elegante Theorie der Momente angeschlossen, die ihn auf die fruchtbaren Begriffe der Nullebene eines Punktes, des Nullsystems, geführt haben, von denen noch kurz die Rede sein wird (Art. 53).

52. Parallelkräfte. Kräftepaare.

Der Umstand, daß in den Bedingungsgleichungen

$$\Sigma \mathfrak{P}_i = 0; \quad \Sigma [\mathfrak{r}_i \mathfrak{P}_i] = 0$$

für das Gleichgewicht der an einem starren Körper angreifenden Kräfte die Koordinate $\mathfrak{r}_i$ des Angriffspunktes in den Momenten formal auftritt, während tatsächlich nur die Wirkungslinie der Kräfte in Betracht kommt, macht eine andere Fassung der Gleichgewichtsbedingungen wünschenswert, die mit Hilfe des von Poinsot eingeführten Begriffs des »Kräftepaares« in eleganter Weise ermöglicht wird.

Um zu ihm zu gelangen, gehen wir von der Zusammensetzung von parallelen Kräften aus und beginnen mit der rechnerischen Behandlung dieses Problems. In einer starren Ebene mögen zwei Kräfte Y_1, Y_2 parallel zur Y-Achse eines Achsenkreuzes wirken. Ihre Wirkungslinien haben die Abstände x_1, x_2 von der Y-Achse. Ihre Resultante Y wird, wenn deren Wirkungslinie den Abstand x von der Y-Achse hat, den Bedingungen genügen (Art. 51 (1a))

$$Y = Y_1 + Y_2; \; xY = x_1 Y_1 + x_2 Y_2, \tag{1}$$

woraus sich

$$x = \frac{x_1 Y_1 + x_2 Y_2}{Y_1 + Y_2}, \tag{1a}$$

also durch eine Formel bestimmt, die derjenigen für die Lage des Schwerpunktes von zwei Massenpunkten gleicht, der ihre Verbindungslinie im umgekehrten Abstand der Massen teilt (Art. 31). Zwei parallele Kräfte setzen sich also zu einer Resultante zusammen, die gleich ihrer algebraischen Summe ist und die in einer Wirkungslinie angreift, welche den Abstand a der Wirkungslinien der Kräfte im umgekehrten Verhältnis ihrer Beträge teilt. Die Teilung des Abstandes a erfolgt außerhalb der Strecke a, wenn die Richtungen der Kräfte Y_1, Y_2 entgegengesetzt sind, jedoch $Y_1 + Y_2 \neq 0$ ist. Denn verlegt man z. B. in dem Falle, daß Y_1 eine negative Größe ist, Y_2 und x_2 positiv sind, die Y-Achse in die Wirkungslinie von Y_1, so ist $x_1 = 0$ und entweder nach (1) Y zugleich mit x negativ, oder, weil immer $Y < Y_2$, ist x positiv und $x > x_2$, also in jedem Fall der Angriffspunkt außerhalb von a.

Die Aufgabe der Resultantenbestimmung von zwei Parallelkräften werde nun auch graphisch behandelt. Zu den

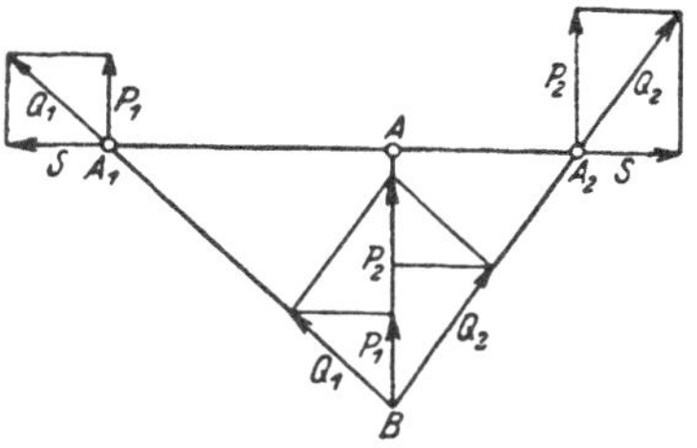

Abb. 106.

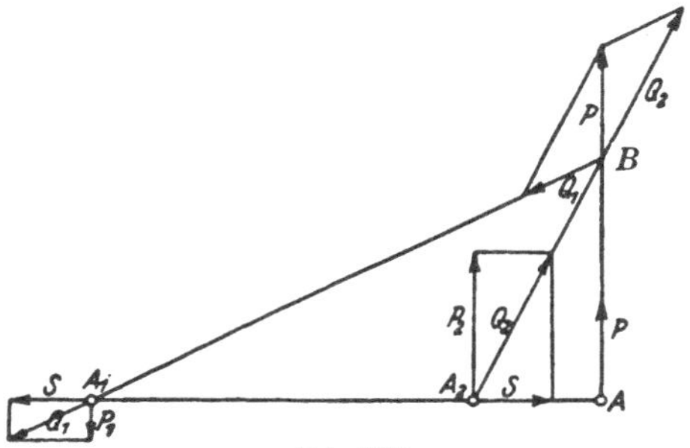

Abb. 107.

parallelen Kräften P_1, P_2, deren Resultante P wir suchen, führen wir in beliebiger (nicht zu den P paralleler) gemeinsamer Wirkungslinie $\overline{A_1A_2}$ die beliebige »Zusatzkraft« S in doppeltem Sinn zu, setzen (Abb. 106) S mit P_1 zu einer Resultante Q_1, $-S$ mit P_2 zu der Q_2 zusammen. Dann vereinigen sich Q_1 und Q_2, in ihren Wirkungslinien verschoben, zu einer Resultante $P = P_1 + P_2$, die dann auch die von P_1 und P_2 ist.

Das Verfahren ist (Abb. 107) ohne weiteres auf den Fall übertragbar, daß P_1 und P_2 entgegengesetzten Sinn haben.

Sind (Abb. 106, 107) A_1, A_2, A die Schnittpunkte der Wirkungslinien von bzw. P_1, P_2, P mit derjenigen von S, und treffen sich die Wirkungslinien von Q_1, Q_2 in B, so folgt aus der Ähnlichkeit des Dreiecks A_1AB mit dem aus P_1SQ_1 gebildeten die Proportion $\overline{A_1A} : \overline{AB} = S : P_1$. Entsprechend erhält man $\overline{A_2A} : \overline{AB} = S : P_2$, woraus sich für die Lage des Angriffspunktes A der Resultante die Proportion ergibt:

$$\overline{A_1A} : \overline{A_2A} = P_2 : P_1, \tag{2}$$

wo nun der Teilpunkt A der Strecke $\overline{A_1A_2}$ innerhalb oder außerhalb $\overline{A_1 A_2}$ liegt, je nachdem der Sinn von P_1 und P_2 derselbe oder der entgegengesetzte ist[1]).

In dem Fall, daß die beiden gegebenen Parallelkräfte gleich und entgegengesetzt gerichtet in verschiedenen Wirkungslinien angreifen, daß (s. oben) also $Y_1 = - Y_2$ wird, versagt die Konstruktion, die sonst zur Resultante führt. Diese wird null, ihre Wirkungslinie fällt ins Unendliche (s. Art. 51). Die beiden Kräfte lassen sich dann nicht durch

---

[1]) Man kann die Konstruktion der Abb. 106, 107 derart zusammenziehen, daß sie der folgenden wertvollen Verallgemeinerung fähig wird. Eine Anzahl von Kräften P_1, P_2, . . . in einer Ebene (I) der Abb. 108 seien in ihren Wirkungslinien gegeben. Es soll ihre Resultante P nebst Wirkungslinie gefunden werden. Es genügt, das Verfahren an 3 Kräften P_1, P_2, P_3 zu erläutern. Faßt man die Kräfte P_i zunächst einmal als freie Vektoren auf, so setzen sich P_1, P_2, P_3 zu einem (offenen) Kräftepolygon (Krafteck) (II) der Abb. 108 zusammen (Art. 45), dessen Schlußseite, negativ genommen, nach Richtung und Größe die Resultante P ist. Um ihre Wirkungslinie zu finden, nehme man zu dem »Kraftecke« (II) einen »Pol« O in übrigens beliebiger Lage an, verbinde O mit den Endpunkten des Kraftecks und ordne den so entstandenen Strecken S, S_1, S_2, . . . in (II) zu ihnen parallele Seiten s, s_1, s_2, . . . eines Polygons in (I) auf folgende Weise zu. Zu den gegebenen Kräften P_1, P_2, P_3 nehme man in der Ebene (I) eine Zusatzkraft S an, deren Größe und Richtung in (II) durch die Lage des Punktes O bestimmt ist. Ihre zu S parallele Wirkungslinie s in (I) gehe durch den auf P_1 beliebig gewählten Punkt A_1. Die Kraft S werde mit P_1 zu einer Resultierenden S_1 vereinigt, was in (II) geschieht. Zu S_1 parallel werde in (I) ihre Wirkungslinie s_1 durch den Punkt A_1 gelegt. Sie schneide die Wirkungslinie von P_2 in dem Punkt A_2, wo nun P_2 mit S_1 zusammenzusetzen ist. Dies geschieht in (II), wobei sich als Resultante S_2 ergibt. Parallel zu S_2 werde nun wieder in (I) ihre Wirkungslinie s_2 durch A_2 gelegt. Sie schneide die Wirkungslinie von P_3 in A_3, wo nun P_3 mit der Kraft S_2 zusammenzusetzen ist. Dies geschieht wieder in (II), wobei sich als Resultante S_3 ergibt. Parallel zu S_3 wird in (I) wieder s_3 durch A_3 gelegt; s_3 schneide die Wirkungslinie s von S in dem Punkt A, durch den nun die Kraft P, die sich in (II) als Resultante von S_3 und $(-S)$ ergibt, hindurchgeht. P ist nun nach Größe und Lage die gesuchte Resultante aus P_1, P_2, P_3, weil die Konstruktion diese drei Kräfte verwendet, die Zusatz kraft S aber, positiv und negativ in derselben Wirkungslinie angenommen, herausfällt.

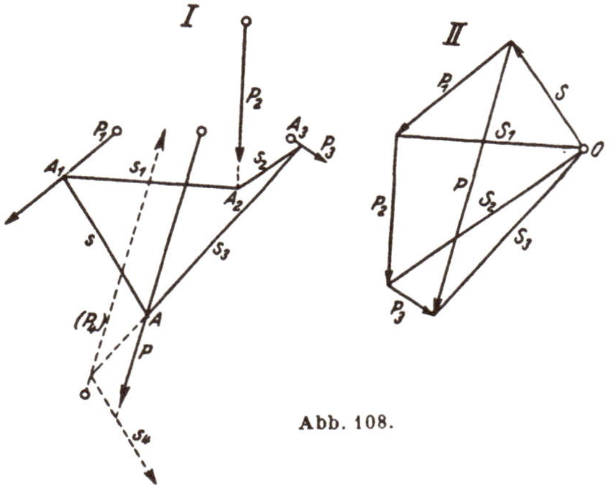

Abb. 108.

Das Vieleck $s s_1 s_2 s_3$, dessen Seiten denen $S S_1 S_2 S_3$ des Kraftecks parallel sind, heißt das zu dem Krafteck (II) gehörige Seileck (Seilpolygon).

Fügt man zu den Kräften P_1, P_2, P_3 die Kraft $P_4 = - P$ in der Wirkungslinie von P hinzu, so hält sich das System der 4 Kräfte P_1, P_2, P_3, P_4 im Gleich-

eine einzige ersetzen, aber ihre Wirkung ist darum nicht ausgeschaltet. Man nennt ein solches aus zwei gleichgroßen entgegengesetzt gerichteten Kräften P (Abb. 109) bestehendes Gebilde ein Kräftepaar, den Abstand ihrer Wirkungslinien p seinen »Hebelarm«. Die Wirkung eines solchen Paares (P, p) ist, nachdem man die Ebene, in der es liegt, in einem beliebigen Punkt befestigt hat, eine Drehung dieser Ebene um den Punkt. Es hat, wie die Kraft, den Charakter eines Vektors (s. unten), ist aber durch eine Kraft nicht meßbar. Die Eigenschaften des Gebildes lassen sich dadurch ermitteln, daß man an dem starren Körper, an dem es angreift, sich gegenseitig aufhebende Kräfte in besonderen Lagen und Größen auf folgende Weise zufügt.

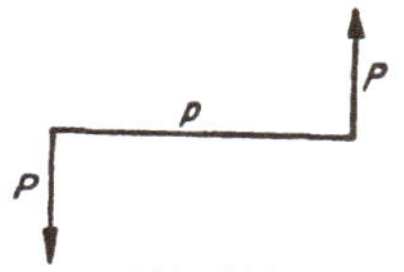

Abb. 109.

1. Ein Kräftepaar läßt sich mit sich selbst parallel in seiner Ebene verschieben. Zunächst kann man offensichtlich den Hebelarm p zwischen den Wirkungslinien der Kräfte P verschieben. Aber auch eine Verschiebung von p in seiner Linie ist möglich. Man füge nämlich an das Paar P, P mit der Angriffslinie $p = \overline{AB}$ (Abb. 110) in den Punkten C, D der Verlängerung von $\overline{AB}$ ($\overline{CD} = p$) senkrecht zu $\overline{CD}$ je zwei sich aufhebende Kräfte P an. Dann vereinigen sich die in A und D angreifenden, nach der einen Seite von p gerichteten Kräfte P zu einer Resultante $2P$ im Halbierungspunkt O von $\overline{BC}$; ebenso die nach der anderen Seite gerichteten Kräfte P in B und C zu $2P$ an derselben Stelle O. Da die Wirkung dieser beiden Kräfte $2P$ sich aufhebt, bleibt das Kräftepaar P am Hebelarm $p = \overline{CD}$ übrig. Damit ist das am Arm $\overline{AB}$ angreifende Paar (P, p) durch das am Arm $\overline{CD}$ angreifende (P, p) ersetzt.

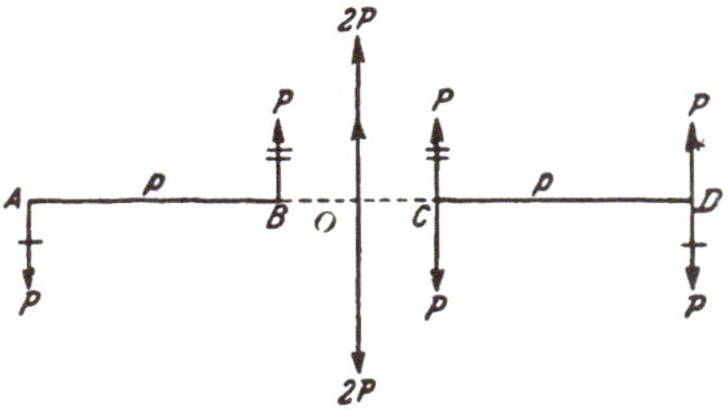

Abb. 110.

---

gewicht. Im Allgemeinen schließt sich sowohl das Krafteck wie auch das Seileck je in sich selbst.

Fügt man aber zu P_1, P_2, P_3 eine Kraft $P_4 = -P$, statt in der Wirkungslinie von P, in einer zu dieser parallelen zu, so bildet diese mit P ein Kräftepaar. Dann schließt sich zwar noch das Kräftepolygon, nicht aber das Seilpolygon, dessen Seite s_4 zu S und s parallel läuft. An die Stelle einer resultierenden Kraft tritt dann ein resultierendes »Kräftepaar« (s. das Folgende).

Allgemein läßt sich auf diesem Wege zeigen, daß Gleichgewicht der Kräfte in einem ebenen System nur eintritt, wenn sowohl das Krafteck wie das Seileck sich schließt. — Näheres bei Culmann (und Culmann-Ritter), Graphische Statik, wo dieses Verfahren zuerst angegeben und für die Theorie des Fachwerks nutzbar gemacht wurde.

2. Man kann das Kräftepaar (P, p) am Hebelarm $p = \overline{AC}$ durch ein anderes Paar (Q, q) am Hebelarm $q = \overline{BC}$ ersetzen, sofern nur $P \cdot p = Q \cdot q$ ist. Fügt man nämlich (Abb. 111) in C parallel mit P, Q zwei entgegengesetzt gleiche Kräfte vom Betrage $Q - P$ an, so läßt sich

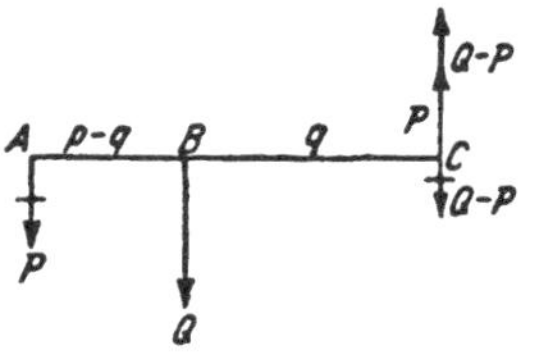

Abb. 111.

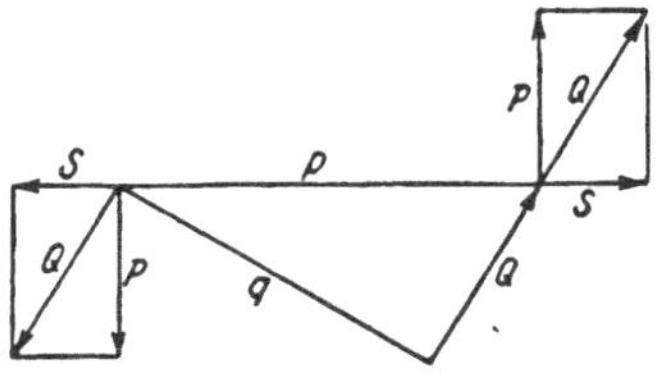

Abb. 112.

von diesen die eine mit der Parallelkraft P (in A) zu einer Resultante $Q - P + P = Q$ zusammensetzen, deren Abstand $\overline{CB} = q$ von B nach (2) $q = p \frac{P}{Q}$ ist. Man erhält so an Stelle des gegebenen ein neues Kräftepaar (Q, q), dessen Hebelarm q der Gleichung genügt

$$Pp = Qq, \tag{3}$$

w. z. b. w. Als Maß für ein Kräftepaar (P, p) muß somit das Produkt Pp aus Kraft P und Hebelarm p, das »Moment« des Kräftepaars, gelten.

3. Die Figur eines Kräftepaars kann in seiner Ebene derart gedreht werden, daß die Kräfte einer gegebenen Richtung parallel sind. Das Kräftepaar (P, p) kann nämlich (Abb. 112) ersetzt werden durch ein Paar (Q, q), welches, wie die Ähnlichkeit der Dreiecke zeigt, der Bedingung:

$$P : Q = q : p \text{ oder } Pp = Qq$$

genügt, also dasselbe Moment wie (P, p) besitzt.

4. Schließlich kann man ein Kräftepaar auch aus einer Ebene heraus in eine Parallelebene verschieben, also (Abb. 113) das Paar (P, p) mit $p = \overline{AB}$ aus der Ebene E in die Ebene E' mit $p = \overline{CD} \| \overline{AB}$ verlegen. Denn $\overline{CB}$ und $\overline{AD}$ schneiden sich in O. Fügt man in E' je an C und an D zwei gleichgroße entgegengesetzt gerichtete Kräfte P an, so vereinigen sich die abwärts gerichteten Kräfte P der Abb. in A und D zu $2P$ in O, die aufwärts gerichteten in B und C zu $2P$ in O mit entgegengesetzter Richtung. Es bleibt dann bloß noch das Paar (P, p) mit dem Hebelarm $\overline{CD} = p$ in E' übrig.

Alle die bisher festgestellten Eigenschaften lassen sich zusammenfassen in den Satz: Ein Kräftepaar (P, p) verhält sich wie ein im Raum frei beweglicher Vektor von der Größe Pp des Momentes, dessen Sinn senkrecht zu der Ebene des Kräftepaars so zu bestimmen ist, daß, von der Pfeilspitze aus gesehen, das Kräftepaar eine Rechtsdrehung (umgekehrt wie der Zeiger einer Uhr) ausführt. Der Vektor Pp der Abb. 113 ist also nach vorn gerichtet.

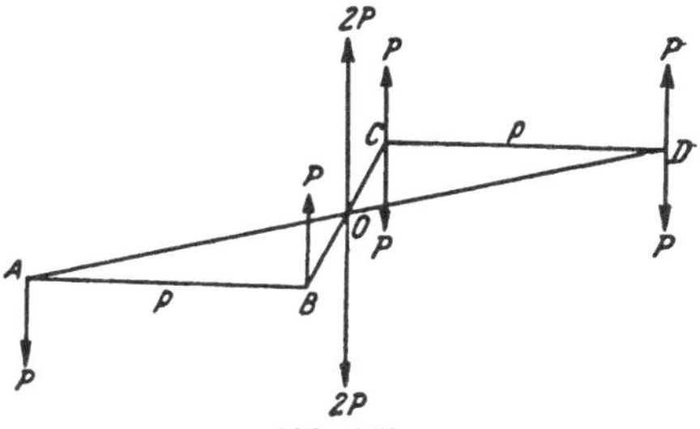

Abb. 113.

Auch in der Zusammensetzung von Kräftepaaren, die in nicht parallelen Ebenen gelegen sind, erweist das Kräftepaar seine Vektoreigenschaft. Um die Zusammensetzung der Kräftepaare (P, p) und (Q, q) in verschiedenen Ebenen vorzunehmen, kann man jedes durch ein Paar $(1, Pp)$ bzw. $(1, Qq)$, also mit Kräften von dem Wert 1 und dem Hebelarm $\overline{AB} = Pp$; $\overline{BC} = Qq$ ersetzen. Durch Parallelverschiebung erreicht man dann (Abb. 114), daß zwei dieser Kräfte 1 in derselben Wirkungslinie bei B sich gegenseitig aufheben. Der Hebelarm $\overline{AC}$, an dem das übrigbleibende Kräftepaar wirkt, ist dann die Diagonale in dem aus $\overline{AB}$, $\overline{BC}$ gebildeten Parallelogramm. Die Zusammensetzung der Hebelarme erfolgt also ebenso wie die der zu den Ebenen des Paares senkrechten Vektorgrößen Pp, Qq; w. z. b. w.

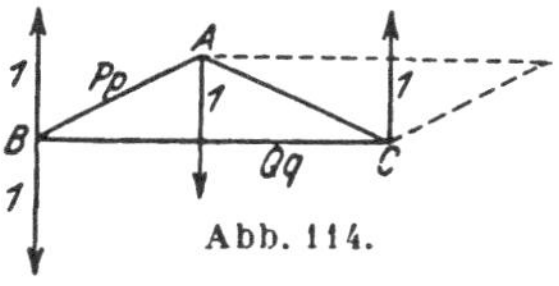

Abb. 114.

An der Hand des eben entwickelten Begriffes des »Kräftepaares« lassen sich die Bedingungen für das Gleichgewicht eines von Kräften angegriffenen starren Körpers in eine neue anschauliche Form kleiden. Man füge zu den in ihren Wirkungslinien angreifenden Kräften an einem beliebig gewählten Punkt S des Körpers zu jeder solchen Kraft $\mathfrak{P}$ zwei gleichgroße, entgegengesetzt gerichtete (also sich gegenseitig aufhebende) Kräfte $\mathfrak{P}$, $-\mathfrak{P}$ zu. Die eine $-\mathfrak{P}$ vereinige man mit der in ihrer eigenen Wirkungslinie angreifenden $\mathfrak{P}$ zu einem Kräftepaar. Man erhält so eine Anzahl von Kräftepaaren, die man zu einem resultierenden vereinigen kann. Die Kräfte $\mathfrak{P}$, die im Punkte S angreifen, lassen sich ebenso zu einer resultierenden Kraft vereinigen. Das Ergebnis der Zusammensetzungen ist also: Eine resultierende Kraft in S und ein resultierendes Kräftepaar. Und die Bedingung für das Gleichgewicht zwischen allen angreifenden Kräften lautet hiermit: Die resultierende Kraft und das resultierende Kräftepaar müssen verschwinden.

53. Dyname. Nullsystem.

Durch das Kräftepaar wird dem früher eingeführten Begriff des »Momentes einer Kraft in bezug auf den Ursprung« ein vom Bezugspunkt unabhängiges Moment an die Seite gestellt. In der Tat liefern zwei gleichgroße entgegengesetzte Kräfte $\mathfrak{P}$, $-\mathfrak{P}$ die bzw. an den Punkten $\mathfrak{r}_1$, $\mathfrak{r}_2$ angreifen, die Momentensumme

$$\mathfrak{M} = [\mathfrak{r}_1 \mathfrak{P}] + [\mathfrak{r}_2, -\mathfrak{P}] = [\mathfrak{r}_1 - \mathfrak{r}_2, \mathfrak{P}] = [\mathfrak{r}\,\mathfrak{P}], \qquad (3$$

wo nun (Abb. 114a) $\mathfrak{r} = \mathfrak{r}_1 - \mathfrak{r}_2$ der Hebelarm des Kräftepaares $\mathfrak{P}$, $-\mathfrak{P}$ ist, wenn die Angriffspunkte $\mathfrak{r}_1$, $\mathfrak{r}_2$ der Kräfte $\mathfrak{P}$, $-\mathfrak{P}$ in ihrer Wirkungslinie so gewählt werden, daß $\mathfrak{r} \perp \mathfrak{P}$, daß $\mathfrak{r}$ also in einer durch $O \perp \mathfrak{P}$ gehenden Ebene liegt. Umgekehrt wird wieder das Moment einer im Punkt $\mathfrak{r}$ wirkenden Kraft dadurch in ein Kräftepaar verwandelt, daß man im Ursprung zwei gegenseitig sich aufhebende Kräfte $\mathfrak{P}$ anbringt und $-\mathfrak{P}$ mit der im Punkt $\mathfrak{r}$ wirkenden Kraft $\mathfrak{P}$ zu einem Kräftepaar vereinigt; also durch eine Verlegung von $\mathfrak{P}$ aus seiner Wirkungslinie heraus.

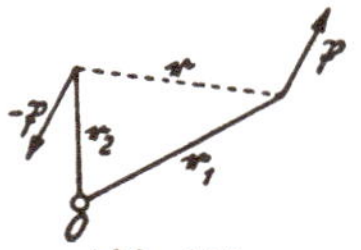

Abb. 114a.

Allgemein ist zu bemerken: Die Kräfte $\mathfrak{P}$ und Kräftepaare (Momentvektoren) $\mathfrak{M}$ bilden, die ersteren ein System von »linienflüchtigen Vektoren« (Art. 14), die letzteren ein solches von »freien Vektoren«, und weisen in ihren Beziehungen zueinander eine vollkommene Analogie mit den oben in der Kinematik eingeführten infinitesimalen (Elementar-) Drehungen $\delta\mathfrak{d}$ bzw. Winkelgeschwindigkeiten (Art. 42) und Verschiebungen $\delta\mathfrak{s}$ bzw. Translationsgeschwindigkeiten auf. Die letzteren sind Vektoren je von derselben Beschaffenheit, derart jedoch, daß den Parallelverschiebungen (Translationsgeschwindigkeiten) die Kräftepaare, den Drehungen (Winkelgeschwindigkeiten) die Kräfte, also dem Kräftepaar das Drehpaar entsprechen. Plücker (Fundamental views regard. Mech., Trans. R. Soc. 1866) nennt die Verbindung von einer Kraft mit einem Kräftepaar, durch die sich das System aller an einem starren Körper wirkenden Kräfte ersetzen läßt, eine »Dyname«. Sie spielt also die gleiche Rolle in der Statik, wie in der Kinematik die Verbindung von Elementarverschiebung und -drehung, durch die sich die allgemeinste elementare Lageänderung eines Körpers ersetzen läßt[1]). Man hat oben (Art. 41, 44) gesehen, daß die letztere sich durch eine »Elementarschraubung« von bestimmter Achse und Ganghöhe darstellen läßt. In derselben Weise läßt sich eine Dyname durch eine »Kraftschraube«, eine Verbindung von Drehmoment (Kräftepaar) mit einer Kraft, deren Wirkungslinie mit dem Momentvektor zusammenfällt, also senkrecht zur Ebene des Kräftepaares verläuft, vertreten.

Man könnte die in Art. 44 hierfür entwickelten Formeln ohne weiteres auf die Statik übertragen. Wir wollen jedoch die Gleichungen für

[1]) Über die gruppentheoretische Bedeutung dieser Analogie für die Bewegungen des Koordinatensystems s. F. Klein, Math. Ann. 62 (1906) und Ges. Math. Abhdlg. I, S. 505.

die Achse der Kraftschraube unmittelbar ableiten, um daran noch einige Bemerkungen zu knüpfen.

Die Kraft $\mathfrak{P} = (A, B, C)$ am Punkt $\mathfrak{r}_0 = (\mathrm{a}, \mathrm{b}, \mathrm{c})$ wirkend, bilde zusammen mit dem Kräftepaar (Momentvektor) $\mathfrak{M} = (L, M, N)$ die Dyname $\mathfrak{P}, \mathfrak{M}$. Wir schließen gleich den trivialen Fall aus, daß $\mathfrak{P}$ mit $\mathfrak{M}$ sich zu einer Einzelkraft oder einem Kräftepaar vereinigen läßt, d. h. wir nehmen an, daß das skalare Produkt

$$(\mathfrak{P}\mathfrak{M}) \neq 0 \tag{4}$$

ist. Man kann die Dyname $\mathfrak{P}, \mathfrak{M}$ durch Parallelverschieben der Kraft $\mathfrak{P}$ in eine andere Wirkungslinie, in der sich der Punkt $\mathfrak{r}_1 = (x_1, y_1, z_1)$ befinden möge, in eine Dyname $\mathfrak{P}, \mathfrak{M}_1$ verwandeln mit dem Kräftepaar (3):

$$\mathfrak{M}_1 = \mathfrak{M} - [\mathfrak{r}_1 - \mathfrak{r}_0, \mathfrak{P}]. \tag{5}$$

Es gibt nun eine bestimmte zu $\mathfrak{P}$ parallele Wirkungslinie, für welche die Richtung des zugehörigen Momentvektors $\mathfrak{M}_1$ mit der von $\mathfrak{P}$ übereinstimmt. Sie ergibt sich aus der Gleichung

$$\mathfrak{M}_1 = \mathfrak{M} - [\mathfrak{r}_1 - \mathfrak{r}_0, \mathfrak{P}] = \varrho\,\mathfrak{P}, \tag{6}$$

wo ϱ ein Proportionalitätsfaktor ist, der sich wie früher [Art. 44 (7)] bestimmt. Die Gleichungen (6) der gesuchten Geraden werden so, geschrieben in x_1, y_1, z_1:

$$\frac{L - (y_1 - b)\,C + (z_1 - c)\,B}{A} = \frac{M - (z_1 - c)\,A + (x_1 - a)\,C}{B} =$$
$$= \frac{N - (x_1 - a)\,B + (y_1 - b)\,A}{C}. \tag{6a}$$

Diese Gerade heißt die Zentralachse des Systems. Sie existiert immer, wenn $\mathfrak{P} \neq 0$ ist, was ja wegen (4) gewährleistet ist. Verlegt man den Punkt $\mathfrak{r}_0$ in den Ursprung des Koordinatensystems und diesen in einen Punkt der Zentralachse, setzt man also $a = b = c = 0$, so geht (5) über in

$$\mathfrak{M}_1 = \mathfrak{M} - [\mathfrak{r}_1\,\mathfrak{P}]. \tag{7}$$

Nun ist das Moment eines Kräftepaares in bezug auf eine beliebige räumliche Gerade als Achse gleich der Projektion des Momentvektors auf diese Gerade. Legt man also durch den Punkt $\mathfrak{r}_1$ eine Ebene E senkrecht zu dem Momentvektor $\mathfrak{M}_1$, so ist in bezug auf alle Geraden in E das Moment $\mathfrak{M}_1$ gleich Null. Man nennt deshalb nach Möbius (Statik, Werke Bd. 3, § 84) diese Ebene die »Nullebene« des Punktes $\mathfrak{r}_1$. Ihre Gleichung ergibt sich aus der Bedingung, daß die Verbindunglinie $\mathfrak{r} - \mathfrak{r}_1$ eines beliebigen Punktes $\mathfrak{r}$ der Ebene E mit $\mathfrak{r}_1$ auf dem Moment $\mathfrak{M}_1$ senkrecht steht, also aus dem Verschwinden des Produktes (Art. 14, S. 57):

$$0 = (\mathfrak{M}_1, \mathfrak{r} - \mathfrak{r}_1) = (\mathfrak{M}, \mathfrak{r} - \mathfrak{r}_1) - ([\mathfrak{r}\,\mathfrak{r}_1], \mathfrak{P}), \tag{8}$$

oder ausgeführt

$$0 = (x - x_1) L + (y - y_1) M + (z - z_1) N - (y z_1 - z y_1) A$$
$$- (z x_1 - x z_1) B - (x y_1 - y x_1) C. \qquad (8a)$$

Hiernach gibt es in dem System $\mathfrak{P}$, $\mathfrak{M}$ zu dem Punkt $\mathfrak{r}_1$ nur die eine Nullebene (8a). Aber auch umgekehrt: Ist eine Ebene E gegeben:

$$u x + v y + w z + 1 = 0, \qquad (9)$$

so läßt sich nur ein Punkt in ihr angeben, für den der zugehörige Momentvektor auf E senkrecht steht. Denn man findet durch Vergleichen von (9) mit (8a)

$$(L x_1 + M y_1 + N z_1) u + L + B z_1 - C y_1 = 0 \text{ usw.}, \qquad (10)$$

woraus sich im allgemeinen x_1, y_1, z_1 eindeutig bestimmen. Dieser Punkt heißt der »Nullpunkt« der Ebene E. In dem durch eine Dyname definierten System gehört also zu jeder Ebene ein auf ihr liegender Nullpunkt und zu jedem Punkt eine durch ihn gehende Nullebene. Um auch den Ausnahmefall zu behandeln, daß das Gleichungssystem (10) nach x_1, y_1, z_1 nicht auflösbar ist, verlegen wir die Z-Achse des Koordinatensystems in die Zentralachse und verwenden die Kraftschraube $\mathfrak{M} = (0, 0, N)$; $\mathfrak{P} = (0, 0, C)$. Dann ist in (8a) $A = B = L = M = 0$ zu setzen, und die Gleichungen (10) werden

$$N z_1 u - y_1 C = 0; \quad N z_1 v + x_1 C = 0; \quad N z_1 w + N = 0$$

woraus sich, mit

$$k = N/C, \quad x_1 = v k/w; \quad y_1 = - u k/w; \quad z_1 = - 1/w \qquad (11)$$

bestimmt. Diese Gleichungen versagen — weil nach Annahme $C \neq 0$ ist — nur in dem Falle $w = 0$, wenn also die Ebene E parallel zur Zentralachse verläuft. Dann liegt ihr Nullpunkt im Unendlichen. — Die Länge des Lotes d, das vom Ursprung des Koordinatensystems auf die Ebene E (9) gefällt werden kann, ist:

$$d = 1/\sqrt{u^2 + v^2 + w^2} = k z_1/\sqrt{x_1^2 + y_1^2 + k^2}, \qquad (12)$$

wo das Vorzeichen des Wurzelausdrucks so zu wählen ist, daß d eine positive Größe ist und der Kosinus des Neigungswinkels, den d mit der Zentralachse bildet, gleich

$$- w d = k/\sqrt{x_1^2 + y_1^2 + k^2} \qquad (13)$$

ist, also, ebenso wie die Lotlänge selbst, von konstantem Betrage für alle Punkte mit gleichem z_1 auf dem Mantel eines Kreiszylinders, dessen Achse die Zentralachse ist. Hinsichtlich der Zentralachse hat somit das System der Nullebenen und Nullpunkte (Nullsystem) axiale Symmetrie. Zugleich geht es durch eine Parallelverschiebung längs der Zentralachse in sich über, weil die durch die Formeln (7) bis (10) beschriebenen Konstruktionen mit dem gleichen Vektoren $\mathfrak{r}$, $\mathfrak{r}_1$, $\mathfrak{M}$, $\mathfrak{P}$ von jedem Punkt der Zentralachse als Ursprung ausführbar sind und somit zu denselben Werten für den Abstand und die Richtung der Nullebene des Punktes $\mathfrak{r}_1$ führen.

Da die Gleichung (8a), durch welche Nullebene und Nullpunkt miteinander verbunden sind, sich nicht ändert, wenn man $\mathfrak{r}_1 = (x_1, y_1, z_1)$ mit $\mathfrak{r} = (x, y, z)$ vertauscht, so liegt, ebenso wie $\mathfrak{r}$ auf der zu $\mathfrak{r}_1$ gehörigen Nullebene, so $\mathfrak{r}_1$ auf der Nullebene zu dem Punkt $\mathfrak{r}$. Bewegt sich also der Punkt $\mathfrak{r}$ in der Nullebene von $\mathfrak{r}_1$, so dreht sich die Nullebene von $\mathfrak{r}$ um den Punkt $\mathfrak{r}_1$. Auf Grund dieses Satzes läßt sich ein merkwürdiges Gebilde herstellen.

Irgend drei Ebenen eines Nullsystems mögen eine räumliche Ecke bilden. Ihr Schnittpunkt ist Nullpunkt der durch die Nullpunkte der drei Ebenen gelegten Ebene. Sind 4 Ebenen irgendeines Tetraeders gegeben, so bilden diejenigen 4 Ebenen, welche die Nullpunkte jener ersten 4 Ebenen zu je dreien verbinden, ein zweites Tetraeder, das dem ersten sowohl einbeschrieben wie umschrieben ist. (Möbius, Statik § 88.)

Zu dem oben angegebenen Nullsystem gelangt man noch auf andere Weise. Man kann eine Dyname in ihrer Wirkung auf einen starren Körper ersetzen durch zwei Einzelkräfte in (im allgemeinen zueinander windschiefen) Wirkungslinien, von welch letzteren eine beliebig angenommen werden kann. In der Tat: Sollen die zwei Kräfte $\mathfrak{P}_1$, $\mathfrak{P}_2$ die Dyname $\mathfrak{P}$, $\mathfrak{M}$ ersetzen und sind $\mathfrak{r}_1$, $\mathfrak{r}_2$ bzw. Punkte ihrer Wirkungslinien, so lauten die zu erfüllenden Bedingungen

$$\mathfrak{P} = \mathfrak{P}_1 + \mathfrak{P}_2; \quad \mathfrak{M} = [\mathfrak{r}_1 \mathfrak{P}_1] + [\mathfrak{r}_2 \mathfrak{P}_2]. \tag{14}$$

Nun läßt sich die letzte Gleichung mit Hilfe der ersten in die Form bringen

$$\mathfrak{M} = [\mathfrak{r}_1, \mathfrak{P} - \mathfrak{P}_2] + [\mathfrak{r}_2 \mathfrak{P}_2] = [\mathfrak{r}_1 \mathfrak{P}] + [\mathfrak{r}_2 - \mathfrak{r}_1, \mathfrak{P}_2]$$

oder

$$\mathfrak{M} - [\mathfrak{r}_1 \mathfrak{P}] = [\mathfrak{r}_2 - \mathfrak{r}_1, \mathfrak{P}_2]. \tag{15}$$

Nimmt man irgendeinen Punkt $\mathfrak{r}_1$ auf der gegebenen Wirkungslinie von $\mathfrak{P}_1$ an, so ist der Vektor

$$\mathfrak{M} - [\mathfrak{r}_1 \mathfrak{P}] = \mathfrak{M}_1 \tag{16}$$

bekannt. Soll das Vektorprodukt rechts in (15) ihm gleich sein, so muß $\mathfrak{P}_2$ in einer zu $\mathfrak{M}_1$ senkrechten Ebene liegen (Art. 14). Nun läßt sich aber der gegebene Vektor $\mathfrak{P}$ immer in zwei zerlegen, deren einer $\mathfrak{P}_1$ einer gegebenen Richtung, deren anderer $\mathfrak{P}_2$ einer gegebenen Ebene ($\perp \mathfrak{M}_1$) parallel ist, sofern die Richtung von $\mathfrak{P}_1$ nicht gerade in die Ebene $\perp \mathfrak{M}_1$ fällt. Wenn dieser Fall, auf den wir zurückkommen werden, nicht vorliegt, so ist durch die angegebene Zerlegung der Vektor $\mathfrak{r}_2 - \mathfrak{r}_1$ bestimmt, der nach einem Punkt $\mathfrak{r}_2$ der Wirkungslinie von $\mathfrak{P}_2$ geht

(Art. 14 Bemerkung 1). Die Annahme über $\mathfrak{r}_1$ ergibt eine unendliche Folge von solchen Punkten: die Wirkungslinie von $\mathfrak{P}_2$, und $\mathfrak{P}_2$ selbst.

Die Wirkungslinien der Kräfte $\mathfrak{P}_1$, $\mathfrak{P}_2$ sind somit eine durch die andere bestimmt. Sie heißen **konjugierte Gerade**. Weil in (15) das Vektorprodukt (rechts) senkrecht auf seinen Komponenten $\mathfrak{P}_2$, $\mathfrak{r}_2 - \mathfrak{r}_1$ steht, so gilt dies auch von der linken Seite $\mathfrak{M}_1$ (16).

Wie also auch die Wirkungslinie von $\mathfrak{P}_1$ gewählt sein mag, es verschwinden die skalaren Produkte

$$(\mathfrak{r}_2 - \mathfrak{r}_1, \mathfrak{M}_1) = 0 \text{ und } (\mathfrak{P}_2 \mathfrak{M}_1) = 0. \tag{17}$$

Ändert man also bei gegebener Dyname ($\mathfrak{P}$, $\mathfrak{M}$) im Angriffspunkt $\mathfrak{r}_1$ der Kraft $\mathfrak{P}_1$ die Richtung ihrer Wirkungslinie, so liegen die (zu ihr konjugierten) Wirkungslinien jede in der im Punkt $\mathfrak{r}_1$ zu $\mathfrak{M}_1$ senkrechter Ebene E, in der auch $\mathfrak{r}_2 - \mathfrak{r}_1$ liegt. Man erhält auf diese Weise wiederum ein **Nullsystem**. Der Verbindungslinie zweier Punkte ist die Schnittlinie ihrer Nullebenen konjugiert.

Ein Blick auf die erste Gleichung (17) in Verbindung mit (16) und Art. 14 (10) lehrt, daß das so erhaltene Nullsystem das oben (8) definierte ist.

Um noch die Lage der konjugierten Geraden gegen die Zentralachse zu ermitteln, nehmen wir wieder an, daß $\mathfrak{M}$, $\mathfrak{P}$ mit ihr zusammenfalle, setzen also, indem wir die Vektorgleichungen (14) bis (17) in Koordinatenform auflösen,

$$A = B = L = M = 0. \tag{18}$$

Dann wird

$$\mathfrak{P} = (0,0,C), \tag{19}$$

ferner wegen (16)

$$\mathfrak{M}_1 = (L - y_1 C + z_1 B, \ldots) = (-y_1 C, x_1 C, N) \tag{19a}$$

und hiermit gibt (15)

$$\begin{aligned} -y_1 C &= (y_2 - y_1) Z_2 - (z_2 - z_1) Y_2 \\ x_1 C &= (z_2 - z_1) X_2 - (x_2 - x_1) Z_2 \\ N &= (x_2 - x_1) Y_2 - (y_2 - y_1) X_2, \end{aligned} \tag{20}$$

woraus

$$-y_1 C X_2 + x_1 C Y_2 + N Z_2 = 0 \tag{21}$$

folgt. **Verlegt man noch die X-Achse in den kürzesten Abstand** der Zentralachse von der Wirkungslinie von $\mathfrak{P}_1$, setzt also

$$y_1 = z_1 = 0; \; X_1 = 0, \tag{22}$$

so wird (14)

$$X_2 = 0; \; Y_2 = -Y_1; \; Z_2 = C - Z_1, \tag{23}$$

und aus den Gleichungen (20), (21) folgt

$$y_2 Z_2 - z_2 Y_2 = 0; \; x_1 C = -(x_2 - x_1) Z_2; \; N = (x_2 - x_1) Y_2; \; x_1 C Y_2 + N Z_2 = 0. \tag{24}$$

Nimmt man also etwa x_1 und Z_1 als gegeben an, so ist damit die Lage der Wirkungslinie von $\mathfrak{P}_1$ bestimmt. Denn aus (23) und (24) ergibt sich

$$Y_2 = -Y_1 = -\frac{N Z_2}{x_1 C} = -\frac{N(C - Z_1)}{x_1 C}, \tag{25}$$

und damit Y_1/Z_1 in Z_1 und x_1 ausgedrückt. Ferner wird

$$x_2 - x_1 = \frac{N}{Y_2} = -\frac{x_1 C}{C - Z_1},$$

also

$$x_2 = -\frac{x_1 Z_1}{C - Z_1}. \tag{26}$$

Die Gleichung der Wirkungslinie von $\mathfrak{P}_2$ gibt der angegebene Wert von x_2 und

$$\frac{y_2}{z_2} = \frac{Y_2}{Z_2} = -\frac{N}{x_1 C}. \tag{27}$$

Somit fällt mit der X-Achse nicht nur der kürzeste Abstand der Zentralachse von der Wirkungslinie von $\mathfrak{P}_1$, sondern auch der der Wirkungslinie von $\mathfrak{P}_2$ zusammen. Nimmt man insbesondere $\mathfrak{P}_1$ parallel zur Zentralachse an, setzt also $Y_2 = -Y_1 = 0$, so folgt, weil $N \neq 0$, $C \neq 0$ angenommen wird,

$$Z_1 = C,$$

also $\mathfrak{P}_1$ gleich der Kraft $\mathfrak{P}$ der Kraftschraube. Dann aber wird $\mathfrak{P}_2 = 0$, $x_2 = \infty$.

Daher: Zur Wirkungslinie einer Kraft $\mathfrak{P}_1$, die in endlichem Abstand x_1 von der Zentralachse zu dieser parallel verläuft, gehört als konjugierte eine unendlich ferne Gerade, die alsdann Wirkungslinie einer selbst verschwindenden Kraft $\mathfrak{P}_2$ ist.

Endlich läßt sich auf Grund der gemachten Annahme über die Lage des Koordinatensystems gegen die Kraftschraube noch die Bedeutung des oben ausgeschlossenen Sonderfalles, daß $\mathfrak{P}_1$ in einer zu $\mathfrak{M}_1 = \mathfrak{M} - [\mathfrak{r}_1 \mathfrak{P}]$ senkrechten Ebene liegt, ermitteln. Weil dann

$$(\mathfrak{M}_1 \mathfrak{P}_1) = x_1 C Y_1 + N Z_1 = 0 \tag{28}$$

ist, so zeigt sich, wenn man (28) mit (24) vergleicht, daß dann $Z_1 = -Z_2$ ist, daß also wegen (25) entweder C oder N, d. h. $\mathfrak{P}$ oder $\mathfrak{M}$ verschwinden muß. $\mathfrak{P}_2$ fällt dann in die durch $\mathfrak{P}_1$ und $\mathfrak{M}$ (bzw. $\mathfrak{P}$) zu legende Ebene, hat also dieselbe Wirkungslinie wie $\mathfrak{P}_1$. Die senkrecht zu dem Momentvektor $\mathfrak{M}_1$ verlaufenden Geraden sind somit zu sich selbst konjugiert[1]).

[1]) Die von Möbius eröffnete Fundgrube wird weiter ausgebeutet in R. Ball, On Screws; E. Study, Geometrie der Dynamen, Leipzig 1901—1903.

54. Mehrere starre Systeme im Gleichgewicht. Reibung. Beispiele.

Handelt es sich um Systeme von starren Körpern, die aneinander gelehnt oder auf feste Kurven, Flächen gestützt, von Kräften angegriffen, sich im Gleichgewicht halten, so kann man die Bedingungen hierfür wieder entweder unmittelbar aus dem Prinzip der virtuellen Geschwindigkeiten ableiten oder dadurch, daß man die einzelnen Teile des Systems durch Einführung von Widerstandskräften (Zwangskräften) frei macht und auf jeden Teil die im vorstehenden abgeleiteten Bedingungen für das Gleichgewicht eines starren Körpers anwendet. Das letztere Verfahren empfiehlt sich immer dann, wenn es sich (außer um die Gleichgewichtsbedingungen) um den Betrag dieser Widerstandskräfte handelt.

Wenn die Elemente der Begrenzungsflächen sich berührender Körper ohne Reibung aufeinander gleiten, so steht die Widerstandskraft an jedem der Flächenelemente senkrecht zur Gleitfläche.

Erfolgt aber die Bewegung mit Reibung, so setzt sich wieder, wie im Fall der Bewegung eines materiellen Punktes auf rauher Fläche oder Kurve (Art. 27—29), die Widerstandskraft aus zwei Komponenten zusammen, deren eine, die Normalkraft (der Druck), wie bei reibungsloser Bewegung einzuführen ist, deren andere, die »Tangentialkraft«, an jedem der gleitenden Körper entgegengesetzt der eintretenden Bewegung auftritt in einem Betrage T, der, zunächst unbestimmt, bis zu einem Höchstwert ansteigen kann, der durch das Produkt aus jenem Normalwert N und einem von der Rauhigkeit der aufeinandergleitenden Flächenelemente abhängenden Reibungskoeffizienten μ gemessen wird: $T \leq \mu N$. Diese tangential wirkende Reibungskraft ist, wie der Normalwiderstand einer Fläche oder Kurve, keine bewegende, sondern eine Zwangs-(Widerstands-)Kraft.

Befindet sich ein System, das sich mit Reibung bewegen kann, im Gleichgewicht, so kommt demnach die Reibungskraft T in einem gewissen Teilbetrag der Normalkraft N in Betracht, der zwischen $+\mu N$ und $-\mu N$ liegt. Die Gleichgewichtslagen des Systems füllen dann eine stetige Mannigfaltigkeit aus, deren Grenzen zu kennen genügt. Um diese zu erhalten, setzt man die Grenzwerte $T = \pm\mu N$ in die Gleichgewichtsbedingungen ein. In welcher Weise sich die Grenzlagen des Systems (oder der Kräfte, die auf es wirken) ergeben, mag im folgenden an einigen Beispielen gezeigt werden.

Im Falle der Bewegung auf reibender Fläche kommt dauernd der Höchstbetrag $T = \mu N$ in Betracht.

An Stelle des Reibungskoeffizienten μ führt man wohl auch den »Reibungswinkel« ε mit $\operatorname{tg} \varepsilon = \mu$ ein, den die Resultante aus Tangential- und Normalkraft mit der letzteren bildet. — Weiteres über Reibung entnimmt man dem Buch: Jellet-Lüroth, Theorie der Reibung, Leipzig.

1. Als erstes Beispiel diene wieder der in vertikaler Ebene an die Wand gelehnte gewichtlose Stab mit einem Gewicht G in der Mitte (Art. 50, S. 210); nur mögen (statt der Horizontalkraft K) sich die Enden längs Boden und Wand mit Reibung bewegen (Reibungskoeffizienten bzw. μ, μ'). Sind N, N' die Normaldrucke, die die Stabenden von Boden und Wand erfahren, T, T' die von den Reibungswiderständen herrührenden Kräfte auf die Stabenden, so kann man für die Grenzlage, wenn der Stab eben zu gleiten beginnt, die Bedingungen für das Gleichgewicht dadurch ermitteln, daß man den Stab durch Anfügen der Kräfte N; $T = \mu N$; N'; $T' = \mu' N'$ frei macht und dann die drei Gleichgewichtsbedingungen für ein in einer Ebene bewegliches starres System (Art. 50) aufstellt. Verwendet man als Drehpunkt für das Moment den Schnittpunkt O der Wirkungslinien von N und N', so fallen die Momente dieser Kräfte weg, und die Gleichungen lauten, wenn l die Stablänge ist, φ der jener Grenzlage entsprechende Neigungswinkel des Stabes gegen die Horizontale,

$$N' - T = 0, \quad T' - G + N = 0 \tag{1}$$

$$-T' l \cos\varphi + G \frac{l}{2} \cos\varphi - T l \sin\varphi = 0.$$

Mit $T = \mu N$, $T' = \mu' N'$ erhält man hieraus:

$$N = \frac{G}{1 + \mu\mu'}; \quad N' = \frac{G\mu}{1 + \mu\mu'}, \quad \operatorname{tg}\varphi = \frac{1 - \mu\mu'}{2\mu}.$$

Außer für die hiermit bezeichnete Grenzlage ist Gleichgewicht des Stabes vorhanden für alle steileren Lagen, so daß die Gleichgewichtsbedingung allgemein durch

$$\operatorname{tg}\varphi \geqq \frac{1 - \mu\mu'}{2\mu}$$

zu bezeichnen ist.

Man leitet die Gleichungen (1) leicht auch (wie oben Art. 50) aus der Bedingung ab, daß die Resultante aus N und T sich mit der aus N' und T' auf der Wirkungslinie von G schneidet, wenn zwischen ihnen Gleichgewicht besteht (Abb. 105, S. 210). Dieser Gleichgewichtszustand entspricht wieder der Grenzlage.

2. Auf einer horizontalen rauhen ebenen Fläche liegt eine unausdehnbare schwere Kette, von der ein Ende überhängt. Wann befindet sie sich eben noch im Gleichgewicht? (Reibungskoeffizient μ.) Da es sich um ein nicht starres System handelt, muß man zum Prinzip der virtuellen Verschiebungen zurückgreifen. Ist γ das Gewicht der Kette auf die Längeneinheit, ds ein aufliegendes Kettenelement, so ist dessen Druck auf die Unterlage γds, der Reibungswiderstand für dieses Element also $= \mu\gamma ds$ und die Arbeit, die er bei einer virtuellen Ver-

schiebung der Kette um den Betrag δs leistet, $-\mu\gamma ds\,\delta s$. Die Schwerkraft leistet bei dieser Verschiebung eine Arbeit nur an den überhängenden Kettenelementen; an dem Massenelement γds die Arbeit $\gamma ds\,\delta s$. Es herrscht also eben noch Gleichgewicht, wenn

$$-\int_0^x \mu\gamma ds \cdot \delta s + \int_x^l \gamma ds \cdot \delta s = \delta s\left(-\int_0^x \mu\gamma ds + \int_x^l \gamma ds\right) = 0$$

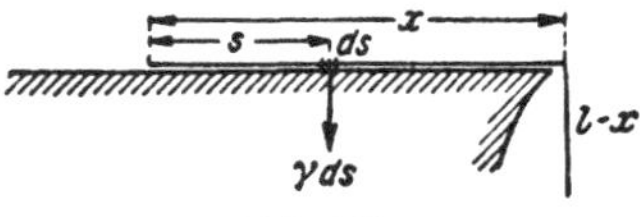

Abb. 115.

ist, wo l die Länge der Kette, x die des aufliegenden Teils ist. Ist die Kette homogen, so ist γ eine Konstante, und die Bedingung für die Grenzlage lautet:

$$0 = -\mu x + (l - x); \quad \frac{l}{x} = 1 + \mu.$$

Gleichgewicht besteht also für alle Werte von x, die sich aus $\frac{l}{x} \leq 1 + \mu$ bestimmen.

3. Im Innern eines horizontal liegenden Hohlzylinders vom inneren Radius R können sich drei andere Zylinder mit den Radien r_1, r_2, r_3 und bzw. den Gewichten P_1, P_2, P_3, deren Achsen zu der des Hohlzylinders parallel sind, reibungslos bewegen. In welcher Lage befinden sie sich im Gleichgewicht?

Es genügt, einen vertikalen Querschnitt zu betrachten. O, O_1, O_2, O_3 seien die Mittelpunkte der Kreisquerschnitte, $\beta = \alpha_1$ der Winkel zwischen $\overline{OO_1}$ und der Vertikalen durch O; β_1, β_2 die Winkel zwischen $\overline{OO_1}$ und $\overline{OO_2}$ bzw. zwischen OO_1 und OO_3. Die Lage der einander berührenden Zylinder ist bestimmt durch den Winkel β. Bei einer virtuellen Drehung des Systems der inneren Walzen durch den Winkel $\delta\beta$ verschwindet im Falle des Gleichgewichts die von ihren Gewichten geleistete Gesamtarbeit (Abb. 116, wo anstelle von β, β_1, β_2 bzw. α_1, $\alpha_2 + \alpha_1$, $\alpha_3 + \alpha_1$ eingeführt sind). Sie ist

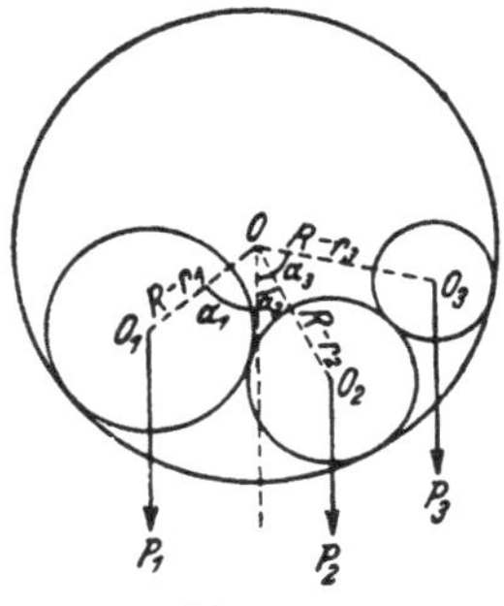

Abb. 116.

$$P_1(R - r_1)\,\delta\beta \sin\beta - P_2(R - r_2)\,\delta\beta \sin(\beta_1 - \beta) - P_3(R - r_3)\,\delta\beta \sin(\beta_2 - \beta) = 0,$$

eine Gleichung, die sich, nachdem $\delta\beta$ ausgeschieden ist, nach $\operatorname{tg}\beta$ linear auflösen läßt.

4. Eine homogene schwere Kette liegt in einem vertikalen Großkreis einer Kugelschale, in dem sie sich mit Reibung bewegen kann. Welches sind die Gleichgewichtslagen, wenn die Kette den Zentriwinkel α umspannt und ε der Reibungswinkel ist?

Lösung: Die Grenzlagen bestimmen sich, wenn φ der Winkel der Horizontalen mit dem Radius nach dem Endpunkt der Kette ist, aus

$$\varphi + \frac{a}{2} = \frac{\pi}{2} \pm \varepsilon.$$

5. Zwischen zwei Ebenen E, F, die sich in einer horizontalen Geraden O schneiden, sind zwei Zylinder A, B von den Gewichten P, Q mit zu O parallelen Achsen so eingelegt, daß, indem jeder nur eine der Ebenen und den anderen Zylinder berührt, die beiden im Gleichgewicht sind. Welchen Winkel φ bildet die durch die Achsen gehende Ebene mit der Horizontalen? Wie groß ist der (auf die Berührungsfläche verteilte) Gesamtdruck R, den die Zylinder aufeinander, und die Drucke M, N, die diese auf die Ebene ausüben? Von Reibung wird abgesehen.

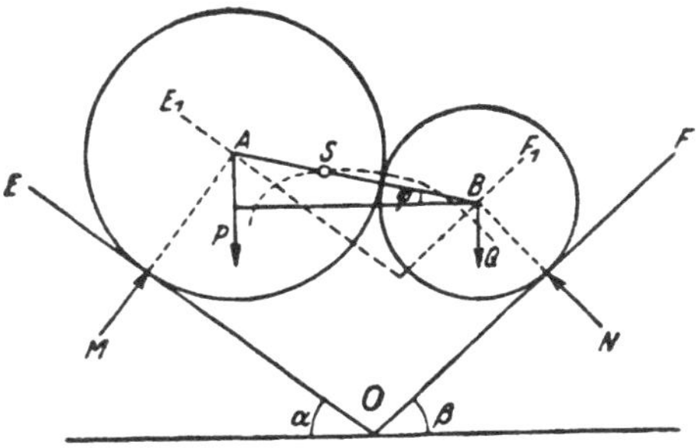

Abb. 117.

Die Zeichnung (Abb. 117) zeigt einen Querschnitt. Wir machen die Zylinder einzeln frei durch Zufügen der Drucke M, N, R. Sind a, β die Neigungswinkel von E und F mit der Horizontalen, so sind für den Zylinder A die Komponenten der wirkenden Kräfte in Richtung der Ebene E

$$R \cos(a - \varphi) - P \sin a = 0. \tag{1}$$

Für den Zylinder B entsprechend

$$R \cos(\beta + \varphi) - Q \sin \beta = 0. \tag{2}$$

Die Horizontal- und Vertikalkomponenten der auf das Zylinderpaar A, B (als einen Körper) wirkenden Kräfte sind

$$M \sin a - N \sin \beta = 0 \tag{3}$$

$$M \cos a + N \cos \beta - P - Q = 0. \tag{4}$$

Aus (1), (2) erhält man $\operatorname{tg} \varphi = \frac{1}{P+Q}(P \operatorname{cotg} \beta - Q \operatorname{cotg} a)$. Löst man aber (1), (2) nach $R \cos \varphi$, $R \sin \varphi$ auf und addiert die quadrierten Ausdrücke, so kommt die Beziehung

$$R^2 = \frac{(P+Q)^2 + (Q \operatorname{cotg} a - P \operatorname{cotg} \beta)^2}{(\operatorname{cotg} a + \operatorname{cotg} \beta)^2}.$$

Die Drucke M, N ergeben sich ohne weiteres aus (3), (4). Der gemeinsame Schwerpunkt S der Zylinder, der auf der Strecke AB liegt, beschreibt, wenn bei einer virtuellen Änderung der Gleichgewichtslage sich die Strecke verschiebt, indem die Endpunkte von AB auf E_1, F_1,

Parallelen zu E, F, gleiten, eine Ellipse, für die E_1, F_1 konjugierte Halbmesser sind von der Länge SB, $\overline{SA}$. Die Gleichgewichtslage von S, für die an S keine Arbeit geleistet wird, ist der Berührungspunkt der oberen horizontalen Tangente an diese Ellipse. Nach einem in Art. 56 zu beweisenden Satze ist die gefundene Gleichgewichtslage labil.

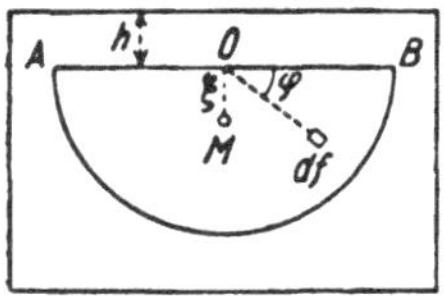

Abb. 117a.

6. Den Mittelpunkt M und den Betrag R des Druckes anzugeben, den eine an der vertikalen Wand eines mit Wasser gefüllten Behälters angebrachte halbkreisförmige Klappe auszuhalten hat (Abb. 117a).

Lösung: Ist h die Entfernung der horizontalen Kante $\overline{AB}$ der Klappe von der Oberfläche des Wassers, so ist der Betrag dR des Druckes, der auf ein durch die Polarkoordinaten ϱ, φ bestimmtes Flächenelement der Klappe $df = d\varrho \cdot \varrho d\varphi$ wirkt,

$$dR = (h + \varrho \sin\varphi)\, \gamma \varrho d\varrho d\varphi,$$

wenn γ das Gewicht der Volumeneinheit ist. Das Moment dieses Druckes hinsichtlich der Kante $\overline{AB}$ ist $\varrho \sin\varphi dR$. Man erhält somit, wenn a der Halbmesser des Begrenzungskreises ist,

$$R = \int_0^a\int_0^\pi \gamma\,(h + \varrho \sin\varphi)\,\varrho\, d\varrho\, d\varphi = 2\,a^2 \gamma \left(\frac{h\pi}{4} + \frac{a}{3}\right);$$

und für den Abstand ξ des Druckmittelpunktes M von der Kante

$$\xi = \frac{1}{R}\int dR \cdot \varrho \sin\varphi = a\,\frac{3\,a\pi + 16\,h}{16\,a + 12\,h\pi}.$$

7. Eine materielle homogene Kreisscheibe, auf eine Achse durch ihren Mittelpunkt schief (mit dem Neigungswinkel α) aufgesteckt, werde mit der gleichförmigen Winkelgeschwindigkeit ω um diese Achse gedreht. Welches Moment übt sie in irgendeiner augenblicklichen Stellung auf die Achsenlager NN aus?

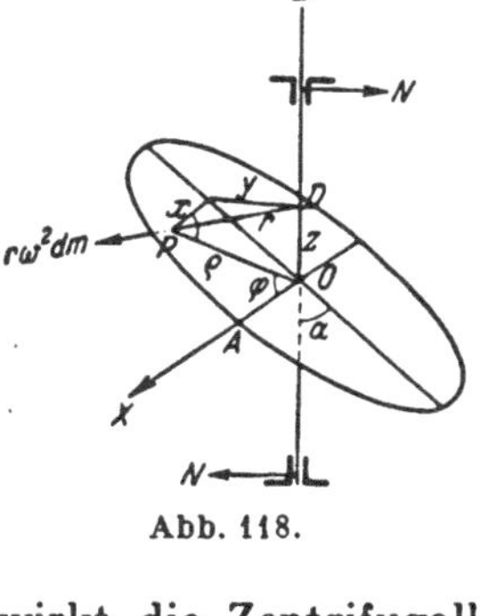

Abb. 118.

Dem gegebenen Zeitpunkt entspreche eine Lage der Scheibe, für welche die Zeichenebene Symmetrieebene ist (Abb. 118).

Der horizontale Durchmesser OA der Scheibe falle in die X-Achse eines rechtwinkligen Koordinatensystems, dessen Z-Achse die Drehachse ist.

Auf das Massenelement $dm = \gamma df$ der Scheibe (γ = Masse der Flächeneinheit) an der Stelle P wirkt die Zentrifugalkraft $r\omega^2 dm$ längs der Verbindungslinie $r = \overline{PD}$ senkrecht zur Z-Achse. Es handelt sich um das Moment, das diese Kraft in bezug auf die X-Achse OA ausübt. Einen Beitrag hierzu liefert nur die parallel zur YZ-Ebene wirkende Komponente $r\omega^2 dm \cdot \frac{y}{r} = y\omega^2 dm$, deren Moment gleich $y\omega^2 dm \cdot z$ ist. Die Summe dieser Momente ist gleich dem doppelten Druck N auf die beiden Lager, multipliziert in den Abstand b derselben von O,

$$2bN = \int yz\,\omega^2\,dm.$$

Indem man Polarkoordinaten ϱ, φ in der Scheibe einführt (φ von $\overline{OA}$ ab gerechnet), erhält man mit

$$y = \varrho \sin\varphi \sin\alpha; \quad z = \varrho \sin\varphi \cos\alpha; \quad dm = \gamma\,df = \gamma\varrho\,d\varrho\,d\varphi,$$

also, wenn a der Halbmesser der Scheibe ist,

$$2bN = \omega^2 \int_0^a \int_0^{2\pi} \varrho^2 \sin^2\varphi \sin\alpha \cos\alpha\, \gamma\varrho\, d\varrho\, d\varphi = \frac{1}{8} \sin 2\alpha \cdot \gamma\,\pi\,\omega^2 a^4$$

als Betrag des (die Achsenrichtung stetig wechselnden) Kräftepaares.

Eine grundsätzliche Lösung der Aufgabe wird später (Art. 76 a. E.) gegeben werden.

8. Eine Schublade, ersetzt durch ihren horizontalen Querschnitt $ABCD$ (Abb. 119), soll an einem Knopf V im seitlichen Abstand c von der Mitte M aus ihrem Gehäuse gezogen werden. Die Schublade gleitet auf den (durch die Führungen A, B, C, D ersetzten) Seitenflächen des Gehäuses mit Reibung. Welche Kraft R ist anzuwenden, wenn R unter dem Winkel α gegen die Seitenflächen geneigt wirken soll? Auch die Unterfläche gleite mit Reibung auf ihrer Unterlage.

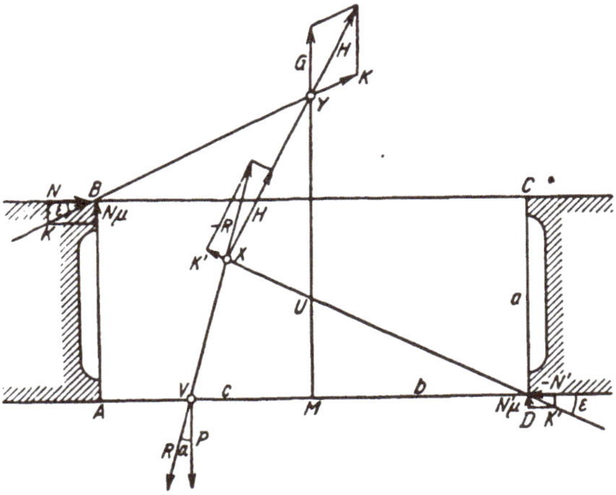

Abb. 119.

Lösung: Während des ersten Anziehens nimmt mit dem Zug auch der Widerstand, den die Schublade durch die Reibung der Unterlage erfährt, bis zu einem Endwert G zu, der in der Symmetrielinie MY wirkend, mit dem Zug P (wenn α nicht zu groß ist, s. u.) ein Kräftepaar bildet, vermöge dessen die Ecken B und D gegen die Seitenwände gepreßt werden. Es mögen dort Drücke N, N' und Reibungskräfte T, T' entstehen, deren Grenzwerte $T = \mu N$; $T' = \mu N'$ in Anspruch genommen werden. Durch $\mu = \operatorname{tg}\varepsilon$ sei der Reibungswinkel definiert. Dann ist die Resultante K aus T und N und die K'

aus T' und N' gegen die Vorderflächen je unter dem bekannten Winkel ε geneigt.

Um nun das System der Kräfte K, K', G, R ins Gleichgewicht zu setzen, von denen G nach Angriffslinie und Größe, K, K', R nur der Angriffslinie nach bekannt sind, bestimme man (s. d. Abb.) den Schnittpunkt X der Wirkungslinien von K' und R, den Y der Wirkungslinien von K und G, zerlege die Kraft G im Punkt Y in H in Richtung der Linie $\overline{YX}$ und in $-K$; verlege H nach X, zerlege diese Kraft dort wieder in $-R$ in Richtung von $\overline{XV}$ und in $-K'$. Dann halten sich die Kräfte K, K', R, G das Gleichgewicht, und R ist die gesuchte Zugkraft. Fällt der Punkt X in die Verbindungslinie $\overline{VY}$, ist also $\alpha = \sphericalangle VYM$, so wird $K' = 0$. Die Reibung wirkt in diesem Falle bloß noch einseitig, was auch bei noch größerem α eintritt, wobei dann der Druck N' von der Ecke D auf die Ecke A übergeht, bis für $\alpha > VUM$ auch der Druck N von B nach C abwandert.

Analytisch ergeben sich N, N', R aus den Beziehungen:

$$N - N' - P \operatorname{tg} \alpha = 0 \qquad G + \mu N + \mu N' - P = 0$$
$$Pc - N\mu b + N'\mu b - Na = 0,$$

wenn $P = R \cos \alpha$ ist und a, b Tiefe und halbe Breite der Schublade messen. Man erhält mit der Abkürzung:

$$A = a - 2\mu c + \mu \operatorname{tg} \alpha (a + 2\mu b)$$
$$PA = Ga; \qquad NA = G(c - \mu b \operatorname{tg} \alpha); \qquad N'A = G(c - (a + \mu b) \operatorname{tg} \alpha)$$

N, N' verwandeln sich aus Drücken in Züge (gehen auf die gegenüberstehende Kante über) für $\frac{c}{\mu b} < \operatorname{tg} \alpha$; bzw. $\frac{c}{a + \mu b} < \operatorname{tg} \alpha$, was auch die Konstruktion ergibt.

XIII. Abschnitt.

Statik des schweren Körpers.

55. Der Schwerpunkt.

Die Schwerkraft wirkt auf jeden Punkt eines materiellen Punktsystems, wie auch auf jedes Element einer raumerfüllenden Masse in gleicher Richtung und in gleichem Sinne. Das System sei ein starres oder »erstarrt« (Art. 44). Es handelt sich um die Bildung der Resultante dieser Parallelkräfte nach Wirkungslinie und Größe.

Sind α, β, γ die Neigungswinkel der gemeinsamen Richtung, ist $\mathfrak{P}_i = (X_i, Y_i, Z_i)$ die auf den $i$ten Massenpunkt $\mathfrak{r}_i = (x_i, y_i, z_i)$ wirkende Kraft, $\mathfrak{P} = (X, Y, Z)$ die Resultante, $\mathfrak{r} = (x, y, z)$ ein Punkt ihrer

Angriffslinie, ist also mit $P_i = |\mathfrak{P}_i|$; $P = |\mathfrak{P}|$

$$X_i = P_i \cos\alpha; \quad Y_i = P_i \cos\beta; \quad Z_i = P_i \cos\gamma$$
$$X = P\cos\alpha; \quad Y = P\cos\beta; \quad Z = P\cos\gamma,$$

so hat man, weil die negativ genommene Resultante allen Kräften das Gleichgewicht hält (Art. 50),

$$\mathfrak{P} = \Sigma\,\mathfrak{P}_i \tag{1}$$
$$[\mathfrak{r}\,\mathfrak{P}] = \Sigma\,[\mathfrak{r}_i\,\mathfrak{P}_i]. \tag{2}$$

Die aus (1) fließenden Koordinatengleichungen ergeben

$$P = \Sigma P_i, \tag{3}$$

nachdem mit $\cos\alpha$ bzw. $\cos\beta$, $\cos\gamma$ wegdividiert ist. Durch Ausführung von (2) erhält man als X-Komponente

$$yZ - zY - \Sigma\,(y_i Z_i - z_i Y_i) = 0$$

oder

$$yP\cos\gamma - zP\cos\beta - \Sigma\,(y_i P_i \cos\gamma - z_i P_i \cos\beta) = 0,$$

und in anderer Anordnung, wenn man P durch ΣP_i ersetzt und die zwei Gleichungen für die anderen Komponenten zufügt:

$$\begin{aligned} \cos\gamma\,(y\cdot\Sigma P_i - \Sigma P_i y_i) - \cos\beta\,(z\cdot\Sigma P_i - \Sigma P_i z_i) &= 0 \\ \cos\alpha\,(z\cdot\Sigma P_i - \Sigma P_i z_i) - \cos\gamma\,(x\cdot\Sigma P_i - \Sigma P_i x_i) &= 0 \\ \cos\beta\,(x\cdot\Sigma P_i - \Sigma P_i x_i) - \cos\alpha\,(y\cdot\Sigma P_i - \Sigma P_i y_i) &= 0. \end{aligned} \tag{4}$$

Diese Gleichungen sind nicht voneinander unabhängig. Wenn man sie bzw. mit $\cos\alpha$, $\cos\beta$, $\cos\gamma$ multipliziert und addiert, wird die linke Seite identisch null. Sie stellen also nur zwei Bestimmungsgleichungen dar für die Koordinaten x, y, z des Angriffspunktes der Resultante: er liegt unbestimmt in der durch sie bestimmten Angriffs-(Wirkungs-)linie (Art. 50).

Aber die Gleichungen (4) lassen sich auch noch auf andere Art erfüllen. Verschwinden die drei in (4) auftretenden Klammerausdrücke einzeln, ist also:

$$x = \frac{\Sigma P_i x_i}{\Sigma P_i}; \quad y = \frac{\Sigma P_i y_i}{\Sigma P_i}; \quad z = \frac{\Sigma P_i z_i}{\Sigma P_i}, \tag{5}$$

so werden die Gleichungen (4) unabhängig von den Werten $\cos\alpha$, $\cos\beta$, $\cos\gamma$ erfüllt; sie bestehen dann für jede Richtung α, β, γ der an den Massenpunkten angreifenden Parallelkräfte, sofern nur die Kräfte selbst ihre Beträge und ihre Angriffspunkte nicht ändern. Oder auch: Behält die Kraftrichtung α, β, γ im Raume dieselbe Richtung, und behalten die Kräfte ihre Größe, so kann man den Körper (und das mit ihm verbundene Achsenkreuz) beliebig drehen: die Resultante der Kräfte greift immer in demjenigen Punkt an, dessen Koordinaten durch die Gleichungen (5) gegeben sind. Dies ist insbesondere immer dann der Fall, wenn auf die Massenpunkte die Schwerkraft wirkt. Der Angriffspunkt x, y, z der Resultante heißt dann der Schwerpunkt des Systems.

Dies Ergebnis läßt sich auch so fassen: Wenn man für irgendeine Lage des Körpers die Angriffslinie der Resultante — sie heißt die Schwerlinie für diese Lage — bestimmt hat und dann den Körper in eine beliebige zweite Lage dreht, so schneidet die Schwerlinie der zweiten Lage die der ersten. Der Schnittpunkt ist der Schwerpunkt (5). — Der Begriff des Schwerpunktes ist an die keineswegs selbstverständliche Tatsache gebunden, daß alle Schwerlinien sich in einem Punkt treffen, und liegt daher tiefer als es scheinen mag. Die Erklärung: Der Schwerpunkt ist derjenige Punkt des Körpers, dessen Unterstützung ihn vor dem Umkippen bewahrt, beruht auf der Voraussetzung, daß es einen Punkt gibt, der dieser Forderung für alle Lagen des Körpers genügt.

Nach dem Gesagten bestimmen sich die Koordinaten ξ, η, ζ des Schwerpunktes eines Systems von Massenpunkten m_i aus den Gleichungen (5), wenn man darin

$$P_i = m_i g$$

setzt, wo g die Beschleunigung der Schwerkraft ist. Man erhält als Schwerpunktskoordinaten:

$$\xi = \frac{\Sigma m_i x_i}{\Sigma m_i}\,;\ \eta = \frac{\Sigma m_i y_i}{\Sigma m_i}\,;\ \zeta = \frac{\Sigma m_i z_i}{\Sigma m_i}. \tag{6}$$

Das Produkt $m_i x_i$ heißt das statische Moment der Masse m_i in bezug auf die YZ-Ebene oder, wenn $z_i = 0$ ist, in bezug auf die Y-Achse. Die ξ-Koordinate des Schwerpunktes ist also gleich der Summe der statischen Momente der Massen in bezug auf die YZ-Ebene, dividiert durch die Summe der Massen. Entsprechendes gilt für die Koordinaten η, ζ.

In vektorieller Fassung lauten die Gleichungen für ein System von Massenpunkten (6):

$$\mathfrak{r} = \frac{1}{M}\,\Sigma m_i\,\mathfrak{r}_i = \Sigma\,\mathfrak{r}_i\,\frac{m_i}{M}, \tag{7}$$

woraus sich für die Konstruktion des Schwerpunktes des Systems die Regel ergibt: Man stelle einen Linienzug her aus den im Verhältnis $m_i : M$ verminderten Vektoren $\mathfrak{r}_i$, die von irgendeinem festen Bezugspunkt aus nach den Massenpunkten m_i gerichtet sind. Der Endpunkt des Zuges ist der Schwerpunkt des Systems[1]).

Besteht der Körper aus einem kontinuierlich mit Masse erfüllten Raum, so treten wieder (Art. 21) an Stelle der einzelnen Massenpunkte

[1]) Nach H. Graßmann. Vgl. R. Mehmke, Beitrag zur Jubiläumsschrift für Otto Mohr, Berlin 1916, wo das Verfahren auf Flächenausschnitte angewendet wird.

die Massenelemente, an Stelle des Summenzeichens das Integral:

$$\xi = \frac{\int x\,dm}{\int dm}; \ \eta = \frac{\int y\,dm}{\int dm}; \ \zeta = \frac{\int z\,dm}{\int dm}. \tag{8}$$

Der Schwerpunkt $\mathfrak{r}$ eines Systems von Massen $M_1, M_2, \ldots$ bestimmt sich aus den Schwerpunkten $\mathfrak{r}_1, \mathfrak{r}_2, \ldots$ der einzelnen Massen vermöge der Formel

$$\mathfrak{r} = \frac{1}{M_1 + M_2 + \ldots}(M_1\mathfrak{r}_1 + M_2\mathfrak{r}_2 + \ldots),$$

wie sich aus der Auflösung der Summen M_i und $M_i\mathfrak{r}_i$ in ihre Bestandteile und deren Vereinigung je unter ein Summenzeichen sogleich ergibt.

So ist z. B. für 2 Massen M_1, M_2 mit den Schwerpunkten ξ_1, η_1, ζ_1; ξ_2, η_2, ζ_2 der gemeinsame Schwerpunkt ξ, η, ζ gegeben durch

$$\xi = \frac{M_1\xi_1 + M_2\xi_2}{M_1 + M_2}; \ \eta = \frac{M_1\eta_1 + M_2\eta_2}{M_1 + M_2}; \ \zeta = \frac{M_1\zeta_1 + M_2\zeta_2}{M_1 + M_2},$$

wie wir ihn in Art. 31 für ein Punktpaar definiert haben. — Entsprechend lassen sich die Koordinaten des Schwerpunkts eines aus 3 schweren Stäben gebildeten Dreiecks aus denen der Einzelstäbe und ihrer Massen zusammensetzen usw.

Aufgabe: Den Schwerpunkt der gleichförmig mit Masse belegten Fläche einer Halbellipse mit den Halbachsen a, b zu bestimmen.

Lösung: Sei $2a$ die begrenzende Achse. Man mache sie zur X-Achse eines rechtwinkligen Achsenkreuzes mit dem Ellipsenmittelpunkt als Ursprung. Dann ist aus Symmetriegründen die Abszisse ξ des Schwerpunktes S gleich Null. Um die Ordinate η zu bestimmen, zerlege man die Fläche in Streifen parallel der X-Achse von der Höhe dy, deren einer im Abstand y von der X-Achse die Masse $dm = 2x\,dy \cdot \gamma$ besitzt, wenn γ die Masse der Flächeneinheit ist. Hiermit wird wegen

$$\frac{x^2}{a^2} + \frac{y^2}{b^2} = 1,$$

$$\eta M = \int_0^b y\,dm = \gamma \int_0^b 2xy\,dy = 2\gamma a \int_0^b y\,dy \sqrt{1 - \frac{y^2}{b^2}} = \frac{2}{3} a b^2 \gamma,$$

$$M = \int_0^b dm = 2\gamma a \int_0^b dy \sqrt{1 - \frac{y^2}{b^2}} = \frac{1}{2} a b \pi \gamma,$$

wie man leicht bestätigt, wenn man $\frac{y}{b} = \sin u$ einführt und im letzten Integral auf den doppelten Winkel übergeht. Man erhält so $\eta = \frac{4}{3}\frac{b}{\pi}$.

56. Stabilität des Gleichgewichts schwerer Körper.

Die oben (Art. 46) für die Gleichgewichtslage eines materiellen Punktes getroffene Unterscheidung zwischen stabilem und labilem

Gleichgewicht läßt sich an der Hand des Schwerpunktsbegriffes auf starre Körper übertragen. Man wird die Gleichgewichtslage eines starren Körpers dann stabil nennen, wenn bei jeder virtuellen Lageänderung Arbeit gegen die Schwerkraft zu leisten ist, oder wenn umgekehrt die Schwerkraft mitwirkt, den Körper aus einer verschobenen in die Gleichgewichtslage zurückzuführen. Dies ist offenbar immer dann der Fall, wenn durch die Verschiebung der Schwerpunkt gehoben wird. Daß dies dann eintritt, wenn die 2. Variation der Kräftefunktion negativ wird, sieht man auf folgende Weise ein. Ist für irgendeine virtuelle Lageänderung des auf einer Unterlage im Gleichgewicht befindlichen Körpers, z. B. für ein elementares Abrollen ohne Gleiten, δz die Änderung der z-Koordinate des Massenelementes dm, so ist die Elementararbeit, die an diesem die Schwerkraft ($X = Y = 0, Z = -g\,dm$) leistet

$$-\delta z g dm = \delta(-gz dm) = \delta d U,$$

daher die virtuelle Gesamtarbeit gleich der Variation eines über den ganzen Körper ausgedehnten Integrals

$$\delta U = -\delta \int gz dm = -\delta(gM\zeta) = -gM\delta\zeta,$$

wo M die Körpermasse, ζ die z-Koordinate des Schwerpunktes ist.

Der Schwerpunkt hat somit im Falle des Gleichgewichtes, wo diese Arbeit verschwindet, $\delta\zeta = 0$ ist, eine extremale Lage auf derjenigen Kurve, die er beim Rollen oder der sonst gewählten Lageänderung des Körpers beschreiben würde. Wendet man nun das für einen materiellen Punkt oben (Art. 46) aufgestellte Stabilitätskriterium auf den Schwerpunkt an, so ist für eine virtuelle Verschiebung in bestimmter Richtung das Gleichgewicht stabil oder labil, je nachdem an der Stelle, wo $\delta U = -gM\delta\zeta = 0$ ist, für die gewählte Verschiebung

$$\delta^2 U \lesseqgtr 0, \text{ also } \delta^2\zeta \gtreqless 0.$$

Einer Hebung des Schwerpunkts bei der angenommenen Verrückung aus der Gleichgewichtslage entspricht stabiles, einer Senkung labiles Gleichgewicht. Wenn weder Hebung noch Senkung eintritt, herrscht Indifferenz. Absolut stabil ist nun eine Gleichgewichtslage wiederum dann, wenn bei allen möglichen virtuellen Lageänderungen der Schwerpunkt sich hebt; relativ stabil, wenn mit einem Teil der Lageänderungen Hebung, mit einem Teil Senkung verbunden ist usw. Ein dreiachsiges Ellipsoid z. B. auf horizontaler Unterlage ist in absolut stabilem, absolut labilem, relativ stabilem Gleichgewicht, je nachdem die kleine, große, mittlere Achse in die Schwerlinie fällt; eine Kugel ist in jeder Lage im indifferenten Gleichgewicht. Ist auch die Unterlage eine stetig gekrümmte Fläche, so läßt sich, wenn man sich auf eine Rollbewegung in vertikaler Ebene als virtuelle Verschiebung beschränkt, die Bedingung für die Stabilität relativ zu dieser Bewegung aus der Euler-Savaryschen Formel (Art. 39) ableiten. Der Krümmungshalbmesser r der Bahnkurve des Schwerpunktes, der in der Höhe ζ über der Berührungsstelle der beiden Flächen liegt — bei horizontaler Tangentialebene — ergibt sich, wenn man in der Formel $a = \zeta$, $\gamma = \frac{\pi}{2}$, $\varrho = 0$ setzt. Sind dann R und P die Krümmungshalbmesser der ebenen Schnittkurven der beiden Flächen in der in Betracht gezogenen Vertikalebene, so ergibt jene Formel, je nachdem der Krümmungsmittelpunkt zu P oberhalb oder unterhalb der Tangente gelegen ist (Abb. 120):

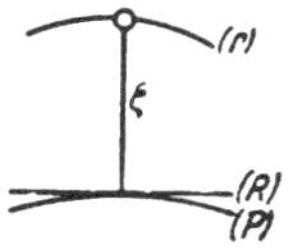

Abb. 120.

$$\frac{1}{R} \pm \frac{1}{P} = \frac{1}{r-\zeta} + \frac{1}{\zeta}.$$

Der Wert von r wird negativ, d. h. die konkave Seite der Bahnkurve des Schwerpunktes ist nach oben gerichtet, das Gleichgewicht relativ stabil, wenn bei positivem ζ und nach oben gekrümmter Kurve (P)

$$\zeta < \frac{1}{\frac{1}{R} + \frac{1}{P}}$$

ist. Wenn $R = \infty$, also die Unterlage eben ist, folgt $\zeta < P$, d. h. der Schwerpunkt liegt im Falle stabilen Gleichgewichts näher an der Auflagestelle als der Krümmungsmittelpunkt des Normalschnitts der Körperoberfläche. Dies gilt auch, wenn umgekehrt die Grenzfläche des Körpers eben, die Auflagefläche gekrümmt ist, nur tritt dann R an Stelle von P.

Beispiel. Wie hoch ($\zeta = h$) muß der Schwerpunkt eines Kreiskegels über dem Scheitel eines Rotationsparaboloids mit derselben vertikalen Achse liegen, wenn das System sich im stabilen, labilen, indifferenten Gleichgewicht befinden soll?

Man ersetze das Paraboloid durch eine Kugel mit dem Krümmungshalbmesser $\varrho = p$ des Parabelscheitels. Dreht sich die Basisfläche des Kegels bei einer Rollbewegung um den sehr kleinen Winkel φ, so berechnet sich die Hebung des Schwerpunktes (Abb. 121) aus

$$\delta y = \varrho \cos \varphi + \varrho \varphi \sin \varphi + h \cos \varphi - (\varrho + h),$$

oder näherungsweise aus

$$\delta y \sim 2 \sin^2 \frac{\varphi}{2} \left(2 \varrho \cos \frac{\varphi}{2} - (\varrho + h)\right);$$

also aus

$$\delta y \sim \frac{1}{2} \varphi^2 (\varrho - h).$$

Abb. 121.

Daher liefert die Bedingung $\delta y = 0$ für das indifferente Gleichgewicht $h = \varrho$.

Im Folgenden beschäftigen wir uns mit den Gleichgewichtsbedingungen für ein System von schweren Körpern, die miteinander verbunden sind um Lasten zu tragen, beschränken uns aber auf zwei für den Bauingenieur wichtige Fälle, das Problem des Fachwerks und das der Kette, die wir beide auch nur grundsätzlich und in einigen einfachen Typen behandeln werden.

57. Gleichgewicht der Kräfte am Fachwerk. Beispiele.

Zur Herstellung von Brücken und Dächern verwendet man hölzerne Balken oder Eisenstäbe, die, zu vertikalen Wänden »Brückenträger« bzw. »Dachbindern« angeordnet, die ganze Last der zwischen ihnen angeordneten Fahrbahn oder des Daches aufzunehmen haben. Diese Wände stellt man aus Fachwerk her, einem System von aneinander gereihten Stabdreiecken in solcher Anordnung, daß bei bekannter Belastung der Knotenpunkte (der Punkte, in denen die Stäbe zusammenstoßen) die Beanspruchung (Spannung) jedes Stabes, d. h. der auf den Querschnitt wirkende Zug oder Druck, in eindeutiger Weise bestimmt werden kann. Dies setzt solche Verbindungen in den Knotenpunkten voraus, daß die Stäbe, deren Querschnitt wir als klein im Verhältnis zur Länge voraussetzen, nicht gebogen, sondern bloß gedrückt oder gezogen werden, also statt Vernietung der Knotenpunkte eine Vorrichtung derart, daß Winkeländerungen ohne Zwang eintreten können (etwa Gelenke). Dies nehmen wir im folgenden an.

Da es keine vollkommen starren Stäbe gibt, wird das von äußeren Kräften angegriffene Stabsystem zunächst in der Weise deformiert, daß sich die Stablängen und die Winkel (ein wenig) ändern. Nachdem wieder Gleichgewicht eingetreten ist, lassen sich das System und Teile desselben als starre Körper ansehen. Man ermittelt nun die Beanspruchung der einzelnen Stäbe, indem man durch passend gewählte Schnitte, die man sich durch das Fachwerk gelegt denkt, einen Teil desselben isoliert. Man macht diesen dadurch zu einem »freien« Körper (Art. 50), daß man die Wirkung der weggeschnittenen Teile auf den isolierten Teil durch Druck-(Zug-)Kräfte ersetzt, die je in Richtung des durchschnittenen Stabes auf den Querschnitt wirken, und dann zwischen diesen Widerstandskräften (Spannungen) und den bekannten angreifenden Kräften (Gewicht usw.) die Gleichgewichtsbedingungen aufstellt. Indem man dieses Verfahren in jeder möglichen Anordnung wiederholt, erhält man Relationen, die für die Spannungen bestehen. Diese werden entweder zu ihrer Bestimmung ausreichen oder nicht. Im ersteren Falle, mit dem wir allein uns beschäftigen wollen, nennt man das Fachwerk statisch bestimmt. Die Spannungen können graphisch und analytisch ermittelt werden. Wir müssen uns versagen, auf die Einzelheiten dieser für die Praxis des Ingenieurs vielseitig ausgebildeten Theorie einzugehen und verweisen deshalb auf die Werke über Ingenieur-Mechanik bzw. graphische Statik von Culmann, Ritter, Müller-Breslau, Henneberg, Föppl, Timerding, Schur u. a. Vgl. auch den wertvollen Bericht von Henneberg im IV. Bande (I, 1, Heft 3) der Enzyklopädie der mathematischen Wissenschaften. — Es mögen hier nur zwei Beispiele für die Befolgung der aufgestellten Regeln behandelt werden. Zuvor betrachten wir ein einfaches räumliches Stabsystem.

1. Beispiel. Drei starre gewichtslose Stäbe stützen sich mit dem einen Ende auf den horizontalen Boden, die andern Enden stoßen in einem Punkt P zusammen, der mit einem Gewicht Q belastet ist. Welchen Druck erleiden die Stäbe?

Die Z-Achse eines räumlichen Achsenkreuzes möge durch den Punkt P gehen, der über dem Boden, den wir als XY-Ebene einführen, die Höhe h hat. Die Koordinaten der Stützpunkte 1, 2, 3 (Abb. 122) seien x_1, y_1; x_2, y_2; x_3, y_3; l_1, l_2, l_3 die Länge der Stäbe.

Man führe in beliebiger Höhe einen Horizontalschnitt durch die Stäbe und ersetze die Wirkung der abgeschnittenen unteren Enden auf den isolierten oberen Teil durch die Spannungen Q_1, Q_2, Q_3 in Richtung der Stäbe.

Dann erhält man die Bedingungen für das Gleichgewicht des isolierten Teils, indem man die Summe der Projektionen der an ihm wirkenden Kräfte auf die Achsen gleich Null setzt:

$$\frac{x_1}{l_1}Q_1 + \frac{x_2}{l_2}Q_2 + \frac{x_3}{l_3}Q_3 = 0$$

$$\frac{y_1}{l_1}Q_1 + \frac{y_2}{l_2}Q_2 + \frac{y_3}{l_3}Q_3 = 0$$

$$\frac{h}{l_1}Q_1 + \frac{h}{l_2}Q_2 + \frac{h}{l_3}Q_3 = Q.$$

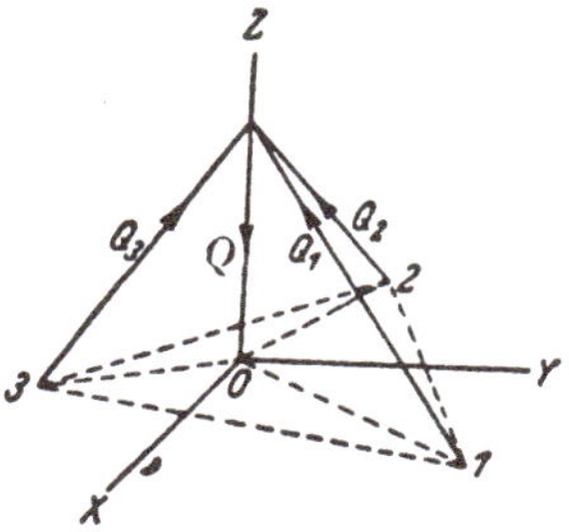

Abb. 122.

Aus den beiden ersten dieser Gleichungen bestimmen sich die Verhältnisse Q_i/l_i $(i = 1, 2, 3)$. Sie sagen aus, daß sich die Größen Q_i/l_i $(i = 1, 2, 3)$ zueinander verhalten wie die Flächeninhalte der Dreiecke $O\,23$, $O\,31$, $O\,12$ in der XY-Ebene, während ihre Summe gleich Q/h ist.

Die Aufgabe, den Druck Q statt auf drei auf vier und mehr Stäbe zu verteilen, würde zu drei Gleichungen mit vier und mehr Unbekannten führen. Solche Systeme sind statisch unbestimmt, wie auch die Verteilung der Last eines Balkens auf drei und mehr Stützen, auf denen er aufliegt, statisch unbestimmt ist. Da nun aber die Erfahrung lehrt, daß in beiden Fällen eine ganz bestimmte Verteilung der Last auch auf die überzähligen Stützpunkte eintritt, so kann die der Theorie zugrunde liegende Annahme des absolut starren Körpers in diesen Fällen nicht aufrechterhalten bleiben. Die Ergänzung besteht im Heranziehen des

Begriffes des elastisch-festen Körpers, von dem in Art. 60 die Rede sein wird.

2. Beispiel. In den Knotenpunkten eines ebenen Fachwerkes A, B, C, D, E mögen in der Ebene desselben in verschiedenen Richtungen die Kräfte $A, B, \ldots E$ (Abb. 123) wirken. Sie mögen der Bedingung genügen, daß für den starren Körper $ABCDE$ sowohl die resultierende Kraft wie das resultierende Kräftepaar Null ist; daß also im Sinne der graphischen Statik (Art. 52, Fußnote) sowohl das Krafteck der $A, B, \ldots E$ wie das zugehörige Seileck sich schließt. Nach Annahme eines ebenen Achsenkreuzes lassen sich die Kräfte und Spannungen

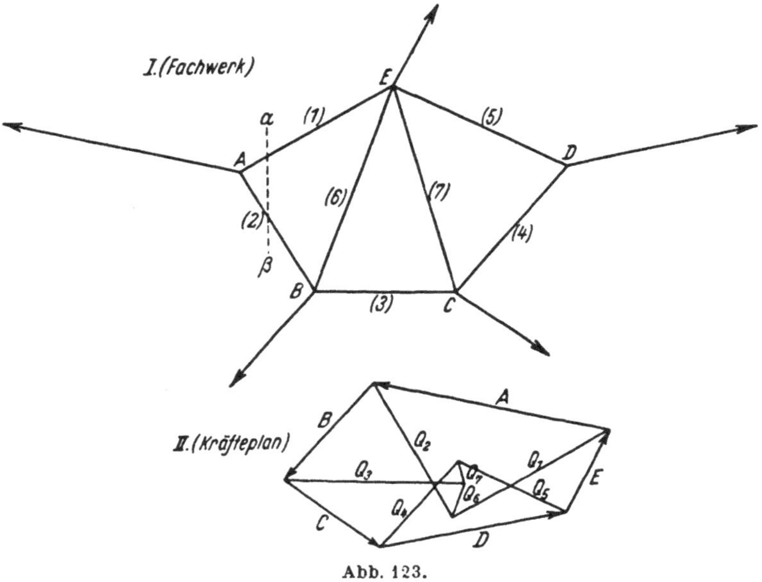

Abb. 123.

gen je in 2 Komponenten nach den Achsen zerlegen. Durch einen Schnitt $\alpha\beta$ durch die Seiten $\overline{AE} = (1)$ und $\overline{AB} = (2)$ isoliere man den Knotenpunkt A und ersetze die weggeschnittenen Stabstücke von (1), (2) durch Spannungen Q_1, Q_2. Man erhält 2 Gleichgewichtsbedingungen, aus denen sich Q_1, Q_2 bestimmen lassen, weil ja die Richtung dieser Kräfte bekannt ist. Isoliert man ebenso die 4 Ecken B, C, D, E, so erhält man, nachdem Q_1, Q_2 bestimmt sind, noch weitere $2 \cdot 4 = 8$ Gleichungen, aus denen sich der Reihe nach Q_3, Q_6, Q_4, Q_7, Q_5 ergeben, während die 3 noch übrigen Gleichungen durch die erwähnten 3 Bedingungen zwischen den äußeren Kräften $A, \ldots E$ erfüllt sein müssen.

Kürzer gestaltet sich die Bestimmung der Spannungen Q mittels des früher (Art. 52, Fußnote) erwähnten Verfahrens der graphischen Statik. Man stelle zu den Ecken $A, B, \ldots E$ je das Kräftepolygon her, zu A ein Dreieck, dessen eine Seite A nach Größe und Richtung bekannt ist, während sich Q_1, Q_2 als die zwei anderen der Richtung nach bekannten Seiten (parallel zu (1) und (2)) ergeben. Zu B gehört ein Viereck, von dem 2 Seiten B, Q_2 der Größe und Richtung nach bekannt sind, und die zwei ergänzenden Q_3, Q_6 parallel zu den Seiten (3), (6) der Fig. (I) verlaufen, usw. Man kann diese Kraftecke nach Cremona zu einem einzigen Plan vereinigen (Abb. 123), den man in folgender Weise herstellt. In derselben Zeichenfläche, in der das Stabsystem (I) (Fachwerk) mit den gegebenen äußeren Kräften A, B, ... E gezeichnet vorliegt, füge man in einer besonderen Figur (II) durch Ziehen von Parallelen die Kräfte A, B, ... E zu einem geschlossenen Polygon (dem Kräfteplan) aneinander. An die Ecken desselben setzt man Seiten an parallel zu den Stäben des Fachwerks in der Weise, daß die an einem Punkt des Fachwerks zusammenstoßenden Stabrichtungen und Kräfte je wieder ein geschlossenes Vieleck des Kräfteplans bilden, und umgekehrt die Dreiecke des Fachwerks je 3 in einem Punkt zusammenstoßende Seiten des Kräfteplans geben. Daß dies immer möglich ist, wenn das Fachwerk aus aneinander anstoßenden Dreiecken besteht, hat, was wir hier nur erwähnen können, Cremona bewiesen.

An die Kraft A fügt man also die Stabrichtungen (1), (2) zu einem Dreieck angeordnet an, so zwar, daß (2) an B anstößt. An B stößt außer (2) noch (3) und (6) an in solcher Reihenfolge, daß (3) außer an B auch an C anstößt usw. Zuletzt muß sich die Kraft Q_7 dem Stab (7) als parallel ergeben, wenn zwischen den angreifenden Kräften Gleichgewicht herrscht. Jede angreifende Kraft hat bloß einen Sinn. Die Spannungen aber sind je nach ihrer Zugehörigkeit zu dem einen oder anderen ihrer Endpunkte mit entgegengesetzten Pfeilrichtungen zu versehen. Die Abb. zeigt, daß sämtliche Stäbe gezogen werden bis auf (6) und (7), die einem schwachen Druck unterliegen.

Die Bedingung, unter der das ebene Fachwerk statisch bestimmt ist, ergibt sich wie folgt. Es seien n Knotenpunkte vorhanden. Jeder gibt, wenn man ihn mit den anstoßenden Stäben zusammen isoliert, 2 Gleichgewichtsbedingungen; die Zahl aller ist somit $2n$. Diese sind aber, weil zwischen den Kräften, die an einem starren System angreifen, drei Gleichgewichtsbedingungen bestehen, nicht voneinander unabhängig; vielmehr sind 3 eine Folge der übrigen, und zur Bestimmung der unbekannten Stabspannungen bleiben nur noch $2n - 3$ zur Verfügung. Soll also das System statisch bestimmt sein, so muß bei n Knotenpunkten die Zahl s der Stäbe, welche die Dreiecke bilden, $s = 2n - 3$ sein.

In dem Beispiel Nr. 2 war $n = 5$, $s = 7$, Zahlen, die diese Bedingung erfüllen. Dies gilt auch für das folgende Beispiel.

3. Beispiel. Die Spannungen der Stäbe in dem neben (Abb. 124, I) gezeichneten Dachträger A, B, C, D zu bestimmen, wenn gleichförmige

Belastung des Daches vorausgesetzt wird. — Zunächst verteile man die Belastung der linken Dachhälfte auf die Punkte A, B. Nimmt man dazu noch das Gewicht der Stäbe, so greifen in den Knotenpunkten B, C bekannte vertikal abwärts wirkende Kräfte, bzw. etwa P, Q an. Der auf A entfallende Teil der Belastung und des Stabgewichts wird von dem Auflager A aufgenommen. Der von den Kräften $2P$, $Q + Q = 2Q$ angegriffene Träger erfährt in jedem der 2 Auflager einen Gegendruck $P + Q$. Diesen bringe man in A an. Es genügt, die eine Hälfte des Trägers zu betrachten, wenn man die Wirkung der abgetrennten Hälfte durch horizontalwirkende Kräfte H, U in den Punkten B, D ersetzt.

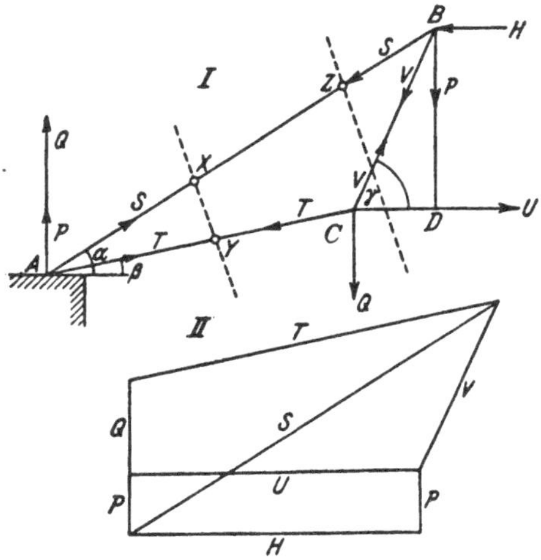

Abb. 124.

Die Bedingungen dafür, daß die Kräfte, die am Punkt A wirken, sich im Gleichgewicht halten, sind in analytischer Fassung

$$S \cos \alpha + T \cos \beta = 0 \tag{1}$$

$$P + Q + S \sin \alpha + T \sin \beta = 0, \tag{2}$$

wobei die Spannungen (wie in der Abb.) alle als Zug angesetzt sind. Sind es Druckkräfte, so zeigt sich dies im negativen Vorzeichen des Ergebnisses. Nur muß man folgerichtig die einmal eingeführte Annahme beibehalten, also S in B, T in C gleichfalls als Zugkräfte, d. h. je in der umgekehrten Richtung wie vorher (s. d. Abb.) wirkend annehmen.

Man erhält so für den Punkt B, weil $U + H = 0$ ist,

$$-P - S \sin \alpha - V \sin \gamma = 0 \tag{3}$$

$$-S \cos \alpha - V \cos \gamma - U = 0 \tag{4}$$

Für Punkt C:

$$V \cos \gamma + U - T \cos \beta = 0 \tag{5}$$

$$V \sin \gamma - Q - T \sin \beta = 0. \tag{6}$$

Dies sind 6 Gleichungen für die 4 Spannungen S, T, U, V. Da die Gleichung $s = 2n - 3$ mit $n = 5$, $s = 7$ erfüllt ist, so müssen 2 Gleichungen eine Folge der übrigen sein. In der Tat, addiert man (1) und (4), so kommt (5); (2) und (3) addiert gibt (6).

Aus (1), (2) ergibt sich

$$S = -\frac{(P+Q)\cos\beta}{\sin(\alpha-\beta)}; \quad T = \frac{(P+Q)\cos\alpha}{\sin(\alpha-\beta)}. \tag{7}$$

Also stellt sich S als Druck, T als Zug heraus. Endlich wird

$$V = -\frac{P + S\sin\alpha}{\sin\gamma}; \quad U = -H = -S\cos\alpha - V\cos\gamma. \tag{8}$$

Die Ausdrücke für S und T lassen sich mit Hilfe des schon oben (1. Beispiel) angewendeten »Ritterschen Schnittverfahrens« ohne Rechnung herstellen. Es besteht darin, daß man das Gitterwerk je durch einen Schnitt in 2 Teile zerlegt, der außer Stäben mit bekannter nur zwei solche mit unbekannter Beanspruchung trifft. Macht man dann einen zweckmäßig gewählten Punkt des einen dieser 2 Stäbe zum Drehpunkt für die sich im Gleichgewicht haltenden Momente (»Momentenpunkt«), so erhält man eine Gleichung für die Spannung im andern.

Um diese Regel auf den Träger (Abb. 124) anzuwenden, führe man einen Schnitt XY durch die Stäbe $\overline{AB}$ und $\overline{AC}$. Das Moment derjenigen Kräfte, die den Teil links von XY angreifen, in bezug auf den Punkt Y genommen, liefert, $\overline{AY} = l$ gesetzt, die Gleichgewichtsbedingung

$$S \cdot l \sin(\alpha-\beta) + (P+Q)\, l \cos\beta = 0,$$

also die erste der Gleichungen (7). Die andere liefert die Momentengleichung für den Punkt X mit $\overline{AX} = l'$:

$$T \cdot l' \sin(\alpha-\beta) - (P+Q)\, l' \cos\alpha = 0.$$

Ebenso wie hieraus S und T, bestimmen sich V und U, indem man mittels des Schnittes ZV wiederum die linke Seite isoliert und die Schnittpunkte von ZV mit $\overline{CB}$ und $\overline{CD}$ zu Momentenpunkten macht.

Will man die Spannungen nach dem oben (Art. 52, Fußnote) geschilderten graphischen Verfahren ermitteln, so lassen sich wiederum die den 3 Knotenpunkten A, B, C entsprechenden Kraftdrei- bzw. -Vierecke in einem »Cremona«-Plan vereinigen, der hier (Abb. 124, II) angeschlossen wird.

Um die oben gemachte Voraussetzung, daß die Stäbe sich nicht biegen, in der Praxis auch gegenüber einer Dehnung zu erfüllen, die durch Erwärmen eintritt, legt man den Endpunkt A auf eine auf Rollen bewegliche Scheibe.

58. Stabkette in einem Beispiel. Die Gliederkette.

Eine Kette, zwischen zwei festen Punkten A, B aufgehängt, bestehe aus drei schweren homogenen Stäben von den Längen l, l_1, l_2, die miteinander durch Gelenke verbunden sind. Um die Gleichgewichtslage zu finden, verteile man zunächst wieder die Gewichte der Stäbe auf die Endpunkte je zur Hälfte (Art. 52). Man erhält so ein System von gewichtlosen starren Stäben, in deren Knotenpunkten A_1, A_2 (Abb. 125) gewisse Gewichte G_1 und G_2 angebracht sind. Die auf die Auflager A, B entfallenden Gewichte lassen wir in die Auflagerdrücke eingehen.

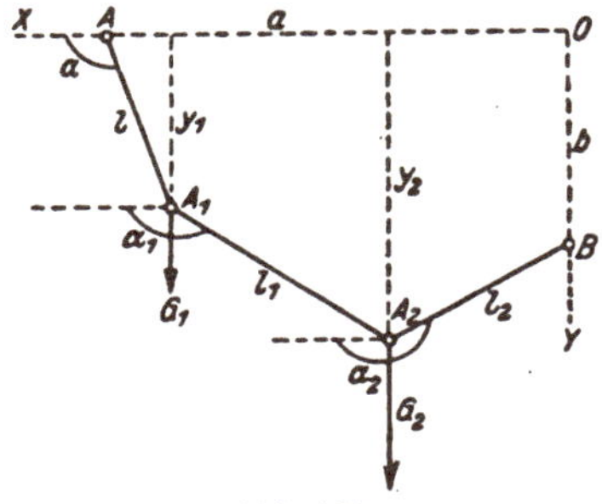

Abb. 125.

Die Kette wird sich in eine Vertikalebene durch die beiden Endpunkte einstellen. Wir nehmen sie zur Zeichenebene. Die horizontale Achse X eines rechtwinkligen Achsenkreuzes gehe durch A, die vertikale Y durch B; α, α_1, α_2 seien die Neigungswinkel bzw. der Stäbe l, l_1, l_2 gegen die X-Achse, a und b die Abschnitte der Kette auf den Achsen. Dann erhält man zunächst die geometrischen Beziehungen

$$\left.\begin{aligned} l\cos\alpha + l_1\cos\alpha_1 + l_2\cos\alpha_2 &= -a \\ l\sin\alpha + l_1\sin\alpha_1 + l_2\sin\alpha_2 &= b. \end{aligned}\right\} \quad (1)$$

Zur Bestimmung der Winkel α genügt die Anwendung des Prinzips der virtuellen Geschwindigkeiten. Sind y_1, y_2 die Abstände der Knotenpunkte A_1, A_2 von der X-Achse, sind δy_1, δy_2 ihre bei einer virtuellen Lageänderung der Kette eintretenden Änderungen, so liefert das Prinzip die Bedingung

$$G_1\,\delta y_1 + G_2\,\delta y_2 = 0. \quad (2)$$

Nun ist

$$y_1 = l\sin\alpha;\quad y_2 = l\sin\alpha + l_1\sin\alpha_1. \quad (3)$$

Hiermit geht (2) über in:

$$G_1\, l\cos\alpha\,\delta\alpha + G_2\,(l\cos\alpha\,\delta\alpha + l_1\cos\alpha_1\,\delta\alpha_1) = 0. \quad (4)$$

Hierzu kommen noch die aus (1) durch Variation entstehenden Bedingungsgleichungen zwischen den $\delta\alpha$:

$$\left.\begin{aligned} l\sin\alpha\,\delta\alpha + l_1\sin\alpha_1\,\delta\alpha_1 + l_2\sin\alpha_2\,\delta\alpha_2 &= 0 \\ l\cos\alpha\,\delta\alpha + l_1\cos\alpha_1\,\delta\alpha_1 + l_2\cos\alpha_2\,\delta\alpha_2 &= 0. \end{aligned}\right\} \quad (5)$$

Eliminiert man $\delta\alpha$, $\delta\alpha_1$, $\delta\alpha_2$ aus (4), (5), so erhält man die folgende Beziehung zwischen den Winkeln:

$$G_2\,(\operatorname{tg}\alpha - \operatorname{tg}\alpha_1) = G_1\,(\operatorname{tg}\alpha_1 - \operatorname{tg}\alpha_2). \quad (6)$$

Diese würde sich auch ohne weiteres aus dem Krafteck ergeben. Da aber die Winkel α im Seileck nicht bekannt sind, läßt sich das Krafteck nicht konstruieren; anderseits führt die Bestimmung der α aus den drei Gleichungen (1), (6) zu großen Rechnungen. So bleibt nur übrig, durch ein Probierverfahren, etwa willkürliche Annahme des Winkels α

und schrittweise Verbesserung, der Lösung selbst sich zu nähern. Die Knotenpunkte A_1, A_2 liegen (Abb. 126) auf Kreisen, die mit l und l_2 als Halbmessern um A bzw. B beschrieben sind. Zwischen diesen ist dann die Strecke l_1 so einzupassen, daß in dem Dreiecke CDA_2, wo $\overline{CA_2} \parallel \overline{AA_1}$ ist, und D senkrecht unter A_1 auf der Verlängerung von $\overline{BA_2}$ liegt, sich das Verhältnis $\overline{CA_1} : \overline{A_1D} = G_1 : G_2$ ergibt. Ist dies erreicht, so stellen die Längen $\overline{CA_2}$, $\overline{A_1A_2}$, $\overline{DA_2}$ die Spannungen in bzw. den Gliedern $\overline{AA_1}$, $\overline{A_1A_2}$, $\overline{A_2B}$ dar, in demjenigen Maßstab gemessen, in welchem $\overline{CA_1}$, $\overline{A_1D}$ die Kräfte G_1, G_2 darstellen.

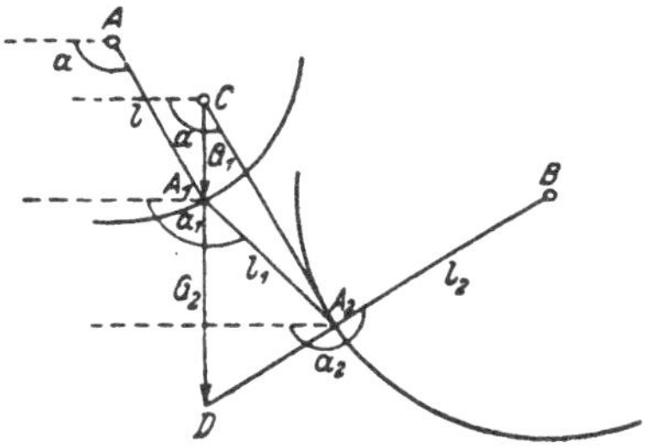

Abb. 126.

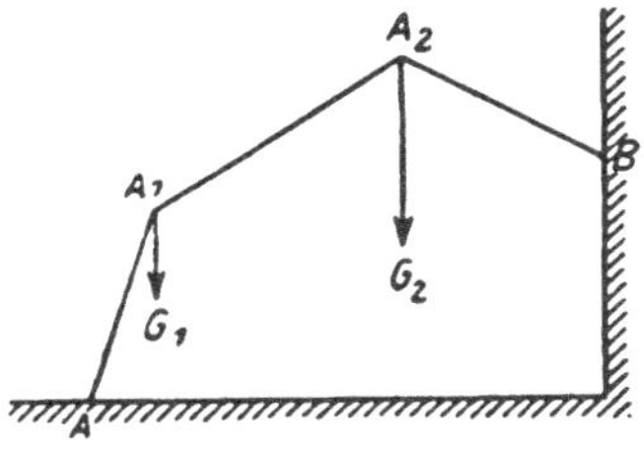

Abb. 127.

Wenn man die Lage der Stabkette in der Vertikalebene virtuell verändert, so beschreibt ihr Schwerpunkt eine Kurve, die in der Gleichgewichtslage des Schwerpunkts eine horizontale Tangente hat. Aus der Gleichgewichtsbedingung (2) folgt nämlich wegen

$$G_2 y_2 + G_1 y_1 = (G_2 + G_1)\,\eta,$$

wo η der Schwerpunktsabstand von der X-Achse ist, daß $\delta\eta = 0$ ist, η also einen extremalen Wert hat, im Falle der Kette einen Maximalwert, wie ohne weiteres ersichtlich. Der Schwerpunkt nimmt eine möglichst tiefe Lage an; das Gleichgewicht ist stabil.

Ein Stabsystem, welches das Spiegelbild der Gleichgewichtslage der Kette in bezug auf eine horizontale Achse ist (Abb. 127), befindet sich ebenfalls im Gleichgewicht. Nur wirken an ihm die Kräfte G_2, G_1 in den Knotenpunkten in der entgegengesetzten Richtung; aus dem Krafteck ergibt sich daher auch für die Stäbe die entgegengesetzte Beanspruchung: Zug geht in Druck über und umgekehrt. Weil der Sinn der Schwerkraft sich nicht ändert, ist das Gleichgewicht dann labil; der Schwerpunkt hat eine höchste Lage. Auch dieses System wird im Brückenbau verwendet, wobei man die Stäbe durch feste Verbindungen in den Knotenpunkten gegen Ausweichen sichert.

Wir verzichten auf die Behandlung von Stabketten mit mehr Gliedern und wenden uns gleich zu dem Grenzfall einer Kette mit unendlich vielen unendlich kleinen Gliedern, der kontinuierlichen Kette, wie sie ein vollkommen biegsamer unausdehnbarer schwerer Faden darstellt, der an seinen beiden Endpunkten aufgehängt ist, und beschränken uns auf den Fall von Kräften, die in einer Ebene wirken. Die Kraft $\mathfrak{P} = (X, Y)$, die an einer Stelle $A = (x, y)$ der im Gleichgewicht befindlichen Kette die Längeneinheit angreift (wie z. B. das Gewicht der Längeneinheit), hänge von der (längs der Kettenkurve gemessenen) Entfernung s der Stelle von einem Endpunkt der Kette in bekannter Weise ab; X, Y also seien Funktionen der Bogenlänge s. Das einerseits an A anstoßende Linienelement ds bilde den Winkel α mit der X-Achse, das anderseits angrenzende den Winkel $\alpha + d\alpha$. Die Spannungen in diesen Elementen seien T und $T + dT$. Die auf das Element ds wirkende äußere Kraft $\mathfrak{P}ds$ bringen wir (Abb. 128) im Punkt A an. Zwischen den Spannungen T, $T + dT$ und der Kraft (Xds, Yds) besteht Gleichgewicht; es ist also

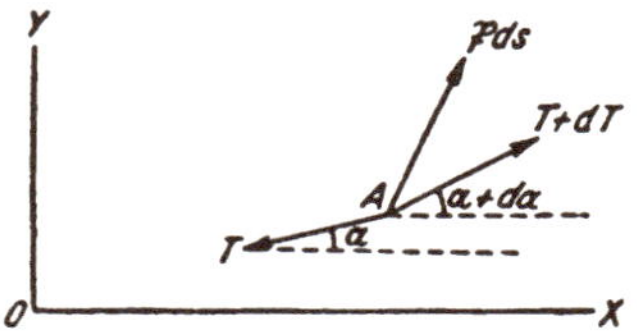

Abb. 128.

$$0 = (T + dT) \cos(\alpha + d\alpha) - T \cos\alpha + X ds$$
$$0 = (T + dT) \sin(\alpha + d\alpha) - T \sin\alpha + Y ds,$$

oder kürzer

$$\begin{aligned} 0 &= d(T \cos\alpha) + X ds \\ 0 &= d(T \sin\alpha) + Y ds. \end{aligned} \qquad (1)$$

Die zwei Gleichungen zur Bestimmung von T und α in Funktion der Bogenlänge s dienen dazu, die Gestalt der Kette und die Spannung zu ermitteln. Multipliziert man sie bzw. mit $T\cos\alpha$, $T\sin\alpha$ und addiert, so erhält man wegen

$$\cos\alpha = \frac{dx}{ds}; \quad \sin\alpha = \frac{dy}{ds},$$

$$0 = \frac{1}{2} d(T^2 \cos^2\alpha) + \frac{1}{2} d(T^2 \sin^2\alpha) + T(X dx + Y dy)$$

oder

$$dT = -(X dx + Y dy).$$

Existiert für die Kraft $\mathfrak{P}$ eine Kräftefunktion $U(x, y)$, ist also

$$X = \frac{\partial U}{\partial x}, \quad Y = \frac{\partial U}{\partial y},$$

so ist die Spannung $T = -U(x, y) + h$, wo h eine Konstante ist.

Wir gehen auf zwei besondere Annahmen bezüglich $\mathfrak{P}$ ein.

1. $|\mathfrak{P}| = \gamma$ sei das Gewicht der Längeneinheit der Kette und konstant längs derselben. Es sei also

$$X = 0, \quad Y = -\gamma.$$

Dann erhält man aus (1)

$$d\left(T\frac{dx}{ds}\right) = 0; \quad d\left(T\frac{dy}{ds}\right) = \gamma\, ds,$$

oder, mit a, b als Integrationskonstanten,

$$T\frac{dx}{ds} = a; \quad T\frac{dy}{ds} = \gamma s + b.$$

Nimmt man an, das unterste (horizontale) Kettenelement schneide die vertikale Y-Achse, und zählt man von ihm ab die Bogenlänge s, so ist für $x = 0$, $dy/ds = 0$ und $s = 0$, also $b = 0$, und die Spannung

$$T = \sqrt{a^2 + \gamma^2 s^2}$$

hat im untersten Punkt ihren kleinsten Wert $T_0 = a$. Weiter wird

$$dx = \frac{a\, ds}{\sqrt{a^2 + \gamma^2 s^2}};$$

$$dy = \frac{\gamma s\, ds}{\sqrt{a^2 + \gamma^2 s^2}},$$

woraus durch Integration folgt:

$$y = \frac{1}{\gamma}\sqrt{a^2 + \gamma^2 s^2},$$

wenn man annimmt, daß für $s = 0$ die Ordinate $y = \frac{a}{\gamma}$ sei. Setzt man unter Benützung hyperbolischer Funktionen

$$\sqrt{1 + \frac{\gamma^2 s^2}{a^2}} = \cos\text{hyp}\, u = \text{ch}\, u = \frac{e^u + e^{-u}}{2},$$

also

$$y = \frac{a}{\gamma}\,\text{ch}\, u, \tag{2}$$

so wird

$$\frac{\gamma s}{a} = \sin\text{hyp}\, u = \text{sh}\, u = \frac{e^u - e^{-u}}{2}, \quad \frac{\gamma\, ds}{a} = \text{ch}\, u\, du,$$

und damit

$$x = \int \frac{ds}{\sqrt{1 + \frac{\gamma^2 s^2}{a^2}}} = \frac{a}{\gamma}\int du = \frac{a}{\gamma}\, u,$$

was in Verbindung mit (2) die Gleichung

$$y = \frac{a}{\gamma}\,\text{ch}\frac{\gamma x}{a} = \frac{a}{2\gamma}\left(e^{\frac{\gamma x}{a}} + e^{-\frac{\gamma x}{a}}\right).$$

der »Kettenlinie« ergibt.

2. Wenn der Techniker dem Drahtseil, an das er eine schwer belastete Kettenbrücke aufhängt, nicht die Gestalt einer Kettenlinie, sondern die einer Parabel gibt, so hat dies seinen Grund darin, daß, wenn man gegen das Gewicht der Fahrbahn mit Verkehrsbelastung (Abb. 129) — diese gleichmäßig verteilt vorausgesetzt — das des Drahtseils vernachlässigt, das Seil die Gestalt einer Parabel annimmt. Dies ergibt sich sogleich aus der Annahme $X = 0$, $Y ds = -\gamma dx$, die eine konstante Belastung auf die horizontal gemessene Längeneinheit aussagt. Die Gleichungen (1) liefern dann

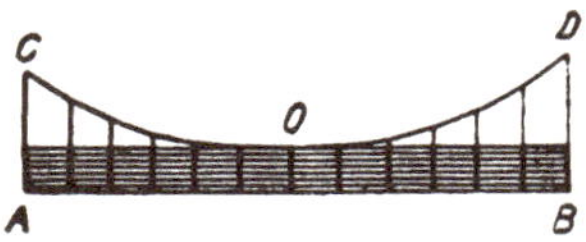

Abb. 129.

$$T \frac{dx}{ds} = a; \quad T \frac{dy}{ds} = \gamma x,$$

wenn wieder die Y-Achse den untersten Punkt O der Kette trifft. Macht man diesen zum Ursprung des Koordinatensystems, so erhält man wegen

$$\frac{dy}{dx} = \frac{\gamma x}{a},$$

$$y = \frac{\gamma x^2}{2a},$$

als Kettenkurve eine Parabel. Die Spannung im Abstand x von der Vertikalen durch O ist

$$T = \sqrt{\gamma^2 x^2 + a^2}.$$

59. Der elastische Stab.

In diesem und dem nächsten Kapitel berühren wir noch kurz — an die Statik starrer Stäbe anschließend — die Deformation elastischer Stäbe, auch diese Ergänzung des Vorigen vorzugsweise an der Hand von Beispielen.

Die Annahme eines vollkommen starren Körpers muß verlassen werden, wenn es sich um den früher schon erwähnten Fall von statisch unbestimmten »Trägern« handelt, d. h. wenn die an einem Körper wirkenden Widerstandskräfte, die mit den angreifenden Kräften sich das Gleichgewicht halten, an Zahl die der Gleichgewichtsbedingungen übertrifft. Sind z. B. 4 Stützen zu einer Pyramide vereinigt, auf deren Spitze ein Gewicht ruht, so ist das Problem der Verteilung der Last auf die 4 Stützen (die Zerlegung der Kraft in 4 Richtungen) unbestimmt. Ein Versuch aber zeigt, daß, wenn die Stützen in einem Punkt zusammenlaufen, alle vier Stützen dennoch beansprucht werden, weil die Stützen, nicht starr sondern zusammengedrückt, die Last unter sich verteilen. Die vollkommene Starrheit ist eben eine Abstraktion, die man ebenso wie die des »materiellen Punktes« nur einführt, um die Fassung der

Probleme zu vereinfachen, die aber, in Wirklichkeit niemals genau erfüllt, in manchen Fällen durch eine zweite zu ergänzen ist, die den Umständen genauer Rechnung trägt.

Selbst Stäbe aus härtestem Material, wie Stahl, sind noch »elastisch«; sie erfahren unter der Einwirkung einer Zug- oder Druckkraft eine — wenn auch minimale — Verlängerung bzw. Verkürzung.

Diese Längenänderung wird durch das »Hookesche Gesetz« bestimmt. Hat ein prismatischer Stab die Länge l und den (im Verhältnis zur Länge nicht zu kleinen) Querschnitt q, so erfährt der Stab unter der Einwirkung einer Zug-(Druck-)Kraft P die Verlängerung (Verkürzung):

$$\lambda = \frac{P l}{q E}. \tag{1}$$

Hier ist E, der »Elastizitätskoeffizient«, eine Materialkonstante, die für die meist zu Baukonstruktionen verwendeten Materialien, wie Holz oder Metall, eine große Zahl ist; für Stahl z. B. 21000 kg auf den qmm. Würde das Hookesche Gesetz für unbegrenzt große Kräfte P und Ausdehnungen λ gelten — was keineswegs der Fall ist[1]) — so wäre für $q = 1$ qmm dann $E = P$, wenn die Verlängerung λ gleich der Länge l im unbelasteten Zustand wäre. Man kann daher die Zahl E deuten als diejenige Last, durch die der Stab um seine eigene Länge verlängert bzw. verkürzt würde, wenn das Gesetz in dieser Ausdehnung noch gälte.

Beispiele und Aufgaben.

1. Auf Grund der Hookeschen Formel läßt sich nun das Problem der vier Stützen wie folgt behandeln. Wie oben beim Problem der drei Stützen (Art. 57) legen wir die Z-Achse eines rechtwinkligen Koordinatensystems durch die Spitze $(0, 0, z)$ der unbelasteten Pyramide; die unteren Enden der Stützen mögen mit $z_i = 0$ die Koordinaten x_i, y_i $(i = 1, 2, 3, 4)$ haben.

Die Last Q verschiebe die Spitze der Pyramide um die kleine Größe $(\delta x, \delta y, \delta z)$, wodurch Verkürzungen λ_1, λ_2, λ_3, λ_4 der vier Stablängen l_1, l_2, l_3, l_4 eintreten, die durch jene bestimmt sind. Zwischen diesen oder auch zwischen den sie bewirkenden Druckkräften $Q_1, \ldots Q_4$ ergibt sich nun vermöge des Hookeschen Gesetzes eine Bedingungsgleichung, die zu den drei von der Statik gelieferten hinzutritt und so die Bestimmung ermöglicht. Man erhält sie wie folgt.

Vor der Belastung ist die Länge des i-ten Stabes (jeder mit dem Querschnitt q) gegeben durch

$$l_i^2 = x_i^2 + y_i^2 + z^2;$$

[1]) Soll eine dauernde Verlängerung (Verkürzung) des Stabes vermieden werden, so ist die Belastung P nicht höher zu bemessen als etwa bis zur Hälfte des Gewichtes, bei dem Zerreißen eintritt; für Stahl z. B. etwa zu 80 kg auf den qmm.

nach der Belastung durch

$$(l_i + \delta l_i)^2 = (x_i - \delta x)^2 + (y_i - \delta y)^2 + (z + \delta z)^2,$$

oder, unter Vernachlässigung der höheren Potenzen der sehr kleinen Größen δl_i, δx, δy, δz, die Verlängerung durch:

$$l_i \delta l_i = - x_i \delta x - y_i \delta y + z \delta z. \qquad (2)$$

Weil nach der Hookeschen Formel

$$\delta l_i = \frac{Q_i l_i}{E q}$$

ist, so geht (2) über in:

$$\frac{1}{Eq} Q_i l_i^2 = - x_i \delta x - y_i \delta y + z \delta z.$$

Aus den vier Gleichungen, die sich hieraus für $i = 1, 2, 3, 4$ ergeben, erhält man durch Elimination von δx, δy, δz

$$Q_1 l_1^2 \Delta_1 + Q_2 l_2^2 \Delta_2 + Q_3 l_3^2 \Delta_3 + Q_4 l_4^2 \Delta_4 = 0, \qquad (3)$$

wo (Art. 57) z. B.

$$\Delta_1 = \frac{1}{2} \begin{vmatrix} x_2 & y_2 & 1 \\ x_3 & y_3 & 1 \\ x_4 & y_4 & 1 \end{vmatrix}$$

der Inhalt des von den Fußpunkten der Stäbe (2), (3), (4) gebildeten Dreiecks ist. Fügt man zu Gleichung (3) diejenigen drei hinzu, die das Gleichgewicht der Kräfte an der Spitze aussagen:

$$\begin{aligned} \frac{Q_1}{l_1} x_1 + \frac{Q_2}{l_2} x_2 + \frac{Q_3}{l_3} x_3 + \frac{Q_4}{l_4} x_4 &= 0 \\ \frac{Q_1}{l_1} y_1 + \frac{Q_2}{l_2} y_2 + \frac{Q_3}{l_3} y_3 + \frac{Q_4}{l_4} y_4 &= 0 \\ \frac{Q_1}{l_1} + \frac{Q_2}{l_2} + \frac{Q_3}{l_3} + \frac{Q_4}{l_4} &= \frac{Q}{z}, \end{aligned} \qquad (4)$$

(wo von den gegen die Koordinaten und Stablängen selbst verschwindend kleinen Verschiebungen und Verkürzungen abgesehen wird), so hat man 4 lineare Gleichungen zur Bestimmung der Spannungen $S_i = \frac{Q_i}{q}$, die auf die Querschnittseinheit der Stäbe entfallen. Wir verzichten auf ihre Auflösung.

2. Ein homogener schwerer prismatischer Stab sei in vertikaler Lage an seinem Kopfende befestigt. Wieviel beträgt die Verlängerung desselben durch sein Eigengewicht gegenüber seiner Länge l in horizontaler Lage?

Lösung: Auf den Querschnitt q, der sich im Abstand x vom oberen Ende befindet, wirkt der Zug, den das Gewicht des Stabstücks unterhalb q auf ihn ausübt (Abb. 130). Er hat den Betrag $S_x = \gamma q\,(l - x)$, wenn γ das Gewicht der Volumeneinheit ist, und er bewirkt nach dem Hookeschen Satz die Verlängerung der anliegenden Scheibe von der Höhe dx um

$$\delta(dx) = \frac{(l - x)\,\gamma q \cdot dx}{E q} = \frac{(l - x)\,\gamma \cdot dx}{E}.$$

Die Gesamtverlängerung δl des Stabes setzt sich aus allen Elementarverlängerungen zusammen:

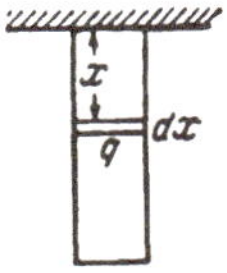

$$\delta l = \Sigma\,\delta(dx) = \frac{\gamma}{E}\int_0^l (l - x)\,dx = \frac{\gamma l^2}{2E} = \frac{l}{Eq}\cdot\frac{\gamma q l}{2}.$$

Die Verlängerung ist demnach so groß, wie wenn das halbe Gewicht des Stabes an dem gewichtlosen Stabe angehängt wäre.

Abb. 130.

3. Ein schwerer Stab $\overline{BC}$ von der Länge $2a$ ist horizontal an 2 gewichtlosen Drähten BA, CA (Abb. 131) je von der Länge l, die in einem Punkt A zusammenlaufen, aufgehängt. Welchen Zug erleiden die Drähte? Welche Senkung erfährt der horizontale Stab (vom Gewicht $2G$) durch den Zug? Von der Durchbiegung des letzteren wird abgesehen.

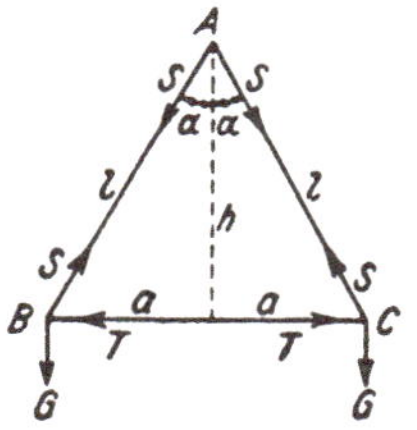

Abb. 131.

Lösung: Ist α der Winkel zwischen der Höhe h und einer Seite l des gleichschenkligen Dreiecks, das die Drähte mit dem Stab bilden, so ist

$$\sin\alpha = \frac{a}{l}; \quad \cos\alpha = \frac{h}{l} = \frac{\sqrt{l^2 - a^2}}{l},$$

daher die kleine Verlängerung δh der Höhe berechenbar aus:

$$h\,\delta h = l\,\delta l - a\,\delta a. \tag{1}$$

Ist S der Zug in den Drähten, T der Druck in dem Stab, so liefert die Bedingung des Gleichgewichts in einem Endpunkt

$$G = S\cos\alpha; \quad T = S\sin\alpha = G\,\mathrm{tg}\,\alpha.$$

Nach der Hookeschen Formel sind dann, wenn q, Q die Querschnitte von Draht und Stab sind, e und E die Elastizitätsmoduln, die Verlängerungen

$$\delta l = Sl/eq = Gl/eq\cos\alpha; \quad \delta a = -\frac{Ta}{EQ} = -\frac{G\,\mathrm{tg}\,\alpha\cdot a}{EQ}.$$

Hiermit ergibt sich aus (1)

$$h\,\delta h = \frac{G l^2}{eq\cos\alpha} + \frac{G a^2\,\mathrm{tg}\,\alpha}{EQ},$$

oder

$$\delta h = \frac{G}{\sqrt{l^2 - a^2}}\left(\frac{l^3}{eq} + \frac{a^3}{EQ}\right)$$

für die gesuchte Senkung; die Spannungen in Draht und Stab sind

$$S = \frac{Gl}{l^2 - a^2}; \qquad T = \frac{Ga}{\sqrt{l^2 - a^2}}.$$

4. In der Theorie des Fachwerks spielt die »Deformations-« oder »Formänderungsarbeit« eine Rolle, diejenige Arbeit, welche die inneren elastischen Spannungen leisten, während der Körper aus dem natürlichen in den belasteten Endzustand übergeht.

Ein vertikaler gewichtloser Stab vom Querschnitt q werde durch Anhängen eines Gewichtes Q von der Länge l in die Länge $l + \lambda$ übergeführt. Im Endzustand ist die Spannung $S = \frac{Q}{q}$ (auf die Querschnittseinheit) durch den ganzen Stab verbreitet. Nach dem Hookeschen Gesetz ist $\lambda = \frac{Ql}{qE} = \frac{Sl}{E}$. Beim Übergang vom unbelasteten in den belasteten Zustand habe in einem Zwischenzeitpunkt die (durch den ganzen Stab als gleich angenommene) Spannung den Wert S_x erreicht, die Verlängerung sei x ($< \lambda$), so daß wieder $x = \frac{S_x l}{E}$ ist. Dann ist die Arbeit, welche die Spannung S_x auf dem Wege dx leistet: $S_x dx$, und die Gesamtarbeit der Spannungen bis zur Verlängerung um λ:

$$\int_0^\lambda S_x dx = \frac{E}{l}\int_0^\lambda x\,dx = \frac{E\lambda^2}{2l} = \frac{1}{2}S^2 \cdot \frac{l}{E} = \frac{1}{2}S\lambda,$$

wo also $S = Q/q$ die Endspannung ist, bei der der belastete Gleichgewichtszustand eingetreten ist. Die Größe $A = \frac{1}{2}S\lambda q$ ist die Deformationsarbeit, die der Verlängerung des Stabes vom Querschnitt q von l auf $l + \lambda$ mit der Endspannung S entspricht.

Beispiel: Die Arbeit für die oben unter 1. und 2. behandelten Deformationen ist:

Zu 1. $$A = \frac{1}{2E}\sum_{i=1}^{4} S_i^2 \cdot l_i.$$

Zu 2. $$A = q\int_0^l \frac{1}{2} S_x \delta(dx) = \int_0^l \frac{(l-x)^2\gamma^2 q^2}{2E} dx = \frac{q^2}{6E}\gamma^2 l^3.$$

60. Biegung des elastischen Stabes.

Die oben (Art. 57) berührte Frage, wie die Belastung eines auf mehreren Stützen ruhenden Stabes auf die einzelnen Stützen verteilt wird, läßt sich so behandeln, daß man den Stab als aus elastischem Material bestehend annimmt und auf die einzelnen in der Stabrichtung herausgeschnittenen Massenelemente die Hookesche Formel für den Zusammenhang zwischen Druck (Zug) und Verkürzung (Verlängerung) anwendet. Die folgende Ausführung dieses Gedankens beruht auf einigen vereinfachenden Annahmen.

Der Stab (Balken, Träger) sei prismatisch, sein Querschnitt symmetrisch zu einer vertikalen und einer horizontalen Achse, hinsichtlich des Materials sei er homogen je im Querschnitt und in Richtung der »Längsfasern« (Parallelepipeda von kleinem Querschnitt). Die angreifenden Kräfte seien stetig über den Stab verteilte schwere Massen, diskrete Vertikalkräfte und der Gegendruck der Stützen. Von Horizontalkräften wird abgesehen. Durch die weitere Annahme, daß der Querschnitt im Verhältnis zur Länge des Stabes sehr klein sei, wird erreicht, daß die Verbiegung der Einzelfaser wesentlich in derjenigen Vertikalebene erfolgt, in der sie in unbelastetem Zustand lag, und daß seitliche Einwirkungen der Längsfasern aufeinander unberücksichtigt bleiben können. Dies wollen wir voraussetzen.

Der auf Stützen horizontal aufgelegte oder an einem oder beiden Enden eingemauerte Stab werde belastet. Nachdem Gleichgewicht eingetreten ist, wird die Achse des Stabes (die Verbindungslinie der Schwerpunkte der Querschnitte) eine ebene Kurve bilden und damit die über ihr gelegenen Faserelemente gegenüber ihr selbst und den unteren eine Verkürzung oder Verlängerung erfahren. Auch werden die horizontalen Faserschichten gegeneinander und gegen die, in der die Achse liegt, sich verschoben haben, in der Nähe der letzteren sogar, wie wir sehen werden, nicht unerheblich. Aber die Zunahme dieser Verschiebung von Faserelement zu Faserelement in vertikaler Richtung ist sehr klein gegenüber der Länge der Elemente selbst, weil sonst längs einer endlichen Strecke endliche Verschiebungen aneinander angrenzender Faserschichten, also ein Zerreißen des Stabes in der Längsrichtung die Folge wären.

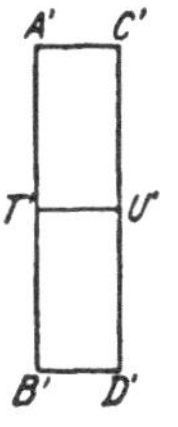

Abb. 132.

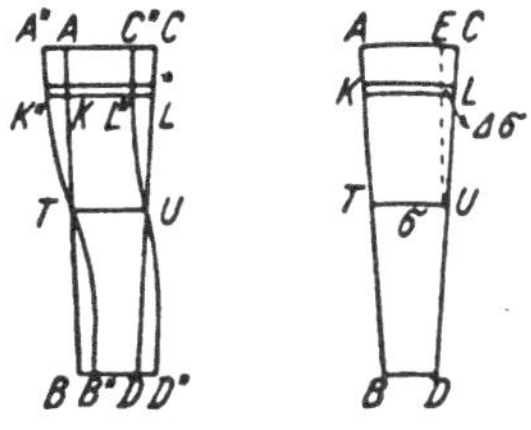

Abb. 133.

Wir denken uns nun den Stab durch Längsschnitte in vertikaler Richtung in Vertikalschichten von der Breite 1 zerlegt. Ein rechteckiges Element $A'B'D'C'$ (Abb. 132) einer solchen Schicht möge etwa die Gestalt $A''TB''D''UC''$ (Abb. 133) annehmen. Fände keine Verschiebung der horizontalen Schichten gegeneinander statt, so würde das Rechteck annähernd die Gestalt eines Kreisausschnitts $ABDC$ annehmen. Nach dem Gesagten wird die Länge eines Einzelfaserelementes wie $\overline{K''L''}$ nach der Deformation sich nicht wesentlich von der Länge $\overline{KL}$ des Kreisausschnittes unterscheiden. Wir können daher an die Abb. 133 des letzteren anknüpfen. Unter den verlängerten und verkürzten Fasern wird ein (reelles oder gedachtes) Element $\overline{TU}$ vorkommen, das seine ursprüngliche Länge σ behalten hat. In seiner Verlängerung bildet es die »neutrale Faser«. Ein Faserelement im Abstand v von der neutralen Faser möge von der Länge σ auf $\overline{KL} = \sigma + \Delta\,\sigma_v$ verlängert worden sein. Dann besteht (Abb. 133) die Proportion:

$$\frac{\Delta\,\sigma_v}{v} = \frac{\sigma}{\varrho}, \tag{1}$$

wenn ϱ der Krümmungshalbmesser des Elements $\overline{TU}$ derjenigen Kurve ist, in welche die neutrale Faser nach der Verbiegung übergegangen ist, der »Biegungs-« oder »elastischen Linie«. Mittels der Hookeschen Formel läßt sich statt $\Delta\sigma_v$ diejenige Elementarkraft dN_v einführen, die auf das Querschnittselement df der Faser wirken muß, damit das Faserelement $\overline{KL}$ um $\Delta\sigma_v$ verlängert wird. Man hat nach Art. 59 (1), wenn E der Elastizitätsmodul ist,

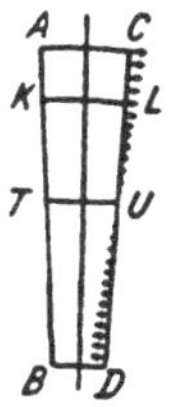
Abb. 134.

$$\Delta\,\sigma_v = \frac{dN_v\sigma}{E\,df}, \tag{2}$$

und wegen (1)

$$dN_v = \frac{E\,v\,df}{\varrho}. \tag{3}$$

Die Spannung (Zug oder Druck, je nach dem Vorzeichen) N_v' in einer Faser vom Querschnitt 1 im Abstand v von der neutralen Faser ist demnach:

$$N_v' = \frac{E\,v}{\varrho}. \tag{3a}$$

Addiert man anderseits alle auf den Querschnitt $\overline{CD}$ der Vertikalschicht (Abb. 134) wirkenden elementaren Normalkräfte, so erhält man

$$N = \int dN_v = \frac{E}{\varrho}\int v\,df = \frac{E}{\varrho}\,f\eta, \tag{4}$$

wo η der Abstand des Schwerpunktes der Querschnittsfläche f der Vertikalschicht von der neutralen Faser ist. Setzt man nun das ganze durch den Querschnitt $\overline{CD}$ abgetrennte Stück der Vertikalschicht, vom einen Ende des Stabes bis zu $\overline{CD}$ gerechnet, hinsichtlich der angreifenden Horizontalkräfte in der Längsrichtung ins Gleichgewicht, so ergibt sich, weil äußere Horizontalkräfte nicht vorhanden sind, daß die Summe N der inneren für sich Null ist. Aus $N = 0$ ergibt sich aber $\eta = 0$, d. h. der Schwerpunkt der Querschnittsfläche fällt in die neutrale Faserschicht. Dies gilt für jede Vertikalschicht von der Breite 1, gleichviel, welche Höhe sie hat. Daher gelten die Formeln (2), (3) für die ganze Stabbreite, indem man, wenn in der Höhe v über der neutralen Schicht die Breite u ist,

$$df = u\,dv \tag{4a}$$

setzt und nun f als Fläche des ganzen Stabquerschnitts deutet, N als Resultante der auf den ganzen Querschnitt f wirkenden Normalkräfte. Daraus folgt aber, daß die neutrale Faserschicht die Schwerpunkte der Querschnitte, also die Stabachse enthält.

Für den durch $\overline{CD}$ abgetrennten (z. B. linken) Stabteil wollen wir nun auch die Momentengleichung in bezug auf eine Achse senkrecht zur bisherigen Zeichenebene, z. B. in bezug auf die Achse $\overline{UU'}$ (Abb. 135) in der neutralen Schicht, bilden. Die Summe M der Momente der inneren (Spannungs-) Kräfte dN_v stellt dann das Integral dar:

$$\mathsf{M} = \int v\,dN_v = \frac{E}{\varrho}\int v^2\,df = \frac{E\Theta}{\varrho}, \tag{5}$$

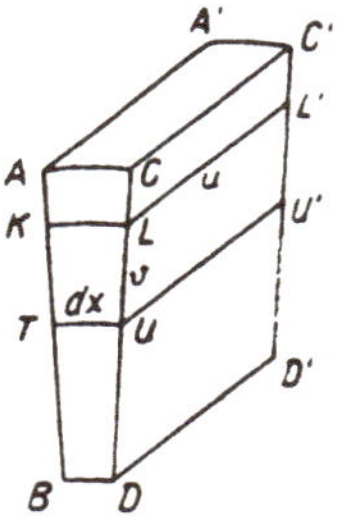

Abb. 135.

wo das Integral

$$\Theta = \int v^2\,df = \int v^2\,u\,dv, \tag{5a}$$

über den ganzen Querschnitt erstreckt, das »Trägheitsmoment« der Querschnittsfläche (Art. 69) in bezug auf die Achse $\overline{UU'}$ heißt. Ist anderseits M die Summe der Momente der äußeren (angreifenden und Widerstands-) Kräfte, die auf das abgeschnittene Stabstück wirken, herrührend von der Belastung, dem Eigengewicht, den Auflagerdrücken, auch etwa vom Einklemmen (Einmauern) des Trägers, in bezug auf die Achse $\overline{UU'}$, so lautet die Bedingung für das Gleichgewicht dieses Stückes:

$$\mathsf{M} = \frac{E\Theta}{\varrho} = M \tag{5b}$$

Diese »Momentgleichung« bestimmt die Gestalt der »elastischen Linie«, indem sie den Ausdruck für deren Krümmungshalbmesser an jeder Stelle x liefert. (S. d. Beispiele in Art. 60a.)

Mit Hilfe von (5) geht nun auch der Ausdruck für den Normaldruck N_v' auf die Querschnittseinheit im Abstand v von der neutralen Faser über in:

$$N_v' = \frac{vM}{\Theta}. \tag{6}$$

Es handelt sich endlich noch um die Bedingung für das Gleichgewicht der auf das abgeschnittene Stabstück in vertikaler Richtung wirkenden Kräfte. Um die inneren Kräfte zu ermitteln, die längs des Querschnitts als vertikale »Schub-« oder »Scherkräfte« wirken, bestimmen wir zunächst die zwischen zwei horizontalen Schichten an der Stelle KLL' wirkenden Schubkräfte (von denen schon oben die

Rede war). Zu dem Zweck setze man die an dem elementaren Stabteil $AKLL'C'A'$ (Abb. 135) in horizontaler Richtung wirkenden Kräfte unter sich ins Gleichgewicht. Von der unteren Nachbarschicht herrührend, wirke längs der Fläche $KLL'K'$ eine Schubkraft in Richtung KL von der Größe S_v auf die Flächeneinheit. Dann ist der Betrag für die Fläche $KLL'K'$ gleich $S_v u\,dx$, wenn wie oben u die Breite dieses Querschnitts in der Höhe v ist, und

$$df = u\,dv. \tag{6}$$

Normal auf die Querschnittsfläche $CLL'C'$ wirkt die Kraft

$$N_v = \int_v^h dN_v,$$

wenn h der Abstand der entferntesten Faser $\overline{AC}$ von der neutralen Schicht ist oder nach (3):

$$N_v = \int_v^h \frac{E v\,df}{\varrho} = \frac{E}{\varrho}\int_v^h v\,df = \frac{E}{\varrho}\mathbf{N}_v = \frac{M}{\Theta}\mathbf{N}_v, \tag{7}$$

wo

$$\mathbf{N}_v = \int_v^h v\,df = \int_v^h v\,u\,dv = -\int_h^v v\,u\,dv \tag{8}$$

das »statische Moment« der Querschnittsfläche $CLL'C'$ in bezug auf die Achse UU' ist. Anderseits wirkt auf den Teil $KAA'K'$ des Nachbarquerschnitts die Normalkraft $-N_v - \frac{\partial N_v}{\partial x}\,dx$. Daher lautet — da äußere Horizontalkräfte nicht angenommen werden — die Gleichgewichtsbedingung

$$\frac{\partial N_v}{\partial x}\,dx = S_v u\,dx,$$

woraus sich für die gesuchte Schubkraft S_v zwischen zwei horizontalen Schichten ergibt:

$$S_v = \frac{1}{u}\frac{\partial N_v}{\partial x} = \frac{\mathbf{N}_v}{u\Theta}\frac{\partial M}{\partial x}. \tag{9}$$

Diese Kraft erreicht also ihren größten Wert für einen Querschnitt im Abstand x vom Endquerschnitt dort, wo $\mathbf{N}_v$ ihn hat, nämlich für $v = o$, d. h. in der neutralen Schicht, und verschwindet für $v = h$.

Ebenso nun, wie längs der Schicht $TUU'T'$ eine horizontale Schubkraft wirkt, gibt es längs jedes Querschnittes wie $DCC'D$ eine vertikal wirkende, die sein Vorbeigleiten an dem anstoßenden verhindert. Und zwar ist nach einem bekannten Satz der Elastizitätstheorie, dessen Beweis sich leicht aus den Gleichgewichtsbedingungen für ein Elementarparallelepiped ergibt (M. r. M. S. 144), die Schubkraft V_v auf die Flächeneinheit des Vertikalschnittes an der Stelle v

gleich derjenigen S_v des Horizontalschnittes an derselben Stelle. Längs der Kante LL' ist also

$$V_v = S_v = \frac{N_v}{u\Theta}\frac{\partial M}{\partial x}. \tag{10}$$

Bildet man noch die Summe V über alle diese Schubkräfte längs des ganzen Querschnitts $DCC'D'$, so erhält man

$$V = \int_{-h}^{h} V_v\, dq = \frac{1}{\Theta}\frac{\partial M}{\partial x}\int_{-h}^{h} N_v \frac{dq}{u} = \frac{1}{\Theta}\frac{\partial M}{\partial x}\int_{-h}^{h} N_v\, dv, \tag{11}$$

wenn h der größte Wert ist, den v annehmen kann. Wir werten das letzte Integral rechts durch partielle Integration aus. Wegen (8) ist $N_h = 0$. Aber auch N_{-h} verschwindet, weil der Schwerpunkt des Querschnitts in der neutralen Schicht liegt. Daher wird (8):

$$\int_{-h}^{h} N_v\, dv = -\int_{-h}^{h} \frac{\partial N_v}{\partial v} v\, dv = \int_{-h}^{h} v^2 u\, dv = \Theta \tag{12}$$

gleich dem Trägheitsmoment des Querschnitts in bezug auf die $\overline{UU'}$-Achse (5a). Somit erhält man für die Summe V aller längs des Querschnitts $CDD'C'$ wirkenden vertikalen Schubkräfte:

$$V = \frac{\partial M}{\partial x}. \tag{13}$$

Dieses Ergebnis war freilich vorauszusehen. Denn das Moment M_i einer (äußeren) Vertikalkraft G_i, die auf den abgetrennten z. B. linken Stabteil im Abstand l_i vom Endpunkt wirkt, in bezug auf die Achse $\overline{UU'}$ ist $M_i = G_i(x - l_i)$, die Kraft selbst ist also $G_i = \frac{\partial M_i}{\partial x}$, daher

$$V = \Sigma V_i = \Sigma \frac{\partial M_i}{\partial x} = \frac{\partial M}{\partial x}.$$

60a. Beispiele.

Wir wenden uns zu der Aufgabe, die Verteilung der Last eines elastischen dünnen prismatischen Trägers, mit der Belastung γ auf die Längeneinheit, auf drei Stützen A, B, C zu finden (Abb. 136). Der Endpunkt O der Stabachse sei Ursprung eines rechtwinkligen Achsenkreuzes XY, dessen X-Achse mit der ursprünglich geraden Stabachse zusammenfällt. Die Momentengleichung in bezug auf die Achse T (senkrecht zur Zeichenebene) lautet ((5) Art. 60):

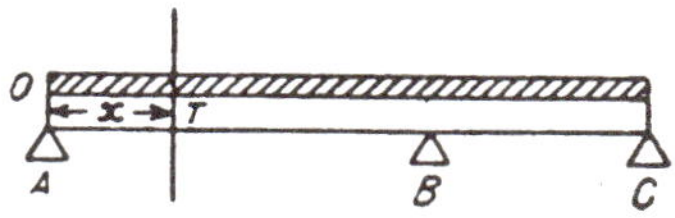

Abb. 136.

$$M = -Ax + \gamma\frac{x^2}{2} = \frac{E\Theta}{\varrho}. \tag{1}$$

Aus dieser Gleichung bestimmt sich die Gestalt der elastischen Linie (Biegungskurve), welche die Stabachse nach der Verbiegung annimmt, sofern man von ihr zwei Punkte oder einen Punkt und die Tangente in ihm kennt. Denn (1) ist eine Differentialgleichung 2. Ordnung, deren Integration 2 willkürliche Konstanten mit sich bringt.

Wenn, wie wir annehmen wollen, das Material des Stabes so stark ist, daß die elastische Linie nur wenig von der ursprünglich geraden Gestalt abweicht, so kann man in dem bekannten Ausdruck für den Krümmungshalbmesser ϱ den ersten Differentialquotienten gegen 1 vernachlässigen, weil die Tangente in allen Punkten sich nur wenig von einer Horizontalen unterscheidet. Hiermit geht die Gleichung (1) über in

$$E\Theta \frac{d^2 y}{d x^2} = -A x + \frac{\gamma x^2}{2}.$$

Durch zweimalige Integration erhält man

$$E\Theta y = -\frac{1}{6} A x^3 + \frac{1}{24} \gamma x^4 + m x + n,$$

wo m und n Konstanten sind. Mit Einführung der Bedingung, daß die elastische Linie durch die Punkte $x = 0$, $y = 0$ und $x = a$, $y = 0$ (wobei $a = \overline{AB}$ ist) hindurchgeht, wird

$$E\Theta y = \frac{1}{6} A x (a^2 - x^2) - \frac{1}{24} \gamma x (a^3 - x^3). \tag{2}$$

Für den Stabteil zwischen den Auflagern B und C (die »Öffnung« $\overline{BC}$) ist eine besondere Momentengleichung für die elastische Linie aufzustellen. Man verwendet hierzu das vorstehende Ergebnis, indem man die beiden Öffnungen miteinander vertauscht, die Koordinate

$$x' = a + c - x$$

($\overline{AB} = a$, $\overline{BC} = c$ gesetzt), von rechts nach links zunehmend einführt und a mit c, A mit C, M mit M', y mit y' vertauscht. Man erhält so für das Moment

$$M' = -C x' + \frac{1}{2} \gamma x'^2 = -C (a + c - x) + \frac{1}{2} \gamma (a + c - x)^2,$$

und für die elastische Linie:

$$\begin{aligned} E\Theta y' &= \frac{1}{6} C x' (c^2 - x'^2) - \frac{1}{24} \gamma x' (c^3 - x'^3) \\ &= \frac{1}{6} C (a + c - x) (c^2 - (a + c - x)^2) \\ &\quad - \frac{1}{24} \gamma (a + c - x) (c^3 - (a + c - x)^3). \end{aligned}$$

Für $x = a$ wird $y' = 0$. Um die Kontinuität des Trägers über der Stütze B zu sichern, fordern wir, daß an der Stelle $x = a$ nicht nur die Ordinaten y und y', sondern auch die Tangenten der beiden elastischen Linien übereinstimmen. Setzt man somit

$$\left[\frac{dy}{dx}\right]_{x=a} = -\left[\frac{dy'}{dx'}\right]_{x'=c}, \tag{3}$$

so erhält man

$$A a^2 + C c^2 = \frac{3}{8}\gamma (a^3 + c^3). \tag{4}$$

Diese Gleichung tritt zu den von der Statik starrer Systeme gelieferten zwei Beziehungen zwischen den Auflagerdrucken A, B, C hinzu und gestattet so deren Berechnung. Die Statik liefert als Gleichgewichtsbedingungen für das ganze System:

$$A + B + C = \gamma (a + c) \tag{5}$$

$$A a - C c = \frac{\gamma}{2} (a^2 - c^2) \tag{6}$$

(Momentgleichung für B als Bezugspunkt). Man erhält aus (4), (5), (6):

$$A = \frac{\gamma}{8a}(3a^2 + ac - c^2); \quad B = \frac{\gamma}{8ac}(a + c)(a^2 + c^2 + 3ac);$$

$$C = \frac{\gamma}{8c}(3c^2 + ac - a^2).$$

Sind die beiden Öffnungen gleichgroß, ist also $a = c$, so wird

$$A = C = \frac{3}{8}\gamma a; \quad B = \frac{5}{4}\gamma a.$$

Durch das Biegungsmoment $M = E\Theta/\varrho$ wird wegen (7) Art. 60 am stärksten in Anspruch genommen derjenige Querschnitt, für den

$$M = -A x + \gamma \frac{x^2}{2} = -\frac{3}{8}\gamma a x + \gamma \frac{x^2}{2}$$

den größten Wert hat. Trägt man x als Abszisse, M als Ordinate einer Kurve, der Momentenlinie, auf, so zeigt sich (Abb. 137), daß M zwischen den Auflagern einen negativen Maximalwert hat (der an der Stelle $x = \frac{3}{8} a$ den Betrag $M = -\frac{9}{128}\gamma a^2$ hat), daß aber der Wert

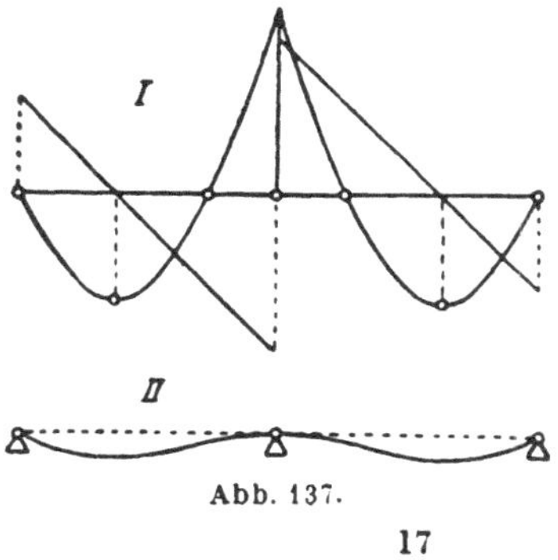

Abb. 137.

von M über dem mittleren Auflager B für $x = a$, $M = \frac{1}{8}\gamma a^2$, absolut genommen, jenes Maximum übertrifft. Und zwar wird die äußerste Faser auf die Querschnittseinheit, wenn $v = b$ der größte Wert von v, also die Höhe des Trägers $2b$ ist, in Anspruch genommen mit der Zug-(Druck-) Kraft (Art. 60 (3a), (6))

$$H_b = \frac{Eb}{\varrho} = M \cdot \frac{b}{\Theta} = \frac{3M}{2b^2} = \frac{3}{16}\,\frac{\gamma a^2}{b^2},$$

wenn man den Querschnitt als rechteckig voraussetzt und seine Breite $= 1$ setzt, wo dann $\Theta = \frac{2}{3} b^3$ ist. Anderseits erleidet die stärkste Beanspruchung auf Schubfestigkeit diejenige Stelle, wo

$$V = \frac{\partial M}{\partial x} = \gamma\left(x - \frac{3}{8}a\right),$$

absolut genommen, den größten Wert annimmt. Dies ist aber wieder die Stelle $x = a$, wo $V = \frac{5}{8} a\gamma$ wird. Der Querschnitt über dem mittleren Auflager B ist also in jeder Hinsicht der am meisten gefährdete. Die elastische Linie setzt sich aus zwei hinsichtlich der Vertikalen durch B symmetrischen Teilen zusammen (Abb. 137, II, wo etwa das 16fache der Ordinate aufgetragen ist). Ihr linker Teil hat die Gleichung:

$$y = \frac{3\gamma x}{16 E b^2}\left(\frac{x^3}{3} - \frac{1}{2} a x^2 + \frac{1}{6} a^3\right).$$

Die graphische Statik hat auch für diesen Zweig der Ingenieurmechanik wirksame Hilfsmittel ausgebildet, über die man sich aus den früher (Art. 57) genannten Werken unterrichten mag.

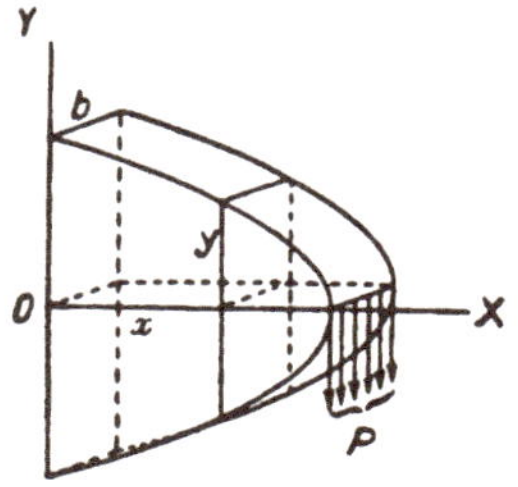

Abb. 137a.

Aufgabe: Auf Grund der Formel (6) des Art. 60 (die allerdings nur für prismatische Stäbe abgeleitet ist) soll der veränderliche Querschnitt, also der Längsschnitt eines (zur Horizontalebene symmetrisch gestalteten) Tragsteines von konstanter Breite b (Abb. 137a) so bestimmt werden, daß wenn der Stein, in eine Mauer eingespannt, selbst gewichtlos, am freien Ende eine Last P zu tragen hat, der äußerste Punkt eines jeden Querschnitts den gleichen Zug bzw. Druck c erfährt. Wenn das Koordinatensystem, auf das die Begrenzungskurve bezogen wird, seinen Ursprung in der Mauerebene und die X-Achse in der Symmetrieebene hat, so ist die Bedingung zu erfüllen (Art. 60 (6))

$$N_y = \frac{My}{\Theta} = \text{const.} = c.$$

Da bei rechteckigem Querschnitt $\Theta = 2b\int\limits_0^y \eta^2 d\eta = \frac{2by^3}{3}$ ist, so hat man $\frac{3M}{2by^2} = c$. Daher wird, wenn O von P den Abstand l hat, weil das Moment $M = (l-x)P$ ist, die Gleichung der Längsschnittkurve $3(l-x)P = 2bcy^2$, die einer Parabel.

Eine strenge Behandlung der oben unter vereinfachenden Annahmen gelösten Probleme wäre nur auf Grund der partiellen Differentialgleichungen der Elastizitätstheorie möglich. Über ein Verfahren, wie man sich ihrer Lösung in einfachen Fällen nähern kann, und über das »De St. Venantsche Problem« findet man Näheres in Clebsch, Theorie der Elastizität fester Körper, Leipzig 1862; die Torsion eines Stabes wird behandelt in M. r. M., Art. 40, 41. Wegen Ausführungen zu obiger Theorie und mannigfaltiger Anwendungen auf Ingenieur-Mechanik s. E. Winkler, Elastizität und Festigkeit, Prag 1867; H. Müller-Breslau, Festigkeitslehre und Statik der Baukonstruktionen, Leipzig 1893.

XIV. Abschnitt.

Dynamik des Punktsystems und des starren Körpers.

61. Das d'Alembertsche Prinzip.

Die Bedeutung des Prinzips der virtuellen Verschiebungen beschränkt sich nicht auf Probleme der Statik. Es erweist seine ganze Tragweite erst in Verbindung mit einem anderen »Prinzip« — dieses Wort hier im Sinne einer Aussage verstanden, die nicht im ganzen Umfang beweisbar ist — der Dynamik, einem Grundsatz, den zwar schon Huygens und Jakob Bernoulli (Ende des 17. Jahrh.) kannten und auf besondere Fälle anwandten, dem aber erst d'Alembert (Traité de Dynamique 1743) »die ganze Einfachheit und Fruchtbarkeit gegeben hat, deren er fähig ist«. (Lagrange, Méc. analyt. II, 1, Art. 10.)

Ein aus diskreten Massenpunkten bestehendes System (im Grenzfall eine raumerfüllende Masse), das frei ist oder Bedingungen von der Art der früher (Art. 47 a. E.) für die Statik eines Punktsystems angegebenen unterworfen ist, vermöge deren also z. B. einzelne Teile auf gegebenen Kurven oder Flächen zu bleiben genötigt sind oder bekannte Abstände voneinander haben, bewege sich unter der Einwirkung von bekannten äußeren Kräften. Man kenne in einem gegebenen Zeitpunkt die Lage des Systems, die Bewegungsrichtung und Geschwindigkeit der einzelnen Punkte oder Massenelemente. Wie bestimmt sich die Bewegungsänderung irgendeines Punktes, der dem System angehört, für diesen Zeitpunkt?

Wir knüpfen an die Annahme diskreter Punkte an; der Übergang zu kontinuierlichen Massen ist leicht zu bewirken. Auf den Massenpunkt m_i ($i = 1, 2, \ldots n$) des Punktsystems wirke die bekannte äußere Kraft $\mathfrak{P}_i$. Zu dieser tritt die Wirkung unbekannter, von inneren Verbindungen (Bedingungen) herrührender »innerer Kräfte«, deren Resultante $\mathfrak{J}_i$ sei. Vermöge der gleichzeitigen Einwirkung von $\mathfrak{P}_i$ und $\mathfrak{J}_i$ erlangt der Punkt m_i eine Beschleunigung $\mathfrak{p}_i$, seine sog. »Effektivbeschleunigung« (die tatsächlich eintretende Beschleunigung), die somit der Resultante aus $\mathfrak{P}_i$ und $\mathfrak{J}_i$ proportional ist. Fügt man also zu den wirkenden Kräften $\mathfrak{P}_i + \mathfrak{J}_i$ eine Kraft von dem Betrag und der Richtung der negativen Effektivbeschleunigung mal der Masse des Punktes: die Trägheitskraft $-m_i\mathfrak{p}_i$ oder »negative Effektivkraft« zu, so heben sich diese 3 Kräfte gegenseitig auf; es ist

$$-m_i\,\mathfrak{p}_i + \mathfrak{P}_i + \mathfrak{J}_i = 0. \tag{1}$$

Diese Gleichung gilt für jeden Massenpunkt des Systems. Nun kennt man zwar die Komponenten, aus denen sich die innere Kraft $\mathfrak{J}_i$ zusammensetzt, so wenig wie im Falle des Gleichgewichts. Aber da nach dem Prinzip der virtuellen Geschwindigkeiten für jedes an einem Körper im Gleichgewicht befindliche Kräftesystem, hier für die Kräfte $-m_i\mathfrak{p}_i + \mathfrak{P}_i + \mathfrak{J}_i$, die Summe der virtuellen Arbeiten der inneren Kräfte für sich verschwindet (Art. 48):

$$\sum_{i=1}^{n} (\mathfrak{J}_i, \delta\mathfrak{s}_i) = 0,$$

wo $\delta\mathfrak{s}_i$ die virtuelle Verschiebung des i-ten Massenpunktes bedeutet, so liefert (1) sogleich die folgende Gleichung:

$$\sum_{i=1}^{n} (m_i\,\mathfrak{p}_i - \mathfrak{P}_i, \delta\mathfrak{s}_i) = 0, \tag{2}$$

in welcher die unbekannten inneren Kräfte nicht mehr auftreten. Und zwar ist diese Gleichung, wie im Falle der Statik, die ebenso notwendige wie hinreichende Bedingung, wenn für $\delta\mathfrak{s}_i$ alle voneinander unabhängigen zulässigen Verschiebungen verwendet werden. Nun ergeben sich wiederum aus den Bedingungsgleichungen, die zwischen den Koordinaten der Massenpunkte bestehen können, und deren Form die früher zugelassene (Art. 47) sein möge:

$$\begin{aligned} &\varphi\,(x_1, y_1, z_1;\; x_2, y_2, z_2; \ldots x_n, y_n, z_n) = 0 \\ &\psi\,(x_1, y_1, z_1;\; \ldots\ldots\ldots\ldots) = 0 \\ &\ldots\ldots\ldots\ldots\ldots\ldots\ldots\ldots \end{aligned} \tag{3}$$

ebensolche zwischen den Variationen $\delta\mathfrak{s}_i = (\delta x_i, \delta y_i, \delta z_i)$ in der Gestalt

$$\begin{aligned} &\sum_{i=1}^{n} \big(\varphi'(x_i)\,\delta x_i + \varphi'(y_i)\,\delta y_i + \varphi'(z_i)\,\delta z_i\big) = 0 \\ &\sum_{i=1}^{n} \big(\psi'(x_i)\,\delta x_i + \ldots\ldots\ldots\ldots\big) = 0 \\ &\ldots\ldots\ldots\ldots\ldots\ldots\ldots\ldots\ldots \end{aligned} \tag{4}$$

Wenn man (2) nach Cartesischen Koordinaten aufgelöst verwendet, so kommt

$$\sum_{i=1}^{n}\left((m_i\,\ddot{x}_i - X_i)\,\delta x_i + (m_i\,\ddot{y}_i - Y_i)\,\delta y_i + (m_i\,\ddot{z}_i - Z_i)\,\delta z_i\right) = 0\,. \quad (5)$$

Für eine raumerfüllende Masse, auf deren Elemente je auf die Masseneinheit die Kraft $\mathfrak{P} = (X, Y, Z)$ wirkt — wo im allgemeinen X, Y, Z Funktionen von x, y, z und t sind — tritt an Stelle der Gleichung (5) die folgende:

$$\int\left((\ddot{x} - X)\,\delta x + (\ddot{y} - Y)\,\delta y + (\ddot{z} - Z)\,\delta z\right) dm = 0, \quad (6)$$

das Integral über die ganze Masse erstreckt.

Statt die Beziehungen zwischen den δx_i, δy_i, δz_i den Gleichungen (4) zu entnehmen und in (5) einzusetzen, wird man wieder mit Vorteil die Bedingungsgleichungen (4) mit den Lagrangeschen Multiplikatoren (Art. 48) versehen zu (5) zufügen, wodurch in

$$\begin{aligned}\sum_{i=1}^{n}\Big((m_i\,\ddot{x}_i &- X_i - \lambda\varphi'(x_i) - \mu\psi'(x_i)\ \ldots)\,\delta x_i \\ &+ (m_i\,\ddot{y}_i - Y_i - \lambda\varphi'(y_i) - \mu\psi'(y_i)\ \ldots)\,\delta y_i \\ &+ (m_i\,\ddot{z}_i - Z_i - \lambda\varphi'(z_i) - \mu\psi'(z_i) - \ldots)\,\delta z_i\Big) = 0, \quad (6a)\end{aligned}$$

die Variationen δx_i, δy_i, δz_i voneinander unabhängig werden. Indem man ihre Koeffizienten wie dort einzeln Null setzt, erhält man für die Bewegung des Punktsystems die Gleichungen

$$\begin{aligned} m_i\ddot{x}_i &= X_i + \lambda\varphi'(x_i) + \mu\psi'(x_i) + \ldots \\ m_i\ddot{y}_i &= Y_i + \lambda\varphi'(y_i) + \mu\psi'(y_i) + \ldots \qquad (i = 1, 2 \ldots n) \\ m_i\ddot{z}_i &= Z_i + \lambda\varphi'(z_i) + \mu\psi'(z_i) + \ldots, \end{aligned} \quad (7)$$

oder in Vektorschrift (Art. 20)

$$m_i\ddot{\mathfrak{r}}_i = \mathfrak{P}_i + \lambda\,\mathrm{grad}\,\varphi + \mu\,\mathrm{grad}\,\psi + \ldots,$$

als die »Lagrangeschen Bewegungsgleichungen erster Art«. Die Größen $\lambda\,\mathrm{grad}\,\varphi$, $\mu\,\mathrm{grad}\,\psi, \ldots$ rechts spielen die Rolle von zusätzlichen Widerstandskräften, die, wie im Falle der zwangläufigen Bewegung, von den Bedingungsgleichungen $\varphi = 0$, $\psi = 0, \ldots$ geliefert werden. Die Bedingungsgleichungen (4) nehmen im Falle kontinuierlicher Massen die Gestalt von partiellen Differentialgleichungen an, die im Innern der Massen zu erfüllen sind. (M. r. M., Artt. 17, 18)[1]).

[1]) Dort wird (Art. 15) auch der Fall behandelt, daß in die holonomen oder nichtholonomen Bedingungsgleichungen für diskrete Massenpunkte: $\varphi = 0, \psi = 0\ldots$ die Zeit eingeht. Bei der Bildung der Gleichungen (4) für die δx_i, δy_i, δz_i wird dann die Zeit nicht mitvariiert; die Variation bezieht sich auf den einen Zeitpunkt t.

Das Verfahren, durch das grundsätzlich die Bewegung eines Massensystems dem Ruhe-(Gleichgewichts-)Zustand eingeordnet wird (das »d'Alembertsche Prinzip«), besteht — um es noch einmal unabhängig vom Prinzip der virtuellen Geschwindigkeiten zu formulieren — im folgenden:

Man erhält die Bewegungsgleichungen für ein Punktsystem $m_1, m_2, \ldots m_n$, das sich unter dem Einfluß von Bedingungen $\varphi = 0$, $\psi = 0, \ldots$, die zwischen seinen Koordinaten bestehen und von äußeren Kräften $\mathfrak{P}_i$ n einem Zustand der Beschleunigung befindet, indem man je zu der äußeren Kraft $\mathfrak{P}_i$, die im Punkte m_i $(i = 1, 2, \ldots n)$ angreift, eine Kraft $-m_i \mathfrak{p}_i$ (Trägheitskraft oder negativ genommene »Effektivkraft«) zufügt und die Bedingungen für den Gleichgewichtszustand des Punktsystems unter Einwirkung des so ergänzten Kräftesystems anschreibt.

Den Gebrauch dieses Prinzips, das in den Formeln (5) oder (6) seinen analytischen Ausdruck findet, mögen, bevor wir es auf die Bewegung des starren Körpers anwenden, einige Beispiele erläutern.

62. Beispiele.

1. Eine masselose elastische Feder, an ihrem oberen Ende befestigt, werde durch ein an das untere Ende angehängte Gewicht von der Masse m auseinandergezogen; x' sei die damit erzielte Verlängerung (Abb. 7, S. 17). Durch einen Vertikalstoß in Bewegung versetzt, macht die Masse Schwingungen. Wie lautet die Differentialgleichung der Bewegung?

Man kann die Wirkung der Masse auf die Feder in gewissen Grenzen durch die Hookesche Formel (Art. 59) beschreiben, indem man die Verlängerung a der Feder von der Länge l unter dem Einfluß der Zugkraft $P = mg$ durch die Formel darstellt:

$$a = \frac{mgl}{E},$$

wo E eine Konstante ist. Sie gibt den Gleichgewichtszustand für die Ruhelage an. Nachdem durch den Stoß eine Bewegung eingeleitet ist, kommt für irgendeine Zwischenlage, in der die Verlängerung der Feder x ist, nach dem d'Alembertschen Prinzip zu der Kraft mg die Trägheitskraft $-m\ddot{x}$ hinzu, durch die wieder Gleichgewicht hergestellt wird. Man hat somit

$$x = \frac{l}{E}(mg - m\ddot{x}).$$

Dies ist bereits die Bewegungsgleichung.

Führt man zum Zweck der Integration in

$$\ddot{x} = g - \frac{E}{ml}\,x = \frac{E}{ml}\left(\frac{lmg}{E} - x\right)$$

die neue Variable

$$y = \frac{l m g}{E} - x = a - x$$

ein, so wird $\ddot{x} = -\ddot{y}$, und die Differentialgleichung

$$\ddot{y} = -\frac{E}{m l} y$$

zeigt (Art. 2), daß das Gewicht m harmonische Schwingungen um seine Gleichgewichtslage $x = a$ ausführt.

2. Ein in O unterstützter masseloser Hebel (Art. 49) mit den Armen p und q trägt an seinen Enden die Gewichte P und Q und erhält durch Stoß eine Winkelgeschwindigkeit um den Drehpunkt O (s. d. Abb. 99, S. 203). Wie bewegt er sich?

Bei einer virtuellen Drehung durch den Winkel $\delta\varphi$ leisten die Gewichte P, Q die Arbeit

$$P p \delta\varphi \cos\varphi - Q q \delta\varphi \cos\varphi,$$

wenn φ der Winkel zwischen der Hebelstange und der Horizontalen ist. Die Effektivbeschleunigung der Massenpunkte, je in Richtung der Tangente, nämlich

$$\ddot{s} = \frac{d^2 s}{dt^2} \text{ und } \ddot{s}_1 = \frac{d^2 s_1}{dt^2},$$

führt man auf die Winkelbeschleunigung des Hebels zurück mittels $s = p\varphi$, $s_1 = q\varphi$. Hiermit ist auf den Wegen

$$\delta s = p\,\delta\varphi, \quad \delta s_1 = q\,\delta\varphi$$

die Gesamtarbeit der Effektivkräfte

$$\frac{P}{g} p^2 \ddot{\varphi}\,\delta\varphi + \frac{Q}{g} q^2 \ddot{\varphi}\,\delta\varphi.$$

Diese Arbeit, negativ zu der der Gewichte zugefügt, bewirkt Gleichgewicht; es ist also

$$(P p - Q q) \cos\varphi\,\delta\varphi - \left(\frac{P}{g} p^2 + \frac{Q}{g} q^2\right) \ddot{\varphi}\,\delta\varphi = 0$$

oder

$$\ddot{\varphi} = \frac{P p - Q q}{P p^2 + Q q^2} g \cos\varphi.$$

Vergleicht man diese Bewegungsgleichung mit der des mathematischen Pendels [(Art. 26 (1 a)], so zeigt sich, daß der Hebel Pendelschwingungen ausführt. Der Zähler des Bruches rechts, mal $\cos\varphi$, ist das »statische Moment« (Art. 55), der Nenner, dividiert durch g, das »Trägheitsmoment« (Art. 70) der Massenpunkte $\frac{P}{g}$, $\frac{Q}{g}$ in bezug auf die Drehachse O (senkrecht zur Tafelebene).

3. Auf einer horizontalen Unterlage gleitet mit Reibung eine homogene schwere Kette von der Länge l, die aus der Anfangslage, in der ihr eines Ende (Abb. 115 S. 226) mit der Länge $l - x_0$ über den Rand frei überhängt, sich ohne Anfangsgeschwindigkeit entfernt. Welche Beschleunigung hat sie, nachdem das hintere Ende die Strecke $x_0 - x$ zurückgelegt hat?

Wir erteilen der ganzen Kette eine virtuelle Verrückung δs im Richtung abwärts. Ist der Abstand eines Kettenelementes ds vom hinteren Ende gleich s, sein Gewicht $g\,\gamma ds$, so leistet, wenn es aufliegt, die Reibungskraft T auf die Längeneinheit, die durch das Produkt aus Gewicht und Reibungskoeffizient μ gemessen wird und die der Richtung der Verschiebung entgegengesetzt wirkt, $T = \mu g \gamma$, bei der virtuellen Verrückung δs an dem Element ds die Arbeit

$$-\delta s \cdot T ds = -\mu g \gamma ds \delta s.$$

Daher ist die virtuelle Gesamtarbeit der Reibung, wenn das hintere Ende sich im Abstand x von der Kante befindet

$$-\delta s \int_0^x T ds = -\mu g \gamma x \delta s.$$

An dem herabhängenden Teil leistet die Schwerkraft die Arbeit:

$$\delta s \int_0^{l-x} g \gamma ds = \delta s\, g \gamma (l - x).$$

Die Elemente der Kette haben alle die gleiche Beschleunigung; bei der Berechnung der Effektivkraft kann man gleich die Summe über die Einzelkräfte von 0 bis l nehmen und erhält so

$$\ddot{x} \gamma \delta s \int_0^l ds = \ddot{x} \gamma l \delta s.$$

Fügt man diese Arbeit mit negativem Vorzeichen zu der der Reibung und der Schwerkraft hinzu, so verschwindet nach dem d'Alembertschen Prinzip die Summe. Man erhält nach Division mit $g\gamma\delta s$ die Bewegungsgleichung (die man mittels des d'Alembertschen Prinzips auch unmittelbar der Bedingung Art. 54 Beisp. 2 für das Gleichgewicht hätte entnehmen können):

$$\frac{1}{g} \ddot{x} l = -\mu x + l - x = -(1 + \mu) x + l,$$

eine lineare Differentialgleichung, die wie im 1. Beispiel zu lösen ist. Da $\ddot{x}$ nicht negativ werden kann, muß (Art. 54) $x \leq l/(1 + \mu)$ sein. Für $x = 0$ wird $\ddot{x} = g$.

4. Über zwei in derselben Horizontalen im Abstand $2a$ voneinander aufgesteckte kleine Rollen gleitet ohne Reibung eine gewichtlose Schnur,

die an ihren Enden zwei gleiche Gewichte m_1 und in der Mitte das Gewicht $2m$ trägt. Zur Zeit $t = 0$ befinde sich dieses Gewicht auf der Horizontalen durch die beiden Rollen und erhalte durch einen senkrechten Stoß nach abwärts die Anfangsgeschwindigkeit v_0. Kommt die so eingeleitete Bewegung einmal zur Ruhe und an welcher Stelle?

Wegen der vorausgesetzten Symmetrie bewegt sich $2m$ auf einer vertikalen Geraden; y sei sein Abstand, y_1 der der Gewichte m_1 von der Horizontalen durch die Rollen, l die Länge des halben Fadens. Damit ist (Abb. 138)

$$l = y_1 + \sqrt{a^2 + y^2}. \qquad (1)$$

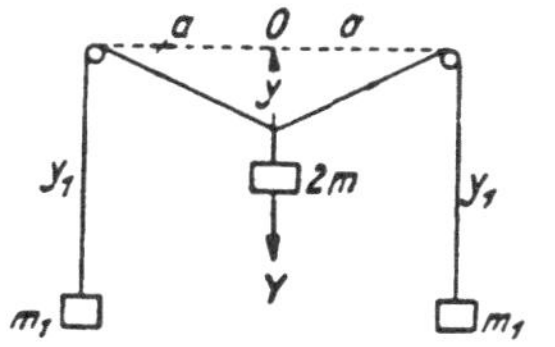

Abb. 138.

Verrückt man das Gewicht $2m$ um die virtuelle Länge δy in der Vertikalen abwärts, so bewegt sich jedes der Gewichte m_1 um das Stück δy_1 aufwärts, das mit δy durch die variierte Gleichung (1)

$$0 = \delta y_1 + \frac{y\,\delta y}{\sqrt{a^2 + y^2}} \qquad (2)$$

verknüpft ist. Bildet man nun die von der Schwerkraft geleistete Arbeit, ferner die der Trägheitskräfte, und setzt die Summe Null, so erhält man

$$2\,mg\delta y + 2\,m_1 g \delta y_1 - 2\,m\ddot{y}\,\delta y - 2\,m_1\,\ddot{y}_1\,\delta y_1 = 0, \qquad (3)$$

oder wenn man, um alles in y und δy auszudrücken, die Gleichungen (1) und (2) zu Hilfe nimmt, eine Differentialgleichung 2. Ordnung für y. Einfacher gelangt man zu einem Integral, dem der lebendigen Kraft (s. d. folg. Art.), wenn man in (3) statt der Variation δy das Differential $dy = \dot{y}dt$, statt δy_1 ebenso $dy_1 = \dot{y}_1 dt$ einsetzt, d. h. für die virtuelle die wirkliche eintretende Verschiebung verwendet, die sicher auch eine mögliche ist. Man erhält so

$$d\,(my + m_1 y_1) - dt \cdot \frac{d}{dt}\left(\frac{m\dot{y}^2 + m_1\dot{y}_1^2}{2g}\right) = 0,$$

oder, wenn h eine Integrationskonstante ist,

$$my + m_1 y_1 - \frac{1}{2g}\,m\,\dot{y}^2 - \frac{1}{2g}\,m_1\,\dot{y}_1^2 = h. \qquad (4)$$

Bestimmt man h aus der Bedingung, daß im Beginn der Bewegung $y = 0$ und $\dot{y} = v_0$ ist, womit sich [wegen (1) bzw. (2)] für den Endpunkt der Schnur ergibt $y_1 = l - a$, $\dot{y}_1 = 0$, so erhält man

$$m_1\,(l - a) - \frac{m\,v_0^2}{2g} = h,$$

und aus (4) eine Gleichung für y, wenn man wieder y_1 und $\dot{y}_1$ in y und $\dot{y}$ ausdrückt und $\dot{y} = 0$ setzt; nämlich:

$$y^2\,(1 - \varkappa^2) + 2ya\,(\varkappa + \lambda) + a^2\,(2\varkappa\lambda + \lambda^2) = 0, \qquad (5)$$

wo $\varkappa = \frac{m_1}{m}$, $\lambda = \frac{v_0^2}{2ag}$ ist. Hieraus endlich

$$y = \frac{a}{\varkappa^2 - 1}(\varkappa + \lambda + \varkappa\sqrt{1 + 2\varkappa\lambda + \lambda^2}). \qquad (6)$$

Nimmt man das Wurzelvorzeichen positiv, so ergibt (6) für $\varkappa > 1$ die Lösung. Für $\varkappa \leqq 1$ wird y negativ: die Bewegung kehrt sich überhaupt nicht um. Bei negativem Wurzelvorzeichen wird y in jedem Fall negativ.

5. Eine dünne Stange von der Länge l dreht sich in einer Vertikalebene um eine horizontale Achse A. Wenn die Anfangslage horizontal ist, so läßt sich zeigen, daß das Produkt aus den Tangenten des zurückgelegten Winkels φ und des Winkels ψ des Stabes mit der Richtung des Druckes N auf die Achse konstant gleich ein Zehntel ist. (Aus Zech-Cranz, Aufg. zur theoret. Mechanik, S. 172, 2. Aufl., Stuttgart 1891.) Die Summe der Kraftkomponenten in Richtung des Stabes (Abb. 139) und senkrecht dazu ist

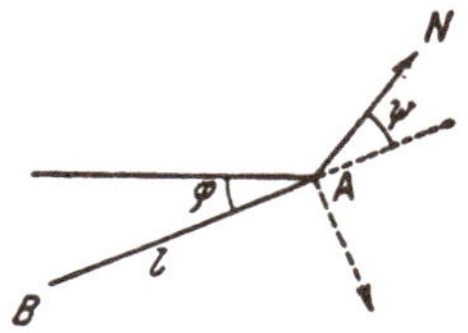

Abb. 139.

$$0 = \int \gamma\, ds\, \dot\varphi^2 s + g \int \gamma\, ds \sin\varphi - N \cos\psi \qquad (7)$$

$$0 = -\int \gamma\, ds\, \ddot\varphi\, s + g \int \gamma\, ds \cos\varphi - N \sin\psi; \qquad (8)$$

die Summe der Momente in bezug auf den Drehpunkt

$$-\int \gamma\, ds\, \ddot\varphi \cdot s^2 + g \int \gamma\, ds\, s \cos\varphi = 0, \qquad (9)$$

wo je das erste Glied von den Zentrifugalkräften bzw. den Effektivkräften herrührt. Die Integrale sind von 0 bis l zu erstrecken. Die Integration von (9) ergibt, wenn die Anfangsgeschwindigkeit null ist,

$$\dot\varphi^2 = \frac{3g}{l} \sin\varphi. \qquad (10)$$

Hiermit und mit (9) lassen sich die ersten Glieder in (7), (8) durch φ ausdrücken usw.

Noch eine Bemerkung über das Vorzeichen, mit dem die Effektivkraft in die Gleichung des d'Alembertschen Prinzips eintritt. Die Trägheitskraft ist rein formal (ohne Rücksicht auf die etwa der Figur entsprechende Beschleunigungsrichtung) mit $-m\mathfrak{p}$ den übrigen Kräftevektoren beizufügen. Ist z. B. in der Bewegungsgleichung für einen fallenden Stein die positive Y-Achse nach oben gerichtet (Abb. 140, I), so ist die Schwerkraft mit $-mg$, die negative Effektivkraft mit $-m\ddot y$ einzuführen; die Bewegungsgleichung lautet $-mg - m\ddot y = 0$.

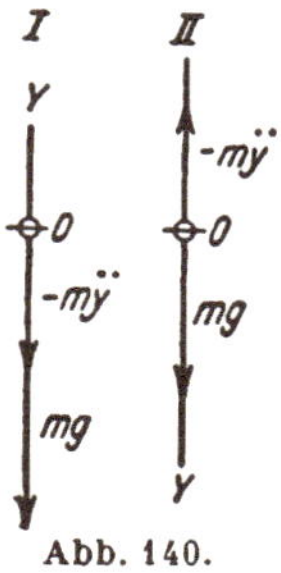

Abb. 140.

Umgekehrt ist die Schwerkraft mit mg einzuführen, wenn (Abb. 140, II) die positive Y-Achse nach unten weist.

Die negative Effektivkraft ist aber wiederum $-m\ddot{y}$, daher die Bewegungsgleichung $mg - m\ddot{y} = 0$. Siehe auch die oben behandelten Beispiele.

63. Das Prinzip der lebendigen Kraft.

Die Bewegungsgleichungen, die wir oben (Art. 61) für ein Punktsystem $m_1, m_2, \ldots m_n$ abgeleitet haben, das von den Kräften $\mathfrak{P}_i = (X_i, Y_i, Z_i)$ angegriffen und den Bedingungen unterworfen ist:

$$\begin{aligned} &\varphi(x_1, y_1, z_1;\ x_2, y_2, z_2; \ldots x_n, y_n, z_n) = 0 \\ &\psi(x_1, y_1, z_1; \ldots\ldots\ldots\ldots) = 0 \\ &\ldots\ldots\ldots\ldots\ldots\ldots\ldots\ldots \end{aligned} \tag{1}$$

nämlich:

$$\begin{aligned} m_i \ddot{x}_i &= X_i + \lambda\varphi'(x_i) + \mu\psi'(x_i) + \ldots \\ m_i \ddot{y}_i &= Y_i + \lambda\varphi'(y_i) + \mu\psi'(y_i) + \ldots \\ m_i \ddot{z}_i &= Z_i + \lambda\varphi'(z_i) + \mu\psi'(z_i) + \ldots, \end{aligned} \tag{2}$$

lassen in vielen Fällen Integrale (»Prinzipe«) zu, die sich statt aus den Differentialgleichungen (2) unmittelbar aus den Ursprungsgleichungen, denen diese entstammen, ableiten lassen. Das d'Alembertsche Prinzip (S. 262)

$$\sum_{i=1}^{n} \left[(m_i\ddot{x}_i - X_i)\,\delta x_i + (m_i\ddot{y}_i - Y_i)\,\delta y_i + (m_i\ddot{z}_i - Z_i)\,\delta z_i\right] = 0, \tag{3}$$

zusammen mit den Bedingungsgleichungen (1) und den daraus folgenden:

$$\begin{aligned} &\Sigma\left(\varphi'(x_i)\,\delta x_i + \varphi'(y_i)\,\delta y_i + \varphi'(z_i)\,\delta z_i\right) = 0 \\ &\Sigma\left(\psi'(x_i)\,\delta x_i + \psi'(y_i)\,\delta y_i + \psi'(z_i)\,\delta z_i\right) = 0 \\ &\ldots\ldots\ldots\ldots\ldots\ldots\ldots\ldots \end{aligned} \tag{4}$$

liefert drei »Prinzipe« dieser Art: das der lebendigen Kraft, das des Schwerpunktes und das der Flächenräume. Wir beschäftigen uns in diesem Artikel mit dem erstgenannten, dem wir in besonderen Fällen schon früher begegnet sind.

Bei der völlig freien Verfügung, die man über die Verschiebungen $\delta x_i, \delta y_i, \delta z_i$ in (3) hat, sofern sie nur den Gleichungen (4) genügen, ist es erlaubt, statt der virtuellen Verschiebungen die im Zeitpunkt t wirklich eintretenden zu setzen. Führt man also in (3) und (4) statt $\delta x_i, \delta y_i, \delta z_i$ bezw. $dx_i = \dot{x}_i dt$, $dy_i = \dot{y}_i dt$, $dz_i = \dot{z}_i dt$ ein, so werden durch sie die Gleichungen (4) befriedigt, weil die Beziehungen (1) auch für den Zeitpunkt $t + dt$ gelten. Die (3) aber gehen über in:

$$\begin{aligned} &\Sigma\left[(m\ddot{x} - X)\,dx + (m\ddot{y} - Y)\,dy + (m\ddot{z} - Z)\,dz\right] \\ &\equiv \Sigma\left[m(\dot{x}\ddot{x} + \dot{y}\ddot{y} + \dot{z}\ddot{z})\,dt - (X\,dx + Y\,dy + Z\,dz)\right] = 0, \end{aligned}$$

wo die Indizes i der Einfachheit wegen weggelassen wurden. Man erhält hiermit die Differentialgleichung

$$\Sigma m d \frac{\dot{x}^2 + \dot{y}^2 + \dot{z}^2}{2} = \Sigma (X dx + Y dy + Z dz), \qquad (5)$$

wo links das Differential der gesamten lebendigen Kraft des Punktsystems auftritt.

Die rechte Seite, wo im allgemeinen die X_i, Y_i, Z_i Funktionen der Koordinaten, ihrer Differentialquotienten nach der Zeit und der Zeit selbst sind, ist zunächst kein vollständiges Differential. Sind aber die Kräfte (X_i, Y_i, Z_i) Funktionen bloß der Koordinaten, und gibt es eine Kräftefunktion, d. h. eine Funktion $U(x_1, y_1, z_1;\ x_2, y_2, z_2;\ \ldots\ x_n, y_n, z_n)$ derart, daß (für $i = 1, 2, \ldots n$)

$$X_i = \frac{\partial U}{\partial x_i}; \quad Y_i = \frac{\partial U}{\partial y_i}; \quad Z_i = \frac{\partial U}{\partial z_i}$$

ist, so ist auch die rechte Seite integrabel, und man erhält:

$$\Sigma \frac{m_i v_i^2}{2} = U(x_1, y_1, z_1; \ldots x_n, y_n, z_n) + h, \qquad (6)$$

wo h eine willkürliche Konstante ist. Das Integral oder »Prinzip« der lebendigen Kraft gilt immer dann, wenn für die Kräfte $\mathfrak{P}_i$ eine Kräftefunktion U besteht. Ein System von Kräften, das dieser Bedingung genügt, heißt konservativ, das Punktsystem ein »konservatives«. Von dieser Art ist z. B. das Planetensystem, überhaupt jedes System von Massenpunkten, die sich gegenseitig je in Richtung der Verbindungslinie nach einer Funktion der Entfernung anziehen. Aus den Geschwindigkeiten des Massensystems für eine Anfangslage bestimmt sich die Konstante h. Man erhält in leicht verständlicher Bezeichnung

$$\Sigma \frac{1}{2} m_i (v_i^2 - v_i^{(0)2}) = U(x_1, y_1, z_1; \ldots z_n) - U(x_1^{(0)}, y_1^{(0)}, z_1^{(0)}; \ldots z_n^{(0)}). \quad (6a)$$

Der Zuwachs an lebendiger Kraft ist dann unabhängig von dem Weg, auf welchem das System aus der Anfangs- in die Endlage übergeführt wurde.

Das sogleich zu besprechende Prinzip der Erhaltung der Energie (Art. 65), das das Integral der lebendigen Kraft als Sonderfall umfaßt, verleiht den auf beiden Seiten in (6) auftretenden Gliedern die gleiche Bedeutung für die Bewegung und legt so die folgende Form der Gleichung nahe:

$$\Sigma \frac{1}{2} m_i v_i^2 + (-U(x_1, y_1, z_1 \ldots z_n)) = h. \qquad (7)$$

Dieser Auffassung entsprechend hat man die Bezeichnung der auf der linken Seite stehenden Glieder in (7) in die folgende abgeändert: Der erste Teil $\Sigma \frac{1}{2} mv^2$ heißt (wie schon früher erwähnt (Art. 20)) die kinetische (Bewegungs-)Energie, der zweite $(-U\,(x_1, y_1, z_1; \ldots z_n))$ die potentielle (Spannungs-) Energie oder Energie der Lage des Punktsystems. Die letztere ist gleich der negativen Arbeit der Kräfte oder gleich der positiven Arbeit, welche gegen die Kräfte auf einem beliebigen Weg von einer gewissen Anfangslage des Punktsystems, für die $U = 0$ ist, bis zur Endlage $x_1, y_1, z_1; \ldots z_n$ zu leisten ist, d. h. gleich dem Arbeitsvorrat des Punktsystems in der Lage $x_1, y_1, z_1; \ldots z_n$. Denn dU ist die Elementararbeit, die von den Kräften geleistet wird, wenn sich die Punkte um $ds_1, \ldots ds_n$ verschieben. Gilt das Prinzip der lebendigen Kraft, ist also die Bewegung konservativ, so hat die Summe der beiden Energien an allen Stellen der Bahn (für alle Zeiten) denselben Wert; die Gesamtenergie bleibt erhalten.

Für einen Massenpunkt beispielsweise, der sich unter dem Einfluß der Schwerkraft bewegt, lautet der durch die Gleichung der lebendigen Kraft ausgesagte Satz von der Erhaltung der Energie (Art. 20) $\frac{1}{2} mv^2 + mgz = h$; für einen Massenpunkt, der der Newtonschen Zentralkraft unterworfen ist (Art. 20), $\frac{1}{2} mv^2 - \frac{mM\varkappa}{r} = h$, wo dann $-mM\varkappa/r$ die potentielle oder Spannungsenergie mißt.

Ein Beispiel für ein nicht konservatives System liefert jede mit Reibung oder in einem widerstehenden Mittel erfolgende Bewegung. Den inneren Grund dafür, daß in diesem Fall das Prinzip versagt, werden wir sogleich erkennen. Zuvor möge noch der Ausdruck für die kinetische Energie in eine andere, leichter übersehbare Gestalt gebracht werden.

64. Zerlegung der lebendigen Kraft eines Punktsystems.

Die Bewegung eines Punktsystems $m_1, m_2, \ldots m_n$ läßt sich leichter beschreiben, wenn man die Koordinaten x_i, y_i, z_i $(i = 1, 2, \ldots n)$ der Einzelpunkte auf den selbst in Bewegung befindlichen Schwerpunkt des Systems bezieht. Es werde außer dem im Raume ruhend gedachten Koordinatenkreuz X, Y, Z ein mit dem Schwerpunkt $O' = (\xi, \eta, \zeta)$ als Ursprung verbundenes angenommen (X', Y', Z'), dessen Achsen zu denen von (X, Y, Z) parallel sind. Die Koordinaten des Schwerpunkts O', selbst Funktionen der Zeit, sind

$$\xi = \frac{\Sigma m_i x_i}{\Sigma m_i}; \quad \eta = \frac{\Sigma m_i y_i}{\Sigma m_i}; \quad \zeta = \frac{\Sigma m_i z_i}{\Sigma m_i}. \tag{1}$$

Die Koordinaten des i-ten Punktes in bezug auf das System X', Y', Z' bestimmen sich aus

$$\begin{aligned} x_i &= \xi + x_i'; & \dot{x}_i &= \dot{\xi} + \dot{x}_i' \\ y_i &= \eta + y_i'; & \dot{y}_i &= \dot{\eta} + \dot{y}_i' \\ z_i &= \zeta + z_i'; & \dot{z}_i &= \dot{\zeta} + \dot{z}_i', \end{aligned} \qquad (2)$$

Führt man in dem Ausdruck für die lebendige Kraft die rechten Seiten dieser Gleichungen ein, so spaltet er sich in 3 Teile:

$$\frac{1}{2}\Sigma m_i v_i^2 = \frac{1}{2}\Sigma m_i (\dot{x}_i^2 + \dot{y}_i^2 + \dot{z}_i^2) = \boldsymbol{S}\Sigma \frac{1}{2} m_i (\dot{\xi} + \dot{x}_i')^2$$

$$= \boldsymbol{S}\frac{1}{2}\dot{\xi}^2 \Sigma m_i + \boldsymbol{S}\dot{\xi}\Sigma m_i \dot{x}_i' + \boldsymbol{S}\frac{1}{2}\Sigma m_i \dot{x}_i'^2,$$

wo mit dem Zeichen $\boldsymbol{S}$ eine in den 3 Veränderlichen x, y, z bzw. ξ, η, ζ gleich gestaltete Summe bezeichnet werde, von der nur ein Summand hingeschrieben ist. Nun ist aber im System X', Y', Z'

$$\frac{\Sigma m_i x_i'}{\Sigma m_i} = \xi' = 0; \text{ usw.}$$

Daher fallen rechts die 3 Glieder mit den Faktoren $\Sigma m_i \dot{x}_i', \ldots$ heraus und es bleibt

$$\frac{1}{2}\Sigma m_i v_i^2 = \frac{1}{2} M (\dot{\xi}^2 + \dot{\eta}^2 + \dot{\zeta}^2) + \frac{\Sigma m_i v_i'^2}{2}, \qquad (3)$$

unter

$$M = \Sigma m_i \qquad (4)$$

die Gesamtmasse des Systems verstanden.

Die gesamte lebendige Kraft des Systems zerfällt also in zwei Teile: der erste besteht aus der lebendigen Kraft der fortschreitenden Bewegung des Schwerpunktes, in dem man sich die Gesamtmasse vereinigt denkt, der zweite aus der Summe der lebendigen Kräfte der einzelnen Massenpunkte, bezogen auf ein mit dem als ruhend angesehenen Schwerpunkt verbundenes System von Parallelkoordinaten zu dem ursprünglichen. Insbesondere für ein starres Punktsystem bedeutet der erste Teil die lebendige Kraft der fortschreitenden Bewegung des Schwerpunktes, der letzte Teil die lebendige Kraft der drehenden Bewegung um den Schwerpunkt.

1. Ein einfaches Beispiel liefert der im luftleeren Raum geworfene schwere Stab, dessen Schwerpunkt, wie wir sogleich sehen werden (Art. 66), eine Parabel beschreibt (Abb. 141), während der Stab um den Schwerpunkt eine (gleichförmige (s. S. 271)) Drehung ausführt, die einen ganz erheblichen Teil der gesamten lebendigen Kraft in sich aufnehmen kann.

Wie die linke, so läßt sich auch die rechte Seite der Gleichung der lebendigen Kraft

$$d\sum_{i=1}^{n}\frac{m_i v_i^2}{2}=\sum_{i=1}^{n}(X_i\,dx_i+Y_i\,dy_i+Z_i\,dz_i) \tag{5}$$

durch Einführung der Schwerpunktskoordinaten ξ, η, ζ in zwei Teile von besonderer Bedeutung spalten. Man hat wegen (2)

$$\begin{aligned}&\Sigma\,(X_i\,dx_i+Y_i\,dy_i+Z_i\,dz_i)=\\&=\Sigma\,(X_i\,d\xi+Y_i\,d\eta+Z_i\,d\zeta)+\Sigma\,(X_i\,dx_i'+Y_i\,dy_i'+Z_i\,dz_i')=\\&=d\xi\,\Sigma X_i+d\eta\,\Sigma Y_i+d\zeta\,\Sigma Z_i+\Sigma\,(X_i\,dx_i'+Y_i\,dy_i'+Z_i\,dz_i').\end{aligned} \tag{6}$$

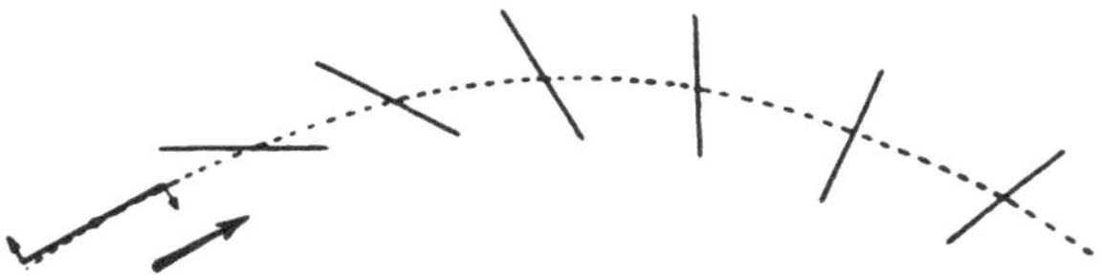

Abb. 141.

Der erste Bestandteil ist die Elementararbeit, die bei der Bewegung $d\xi$, $d\eta$, $d\zeta$ des Schwerpunktes geleistet wird, wenn man sich alle Kräfte an ihm angreifend denkt; der zweite ist die Elementararbeit, die bei der Bewegung der einzelnen Punkte in bezug auf das mit dem Schwerpunkt verbundene Koordinatensystem geleistet wird.

Bei konservativen Kräften gilt diese Zerlegung der Gesamtarbeit auch für eine endliche Wegstrecke.

Es ist bemerkenswert, daß im Falle der auf einen festen Körper wirkenden Schwerkraft der zweite Teil verschwindet. Denn für

$$X_i=0,\quad Y_i=0,\quad Z_i=-m_i g$$

wird die letzte Summe in (6)

$$\Sigma Z_i\,dz_i'=-g\,d\,\Sigma\,m_i z_i'=-g\,M\,d\zeta'=0,$$

weil die Schwerpunktskoordinate ζ' in bezug auf das System X', Y', Z' Null ist und bleibt. Man hat also den Satz: Bei der Drehung eines schweren starren Körpers um seinen Schwerpunkt wird von der Schwerkraft keine Arbeit geleistet. Die kinetische Energie seiner Drehung bleibt ungeändert, wenn auf den sich drehenden Körper nur die Schwerkraft wirkt.

Der oben betrachtete Stab dreht sich also in bezug auf den als fest angesehenen Schwerpunkt mit konstanter Winkelgeschwindigkeit.

Zwei weitere Beispiele mögen die Anwendung der vorstehenden Ergebnisse erläutern.

2. Beispiel. Ein dünner homogener schwerer Stab, mit dem einen Ende an eine vertikale Wand gelehnt, mit dem andern auf dem

Boden aufstehend, gleite von der (nahezu) vertikalen Lage ohne Reibung ab (Abb. 142). Mit welcher Geschwindigkeit schlägt das obere Ende auf den Boden auf? Ist l die Stablänge, φ der Neigungswinkel des Stabes gegen die Horizontale, sind ξ, η die Schwerpunktskoordinaten in bezug auf ein Achsenkreuz X, Y, das mit Wand und Boden zusammenfällt, so ist

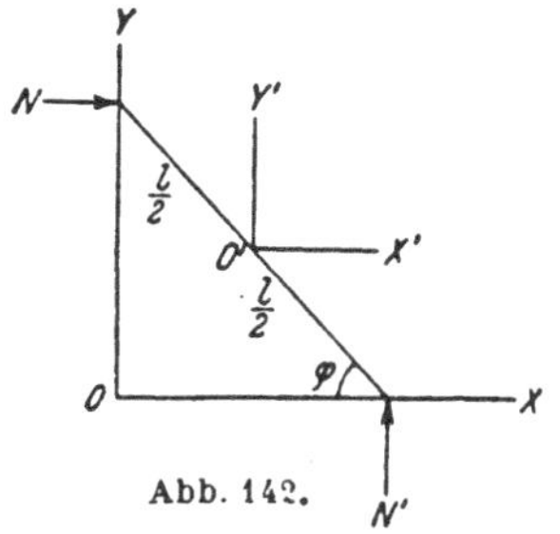

Abb. 142.

$$\xi = \frac{l}{2}\cos\varphi; \quad \dot{\xi} = -\frac{l}{2}\sin\varphi\cdot\dot{\varphi}$$

$$\eta = \frac{l}{2}\sin\varphi; \quad \dot{\eta} = \frac{l}{2}\cos\varphi\cdot\dot{\varphi}.$$

Daher ist die lebendige Kraft der fortschreitenden Bewegung des Schwerpunktes

$$\frac{1}{2}M(\dot{\xi}^2+\dot{\eta}^2) = \frac{1}{8}Ml^2\dot{\varphi}^2 = \frac{l^3}{8}\gamma\dot{\varphi}^2,$$

wenn γ die Masse der Längeneinheit bedeutet. Die lebendige Kraft der Drehbewegung um den Schwerpunkt ist

$$\frac{1}{2}\Sigma m_i v_i'^2 = \frac{1}{2}\int v'^2\,dm,$$

wo das Integral über alle Elemente des Stabes, jedes multipliziert mit dem Quadrat seiner Geschwindigkeit v' in bezug auf das System X', Y' zu erstrecken ist. Ist s der Abstand eines Stabelementes $dm = \gamma ds$ vom Schwerpunkt, so ist für dieses $v' = s\dot{\varphi}$; also, Homogenität des Stabes vorausgesetzt, die lebendige Kraft der Drehbewegung

$$\frac{1}{2}\int v'^2\,dm = \frac{1}{2}\dot{\varphi}^2\gamma\int_{-\frac{l}{2}}^{\frac{l}{2}} s^2\,ds = \frac{\Theta}{2}\dot{\varphi}^2 = \frac{1}{24}\dot{\varphi}^2\gamma l^3,$$

wo nun $\dot{\varphi}$ die Winkelgeschwindigkeit (Art. 26) und der Ausdruck $\Theta = \frac{1}{12}\gamma l^3$ das »Trägheitsmoment« des Stabes in bezug auf eine senkrecht zur Tafelebene gerichtete Achse durch den Schwerpunkt ist. Die gesamte lebendige Kraft des Stabes ist also

$$\frac{1}{2}M(\dot{\xi}^2+\dot{\eta}^2) + \frac{1}{2}\Theta\dot{\varphi}^2 = \dot{\varphi}^2\gamma\left(\frac{l^3}{8}+\frac{l^3}{24}\right) = \frac{1}{6}\gamma l^3\dot{\varphi}^2.$$

Da nur die Schwerkraft wirkt und von Reibung abgesehen wird, so ist die Bewegung des Stabes konservativ, und somit die lebendige Kraft (bis auf eine additive Konstante) gleich der von der Schwerkraft geleisteten Arbeit, die nach dem Vorstehenden allein in der Senkung der im Schwerpunkt angebrachten Masse $M = l\gamma$ besteht.

Daher lautet die Gleichung der lebendigen Kraft

$$\frac{1}{6}\gamma l^3 \dot{\varphi}^2 = \left(\frac{l}{2} - \frac{l}{2}\sin\varphi\right) M g = \frac{l^2 g \gamma}{2}(1 - \sin\varphi),$$

wenn für $\varphi = \frac{\pi}{2}$ die Winkelgeschwindigkeit $\dot{\varphi} = 0$ angenommen wird. Das obere Ende (mit $y = l \sin\varphi$) langt am Boden an mit der Geschwindigkeit $v = 2\dot{\eta} = l\cos\varphi\,\dot{\varphi}$ für $\varphi = 0$, also mit $v = \sqrt{3gl}$.

3. Beispiel. Auf einer schiefen Ebene rolle eine homogene Walze von der Masse m mit horizontaler Achse abwärts ohne zu gleiten. Gesucht wird die Zeit, welche die Achse zum Zurücklegen der Strecke s braucht.

Man kann die Walze durch eine Kreisscheibe in der Zeichenebene ersetzen. Ist φ der Winkel, durch den sich beim Abrollen durch die Strecke s ein Punkt A des Scheibenrandes (Abb. 143) um den Mittelpunkt gedreht hat, a der Radius der Scheibe, so ist die durchlaufene Strecke $s = a\varphi$, und die lebendige Kraft der fortschreitenden Bewegung des Schwerpunktes

$$\frac{1}{2} m \dot{s}^2 = \frac{1}{2} m a^2 \dot{\varphi}^2.$$

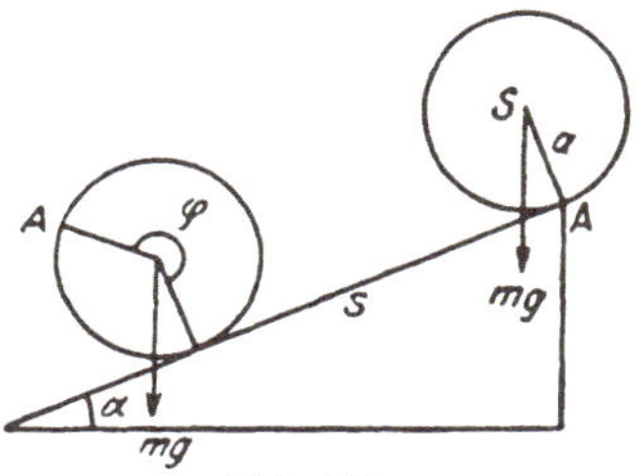

Abb. 143.

Ein Massenelement dm der Scheibe habe den Abstand r vom Mittelpunkt. Dann ist die lebendige Kraft der Drehung der Scheibe um den Schwerpunkt

$$\Sigma \frac{dm v^2}{2} = \Sigma \frac{dm (r\dot{\varphi})^2}{2} = \frac{1}{2}\dot{\varphi}^2 \Sigma r^2 dm,$$

die Summe über die Fläche der Scheibe erstreckt. Die rein geometrische Größe $\Sigma dm r^2$ oder $\int r^2 dm = \Theta$, der man bei allen mit Drehung verbundenen Bewegungen begegnet, das »Trägheitsmoment« der Scheibe in bezug auf eine Achse durch S, die senkrecht zur Tafelebene steht, hat hier den Wert

$$\Theta = \int_0^a \int_0^{2\pi} r^2 \gamma\, dr \cdot r\, d\varphi = \frac{1}{2} a^4 \pi \gamma = \frac{1}{2} m a^2.$$

Die gesamte lebendige Kraft, die beim Übergang der Rolle von der Ruhelage $s = 0$ in die Lage $s = a\varphi$ gewonnen wird, ist also

$$\frac{1}{2} a^2 \dot{\varphi}^2 m + \frac{1}{2}\dot{\varphi}^2 \Theta = \frac{1}{2}\dot{\varphi}^2 (a^2 m + \Theta) = \frac{3}{4} m a^2 \dot{\varphi}^2.$$

Auch diese Bewegung ist eine konservative, weil beim Abrollen ohne Gleiten keine Reibungsarbeit geleistet wird. Die lebendige Kraft wird gewonnen aus der Arbeit, die die Schwerkraft leistet. Zerlegt man die Arbeit der Schwerkraft in die zur Senkung des Schwerpunkts verwendete und in die, welche für die Drehung aufzuwenden ist, so ist nach dem oben (Art. 64, 1 a. E.) Gesagten die letztere Null; die erstere aber ist

$$mgs \sin \alpha = mga\varphi \sin \alpha.$$

Durch Gleichsetzen von lebendiger Kraft und Arbeit erhält man

$$\frac{1}{2}\dot{\varphi}^2(a^2 m + \Theta) = mga \sin \alpha \cdot \varphi$$

oder kurz

$$\dot{\varphi}^2 = c^2 \varphi,$$

wo

$$c^2 = \frac{2mga \sin \alpha}{a^2 m + \Theta}$$

ist, und damit

$$t = \frac{2}{c}\sqrt{\varphi},$$

wenn die Zeit von $s = 0$ an gezählt wird. — Der Ausdruck für c^2 nimmt eine etwas einfachere Gestalt an durch Einführung des Trägheitsradius k, einer Länge, die mit dem Trägheitsmoment Θ und der Masse m der Scheibe durch die Beziehung zusammenhängt

$$\Theta = k^2 m.$$

Es wird dann $k = \frac{a}{\sqrt{2}}$ und $c^2 = \frac{2ag \sin \alpha}{a^2 + k^2}$; hiermit die zum Durchrollen der Strecke s nötige Zeit

$$t = \frac{\sqrt{2}\sqrt{a^2 + k^2}}{a\sqrt{g \sin \alpha}}\sqrt{s} = \sqrt{\frac{3s}{g \sin \alpha}}.$$

Vergleicht man diese Zeit mit der, welche die Rolle zum reibungslosen Abgleiten auf derselben Strecke s brauchen würde (Art. 25, S. 9[illegible])

$$t = \frac{\sqrt{2s}}{\sqrt{g \sin \alpha}},$$

so verhalten sich die beiden wie $\sqrt{a^2 + k^2} : a = \sqrt{3} : \sqrt{2}$. Die rollende Scheibe kommt später an, weil ein Teil der verfügbaren potentiellen Energie in Drehungsenergie verwandelt wird.

65. Das Prinzip der Erhaltung der Energie.

Während bei der konservativen Bewegung, für welche die Summe aus kinetischer und potentieller Energie konstant ist (Art. 63), ein Austausch dieser zwei Energiearten sich so vollzieht, daß die eine ganz auf Kosten der anderen wächst oder abnimmt, ist das nicht mehr der Fall für nicht »konservative« Bewegungen, bei welchen Verlust an Energie durch Reibung oder Widerstände, durch »dissipative« (energiezerstreuende) Kräfte eintritt, ohne daß ein Ersatz sich einstellt.

Gleitet z. B. ein Körper von der Masse m auf horizontaler Bahn in Richtung der positiven X-Achse mit Reibung, so geschieht dies, wenn μ der Reibungskoeffizient ist, da der Höchstwert der Reibungskraft T, nämlich $T = \mu m g$, als Widerstand in Betracht kommt (Art. 54), gemäß der Bewegungsgleichung

Abb. 144.

$$m\ddot{x} = -\mu m g, \tag{1}$$

oder nach Multiplikation mit $dx = \dot{x}dt$ und Integration

$$\frac{1}{2}\dot{x}^2 = -\mu g x + \frac{1}{2}\dot{x}_0^2, \tag{2}$$

wenn für $x = 0$ die Geschwindigkeit des Körpers $\dot{x} = \dot{x}_0$ ist.

Bewegt sich aber derselbe Körper mit derselben Anfangsgeschwindigkeit vom Ursprung aus in der negativen Richtung der X-Achse, so lautet die Gleichung der lebendigen Kraft, wie sich aus der Bewegungsgleichung:

$$m\ddot{x} = \mu m g$$

ergibt, wie folgt:

$$\frac{1}{2}\dot{x}^2 = \mu g x + \frac{1}{2}\dot{x}_0^2. \tag{3}$$

Es existiert somit keine Kräftefunktion, kein Arbeitsvorrat, der, indem er beide Gleichungen (2), (3) umfaßt, Energie nicht bloß verzehrt, sondern auch liefert. Das Prinzip der lebendigen Kraft gilt nicht mehr; die Reibung bewirkt unter allen Umständen einen Verlust an Energie. Ähnlich verhält es sich mit der Wirkung eines widerstehenden Mittels, in dem eine Bewegung erfolgt.

Den Grund für den Energieverlust beim Auftreten dissipativer Kräfte hat zuerst Robert Mayer 1842 darin erkannt, daß es außer der kinetischen und potentiellen Energie noch eine andere Energieform gibt, in die sie sich verwandeln können, die Wärme; wie denn z. B. beim Heißlaufen der Achse eines leer gehenden Mühlrades sich ein Teil der kinetischen Energie in Wärme umsetzt. Bald nach R. Mayers erster Veröffentlichung hat auf anderem Weg J. P. Joule durch Versuche, die er mit einem in einer Flüssigkeit rotierenden Schaufelrad vornahm, das ein sinkendes Gewicht in Bewegung setzte, das mechanische Wärmeäquivalent bestimmt, d. h. diejenige Energiemenge, die erforderlich ist, um die Temperatur von 1 Kilogramm Wasser um 1° C zu erhöhen, und hat dafür als Mittel aus 40 Versuchen 424,45 Meterkilogramm (man nimmt jetzt 427,22 mkg an) gefunden, etwas abweichend von dem von Mayer angegebenen Wert. Man erklärt bekanntlich heute die Wärme als einen Bewegungszustand der Moleküle, aus denen feste Körper, Flüssigkeiten und Gase bestehen, einen Zustand, dessen Änderung sich äußerlich nur durch Temperatur-Zu- oder Abnahme bemerklich macht. Somit aber begreift der Vorrat an kinetischer Energie, den ein Körper in sich aufgespeichert enthält, auch diese Energieform. Wird sie durch Einführung des mechanischen Wärmeäquivalents in den Satz von der Erhaltung der lebendigen Kraft eingegliedert, so gelangt man zu einer Fassung dieses Satzes, dem auch diejenigen Bewegungen sich fügen, die unter dem Einfluß von energiezerstreuenden, unter Wärmeverlust wirkenden Kräften, wie Reibung vor sich gehen. Gewinnt so das Prinzip in früher ungeahntem Maße an Umfang und Bedeutung, so muß man, um es zu einem solchen von universeller Gültigkeit zu erheben, außer der Wärme in den Rahmen der Energieformen noch eine Reihe von weiteren einbeziehen, die wesentlich dem Gebiet der Physik angehören: Elastische (Spannungs-) Energie, wie sie in einer zusammengepreßten oder ausgedehnten Spiralfeder aufgespeichert ist, elektromagnetische Energie, wie sie in Gestalt von elektromagnetischen, von Licht- und Wärmewellen sich von Energiezentren aus im Raume ausbreitet, Energie chemischer Verbindungen, wie sie bei Entzündung eines Gemisches von Wasser- und Sauerstoff durch einen Funken ausgelöst wird u. a. m.

Erst der Inbegriff aller dieser Energieformen, die Summe aller in einem Raumteil, der gegen Zu- oder Abfluß von Energie nach außen geschützt ist, vorhandenen Energiemengen ist nach dem heute allgemein als gültig angenommenen Grundsatz von der Erhaltung der Energie eine konstante Größe.

Übrigens kommen im Bereiche derjenigen Bewegungen, mit denen sich die Mechanik ponderabler Massen beschäftigt, als Verzehrer der kinetischen Energie neben der potentiellen Energie meist nur die Wärme und die Bewegung des umgebenden Mittels in Betracht.

66. Die Bewegungsgleichungen für ein frei bewegliches Punktsystem. Die Sätze von der Erhaltung des Schwerpunktes und des Drehimpulses (der Flächenräume).

Die nachfolgenden Untersuchungen und Sätze beziehen sich zunächst auf ein System von starr miteinander verbundenen Massenpunkten, das als Ganzes frei beweglich ist (oder einen starren Körper) auf dessen Einzelpunkte $m_1, m_2, \ldots m_n$ die äußeren Kräfte $\mathfrak{P}_1, \mathfrak{P}_2, \ldots \mathfrak{P}_n$ wirken[1]). Aber sie gelten auch für ein System von Massenpunkten

[1]) Im Gegensatz zu inneren Kräften, die (Art. 47) infolge von geometrischen Bedingungen, die dem Punktsystem auferlegt sind (wie z. B. Starrheit), auftreten können.

die nicht starr miteinander verbunden sind, sofern man sich nur auf einen Zeitpunkt beschränkt, wobei dann auch ein solches System als momentan starr (erstarrt, »Prinzip der Erstarrung« von Boltzmann genannt) aufgefaßt werden kann. Weil die folgenden Gleichungen überhaupt nur für einen Zeitpunkt aufgestellt werden — es sind Bewegungsgleichungen — so gelten sie auch für diesen Fall.

Für ein freibewegliches starres Punktsystem wurden früher (Art. 50 (III)) die 6 Gleichgewichtsbedingungen in die 2 Vektorgleichungen zusammengefaßt:

$$\sum_{i=1}^{n} \mathfrak{P}_i = 0 \tag{1}$$

$$\sum_{i=1}^{n} [\mathfrak{r}_i, \mathfrak{P}_i] = 0, \tag{2}$$

wo $\mathfrak{r}_i$ der Fahrstrahl von einem beliebig gewählten Anfangspunkt O aus nach dem Massenpunkt m_i ist. Halten sich nun aber die Kräfte $\mathfrak{P}_i$ nicht im Gleichgewicht, so sind nach dem d'Alembertschen Prinzip zu den $\mathfrak{P}_i$ die negativ genommenen Effektivkräfte $m_i \mathfrak{p}_i$ hinzuzufügen. Man erhält so die folgenden vektoriellen Bewegungsgleichungen, zunächst für ein starres Punktsystem,

$$\Sigma(-m_i \mathfrak{p}_i + \mathfrak{P}_i) = 0 \tag{3}$$

$$\Sigma[\mathfrak{r}_i, (-m_i \mathfrak{p}_i + \mathfrak{P}_i)] = 0, \tag{4}$$

oder

$$\Sigma m_i \ddot{\mathfrak{r}}_i = \Sigma \mathfrak{P}_i \tag{3a}$$

und

$$\Sigma m_i [\mathfrak{r}_i \ddot{\mathfrak{r}}_i] = \Sigma [\mathfrak{r}_i \mathfrak{P}_i],$$

oder

$$\frac{d}{dt} \Sigma m_i [\mathfrak{r}_i \dot{\mathfrak{r}}_i] = \Sigma [\mathfrak{r}_i \mathfrak{P}_i], \tag{4a}$$

wo dann die Beziehungen (3a) und (4a) je 3 Gleichungen in den Koordinaten ergeben:

$$\begin{aligned} \Sigma m_i \ddot{x}_i &= \Sigma X_i \\ \Sigma m_i \ddot{y}_i &= \Sigma Y_i \\ \Sigma m_i \ddot{z}_i &= \Sigma Z_i \end{aligned} \tag{3b}$$

$$\begin{aligned} \frac{d}{dt} \Sigma m_i (y_i \dot{z}_i - z_i \dot{y}_i) &= \Sigma (y_i Z_i - z_i Y_i) \\ \frac{d}{dt} \Sigma m_i (z_i \dot{x}_i - x_i \dot{z}_i) &= \Sigma (z_i X_i - x_i Z_i) \\ \frac{d}{dt} \Sigma m_i (x_i \dot{y}_i - y_i \dot{x}_i) &= \Sigma (x_i Y_i - y_i X_i). \end{aligned} \tag{4b}$$

Diese Gleichungen beschreiben nach dem oben Gesagten die Bewegung eines völlig frei beweglichen (erstarrten) Punktsystems, weil für ein solches die 6 virtuellen Verschiebungen verwendbar sind, die früher (Art. 50) zu den Gleichungen (1), (2) geführt haben und damit jetzt zu denen (3), (4) führen. Sie sind aber weiterhin auch anwendbar auf unfreie Punktsysteme, wenn man sie durch die Einführung von Widerstandskräften (Art. 54) freimacht.

Wir behandeln zunächst die Gleichungen (3b) weiter, indem wir die Koordinaten ξ, η, ζ des Schwerpunktes der Massenpunkte einführen. Wegen

$$\ddot{\xi} = \frac{\Sigma m_i \ddot{x}_i}{\Sigma m_i}, \text{ usw.}$$

folgt aus den Gleichungen (3b):

$$\begin{aligned} M\ddot{\xi} &= \Sigma X_i \\ M\ddot{\eta} &= \Sigma Y_i \\ M\ddot{\zeta} &= \Sigma Z_i, \end{aligned} \qquad (5)$$

wenn die Gesamtmasse $\Sigma m_i = M$ gesetzt wird. Diese Gleichungen besagen: Wenn ein System von Massenpunkten sich unter dem Einfluß von Kräften frei bewegt, so bewegt sich sein Schwerpunkt so, als ob in ihm die Masse des ganzen Systems vereinigt wäre und die Kräfte alle an ihm angriffen. (Prinzip der Erhaltung des Schwerpunkts[1].)

Somit beschreibt z. B. der Schwerpunkt eines im luftleeren Raum geworfenen schweren Körpers (Art. 64) eine Parabel, unabhängig von etwa der drehenden Bewegung, die der Körper um den Schwerpunkt noch ausführt.

Ist insbesondere ein System von Massenpunkten, die sich gegenseitig anziehen, der Einwirkung von äußeren Kräften entzogen, — wie man dies z. B. von unserem Planetensystem wegen der großen Entfernung der nächsten Fixsterne annehmen kann — so heben sich die Kräfte, die je zwei der Massenpunkte aufeinander ausüben, am Schwerpunkt zusammengesetzt, weil sie gleich groß und entgegengesetzt gerichtet sind, gegenseitig auf (3. Newtonsches Gesetz, Art. 30). Ist nun $\Sigma \mathfrak{P}_i = 0$, so folgt aus den Gleichungen (5) durch Integration

$$\begin{aligned} \xi &= \alpha t + \alpha_1 \\ \eta &= \beta t + \beta_1 \\ \zeta &= \gamma t + \gamma_1, \end{aligned} \qquad (6)$$

wo die $\alpha, \ldots \alpha_1, \ldots$ Konstante sind. Dies sagt aus, daß sich der Schwerpunkt im Raume geradlinig und gleichförmig bewegt. —

[1]) Daß dieser Satz auch für Stoßkräfte gültig ist, wurde oben Art. 33 für einen besonderen Fall gezeigt und wird später (Art. 84) allgemein bewiesen werden.

Die Gerade, die der Schwerpunkt unseres Planetensystems beschreibt, ist nach einer Stelle im Sternbild des Herkules gerichtet. Ob die Einwirkung der ferneren Umgebung des Planetensystems wirklich zu vernachlässigen ist, ist eine Frage, deren Beantwortung u. a. wegen der schwer zu übersehenden Eigenbewegung der Fixsterne noch aussteht.

Die Gleichungen (3a) ergeben mit $\Sigma \mathfrak{P}_i = 0$

$$\Sigma m_i \dot{\mathfrak{r}}_i = \Sigma m_i \mathfrak{v}_i = \mathfrak{a},$$

wo $\mathfrak{a}$ eine vektorielle Konstante ist, und sagen damit das Prinzip von der Erhaltung der Bewegungsgröße (des Impulses) eines Massensystems aus, das von äußeren Kräften nicht beeinflußt ist.

Eine ähnliche Bedeutung wie die, welche das Prinzip der Erhaltung des Impulses (der Bewegungsgröße) für die fortschreitende Bewegung eines freien Systems von Massenpunkten hat, die sich gegenseitig anziehen, besitzt das Prinzip der Erhaltung des Impulsmomentes (der Flächenräume) für die drehende Bewegung desselben um einen festen Punkt (den Ursprung). Das Prinzip (der Satz) ergibt sich aus der Vektorgleichung (4a) oder den Gleichungen (4b). Die Summanden auf der rechten Seite in (4b) sind die Momente der Kräfte $\mathfrak{P}_i$ in bezug auf die Koordinatenachsen. Ein Summand der linken Seite der Gleichung (4a) hat (mit zeitweiliger Unterdrückung des Index i) die Gestalt

$$\frac{d}{dt}[\mathfrak{r}, m\dot{\mathfrak{r}}] = \frac{d}{dt}[\mathfrak{r}, m\mathfrak{v}].$$

Die Größe $\mathfrak{J} = [\mathfrak{r}, m\mathfrak{v}]$ stellt die Drehwirkung des Impulses (Art. 4), das »Impulsmoment«[1]) oder den Drehimpuls (Drall) der Masse m in bezug auf den Ursprung dar. Damit liefert die Differentialgleichung (Momentengleichung) (4a)

$$\frac{d\mathfrak{J}}{dt} = \frac{d}{dt}\Sigma[\mathfrak{r}, m\mathfrak{v}] = \Sigma[\mathfrak{r}\,\mathfrak{P}] \tag{7}$$

den folgenden Satz:

Der Zuwachs in der Zeiteinheit des Impulsmomentes (des Drehimpulses) eines starren Körpers (oder auch eines Systems von frei beweglichen Massenpunkten), auf den (bzw. die) äußere Kräfte $\mathfrak{P}_i$ wirken, berechnet für irgendeinen Raumpunkt[2]) (oder eine Achse), ist in jedem Augenblick gleich der Summe der Mo-

---

[1]) Klein-Sommerfeld, Theorie des Kreisels, haben für dieses Moment selbst die Bezeichnung Impuls verwendet.

[2]) Daß dieser Punkt nicht der Ursprung des Koordinatensystems zu sein braucht, wird ebenso bewiesen wie der entsprechende Satz im Falle des Art. 50, wo nur an Stelle von $\mathfrak{P}_i$ in den Gleichungen (III), S. 209, Fußnote, $\mathfrak{P}_i - m_i \dot{\mathfrak{v}}_i \equiv \mathfrak{P}_i - m_i \mathfrak{p}_i$ zu verwenden ist.

mente der wirkenden Kräfte in bezug auf diesen Punkt (diese Achse).

1. Anwendung. Das Impulsmoment $\mathfrak{J}$ ist konstant dann, wenn auf das Punktsystem (den starren Körper) nur die Schwerkraft wirkt und die Befestigungsstelle der Schwerpunkt ist. — Wirkt nämlich die Schwerkraft in Richtung der Z-Achse, so sind in den Komponenten des Vektors $\Sigma[\mathfrak{r}\,\mathfrak{P}]$ in (7) alle X_i und Y_i gleich null, $Z_i = g m_i$, und die drei Komponenten erhalten (4b) bzw. den Wert: $g\Sigma m_i y_i = g\eta\Sigma m_i$ (s. oben); $- g\Sigma m_i x_i$; null. Daher verschwinden alle drei.

2. Anwendung. Auch für ein System von Massenpunkten, zwischen denen nur gegenseitige Anziehung (oder Abstoßung) besteht, ohne daß andere treibende Kräfte $\mathfrak{P}_i$ wirken, verschwindet die rechte Seite in (7). Denn wirkt z. B. zwischen den Punkten m_i und m_k die Kraft $\mathfrak{P}_{ik}$, und bildet man — wie im Fall des Zwei- und Dreikörperproblems (Art. 31, 32) — die Summe

$$[\mathfrak{r}_i, \mathfrak{P}_{ik}] - [\mathfrak{r}_k, \mathfrak{P}_{ik}] = [\mathfrak{r}_i - \mathfrak{r}_k, \mathfrak{P}_{ik}] = [\mathfrak{r}_{ik}, \mathfrak{P}_{ik}],$$

so wird sie Null, weil die Vektoren $\mathfrak{r}_{ik}$ und $\mathfrak{P}_{ik}$ beide in dieselbe Linie fallen. Alsdann folgt aber aus (7), daß

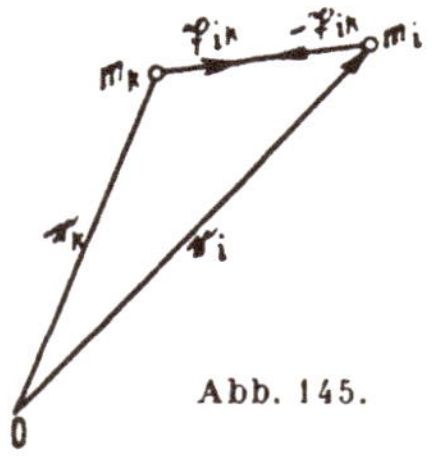

Abb. 145.

$$\mathfrak{J} = \Sigma[\mathfrak{r}, m\mathfrak{v}] = \mathfrak{k} \tag{8}$$

ist, wo $\mathfrak{k} = (a, b, c)$ eine vektorielle Konstante ist. Ausgeführt lautet diese Gleichung:

$$\begin{aligned} \Sigma m\,(y\dot{z} - z\dot{y}) &= a \\ \Sigma m\,(z\dot{x} - x\dot{z}) &= b \\ \Sigma m\,(x\dot{y} - y\dot{x}) &= c. \end{aligned} \tag{8a}$$

Die Summe der Impulsmomente der einzelnen Massenpunkte (z. B. im Falle eines Systems von gegenseitig sich anziehenden solchen) oder (im Falle starrer Verbindung) das Impulsmoment des starren Körpers bleibt, wenn keine äußeren Kräfte wirken, für jeden beliebigen Bezugspunkt während der ganzen Bewegung konstant.

Man kann mit dem früher entwickelten Begriff des von einem Fahrstrahl in einer gewissen Zeit überstrichenen Flächenraums (Art. 32) den Gleichungen (8a) auch die folgende Deutung geben:

Gegeben sei wieder das oben definierte System von Massenpunkten. Wenn man die Flächenräume, welche die von einem beliebigen Bezugspunkt nach den Massen m_i gezogenen Fahrstrahlen in einem Zeitelement Δt beschreiben, auf eine beliebige Ebene projiziert, und jede solche Elementarfläche mit der entsprechenden Punktmasse multipliziert, so hat beim Wegfall äußerer Kräfte die Summe dieser Produkte (die Flächenkonstante) für gleiche Zeitelemente denselben Wert. Dieser für das Zwei- und Dreikörper-Problem schon früher bewiesene Satz heißt das Prinzip der Erhaltung der Flächenräume oder des Impulsmoments.

Wir lassen einige Beispiele für die Verwendung dieses Prinzips folgen.

67. Beispiele und Anwendungen.

1. Beispiel. Auf einer der gegeneinander geneigten Ebenen eines schweren Keiles, der mit der anderen ohne Reibung auf horizontaler Ebene gleitet, gleite reibungslos ein schwerer Punkt abwärts. Man stelle die Gleichungen auf, welche die Bewegung bestimmen.

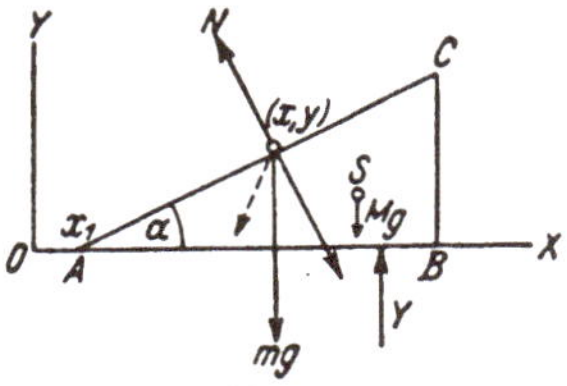

Abb. 146.

Ist (Abb. 146) S der Schwerpunkt, M die Masse des Keils ABC, $\sphericalangle BAC = \alpha$, ist (x, y) die Lage des Massenpunktes m auf dem Keil in einem Zeitpunkt, zu dem $\overline{OA} = x_1$ der Abstand der Keilspitze vom Ursprung O eines rechtwinkligen Koordinatensystems X, Y ist, so hat man

$$y = (x - x_1) \operatorname{tg} \alpha. \tag{9}$$

Macht man den Punkt m durch Einführung der Reaktionskraft N $(\perp \overline{AC})$ frei, und ebenso den Keil durch die Kräfte $-N$ und Y (von der Unterlage herrührend), so lauten die Bewegungsgleichungen für m

$$m\ddot{x} = -N \sin \alpha; \qquad m\ddot{y} = N \cos \alpha - mg, \tag{10}$$

für den Keil

$$M\ddot{x}_1 = N \sin \alpha; \qquad Y - Mg - N \cos \alpha = 0; \tag{11}$$
$$Yx' - N \cos \alpha \cdot x - N \sin \alpha \cdot y - Mg\,(x_1 + c) = 0,$$

wo $x' = \overline{OY}$ die Abszisse des Angriffspunktes des Druckes Y ist, $x_1 + c$ die des Schwerpunktes des Keils. Aus (9) und (10) und der ersten Gleichung (11) ergeben sich x, x_1, y, N in Funktion von t. Die Beziehungen (10), (11) sprechen mit $m\ddot{x} + M\ddot{x}_1 = 0$ den Satz von der Erhaltung des Schwerpunktes aus. Man erhält:

$$N = \frac{mMg \cos \alpha}{m \sin^2 \alpha + M}; \qquad \ddot{y} = \frac{Mg \cos^2 \alpha}{m \sin^2 \alpha + M} - g;$$
$$\ddot{x} = -\frac{Mg \sin \alpha \cos \alpha}{m \sin^2 \alpha + M}; \quad \ddot{x}_1 = \frac{mg \sin \alpha \cos \alpha}{m \sin^2 \alpha + M}; \tag{12}$$
$$Y = \frac{Mg\,(m + M)}{m \sin^2 \alpha + M}.$$

Die Bewegungen von Keil und Punkt sind gleichförmig beschleunigt; der Punkt m bewegt sich in gerader Linie. — Die Gleichung der lebendigen Kraft lautet:

$$\frac{1}{2} m (\dot{x}^2 + \dot{y}^2) + \frac{1}{2} M \dot{x}_1^2 = -mgy + h. \tag{13}$$

Hindert man den Keil durch eine Horizontalkraft H am Gleiten, so hat man, etwa mit $x_1 = 0$, die erste Gleichung (11) durch $H = N \sin \alpha$ zu ersetzen, woraus $N = mg \cos \alpha$ und $Y = g\,(M + m \cos^2 \alpha)$ folgt. Der Druck Y des durch die gleitende Masse m belasteten Keils ist nicht gleich der Summe der Gewichte $(M + m)\,g$, sondern um so kleiner, je stärker die schiefe Ebene geneigt ist.

2. Gegenbeispiel zum ersten. Eine Walze vom Halbmesser a und dem Trägheitsmoment $\int r^2 dm = \Theta$ hinsichtlich ihrer Achse, die vertikal stehen möge, ist um diese reibungslos drehbar. Auf ihrer Oberfläche sei eine schraubenförmige Rinne mit dem Steigungswinkel α eingeschnitten, in der ein Massenpunkt m von einer Ruhelage aus reibungslos gleitet. Hierdurch erhält der Zylinder selbst einen Antrieb zur Drehung in der entgegengesetzten Richtung. Man soll die Bewegungsgleichungen aufstellen.

Fällt die nach oben gerichtete Z-Achse in die Zylinderachse, bestimmt der Winkel φ der Ebene durch m und die Z-Achse gegen die XZ-Ebene die Lage des Punktes m; ist $a\,d\varphi$ die Projektion des von m im Zeitelement dt beschriebenen Bahnelements auf die Horizontalebene, dz seine Projektion auf die Z-Achse, so gelten für den Massenpunkt m, wenn man ihn durch Zufügen einer Reaktionskraft N, die in der Tangentialebene senkrecht zum Bahnelement wirkt, frei macht, für seine Bewegung auf der Zylinderoberfläche die folgenden Bewegungsgleichungen:

$$m\,a\,\ddot{\varphi} = -N \sin \alpha; \qquad m\,\ddot{z} = N \cos \alpha - mg. \tag{14}$$

Für den Zylinder gilt bezüglich seiner Achse die Momentengleichung (S. 287 (2))

$$\Theta\,\dot{\omega} = N\,a \sin \alpha, \tag{15}$$

wenn ω seine Winkelgeschwindigkeit ist. Zwischen den Zuwächsen $a\,\omega\,dt$; $-dz$; $-a\,d\varphi$ besteht (Abb. 147), weil in dem rechtwinkligen Dreieck mit dem Winkel α das Kreisbogenelement $(-a\,d\varphi + a\,\omega\,dt)$ als geradlinig angesehen werden kann, die Beziehung

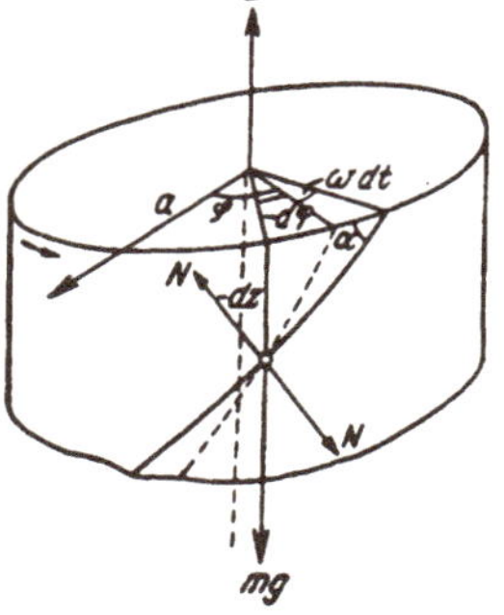

Abb. 147.

$$-dz = a\,(-d\varphi + \omega\,dt)\,\mathrm{tg}\,\alpha,$$

oder

$$\dot{z} = a\,(\dot{\varphi} - \omega)\,\mathrm{tg}\,\alpha. \tag{16}$$

Aus (14) und (15) ergibt sich, wenn für $t = 0$ $z = 0$, $\dot{\varphi} = \omega = 0$ ist, die Impulsgleichung

$$\Theta\,\omega + m\,a^2\,\dot{\varphi} = 0. \tag{17}$$

Aus (14), (15) folgt durch Multiplikation mit bzw. $a\,\dot{\varphi}$, $\dot{z}$, ω und Addition, wegen (16),

$$\frac{1}{2}\,(\Theta\,\omega^2 + m\,a^2\,\dot{\varphi}^2 + m\,\dot{z}^2) = -\,m\,g\,z. \tag{18}$$

die Gleichung der lebendigen Kraft, die man auch unmittelbar hätte aufstellen können. Weil vermöge der differenzierten Gleichung (16) zwischen den linken Seiten der Gleichungen (14), (15) eine lineare Beziehung mit konstanten Koeffizienten besteht, so gilt dies auch von der rechten, d. h. $N = \frac{\Theta m g \cos \alpha}{\Theta + m a^2 \sin^2 \alpha}$ ist eine Konstante. Hieraus ergibt ergibt sich wieder, daß $\ddot{\varphi}$, $\ddot{z}$, ω konstante Größen sind, und wegen (16), (17), daß $\dot{z}/\dot{\varphi} =$ const., d. h. daß die Bewegung des Massenpunktes in einer Schraubenlinie (von im allgemeinen anderem Steigungswinkel als α) erfolgt.

Auf Grund der vorgenannten Prinzipe läßt sich übersehen, ob und in welchem Umfang ein lebendes Wesen einen Behälter, in dem es sich befindet, durch eigene Anstrengung in Bewegung versetzen kann.

3. Wie weit kann eine Person, die in einem auf horizontaler Schiene ruhenden Wagen eingeschlossen ist, diesen vorwärts bewegen?

Wegen des Prinzips der Erhaltung des Schwerpunkts, das für die kräftelose Bewegung gilt, kann die Person durch Ortsänderung im Wagen diesen räumlich verschieben (reibungslose Bewegung vorausgesetzt) um eine Länge, die gleich ist dem Abstand des gemeinsamen Schwerpunktes von Person und Wagen je vor und nach der Ortsveränderung (im Wagen gemessen); also, wenn l die größtmögliche Ortsänderung im Wagen ist, m und M die Massen bzw. von Person und Wagen, höchstens um die Strecke $ml/(M + m)$.

4. Kann eine Person, die auf einem Drehstuhl mit vertikaler Achse sitzt, durch bloße Bewegung der Arme sich beliebig weit drehen?

Ja. Nach dem Prinzip der Erhaltung der Flächenräume läßt sich durch kreisende Bewegung der Arme, beider im selben Sinn, erreichen, daß für einen Teil der Masse die in ihrer Gesamtheit verschwindende Summe: $\Sigma m_i r_i^2 \omega_i$ (S.280) bei positivem Wert der Winkelgeschwindigkeiten ω_i jeden beliebigen positiven Zuwachs erhält, womit dann das negative Impulsmoment des Restes $\omega \Sigma m_k r_k^2$, den der Körper mit der Masse des Stuhles liefert und das jene andere Summe zu null ergänzt, auf jede beliebige Höhe gebracht werden kann. — Der Erfolg wird erhöht, wenn man Gewichte in die Hände nimmt.

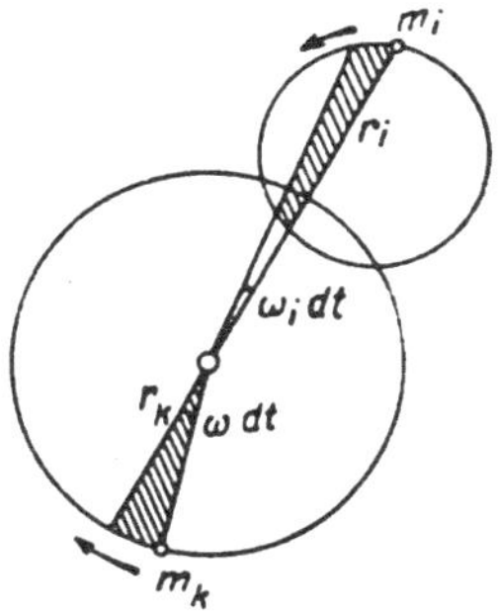

Abb. 148.

Durch Anwendung desselben Mittels hält der Insasse einer Schaukel, indem er beim Hin- und Rückschwung durch Niederkauern und Aufstehen einen Zuwachs bzw. eine Abnahme des Trägheitsmomentes und also des Drehimpulses erzeugt, die Schaukelbewegung im Gang. — Die Einleitung der Bewegung erfolgt wirksam durch Stoßbewegungen, wie wir später (Art. 85) sehen werden.

5. Das gleiche Hilfsmittel benützt instinktiv die Katze, die fallend immer mit den Füßen auf dem Boden anlangt. Sie dreht sich durch Rudern — erst mit den massigeren hinteren, dann auch mit den vorderen Pfoten — um eine horizontale Achse.

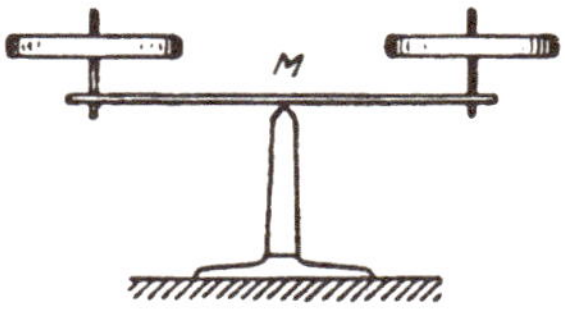

Abb. 149.

6. Ein hübsches Experiment, das sich ebenfalls aus dem Prinzip der Erhaltung der Flächenräume erklärt, ist das folgende: Zwei gleiche, gleichsinnig angedrehte Kreisel werden gleichweit von der Mitte in Löcher eines horizontal liegenden Stabes eingesetzt, der in der Mitte M gestützt ist, so daß er um M sich drehen kann (Abb. 149). Während die Umdrehungsgeschwindigkeit der eingesetzten Kreisel infolge der Achsenreibung abnimmt, versetzt sich der Stab in drehende Bewegung, die derjenigen der Kreisel gleichgerichtet ist.

1. bis 4. sind Beispiele für *zwangläufige* Bewegung der in Betracht kommenden Massen. Jede Bewegung der einen Masse bewirkt eine solche der andern derart, daß jeder bestimmten Lage der ersten nur eine solche der zweiten entspricht. Und zwar haben beide nur einen Freiheitsgrad der Bewegung.

68. Die invariable Ebene des Planetensystems.

Für ein System von *gegenseitig sich anziehenden* Massenpunkten $m_1, m_2, \ldots m_n$ (Gesamtmasse M), auf die *keine äußeren Kräfte wirken*, gelten nach Art. 66 *zwei Vektorgleichungen*, die das Prinzip der Erhaltung des Schwerpunktes und das der Flächenräume aussagen.

In bezug auf ein festes Achsenkreuz $O(X, Y, Z)$ sei $\mathfrak{V}$ die Geschwindigkeit des Schwerpunktes S, $\mathfrak{r}_i$ der Fahrstrahl von O nach der Masse m_i. Dann liefert das *Schwerpunktsintegral*

$$\frac{1}{M}\Sigma m_i \dot{\mathfrak{r}}_i = \mathfrak{V}, \tag{I}$$

wo (S. 278)

$$\mathfrak{V} = (\alpha, \beta, \gamma) \tag{Ia}$$

ein konstanter Vektor ist. Die *Flächen-(Dreh-Impuls-)Gleichung* (Art. 66) lautet:

$$\Sigma\,[\mathfrak{r}_i, m_i \mathfrak{v}_i] = \mathfrak{k}, \tag{II}$$

wo (S. 280) nun wieder $\mathfrak{k} = (a, b, c)$ eine Konstante ist, $\mathfrak{v}_i$ die Geschwindigkeit des i-ten Massenpunktes.

Wir führen ein neues ebenfalls festes Bezugssystem $O'(X', Y', Z')$ mit parallelen Achsen zum ersten und mit zunächst unbestimmtem Ursprung O' ein. Der (in der Zeit unveränderliche) Fahrstrahl $\overline{OO'} = \mathfrak{l}$

$= (\varkappa, \lambda, \mu)$ vermittelt zwischen den Fahrstrahlen $\mathfrak{r}_i$ und $\mathfrak{r}_i'$ von O und O' nach m_i vermöge

$$\mathfrak{r}_i' = \mathfrak{r}_i - \mathfrak{l}, \tag{1}$$

woraus

$$\mathfrak{v}_i' = \dot{\mathfrak{r}}_i' = \dot{\mathfrak{r}}_i = \mathfrak{v}_i$$

folgt. Man erhält mit Hilfe dieser Transformation:

$$\mathfrak{k} = \Sigma [\mathfrak{r}_i, m_i \mathfrak{v}_i] = \Sigma [\mathfrak{r}_i', m_i \mathfrak{v}_i'] + [\mathfrak{l}, \Sigma m_i \dot{\mathfrak{r}}_i],$$

wo

$$\Sigma [\mathfrak{r}_i', m_i \mathfrak{v}_i'] = \mathfrak{k}' = (a', b', c') = \mathfrak{k} - [\mathfrak{l}, \mathfrak{V} M] = \mathfrak{k} - M [\mathfrak{l} \mathfrak{V}], \tag{2}$$

wiederum eine Konstante ist.

Wir fragen, **für welchen Punkt O' des Raumes hat die Flächenkonstante** (das Impulsmoment des Punktsystems) $|\mathfrak{k}'| = \sqrt{a'^2 + b'^2 + c'^2}$ **den kleinsten Betrag?**

Um nicht unbewiesene Sätze der Vektorrechnung heranziehen zu müssen, gehen wir zu Koordinaten über. Die Gleichung (2) gibt für die Komponenten des Impulsmoments:

$$\begin{aligned} a' &= a - M (\lambda \gamma - \mu \beta) \\ b' &= b - M (\mu \alpha - \varkappa \gamma) \\ c' &= c - M (\varkappa \beta - \lambda \alpha). \end{aligned} \tag{2a}$$

Die partielle Differentiation von $|\mathfrak{k}'|^2$ nach $\varkappa, \lambda, \mu$ liefert als Bedingungen für einen Extremalwert

$$0 = a' \frac{\partial a'}{\partial \varkappa} + b' \frac{\partial b'}{\partial \varkappa} + c' \frac{\partial c'}{\partial \varkappa} = - M (- b' \gamma + c' \beta)$$

oder

$$0 = b' \gamma - c' \beta$$

und ebenso

$$\begin{aligned} 0 &= c' \alpha - a' \gamma \\ 0 &= a' \beta - b' \alpha \end{aligned}$$

oder

$$a' : b' : c' = \alpha : \beta : \gamma.$$

Mit einem noch zu bestimmenden Proportionalitätsfaktor ϱ ist also

$$a' = \varrho \alpha; \quad b' = \varrho \beta; \quad c' = \varrho \gamma, \tag{3}$$

und hiermit

$$\begin{aligned} \varrho \alpha &= a - M (\lambda \gamma - \mu \beta) \\ \varrho \beta &= b - M (\mu \alpha - \varkappa \gamma) \\ \varrho \gamma &= c - M (\varkappa \beta - \lambda \alpha). \end{aligned} \tag{4}$$

Durch Elimination von ϱ aus den 2 letzten Gleichungen kommt

$$c \beta - b \gamma = M [\varkappa (\beta^2 + \gamma^2) - \lambda \alpha \beta - \mu \alpha \gamma],$$

oder

$$c\beta - b\gamma = M\varkappa V^2 - aM(\varkappa a + \lambda\beta + \mu\gamma), \tag{5}$$

wo

$$V = |\mathfrak{V}| = \sqrt{a^2 + \beta^2 + \gamma^2} \tag{6}$$

die Geschwindigkeit der fortschreitenden Bewegung des Schwerpunktes in der Richtung (a, β, γ) gegen das Achsenkreuz ist. Mit (5) und den entsprechenden Gleichungen bestimmen sich die $\varkappa$, λ, μ des Extremalwertes aus

$$a : \beta : \gamma = \left(\varkappa + \frac{b\gamma - c\beta}{MV^2}\right) : \left(\lambda + \frac{ca - a\gamma}{MV^2}\right) : \left(\mu + \frac{a\beta - ba}{MV^2}\right). \tag{7}$$

Ferner erhält man durch Multiplikation der Gleichungen (4) mit bzw. a, β, γ und Addition:

$$\varrho = \frac{1}{V^2}(aa + b\beta + c\gamma)$$

und damit die Komponenten $a' = \varrho a$; $b' = \varrho\beta$; $c' = \varrho\gamma$ des Extremalmomentes k'. Daß diese einzige Lösung einem Minimalwert von k entspricht, ergibt sich daraus, daß durch Hinausschieben des Punktes O' die Fahrstrahlen $\mathfrak{r}_i$ und damit die Größe k jeden beliebig großen Betrag annehmen können.

Der gesuchte Punkt ($\varkappa$, λ, μ) $= O'$ ist jedoch durch die Beziehung (7) nicht vollständig bestimmt. Er liegt auf einer Geraden s, welche die Richtung (a, β, γ) $= \mathfrak{V}$ derjenigen hat, in der sich der Schwerpunkt des Planetensystems gleichförmig vorwärts bewegt.

Das Impulsmoment $\mathfrak{k}'$ für O' setzt sich zusammen aus den Flächenkonstanten a', b', c' für die Koordinatenebenen. Dreht man das Koordinatensystem (X, Y, Z) und damit (X', Y', Z') so, daß die Richtung der Z-Achse mit der dieser Geraden übereinstimmt, so ist $a = \beta = 0$, $\gamma = V$. Dann werden wegen (3) die Komponenten von k' bzw. $a' = b' = 0$; $c' = |\mathfrak{k}'| = c$. Für eine zur Fortschreitungsrichtung des Schwerpunktes senkrechte Ebene E hat also die Summe c' der Drehimpulse [die Flächenkonstante (Art. 66)] den Minimalwert $|k'|$, während die Summe der Projektionen für jede zu dieser Ebene senkrechte Ebene den Wert Null hat, sofern man die Impulsmomente bildet für den Schnittpunkt der durch die Gleichung (7) bestimmten Geraden mit der Ebene. Für andere Punkte der Ebene E gebildet sind diese letzteren von Null verschieden; aber auch für sie hat selbstverständlich die Flächenkonstante von E den Wert $|\mathfrak{k}'|$, wie sich übrigens auch aus (2a) ergibt.

Laplace nennt diese (parallel zu sich selbst verschiebliche) Ebene E die invariable Ebene des Planetensystems. Sie könnte, sofern man von äußeren Einflüssen auf das System absieht, zur Bestimmung einer im Raum festen Richtung verwendet werden.

Bei Bestimmung jener Ebene, die übrigens wesentlich bereits durch Sonne, Jupiter und Saturn festgelegt ist, und die sich nur wenig von der Ekliptik unterscheidet, kommt freilich noch in Betracht, daß die Planeten und die Sonne nicht Massenpunkte sind, sondern Körper, deren Anziehungen nicht genau in die Verbindungslinie der Schwerpunkte fallen und die ihrerseits Achsendrehungen ausführen, welche noch Beiträge zu den Impulsmomenten liefern. (Vgl. dazu u. a. Routh-Schepp, Dynamik I. Bd., S. 276 ff., sowie R. Seeliger in den Münch. Akadbr. 1906, S. 124 ff.)

69. Drehung eines Körpers um eine feste Achse. Das physische Pendel.

Für die Bewegung eines von Kräften angegriffenen starren Körpers um eine feste Achse liefert das d'Alembertsche Prinzip, wenn die X-Achse Drehachse ist,

$$\frac{d}{dt} \Sigma m_i (y_i \dot{z}_i - z_i \dot{y}_i) = \Sigma (y_i Z_i - z_i Y_i), \tag{1}$$

die erste der Gleichungen (4b) des Art. 66. Man kann ihr eine übersichtlichere Form geben, wenn man den Winkel ψ einführt, den eine mit dem Körper fest verbundene Ebene durch die X-Achse mit der XZ-Ebene einschließt. Weil die Winkelgeschwindigkeit $\dot{\psi} = \omega$ für alle Massenpunkte denselben Wert hat, so wird mit Rücksicht darauf, daß $y_i \dot{z}_i - z_i \dot{y}_i = r_i^2 \dot{\psi}$ ist, wenn r_i der Abstand des Punktes m_i von der X-Achse ist,

$$\Sigma m_i (y_i \dot{z}_i - z_i \dot{y}_i) = \dot{\psi} \Sigma m_i r_i^2.$$

Bezeichnet man noch den immer wieder auftretenden rein geometrischen Ausdruck $\Sigma m_i r_i^2$, das »Trägheitsmoment«, mit Θ, so wird (1):

$$\frac{d}{dt} \Theta \omega = \frac{d}{dt} \Theta \dot{\psi} = \boldsymbol{M}. \tag{2}$$

Hier ist $\Theta \dot{\psi}$ das »Impulsmoment« (der Drehimpuls) des sich drehenden Körpers im Zeitpunkt t, $\boldsymbol{M}$ die Summe der Momente der äußeren Kräfte.

Diese sehr gebräuchliche Formel, auf den Fall eines starren, um eine horizontale Achse O ohne Reibung sich drehenden schweren Körpers (»physisches Pendel«) angewendet, gibt, wenn man die Z-Achse vertikal abwärts richtet und statt ψ den Winkel φ der durch den Schwerpunkt und die Achse gehenden Ebene mit der Z-Achse einführt:

$$-\frac{d}{dt} \Theta \dot{\varphi} = \Sigma y_i Z_i = g \Sigma m_i y_i = M g s \sin \varphi,$$

wo M die Masse des Körpers, s der Abstand seines Schwerpunktes von der Drehachse O (Abb. 150), g die Beschleunigung der Schwere ist, oder

$$\Theta \ddot{\varphi} = - M g s \sin \varphi. \tag{3}$$

Vergleicht man diese Formel mit der im Art. 26 gefundenen (1a) für die Bewegung des »mathematischen Pendels«

$$m a \ddot{\varphi} = - m g \sin\varphi, \qquad (4)$$

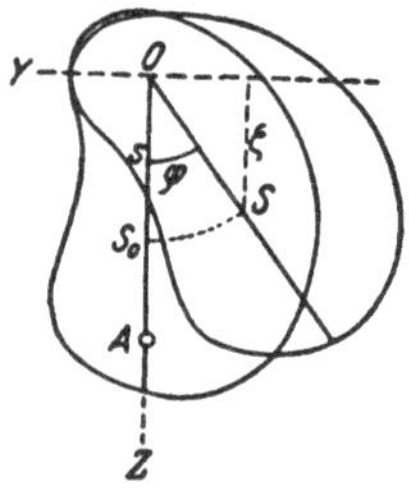

Abb. 150.

so ergibt sich, daß die Schwerlinie $\overline{OS}$ des physischen Pendels sich genau so bewegt wie die Stange eines mathematischen, dessen Länge $a = l$ sich durch den Quotienten

$$l = \frac{\Theta}{M s} = \frac{\text{Trägheitsmoment}}{\text{statisches Moment}} \qquad (4a)$$

des physischen Pendels in bezug auf die Dreh-achse O darstellt. Bei kleinen Schwingungen ist wieder die Schwingungsdauer

$$T = 2\pi \sqrt{\frac{l}{g}} = 2\pi \sqrt{\frac{\Theta}{g M s}}. \qquad (5)$$

Der Punkt A, der auf der Schwerlinie $\overline{OS}$ des physischen Pendels im Abstand $l = \overline{OA}$ von der Drehachse liegt, hat die merkwürdige (von Huygens 1673 entdeckte) Eigenschaft, daß wenn der Körper um eine zu O parallele Achse durch A schwingt, seine Schwingungsdauer dieselbe ist wie bei der Schwingung um O. Der Punkt A heißt der zur Achse O gehörige Schwingungspunkt[1]). Zum Beweis bedarf man eines Satzes (Art. 70) aus der Theorie der Trägheitsmomente: Die beiden Trägheitmomente, das $\Theta = \Theta_O$ des Körpers für eine beliebige Achse O, und dasjenige Θ_S für eine Parallelachse zu O durch den Schwerpunkt S, unterscheiden sich durch die Größe $M d^2$, wo M die Masse des Körpers, d der Abstand der beiden Achsen ist; man hat

$$\Theta_O = \Theta_S + M d^2 = \Theta_S + M s^2 \qquad (5a)$$

im vorliegenden Fall. Somit berechnet sich die Länge l eines mathematischen Pendels von derselben Schwingungsdauer wie das gegebene zu

$$l = \frac{\Theta_O}{M s} = \frac{\Theta_S + M s^2}{M s}. \qquad (6)$$

Bestimmt man nun ebenso die Länge l' des mathematischen Pendels, der zu dem physischen mit der Aufhängeachse durch A gehört, so ist

$$l' = \frac{\Theta_A}{M (l - s)} = \frac{\Theta_S + M (l - s)^2}{M (l - s)};$$

[1]) J. F. Bohnenberger hat 1811 in seinem Lehrbuch der Astronomie einen Apparat angegeben, das »Reversionspendel«, mit einer möglichst durch den Schwingungspunkt gehenden, zu der Aufhängeachse parallelen Achse und einem beweglichen Zusatzgewicht zwischen beiden, das zur genauen Ermittlung der Länge des zugehörigen mathematischen Pendels und damit an der Hand der Formel (Art. 26) $T = 2\pi\sqrt{l/g}$ der Beschleunigung der Schwere des Beobachtungsortes dient. Näheres u. a. bei R. Weber und R. Gans, Repert. d. Physik I, S. 102 (Teubner 191

nach (6) ist aber

$$\Theta_S = l M s - M s^2,$$

daher $l' = l$.

Ist k der Trägheitsradius (Art.64) für die zu O parallele Achse durch den Schwerpunkt, so drückt sich die Entfernung $l - s$ des Schwingungspunktes von dem Schwerpunkt einfach aus durch

$$l - s = \frac{\Theta_S}{M s} = \frac{k^2}{s}.$$

Die lebendige Kraft L eines um eine feste Achse sich drehenden Körpers ist, wenn ω seine Winkelgeschwindigkeit, Θ sein Trägheitsmoment in bezug auf diese Achse ist,

$$L = \frac{1}{2} \Sigma m v^2 = \frac{1}{2} \Sigma m \omega^2 r^2 = \frac{1}{2} \omega^2 \cdot \Sigma m r^2 = \frac{1}{2} \omega^2 \Theta. \tag{7}$$

Ein Schwungrad z. B., dessen Winkelgeschwindigkeit ω durch eine Kraftmaschine auf eine gewisse Höhe ω' gebracht werden kann, diene als Kraftspeicher für eine Arbeitsmaschine. Nachdem die Winkelgeschwindigkeit ω' erreicht ist, kuppelt man die zwei Maschinen und läßt nach Überwindung der Reibungswiderstände oder Hebung der Lasten, die die Arbeitsmaschine aufgibt, die auf die Höhe ω'' herabgesunkene Winkelgeschwindigkeit von neuem zur Höhe ω' anwachsen, indem man die Kuppelung löst usf. Die jedesmal geleistete Arbeit A ist — gleichviel in welcher Zeit und durch welche Zwischenzustände hindurch — gleich der Differenz der lebendigen Kraft unmittelbar vor und nach der Arbeitsleistung (Art. 65 a. E.):

$$A = \frac{1}{2} (\omega'^2 - \omega''^2) \Theta = \frac{1}{2} (v'^2 - v''^2) M,$$

wenn M die Masse des Rades, $v = k\omega = \omega \sqrt{\Theta / M}$ die Geschwindigkeit des Punktes am Ende des Trägheitsradius k (Art. 64) ist[1]).

XV. Abschnitt.

Drehung des starren Körpers um einen festen Punkt. Freie Bewegung.

70. Das Trägheitsmoment.

Wie der Begriff des Schwerpunktes zur Bildung des »statischen Momentes« eines Systems von Massenpunkten in bezug auf eine Ebene (oder eine Gerade) geführt hat, so kommt in dem Ausdruck für die lebendige Kraft eines um eine Achse sich drehenden Körpers ein Aus-

[1]) Hütte II, 1926, S. 258.

druck vor (Art. 64, 69), der das System der Massenpunkte in Beziehung setzt zu einer räumlichen Geraden: das Trägheitsmoment. Man bildet diesen Ausdruck, indem man den senkrechten Abstand ϱ jedes Massenpunktes m des Systems (oder jedes Körperelementes) von der Geraden a (Achse) ermittelt und die Summe der Produkte $m\varrho^2$ herstellt. Diese Größe $\Sigma m\varrho^2$ oder, für eine raumerfüllende Masse, das Integral $\int \varrho^2 dm$, heißt das Trägheitsmoment des Systems (Körpers) in bezug auf die Achse a. Wir bezeichnen es mit Θ_a oder, wenn die Achse nicht zweifelhaft ist, mit Θ.

Da es ∞^4 Achsen des Raumes gibt, so werden die einem Körper zugeordneten Trägheitsmomente in bezug auf alle diese Achsen in einem Abhängigkeitsverhältnis zueinander stehen. Dieses werde nun festgestellt, wobei wir der Einfachheit wegen an die Vorstellung von Massenpunkten anknüpfen.

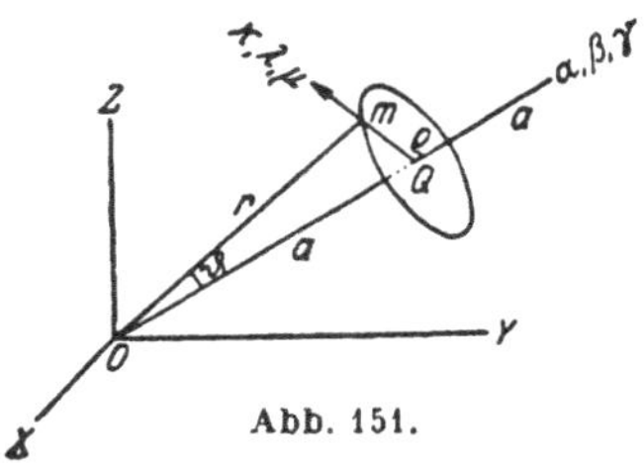

Abb. 151.

Der Ausdruck $\Sigma m\varrho^2$ werde gebildet für eine Achse, die durch den Ursprung eines Achsenkreuzes gehend mit den Achsen (Abb. 151) die Winkel α, β, γ bildet. Ist m ein Massenpunkt mit den Koordinaten x, y, z und bildet der Fahrstrahl $\overline{Om} = r$ von O nach m mit der Achse a den Winkel ϑ, so ist $\cos\vartheta = \frac{x}{r}\cos\alpha + \frac{y}{r}\cos\beta + \frac{z}{r}\cos\gamma$, und der Abstand ϱ des Punktes m von der Achse $\overline{OQ}$:

$$\varrho = r \sin\vartheta,$$

somit

$$\varrho^2 = r^2(1 - \cos^2\vartheta) = (x^2 + y^2 + z^2)(\cos^2\alpha + \cos^2\beta + \cos^2\gamma) - \\ - r^2\left(\frac{x}{r}\cos\alpha + \frac{y}{r}\cos\beta + \frac{z}{r}\cos\gamma\right)^2 \\ = \cos^2\alpha\,(y^2 + z^2) + \ldots\ldots - 2\,yz\cos\beta\cos\gamma - \ldots\ldots,$$

und das Trägheitsmoment $\Theta_a = \Theta$ des Körpers in bezug auf die Achse a:

$$\Theta = \Sigma m\varrho^2 = \cos^2\alpha\,\Sigma m\,(y^2 + z^2) + \cos^2\beta\,\Sigma m\,(z^2 + x^2) + \\ + \cos^2\gamma\,\Sigma m\,(x^2 + y^2) - 2\cos\beta\cos\gamma\,\Sigma myz - 2\cos\gamma\cos\alpha\,\Sigma mzx - \\ - 2\cos\alpha\cos\beta\,\Sigma mxy.$$

Hier haben die drei ersten Glieder rechts zu Faktoren die Trägheitsmomente in bezug auf bzw. die X, Y, Z-Achse des Koordinatensystems. Wir bezeichnen sie mit A, B, C; die drei Größen Σmyz, Σmzx, Σmxy, die »Deviationsmomente«, mit A_1, B_1, C_1. Hiermit verwandelt sich Θ in:

$$\Theta = \Sigma m\varrho^2 = A\cos^2\alpha + B\cos^2\beta + C\cos^2\gamma - \\ - 2A_1\cos\beta\cos\gamma - 2B_1\cos\gamma\cos\alpha - 2C_1\cos\alpha\cos\beta, \quad (1)$$

wo dann also

$$A = \Sigma m\,(y^2 + z^2); \quad \text{usw.}$$
$$A_1 = \Sigma m\,y z; \quad \text{usw.}$$

ist. — Für einen zur XY-Ebene symmetrisch gestalteten Körper gehört zu jedem Massenpunkt (x, y, z) ein solcher $(x, y, -z)$, beide mit der Masse m; es heben sich also die Glieder in $\Sigma m\,xz$, $\Sigma m\,yz$ je paarweise auf, so daß in diesem Fall

$$A_1 = B_1 = 0$$

ist. Hat ein Körper die drei Koordinatenebenen zu Symmetrieebenen, so ist $A_1 = B_1 = C_1 = 0$, und der Ausdruck Θ geht über in

$$\Theta = A\cos^2\alpha + B\cos^2\beta + C\cos^2\gamma. \tag{1a}$$

Aber man sieht leicht ein, daß sich auch zu jedem unsymmetrischen Körper bei gegebenem Punkt O ein Achsenkreuz finden und als Gerüst für die Bestimmung der Winkel α, β, γ verwenden läßt, so daß die Größe Θ auch in diesem Falle die Form (1a) annimmt.

Denkt man sich nämlich Θ, bezogen (1) auf das zuerst angenommene Achsenkreuz, für alle möglichen Lagen der Achse $\overline{OA}$ durch den Ursprung gebildet, und auf jeder Achse a von O aus nach beiden Seiten die Wurzel aus dem reziproken Wert des entsprechenden Trägheitsmomentes Θ aufgetragen, so bilden die Endpunkte der Strecken eine Fläche, die man leicht als Ellipsoid erkennt. Denn wenn ξ, η, ζ die Koordinaten eines solchen Endpunktes sind, so lassen sich aus:

$$\xi = \frac{\cos\alpha}{\sqrt{\Theta}}; \quad \eta = \frac{\cos\beta}{\sqrt{\Theta}}; \quad \zeta = \frac{\cos\gamma}{\sqrt{\Theta}} \tag{2}$$

die Kosinusse in den Ausdruck (1) für Θ einsetzen. Man erhält

$$1 = A\xi^2 + B\eta^2 + C\zeta^2 - 2A_1\eta\zeta - 2B_1\zeta\xi - 2C_1\xi\eta. \tag{3}$$

Die Endpunkte bilden also eine Fläche 2. Ordnung, die aber weder Hyperboloid noch Paraboloid sein kann, weil sie keine unendlich fernen Punkte besitzt. Wäre nämlich ein solcher vorhanden, so müßte wegen (2) das zugehörige $\Theta = 0$ sein, was unmöglich ist, weil $\Theta = \Sigma m\varrho^2$ als Summe von lauter positiven Gliedern (den Grenzfall einer mit Masse belegten Achse durch den Ursprung ausgeschlossen) notwendig einen von Null verschiedenen Wert hat. Die Fläche (3) ist also ein Ellipsoid, das »Trägheitsellipsoid« zu O.

Wenn man die drei Hauptachsen dieses Ellipsoids als Koordinatenachsen zugrunde legt, und auf sie seine Gleichung bezieht, wird diese Gleichung nur die drei ersten Glieder der rechten Seite in (3) aufweisen, so daß dann auch die Gleichung (1) in die Form (1a) übergeht, w. z. b. w.

Die drei Achsen des Trägheitsellipsoids (3), das zu einem Punkt O des Raumes gehört, heißen seine Hauptträgheitsachsen; das Trägheitsellipsoid wird zum Zentralellipsoid, wenn O in den Schwerpunkt rückt.

Man beweist leicht, daß durch Lage und Hauptachsen des Zentralellipsoids das Trägheitsmoment Θ_b eines Körpers für jede beliebige räumliche Achse b bestimmt ist. Ist nämlich die durch den Schwerpunkt gehende Achse a zur Achse b parallel, so ist $\Theta_b = \Theta_a + M d^2$, wo M die Gesamtmasse des Körpers ist, d der Abstand der beiden Achsen. Um diese Formel zu beweisen, legen wir das Koordinatensystem X, Y, Z mit dem Ursprung im Schwerpunkt so, daß a die Z-Achse ist und die Achse b die positive X-Achse schneidet. Dann sind die zu den Achsen $X' = X$, $Y' \| Y$, $Z' = b$ gehörigen Koordinaten x', y', z' des Massenpunktes m mit x, y, z durch die Gleichungen verbunden

$$x = x' + d, \quad y = y', \quad z = z',$$

und das Trägheitsmoment in bezug auf b ist

$$\begin{aligned}\Theta_b &= \Sigma m\,(x'^2 + y'^2) \\ &= \Sigma m\,(x - d)^2 + \Sigma m y^2 \\ &= \Sigma m\,(x^2 + y^2) - 2d\,\Sigma m x + d^2 \Sigma m,\end{aligned}$$

oder, weil $\Sigma m x / M$ als Schwerpunktskoordinate Null ist,

$$\Theta_b = \Theta_a + M d^2, \text{ w. z. b. w.} \tag{4}$$

Beispiele:

1. Das Trägheitsmoment eines homogenen linearen Stabes (einer mit Masse belegten Strecke) von der Länge l in bezug auf eine Achse b zu bestimmen, die durch den Endpunkt des Stabes geht und mit diesem den Winkel α einschließt. Die X-Achse falle mit der Stabrichtung zusammen, die Stabmitte sei der Ursprung O. Dann sind die Hauptträgheitsmomente für O

$$A = 0; \quad B = C = 2\int_0^{\frac{l}{2}} s^2 \gamma\, ds,$$

wenn γds die Masse des Stabelementes ds im Abstand s von O ist. Da γ konstant ist, wird:

$$B = C = \frac{1}{12}\gamma l^3.$$

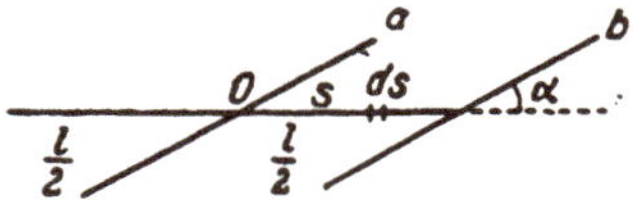

Abb. 152.

Hiermit erhält man für die zur Achse b parallele Achse a durch O:

$$\Theta_a = \frac{1}{12}\gamma l^3 \cos^2\left(\frac{\pi}{2} - \alpha\right) = \frac{1}{12}\gamma l^3 \sin^2\alpha$$

und

$$\Theta_b = \Theta_a + M d^2 = \Theta_a + \gamma l \left(\frac{l}{2}\sin\alpha\right)^2 = \frac{1}{3}\gamma l^3 \sin^2\alpha.$$

Führt man den **Trägheitsradius** k durch die Beziehung

$$\Theta = M k^2$$

ein, so wird k für die Achse b

$$k_b = \frac{1}{\sqrt{3}} l \sin \alpha.$$

2. Das Trägheitsmoment Θ eines homogenen Quaders in bezug auf eine Achse α, β, γ durch den Mittelpunkt zu bestimmen.

Laufen die Achsen des Koordinatensystems parallel zu den Kanten, und ist der Ursprung die Mitte des Quaders, so ist, wenn a, b, c die Kantenlängen sind, das Trägheitsmoment für die X-Achse

$$A = \int \varrho^2 \, dm = 8 \int_0^{\frac{a}{2}} \int_0^{\frac{b}{2}} \int_0^{\frac{c}{2}} \gamma (y^2 + z^2) \, dx \, dy \, dz = \frac{1}{12} a b c \gamma (b^2 + c^2),$$

wenn γ die Dichte ist, also $k_X = \sqrt{\frac{b^2 + c^2}{12}}$ der Trägheitsradius.

Die Trägheitsmomente in bezug auf die beiden anderen Hauptachsen ergeben sich hieraus durch zyklische Vertauschung. Man erhält:

$$\Theta = \frac{1}{12} a b c \gamma \left[(b^2 + c^2) \cos^2 \alpha + (c^2 + a^2) \cos^2 \beta + (a^2 + b^2) \cos^2 \gamma \right].$$

3. Die Hauptträgheitsmomente für den Mittelpunkt einer dünnen Kreisscheibe zu bestimmen.

Es genügt die Aufgabe für die zur Scheibe senkrechte Hauptachse Z zu lösen. Denn ist df ein Flächenelement der Scheibe, ϱ sein Abstand von der Z-Achse, a der Halbmesser der Scheibe, γ die Masse der Flächeneinheit, so ist das Trägheitsmoment in bezug auf die Scheibenachse

$$C = \int \varrho^2 \gamma \, df = \gamma \int x^2 \, df + \gamma \int y^2 \, df = B + A = 2A;$$

anderseits

$$C = \int_0^a \int_0^{2\pi} \varrho^2 \gamma \varrho \, d\varrho \, d\varphi = \frac{1}{2} \gamma a^4 \pi;$$

daher

$$A = B = \frac{1}{2} C = \frac{1}{4} \gamma a^4 \pi.$$

4. Dasselbe für den Mittelpunkt der Achse eines homogenen Zylinders vom Halbmesser a und der Höhe h.

Fällt in die Zylinderachse die Z-Achse, so ist nach 3. $C = \frac{1}{2} \gamma a^4 \pi h$. Mittels des oben bewiesenen Satzes (4) über Trägheitsmomente für Parallelachsen bestimmt sich das Trägheitsmoment einer Kreisscheibe von der Dicke dz im Abstand z von der X-Achse in bezug auf diese

Achse gleich γ mal dem Integranden des folgenden Integrals

$$A = B = 2\gamma \int_0^{\frac{h}{2}} \left(\frac{1}{4}\pi a^4 + z^2 a^2 \pi\right) dz = \frac{1}{4}\pi a^2 h \gamma \left(a^2 + \frac{h^2}{3}\right).$$

71. Drehung eines starren Körpers um einen festen Punkt.

Nach Art. 66 gilt die dort aus dem d'Alembertschen Prinzip abgeleitete Bewegungsgleichung (7), die sich auf die Drehung eines freien starren Körpers bezieht, auch für einen um einen festen Punkt O drehbaren Körper. Wir nehmen O zum Ursprung des Koordinatensystems. Dann ist (Art. 66 (7)) der Zuwachs des Drehimpulses gleich dem Moment der wirkenden Kraft:

$$\dot{\mathfrak{J}} = \Sigma [\mathfrak{r}\,\mathfrak{P}], \tag{1}$$

in Koordinatenschrift:

$$\dot{L} = \boldsymbol{\Lambda}; \quad \dot{M} = \boldsymbol{M}; \quad \dot{N} = \boldsymbol{N}, \tag{1a}$$

wo $\mathfrak{J} = (L, M, N) = \Sigma m [\mathfrak{r}\mathfrak{v}] = \Sigma m [\mathfrak{r}\dot{\mathfrak{r}}]$, die Summe der Momente der Impulse der Einzelmassen, kurz: das Impulsmoment oder der Drehimpuls (Drall) des starren Körpers in bezug auf den Ursprung, hinsichtlich der Koordinatenachsen die Komponenten hat

$$\begin{aligned} L &= \Sigma\, m\,(y\dot{z} - z\dot{y}) \\ M &= \Sigma\, m\,(z\dot{x} - x\dot{z}) \\ N &= \Sigma\, m\,(x\dot{y} - y\dot{x}), \end{aligned} \tag{2}$$

wo ferner $\boldsymbol{\Lambda}$, $\boldsymbol{M}$, $\boldsymbol{N}$ die ebenso zu rechnenden Komponenten des Moments der Kräfte $\mathfrak{P}$

$$\Sigma [\mathfrak{r}\,\mathfrak{P}] = (\boldsymbol{\Lambda}, \boldsymbol{M}, \boldsymbol{N}) \tag{3}$$

in bezug auf den Ursprung sind.

Man kann die Komponenten L, M, N als partielle Differentialquotienten einer Funktion der Winkelgeschwindigkeit $\mathfrak{w}$ der momentanen Drehung darstellen. Hat nämlich $\mathfrak{w}$ die Komponenten p, q, r nach den Achsen, so erfährt einer der Massenpunkte, der die Koordinaten x, y, z hat, eine Lageänderung, deren Geschwindigkeit $(\dot{x}, \dot{y}, \dot{z})$ nach Art. 44 (2a) sich bestimmt aus

$$\begin{aligned} \dot{x} &= qz - ry \\ \dot{y} &= rx - pz \\ \dot{z} &= py - qx. \end{aligned} \tag{4}$$

Durch Einführung dieser Ausdrücke in L erhält man

$$\begin{aligned} L &= \Sigma\, m\,(y\dot{z} - z\dot{y}) = \Sigma\, m\,[p\,(y^2 + z^2) - r\,xz - q\,xy] \\ &= p\,\Sigma\, m\,(y^2 + z^2) - q\,\Sigma\, m\,yx - r\,\Sigma\, m\,zx = A\,p - \Gamma_1 q - B_1 r, \end{aligned} \tag{5}$$

wenn man die auf die Achsen des festen Koordinatensystems bezogenen augenblicklichen Trägheits- und Deviationsmomente des Körpers einführt, nämlich

$$\begin{aligned} \Sigma m (y^2 + z^2) &= A & \Sigma m y z &= A_1 \\ \Sigma m (z^2 + x^2) &= B & \Sigma m z x &= B_1 \\ \Sigma m (x^2 + y^2) &= \Gamma & \Sigma m x y &= \Gamma_1 \end{aligned} \tag{5a}$$

setzt. Die Gleichungen (1a) nehmen so die Form an:

$$\begin{aligned} \dot{L} &= \frac{d}{dt}(A p - \Gamma_1 q - B_1 r) &&= \boldsymbol{A} = \Sigma (y Z - z Y) \\ \dot{M} &= \frac{d}{dt}(-\Gamma_1 p + B q - A_1 r) &&= \boldsymbol{M} = \Sigma (z X - x Z) \\ \dot{N} &= \frac{d}{dt}(-B_1 p - A_1 q + \Gamma r) &&= \boldsymbol{N} = \Sigma (x Y - y X) \end{aligned} \tag{6}$$

Die Komponenten L, M, N des Impulsmoments $\mathfrak{J}$ sind nichts anderes als die partiellen Differentialquotienten des folgenden Ausdrucks

$$T = \frac{1}{2}(A p^2 + B q^2 + \Gamma r^2 - 2 A_1 q r - 2 B_1 r p - 2 \Gamma_1 p q) \tag{7}$$

(der, wie man sogleich sehen wird, die Energie der drehenden Bewegung des Körpers darstellt) nach den Größen p, q, r,

$$L = \frac{\partial T}{\partial p}; \quad M = \frac{\partial T}{\partial q}; \quad N = \frac{\partial T}{\partial r}. \tag{8}$$

In T sind ebenso wie die p, q, r so auch die Koeffizienten A, B, ... A_1, ... mit der Zeit veränderliche Größen insofern, als sie von den veränderlichen Winkeln abhängen, welche die Achsen des zu dem Drehpunkt O gehörigen Trägheitsellipsoids mit den im Raum festen Koordinatenachsen bilden.

Mittels einer früher (Art. 20) eingeführten Bezeichnung kann man die Formeln (8) in die eine vektorielle zusammenfassen:

$$\mathfrak{J} = \operatorname{grad} T, \tag{8a}$$

indem man die Funktion $T(p, q, r)$ in einem Raum mit den Koordinaten p, q, r deutet.

Die Größe T steht in naher Beziehung zu der momentanen Winkelgeschwindigkeit $\mathfrak{w}$. Ist nämlich $|\mathfrak{w}| = \omega$, sind $\varkappa$, λ, μ die Kosinusse der Neigungswinkel, welche die Drehachse (ω) mit den Koordinatenachsen bildet, so daß also

$$p = \omega \varkappa; \quad q = \omega \lambda; \quad r = \omega \mu, \tag{9}$$

$$\omega^2 = p^2 + q^2 + r^2 \tag{9a}$$

ist, so geht T (7) über in:

$$T = \frac{1}{2}\,\Theta_\omega \omega^2, \tag{10}$$

wo nun

$$\Theta_\omega = \boldsymbol{A}\,\varkappa^2 + \boldsymbol{B}\lambda^2 + \boldsymbol{\Gamma}\mu^2 - 2\,\boldsymbol{A}_1\lambda\mu - 2\,\boldsymbol{B}_1\mu\varkappa - 2\,\boldsymbol{\Gamma}_1\varkappa\lambda \tag{11}$$

das Trägheitsmoment des Körpers in bezug auf die augenblickliche Drehachse (ω) ist (Art. 70). Daher ist T die Energie (lebendige Kraft) der drehenden Bewegung in bezug auf das räumlich feste Koordinatensystem X, Y, Z. Die Bewegungsgleichungen für die Drehung des Körpers um den Ursprung O erhalten hiermit die Gestalt

$$\frac{d}{dt}\frac{\partial T}{\partial p} = \boldsymbol{\Lambda}; \quad \frac{d}{dt}\frac{\partial T}{\partial q} = \boldsymbol{M}; \quad \frac{d}{dt}\frac{\partial T}{\partial r} = \boldsymbol{N}. \tag{12}$$

Hierzu treten noch die Formeln, welche die Lage des Körpers in jedem Augenblick gegen das Achsenkreuz festlegen. Nun läßt sich den Körper bezüglich seiner räumlichen Lage ersetzen durch sein dem Punkt O zugehöriges Trägheitsellipsoid. Hierüber nur noch kurz das Folgende: Die Hauptachsen seien (1), (2), (3) (Abb. 153). Bildet die Achse (1) mit X, Y, Z Winkel, deren Kosinusse bzw. α_1, β_1, γ_1 sind, gehören ebenso zur Achse (2) die Kosinusse α_2, β_2, γ_2, zu Achse (3) die Kosinusse α_3, β_3, γ_3, und wendet man auf einen Punkt der Achse (1), der den Abstand 1 vom Punkt O hat, die Formeln (4) an, so ergibt sich die erste Spalte der folgenden Formeln:

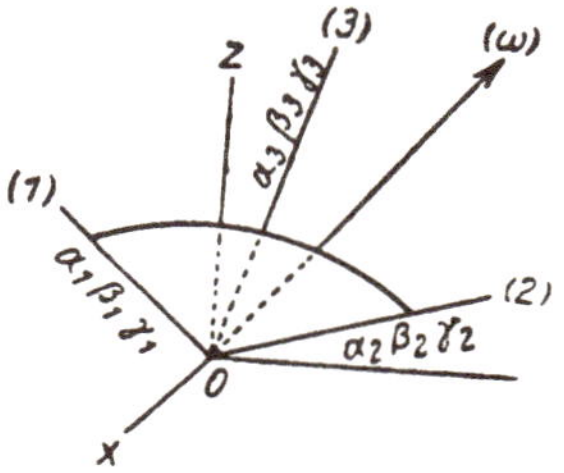

Abb. 153.

$$\begin{array}{lll}
\dot\alpha_1 = q\gamma_1 - r\beta_1 & \dot\alpha_2 = q\gamma_2 - r\beta_2 & \dot\alpha_3 = q\gamma_3 - r\beta_3 \\
\dot\beta_1 = r\alpha_1 - p\gamma_1 & \dot\beta_2 = r\alpha_2 - p\gamma_2 & \dot\beta_3 = r\alpha_3 - p\gamma_3 \\
\dot\gamma_1 = p\beta_1 - q\alpha_1 & \dot\gamma_1 = p\beta_2 - q\alpha_2 & \dot\gamma_3 = p\beta_3 - q\alpha_3.
\end{array} \tag{13}$$

Diese Formeln sind rein kinematischer Natur und bestehen für jede Art der Drehung der Systeme (1), (2), (3) und X, Y, Z gegeneinander, wenn $\mathfrak{w} = (p, q, r)$ die Winkelgeschwindigkeit des ersten gegen das zweite ist.

Die 6 bekannten Relationen zwischen den 9 Größen α_i, β_i, ... sind ebenso viele Integrale dieser Gleichungen. So stellen (13) nur noch 3 weitere Bedingungsgleichungen dar, die zusammen mit denen (12) die Bewegung bestimmen.

Ehe wir uns besonderen Annahmen über das Moment ($\boldsymbol{\Lambda}, \boldsymbol{M}, \boldsymbol{N}$) der Kräfte zuwenden, mögen noch einige Ausführungen Platz finden. Zunächst eine Bemerkung über den Zusammenhang zwischen Drehimpuls und momentaner Drehachse.

Ist für einen starren Körper der Drehimpuls $\mathfrak{J}$ gegeben, so bestimmt sich algebraisch die Drehachse $\mathfrak{w}$ aus den Gleichungen (8), die in p, q, r linear sind. Man kann aber der Lösung eine hübsche geometrische Deutung geben (Poinsot), indem man an das Trägheitsellipsoid für den Punkt O anschließt.

Die Gleichung dieses Ellipsoids ergibt sich, wenn man in den Ausdruck (7) für die lebendige Kraft T rechtwinklige Koordinaten x, y, z mittels

$$x = p/\omega\sqrt{\Theta_\omega}; \quad y = q/\omega\sqrt{\Theta_\omega}; \quad z = r/\omega\sqrt{\Theta_\omega} \tag{14}$$

einführt. Man bekommt

$$1 = A\,x^2 + B\,y^2 + \Gamma z^2 - 2\,A_1\,y\,z - 2\,B_1\,z\,x - 2\,\Gamma_1\,x\,y$$

oder (15)

$$1 = f(x, y, z).$$

Nun verhalten sich nach (8) die Differentialquotienten von T nach p, q, r wie die Komponenten L, M, N des Impulsmomentes $\mathfrak{J}$. Für den Punkt des Ellipsoids, für den die Beziehungen (14) gelten, der also auf der Drehachse $\mathfrak{w}$ liegt, besteht nach (8), (14), (15) die Proportion

$$f'(x) : f'(y) : f'(z) = T'(p) : T'(q) : T'(r) = L : M : N, \tag{16}$$

wo die Striche partielle Differentialquotienten nach den Klammergrößen bedeuten. — Da nach (16) der Impulsvektor $\mathfrak{J}$ parallel zur Normalen in dem Punkt (x, y, z) des Ellipsoids ist, in welchem die Drehachse die Fläche trifft, so erhält man die Richtung der Drehachse $\mathfrak{w}$, indem man senkrecht zur Richtung des Drehimpulses $\mathfrak{J}$ eine Tangentialebene an das Ellipsoid heranschiebt und den Berührungspunkt mit O verbindet. Die Länge $|\mathfrak{w}| = \omega$ bestimmt sich aus der Beziehung (10).

Die implizite Form, in der die Winkel der Achsen des Trägheitsellipsoids mit dem Achsenkreuz in den Ausdrücken A, B, ... A_1, ... auftreten, läßt sich dadurch entwickeln, daß man den Ausdruck für das Trägheitsmoment Θ_ω auf die (beweglichen) Hauptträgheitsachsen bezieht. Statt der Winkel gegen die festen Achsen führen wir demgemäß diejenigen ein, welche die Drehachse (ω) mit den Hauptträgheitsachsen bildet. Sind ihre Kosinusse bzw. $\varkappa'$, λ', μ', wo dann

$$\varkappa' = \alpha_1\frac{p}{\omega} + \beta_1\frac{q}{\omega} + \gamma_1\frac{r}{\omega}; \; \lambda' = \alpha_2\frac{p}{\omega} + \beta_2\frac{q}{\omega} + \gamma_2\frac{r}{\omega};$$

$$\mu' = \alpha_3\frac{p}{\omega} + \beta_3\frac{q}{\omega} + \gamma_3\frac{r}{\omega} \tag{14a}$$

ist, sind ferner A, B, C die zu den Achsen bzw. (1), (2), (3) gehörigen Hauptträgheitsmomente des Körpers, so ist das Trägheitsmoment Θ_ω darstellbar durch

$$\Theta_\omega = A\,\varkappa'^2 + B\,\lambda'^2 + C\,\mu'^2. \tag{14b}$$

Hiermit erhält T die Gestalt:

$$T = \frac{\omega^2}{2}(A \varkappa'^2 + B \lambda'^2 + C \mu'^2) = \frac{1}{2}[A(\alpha_1 p + \beta_1 q + \gamma_1 r)^2 + \\ + B(\alpha_2 p + \beta_2 q + \gamma_2 r)^2 + C(\alpha_3 p + \beta_3 q + \gamma_3 r)^2], \quad (14c)$$

wo nun A, B, C konstante Größen sind. Verwendet man diesen Ausdruck an Stelle von (10), (11) in (12), so ist damit das Problem der Drehung um einen festen Punkt auf die Bestimmung der Größen p, q, r und der 9 Größen α_1, β_1, ... in Funktion der Zeit aus den Gleichungen (12), (13) zurückgeführt.

Während die Beziehung (1) $\dot{\mathfrak{J}} = \Sigma[\mathfrak{r}\,\mathfrak{P}]$ und die daraus abgeleiteten zunächst dazu dienen, das Impulsmoment aus bekannten Kräften zu bestimmen, kann auch die umgekehrte Aufgabe vorliegen. So im folgenden Fall.

Wir werden später sehen, daß ein Kreisel, der (im luftleeren Raum) um seine geometrische Achse (C) angedreht und im Schwerpunkt unterstützt ist, diese Drehachse in gleicher räumlicher Lage und mit demselben Impulsmoment für alle Zeit beibehält (Art. 72 a. E.).

Versucht man nun durch Drehung um eine Achse A, die z. B. senkrecht zur Achse C steht (Abb. 154), die Lage der Drehachse zu ändern, indem man sie (etwa durch einen Schlag) den kleinen Winkel $\Delta\varphi$ mit ihrer früheren Lage einzuschließen zwingt, so entsteht ein Widerstandsmoment, das sich aus (1) berechnen läßt, wenn man annimmt, daß der Betrag $|J| = \omega \cdot C$ des Impulsmoments bei der kleinen Lageänderung der Figurachse sich nicht ändert. Ist dann $\mathfrak{c}$ ein Einheitsvektor in Richtung der Anfangslage, $\mathfrak{c} + \Delta\mathfrak{c}$ ein ebensolcher in der Endlage nach der Drehung um $\Delta\varphi$, so ist $|\Delta\mathfrak{c}| = \Delta\varphi$, und aus $\mathfrak{J} + \Delta\mathfrak{J} = |\mathfrak{J}|(\mathfrak{c} + \Delta\mathfrak{c})$ ergibt sich (mit $\mathfrak{J} = |\mathfrak{J}|\mathfrak{c}$), daß $\Delta\mathfrak{J} = |\mathfrak{J}|\,\Delta\mathfrak{c}$, oder nach Division mit Δt, $|\dot{\mathfrak{J}}| = |\mathfrak{J}|\dot{\varphi}$, als Ausdruck für das geweckte Widerstandsmoment $|\Sigma[\mathfrak{r}\,\mathfrak{P}]|$, dessen Richtung $\Delta\mathfrak{c}$ senkrecht auf A und C steht.

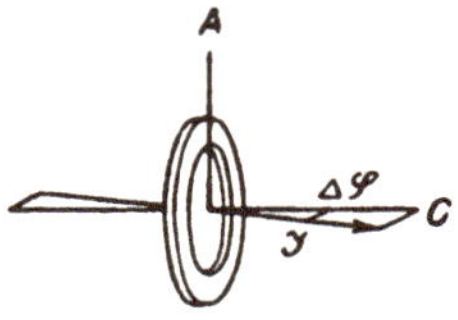

Abb. 154.

Wir werden diese Ableitung später (Art. 73 a. E.) durch eine andere Berechnung des Widerstandsmomentes, die nicht von der Voraussetzung konstanten Wertes von $|\mathfrak{J}|$ ausgeht, bestätigen.

72. Der symmetrische Kreisel.

Die oben entwickelten Formeln mögen zu einer Skizze der Theorie des Kreisels mit ruhender Spitze verwendet werden.

Unter einem (symmetrischen) Kreisel versteht man ein (kleines) Schwungrad, einen schweren Umdrehungskörper, bestehend aus

Welle und Schwungring R (Abb. 155), der hinsichtlich seiner Figurenachse[1]) homogen ist und ein großes Trägheitsmoment (C) besitzt.

Der Kreisel werde um die Figurenachse (a) in Umdrehung versetzt und, in einem Punkt O dieser Achse unterstützt, der Wirkung der Schwerkraft überlassen. — Wie bewegt er sich?

Der feste Punkt O sei Ursprung eines Koordinatensystems mit vertikal nach oben gerichteter Z-Achse. In einem gegebenen Augenblick beschreibt die Figurenachse (a) um die Drehachse (ω) ein Kegelelement, dessen Spitze O ist, und dessen Erzeugende durch die Kosinusse α, β, γ ihrer Winkel gegen die Koordinatenachsen bestimmt sein möge (Abb. 155).

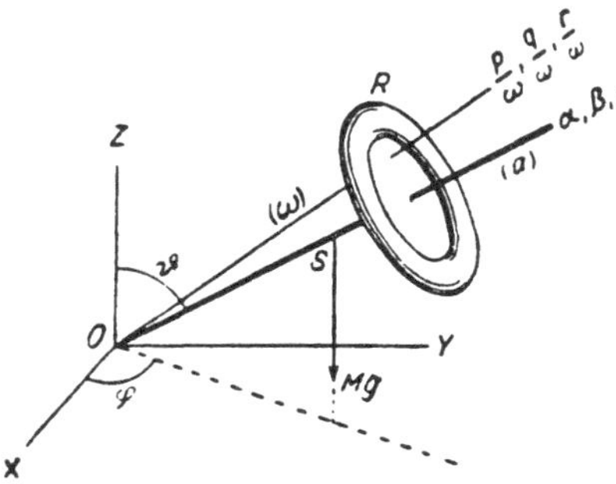

Abb. 155.

Auf ein Massenelement dm des Systems wirkt die Schwerkraft $dZ = -g\,dm$. Hiermit nehmen die rechten Seiten der Gleichungen (3) des vor. Art. die Gestalt an:

$$\boldsymbol{\Lambda} = \int (y\,dZ - z\,dY) = -\int y\,g\,dm = -Mg\eta; \quad \boldsymbol{M} = Mg\xi; \quad \boldsymbol{N} = 0,$$

wenn ξ, η, ζ die Schwerpunktskoordinaten sind, M die Masse des Körpers ist[2]). Führt man noch den Abstand $s = \overline{OS}$ des Schwerpunktes S vom Unterstützungspunkt O ein, so erhält man aus (12) des vor. Artikels

$$\frac{d}{dt}\frac{\partial T}{\partial p} = -Mgs\beta; \quad \frac{d}{dt}\frac{\partial T}{\partial q} = Mgs\alpha; \quad \frac{d}{dt}\frac{\partial T}{\partial r} = 0, \tag{1}$$

wo nun nach (14c) des vor. Art. (mit den dortigen Bezeichnungen, nur daß α_3, β_3, γ_3 durch α, β, γ ersetzt ist), weil die Trägheitsmomente A, B des Rotationskörpers einander gleich sind,

$$T = \frac{\omega^2}{2}[A(\varkappa'^2 + \lambda'^2) + C\mu'^2] = \frac{1}{2}A\omega^2 + \frac{1}{2}(C - A)\,\omega^2\mu'^2$$

$$= \frac{1}{2}A\omega^2 + \frac{1}{2}(C - A)(\alpha p + \beta q + \gamma r)^2 \tag{1a}$$

---

[1]) Man hat zwischen Figuren- oder Körperachse des Kreisels einerseits und Rotations- oder Drehachse anderseits (um welche zeitweilig die Drehung des Kreisels erfolgt und die keineswegs immer mit jener zusammenfällt) zu unterscheiden.

[2]) Eine Verwechslung der Masse M mit der früher ebenso bezeichneten Komponente des Impulsmomentes $\mathfrak{J}$ ist wohl ausgeschlossen.

wird. Hiermit liefert (1) die Bewegungsgleichungen

$$\begin{aligned} A\dot{p} + (C-A)\frac{d}{dt}\big((\alpha p + \beta q + \gamma r)\,\alpha\big) &= -Mgs\beta \\ A\dot{q} + (C-A)\frac{d}{dt}\big((\alpha p + \beta q + \gamma r)\,\beta\big) &= Mgs\alpha \\ A\dot{r} + (C-A)\frac{d}{dt}\big((\alpha p + \beta q + \gamma r)\,\gamma\big) &= 0. \end{aligned} \tag{2}$$

Von den 9 Gleichungen (13) des vor. Art. zwischen den Winkeln $\alpha, \beta, \ldots$ kommen wegen der Symmetrie des Kreisels nur die drei letzten in Betracht:

$$\begin{aligned} \dot{\alpha} &= q\gamma - r\beta \\ \dot{\beta} &= r\alpha - p\gamma \\ \dot{\gamma} &= p\beta - q\alpha, \end{aligned} \tag{3}$$

die durch Multiplikation mit bzw. p, q, r und Addition

$$p\dot{\alpha} + q\dot{\beta} + r\dot{\gamma} = 0 \tag{4}$$

ergeben, womit man erhält

$$\frac{d}{dt}(p\alpha + q\beta + r\gamma) = \dot{p}\alpha + \dot{q}\beta + \dot{r}\gamma.$$

Multipliziert man nun die Gleichungen (2) bzw. mit α, β, γ und addiert, so erhält man, weil $\alpha^2 + \beta^2 + \gamma^2 = 1$, also $\alpha\dot{\alpha} + \beta\dot{\beta} + \gamma\dot{\gamma} = 0$ ist,

$$A\frac{d}{dt}(\alpha p + \beta q + \gamma r) + (C-A)\frac{d}{dt}(\alpha p + \beta q + \gamma r) = 0;$$

oder als ein erstes Integral ((14a) des vor. Art.):

$$\alpha p + \beta q + \gamma r = \omega\mu' = k, \tag{4a}$$

wo k eine willkürliche Konstante ist, die sich aus dem Anfangswert ω_0 der Winkelgeschwindigkeit ω und demjenigen μ'_0 des Kosinus μ des Winkels zwischen Dreh- und Figurenachse bestimmt

$$\omega\mu' = k = \omega_0\mu_0'. \tag{4b}$$

Hiermit werden die Gleichungen (2)

$$\begin{aligned} \dot{p} + b\dot{\alpha} &= -m\beta \\ \dot{q} + b\dot{\beta} &= m\alpha \\ \dot{r} + b\dot{\gamma} &= 0, \end{aligned} \tag{5}$$

wenn zur Abkürzung für die Konstanten

$$\left(\frac{C}{A} - 1\right)k = b; \quad \frac{Mgs}{A} = m \tag{5a}$$

gesetzt wird[1]). Multipliziert man die Gleichungen (5) bzw. mit p, q, r und addiert sie, so erhält man wegen (3) und (4)

$$p\dot{p}+q\dot{q}+r\dot{r}=\frac{d}{dt}\frac{\omega^2}{2}=-m\dot{\gamma},$$

und hiermit das Integral der lebendigen Kraft

$$p^2+q^2+r^2=\omega^2=-2m\gamma+h, \tag{6}$$

wo h eine Konstante ist. Endlich leitet sich aus der dritten Gleichung (5) das Integral ab

$$r+b\gamma=c, \tag{7}$$

wo c wieder eine Konstante ist.

Um nun den Kosinus γ in Funktion der Zeit zu bestimmen, multipliziere man die erste und zweite Gleichung (5) mit bzw. $-\beta$ und α und addiere sie. Man erhält

$$\alpha\dot{q}-\beta\dot{p}+b(\alpha\dot{\beta}-\beta\dot{\alpha})=m(1-\gamma^2). \tag{8}$$

Hier ist wegen (3)

$$\begin{aligned}\alpha\dot{\beta}-\beta\dot{\alpha}&=\alpha(r\alpha-p\gamma)-\beta(q\gamma-r\beta)=\\&=r(\alpha^2+\beta^2+\gamma^2)-\gamma(\alpha p+\beta q+\gamma r)=r-k\gamma.\end{aligned} \tag{9}$$

Ebenso aus der differenzierten letzten Gleichung (3) und wegen (3), (4a)

$$\begin{aligned}\alpha\dot{q}-\beta\dot{p}&=-\ddot{\gamma}-(\dot{\alpha}q-\dot{\beta}p)=-\ddot{\gamma}-q(q\gamma-r\beta)+p(r\alpha-p\gamma)\\&=-\ddot{\gamma}-\omega^2\gamma+rk.\end{aligned}$$

Hiermit geht (8) über in:

$$\ddot{\gamma}+m(1-\gamma^2)+b(k\gamma-r)+\omega^2\gamma-rk=0, \tag{10}$$

oder, wenn man auch r und ω^2 durch γ ausdrückt ((6), (7))

$$\ddot{\gamma}+m(1-3\gamma^2)+\gamma(2bk+b^2+h)-c(b+k)=0. \tag{11}$$

Aus dieser Differentialgleichung ergibt sich nach Multiplikation mit $\dot{\gamma}$ und einmaliger Integration t als elliptisches Integral 1. Gattung in γ, oder umgekehrt der Neigungswinkel ϑ der Figurenachse gegen die Vertikale, wegen

$$\gamma=\cos\vartheta, \tag{12}$$

als elliptische Funktion der Zeit.

Ähnlich bestimmt sich der Neigungswinkel φ der die Figurenachse enthaltenden Vertikalebene gegen die XZ-Ebene aus der Bemerkung, daß, wenn die Projektion des Schwerpunkt-

[1]) Die Zeitintegrale $p+b\alpha$, $q+b\beta$, $r+b\gamma$ der linken Seiten von (5) sind, bis auf den konstanten Faktor A, die Komponenten des (Dreh-)Impulses $\mathfrak{J}$, und dieser ist daher im allgemeinen verschieden sowohl von dem Drehvektor p, q, r wie von der Figurenachse α, β, γ.

abstandes $s = \overline{OS}$ auf die Horizontalebene

$$\varrho = s \cdot \sin\vartheta \qquad (13)$$

ist, die Beziehungen gelten

$$s\alpha = \varrho\cos\varphi; \quad s\beta = \varrho\sin\varphi, \qquad (14)$$

woraus sich nach Differentiation der Gleichungen (14) durch Kombination derselben mit (14) ergibt

$$s^2(\alpha\dot{\beta} - \beta\dot{\alpha}) = \varrho^2\dot{\varphi} = \dot{\varphi}s^2(1 - \gamma^2),$$

oder wegen (9) und (7)

$$\dot{\varphi}(1 - \gamma^2) = r - k\gamma = c - \gamma(b + k), \qquad (15)$$

eine Gleichung, die zur Bestimmung des Winkels φ in Funktion von t dient, nachdem γ, wie oben gezeigt, in t dargestellt ist.

Wegen der weiteren Behandlung des allgemeinen Falles sei etwa auf Budde, Mechanik, II. Teil, oder Klein-Sommerfeld, Theorie des Kreisels oder endlich auf den Bericht in der Enzyklopädie der math. Wissensch. von Stäckel, IV, 6 verwiesen. Hier mögen nur noch 2 Sonderfälle weiter verfolgt werden.

1. Fall. Für einen im Schwerpunkt unterstützten Kreisel, wie ihn das Bohnenbergersche »Maschinchen«, ein Kreisel im Cardanischen Gehänge (Abb. 156)[1]) aufweist, ist

$$s = 0, \text{ also wegen (5a) } m = 0. \qquad (16)$$

Hiermit gehen die Gleichungen (5) über in

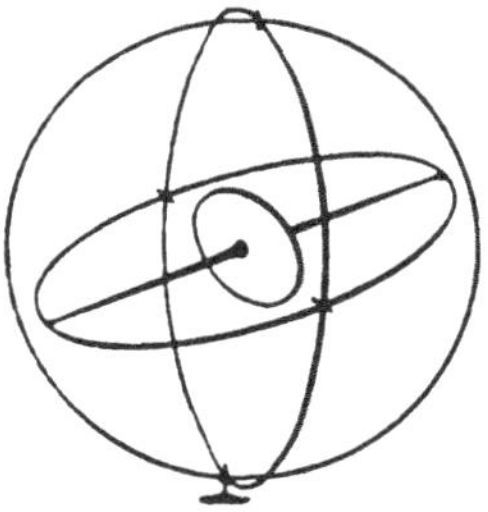

Abb. 156.

$$\frac{\partial T}{\partial p} = A(p + b\alpha) = a'$$
$$\frac{\partial T}{\partial q} = A(q + b\beta) = b' \qquad (17)$$
$$\frac{\partial T}{\partial r} = A(r + b\gamma) = c',$$

wo mit (5a)

$$b = \left(\frac{C}{A} - 1\right)k \qquad (17a)$$

und wegen (1a)

$$T = \frac{1}{2}\omega^2\Theta_\omega = \frac{1}{2}[A\omega^2 + (C - A)/k^2] \qquad (17b)$$

ist, a', b', c' Integrationskonstanten sind. Wir benützen noch weiter die Integrale (4a), (6)

$$\omega^2 = h; \quad \alpha p + \beta q + \gamma r = \omega\mu' = k \qquad (18)$$

[1]) F. Bohnenberger, Beschreibung einer Maschine usw., Tübingen 1817; Gilberts Ann. LX.

und erhalten hiermit

$$T = \frac{1}{2}\,[A\,h + (C - A)\,k^2] = \frac{A}{2}\,[h + b\,k] = h', \tag{19}$$

wo h' die konstante rechte Seite zusammenfassen möge. Multipliziert man die Gleichungen (17) mit bzw. p, q, r und addiert sie, so erhält man mit Rücksicht auf (18)

$$A\,(h + b\,k) = a'\,p + b'\,q + c'\,r = 2\,h'. \tag{20}$$

Führt man für p, q, r die Koordinaten ξ, η, ζ eines Punktes des um O beschriebenen Zentralellipsoids ein mittels

$$p = \xi\,\omega\,\sqrt{\Theta_\omega} = \xi\,\sqrt{2\,h'}; \quad q = \eta\,\sqrt{2\,h'}; \quad r = \zeta\,\sqrt{2\,h'}, \tag{21}$$

so erhält man

$$a'\,\xi + b'\,\eta + c'\,\zeta = \sqrt{2\,h'}.$$

Somit liegt der Schnittpunkt ξ, η, ζ der momentanen Drehachse (ω) mit dem Zentralellipsoid immer auf derselben im Raum festen Ebene, deren Gleichung

$$a'\,X + b'\,Y + c'\,Z = \sqrt{2\,h'} \tag{22}$$

ist. Man kann zeigen, daß die Ebene immer Tangentialebene an wechselnde Punkte des Zentralellipsoids ist, so daß der Endpunkt der Achse (ω) ihr Berührungspunkt ist. In der Tat: die Gleichung des Zentralellipsoids wird (Art. 70 (3)) in der Gestalt $f(\xi, \eta, \zeta) = 1$ erhalten, indem man die Gleichung $T = h'$ (mit dem Ausdruck (17b) für T) durch $\frac{1}{2}\,\omega^2\Theta_\omega = h'$ dividiert und für p, q, r die in (21) angegebenen Werte einsetzt. Man erhält

$$f(\xi, \eta, \zeta) \equiv \frac{T}{h'} = 1. \tag{22a}$$

Nun lautet die Gleichung der Tangentialebene im Punkt ξ, η, ζ der Drehachse

$$\frac{\partial f}{\partial \xi}\,X + \frac{\partial f}{\partial \eta}\,Y + \frac{\partial f}{\partial \zeta}\,Z = 2,$$

oder, mit (21), (22a),

$$\frac{\partial T}{\partial p}\,X + \frac{\partial T}{\partial q}\,Y + \frac{\partial T}{\partial r}\,Z = \sqrt{2\,h'},$$

also wegen (17)

$$a'\,X + b'\,Y + c'\,Z = \sqrt{2\,h'}.$$

Dies ist aber jene Ebene (22), auf der sich der Endpunkt der Achse (ω) befindet, w. z. b. w. Daher läßt sich die räumliche Bewegung des um seinen Schwerpunkt O frei beweglichen Körpers auch so beschreiben: Sein Zentralellipsoid, längs der festen Ebene (22) abrollend, berührt dieselbe dauernd, indem der Berührungspunkt sowohl auf dem Ellipsoid wie auf der Berührungsebene wandert. Und zwar besteht die jeweilige Drehung um die durch O und den Berührungspunkt bestimmte Achse in einem Rollen ohne Gleiten, wie später (Art. 77) noch ausgeführt werden wird.

Fällt die anfängliche Drehachse mit einer Hauptachse des Zentralellipsoids zusammen, so ändert diese ihre Lage im Raume nicht. Denn die Tangentialebene im Endpunkt einer Hauptachse wird bei einer Umdrehung um dieselbe von dem Ellipsoid dauernd nur in diesem Endpunkt berührt.

73. Der Kreisel. Fortsetzung.

Der zweite Sonderfall, den wir behandeln wollen, ist der folgende: Dem (in einem Punkt der Figurenachse unterstützten) Kreisel werde im Anfang ein Impulsmoment $C\omega_0$ (Antrieb) um die Figurenachse von solchem Betrage erteilt, daß gegenüber dem Quadrat desselben das Produkt aus dem statischen Moment Ms in das Trägheitsmoment A (in bezug auf eine zur Figurenachse senkrechte Achse durch den Unterstützungspunkt O) vernachlässigt werden kann ($<<$), also

$$C^2\omega_0^2 >> A\,M g s. \tag{23}$$

Mit (17a), (18) des Art. 72:

$$b + k = k\,C/A,$$

$$k = \omega_0 \mu_0' = \omega_0,$$

erhält, weil der Winkel zwischen Dreh- und Figurenachse zur Zeit $t = 0$ gleich null, also $\mu_0' = 1$ angenommen wurde, und mit

$$M g s/A = m$$

(23) die Gestalt

$$(b + k)^2 >> m. \tag{23a}$$

Weil ferner $r = \omega\gamma$ ist, wird $r_0 = k\gamma_0$, wo $\gamma_0 = [\gamma]_{t=0}$ als positive Größe angesehen werden kann. Damit gehen die Gleichungen (6), (7), für die Zeit $t = 0$ angesetzt, über in:

$$h = \omega_0^2 + 2\,m\gamma_0; \quad c = r_0 + b\gamma_0 = (k + b)\,\gamma_0. \tag{24}$$

Die Differentialgleichung für γ (11) erhält dann die Gestalt:

$$\ddot{\gamma} + m\,(1 + 2\,\gamma\gamma_0 - 3\,\gamma^2) + (b + k)^2\,(\gamma - \gamma_0) = 0,$$

oder, wenn man statt γ die Variable

$$\varepsilon = \gamma_0 - \gamma \tag{25}$$

verwendet:

$$\ddot{\varepsilon} - m\,(1 - \gamma_0^2) + \varepsilon m \left(\frac{(b + k)^2}{m} - 4\,\gamma_0 + 3\,\varepsilon\right) = 0. \tag{26}$$

Führt man die oben (23a) gemachte Annahme ein, daß $(b + k)^2/m$ die Größe 1[1]) erheblich übertrifft, so wird dieser Quotient auch erheblich größer als $-4\gamma_0 + 3\varepsilon = -(\gamma_0 + 3\gamma)$ — die negative Summe von 4 reellen Kosinussen — sein, und in (26) können die zwei letzten Klammerglieder weggelassen werden. Die Bewegungsgleichung reduziert sich dann auf die folgende lineare Differentialgleichung für ε

$$\ddot{\varepsilon} - F + G\varepsilon = 0,$$

wo

$$F = m(1 - \gamma_0^2) = \frac{Mgs}{A} \sin^2 \vartheta_0;$$

$$G = (b + k)^2 = \frac{C^2 \omega_0^2}{A^2} \tag{27}$$

ist, also

$$\frac{F}{G} = \frac{A\,Mgs}{C^2 \omega_0^2} \sin^2 \vartheta_0.$$

Ihre Lösung ergibt

$$\varepsilon - \frac{F}{G} = -\frac{F}{G} \cos \sqrt{G}\, t,$$

wenn für $t = 0$, $\varepsilon = 0$ und $\dot{\varepsilon} = -\dot{\gamma} = 0$ angenommen wird. Hiermit wird

$$\varepsilon = \gamma_0 - \gamma = \frac{F}{G}(1 - \cos \sqrt{G}\, t) = \frac{2F}{G} \sin^2 \frac{\sqrt{G}\, t}{2}$$

$$= \frac{2\,A\,Mgs}{C^2 \omega_0^2} \sin^2 \vartheta_0 \sin^2 \frac{C\omega_0 t}{2A}. \tag{28}$$

Die Größe $\gamma = \cos \vartheta$, wo ϑ der Neigungswinkel der Figurenachse gegen die Vertikale ist, entfernt sich also vom Anfangswert γ_0 höchstens um

$$\varepsilon_1 = \frac{2F}{G} = \frac{2\,A\,Mgs \sin^2 \vartheta_0}{C^2 \omega_0^2},$$

und zwar schwankt die kleine Größe ε, um die sich γ von γ_0 unterscheidet, zwischen 0 und ε_1 periodisch in dem kleinen Zeitraum $4\pi A/C\omega_0$ hin und her.

Die Winkelgeschwindigkeit ω weicht ebenfalls nur wenig von ihrem Anfangswert ω_0 ab, wie sich aus (6) und (24) ergibt,

$$\omega^2 - \omega_0^2 = 2m\varepsilon = \frac{2\,Mgs}{A} \varepsilon. \tag{29}$$

Die Figurenachse beschreibt einen Kegel mit dem Stützpunkt O als Spitze und entfernt sich dabei nur wenig von der Erzeugenden eines Kreiskegels, den sie mit gleichförmiger Geschwindigkeit durchläuft.

[1]) b und k sind positive Größen.

Dies ergibt sich aus der Gleichung (15) für den Neigungswinkel φ, den die Vertikalebene durch die Figurenachse mit der XZ-Ebene bildet, eine Gleichung, die dadurch integrabel wird, daß man aus (7) und (24) die Größe

$$r = r_0 - b(\gamma - \gamma_0) = r_0 + b\varepsilon = k\gamma_0 + b\varepsilon \tag{30}$$

in (15) einsetzt, woraus dann

$$\dot{\varphi} = \frac{\varepsilon(k+b)}{1-\gamma^2} = \frac{\varepsilon}{1-\gamma^2}\frac{C\omega_0}{A} \tag{31}$$

folgt. Ersetzt man hier in erster Annäherung γ durch γ_0, so ergibt mit Hilfe von (28) die Integration, mit $\varphi = 0$ für $t = 0$,

$$\varphi = \frac{C\omega_0}{A(1-\gamma_0^2)} \cdot \frac{F}{G}\left(t - \frac{1}{\sqrt{G}}\sin\sqrt{G}\,t\right) = \frac{Mgs}{C\omega_0}\left(t - \frac{A}{C\omega_0}\sin\frac{C\omega_0 t}{A}\right). \tag{32}$$

Hiernach ändert sich der Winkel φ gemäß dem mit t selbst proportionalen ersten Glied der rechten Seite wegen der Kleinheit des mit $A/C\omega_0$ multiplizierten zweiten, man kann sagen: »im Durchschnitt« gleichförmig, und zwar um so langsamer, je größer der erste Antrieb $C\omega_0$ gewesen war. Die durchschnittliche Winkelgeschwindigkeit $\bar{\dot{\varphi}}$, mit der sich die (Vertikalebene durch die) Drehachse vorwärts bewegt, ist

$$\bar{\dot{\varphi}} = \frac{Mgs}{C\omega_0} = \frac{\text{Statisches Moment}}{\text{Impulsmoment}}\,g. \tag{33}$$

Der Neigungswinkel der Drehachse gegen die Vertikale, der sich aus (30) bestimmt, entfernt sich auch nur wenig von dem durch $r_0 = \omega_0\gamma_0$ bestimmten Anfangswert. Somit entfernen sich sowohl Figuren- wie Drehachse nur wenig von einer Erzeugenden des Kreiskegels mit dem Öffnungswinkel ϑ_0 (wenn $\gamma_0 = \cos\vartheta_0$), die ihn mit der gleichförmigen Winkelgeschwindigkeit $\bar{\dot{\varphi}}$ durchläuft. Beide Achsen, Drehachse und Figurenachse, umkreisen eine Erzeugende (Abb. 157) mit derselben Periode. Bei starkem Antrieb sind die Schwankungen der Figurenachse um die durch (33) dargestellte gleichförmige (»reguläre«) Präzessionsbewegung so klein, daß die durch (32) dargestellte »pseudoreguläre Präzession« (nach einer Bezeichnung von Klein-Sommerfeld, Theorie des Kreisels, S. 291) sich bloß in einem Zittern der regulär fortschreitenden Achse bemerkbar macht.

Nachdem mittels (28), (30), (32) $\gamma = \cos\vartheta$, r und φ bestimmt sind, ergeben sich ϱ, α, β aus (13), (14); ω^2 aus (6) und (24), p, q aus (4a) und dem Ausdruck für ω^2. Wir verzichten auf die Durchführung dieser Rechnungen und ziehen aus der Gleichung (33) nur noch einen allgemeinen Schluß.

Ersetzt man das Moment: $Mgs\sin\vartheta$, das in jedem Augenblick die Schwerkraft um eine durch O hindurchgehende horizontale

Achse $\perp(\omega)$ (A in Abb. 157) auf den Kreisel ausübt, durch das Moment $\boldsymbol{M}$ einer beliebigen Kraft[1]), so sagt die Formel (33) den folgenden Satz aus: Wenn auf einen um seine Figurenachse (C) stark angetriebenen Kreisel, der sich um einen Punkt (O) seiner Achse frei bewegen kann, ein Kraftmoment $\boldsymbol{M}$ wirkt, das ihn um die zur Figurenachse senkrechte Achse (A) durch den Punkt O zu drehen bestrebt ist, so beschreibt die Figurenachse (von einer kleinen periodisch sich wiederholenden Störung abgesehen) einen Kreiskegel (Präzessionskegel), dessen Achse auf der Achse (A) des Kraftmoments senkrecht steht. Die Winkelgeschwindigkeit $\bar{\dot{\varphi}}$, mit der der Kreiskegel beschrieben wird, berechnet sich, wenn $C\omega_0$ das Impulsmoment des Kreisels ist, ϑ der halbe Öffnungswinkel des Kegels (der Winkel der Anfangslage der Figurenachse mit der Vertikalen), aus

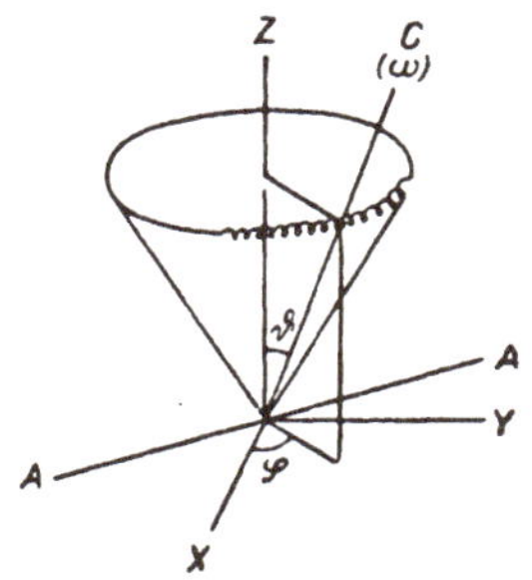

Abb. 157.

$$\bar{\dot{\varphi}} = \frac{\boldsymbol{M}}{C\,\omega\sin\vartheta}. \tag{34}$$

Umgekehrt wird die Achse (C) von dem Beschreiben des Kegels gerade noch abgehalten, wenn man, dem Reaktionsprinzip entsprechend, an (C) ein entgegengesetzt gerichtetes Kraftmoment von der gleichen Größe

$$\boldsymbol{M} = -\bar{\dot{\varphi}}\,C\,\omega\sin\vartheta$$

anbringt, dessen Achse A zugleich auf der Kreiselachse und der Achse des Präzessionskegels senkrecht steht.

Ist $\vartheta = \frac{\pi}{2}$, so ergibt sich als Betrag des Widerstandsmoments wieder $\dot{\varphi}\,C\,\omega = \dot{\varphi}\,|\mathfrak{J}|$, wie oben Art. 71 a. E.

74. Der Kreiselkompaß.

Die vorstehenden Ergebnisse ermöglichen einen Einblick in die Wirkung eines Apparates, der dazu dient, bloß durch den Einfluß der Erddrehung auf einen Kreisel, dessen Achse man horizontal zu bleiben nötigt, die Richtung des Meridians an einem Beobachtungsort zu bestimmen. Dem Gedanken nach von Foucault zuerst angegeben, wurde er erst durch die Konstruktion, die ihm Anschütz-Kämpfe gab, in eine Gestalt gebracht, der ihm die praktische Verwendbarkeit sicherte. Die nachfolgende Skizze der Theorie knüpft an das von Foucault

[1]) Es bedarf wohl kaum des Hinweises, daß dieses Moment nicht mit der in den Artt. 71, 72, 75 ebenso bezeichneten Komponente des Momentes $\Sigma[\mathfrak{r}\,\mathfrak{P}]$ zu verwechseln ist.

angegebene Modell an; aber die Theorie des praktisch verwendeten Kreisels beruht wesentlich auf derselben Grundlage wie dieses. (Martienssen, Phys. Zeitschr. VII, 1906; sowie Klein-Sommerfeld, Theorie des Kreisels, S. 845 ff.; R. Grammel, Der Kreisel, § 19, S. 256 ff., 1920, wo auch die neueren technischen Verbesserungen besprochen werden.)

Der Kreiselkompaß ist ein Kreisel, dessen Achse sich in horizontaler Ebene frei bewegen kann. Durch elektrischen Antrieb in starke Umdrehung erhalten, hat dieser Kreisel infolge der ständigen Einwirkung der Erddrehung das Bestreben, sich aufzurichten und der Erdachse parallel zu stellen, und wird daran durch eine geeignete Vorrichtung gehindert.

Das Modell von Anschütz-Kämpfe legt, wie schon früher (Art. 43) bemerkt, die Achse horizontal auf ein Gestell, dessen Beweglichkeit in der Horizontalebene durch Einsetzen in ein Quecksilberbad gewährleistet wird.

Auf die so horizontal beweglich gemachte Achse übt die Horizontalkomponente der Erdrotation Ω, nämlich $\Omega \cos \beta$, wenn β die Breite des Beobachtungsortes ist, einen Einfluß, der in einer Drehung der Achsenrichtung in der Horizontalebene — also um eine vertikale Achse — besteht. Denkt man sich nämlich (Abb. 92 S. 182) die Meridiantangente M des Beobachtungsortes O im Raume fest und die Erde mit der Winkelgeschwindigkeit $\Omega \cos \beta$ um die Tangente sich drehend, so läßt sich bekanntlich die Elementardrehung um eine Achse durch das Erdzentrum parallel zur Meridiantangente M ersetzen durch eine ebenso große Drehung um M und eine elementare Parallelverschiebung (Art. 42). Dreht sich nun der Kreisel in O um die horizontal gestellte Figurenachse, die etwa das Azimut ϑ hat (Abb. 157a), so wird diese Drehung — sofern man von Reibung absieht — unbegrenzt fortdauern, wenn auf die Achse kein Zwang ausgeübt wird. Da sich nur zugleich die Erde (und mit ihr die Horizontalebene) um die Meridiantangente M mit der Winkelgeschwindigkeit $\dot{\varphi} = \Omega \cos \beta$ dreht, so wird sich alsbald die Horizontalebene von der Kreiselachse loslösen. Umgekehrt scheint dann für einen mit der Horizontalebene verbundenen Beobachter die Kreiselachse einen Präzessionskegel mit der Meridiantangente als Achse zu beschreiben, dessen Öffnungswinkel ϑ ist, und zwar mit der Präzessionsgeschwindigkeit $\dot{\varphi} = \Omega \cos \beta$.

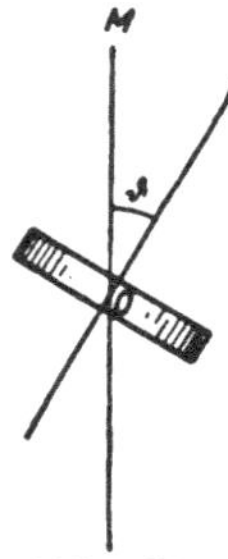

Abb. 157a.

Hindert man nun die Kreiselachse an dieser Präzessionsbewegung — indem man z. B. das Loslösen von der Horizontalebene und die Erhebung über sie mit der Hebung des stark belasteten Schwerpunktes verbindet und so unmöglich macht — so wird das Moment, das diese Wirkung hervorbringt, gemessen (Art. 73 a. E.) durch die Größe

$$\boldsymbol{M} = -\dot{\varphi}\, C\, \omega \sin \vartheta = -C\, \omega\, \Omega \cos \beta \sin \vartheta,$$

wenn wieder C das Trägheitsmoment des Kreisels in bezug auf seine Figurenachse ist. Die Achse dieses Momentes steht senkrecht zugleich auf der des Kreisels und der des Präzessionskegels, d. h. der Meridiantangente, ist also einfach die Vertikale durch O.

Wirkt in dieser Weise auf den Kreisel, als ruhenden Körper aufgefaßt, das Moment $-\boldsymbol{M}$ um die Vertikale, so ergibt sich daraus ein Zuwachs des Drehimpulses in Richtung des horizontal gemessenen Winkels ϑ (Abb. 157a) von der Größe

$$\Theta_A \ddot{\vartheta} = -\boldsymbol{M},$$

wo Θ_A das Trägheitsmoment des Kreisels um die vertikale (zur Figurenachse senkrechte) Achse A durch den festen Punkt O ist. Denn da dieser in der Horizontalebene zu bleiben genötigt ist, hat man die Kreiselachse wie einen um eine feste (vertikale) Achse schwingenden Körper anzusehen und für diesen Fall (Art. 69) die Bewegungsgleichung zu bilden. Setzt man den Wert von $\boldsymbol{M}$ ein, so zeigt die Vergleichung von

$$\Theta_A \ddot{\vartheta} = -C\,\omega\,\Omega \cos\beta \sin\vartheta$$

mit der Pendelgleichung (Art. 69, (3) (5)), daß die Kreiselachse um die Meridiantangente als Gleichgewichtslage Schwingungen ausführt, deren Periode der Wurzel aus dem Antrieb $C\omega$ umgekehrt proportional ist. Dämpft man sie in passender Weise, so erfolgt bald die Einstellung in den Meridian. Auf diese Weise ist der Kreisel als Kompaß verwendbar. Er hat vor der Magnetnadel die für Kriegsschiffe, Luftfahrzeuge und Unterseeboote unschätzbare Eigenschaft voraus, von dem magnetischen Moment der in ihnen angehäuften Eisenmassen und von elektrischen Strömen durch Drahtleitungen nicht beeinflußt zu werden.

Der Anschützsche Kreiselkompaß, ein auch technisch fein durchgebildeter Apparat, 1908 patentiert, arbeitet mit einem etwa ½ kg schweren Kreisel, der bei 20000 Umdrehungen in der Minute — durch einen Drehstrom konstant erhalten —, ein Impulsmoment $C\omega = 28 \cdot 10^{17}\ \mathrm{cm^2\,sec^{-1}}$ besitzt. Die horizontale Beweglichkeit der in ein Gehäuse horizontal eingesetzten Achse wird dadurch bewirkt, daß dieses in einem Quecksilberbad schwimmt (Abb. 158), auf dem somit die Achse federnd ruht. Dieses Federn ist für die Wirkung des Apparates unentbehrlich. Denn wie im Falle der räumlichen Präzession ist auch die Horizontalbewegung der Achse mit einem Oszillieren der Figurenachse um die nahe benachbarte, selbst bewegliche Drehachse verbunden, wodurch minimale periodische Entfernungen beider aus der horizontalen Lage bewirkt werden, die nicht unterdrückt werden dürfen. Die Stabilität des Apparates wird durch Verlegung des Schwerpunktes des beweglichen Teils unter das

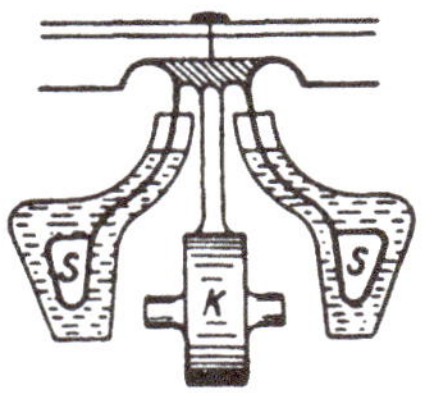

Abb. 158.

Metazentrum erzielt. In der Abb. 158 ist K der Kreisel, S sind Schwimmer. Wegen der Theorie dieser (von der von uns vorausgesetzten etwas verschiedenen) Anordnung s. die oben angegebene Literatur.

Die Trägheitswirkung des Kreisels, zufolge deren er seine Achsenrichtung beizubehalten bestrebt ist, findet auch sonst vielfach technische Verwendung. Das Geschoß aus einem gezogenen Geschützrohr wird durch die Züge in einen Kreisel verwandelt, der seine Drehachse zu erhalten bestrebt ist.

Ein im Innern eines Schiffes angebrachter Kreisel von erheblichen Dimensionen und starkem Antrieb in Cardanischer Aufhängung kann wie ein gegen Drehungen der Achse gesicherter Körper angesehen werden. Durch geeignete Bremsvorrichtungen, welche den Kreisel mit dem Schiff verbinden, lassen sich die Roll- und Schlingerbewegungen des Schiffes dämpfen. Hiervon macht der *Schlicksche Schiffskreisel* Gebrauch, wegen dessen Wirkung wir auf Klein-Sommerfeld, Theorie des Kreisels, verweisen.

Eine der Präzessionsbewegung des *schweren* Kreisels verwandte Bewegung zeigt der größte feste Kreisel, den wir kennen, unsere Erde. Auf den über die Kugel gelagerten Wulst des Sphäroids übt die Anziehung der Sonne einen Einfluß ähnlich dem, den die Schwerkraft auf den nicht im Schwerpunkt unterstützten Kreisel übt. Er besteht in einer Präzession der Erdachse, infolge deren diese einen Kegel (der halbe Öffnungswinkel ist 23½ Grad) um die Senkrechte zur Ekliptik als Kegelachse im Laufe von 26000 Jahren (»dem großen Platonischen Jahr«) einmal beschreibt. Die Bewegung ist gleichfalls pseudoregulär, aber die Abweichungen von der regulären Bewegung sind unmerklich. Hiermit übrigens nicht zu verwechseln ist die Bewegung des Drehpoles der Erde in der Nähe des Nordpoles infolge von unregelmäßig wirkenden Ursachen, wie Schneebelag, wechselnden Verschiebungen von Meeresmassen durch den Golfstrom u. a.

Die Tatsache, daß sich ein schiefstehender rotierender Kreisel während der Präzession trotz des Einflusses der Schwerkraft allmählich aufrichtet, findet ihre Erklärung in der Reibung, die seine Spitze auf der Unterlage erfährt. Man kann sich die Spitze als eine kleine Halbkugel mit dem Radius a (Abb. 159) vorstellen; die Reibungskraft R der Unterlage verursacht das Auftreten eines Momentes Ra in bezug auf ein durch den Kugelmittelpunkt gehende horizontale Achse H. Zerlegt man das Impulsmoment des Kreisels um die Drehachse, die mit der Figurenachse nahezu zusammenfällt, in eine Horizontal- und eine Vertikalkomponente, so wird durch das Reibungsmoment Ra die Intensität der Horizontalkomponente des Impulsmoments vermindert, während die der Vertikalkomponente ungeändert bleibt. Dies ist der

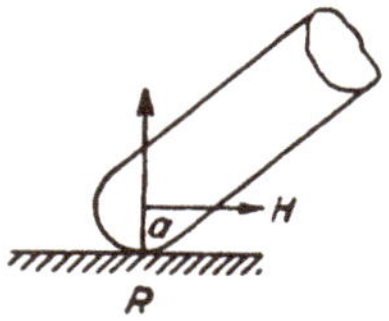

Abb. 159.

Grund des Aufrichtens. Der Kreisel scheint sich dem Einfluß der gleitenden Reibung entziehen zu wollen.

Eine quantitativ durchgeführte Untersuchung der Frage findet man bei Klein-Sommerfeld, S. 546 ff.

75. Übergang zu einem mit dem Kreisel fest verbundenen Koordinatensystem.

Die Verwendung der im Art. 71 aufgestellten Bewegungsgleichungen für einen Körper, der sich um einen festen Punkt O dreht, ist erschwert durch den Umstand, daß außer den Komponenten der Winkelgeschwindigkeit auch die mit der Zeit veränderlichen Winkel der Hauptachsen des Zentralellipsoids (oder statt ihrer die veränderlichen Trägheitsmomente und Deviationsmomente) eingehen. Schon Euler hat für gewisse Fälle den Bezug auf ein im Raume bewegliches, aber mit dem Körper selbst fest verbundenes Koordinatensystem, dessen Achsen mit den Hauptträgheitsachsen des Körpers zusammenfallen, vorgezogen. Wir wollen die Bewegungsgleichungen für dieses Achsenkreuz zunächst durch Transformation aus den früher (Art. 71) aufgestellten Gleichungen ableiten. Mit Rücksicht auf Späteres wollen wir dabei mit der Bezeichnung jetzt wechseln, indem wir die räumlich festen Achsen mit X', Y', Z' und die (früher mit (1), (2), (3) bezeichneten) beweglichen Hauptträgheitsachsen des Körpers mit X, Y, Z bezeichnen, die Komponenten der Winkelgeschwindigkeit in bezug auf die festen Achsen X', Y', Z' mit p', q', r'; die Trägheits- bzw. Deviationsmomente seien mit A', B', C'; A_1', B_1', C_1', die Momente der äußeren Kräfte mit bzw. $\boldsymbol{\Lambda}'$, $\boldsymbol{M}'$, $\boldsymbol{N}'$, dagegen die entsprechenden Größen für das räumlich bewegliche System X, Y, Z mit p, q, r; A, B, C; A_1, B_1, C_1; $\boldsymbol{\Lambda}, \boldsymbol{M}, \boldsymbol{N}$ bezeichnet, unter der Annahme, daß die Hauptträgheitsachsen des Körpers in die Achsen X, Y, Z entfallen. Dann lauten die Gleichungen (12) des Art. 71

$$\dot{L}' = \frac{d}{dt}\frac{\partial T'}{\partial p'} = \boldsymbol{\Lambda}'; \quad \dot{M}' = \frac{d}{dt}\frac{\partial T'}{\partial q'} = \boldsymbol{M}'; \quad \dot{N}' = \frac{d}{dt}\frac{\partial T'}{\partial r'} = \boldsymbol{N}', \tag{1}$$

wo wegen (7) desselben Artikels

$$T' = \frac{1}{2}[A'p'^2 + B'q'^2 + C'r'^2 - 2A'_1 q'r' - 2B'_1 r'p' - 2C'_1 p'q'] \tag{2}$$

ist, oder in vektorieller Bezeichnung:

$$\dot{\mathfrak{J}}' = \mathfrak{K}', \tag{1a}$$

wenn

$$\mathfrak{J}' = (L', M', N') = \Sigma\, m\,[\mathfrak{r}'\dot{\mathfrak{r}}'] \tag{2a}$$

das Impulsmoment des Körpers in bezug auf den Ursprung des festen Achsenkreuzes X', Y', Z' und $\mathfrak{K}' = (\boldsymbol{\Lambda}', \boldsymbol{M}', \boldsymbol{N}')$ das Moment der äußeren Kräfte ist.

Die Gleichung (1a) gilt für jedes im Raum feste rechtwinklige Koordinatensystem, dessen Ursprung mit dem Punkt O des Körpers zusammenfällt. Nicht so für ein bewegliches. Das Impulsmoment $\mathfrak{J}$, bezogen auf das im Zeitpunkt t um die Achse (ω) sich drehende Achsenkreuz, ergibt sich aus dem Satz (3b) des Art. 44, daß die Änderung $\dot{\mathfrak{J}}'$ in der Zeiteinheit eines Vektors $\mathfrak{J}'$ in bezug auf ein räumlich festes Bezugssystem mit derjenigen $\dot{\mathfrak{J}}_0$ in bezug auf ein mit der Winkelgeschwindigkeit $\mathfrak{w}$ sich drehendes durch die Gleichung verbunden ist:

$$\dot{\mathfrak{J}}' = \dot{\mathfrak{J}}_0 + [\mathfrak{w}\mathfrak{J}_0]. \qquad (3)$$

Ersetzt man hier $\mathfrak{J}_0$ durch $\mathfrak{J} = (L, M, N)$, so wird die Gleichung (1)

$$\dot{\mathfrak{J}} + [\mathfrak{w}\mathfrak{J}] = \mathfrak{K}' = \mathfrak{K}, \qquad (4)$$

oder in Koordinatenform:

$$\begin{aligned} \dot{L} + Nq - Mr &= \boldsymbol{A} \\ \dot{M} + Lr - Np &= \boldsymbol{M} \\ \dot{N} + Mp - Lq &= \boldsymbol{N}, \end{aligned} \qquad (4a)$$

wo sich (Art 71 (8))

$$L = \frac{\partial T}{\partial p}, \quad M = \frac{\partial T}{\partial q}, \quad N = \frac{\partial T}{\partial r} \qquad (5)$$

aus

$$T = \frac{1}{2}[A p^2 + B q^2 + C r^2] \qquad (6)$$

bestimmen. Die Bewegungsgleichungen des im Ursprung O befestigten Körpers, bezogen auf das Achsenkreuz seiner Hauptachsen, werden hiermit:

$$\begin{aligned} A\dot{p} &= (B - C)\,qr + \boldsymbol{A} \\ B\dot{q} &= (C - A)\,rp + \boldsymbol{M} \\ C\dot{r} &= (A - B)\,pq + \boldsymbol{N}. \end{aligned} \qquad (7)$$

Es sind die Eulerschen Formeln für die Drehung eines Körpers um einen festen Punkt. Daneben bestehen die kinematischen Formeln (13) des Art. 71 für die Änderungsgeschwindigkeiten der Neigungswinkel der bewegten gegen die festen Achsen, die, auf die Achsen des bewegten Systems umgeschrieben, für $\mathfrak{w} = (p, q, r)$ lauten[1]):

$$\dot{\alpha}_1 = r\alpha_2 - q\alpha_3, \quad \dot{\alpha}_2 = p\alpha_3 - r\alpha_1, \quad \dot{\alpha}_3 = q\alpha_1 - p\alpha_2. \qquad (8)$$

usw.

---

[1]) In den benützten Formeln (13) des Art. 71 bedeutet $\mathfrak{w}$ die Winkelgeschwindigkeit des Systems X, Y, Z gegen das feste System X', Y', Z', während hier mit $\mathfrak{w} = (p, q, r)$ die Drehung des letzteren gegen das erstere bezeichnet wird; daher der Vorzeichenwechsel von $\mathfrak{w}$.

Bevor wir die Formeln (7) verwenden, wollen wir sie noch einmal auf anderem Wege ableiten. Weil sie nämlich sich auf ein selbst bewegtes Koordinatensystem beziehen, werden die auf der rechten Seite zu den Momenten $\boldsymbol{A}$, $\boldsymbol{M}$, $\boldsymbol{N}$ der (»treibenden«) Kräfte $\mathfrak{P}$ hinzutretenden Glieder von der Wirkung von Relativ-(Führungs-)Kräften herrühren. Von diesen kommt allein in Betracht die Zentrifugalkraft. So ergibt sich die Aufgabe, die von den Fliehkräften, welche die einzelnen Massenteilchen angreifen, herrührende Resultante und das resultierende Kräftepaar unmittelbar zu bestimmen. Indem wir wegen der allgemeinen Berechnung der Relativkräfte auf Art. 79 verweisen, bedienen wir uns im folgenden Art. (im Anschluß an Clebsch, Analytische Mechanik, Karlsruhe 1858/59, lithogr. Vorträge S. 29) der Koordinatenmethode.

76. Die Wirkung der Zentrifugalkraft.

Ein starrer Körper drehe sich in einem gegebenen Zeitpunkt um die Achse (ω), die durch den Ursprung eines räumlich festen Koordinatensystems geht und mit den Koordinatenachsen Winkel bildet, deren Kosinusse α, β, γ sind. Das Lot mQ, von einem Massenpunkt m (x, y, z) aus auf die Drehachse gefällt, schließe, nach Umkehrung in $\overline{Qm} = \varrho$, mit dem Achsenkreuz Winkel ein, deren Kosinusse $\varkappa$, λ, μ sind.

Ist noch d der Abschnitt $\overline{OQ}$ (Abb. 151 S. 290), den das Lot Qm auf der Achse (ω) macht, ϑ der Neigungswinkel von Om gegen (ω), so erhält man durch Projektion des Linienzugs $OQmO$ auf die 3 Achsen:

$$\begin{aligned} x &= \alpha d + \varrho\varkappa \\ y &= \beta d + \varrho\lambda \\ z &= \gamma d + \varrho\mu, \end{aligned} \tag{1}$$

woraus durch Multiplikation mit α, β, γ und Addition

$$d = x\alpha + y\beta + z\gamma \tag{1a}$$

folgt. Die beiden letzten Gleichungen (1), mit $-z$ bzw. y multipliziert und addiert, geben:

$$\varrho\,(y\mu - z\lambda) = (z\beta - y\gamma)\,(x\alpha + y\beta + z\gamma). \tag{2}$$

Nun hat die im Massenpunkt m angreifende, in der Richtung $\overline{Qm}$ wirkende Zentrifugalkraft $m\omega^2\varrho$ die X-Komponente

$$X = m\omega^2\varrho\varkappa = m\omega^2\big(x - \alpha\,(x\alpha + y\beta + z\gamma)\big), \tag{2a}$$

und entsprechende Ausdrücke ergeben sich für

$$Y = m\omega^2\varrho\lambda \text{ und } Z = m\omega^2\varrho\mu. \tag{2b}$$

Wenn man diese für alle Massenpunkte bildet und summiert, erhält man:

$$\begin{aligned} \Sigma X &= \omega^2\Sigma m\big(x - \alpha\,(x\alpha + y\beta + z\gamma)\big) \\ &= \omega^2\big(\Sigma m x - \alpha\,(\alpha\Sigma m x + \beta\Sigma m y + \gamma\Sigma m z)\big), \end{aligned}$$

oder, wenn man die Schwerpunktkoordinaten ξ, η, ζ des Körpers und die Komponenten der Winkelgeschwindigkeit $p = \omega\alpha$; $q = \omega\beta$; $r = \omega\gamma$ einführt,

$$\begin{aligned} \Sigma X &= M\left(\omega^2 \xi - p\,(p\xi + q\eta + r\zeta)\right) \\ \Sigma Y &= M\left(\omega^2 \eta - q\,(p\xi + q\eta + r\zeta)\right) \\ \Sigma Z &= M\left(\omega^2 \zeta - r\,(p\xi + q\eta + r\zeta)\right). \end{aligned} \tag{3}$$

Anderseits berechnet sich das **Moment** der Zentrifugalkräfte in bezug auf die X-Achse mittels (2a), (2b) und (2) zu

$$\begin{aligned} \Sigma\,(yZ - zY) &= \Sigma m\,\omega^2 \varrho\,(y\mu - z\lambda) \\ &= \Sigma m\,\omega^2 (z\beta - y\gamma)(x\alpha + y\beta + z\gamma) \\ &= r\,(-p\Sigma m y x + q\Sigma m (z^2 + x^2) - r\Sigma m y z) \\ &\quad - q\,(-p\Sigma z x - q\Sigma m z y + r\Sigma m (x^2 + y^2)), \\ &= r\frac{\partial T}{\partial q} - q\frac{\partial T}{\partial r}, \end{aligned} \tag{4}$$

indem man $\omega\alpha = p$ usw. einführt und T aus (7) des Art. 71 entnimmt. Wenn man annimmt, daß die Koordinatenachsen mit den Hauptträgheitsachsen zusammenfallen, so erhält man

$$T = \frac{1}{2}(Ap^2 + Bq^2 + Cr^2) \tag{4a}$$

für die lebendige Kraft der drehenden Bewegung, wo

$$\begin{gathered} A = \Sigma m\,(y^2 + z^2); \quad B = \Sigma m\,(z^2 + x^2); \quad C = \Sigma m\,(x^2 + y^2) \\ \Sigma m y z = \Sigma m z x = \Sigma m x y = 0 \end{gathered}$$

die Trägheits- bzw. Deviationsmomente sind, gebildet für die Hauptachsen des **Trägheitsellipsoids**. Die Komponenten der Momente der Zentrifugalkräfte werden somit

$$\begin{aligned} \Sigma m\,(yZ - zY) &= (B - C)\,qr \\ \Sigma m\,(zX - xZ) &= (C - A)\,rp \\ \Sigma m\,(xY - yX) &= (A - B)\,pq. \end{aligned} \tag{5}$$

Sie haben genau die **Gestalt der Zusatzglieder** der rechten **Seiten der Gleichungen** (7) **des vor. Artikels**, und damit bestätigt sich die dort a. E. ausgesprochene Vermutung über die Bedeutung dieser Glieder. **Die Gleichungen** (3), (5) **geben zusammen die Wirkung der Trägheitskraft auf einen um die Achse** (ω) **sich drehenden Körper.**

Die Kraft (3) **selbst verschwindet** nur, wenn $\xi : \eta : \zeta = p : q : r$ ist, d. h. wenn der Schwerpunkt auf der Drehachse liegt; **das Moment** (5) **verschwindet** nur, wenn die Drehachse mit einer der Hauptachsen des Trägheitsellipsoids für den Punkt O zusammenfällt, wenn also entweder zwei der Größen p, q, r zugleich null sind, oder wenn zugleich

$A = B$ und $r = 0$ ist, oder auch, wenn $A = B = C$ ist, d. h. wenn das Trägheitsellipsoid eine Kugel ist, wie z. B. im Fall eines Würfels.

Beispielsweise mögen noch die Formeln (5) auf das in Art. 54 behandelte Beispiel der Drehung einer Kreisscheibe um die durch den Mittelpunkt schief aufgesteckte Achse Z angewendet werden. Wir behalten die dortigen Bezeichnungen bei. Die Komponenten p, q, r der Winkelgeschwindigkeit ω längs der Hauptachsen des Zentralellipsoids der Scheibe ergeben $p = 0$, $q \cdot r = \omega^2 \sin\alpha \cos\alpha$. Für die Hauptträgheitsmomente hat man $A = B = \frac{1}{2} C = \frac{1}{4} \gamma a^4 \pi$ (Art. 70; 3. Beispiel). Daher ist das Impulsmoment um die X-Achse:

$$(B - C)\, q r = \frac{1}{4} a^4 \pi \gamma \omega^2 \sin\alpha \cos\alpha,$$

wie in Art. 54 gefunden wurde.

Die Formel für die Komponente L des Impulsmomentes $\mathfrak{J}$ des Art. 71 würde nicht zum richtigen Ergebnis führen, weil sich die Zerlegung von $\mathfrak{J}$ auf ein im Raum festes Koordinatensystem bezieht, während es sich hier um die Komponente bezüglich der selbst bewegten X-Achse handelt. — Auch das Beispiel 3 des Art. 19 kann als Anwendung der Formeln (7) des Art. 75 für den Drehimpuls gelten.

77. Drehung um den Schwerpunkt.

Die in Art. 75 aufgestellten und im letzten Artikel noch einmal bewiesenen Eulerschen Formeln für die Drehung eines starren Körpers um einen festen Punkt wollen wir auf den Fall anwenden, daß der Körper im Schwerpunkt unterstützt ist (wie etwa beim Bohnenbergerschen Kreisel, Art. 72), wo dann auf der rechten Seite der Gleichungen (7) des Art. 75 die Momente $\boldsymbol{A}$, $\boldsymbol{M}$, $\boldsymbol{N}$ der treibenden Kräfte verschwinden. Sie erhalten damit die Gestalt

$$\begin{aligned} A\dot{p} &= (B - C)\, q r \\ B\dot{q} &= (C - A)\, r p \\ C\dot{r} &= (A - B)\, p q. \end{aligned} \tag{1}$$

Das Problem, das in Art. 72 auf Grund der auf ein festes Achsenkreuz bezüglichen Bewegungsgleichungen schon einmal behandelt worden ist, läßt sich an der Hand der Formeln (1) völlig lösen und auf elliptische Funktionen zurückführen. Wir wollen uns hier auf die Berechnung der p, q, r und eine geometrische Veranschaulichung der Bewegung der Drehachse beschränken.

Das Integral der lebendigen Kraft ergibt sich, wenn man die Gleichungen (1) bzw. mit p, q, r multipliziert und addiert. Man erhält

$$A p\dot{p} + B q\dot{q} + C r\dot{r} = 0$$

oder

$$A p^2 + B q^2 + C r^2 = h, \tag{2}$$

wo h eine willkürliche Konstante ist. Die lebendige Kraft der Drehbewegung, bezogen auf das bewegte Achsenkreuz der Hauptträgheitsachsen, ist somit ebenso eine konstante Größe, wie die auf das feste Achsenkreuz bezogene.

Ein zweites Integral erhält man durch Multiplizieren der Gleichungen (1) bzw. mit Ap, Bq, Cr und Addieren

$$A^2 p \dot{p} + B^2 q \dot{q} + C^2 r \dot{r} = 0$$

oder

$$A^2 p^2 + B^2 q^2 + C^2 r^2 = k. \tag{3}$$

Die konstante linke Seite ist das Quadrat des Impulsmomentes. Nimmt man hinzu:

$$p^2 + q^2 + r^2 = \omega^2, \tag{4}$$

so läßt sich aus (2), (3) und (4) das Wertetripel p, q, r in Funktion von ω^2 darstellen. Man findet[1]):

$$p^2 : q^2 : r^2 : 1 = \left\| \begin{matrix} A & B & C & -h \\ A^2 & B^2 & C^2 & -k \\ 1 & 1 & 1 & -\omega^2 \end{matrix} \right\|,$$

oder

$$p^2 = \frac{k - h(B + C) + BC\omega^2}{(A - B)(A - C)}, \tag{5}$$

und entsprechend q^2, r^2. Durch Differenzieren nach der Zeit von (5) erhält man

$$p\dot{p} = \frac{BC\omega\dot{\omega}}{(A - B)(A - C)},$$

was mit der ersten Eulerschen Gleichung (1) verbunden

$$pqr(A - B)(B - C)(C - A) = -ABC\omega\dot{\omega}$$

ergibt, oder nach Einsetzung der Werte für p, q, r und Auflösen nach der Zeit,

$$t = \int \frac{-ABC\omega d\omega}{\sqrt{-(k - h(B + C) + BC\omega^2)(k - h(C + A) + CA\omega^2)(k - h(A + B) + AB\omega^2)}} \quad \ldots \tag{6}$$

ein elliptisches Integral, so daß ω, p, q, r elliptische Funktionen der Zeit t sind. Mittels der Formeln (8) des Art. 75 lassen sich dann auch die 9 Winkel, welche die beweglichen mit den festen Achsen bilden, durch elliptische Funktionen darstellen, eine Aufgabe, die C. G. J. Jacobi in einem Aufsatz in den Comptes rendus von 1850 durch die Verwendung seiner eben vollendeten Theorie der elliptischen Θ-Funktionen

[1]) Die vier Determinanten der Matrix sind mit abwechselndem Vorzeichen den Größen links proportional zu setzen.

gelöst hat, womit sich die rechnerische Schmiegsamkeit dieser Funktionen glänzend bewährt hat[1]).

Wir fügen noch die elegante geometrische Deutung an, die Poinsot (Théor. nouvelle de la rotation des corps, Lionville Journ. 16, 1834) den Formeln (2), (3) gegeben hat. Das (rotierende) Zentralellipsoid des Körpers hat die Gleichung

$$A\xi^2 + B\eta^2 + C\zeta^2 = 1, \tag{7}$$

wie sich ergibt, wenn man (Art. 71 (14)) in der Gleichung (2) der lebendigen Kraft

$$\frac{p}{\sqrt{h}} = \xi; \quad \frac{q}{\sqrt{h}} = \eta; \quad \frac{r}{\sqrt{h}} = \zeta \tag{8}$$

einsetzt. Führt man diese Größen auch in (3) ein, so erhält man mit

$$A^2\xi^2 + B^2\eta^2 + C^2\zeta^2 = \frac{k}{h} \tag{9}$$

ein zweites, zu dem Trägheitsellipsoid koaxiales Ellipsoid. Der Punkt ξ, η, ζ der Drehachse bewegt sich längs der Schnittkurve dieser beiden Flächen, einer algebraischen Kurve 4. Ordnung, die zugleich auf dem Kegel 2. Ordnung

$$A\left(\frac{k}{h} - A\right)\xi^2 + B\left(\frac{k}{h} - B\right)\eta^2 + C\left(\frac{k}{h} - C\right)\zeta^2 = 0 \tag{10}$$

liegt, dessen Kanten der Reihe nach Drehachsen sein werden. Man bestätigt die früher (Art. 72, 1. Fall) für den im Schwerpunkt befestigten Kreisel gemachte Bemerkung, daß das Trägheitsellipsoid je in dem Punkt der Durchdringungskurve, durch den die Drehachse geht, eine und dieselbe im Raum feste Ebene berührt, die Tangentialebene nämlich an das Trägheitsellipsoid in diesem Punkt. Sie hat die Gleichung (X, Y, Z, laufende Koordinaten)

$$A\xi X + B\eta Y + C\zeta Z - 1 = 0$$

oder

$$\frac{Ap}{\sqrt{h}} X + \frac{Bq}{\sqrt{h}} Y + \frac{Cr}{\sqrt{h}} Z - 1 = 0. \tag{11}$$

Die Lage dieser Ebene bestimmt sich aus den Koeffizienten ihrer Gleichung. Aus den Verhältnissen $Ap : Bq : Cr$ ergeben sich die Winkel, welche das auf die Ebene vom Drehpunkt aus gefällte Lot mit den beweglichen Achsen einschließt, dessen Länge durch

$$\sqrt{h/(A^2p^2 + B^2q^2 + C^2r^2)} = \sqrt{h/k}$$

[1]) Wie die von Jacobi benützten unsymmetrischen Eulerschen Winkel durch Einführung komplexer Größen vermieden werden können, hat der Verfasser in einer Note in den Annali di mat. ser. 2, V: III, 1869 gezeigt.

dargestellt wird. Ebenso nun, wie dieses Lot sich als eine Konstante erweist, ist auch seine Lage gegen ein im Raum festes System unveränderlich. Denn die angegebenen Verhältnisse definieren die Lage des Impulsmomentes, das auf den um den Schwerpunkt drehbaren Körper wirkt, gegenüber dem beweglichen Achsenkreuz. Dieses Moment hat aber nach Art. 66, 1. Anwendung, eine im Raum feste Lage. w. z. b. w.

Man hätte die Lage der Tangentialebene auch durch Bestimmung ihrer Abschnitte auf den Achsen des festen Systems leicht als unveränderlich nachweisen können.

Das mit dem rotierenden Körper fest verbundene Zentralellipsoid berührt also während der Bewegung beständig eine und dieselbe feste Ebene E des Raumes, die auf dem konstanten Drehimpuls des Körpers senkrecht steht; die Verbindungslinie des Berührungspunktes mit dem Mittelpunkt O ist jeweilig die Achse der Rotation. Indem der Durchstoßpunkt der Rotationsachse auf E stetig seine Lage ändert, beschreibt er eine Kurve, die Herpolhodie, die als Basis eines Kegels mit der Spitze in O dienen mag. Längs dieses Kegels rollt ein mit dem Körper fest verbundener Kegel 2. Ordnung (10) (der Kegel der Polhodie), und zwar ohne zu gleiten, weil die Kante des Polhodiekegels, um welche die Drehung stattfindet, während der Drehung sich nicht verschiebt, sondern mit der Kante des Herpolhodiekegels zusammenfällt.

Bezüglich der Gleichung der Herpolhodie, einer transzendenten Kurve, werde auf Klein und Sommerfeld, Theorie des Kreisels, S. 437 ff., verwiesen.

XVI. Abschnitt.

Anwendungen und Ausführungen zum vorigen Abschnitt.

78. Die Bewegung eines Bezugssystems, für welche die lebendige Kraft eines Massensystems den kleinsten Wert annimmt.

Dem Vorstehenden entnimmt man die Mittel zur Beantwortung einer Frage, die bei der Suche nach einem zweckmäßigen Bezugssystem für die Gesamtheit der Massen des Weltalls sich erhebt.

Gesetzt, man kenne in einem Zeitpunkt alle im Raum zerstreuten Weltmassen, ihre Beträge, ihre gegenseitige Lage und Geschwindigkeit. Man soll für diesen Zeitpunkt Lage und Bewegung eines rechtwinkligen Koordinatensystems angeben, in bezug auf welches die gesamte lebendige Kraft der Weltmassen einen Minimalwert besitzt.

Die gegenseitige Lage und Bewegung der Massen zur Zeit t sei gegeben durch Beziehung auf ein (im Raum festes) Koordinatenkreuz $K'' = (X'', Y'', Z'')$, für welches das Trägheitsgesetz und die daraus fließenden Gesetze und Formeln für Massenbewegung gelten (nötigenfalls **fordert** man die Existenz eines solchen). Da sich die gesamte lebendige Kraft des Massensystems für dieses Achsenkreuz K'', nämlich

$$T'' = \frac{1}{2} \Sigma m (\dot{x}''^2 + \dot{y}''^2 + \dot{z}''^2), \tag{1}$$

nach Art. 64 in die lebendige Kraft der fortschreitenden Bewegung des Schwerpunktes S und in die der Bewegung der Massen relativ zu dem als fest angesehenen Schwerpunkt zerlegen läßt, zwei Teile, die in keinem Abhängigkeitsverhältnis zueinander stehen, so wird T'' dadurch zum Minimum, daß jeder Teil einzeln es wird.

Die lebendige Kraft der fortschreitenden Bewegung des Schwerpunktes S wird zum Minimum, nämlich zu Null, für ein Achsenkreuz, dessen Ursprung mit dem Schwerpunkt fest verbunden ist.

Es wird sich somit darum handeln, die lebendige Kraft des Massensystems in bezug auf ein mit seinem Schwerpunkt fest verbundenes Achsenkreuz aufzustellen, **und sie durch (Elementar-)Drehung des Bezugssystems um den Schwerpunkt zu einem Minimum zu machen.**

Wir beziehen die Massenpunkte zunächst auf ein Achsenkreuz $K' = (X', Y', Z')$, dessen Ursprung O sich in S befinde und dort auch im Zeitelement dt verbleibe, und dessen Achsen zu denen des Systems K'' parallel sind. Wir bilden dann die lebendige Kraft in bezug auf K', nämlich

$$T' = \frac{1}{2} \Sigma m (\dot{x}'^2 + \dot{y}'^2 + \dot{z}'^2), \tag{2}$$

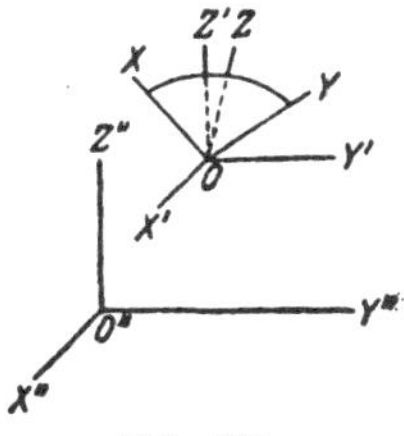

Abb. 160.

und transformieren diesen Ausdruck auf ein Achsenkreuz K mit demselben Ursprung O (Abb. 160), das aber eine durch den Vektor $\mathfrak{w} = (p, q, r)$ definierte **Momentendrehung** gegen K' hat.

Die Transformation vollzieht sich mittels der Formel (3) des Art. 44, derzufolge die Geschwindigkeit $\mathfrak{v}' = (\dot{x}', \dot{y}', \dot{z}')$ eines Punktes gegen ein im Raum festes (oder parallel mit ihm gleichförmig geradlinig bewegtes) ausgedrückt wird durch die Geschwindigkeit $\mathfrak{v} = (\dot{x}, \dot{y}, \dot{z})$ in bezug auf das sich drehende Achsenkreuz mittels der Formel[1])

$$\mathfrak{v}' = \mathfrak{v} + [\mathfrak{w}, \mathfrak{r}], \tag{3}$$

Nun ist zu bilden $|\mathfrak{v}'|^2 = v'^2 = |(\mathfrak{v}'\,\mathfrak{v}')| = v^2 + |[\mathfrak{w}\mathfrak{r}]|^2 + 2(\mathfrak{v}, [\mathfrak{w}\mathfrak{r}])$ oder

$$v'^2 = \boldsymbol{S}\dot{x}^2 + \boldsymbol{S}(qz - ry)^2 + 2\,\boldsymbol{S}\dot{x}(qz - ry), \tag{4}$$

[1]) Es handelt sich hier und im folgenden immer um die Winkelgeschwindigkeit $\mathfrak{w} = (p, q, r)$, beurteilt von den Achsen des festen (oder parallel zu sich selbst bewegten) Systems K' aus, nicht, wie in Art. 75, bezogen auf das selbst sich drehende System K; daher die anderen Vorzeichen.

wo zur Abkürzung je nur ein Glied der dreigliedrigen Summen $\boldsymbol{S}$ angeschrieben ist, deren andere Summanden sich aus ihm durch simultane zyklische Vertauschung je von x mit y, z; $\dot{x}$ mit $\dot{y}$, $\dot{z}$; p mit q, r ergeben. Wir berechnen und deuten die Summen, die aus den drei angeschriebenen Gliedern der rechten Seite entstehen, der Reihe nach. Zunächst ist

$$\Sigma \frac{1}{2} m \boldsymbol{S} \dot{x}^2 = \frac{1}{2} \Sigma m (\dot{x}^2 + \dot{y}^2 + \dot{z}^2) = T \qquad (5)$$

die lebendige Kraft des vorliegenden Massensystems, bezogen auf das selbst bewegte System K, also eben die Größe, die zu einem Minimum gemacht werden soll.

Ferner findet man durch Ausrechnung

$$\frac{1}{2} \Sigma m \boldsymbol{S} (qz - ry)^2 = \frac{1}{2} [p^2 A + q^2 B + r^2 C - 2qrA_1 - 2rpB_1 - 2pqC_1] \equiv \boldsymbol{T}, \quad (6)$$

wo $\qquad A = \Sigma m (y^2 + z^2)$; usw. $\quad A_1 = \Sigma m y z$; usw.

bekannte Größen sind, wenn die Lage des sich drehenden Systems K gegenüber dem festen K' im gegebenen Augenblick bekannt ist (z. B. wenn, wie wir sogleich annehmen werden, beide im Zeitpunkt t zusammenfallen).

Endlich ergibt das letzte Glied in (4):

$$\Sigma m \big(\dot{x} (qz - ry) + \dot{y} (rx - pz) + \dot{z} (py - qx)\big) = pa + qb + rc = (\mathfrak{w}\mathfrak{J}), \quad (7)$$

wenn $a = \Sigma m (y\dot{z} - z\dot{y})$; b, c die Komponenten des Impulsmomentes $\mathfrak{J} = \Sigma m [\mathfrak{r}\dot{\mathfrak{r}}]$ in bezug auf das Koordinatensytem K sind.

Aber die Komponenten a, b, c sind von p, q, r nicht unabhängig, und es ist nötig, an Stelle von $\mathfrak{J} = (a, b, c)$ den Drehimpuls (das Impulsmoment) $\mathfrak{J}' = (a', b', c') = \Sigma m [\mathfrak{r}'\dot{\mathfrak{r}}']$ in bezug auf das sich nicht drehende Achsenkreuz K' einzuführen. Über die Lage des Systems K zur Zeit t steht die Verfügung noch frei. Wir wollen annehmen, daß in diesem Augenblick K mit K' zusammenfalle, daß also $x' = x$, $y' = y$, $z' = z$ sei. Dagegen ist $\dot{x}' \neq \dot{x}$; $\dot{y}' \neq \dot{y}$ usw., und zwar berechnen sich $\dot{x}', \ldots$ aus (3). Man erhält

$$\begin{aligned} y'\dot{z}' - z'\dot{y}' &= y(\dot{z} + py - qx) - z(\dot{y} + rx - pz) \\ &= y\dot{z} - z\dot{y} + p(y^2 + z^2) - qxy - rzx, \end{aligned}$$

womit sich die entsprechende Komponente a' von $\mathfrak{J}'$ ergibt (6):

$$a' = a + (pA - qC_1 - rB_1) = a + \frac{\partial \boldsymbol{T}}{\partial p}. \qquad (7\text{a})$$

Damit wird

$$\mathfrak{J}' = (a', b', c') = \mathfrak{J} + \text{grad } \boldsymbol{T}, \qquad (8)$$

wenn wie früher (Art. 20) unter grad $\boldsymbol{T}$ ein Vektor mit den Komponenten

$$\text{grad } \boldsymbol{T} = \left(\frac{\partial \boldsymbol{T}}{\partial p}, \frac{\partial \boldsymbol{T}}{\partial q}, \frac{\partial \boldsymbol{T}}{\partial r}\right)$$

verstanden wird. Endlich, weil

$$2\,\mathsf{T} = \frac{\partial \mathsf{T}}{\partial p}\,p + \frac{\partial \mathsf{T}}{\partial q}\,q + \frac{\partial \mathsf{T}}{\partial r}\,r$$

ist, erhält man mit (7), (8) und

$$p\,a' + q\,b' + r\,c' = (\mathfrak{w}\,\mathfrak{J}') \tag{9}$$

$$\Sigma\, m\, S\,\dot{x}\,(q\,z - r\,y) = (\mathfrak{w}\,\mathfrak{J}) = (\mathfrak{w}\,\mathfrak{J}') - 2\,\mathsf{T}.$$

Setzt man diese Werte in $\frac{1}{2}\Sigma m v'^2 = T'$ ein, so erhält man nach (4), (5), (6):

$$T' = T + \mathsf{T} + (\mathfrak{w}\,\mathfrak{J}') - 2\,\mathsf{T},$$

woraus sich

$$T = T' + \mathsf{T} - (\mathfrak{w}\,\mathfrak{J}') \tag{10}$$

ergibt, wo nun $a' = \Sigma m\,(y'\,\dot{z}' - z'\,\dot{y}')$; b', c' von p, q, r unabhängige bekannte Größen sind.

Die Formel (8) sagt aus, was auch ohne weiteres verständlich ist, daß das Impulsmoment $\mathfrak{J}'$ des Massensystems, bezogen auf das feste Achsenkreuz K', sich spalten läßt in:

1. das Moment grad T des »erstarrten« Massensystems mit der Winkelgeschwindigkeit $\mathfrak{w}$ und

2. das Moment $\mathfrak{J}$ der relativ gegeneinander sich bewegenden Massen in bezug auf das sich drehende Achsenkreuz K, also in bezug auf das Trägheitsellipsoid der erstarrten Masse. Kennt man grad T, so ergibt sich Lage und Betrag an Winkelgeschwindigkeit aus dem Satze S. 297 des Art. 71 über die Drehung eines starren Körpers um einen festen Punkt.

Der Vektor grad T soll nun so bestimmt werden, daß die dem Impuls $\mathfrak{J}$ zugehörige lebendige Kraft T einen Minimalwert annimmt.

Die Bedingungen hierfür:

$$\frac{\partial T}{\partial p} = 0; \quad \frac{\partial T}{\partial q} = 0; \quad \frac{\partial T}{\partial r} = 0,$$

ergeben mit (10) (9),

$$\frac{\partial \mathsf{T}}{\partial p} - a' = 0; \quad \frac{\partial \mathsf{T}}{\partial q} - b' = 0; \quad \frac{\partial \mathsf{T}}{\partial r} - c' = 0. \tag{11}$$

Trägt man die a', b', c' aus diesen Gleichungen in (9) ein, so erhält man

$$(\mathfrak{w}\,\mathfrak{J}') = 2\,\mathsf{T} \tag{12}$$

und damit den (10) Extremalwert von T

$$T = T' - \mathsf{T}. \tag{13}$$

Daß dieser Wert einem Minimum von T entspricht, ergibt sich daraus, daß der Größe T durch genügend große Werte von ω jeder beliebige Betrag erteilt werden kann.

Aus den Gleichungen (11) bestimmen sich ferner die Achsenrichtung $p : q : r$ und die Winkelgeschwindigkeit $\omega = \sqrt{p^2 + q^2 + r^2}$ der Elementardrehung, die während des Zeitelementes dt die lebendige Kraft T des Massensystems zum Minimum machen. Man kann den Formeln eine geometrische Deutung geben, indem man, wie in Art. 71, das Trägheitsellipsoid des erstarrten (zur Zeit t im Raum verteilten) Massensystems heranzieht.

Seine Gleichung lautet (Art. 70 (3))

$$f(\xi, \eta, \zeta) \equiv A\xi^2 + B\eta^2 + C\zeta^2 - 2A_1\eta\zeta - 2B_1\zeta\xi - 2C_1\xi\eta - 1 = 0.$$

Die Kosinusse der Winkel, die die Normale im Punkt ξ, η, ζ, dem Endpunkt der Drehachse, mit den Achsen bilden, verhalten sich wie

$$f'(\xi) : f'(\eta) : f'(\zeta) = \frac{\partial T}{\partial p} : \frac{\partial T}{\partial q} : \frac{\partial T}{\partial r} = a' : b' : c'.$$

Hiernach erhält man die gesuchte Drehachse (ω), wenn man senkrecht zur Richtung des Impulsmomentes $\mathfrak{J}' = (a', b', c')$ (bezogen auf den Schwerpunkt und das sich nicht drehende System K') eine Ebene berührend an das Trägheitsellipsoid legt und den Berührungspunkt mit dem Mittelpunkt verbindet.

Der Betrag ω der Winkelgeschwindigkeit ergibt sich aus der Bemerkung, daß

$$a'p + b'q + c'r = (\mathfrak{w}\mathfrak{J}') = \omega\sqrt{a'^2 + b'^2 + c'^2}\cos(\mathfrak{w}, \mathfrak{J}') = \omega|\mathfrak{J}'|\cos(\mathfrak{w}, \mathfrak{J}')$$

ist, wo $(\mathfrak{w}, \mathfrak{J}')$ der Winkel ist, den die Impulsachse $\mathfrak{J}'$ und die Drehachse (ω) einschließen. Anderseits ist (12)

$$(\mathfrak{w}\mathfrak{J}') = 2T = \omega^2\Theta_\omega,$$

wo Θ_ω das Trägheitsmoment des Massensystems hinsichtlich der Achse (ω) ist. Daraus ergibt sich die Größe der Winkelgeschwindigkeit

$$\omega = \frac{|\mathfrak{J}'|}{\Theta_\omega}\cos(\mathfrak{w}, \mathfrak{J}'),$$

mit welcher das Koordinatensystem K gegen das System K' gedreht werden muß, damit die auf K bezogene lebendige Kraft T des Systems ein Minimum sei. Die Winkelgeschwindigkeit ist gleich dem Produkt aus dem absoluten Betrag des Impulsmoments $\mathfrak{J}'$ in den reziproken Wert des Trägheitsmomentes Θ_ω des Systems und den Kosinus des Winkels zwischen $\mathfrak{J}'$ und der Drehachse (ω). Der Minimalwert selbst bestimmt sich aus (13) gleich der Differenz der ganzen lebendigen Kraft T' des Massensystems und der lebendigen Kraft T der Drehung des als starr angesehenen (»erstarrten«) Massensystems, beide berechnet für den Zeitpunkt t und das Koordinatensystem K'.

Ist das Massensystem ein starres, so ist $T' = T$, somit $T = 0$. In der Tat ist in bezug auf ein mit einem starren Körper fest verbundenes Achsenkreuz die lebendige Kraft des starren Körpers gleich Null.

Besteht das Massensystem aus gegeneinander gravitierenden Massen, auf die keine äußeren Kräfte wirken, so sind die Größen a', b', c' zeitlich unveränderlich (Art. 66, 67), und damit hat die zu $\mathfrak{J}'$ senkrechte Ebene eine unveränderliche Lage im Raum. Aber das Trägheitsellipsoid ändert sich im allgemeinen mit der Zeit.

Die im Eingang des Artikels erhobene Frage, die, von Leonhard Weber 1891 gestellt, 1901 Ludwig Lange mir vorlegte, wurde damals mit den obigen Ergebnissen, die Lange in einer Festschrift zu W. Wundts 70. Geburtstag (Wundt, Philos. Studien XX. Band, S. 50) 1902 mitgeteilt hat, beantwortet. Man findet dort auch die Gesichtspunkte dargelegt, die diese Frage mit der nach einem »Inertialsystem« verknüpfen, und die einschlägige philosophische Literatur.

79. Die Führungskräfte bei beliebiger Relativbewegung.

Auf Grund der Bemerkung, daß die allgemeinste Elementarbewegung eines Bezugssystems gegen ein anderes in eine Parallelverschiebung und eine Elementardrehung um eine Achse zerlegt werden kann, läßt sich erwarten, daß die allgemeinste Relativbewegung keine anderen Führungs-(Schein-, Zusatz-)Kräfte hervorbringt, als die schon oben (Art. 34, 35) angegebenen.

Wir wollen diese Vermutung durch Rechnung bestätigen. Es genügt, sich auf die Drehung des Bezugssystems K (X, Y, Z) um einen festen Punkt zu beschränken, indem man zu der ihr entsprechenden Beschleunigung nur noch die einer Parallelverschiebung zugehörige hinzuzunehmen hat, um die allgemeinste zu erhalten. Die Elementardrehung erfolge um eine Momentanachse durch den festen Punkt O mit der nach Größe und Richtung gegebenen Winkelgeschwindigkeit $\mathfrak{w}$.

Ein Punkt P ($= \mathfrak{r}$) bewege sich gegen ein festes Koordinatensystem mit der »absoluten« Geschwindigkeit $\mathfrak{v}_1$. Gegen dieses System drehe sich um einen festen Punkt des Raumes ein anderes Koordinatensystem mit der Winkelgeschwindigkeit $\mathfrak{w}$. Dann läßt sich nach Art. 44 (3b) die Geschwindigkeit $\mathfrak{v}_1$ zerlegen in diejenige $[\mathfrak{w}\mathfrak{r}]$ eines Punktes P_0 des sich drehenden Systems, der gerade mit P zusammenfällt, und in die relative $\mathfrak{v}$ des bewegten Punktes P gegen P_0

$$\mathfrak{v}_1 = \mathfrak{v} + [\mathfrak{w}\mathfrak{r}]. \tag{1}$$

Der Zusammenhang zwischen der absoluten, der relativen und der »Führungsgeschwindigkeit« $[\mathfrak{w}\mathfrak{r}]$ ergibt sich also, wenn man die absolute Geschwindigkeit $\mathfrak{v}_1$ von P für einen Augenblick mit $\bar{\mathfrak{r}}$, die relative $\mathfrak{v}$ mit $\dot{\mathfrak{r}}$ bezeichnet, aus

$$\bar{\mathfrak{r}} = \dot{\mathfrak{r}} + [\mathfrak{w}\mathfrak{r}], \tag{2}$$

oder, nach der Relativgeschwindigkeit $\dot{\mathfrak{r}}$ aufgelöst, aus

$$\dot{\mathfrak{r}} = \bar{\mathfrak{r}} + [\mathfrak{r}\,\mathfrak{w}]. \tag{3}$$

Zu der Absolutgeschwindigkeit tritt die von der Drehbewegung herrührende negative Führungsgeschwindigkeit $[\mathfrak{r}\mathfrak{w}]$ hinzu (Art. 35).

Es handelt sich nun darum, die Gleichung (2) nach der Zeit abzuleiten. Dabei hat man wieder zwischen der Ableitung des Vektors $\mathfrak{r}$ im festen und im selbstbewegten System zu unterscheiden. Die erstere bezeichnen wir wieder mit einem übergesetzten Strich, die letztere mit einem Punkt, wobei, wegen der Vertauschbarkeit infinitesimaler Änderungen (Übereinanderlagerung kleiner Verschiebungen, Art. 5)

$$\dot{\bar{\mathfrak{r}}} = \bar{\dot{\mathfrak{r}}} \tag{4}$$

ist. Durch einmalige Ableitung im absoluten System der Gleichung (2) erhält man

$$\bar{\bar{\mathfrak{r}}} = \bar{\dot{\mathfrak{r}}} + [\bar{\mathfrak{w}}\,\mathfrak{r}] + [\mathfrak{w}\,\bar{\mathfrak{r}}],$$

oder mit Hilfe von (2), abgeleitet im bewegten System, wobei $\dot{\mathfrak{w}} = 0$ ist:

$$\bar{\bar{\mathfrak{r}}} = \ddot{\mathfrak{r}} + 2[\mathfrak{w}\,\dot{\mathfrak{r}}] + [\bar{\mathfrak{w}}\,\mathfrak{r}] + \big[\mathfrak{w}[\mathfrak{w}\,\mathfrak{r}]\big]. \tag{5}$$

Das letzte Glied berechnet sich nach Formel (11) des Art. 14 zu:

$$\big[\mathfrak{w}[\mathfrak{w}\,\mathfrak{r}]\big] = \mathfrak{w}(\mathfrak{w}\,\mathfrak{r}) - \mathfrak{r}\,\omega^2 = -\,\omega^2\mathfrak{R}, \tag{6}$$

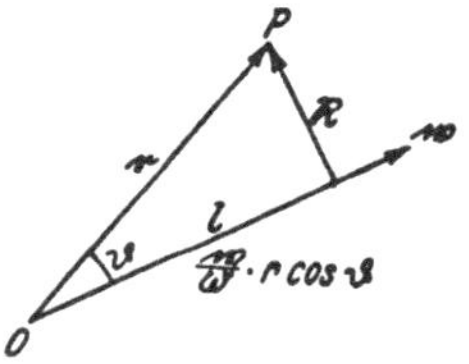

Abb. 161.

wo $\omega = |\mathfrak{w}|$ der Betrag der Winkelgeschwindigkeit ist und (Abb. 161) mit

$$\mathfrak{R} = \mathfrak{r} - \frac{\mathfrak{w}}{\omega}\, r\cos(\mathfrak{r}, \mathfrak{w})$$

ein Vektor bezeichnet wird, der nach Lage und Größe mit dem Lot zusammenfällt, das sich vom Punkt P auf die Drehachse fällen läßt, aber nach P hin gerichtet ist.

Mittels (6) geht (5) über in:

$$\bar{\bar{\mathfrak{r}}} = \ddot{\mathfrak{r}} + 2[\mathfrak{w}\,\dot{\mathfrak{r}}] - \omega^2\mathfrak{R} + [\bar{\mathfrak{w}}\,\mathfrak{r}],$$

oder nach der Relativbeschleunigung $\ddot{\mathfrak{r}}$ aufgelöst:

$$\ddot{\mathfrak{r}} = \bar{\bar{\mathfrak{r}}} + \omega^2\mathfrak{R} + 2[\dot{\mathfrak{r}}\,\mathfrak{w}] + [\mathfrak{r}\,\bar{\mathfrak{w}}]. \tag{7}$$

Die drei letzten Glieder geben die von der Bewegung des Bezugssystems K herrührenden Führungsbeschleunigungen. Sie stimmen mit den früher (Art. 35) für die ebene Bewegung gefundenen überein. Es sind die folgenden:

1. Die Zentrifugalbeschleunigung $\mathfrak{R}\,|\mathfrak{w}|^2$;
2. die negative Coriolisbeschleunigung $2[\dot{\mathfrak{r}}\,\mathfrak{w}]$;
3. das Glied $[\mathfrak{r}\bar{\mathfrak{w}}]$, das nur bei veränderlicher Winkelgeschwindigkeit auftritt,

wozu, wie schon gesagt, eine der Parallelverschiebung entsprechende Parallelbeschleunigung aller Systempunkte hinzukommt.

80. Die zweite Form der Lagrangeschen Bewegungs-Gleichungen.

In den Differentialgleichungen für die Drehung eines starren Körpers um einen Punkt ((12) Art. 71) hat sich gewissermaßen von selbst und ohne Zwang die Darstellung der Impulsmomente mit Hilfe der kinetischen Energie (lebendigen Kraft) eingestellt. Es war ein folgenreicher Schritt, den Lagrange getan hat, als er allgemein durch grundsätzliche Verwendung der kinetischen Energie in den Differentialgleichungen der Bewegung diesen eine solche Gestalt gab, daß, wenn sich für die Beschreibung einer besonderen Bewegungsart statt der rechtwinkligen Koordinaten andere Bestimmungsstücke als zweckmäßig erweisen, diese als sog. »allgemeine« oder »Lagrangesche Koordinaten« mühelos eingeführt werden können. Daß andere Koordinaten unter Umständen vor den rechtwinkligen einen Vorzug haben, ersieht man aus Beispielen: die Bewegung auf der Kugel wird zweckmäßig durch Länge und Breite beschrieben, die auf vorgeschriebener Kurve durch die Bogenlänge usw.

Indem wir uns dazu wenden, diese »zweite Art« oder »zweite Form« der Lagrangeschen Bewegungsgleichungen der ersten Form, die in Art. 61 aus dem d'Alembertschen Prinzip abgeleitet wurde, auf dieselbe Art entwickelt an die Seite zu stellen, nehmen wir wie dort an, ein System von n Massenpunkten m_i ($i = 1, 2, \ldots, n$) stehe unter dem Einfluß von beschleunigenden Kräften $\mathfrak{Q}_i = (X_i, Y_i, Z_i)$[1]) und genüge bei seiner Bewegung gewissen Bedingungsgleichungen, die (alle oder teilweise) dadurch erfüllt werden, daß man an Stelle der rechtwinkligen Koordinaten solche $q_1, q_2, \ldots q_{3n}$ einführt, von denen vermöge dieser Bedingungsgleichungen eine Anzahl: $3n - r$ identisch verschwinden[2]), so daß nur noch r von ihnen: $q_1, q_2, \ldots q_r$ in die Bewegungsgleichungen eingehen. Die beiden Koordinatengruppen seien durch die $3n$ Gleichungen miteinander verknüpft:

$$x_i = x_i(q_1, q_2, \ldots q_r); \quad y_i = y_i(q_1, q_2, \ldots q_r); \quad z_i = z_i(q_1, q_2, \ldots q_r), \tag{1}$$

wo die x_i, y_i, z_i rechts als Funktionszeichen verwendet sind. Die n Kräfte $\mathfrak{Q}_i$, nach den Koordinaten $q_1, q_2, \ldots q_r$ zerlegt, mögen, wenn man je die Komponenten wieder vereinigt, die Größen $Q_1, Q_2, \ldots Q_r$

[1]) Wir wechseln hier (und im folgenden Artikel) mit der Bezeichnung der Kraft, indem wir statt der bisher gebrauchten Buchstaben $\mathfrak{P}$, P .. $\mathfrak{Q}$, Q benutzen, um uns damit der üblichen u. A. durch Jacobis Dynamik eingeführten Bezeichnung der allgemeinen (Lagrangeschen) Koordinaten $q_1, q_2, \ldots q_r$ anzupassen.

[2]) Wie z. B. im Falle der Bewegung eines Punktes x, y, z auf einer Kugel vom Halbmesser a die Koordinate $q_i = \sqrt{x^2 + y^2 + z^2} - a$.

ergeben. Dies besagt, daß die bei einer virtuellen Verschiebung des Punktsystems geleistete Arbeit darstellbar ist in der doppelten Form:

$$\delta U = \sum_1^n (X_i \delta x_i + Y_i \delta y_i + Z_i \delta z_i) = Q_1 \delta q_1 + Q_2 \delta q_2 + \ldots + Q_r \delta q_r, \quad (2)$$

wo die δq mit den δx, δy, δz zusammenhängen durch die Gleichungen:

$$\delta x_i = \frac{\partial x_i}{\partial q_1} \delta q_1 + \frac{\partial x_i}{\partial q_2} \delta q_2 + \ldots \frac{\partial x_i}{\partial q_r} \delta q_r = \sum_{k=1}^{r} \frac{\partial x_i}{\partial q_k} \delta q_k;$$

$$\delta y_i = \sum_{k=1}^{r} \frac{\partial y_i}{\partial q_k} \delta q_k; \qquad (i = 1, 2, 3 \ldots . n) \qquad (1a)$$

$$\delta z_i = \sum_{k=1}^{r} \frac{\partial z_i}{\partial q_k} \delta q_k.$$

Nach dem d'Alembertschen Prinzip hält die Arbeit δU der beschleunigenden Kräfte derjenigen der Trägheitskräfte das Gleichgewicht. Es ist die Aufgabe, die virtuelle Arbeit δU in den Differentialquotienten $\dot q_1, \dot q_2, \ldots$, den Variationen $\delta q_1, \delta q_2, \ldots$ und den neuen Variabeln auszudrücken.

Die Differentialquotienten der Koordinaten nach der Zeit erhält man entweder direkt aus (1) oder auch, indem man in (1a) die δ durch d ersetzt und mit dt durchdividiert:

$$\dot x_i = \sum_{k=1}^{r} \frac{\partial x_i}{\partial q_k} \dot q_k$$

$$\dot y_i = \sum_{k=1}^{r} \frac{\partial y_i}{\partial q_k} \dot q_k \qquad (1b)$$

$$\dot z_i = \sum_{k=1}^{r} \frac{\partial z_i}{\partial q_k} \dot q_k.$$

Hiermit bilde man den folgenden Ausdruck (in der auf S. 320 eingeführten Bezeichnungweise)

$$\delta S = \sum_{i=1}^{n} m_i (\dot x_i \delta x_i + \dot y_i \delta y_i + \dot z_i \delta z_i) = \sum_{i=1}^{n} m_i \sum_{k=1}^{r} \sum_{l=1}^{r} \mathsf{S} \frac{\partial x_i}{\partial q_k} \dot q_k \frac{\partial x_i}{\partial q_l} \delta q_l$$
$$= a_{11} \dot q_1 \delta q_1 + a_{12} (\dot q_1 \delta q_2 + \dot q_2 \delta q_1) + \ldots . + a_{rr} \dot q_r \delta q_r, \quad (2)$$

wo z. B. die Koeffizienten

$$a_{11} = \Sigma m_i \left(\left(\frac{\partial x_i}{\partial q_1} \right)^2 + \left(\frac{\partial y_i}{\partial q_1} \right)^2 + \left(\frac{\partial z_i}{\partial q_1} \right)^2 \right) = \Sigma m_i \mathsf{S} \left(\frac{\partial x_i}{\partial q_1} \right)^2$$

$$a_{12} = \Sigma m_i \mathsf{S} \frac{\partial x_i}{\partial q_1} \frac{\partial x_i}{\partial q_2}$$

sind, also, wie überhaupt alle a_{ik} $(= a_{ki})$, Funktionen der Größen $q_1, q_2, \ldots, q_r$. Ersetzt man in (2) die δ durch d und dividiert mit $2dt$

so ergibt sich, ähnlich wie (1a) zu (1b) führt,

$$\frac{1}{2}\dot{S} = T = \frac{1}{2}\Sigma m_i(\dot{x}_i^2 + \dot{y}_i^2 + \dot{z}_i^2) =$$
$$= \frac{1}{2}[a_{11}\dot{q}_1^2 + 2a_{12}\dot{q}_1\dot{q}_2 + \ldots\ldots + a_{rr}\dot{q}_r^2] \qquad (3)$$

und hiermit wieder

$$\delta S = (a_{11}\dot{q}_1 + a_{12}\dot{q}_2 + \ldots)\delta q_1 + (a_{21}\dot{q}_1 + a_{22}\dot{q}_2 + \ldots)\delta q_2 + \ldots$$
$$= \frac{\partial T}{\partial \dot{q}_1}\delta q_1 + \frac{\partial T}{\partial \dot{q}_2}\delta q_2 + \ldots\ldots + \frac{\partial T}{\partial \dot{q}_r}\delta q_r. \qquad (4)$$

Nun ist die in der Gleichung des d'Alembertschen Prinzips auftretende Arbeit der Trägheitskräfte wie folgt zerlegbar:

$$\Sigma m_i(\ddot{x}_i\delta x_i + \ddot{y}_i\delta y_i + \ddot{z}_i\delta z_i) = \frac{d}{dt}\Sigma m_i(\dot{x}_i\delta x_i + \dot{y}_i\delta y_i + \dot{z}_i\delta z_i) -$$
$$- \Sigma m_i(\dot{x}_i\delta\dot{x}_i + \dot{y}_i\delta\dot{y}_i + \dot{z}_i\delta\dot{z}_i), \qquad (5)$$

wo für $\frac{d}{dt}(\delta x_i) = \delta\dot{x}_i$ usw. gesetzt wurde, weil Variation und Differentiation voneinander unabhängige und deshalb miteinander vertauschbare Operationen sind[1]).

Die Glieder rechts in (5) lassen sich weiter umgestalten, wie folgt (wegen (2) und (4)):

$$\frac{d}{dt}\Sigma m_i(\dot{x}_i\delta x_i + \dot{y}_i\delta y_i + \dot{z}_i\delta z_i) =$$
$$= \frac{d\delta S}{dt} = \frac{d}{dt}\left(\frac{\partial T}{\partial \dot{q}_1}\delta q_1 + \frac{\partial T}{\partial \dot{q}_2}\delta q_2 + \ldots\ldots + \frac{\partial T}{\partial \dot{q}_r}\delta q_r\right)$$
$$= \frac{d}{dt}\frac{\partial T}{\partial \dot{q}_1}\delta q_1 + \frac{d}{dt}\frac{\partial T}{\partial \dot{q}_2}\delta q_2 + \ldots\ldots + \frac{d}{dt}\frac{\partial T}{\partial \dot{q}_r}\delta q_r +$$
$$+ \frac{\partial T}{\partial \dot{q}_1}\delta\dot{q}_1 + \frac{\partial T}{\partial \dot{q}_2}\delta\dot{q}_2 + \ldots\ldots + \frac{\partial T}{\partial \dot{q}_r}\delta\dot{q}_r,$$

wo wieder $\delta\dot{q}_1$ für $d(\delta q_1)/dt$ gesetzt wurde usw. Ferner ist:

$$\Sigma m_i(\dot{x}_i\delta\dot{x}_i + \dot{y}_i\delta\dot{y}_i + \dot{z}_i\delta\dot{z}_i) = \delta T =$$
$$= \frac{\partial T}{\partial q_1}\delta q_1 + \ldots\ldots + \frac{\partial T}{\partial q_r}\delta q_r + \frac{\partial T}{\partial \dot{q}_1}\delta\dot{q}_1 + \ldots\ldots + \frac{\partial T}{\partial \dot{q}_r}\delta\dot{q}_r.$$

Bildet man nun die Differenz $\frac{d\delta S}{dt} - \delta T$, so hebt sich die letzte Glied-

---

[1]) Eine Variation, wie δx, hat man sich analytisch als kleinen Zuwachse $\xi()t$ zu der Funktion $x(t)$ vorzustellen, wo $\xi(t)$ eine beliebige (differenzierbare) Funktion, ε eine sehr kleine Konstante ist. Die Variation bezieht sich also auf die Änderung der Gestalt der Funktion $x(t)$, die Differentiation auf die Änderung der Variabeln t.

summe heraus, und man erhält für die Arbeit (5) der Trägheitskräfte:

$$\Sigma m_i (\ddot{x}_i \delta x_i + \ddot{y}_i \delta y_i + \ddot{z}_i \delta z_i)$$
$$= \left(\frac{d}{dt}\frac{\partial T}{\partial \dot{q}_1} - \frac{\partial T}{\partial q_1}\right)\delta q_1 + \left(\frac{d}{dt}\frac{\partial T}{\partial \dot{q}_2} - \frac{\partial T}{\partial q_2}\right)\delta q_2 + \dots + \left(\frac{d}{dt}\frac{\partial T}{\partial \dot{q}_r} - \frac{\partial T}{\partial q_r}\right)\delta q_r \quad \dots (6)$$

Hiermit geht die Forderung des d'Alembertschen Prinzips, daß für alle mit den Bedingungsgleichungen des Systems verträglichen Verschiebungen δx_i, δy_i, δz_i die Summe:

$$\sum_{i=1}^{n} \left((m_i \ddot{x}_i - X_i)\delta x_i + (m_i \ddot{y}_i - Y_i)\delta y_i + (m_i \ddot{z}_i - Z_i)\delta z_i\right)$$

verschwinde, über in die folgende. Für alle Werte der Variationen δq_1, $\delta q_2, \dots \delta q_r$, die mit den aus den Bedingungsgleichungen

$$\varphi(q_1, q_2, \dots q_r) = 0; \quad \psi(q_1, q_2, \dots q_r) = 0, \dots \quad (7)$$

sich ergebenden Beziehungen:

$$\begin{aligned} \varphi_1 \delta q_1 + \varphi_2 \delta q_2 + \dots + \varphi_r \delta q_r &= 0 \\ \psi_1 \delta q_1 + \psi_2 \delta q_2 + \dots + \psi_r \delta q_r &= 0 \\ \dots\dots\dots\dots \end{aligned} \quad (8)$$

(wo die φ_i, ψ_i Funktionen der Koordinaten q sind) verträglich sind, muß die Summe

$$\left(\frac{d}{dt}\frac{\partial T}{\partial \dot{q}_1} - \frac{\partial T}{\partial q_1} - Q_1\right)\delta q_1 + \left(\frac{d}{dt}\frac{\partial T}{\partial \dot{q}_2} - \frac{\partial T}{\partial q_2} - Q_2\right)\delta q_2 + \dots$$
$$\dots + \left(\frac{d}{dt}\frac{\partial T}{\partial \dot{q}_r} - \frac{\partial T}{\partial q_r} - Q_r\right)\delta q_r \quad (9)$$

verschwinden. Die Erfüllung dieser Bedingung ist, wie früher (Art. 61) bewiesen wurde, hinreichend und notwendig für die Bewegung des Systems. Man kann sie wieder (wie in Art. 61) mit Hilfe von Lagrangeschen Multiplikatoren λ, $\mu, \dots$ in bekannter Weise von den Gleichungen zwischen den Variationen (8) unabhängig machen. Man erhält so die Lagrangeschen Bewegungsgleichungen der zweiten Art:

$$\begin{aligned} \frac{d}{dt}\frac{\partial T}{\partial \dot{q}_1} - \frac{\partial T}{\partial q_1} &= Q_1 + \lambda\varphi_1 + \mu\psi_1 + \dots \\ \frac{d}{dt}\frac{\partial T}{\partial \dot{q}_2} - \frac{\partial T}{\partial q_2} &= Q_2 + \lambda\varphi_2 + \mu\psi_2 + \dots \\ \dots\dots\dots\dots \\ \frac{d}{dt}\frac{\partial T}{\partial \dot{q}_r} - \frac{\partial T}{\partial q_r} &= Q_r + \lambda\varphi_r + \mu\psi_r + \dots, \end{aligned} \quad (10)$$

wo

$$T = \frac{1}{2}(a_{11}\dot{q}_1^2 + 2a_{12}\dot{q}_1\dot{q}_2 + \dots + a_{rr}\dot{q}_r^2)$$

die kinetische Energie des Massensystems ist. Die Komponenten Q_i heißen »Lagrangesche Kräfte«. Die Bedingungsgleichungen (7) können, weil die Zeit von der Variation nicht betroffen wird (s. d. Fußnote S. 327), auch diese enthalten. Die Bedingungsgleichungen können ferner, wie schon Lagrange bemerkt hat, durch Differentialgleichungen von der Form (8), die sogar nicht integrabel zu sein brauchen (Fall der nicht holonomen Bewegung, H. Hertz, Mechanik, Art. 123), ersetzt werden. Wegen Beispielen zu diesem Vorkommen s. z. B. M. r. M. Artt. 6, 9.

Bei holonomen Bewegungen werden die Koordinaten q meist so gewählt, daß die Bedingungsgleichungen (7), (8) alle erfüllt sind. Dann fallen in (10) die Glieder mit λ, μ, ... rechts weg.

81. Das Hamiltonsche Prinzip und die kanonische Form der Bewegungsgleichungen.

Die von Lagrange selbst aus dem d'Alembertschen Prinzip — im wesentlichen auf dem im vorigen Artikel betretenen Wege — hergeleiteten Bewegungsgleichungen 1. und 2. Art hat man seitdem an verschiedene andere (axiomatische) Grundgesetze oder »Prinzipien« angeschlossen, denen allen die plausible Forderung eines Minimal-Wertes (allgemeiner: eines stationären Wertes) zugrunde liegt. So hat Gauß (Crelles Journ. f. Math. 4, 1829) und an ihn anschließend H. Hertz (Mechanik, Leipzig 1894) die Gleichungen aus dem Prinzip »des kleinsten Zwanges« bzw. dem der »geradesten Bahn« abgeleitet. Hamilton (London Philos. Transact. 1834/35) hat das Maupertuissche Prinzip »der kleinsten Wirkung« — in etwas abgeänderter Fassung — zugrunde gelegt.

Wie die Bewegungsgleichungen aus den von Gauß und Hertz formulierten Minimalprinzipien sich einfach ergeben, habe ich in meiner als Fortsetzung des vorliegenden Buches gedachten »Mechanik raumerfüllender Massen« (Leipzig 1909) besprochen und dort auf die Vorzüge dieser Ableitung hingewiesen. Hier wird das »Hamiltonsche Prinzip« verwendet, das von den Physikern vor den genannten Prinzipien bevorzugt zu werden pflegt. Alle diese Prinzipien finden ihre Rechtfertigung in letzter Linie dadurch, daß sich aus ihnen die Lagrangeschen Bewegungsgleichungen ergeben.

Wir formulieren das Hamiltonsche Prinzip unter Zugrundlegung gleich der »allgemeinen« Koordinaten, unter denen ja die rechtwinkligen unterbegriffen sind.

Ist, wie in Art. 80,

$$T = \frac{1}{2}(a_{11}\dot{q}_1^2 + 2a_{12}\dot{q}_1\dot{q}_2 + \dots + a_{rr}\dot{q}_r^2) \tag{1}$$

die kinetische Energie eines Massensystems, dessen Lage durch die Koordinaten $q_1, q_2, \ldots q_r$ und etwa eine Anzahl k $(< r)$ von Bedingungsgleichungen zwischen ihnen

$$\begin{aligned} \varphi(q_1, q_2, \ldots, q_r) &= 0 \\ \psi(q_1, q_2, \ldots, q_r) &= 0 \\ \ldots\ldots\ldots\ldots \end{aligned} \quad (2)$$

bestimmt ist; wirken auf dieses System in Richtung der Koordinaten $q_1, q_2, \ldots, q_r$ (S. 326) Kräfte, deren Beträge bzw. $Q_1, Q_2, \ldots, Q_r$ sind, und ist[1])

$$\delta U = Q_1 \delta q_1 + Q_2 \delta q_2 + \ldots + Q_r \delta q_r \quad (3)$$

die bei einer virtuellen Verschiebung des Systems von den Kräften Q geleistete Arbeit, so sagt das Hamiltonsche Prinzip aus[2]), daß die unter dem Einfluß dieser Kräfte und Bedingungen verlaufende Bewegung das Zeitintegral einer Variation, nämlich

$$\int_{t_0}^{t_1} (\delta T + \delta U)\, dt = 0, \quad (4)$$

zum Verschwinden bringt, wo t_0, t_1 zwei beliebig wählbare Zeitpunkte sind, zwischen denen der Verlauf der Bewegung eingeschlossen ist. Bezüglich der sonst willkürlichen Variationen δq_i der Koordinaten fordert man, daß sie demselben Zeitpunkte t zugehören und für t_0 und t_1 alle verschwinden. — Wir werden zeigen, daß die aus der Bedingung (4) sich ergebenden Differentialgleichungen die Lagrangeschen Bewegungsgleichungen 2. Art sind (s. vor. Art.).

Die Variation der lebendigen Kraft T erstreckt sich sowohl auf die Koordinaten q_i, die in den Koeffizienten auftreten, als auf die Geschwindigkeiten $\dot{q}_i$, es ist also:

$$\delta T = \sum_{i=1}^{r} \frac{\partial T}{\partial q_i} \delta q_i + \sum_{i=1}^{r} \frac{\partial T}{\partial \dot{q}_i} \delta \dot{q}_i; \quad (5)$$

daneben ist

$$\delta U \equiv \sum_{i=1}^{r} Q_i \delta q_i \quad (6)$$

und

$$\begin{aligned} \delta\varphi &\equiv \sum_{i=1}^{r} \varphi_i \delta q_i = 0 \\ \delta\psi &\equiv \sum_{i=1}^{r} \psi_i \delta q_i = 0 \\ \ldots\ldots\ldots \end{aligned} \quad (7)$$

---

1) δU braucht kein vollständiges Differential zu sein.

2) Wie sich das Prinzip der kleinsten Wirkung im engeren Sinn von dem Hamiltonschen Prinzip unterscheidet, findet man in der Abhandlung von O. Hölder, »Über die Prinzipien von Hamilton und Maupertuis«, Gött. Nachr. 1896, auseinandergesetzt. Das Integral $\int T dt$ spielt in der heutigen Physik unter dem Namen der »Wirkungsgröße« eine hervorragende Rolle.

Hier hat man sich (wie in Art. 80 Fußnote) die Variationen δq_i als kleine Änderungen der Funktionen $q_i(t)$, etwa von der Form $\delta q_i = \varepsilon_i \varkappa_i(t)$ zu denken, wo ε_i kleine Konstanten, $\varkappa_i$ beliebige (differenzierbare) Funktionen sind, die nur den Bedingungen (7) zu genügen haben, und die für $t = t_0, t_1$ verschwinden. Daher ist

$$\delta \dot{q}_i = \varepsilon \dot{\varkappa} = \frac{d}{dt} \delta q_i. \tag{8}$$

Variation und Differentiation sind vertauschbare Operationen. Mit dieser Bemerkung lassen sich die Glieder, die unter dem Integral den Faktor $\delta \dot{q}_i$ haben, in solche mit δq_i verwandeln. Es geschieht durch partielle Integration. In

$$\int_{t_0}^{t_1} \frac{\partial T}{\partial \dot{q}_i} \delta \dot{q}_i \, dt = \left[\frac{\partial T}{\partial \dot{q}_i} \delta q_i\right]_{t_0}^{t_1} - \int_{t_0}^{t_1} \frac{d}{dt} \frac{\partial T}{\partial \dot{q}_i} \delta q_i \, dt$$

verschwindet nach der Annahme über die δq_i der Ausdruck in der eckigen Klammer, gebildet für die angeschriebenen Grenzwerte t_0 und t_1. Daher ist

$$\int_{t_0}^{t_1} \frac{\partial T}{\partial \dot{q}_i} \delta \dot{q}_i \, dt = -\int_{t_0}^{t_1} \frac{d}{dt} \frac{\partial T}{\partial \dot{q}_i} \delta q_i \, dt. \tag{9}$$

Setzt man δT und δU aus (5), (6) in (4) ein, so erhält man mit Benützung von (9)

$$\int_{t_0}^{t_1} \Sigma \left(-\frac{d}{dt} \frac{\partial T}{\partial \dot{q}_i} + \frac{\partial T}{\partial q_i} + Q_i\right) \delta q_i \, dt = 0. \tag{10}$$

Die zwischen den δq_i bestehenden Relationen (7) lassen sich durch Einführung Lagrangescher Multiplikatoren unter dem Integralzeichen ausschalten. Für beliebige Werte von λ, μ, ... ist nämlich wegen (7):

$$\int_{t_0}^{t_1} (\lambda \delta \varphi + \mu \delta \psi + \ldots) \, dt = 0. \tag{11}$$

Addiert man diese Gleichung zu (10) und führt die Werte (7) für $\delta \varphi$, $\delta \psi$, ... ein, so erhält man, nach den δq_i geordnet,

$$\int_{t_0}^{t_1} \sum_{i=1}^{r} \left(-\frac{d}{dt} \frac{\partial T}{\partial \dot{q}_i} + \frac{\partial T}{\partial q_i} + Q_i + \lambda \varphi_i + \mu \psi_i + \ldots\right) \delta q_i \, dt = 0, \tag{11a}$$

wo $(r-k)$ von dem δq_i willkürlich angenommen werden können. Nun lassen sich, wie früher (Art. 48), vermöge der Multiplikatoren k von den Klammerausdrücken zum Verschwinden bringen. Sind dies z. B. die k letzten, und nimmt man $\delta q_2 = \delta q_3 = \ldots = \delta q_{r-k} = 0$ an, $\delta q_1 \neq 0$, setzt

$t_0 = t$ und $t_1 = t + dt$, so ist damit für jeden beliebigen Zeitpunkt t die erste der folgenden Gleichungen bewiesen:

$$\frac{d}{dt}\frac{\partial T}{\partial \dot{q}_i} = \frac{\partial T}{\partial q_i} + Q_i + \lambda \varphi_i + \mu \psi_i + \dots \qquad (i = 1, 2 \dots r) \qquad (12)$$

Dies aber sind die Lagrangeschen Gleichungen 2. Art, wie wir sie in Art. 80 aus denen 1. Art abgeleitet haben.

Die Forderung (4) wird also erfüllt durch die Differentialgleichungen (12), die ihrer Herleitung nach der vollinhaltliche Ausdruck für (4) sind. — Treten insbesondere keine Kräfte Q auf, und fallen die Bedingungsgleichungen $\varphi = 0, \dots$ weg, so vereinfacht sich das Ergebnis wie folgt.

Ist T ein Ausdruck in den Koordinaten q_i und deren Differentialquotienten $\dot{q}_i$ nach der Zeit, so liefert die Forderung:

$$\delta \int_{t_0}^{t_1} T\, dt = 0 \qquad (12\text{a})$$

die Differentialgleichungen

$$\frac{d}{dt}\frac{\partial T}{\partial \dot{q}_i} = \frac{\partial T}{\partial q_i} \quad (i = 1, \dots, r) \qquad (12\text{b})$$

als notwendige und hinreichende Folge der Bedingung (12a).

Die Forderung (4) des Hamiltonschen Prinzips wird anschaulicher, wenn $\delta U = \Sigma Q_i \delta q_i$ das vollständige Differential einer Funktion U, die Bewegung also eine konservative ist. Dann geht (4) über in

$$\delta \int_{t_0}^{t_1} (T + U)\, dt = 0, \qquad (13)$$

wo $T + U$ die Lagrangesche (Hamiltonsche) Funktion oder das kinetische Potential (nach Helmholtz, Journ. f. Math. 100) genannt wird. — Man bemerke, daß dann

$$T - U = h \qquad (13\text{a})$$

die Gleichung der lebendigen Kraft ist.

Ob (4) oder (13) plausibler ist wie die Forderung des d'Alembertschen oder die des Gaußschen Prinzips des kleinsten Zwanges, bleibe dahingestellt. Das Ergebnis ist allemal dasselbe, nämlich das System (12) der Lagrangeschen Gleichungen[1]).

Auch hier gilt die Bemerkung, daß die Bedingungsgleichungen (2) außer den Koordinaten auch die Zeit enthalten dürfen, weil diese nach Voraussetzung nicht mit variiert wird.

---

[1]) Bei Anwendung des Gaußschen Prinzips des kleinsten Zwanges werden (s. M. r. M. Artt. 4, 15) nur die Beschleunigungen variiert, während die Variationen der Koordinaten und der Geschwindigkeiten Null sind. Zwischen den

Die in den Lagrangeschen Gleichungen als abhängige Variable neben den Lagekoordinaten q_i eingeführten Geschwindigkeiten $\dot{q}_i$ werden oft zweckmäßig durch die »Impulskoordinaten« (Momente)[1]) ersetzt:

$$p_i = \frac{\partial T}{\partial \dot{q}_i} = a_{1i}\dot{q}_1 + a_{2i}\dot{q}_2 + \ldots + a_{ri}\dot{q}_i. \quad (i = 1, \ldots r) \tag{14}$$

Berechnet man aus diesen r linearen Gleichungen — wenn das Nichtverschwinden der Determinante der a_{ik} durch passende Wahl der q gewährleistet ist — die $\dot{q}_i$ und setzt sie in T ein, so möge T übergehen in:

$$T_1 = \frac{1}{2}(b_{11}\, p_1^2 + 2\, b_{12}\, p_1 p_2 + b_{22}\, p_2^2 + \ldots + b_{rr} p_r^2), \tag{14a}$$

wo die b_{ik} Funktionen nur der q sind. Nun ist wegen der Homogenität der Funktion T (Form 2. Dimension) hinsichtlich der $\dot{q}_i$

$$2\,T = \sum_{i=1}^{r} \frac{\partial T}{\partial \dot{q}_i}\dot{q}_i = \sum_{i=1}^{r} p_i \dot{q}_i, \tag{15}$$

---

ersteren bestehen dann die zweimal nach der Zeit abgeleiteten Gleichungen (7)

$$\begin{aligned} \delta\ddot{\varphi} &\equiv \varphi_1\,\delta\ddot{q}_1 + \varphi_2\,\delta\ddot{q}_2 + \ldots = 0 \\ \delta\ddot{\psi} &\equiv \psi_1\,\delta\ddot{q}_1 + \psi_2\,\delta\ddot{q}_2 + \ldots = 0 \\ &\ldots\ldots\ldots\ldots\ldots\ldots \end{aligned} \tag{7a}$$

und das Prinzip selbst liefert (a. a. O. Artt. 13, 47) die Forderung:

$$\frac{1}{2}\delta\, m\, \boldsymbol{Z}^2 - \lambda\,\delta\ddot{\varphi} - \mu\,\delta\ddot{\psi} - \ldots\ldots = 0, \tag{7b}$$

wo

$$\begin{aligned} \frac{1}{2}\delta\, m\, \boldsymbol{Z}^2 &= \frac{1}{2}\delta\,\Sigma\left[m_i\left(\left(\ddot{x}_i - \frac{X_i}{m}\right)^2 + \left(\ddot{y}_i - \frac{Y_i}{m}\right)^2 + \left(\ddot{z}_i - \frac{Z_i}{m}\right)^2\right)\right] \\ &= \Sigma\,(m_i\ddot{x}_i - X_i)\,\delta\ddot{x}_i + (m_i\ddot{y}_i - Y_i)\,\delta\ddot{y}_i + (m_i\ddot{z}_i - Z_i)\,\delta\ddot{z}_i \\ &= \delta\,\Sigma\left(\frac{d}{dt}\frac{\partial T}{\partial \dot{q}_i} - \frac{\partial T}{\partial q_i} - Q_i\right), \end{aligned} \tag{7c}$$

und Z der auf das System ausgeübte »Zwang« (Hertz, Mechanik, Art. 497) ist, d. h. die Summe der auf die einzelnen Massenpunkte ausgeübten Zwangskräfte, je mit deren Masse multipliziert.

Nun lassen sich aber die nur durch die Bedingungsgleichungen (7a) aneinandergeknüpften Variationen $\delta\ddot{q}_i$ ohne weiteres durch die δq_i ersetzen, $\delta\ddot{x}_i$ durch δx_i usw. Integriert man die linke Seite der so abgeänderten Gleichung (7b) nach der Zeit t, erstreckt über den Zeitraum, in dem die Bewegung sich abspielt, so erhält man die Gleichung des Hamiltonschen Prinzips (4) in der Gestalt (11a).

Die Forderung des Gaußschen Prinzips führt also genau auf dieselben Bewegungsgleichungen, wie die des Hamiltonschen Prinzips.

[1]) Im Falle z. B. einer durch Polarkoordinaten beschriebenen Planetenbewegung sind mit: $T = \frac{m}{2}(\dot{r}^2 + r^2\dot{\varphi}^2)$, $q_1 = r$; $q_2 = \varphi$, die beiden Impulskoordinaten

$$p_1 = m\,\dot{r};\; p_2 = m\,r^2\dot{\varphi}.$$

woraus durch Differentiation entsteht

$$2\frac{dT}{dt} = \Sigma\, \dot q_i \frac{d}{dt}\frac{\partial T}{\partial \dot q_i} + \Sigma\, \ddot q_i \frac{\partial T}{\partial \dot q_i}.$$

Anderseits liefert die Differentiation der Funktion T der q_i und $\dot q_i$ nach t:

$$\frac{dT}{dt} = \Sigma \frac{\partial T}{\partial \dot q_i}\ddot q_i + \Sigma \frac{\partial T}{\partial q_i}\dot q_i.$$

Zieht man die beiden letzten Gleichungen voneinander ab, so ergibt sich

$$\frac{dT}{dt} = \Sigma\, \dot q_i \left(\frac{d}{dt}\frac{\partial T}{\partial \dot q_i} - \frac{\partial T}{\partial q_i}\right), \tag{16}$$

d. h. durch Multiplikation der Lagrangeschen Gleichungen 2. Art (12) mit bzw. $\dot q_1, \dot q_2, \ldots, \dot q_r$ und Addition ergibt sich links der Differentialquotient der lebendigen Kraft nach der Zeit. Führt man

$$\frac{\partial T}{\partial \dot q_i} = p_i \tag{17}$$

ein, so geht (16) über in:

$$\frac{dT}{dt} = \Sigma\, \dot q_i \frac{dp_i}{dt} - \Sigma \frac{\partial T}{\partial q_i}\frac{dq_i}{dt}. \tag{17a}$$

Vergleicht man damit die aus der Differentiation von T_1 (14a) resultierende Gleichung

$$\frac{dT_1}{dt} = \Sigma \frac{\partial T_1}{\partial p_i}\frac{dp_i}{dt} + \Sigma \frac{\partial T_1}{\partial q_i}\frac{dq_i}{dt},$$

so ergibt sich, weil $\dot T_1 = \dot T$ ist:

$$\dot q_i = \frac{\partial T_1}{\partial p_i}; \quad \frac{\partial T_1}{\partial q_i} = -\frac{\partial T}{\partial q_i}. \tag{18}$$

Weil aber die Lagrangeschen Gleichungen (12), wenn keine Bedingungsgleichungen auftreten, und im Falle konservativer Kräfte, d. h. wenn eine Kräftefunktion $U(q_1, q_2, \ldots q_r)$ existiert, die Gestalt annehmen

$$\frac{\partial T}{\partial q_i} = \frac{dp_i}{dt} - Q_i = \frac{dp_i}{dt} - \frac{\partial U}{\partial q_i} = -\frac{\partial T_1}{\partial q_i}, \tag{19}$$

[wegen (17) und (18)], so wird

$$\frac{dp_i}{dt} = -\frac{\partial (T_1 - U)}{\partial q_i}; \tag{20}$$

ferner, wegen (18), und weil U von den p_i nicht abhängt,

$$\frac{dq_i}{dt} = \frac{\partial (T_1 - U)}{\partial p_i}. \tag{21}$$

Führt man also in $T - U$, dem Ausdruck für die Gesamtenergie, überall statt der Geschwindigkeiten $\dot{q}_i$ die Momente $p_i = \partial T / \partial \dot{q}_i$ ein, so daß

$$T - U = T_1 - U = H \tag{22}$$

nun eine Funktion bloß noch der Koordinaten q_i und der Impulskoordinaten p_i ist, so erhält man in

$$\frac{dq_i}{dt} = \frac{\partial H}{\partial p_i}; \quad \frac{dp_i}{dt} = -\frac{\partial H}{\partial q_i} \tag{23}$$

die sog. kanonische oder Hamiltonsche Form der Bewegungsgleichungen[1]).

Aus (23) folgt

$$\frac{\partial H}{\partial p_i}\frac{dp_i}{dt} + \frac{\partial H}{\partial q_i}\frac{dq_i}{dt} = 0,$$

oder durch Summierung und Integration

$$H = T - U = \text{const.},$$

die Gleichung der Erhaltung der Energie.

Wenn die q_i kartesische Koordinaten eines Punktsystems sind, wird $H = \frac{1}{2}\Sigma m_i (\dot{x}_i^2 + \dot{y}_i^2 + \dot{z}_i^2) - U$, und die letzten Gleichungen des Systems (23) gehen in die Lagrangeschen Bewegungsgleichungen 1. Art

$$m_i \frac{d\dot{x}_i}{dt} = \frac{\partial U}{\partial x_i} \quad \text{usw.}$$

über.

Die kanonische Form der Bewegungsgleichungen (23) ist invariant gegenüber den in der Mechanik üblichen Transformationen des Koordinatensystems und gestattet bei Einführung neuer Bezugssysteme in verwickelten Fällen, z. B. beim Dreikörperproblem, die Beschränkung der Transformation auf die »Hamiltonsche Funktion« H. Wir müssen uns versagen, hier darauf einzugehen und verweisen etwa auf Whittaker-Mittelsten Scheid, Analytische Dynamik, Berlin 1924, und auf den Bericht über den Stand der Frage in Geiger und Scheel, Handbuch der Physik V, Grammel: Kinetik der Massenpunkte.

82. Beispiele.

Einige Beispiele mögen die Verwendung der zweiten Form der Lagrangeschen Gleichungen zeigen.

1. Reibungslose Bewegung eines Massenpunktes m auf einer Umdrehungsfläche unter dem Einfluß einer äußeren Kraft, die nach einem (veränderlichen) Punkt der Rotationsachse gerichtet ist.

---

[1]) Jacobi, Vorträge über Dynamik, herausgegeben von Clebsch, S. 70, 353 (Berlin 1866).

In Zylinderkoordinaten z, r, φ drückt sich die kinetische Energie des Punktes aus durch

$$T = \frac{m}{2}(\dot r^2 + r^2 \dot\varphi^2 + \dot z^2). \tag{1}$$

Sind R, Z die Komponenten der Kraft in Richtung der wachsenden r bzw. z (beide Funktionen von r und z), so lauten, wenn

$$r - f(z) = 0 \tag{2}$$

die Gleichung der Fläche ist, die Lagrangeschen Differentialgleichungen 2. Art:

$$\frac{d}{dt}\frac{\partial T}{\partial \dot r} - \frac{\partial T}{\partial r} = R + \lambda$$

$$\frac{d}{dt}\frac{\partial T}{\partial \dot\varphi} - \frac{\partial T}{\partial \varphi} = 0$$

$$\frac{d}{dt}\frac{\partial T}{\partial \dot z} - \frac{\partial T}{\partial z} = Z - \lambda f'(z),$$

oder

$$m(\ddot r - r\dot\varphi^2) = R + \lambda \tag{3}$$

$$m\frac{d}{dt}(r^2\dot\varphi) = 0 \tag{3a}$$

$$m\ddot z = Z - \lambda f'(z). \tag{3b}$$

Multipliziert man diese drei Gleichungen mit bzw. $\dot r dt = dr$; $\dot\varphi dt = d\varphi$; $\dot z dt = dz$ und addiert, so erhält man die Differentialgleichung der lebendigen Kraft

$$m d\frac{1}{2}(\dot r^2 + r^2\dot\varphi^2 + \dot z^2) = R dr + Z dz = dU, \tag{4}$$

wenn man die mittels (2) aus R und Z gebildete Kräftefunktion mit U bezeichnet. Aus (3a) folgt der Flächensatz

$$r^2\dot\varphi = \text{const} = c. \tag{5}$$

Mit $\dot r = f'(z)\dot z = f'\cdot\dot z$ ergibt sich aus (1), (4)

$$T = \frac{m}{2}\left(\dot z^2(1 + f'^2) + \frac{c^2}{f^2}\right) = U + h, \tag{6}$$

wo nun U eine Funktion von z allein ist, h eine Konstante.

Hieraus erhält man für t ein Integral in z; ferner durch Einsetzen von t in (5) und Integration φ in Funktion von z; r aus (2). Wir führen dies nicht aus und bemerken nur noch, daß man die Bewegung auch als Relativbewegung in einer Meridianebene auffassen kann, indem man zu den Kräften R, Z die Zentrifugalkraft zufügt. In der Tat läßt sich das eine der Glieder links in (6), negativ genommen,

$$-\frac{1}{2}\, m\, c^2/f^2 = -\frac{1}{2}\, m\, c^2/r^2,$$

als Summe der Arbeiten der Zentrifugalkraft $mv^2/r = mr^2\dot{\varphi}^2/r = mc^2/r^3$ längs der Wegelemente dr deuten: $m\int c^2 dr/r^3 = -\frac{1}{2}mc^2/r^2$, und der Kräftefunktion U einverleiben.

Wirkt auf m keine äußere Kraft (ist $U = 0$), so schlägt der Punkt auf der Umdrehungsfläche eine geodätische (geradeste) Linie ein. Da $\dot{\varphi}$ immer dasselbe Vorzeichen hat, schneidet diese Linie beim Vorwärtsschreiten des Massenpunktes je die folgenden Meridiane, ohne einen zu berühren. Aus (6) ergibt sich, weil $v^2 = \dot{s}^2$ ist, $\frac{1}{2}m\dot{s}^2 = h$ und hieraus $dt = ds\sqrt{m/2h}$, woraus man $r^2 d\varphi = k\,ds$ ableitet, wo k eine durch die Anfangsrichtung bestimmte Konstante ist, und, wenn α das Azimut, d. h. der Winkel des Linienelements gegen den Meridian ist, also $rd\varphi/ds = \sin\alpha$, die Beziehung $r\sin\alpha = k$. Wird einmal $\alpha = \pi/2$, so berührt die geodätische Linie einen Parallelkreis. Dies kann jedoch nur dann eintreten, wenn die Umdrehungsfläche einen Parallelkreis mit dem Radius k besitzt. Man hätte die Lösung auch an den Ausdruck für das Linienelement ds auf der Umdrehungsfläche anknüpfen können, für das sich als Koordinaten: der Winkel φ und die Länge u des Meridianbogens empfehlen. Aus $r = f(z)$ ergibt sich für das Element du dieses Bogens: $du^2 = dr^2 + dz^2 = dz^2(1 + f'^2)$. Denkt man sich diese Gleichung integriert und nach z aufgelöst, dann auch f in u ausgedrückt $r = f(z) = g(u)$, so erhält man:

$$T = \frac{m}{2}\dot{s}^2 = \frac{m}{2}(\dot{u}^2 + g^2(u)\,\dot{\varphi}^2). \qquad (7)$$

Zerlegt man nun die Kraft in eine Komponente $U'(u)$ in der Tangentialebene der Fläche und eine senkrecht dazu, so fällt nach Annahme die erstere in die Richtung der Meridiantangente, die andere hat keinen Einfluß auf die Bewegung, und die Lagrangeschen Bewegungsgleichungen lauten:

$$\frac{d}{dt}\frac{\partial T}{\partial \dot{u}} - \frac{\partial T}{\partial u} = U'; \quad \frac{d}{dt}\frac{\partial T}{\partial \dot{\varphi}} - \frac{\partial T}{\partial \varphi} = 0; \qquad (8)$$

Abb. 162.

oder

$$m\left(\ddot{u} - g\frac{dg}{du}\dot{\varphi}^2\right) = U'; \quad m\frac{d}{dt}g^2\dot{\varphi} = 0.$$

Multipliziert man die erste mit $\dot{u}dt = du$, die zweite mit $\dot{\varphi}dt = d\varphi$ und addiert, so erhält man

$$m\,d\left(\frac{\dot{u}^2}{2} + g^2\frac{\dot{\varphi}^2}{2}\right) = dT = U'\,du,$$

woraus sich durch Integration die früheren Gleichungen

$$T = U + h; \quad g^2 \dot{\varphi} = c$$

ergeben.

Überhaupt kann man, wenn es sich um die Bewegung auf eine Fläche $f(x, y, z) = 0$ handelt, als eine der Lagrangeschen Koordinaten $f(x, y, z) = u$ einführen und die beiden anderen etwa durch zwei Flächenscharen darstellen, die mit der Schar $u = f$ ein Orthogonalsystem bilden und somit auf der Fläche $u = 0$ zwei orthogonale Kurvensysteme ausschneiden. Die Zahl der Veränderlichen wird damit um eine vermindert, weil eben immer $u = 0$ ist. — Sind die Koordinaten der Fläche in Funktion von 2 Parametern bekannt, so empfiehlt sich deren Einführung.

2. Man kann diese Bemerkungen durch ein Analogieverfahren auf den Fall der Bewegung von Massen in einem gekrümmten Raum von drei (und mehr) Dimensionen übertragen. Ebenso wie der Ausdruck für das Linienelement den Charakter einer Fläche, z. B. als Umdrehungsfläche (oder allgemeiner: einer auf eine Umdrehungsfläche ohne Faltung und Dehnung »aufbiegbaren« Fläche), und die Geometrie auf derselben völlig bestimmt, so bestimmt sich die Geometrie in einem gekrümmten Raum durch Annahme allein des Linienelements. Für die Bewegung des materiellen Punktes in einem solchen Raum fordert man dann die Verwendbarkeit der Lagrangeschen Bewegungsgleichungen, die, in den Variablen $q_1, q_2, \ldots q_r$ geschrieben, an räumliche Deutbarkeit nicht gebunden sind.

Es handle sich um die kräftelose Bewegung (die kürzeste oder geradeste Linie) in einem »sphärozylindrischen« Raum, einem Raum, der aus einem ebenen Raum von 4 Dimensionen, in welchem das Linienelement ds in den rechtwinkligen Koordinaten x, y, z, p die Form hat:

$$ds^2 = dx^2 + dy^2 + dz^2 + dp^2, \tag{9}$$

durch die Gleichung

$$x^2 + y^2 + z^2 = 1 \tag{10}$$

ausgeschieden wird. Da diese Gleichung durch die Annahmen

$$\left.\begin{aligned} x &= \sin u \sin v \\ y &= \sin u \cos v \\ z &= \cos u \\ p &= w \end{aligned}\right\} \tag{11}$$

allgemein erfüllt wird, so stellt sich das Linienelement in den Lagrangeschen Koordinaten u, v, w — wie man durch Differenzieren der Gleichungen (11) und Einsetzen in (9) bestätigt — wie folgt dar:

$$ds^2 = du^2 + \sin^2 u \, dv^2 + dw^2. \tag{12}$$

Die Lagrangeschen Gleichungen, auf das Element (12), d. h. auf

$$T = \frac{m}{2} \dot{s}^2 = \frac{m}{2} (\dot{u}^2 + \dot{v}^2 \sin^2 u + \dot{w}^2) \tag{13}$$

angewendet, ergeben

$$\begin{aligned} \frac{d}{dt} \dot{u} - \dot{v}^2 \sin u \cos u &= 0 \\ \frac{d}{dt} (\dot{v} \sin^2 u) &= 0 \\ \frac{d}{dt} \dot{w} &= 0, \end{aligned} \tag{14}$$

woraus sich, durch Multiplikation der drei Gleichungen mit bzw. $m\dot{u}dt$, $m\dot{v}dt$, $m\dot{w}dt$, Addition und Integration wieder die Gleichung der lebendigen Kraft $T = h$ ergibt, wo h eine Konstante ist. Hieraus erhält man $t = s \sqrt{\frac{m}{2h}}$, also die Weglänge der Zeit proportional. Die zweimalige Integration der Gleichungen (14) ergibt leicht die Koordinaten u, v, w der »geodätischen Linie« in Funktion von t. Wir verzichten auf die Durchführung und bemerken wegen des nachfolgenden Beispiels nur noch, daß das Problem auch die folgende Behandlung zugelassen hätte:

Man fragt nach der kürzesten Linie in demjenigen Raum, dessen Linienelement durch (12) gegeben ist. Die Funktionen $u(s)$; $v(s)$; $w(s)$ der Weglänge s sind dann so zu bestimmen, daß

$$s = \int_{s_0}^{s_1} ds = \int_{t_0}^{t_1} \sqrt{\dot{u}^2 + \sin^2 u\, \dot{v}^2 + \dot{w}^2} \cdot dt, \tag{15}$$

(wo t eine beliebige Veränderliche ist, die man etwa der Größe s proportional annehmen kann) innerhalb der Grenzen t_0 und t_1 einen kleinsten Wert annimmt.

Für diesen Minimalwert verschwindet bekanntlich die Variation des Integrals s (weil jede an den Funktionen u, v, w von t angebrachte kleine Änderung auf einen größeren Wert von s führt), d. h. es ist

$$\delta s = \int \delta \left(\frac{ds}{dt}\right) dt = \int \delta \sqrt{\dot{u}^2 + \sin^2 u\, \dot{v}^2 + \dot{w}^2}\, dt = 0.$$

Hierfür läßt sich, wenn ds/dt eine Konstante ist, auch

$$\int_{t_0}^{t_1} \delta (\dot{u}^2 + \sin^2 u\, \dot{v}^2 + \dot{w}^2)\, dt = 0 \tag{16}$$

setzen. Dieses Variationsproblem führt aber nach dem Hamiltonschen Prinzip [Art. 81, (12a), (12b)] auf die Gleichungen (14).

Es ist bemerkenswert, daß sich das eben gestellte Minimalproblem auch im ebenen dreidimensionalen Raum deuten läßt. Transformiert man das Linienelement (12) durch Einführung der Variabeln[1])

$$\begin{aligned} \xi &= \sin u \sin v \, e^w \\ \eta &= \sin u \cos v \, e^w \\ \zeta &= \cos u \, e^w, \end{aligned} \qquad (17)$$

so erhält es, wie man leicht sieht, die Form

$$d s^2 = \frac{1}{\varrho^2} (d\xi^2 + d\eta^2 + d\zeta^2) = \frac{d\sigma^2}{\varrho^2}, \qquad (18)$$

wo $\varrho^2 = \xi^2 + \eta^2 + \zeta^2$ ist, und wo nun ξ, η, ζ als rechtwinklige Koordinaten in einem ebenen Raum mit dem Linienelement $d\sigma^2 = d\xi^2 + d\eta^2 + d\zeta^2$ aufgefaßt werden können. Das Variationsproblem gewinnt damit die Fassung:

$$\delta \int d s = \delta \int \frac{d\sigma}{\varrho} = 0. \qquad (18a)$$

Seine Bedeutung ergibt sich aus dem folgenden

3. Beispiel. In einem Raum, der mit einem durchsichtigen Mittel von ungleicher Dichte erfüllt ist, bewegt sich (Fermat'sches Prinzip) ein Lichtstrahl so, daß, wenn f der längs des Wegelements $d\sigma$ veränderliche Brechungsexponent ist, (der Zeitaufwand oder) das Produkt $f d\sigma$ je einen Minimalwert annimmt, daß also

$$\delta \int f d\sigma = 0 \qquad (19)$$

ist. Wenn $f = 1/\varrho$ angenommen wird, gelangt man zu der Gleichung (18a).

Wir wollen diese Bewegung noch etwas weiter verfolgen, indem wir, wie in (18a), das Medium konzentrisch um einen Punkt O geschichtet, also f als Funktion des Abstands $\varrho = r$ von O annehmen. Dann reduziert sich das Problem auf ein ebenes, weil ein Strahl durch eines seiner Linienelemente gegeben ist. Wir führen Polarkoordinaten in einer Ebene durch O mit O als Ursprung ein. Dann nimmt (19) die Gestalt an:

$$\delta \int f \dot\sigma \, dt = \delta \int f (\dot r^2 + r^2 \dot\varphi^2)^{1/2} dt = 0. \qquad (20)$$

Hieraus folgen 2 Differentialgleichungen [Art. 81, (12a), (12b)]. von denen die eine zur Bestimmung der Bahnlinie dient, nämlich

$$\frac{d}{dt} \frac{\partial (f \dot\sigma)}{\partial \dot\varphi} \equiv \frac{d}{dt} \left(\frac{f r^2 \dot\varphi}{\dot\sigma} \right) = 0,$$

woraus

$$f r^2 d\varphi = c \, d\sigma$$

[1]) Banal, Annali di Mat. (2) 24, p. 213. Siehe auch Buchholz, Beitrag zur Mannigfaltigkeitslehre, Bonn 1899.

folgt. Die Konstante c ergibt sich aus dem Winkel des Linienelements des Strahles im Abstand r_0 von O, wo $f = f_0$ ist, gegen den Radius r. Dem Wert $c = 0$ entspricht ein geradliniger Strahl. Für Strahlen mit größerem c kann es eintreten, daß für einen Wert von r in

$$f^2 r^4 = c^2 \left(\left(\frac{dr}{d\varphi} \right)^2 + r^2 \right)$$

der Quotient $dr/d\varphi = 0$ wird, d. h. daß der Strahl sich zurückbiegt.

Wegen der verschiedenen Fälle, die hierbei eintreten können, verweisen wir auf E. Kummer, Atmosphärische Strahlenbrechung, J. f. Math. 61, 1860.

Ein Zurückbiegen der Strahlen scheint bei der Sonne, einem Gasball, dessen Partikeln strahlen, einzutreten, indem die scharfe Begrenzung der Sonnenscheibe sich aus jenem Umbiegen erklären läßt; wie denn auch die scheinbar große Geschwindigkeit der aufflammenden Sonnenfackeln als Erscheinung der Lichtbrechung gedeutet wird. (Vgl. Aug. Schmidt im 4. Band der Phys. Zeitschr. 1903.)

Das 4. Beispiel ist dem Gedankenkreis der Relativitätstheorie entnommen[1]).

Ein Punkt x, y, z von der Masse 1 bewege sich im Gravitationsfeld eines im Ursprung des Koordinatensystems gelegenen Massenpunktes. Die Kräftefunktion sei:

$$U = \frac{k}{r} - \frac{c^2}{2}, \tag{21}$$

wo $r^2 = x^2 + y^2 + z^2$ und c die Lichtgeschwindigkeit ist, k eine positive Konstante. Diese Annahme über U entspricht einer schon von Maxwell (Phil. Transact. CLV 1864) erhobenen Forderung, der an jeder Stelle des Feldes einen für die Gravitation unerschöpflichen Energievorrat verlangt. Mit

$$T = \frac{1}{2}(\dot{x}^2 + \dot{y}^2 + \dot{z}^2) = \frac{1}{2}\dot{s}^2 \tag{22}$$

ergibt das Hamiltonsche Prinzip

$$\delta \int (T + U)\, dt = \delta \int \frac{1}{2}\left(\dot{s}^2 + \frac{2k}{r} - c^2\right) dt = 0, \tag{23}$$

und hiermit die Differentialgleichungen

$$\frac{d}{dt}\dot{x} = -\frac{kx}{r^3}; \quad \frac{d}{dt}\dot{y} = -\frac{ky}{r^3}; \quad \frac{d}{dt}\dot{z} = -\frac{kz}{r^3}. \tag{23a}$$

[1]) Aus einem Bericht des Verfassers über Einsteins Grundlage der allgemeinen Relativitätstheorie im Jahresber. der D. Math. Vereinigung 1917; Abdruck, 4. Aufl. 1920, Leipzig-Berlin. S. auch Levi Civita, Séminaire math. de l'Université de Rome 1919, veröffentlicht in l'Enseignement math. 21, année 1920.

Führt man aber, mit Rücksicht darauf, daß das Quadrat der Lichtgeschwindigkeit eine alle anderen Größen in $T + U$ an Wert weit überragende Größe ist, an Stelle von

$$T + U = -\frac{1}{2}\left(-\dot{s}^2 + c^2 - \frac{2k}{r}\right) \equiv -\frac{\dot{S}^2}{2} \tag{24}$$

die Größe $-c^2/2$, also c anstelle von $\dot{S}$, schon in (23) ein, so erhält man

$$\delta \int -\frac{\dot{S}^2}{2}\, dt = -\int \dot{S}\,\delta\dot{S}\, dt = -\int c\,\delta\dot{S}\, dt = -c\,\delta \int dS = 0. \tag{25}$$

Dies ist aber die Bestimmungsgleichung für die geodätische (geradeste) Linie in einer vierdimensionalen Raum-Zeit-Mannigfaltigkeit x, y, z, t, welche durch das »Linienelement« definiert ist:

$$dS^2 = -dx^2 - dy^2 - dz^2 + \left(c^2 - \frac{2k}{r}\right) dt^2.\ ^{1)} \tag{26}$$

Das Problem der Bewegung eines Punktes im gewöhnlichen (Euklidischen) Raum unter dem Einfluß der Gravitation ist hierdurch auf das der geradesten Bahn in dieser vierdimensionalen Mannigfaltigkeit (Raum) zurückgeführt. Die Begriffe Kraft, Masse, ja sogar die: Raum, Zeit gehen gänzlich auf in der formalen Bildung des Linienelements dS einer aus Raum und Zeit ununterschiedlich zusammengesetzten Mannigfaltigkeit, wodurch diese Bewegung für alle Zeiten beschrieben wird.

Die Struktur dieser Mannigfaltigkeit ändert sich — wegen des mit r behafteten Gliedes in dS^2 — im Laufe der Zeit mit der Lage des bewegten Massenpunktes. Wird jene geradeste Bahn, längs deren dieser Punkt gewissermaßen geführt wird, auf den dreidimensionalen Raum (s. d. Fußnote) projiziert, so scheint in diesem die Bewegung der

---

[1]) Umgekehrt liefert

$$\delta \int dS = 0 \tag{25a}$$

mit (26) unter der obigen Annahme über c wiederum das System (23a). Denn wenn man die aus (25a) folgenden Differentialgleichungen, deren erste ist

$$\frac{d}{dt}\left(\frac{\partial \dot{S}}{\partial \dot{x}}\right) = \frac{\partial \dot{S}}{\partial x},$$

mit $2\dot{S}$ durchmultipliziert und bedenkt, daß in:

$$2\dot{S}\frac{d}{dt}\frac{\partial \dot{S}}{\partial \dot{x}} = \frac{d}{dt}\left(\frac{\partial \dot{S}^2}{\partial \dot{x}}\right) - 2\ddot{S}\frac{\partial \dot{S}}{\partial \dot{x}}$$

die Größe $\ddot{S}$ (die sich aus (26) durch Differenzieren ergibt) mit wachsendem c der Null sich nähert, so erhält man:

$$\frac{d}{dt}\left(\frac{\partial \dot{S}^2}{\partial \dot{x}}\right) = \frac{\partial \dot{S}^2}{\partial x},$$

und mit (24) die erste der Gleichungen (23a).

Projektion unter dem Einfluß einer »Kraft« zu erfolgen, der »Gravitation«, die auf diese Weise unter die Führungskräfte (zu denen im dreidimensionalen Raume die Zentrifugalkraft und die Corioliskraft gehören) eingereiht wird.

Allgemein: Das Gravitationsfeld irgendwie im Raum verteilter Massen beschreibt Einstein (Die Grundlage der allgemeinen Relativitätstheorie, Leipzig 1916) durch das Linienelement einer vierdimensionalen Mannigfaltigkeit, dargestellt durch eine quadratische Differentialform von vier Variabeln mit Koeffizienten (»Potentialen«), die, von den umgebenden Massen und Energien und ihrer Lage abhängig, gewissen partiellen Differentialgleichungen 2. Ordnung genügen, die als Verallgemeinerung der Laplace-Poissonschen Gleichung gelten können.

Wiederum bestimmt sich die Bewegung eines materiellen Punktes auch in einem solchen (in seinen Krümmungsverhältnissen im allgemeinen veränderlichen) Raume von vier Dimensionen, indem man seine geradeste Bahn aufsucht und sie auf den dreidimensionalen Raum $t =$ konst. projiziert. Diese Projektion ergibt, wie in dem obigen Beispiel, die Impulsgleichungen der Gravitationsbewegung, während die Projektion auf die Zeitkoordinatenachse die Gleichung der lebendigen Kraft liefert[1]). Mit dieser Andeutung muß es hier sein Bewenden haben.

XVII. Abschnitt.

Wirkung von Stoßkräften auf einen Körper.

83. Das Verhalten unmittelbar nach dem Stoß.

Wir kommen zum Schluß noch einmal auf die unstetigen Geschwindigkeitsänderungen und ihre Ursachen zurück, die Stoßkräfte, von denen bereits früher (Artt. 4, 33) die Rede war, um auf sie die Hilfsmittel anzuwenden, die das Prinzip der virtuellen Geschwindigkeiten und das d'Alembertsche Prinzip zur Verfügung stellen.

Zuvor ergänzen wir die früher (Art. 33) (4) entwickelte Formel für den Zustand zweier unmittelbar nach dem Zusammenstoß vereinigter Massenpunkte, indem wir ihr späteres Verhalten an der Hand der Erfahrung und im Anschluß an die allgemeine Fassung des Energieprinzips in Art. 65 beschreiben.

Es genügt die Beschränkung auf den Fall, daß zwei Massen m_1 und m_2 mit den Geschwindigkeiten bzw. v_1 und v_2 in derselben geraden Bahn aufeinanderstoßen. Nach Art. 33 vereinigen sie sich gleich nach dem Stoß zu einer Masse $m_1 + m_2$, welche die Geschwindigkeit hat

$$V = \frac{m_1 v_1 + m_2 v_2}{m_1 + m_2}. \tag{1}$$

---

[1]) S. z. B. Brill, das Relativitätsprinzip 14. Aufl., 1920, Artt. 11, 12.

Ob die beiden Massen vereinigt bleiben oder sich wieder trennen, hängt von der Beschaffenheit des Materials ab, aus dem sie bestehen. Sind beide Körper elastisch (etwa wie Elfenbeinkugeln), so trennen sie sich nach dem Stoß wieder und beschreiben gesonderte Bahnen, wobei der gemeinsame Schwerpunkt seinen (idealen) Weg mit derselben Geschwindigkeit V fortsetzt, die er vor und unmittelbar nach dem Stoß hatte (Art. 33). Die bei dem Zusammendrücken durch den Stoß geleistete Arbeit wird im Falle vollkommen elastischer Körper — der allerdings nur als Grenzfall anzusehen ist — erfahrungsgemäß wieder ganz in kinetische Energie umgesetzt dadurch, daß die Körper die frühere Gestalt — und zwar ohne Wärmeverlust — wieder annehmen. Anders beim Zusammenstoß unelastischer Körper (z. B. von weichen Lehmkugeln). In diesem Fall geht kinetische Energie verloren, die auf dauernde Deformation und damit auf Wärmeentwicklung verwendet wird.

Das Verhalten von zwei vollkommen elastischen Körpern m_1 und m_2, die sich mit den Geschwindigkeiten bzw. v_1 und v_2 begegnen, läßt sich nach dem Vorstehenden leicht übersehen. Nach der Formel (1) ist — dem Prinzip der Erhaltung des Schwerpunktes entsprechend —, wenn u_1, u_2 die Geschwindigkeiten nach dem Stoß sind:

$$\frac{m_1 v_1 + m_2 v_2}{m_1 + m_2} = \frac{m_1 u_1 + m_2 u_2}{m_1 + m_2}$$

oder

$$m_1 (v_1 - u_1) = m_2 (u_2 - v_2). \tag{1a}$$

Weil aber vollkommen elastische Körper innere Energie nicht verlieren, so gilt das Prinzip von der Erhaltung der (kinetischen) Energie, wonach das System der beiden vor und nach dem Stoß denselben Wert hat:

$$\frac{1}{2}(m_1 v_1^2 + m_2 v_2^2) = \frac{1}{2}(m_1 u_1^2 + m_2 u_2^2). \tag{2}$$

Daher wird wegen (1a)

$$\frac{m_1 (v_1^2 - u_1^2)}{m_1 (v_1 - u_1)} = \frac{m_2 (v_2^2 - u_2^2)}{m_2 (v_2 - u_2)},$$

d. h.

$$v_1 + u_1 = v_2 + u_2$$

oder

$$u_1 - u_2 = v_2 - v_1. \tag{3}$$

Die Geschwindigkeitsdifferenz der beiden elastischen Körper ändert also infolge des Stoßes nur ihr Vorzeichen. Durch Auflösen der Gleichungen (1a), (3) nach u_1, u_2 ergibt sich

$$u_1 = \frac{1}{m_1 + m_2}\left(v_1 (m_1 - m_2) + 2 v_2 m_2\right)$$

$$u_2 = \frac{1}{m_1 + m_2}\left(v_2 (m_2 - m_1) + 2 v_1 m_1\right).$$

Trifft also insbesondere eine bewegte auf eine ruhende elastische Kugel von gleicher Masse, d. h. ist $v_2 = 0$, $m_1 = m_2$, so wird $u_1 = 0$, $u_2 = v_1$: die ruhende Kugel nimmt die Geschwindigkeit der sie treffenden auf, die ihrerseits zur Ruhe kommt.

Körper, die nicht vollkommen elastisch, aber auch nicht unelastisch sind, schalten sich zwischen die erwähnten äußersten Fälle ein durch die empirische Formel:

$$u_1 - u_2 = e(v_2 - v_1),$$

wo $e\ (< 1)$, der »Restitutionskoeffizient«, eine Materialkonstante ist, die für unelastische Körper den Wert Null hat.

Beispiel: Ein Pfahl werde in die Erde eingetrieben durch den unelastischen Aufstoß eines Rammklotzes von der Masse M, der aus der Höhe h herabfällt. Wie groß ist der zu überwindende Reibungswiderstand R, wenn der Pfahl bei einem Schlag um das Stück λ eingetrieben wird?

Die Geschwindigkeit V, mit der der Rammbär auf den Pfahl auftrifft, ergibt sich aus der Gleichung $\frac{1}{2} M V^2 = Mgh$ zu $V = \sqrt{2gh}$. Ist m die Masse des Pfahles, so ist die gemeinsame Geschwindigkeit v von Rammbär und Pfahl nach dem Stoß

$$v = \frac{MV}{M + m}.$$

Die kinetische Energie $\frac{1}{2}(M + m)v^2$, die das System bekommt, wird aufgezehrt durch die Reibung R, die der Pfahl in der Erde erfährt und die man für die kurze Strecke λ als konstant wirkend ansehen kann. Es ist also

$$\frac{1}{2}(M + m)v^2 = R\lambda,$$

woraus sich

$$R = \frac{M^2}{M + m}\,\frac{gh}{\lambda}$$

ergibt. — Das Loslassen des aufgezogenen Rammklotzes geschieht durch das Öffnen einer Zange, eine »Auslösung«, wie man jede Vorrichtung nennt, durch welche die Verwandlung von potentieller in kinetische Energie eingeleitet wird.

84. Das d'Alembertsche Prinzip für Stoßkräfte.

Im folgenden stellen wir die Theorie der Stoßkräfte noch auf eine allgemeinere Grundlage, die der für die stetig wirkenden Kräfte ähnlich ist, um Schlüsse auf ihr Verhalten auch in verwickelteren Fällen ziehen zu können. Faßt man nämlich, wie dies früher (Artt. 4, 33) schon geschah, die Stoßkräfte als kontinuierlich wirkende Kräfte von großer

Intensität bei nur kurzer Wirkungsdauer auf, so lassen sich auf sie das Prinzip der virtuellen Geschwindigkeiten und das d'Alembertsche Prinzip anwenden.

Halten sich mehrere an einem System von materiellen Punkten gleichzeitig angreifende stetig wirkende Kräfte $\mathfrak{P}$ das Gleichgewicht, so besteht nach dem Prinzip der virtuellen Verschiebungen für sie die Bedingungsgleichung

$$\Sigma(\mathfrak{P}, \delta\mathfrak{s}) = 0, \tag{1}$$

wo $\delta\mathfrak{s}$ die (mit etwaigen Bedingungsgleichungen zwischen den Koordinaten der Massenpunkte $\varphi = 0$, $\psi = 0, \ldots$ verträglichen) virtuellen Verschiebungen der Punkte sind, an denen die Kräfte $\mathfrak{P}$ angreifen. Diese Gleichung, zwischen den Grenzen des kurzen Zeitintervalles $t_0 \ldots t$, während dessen jene Kräfte wirken, integriert, liefert, wenn man:

$$\int_{t_0}^{t} \mathfrak{P}\, dt = \overline{\mathfrak{P}} \tag{2}$$

setzt, als Bedingung für den Gleichgewichtszustand die Gleichung des Prinzips der virtuellen Geschwindigkeiten für Momentankräfte $\overline{\mathfrak{P}} = (\overline{X}, \overline{Y}, \overline{Z})$ in der Form:

$$\Sigma(\overline{\mathfrak{P}}, \delta\mathfrak{s}) = \Sigma(\overline{X}\delta x + \overline{Y}\delta y + \overline{Z}\delta z) = 0. \tag{3}$$

Halten sich aber die Kräfte $\overline{\mathfrak{P}}$ an dem Punktsystem nicht das Gleichgewicht, sondern erhält irgendein Massenpunkt m, der vorher die Geschwindigkeit $\mathfrak{v}_0$ hatte, infolge der Stoßwirkung der Kraft $\overline{\mathfrak{P}}$ und der durch sie wachgerufenen inneren Widerstände die Geschwindigkeit $\mathfrak{v}_1$, so besteht — wegen der Vektoreigenschaft (Art. 33) der Stoßkräfte — wieder Gleichgewicht, wenn man die negativ genommene Effektiv-(Trägheits-)Kraft $m(\mathfrak{v}_1 - \mathfrak{v}_0)$ den äußeren und inneren auf m wirkenden Momentankräften zufügt. Wendet man auf das so ins Gleichgewicht gebrachte Punktsystem wieder das Prinzip der virtuellen Verschiebungen an, so erhält man als Gleichgewichtsbedingung (*d'*Alembertsches Prinzip für Momentankräfte)

$$\Sigma\left(m(\mathfrak{v}_1 - \mathfrak{v}_0) - \overline{\mathfrak{P}}, \delta\mathfrak{s}\right) = 0, \tag{4}$$

oder wenn man statt der Vektor- die Koordinatenbezeichnung einführt und $\overline{\mathfrak{P}} = (\overline{X}, \overline{Y}, \overline{Z})$; $\delta\mathfrak{s} = (\delta x, \delta y, \delta z)$; $\mathfrak{v} = (u, v, w)$ setzt,

$$\Sigma\left[\left(m(u_1 - u_0) - \overline{X}\right)\delta x + \left(m(v_1 - v_0) - \overline{Y}\right)\delta y + \left(m(w_1 - w_0) - \overline{Z}\right)\delta z\right] = 0. \tag{5}$$

Diese Gleichung, die wieder in so viele zerfällt, als unabhängige Werte δx, $\delta y, \ldots$ existieren, zusammen mit den Bedingungsgleichungen $\varphi = 0$, $\psi = 0, \ldots$ für das Punktsystem liefert die notwendigen und hinreichenden Beziehungen für die Bewegungsänderungen, die infolge der Stoßkräfte eintreten.

Besondere Fälle:

1. Das Punktsystem sei wie ein starrer Körper in seiner Gesamtheit frei beweglich, so daß man ihm eine virtuelle Verschiebung, z. B. δx, in Richtung der X-Achse erteilen kann, die für alle Punkte dieselbe ist. Dann folgt aus der Gleichung (5)

$$\Sigma m (u_1 - u_0) = \Sigma \overline{X}.$$

Weil aber

$$\Sigma m (u_1 - u_0) = \Sigma m (\dot{x}_1 - \dot{x}_0) = M (\dot{\xi}_1 - \dot{\xi}_0)$$

ist, wo $\dot{\xi}_1$, $\dot{\xi}_0$ Komponenten der Geschwindigkeit des Schwerpunkts bzw. nach und vor dem Stoß bedeuten, M die Masse des Systems, so ergibt sich die erste der folgenden Formeln:

$$\begin{aligned} M (\dot{\xi}_1 - \dot{\xi}_0) &= \Sigma \overline{X} \\ M (\dot{\eta}_1 - \dot{\eta}_0) &= \Sigma \overline{Y} \\ M (\dot{\zeta}_1 - \dot{\zeta}_0) &= \Sigma \overline{Z}, \end{aligned} \tag{6}$$

welche besagen: Der Schwerpunkt eines freibeweglichen Punktsystems — zwischen dessen (ruhenden oder in Bewegung befindlichen) Einzelpunkten übrigens noch beliebige stetige Kräfte wirken können — ändert unter der Einwirkung von simultan auftretenden Stoßkräften seine Geschwindigkeit unstetig ebenso, als ob die Stoßkräfte im Schwerpunkt angriffen und die Masse des Systems in ihm vereinigt wäre. (Prinzip der Erhaltung des Schwerpunktes.) Wegen des entsprechenden Satzes für kontinuierliche Kräfte siehe Art. 66.

2. Auf einen starren Körper, der um die (z. B. horizontale) Z-Achse O eines Achsenkreuzes drehbar ist, wirken Stoßkräfte, die dem in Ruhe befindlichen Körper die Winkelgeschwindigkeit ω erteilen. Ein Punkt m des Körpers im Abstand r von der Drehachse mit den Koordinaten x, y, z erhält dann im ersten Augenblick die Geschwindigkeit $r\omega$. Die Änderung der Koordinaten von m bei einer virtuellen Drehung um O durch den Winkel $\delta\varphi$ ist

$$\begin{aligned} \delta x &= - r\,\delta\varphi \frac{y}{r} = - y\,\delta\varphi \\ \delta y &= r\,\delta\varphi \frac{x}{r} = x\,\delta\varphi. \end{aligned}$$

Daher sind die Geschwindigkeitskomponenten

$$u = \dot{x} = -\omega y; \quad v = \dot{y} = \omega x,$$

und die Bedingungsgleichung (5) des d' Alembertschen Prinzips ergibt

$$\Sigma \left[(- m\omega y - \overline{X})(- y\,\delta\varphi) + (m\omega x - \overline{Y})(x\,\delta\varphi)\right] = 0,$$

oder

$$\omega \Sigma m (x^2 + y^2) = \Sigma (x\overline{Y} - y\overline{X}). \tag{7}$$

Hier kann man auf der linken Seite wieder das Trägheitsmoment Θ_O des Körpers in bezug auf die Achse O einführen:

$$\Theta_O = \Sigma m (x^2 + y^2);$$

rechts in (7) steht die Summe der Momente der Stoßkräfte. Daher der Satz

Wird ein um eine Achse O drehbarer Körper von einer Stoßkraft $(\overline{X}, \overline{Y})$ ergriffen, so ist das Moment $x\overline{Y} - y\overline{X} = \overline{\mathfrak{M}}$ der Stoßkraft in bezug auf die Achse gleich der durch sie erzeugten Winkelgeschwindigkeit ω mal dem Trägheitsmoment Θ_O des Körpers in bezug auf jene Achse:

$$\Theta_O \omega = x\overline{Y} - y\overline{X} = \overline{\mathfrak{M}}. \tag{8}$$

Wir machen eine Anwendung auf das ballistische Pendel, einen Holzklotz von bekanntem Trägheitsmoment Θ_O in bezug auf eine horizontale Achse O, an der er möglichst reibungslos pendelnd aufgehängt ist. Er werde, von einer senkrecht zur Achsenrichtung auf ihn abgeschossenen Kugel getroffen, in Schwingungen versetzt, aus deren Ausschlag man auf die Geschwindigkeit des Geschosses zu schließen wünscht. Dies geschieht auf folgendem Wege:

Ist a der Abstand desjenigen Elementes der Flugbahn des Geschosses, das die Vertikalebene durch die Drehachse O des Pendels schneidet, von dieser Achse, v die Geschwindigkeit, m die Masse des Geschosses, so ist, wenn

$$\Theta = \Theta_O + m a^2$$

das Trägheitsmoment der vereinigten Massen hinsichtlich der Achse O ist, zufolge (7):

$$\Theta \omega = a \cdot mv. \tag{9}$$

Anderseits steht die Winkelgeschwindigkeit ω, die das Pendel durch den Stoß erhält, mit der Größe α des Ausschlags durch das Prinzip der lebendigen Kraft in Zusammenhang. Ist nämlich M die Masse des Pendels allein, S dessen Schwerpunktsabstand von der Drehachse, so berechnet sich zunächst der Abstand s des Schwerpunktes der vereinigten Massen aus

$$s(M + m) = MS + ma. \tag{10}$$

Die kinetische Energie, die das Geschoß mitbringt, wird in die lebendige Kraft der drehenden Bewegung umgesetzt, und diese zur Hebung des gemeinsamen Schwerpunktes verwendet [(7) Art. 69]:

$$\frac{1}{2} \Theta \omega^2 = g s (M + m)(1 - \cos \alpha),$$

oder mit (9)

$$\frac{a^2 v^2 m^2}{2\Theta} = 2 g s (M + m) \sin^2 \frac{\alpha}{2}. \tag{11}$$

Die Geschwindigkeit des Geschosses ergibt sich hierdurch zu

$$v = \frac{2}{am}\sqrt{g s \Theta (M + m)} \sin\frac{a}{2} = \frac{2}{am}\sqrt{g (MS + ma)}\,\sqrt{\Theta_0 + m a^2} \sin\frac{a}{2},$$

wo sich Θ_0 mittels der Schwingungsdauer T_0 des Pendels allein um die Achse O bestimmen läßt [Art. 69 (5)].

85. Weitere Anwendungen.

1. Ein starrer Körper, der um einen festen Punkt O, den Ursprung eines rechtwinkligen Koordinatensystems, drehbar ist, werde durch Stoßkräfte $\overline{\mathfrak{P}} = (\overline{X}, \overline{Y}, \overline{Z})$ mit bekanntem resultierendem Moment $\Sigma [\mathfrak{r}\overline{\mathfrak{P}}]$ in bezug auf O aus der Ruhelage heraus in plötzliche Drehung versetzt. Welche Gerade durch O wird die anfängliche Drehachse sein, welchen Betrag hat die Winkelgeschwindigkeit $\mathfrak{w} = (p, q, r)$?

Die virtuelle Drehung $\delta\mathfrak{d} = (\delta\varphi, \delta\psi, \delta\chi)$ um eine beliebige Achse durch O erteile dem Punkt x, y, z des Körpers eine virtuelle Verschiebung $\delta\mathfrak{s} = (\delta x, \delta y, \delta z)$, die mit $\delta\mathfrak{d}$ in der Beziehung steht [(1) Art. 44]

$$\delta\mathfrak{s} = [\delta\mathfrak{d}, \mathfrak{r}]. \tag{1}$$

Hiermit nimmt die Formel [(4) Art. 84] des d'Alembertschen Prinzips

$$\Sigma (m\mathfrak{v}, \delta\mathfrak{s}) = \Sigma (\overline{\mathfrak{P}}, \delta\mathfrak{s})$$

die Gestalt an:

$$\Sigma m (\mathfrak{v}, [\delta\mathfrak{d}, \mathfrak{r}]) = \Sigma m (\overline{\mathfrak{P}}, [\delta\mathfrak{d}, \mathfrak{r}]), \tag{2}$$

oder mit Verwendung der vektoriellen Beziehung (10) in Art. 14 $(\mathfrak{a}, [\mathfrak{b}\mathfrak{c}]) = (\mathfrak{b}, [\mathfrak{c}\mathfrak{a}])$ die folgende:

$$\Sigma m (\delta\mathfrak{d}, [\mathfrak{r}\mathfrak{v}]) = \Sigma (\delta\mathfrak{d}, [\mathfrak{r}\overline{\mathfrak{P}}])$$

oder

$$(\delta\mathfrak{d}, \Sigma m [\mathfrak{r}\mathfrak{v}]) = (\delta\mathfrak{d}, \Sigma [\mathfrak{r}\overline{\mathfrak{P}}]),$$

eine Gleichung, die unabhängig von den Komponenten von $\delta\mathfrak{d}$ bestehen muß und damit die Beziehung ergibt

$$\Sigma m [\mathfrak{r}\mathfrak{v}] = \Sigma [\mathfrak{r}\overline{\mathfrak{P}}]. \tag{3}$$

Da $\mathfrak{J} = \Sigma m [\mathfrak{r}\mathfrak{v}]$ der Drehimpuls (L, M, N) des Körpers ist (Art. 71), $\Sigma [\mathfrak{r}\overline{\mathfrak{P}}] = \overline{\mathfrak{M}} = (\varLambda, \mathsf{M}, \mathsf{N})$ das resultierende Moment der Stoßkräfte, beide genommen in bezug auf den Punkt O, so hat man

$$\mathfrak{J} = \overline{\mathfrak{M}} \text{ oder } L = \varLambda;\quad M = \mathsf{M};\quad N = \mathsf{N}. \tag{4}$$

Der Drehimpuls (das Impulsmoment) ist also gleich dem Moment der Stoßkräfte; beide stimmen hinsichtlich Richtung und Größe unter sich überein, nicht aber mit der Achse der Drehung $\mathfrak{w} = (p, q, r)$.

Nach Art. 71 erhält man die Lage der Drehachse, indem man senkrecht zur Achse des Drehimpulses, hier also des resultierenden Stoßkraftmoments, eine Tangentialebene an das (um O sich drehende) Trägheitsellipsoid legt und den Berührungspunkt mit O verbindet. Dieser Halbmesser des Ellipsoids gibt die Lage der Drehachse. Den Betrag ω der durch den Stoß bewirkten Winkelgeschwindigkeit erhält man aus der Beziehung $\Theta\omega = \overline{\mathfrak{M}} \cos V$ [(8) Art. 84], wo V der Winkel zwischen Drehachse und Impulsachse ist.

2. Trifft ein Stoß auf einen völlig freien starren Körper, so gilt zunächst wieder (s. d. vorstehenden Artikel) das Prinzip der Erhaltung des Schwerpunktes. Anderseits gilt für den als fest angesehenen Schwerpunkt und, bezogen auf ein mit diesem parallel zu sich selbst bewegtes Koordinatensystem, die Formel (4), welche die Drehachse durch den Schwerpunkt definiert.

Als Beispiel diene der Fall, daß nur eine Stoßkraft $\overline{P}$ wirkt, und daß die Ebene E durch sie und den Schwerpunkt Symmetrie-Ebene des Zentralellipsoids ist. Sie werde zur Zeichenebene (Abb. 163) genommen, a sei der Abstand der Wirkungslinie der Stoßkraft vom Schwerpunkt S, M die Masse des Körpers.

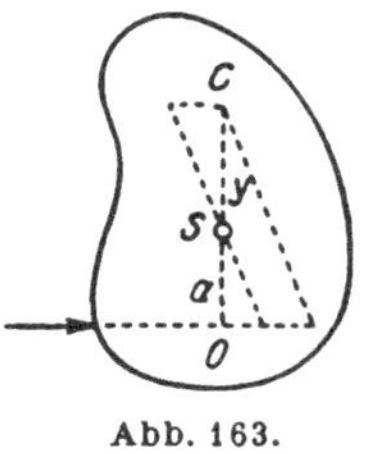

Abb. 163.

Der Stoß bewirkt eine Geschwindigkeit v des Schwerpunktes, die sich aus

$$v M = \overline{P} \tag{5}$$

bestimmt. Ferner ergibt die Formel (7) des Art. 84 die Winkelgeschwindigkeit ω der Drehung

$$\omega \Theta_S = a \overline{P} \tag{6}$$

um die Achse S des Zentralellipsoids (Art. 70), die senkrecht zur Ebene E liegt, und für die Θ_S das Trägheitsmoment sein möge.

Man kann im Sinne der Kinematik (Art. 42) noch nach der Momentanachse C der durch den Stoß eingeleiteten Elementarbewegung fragen. Sie hat die Eigenschaft, daß für ihre Punkte sich die Parallelbewegung des Körpers infolge der Stoßbewegung des Schwerpunkts und die Drehung um die Achse S gerade aufheben. Ist $\overline{CS} = y$ der Abstand des Schwerpunkts S des Körpers von der Achse C, so muß

$$v = y\omega \tag{7}$$

sein oder mit Einführung des Trägheitsradius $k = \sqrt{\Theta_S / M}$

$$\frac{\overline{P}}{M} = y \frac{a\overline{P}}{\Theta_S} = y \frac{a\overline{P}}{k^2 M};$$

woraus sich

$$y = \frac{k^2}{a} \tag{8}$$

bestimmt. Der Punkt C unserer Zeichenebene fällt also gerade mit dem Schwingungspunkt für den Fußpunkt O des Lotes von S auf $\overline{P}$ zusammen (Art. 69).

Insbesondere für einen dünnen homogenen Stab von der Länge l, für den der Trägheitsradius k sich aus

$$k^2 = \frac{l^2}{12} \tag{9}$$

berechnet, ist diejenige Stelle, die bei einem Schlag gegen das eine Stabende einen Augenblick in Ruhe bleibt, vom Schwerpunkt um das Stück $y = \frac{l^2}{12} \cdot \frac{2}{l} = \frac{l}{6}$ entfernt, liegt also um $^1/_3$ der Stablänge vom andern Stabende entfernt. Die Hand, die dort anfaßt, wird bei Ausübung eines Schlags mit dem Stabende keine Erschütterung erfahren.

3. Die Frage, ob der Insasse eines Wagens oder einer Schaukel durch stoßartige Gliederbewegungen (etwa rasches Anziehen oder Ausstoßen der Füße bei horizontaler Lage in der Fahrtrichtung) sein Fahrzeug in Bewegung versetzen kann, wird durch folgende Überlegungen beantwortet.

Ein auf horizontaler Schiene reibungslos gleitender Wagen, der in Ruhe ist, kann durch Bewegung seines Insassen um ein Stück verschoben werden. Denn erteilt dieser etwa in liegender Lage durch Ausstoßen der Füße einem Teil m der Masse die positive Horizontalgeschwindigkeit v, so erhält der Rest M eine Geschwindigkeit V in entgegengesetzter Richtung, die sich vermöge des Prinzips der Erhaltung des Schwerpunktes aus:

$$\Sigma m v + M V = 0 \tag{10}$$

berechnet. Und zwar gilt diese Gleichung, gleichviel ob die Geschwindigkeitsänderung stetig oder unstetig erfolgt. — Sobald aber die relative Lage von Wagen und Insassen wiederhergestellt ist, ist auch die Lage des gemeinsamen Schwerpunktes und damit die des Wagens selbst die alte, wie sich aus der Gleichung (10) durch Integration nach der Zeit ergibt.

Anders im Falle der Schaukel, wo an Stelle des Satzes von der Erhaltung des Schwerpunktes der vom Impulsmoment (der Flächenräume) zur Wirkung kommt. Bezeichnet man die Summe der Impulsmomente der Schaukel und der Glieder des Insassen in einem Zeitpunkt mit $\Sigma m \omega r^2 = \omega \Sigma m r^2$; ist ξ in einem gegebenen Augenblick t der Abstand des gemeinsamen Schwerpunktes S von der Vertikalebene durch die Aufhängepunkte, so ist, wenn M die Masse des Systems ist [Art. 71 (1)], der Zuwachs des Drehimpulses gleich dem momentan wirkenden Kraftmoment, oder

$$\frac{d}{dt} \Sigma m \omega r^2 = \frac{d}{dt} \Theta \omega = -\xi M g. \tag{11}$$

Da an der Stelle $\xi = 0$, also wenn gerade S die Vertikalebene OS_0 (Abb. 164) passiert, der Drehimpuls des Systems $\Sigma m \omega r^2 = \Theta \omega$ für kurze Zeit eine konstante Größe besitzt, so wird, wenn an dieser Stelle S_0 der Insasse durch rasches Aufstehen eine Verminderung des

Abstands seiner Glieder von der Aufhängestelle (s. d. Abb.), also eine Verkleinerung der Größe Θ bewirkt, die Winkelgeschwindigkeit ω zunehmen. Dadurch tritt eine Beschleunigung der Drehung ein, die nicht rückgängig gemacht wird, wenn die Abstände r an der Stelle S_1, wo $\omega = 0$ ist, rasch wieder vergrößert werden.

Das Vorstehende bezieht sich auf die Belebung einer bereits eingeleiteten Schaukelbewegung. Die Einleitung kann durch eine stoßartige Entfernung der Massen von der Schaukel von dem etwa horizontal liegenden Insassen bewirkt werden, wie aus dem Folgenden hervorgeht.

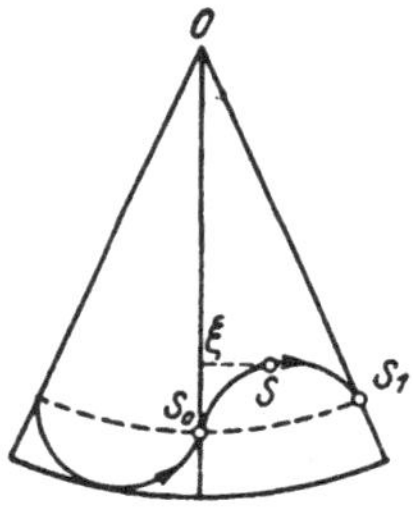

Abb. 164.

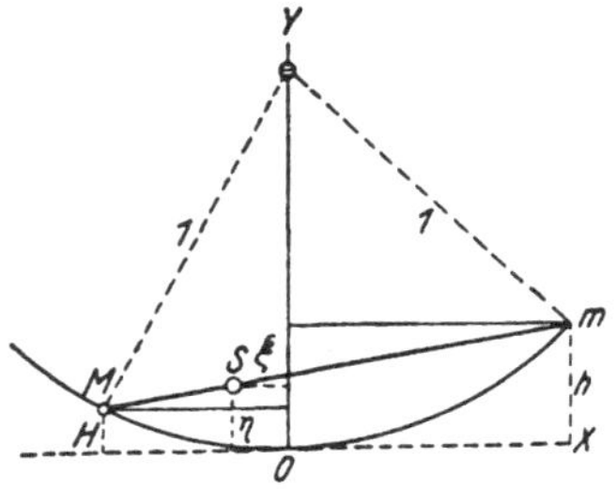

Abb. 165.

Wir wollen Schaukel und Insassen durch zwei sich berührende Massen (etwa Kugeln von ungleicher Masse M und m) ersetzen, die (Abb. 165) durch gleichlange Fäden (Länge 1) am selben Punkt aufgehängt, vermöge einer inneren Stoßwirkung zwischen ihnen (etwa Auslösung einer zusammengedrückten Feder) auseinandergetrieben werden. Ihre durch den Stoß hervorgerufenen Anfangsgeschwindigkeiten V, v genügen der Gleichung

$$m v + M V = 0. \tag{12}$$

Die Steighöhen H, h, die sie erreichen, bestimmen sich aus

$$v = \sqrt{2 g h}; \quad V = \sqrt{2 g H},$$

womit sich, wenn man $m/M = k$ setzt, $H = k^2 h$ ergibt. Nimmt man an, daß die Ausschläge klein, die Steigzeiten also merklich gleichgroß sind, so bestimmen sich am Ende der Steigzeit die Koordinaten des gemeinsamen Schwerpunktes, bezogen auf ein Achsenkreuz, dessen Ursprung die Ruhelage des Schwerpunktes ist, zu

$$\xi = \frac{k}{1+k}\sqrt{\frac{h}{2}}\left(\sqrt{1-\frac{h}{2}}-\sqrt{1-\frac{k^2 h}{2}}\right)$$

$$\eta = k h.$$

Mit der Entfernung ξ des Schwerpunktes aus der Vertikalen Y (was $m \neq M$ voraussetzt) ist eine Pendelschwingung eingeleitet, die nun durch Beeinflussung des Impulsmomentes beim Hin- und Rückschwung (in der oben angegebenen Weise) vergrößert werden kann.

Sachverzeichnis.

(Die Zahlen bedeuten die Seite.)

www.ingramcontent.com/pod-product-compliance
Lightning Source LLC
Chambersburg PA
CBHW031432180326
41458CB00002B/525
* 9 7 8 3 4 8 6 7 5 8 1 4 6 *